ASSOCIATION

FRANÇAISE

POUR

L'AVANCEMENT DES SCIENCES

Une table des matières est jointe à chacune des parties du Compte rendu de la session de Nancy ; une table analytique *générale* par ordre alphabétique termine la 2e partie.

Dans cette table les nombres qui sont placés après l'astérisque se rapportent aux pages de la 2e partie.

NANCY, IMPRIMERIE BERGER-LEVRAULT ET Cie.

ASSOCIATION FRANÇAISE

POUR

L'AVANCEMENT DES SCIENCES

COMPTE RENDU DE LA 15e SESSION

NANCY

— 1886 —

PREMIÈRE PARTIE

DOCUMENTS OFFICIELS. — PROCÈS-VERBAUX

PARIS

AU SECRÉTARIAT DE L'ASSOCIATION

4, RUE ANTOINE-DUBOIS, 4

ET CHEZ M. GEORGES MASSON, LIBRAIRE DE L'ACADÉMIE DE MÉDECINE

120, BOULEVARD SAINT-GERMAIN

1887

ASSOCIATION FRANÇAISE

POUR L'AVANCEMENT DES SCIENCES

Fusionnée avec

L'ASSOCIATION SCIENTIFIQUE DE FRANCE

(Fondée par Le Verrier en 1864)

Reconnues d'utilité publique

MINISTÈRE
de
l'Instruction publique,
DES BEAUX-ARTS
et
DES CULTES

CABINET

—

N° 175

RÉPUBLIQUE FRANÇAISE

DÉCRET

Le Président de la République française,

Sur le rapport du Ministre de l'Instruction publique, des Beaux-Arts et des Cultes,

Vu le procès-verbal de l'Assemblée générale de l'Association française pour l'avancement des sciences, tenue à Grenoble le 10 août 1885;

Vu le procès-verbal de l'Assemblée générale de l'Association scientifique de France, tenue à Paris le 14 novembre 1885, et les décisions prises par les deux Sociétés;

Toutes deux ayant pour objet de réunir en une seule Association ces deux Sociétés susnommées;

Vu les Statuts, l'état de la situation financière et les autres pièces fournies à l'appui de cette demande;

La Section de l'Intérieur, de l'Instruction publique, des Beaux-Arts et des Cultes, du Conseil d'État entendue,

Décrète :

Article premier. — L'Association française pour l'avancement des sciences et l'Association scientifique de France, fondée par Le Verrier en 1864, toutes deux reconnues d'utilité publique, forment une seule et même Association.

Les Statuts de l'Association française pour l'avancement des sciences fusionnée avec l'Association scientifique de France (fondée par Le Verrier en 1864), sont approuvés tels qu'ils sont ci-annexés.

Art. 2. — Le Ministre de l'Instruction publique, des Beaux-Arts et des Cultes est chargé de l'exécution du présent décret.

Fait à Paris le 28 septembre 1886.

Signé : Jules Grévy.

Par le Président de la République :

Le Ministre de l'Instruction publique, des Beaux-Arts et des Cultes,

Signé : René Goblet.

Pour ampliation :

Le Chef de bureau du Cabinet,

Signé : Roujon.

STATUTS ET RÈGLEMENT

STATUTS

TITRE Ier. — But de l'Association.

Article premier. — L'Association se propose exclusivement de favoriser, par tous les moyens en son pouvoir, le progrès et la diffusion des sciences, au double point de vue du perfectionnement de la théorie pure et du développement des applications pratiques.

A cet effet, elle exerce son action par des réunions, des conférences, des publications, des dons en instruments ou en argent aux personnes travaillant à des recherches ou entreprises scientifiques qu'elle aurait provoquées ou approuvées.

Art. 2. — Elle fait appel au concours de tous ceux qui considèrent la culture des sciences comme nécessaire à la grandeur et à la prospérité du pays.

Art. 3. — Elle prend le nom d'*Association française pour l'avancement des sciences, fusionnée avec l'Association scientifique de France, fondée par Le Verrier, en 1864.*

TITRE II. — Organisation.

Art. 4. — Les membres de l'Association sont admis, sur leur demande, par le Conseil.

Art. 5. — Sont membres de l'Association les personnes qui versent la cotisation annuelle. Cette cotisation peut toujours être rachetée par une somme versée une fois pour toutes. Le taux de la cotisation et celui du rachat sont fixés par le Règlement.

Art. 6. — Sont membres fondateurs les personnes qui ont versé, à une époque quelconque, une ou plusieurs souscriptions de 500 francs.

Art. 7. — Tous les membres jouissent des mêmes droits. Toutefois, les noms des membres fondateurs figurent perpétuellement en tête des listes alphabétiques, et ces membres reçoivent gratuitement, pendant toute leur vie, autant d'exemplaires des publications de l'Association qu'ils ont versé de fois la souscription de 500 francs.

Art. 8. — Le capital de l'Association se compose du capital de l'Association scientifique et du capital de la précédente Association française au jour de la fusion, des souscriptions des membres fondateurs, des sommes versées pour le rachat des cotisations, des dons et legs faits à l'Association, à moins d'affectation spéciale de la part des donateurs.

Art. 9. — Les ressources annuelles comprennent les intérêts du capital, le montant des cotisations annuelles, les droits d'admission aux séances et les produits de librairie.

Art. 10. — Chaque année, le capital s'accroît d'une retenue de 10 0/0 au moins sur les cotisations, droits d'entrée et produits de librairie.

TITRE III. — Sessions annuelles.

Art. 11. — Chaque année, l'Association tient, dans l'une des villes de France, une session générale dont la durée est de huit jours : cette ville est désignée par l'Assemblée générale, au moins une année à l'avance.

Art. 12. — Dans les sessions annuelles, l'Association, pour ses travaux scientifiques, se répartit en sections, conformément à un tableau arrêté par le Règlement général.

Ces sections forment quatre groupes, savoir :

1° Sciences mathématiques,
2° Sciences physiques et chimiques,
3° Sciences naturelles,
4° Sciences économiques.

Art. 13. — Il est publié chaque année un volume, distribué à tous les membres, contenant :

1° Le compte rendu des séances de la session;
2° Le texte ou l'analyse des travaux provoqués par l'Association, ou des mémoires acceptés par le Conseil.

COMPOSITION DU BUREAU

Art. 14. — Le Bureau de l'Association se compose :

D'un Président,
D'un Vice-Président,
D'un Secrétaire,
D'un Vice-Secrétaire,
D'un Trésorier.

Tous les membres du Bureau sont élus en Assemblée générale.

Art. 15. — Les fonctions de Président et de Secrétaire de l'Association sont annuelles: elles commencent immédiatement après une session et durent jusqu'à la fin de la session suivante.

Art. 16. — Le Vice-Président et le Vice-Secrétaire d'une année deviennent, de droit, Président et Secrétaire pour l'année suivante.

Art. 17. — Le Président, le Vice-Président, le Secrétaire et le Vice-Secrétaire de chaque année sont pris respectivement dans les quatre groupes de sections, et chacun est pris à tour de rôle dans chaque groupe.

ART. 18. — Le Trésorier est élu par l'Assemblée générale; il est nommé pour quatre ans et rééligible.

ART. 19. — Le Bureau de chaque section se compose d'un Président, d'un Vice-Président, d'un Secrétaire, et, au besoin, d'un Vice-Secrétaire élu par cette section parmi ses membres.

TITRE IV. — Administration.

ART. 20. — Le siège de l'Administration est à Paris.

ART. 21. — L'Association est administrée gratuitement par un Conseil composé :

1° Du Bureau de l'Association, qui est en même temps le Bureau du Conseil d'administration;

2° Des Présidents de sections;

3° De trois membres par section : ces délégués de section sont élus à la majorité relative en Assemblée générale, sur la proposition de leurs sections respectives; ils sont renouvelables par tiers chaque année.

4° De délégués de l'Association en nombre égal à celui des Présidents de section; ils sont nommés par correspondance, au scrutin secret et à la majorité relative des suffrages exprimés, après proposition du Conseil; ils sont renouvelables par tiers chaque année.

ART. 22. — Les anciens Présidents de l'Association continuent à faire partie du Conseil.

ART. 23. — Les Secrétaires des sections de la session précédente sont admis dans le Conseil avec voix consultative.

ART. 24. — Pendant la durée des sessions, le Conseil siège dans la ville où a lieu la session.

ART. 25. — Le Conseil d'administration représente l'Association et statue sur toutes les affaires concernant son administration.

ART. 26. — Le Conseil a tout pouvoir pour gérer et administrer les affaires sociales, tant actives que passives. Il encaisse tous les fonds appartenant à l'Association, à quelque titre que ce soit.

Il place les fonds qui constituent le capital de l'Association en rentes sur l'État ou en obligations de chemins de fer français, émises par des Compagnies auxquelles un minimum d'intérêt est garanti par l'État ; il décide l'emploi des fonds disponibles; il surveille l'application à leur destination des fonds votés par l'Assemblée générale, et ordonnance par anticipation, dans l'intervalle des sessions, les dépenses urgentes, qu'il soumet, dans la session suivante, à l'approbation de l'Assemblée générale.

Il décide l'échange ou la vente des valeurs achetées: le transfert des rentes sur l'État, obligations des Compagnies de chemins de fer et autres titres nominatifs sont signés par le Trésorier et un des membres du Conseil délégué à cet effet.

Il accepte tous dons et legs faits à la Société; tous les actes y relatifs son signés par le Trésorier et un des membres délégué.

ART. 27. — Les délibérations relatives à l'acceptation des dons et legs, à des acquisitions, aliénations et échanges d'immeubles sont soumises à l'approbation du gouvernement.

Art. 28. — Le Conseil dresse annuellement le budget des dépenses de l'Association; il communique à l'Assemblée générale le compte détaillé des recettes et dépenses de l'exercice.

Art. 29. — Il organise les sessions, dirige les travaux, ordonne et surveille les publications, fixe et affecte les subventions et encouragements.

Art. 30. — Le Conseil peut adjoindre au Bureau des commissaires pour l'étude de questions spéciales et leur déléguer ses pouvoirs pour la solution d'affaires déterminées.

Art. 31. — Les Statuts ne pourront être modifiés que sur la proposition du Conseil d'administration, et à la majorité des deux tiers des membres votants dans l'Assemblée générale, sauf approbation du gouvernement.

Ces propositions, soumises à une session, ne pourront être votées qu'à la session suivante : elles seront indiquées dans les convocations adressées à tous les membres de l'Association.

Art. 32. — Un Règlement général détermine les conditions d'administration et toutes les dispositions propres à assurer l'exécution des Statuts. Ce Règlement est préparé par le Conseil et voté par l'Assemblée générale.

TITRE V. — Dispositions complémentaires.

Art. 33. — Dans le cas où la Société cesserait d'exister, l'Assemblée générale, convoquée extraordinairement, statuera, sous la réserve de l'approbation du gouvernement, sur la destination des biens appartenant à l'Association. Cette destination devra être conforme au but de l'Association, tel qu'il est indiqué dans l'article 1er.

Les clauses stipulées par les donateurs, en prévision de ce cas, devront être respectées.

Le Chef de bureau du Cabinet,

Signé : N. Roujon.

RÈGLEMENT

TITRE Ier. — Dispositions générales.

Article premier. — Le taux de la cotisation annuelle des membres non fondateurs est fixé à 20 francs.

Art. 2. — Tout membre a le droit de racheter ses cotisations à venir en versant, une fois pour toutes, la somme de 200 francs. Il devient ainsi membre à vie.

Les membres ayant racheté leurs cotisations pourront devenir membres fondateurs en versant une somme complémentaire de 300 francs. Il sera loisible de racheter les cotisations par deux versements annuels consécutifs de 100 francs.

La liste alphabétique des membres à vie est publiée en tête de chaque volume, immédiatement après la liste des membres fondateurs.

Art. 3. — Dans les sessions générales, l'Association se répartit en dix-sept sections formant quatre groupes, conformément au tableau suivant :

1er groupe : *Sciences mathématiques.*

1. Section de mathématiques, astronomie et géodésie;
2. Section de mécanique;
3. Section de navigation;
4. Section de génie civil et militaire.

2e groupe : *Sciences physiques et chimiques*

5. Section de physique;
6. Section de chimie;
7. Section de météorologie et physique du globe

3e groupe : *Sciences naturelles.*

8. Section de géologie et minéralogie;
9. Section de botanique;
10. Section de zoologie et zootechnie;
11. Section d'anthropologie;
12. Section des sciences médicales.

4e groupe : *Sciences économiques.*

13. Section d'agronomie;
14. Section de géographie;
15. Section d'économie politique et statistique
16. Section de pédagogie;
17. Section d'hygiène et médecine publique.

Art. 4. — Tout membre de l'Association choisit, chaque année, la section à laquelle il désire appartenir. Il a le droit de prendre part aux travaux des autres sections avec voix consultative.

Art. 5. — Les personnes étrangères à l'Association, qui n'ont pas reçu d'invitation spéciale, sont admises aux séances et aux conférences d'une session, moyennant un droit d'admission fixé à 10 francs. Ces personnes peuvent communiquer des travaux aux sections, mais ne peuvent prendre part aux votes.

Art. 5 *bis*. — Le Président sortant fait, de droit, partie du Bureau pendant les deux semestres suivants.

Art. 6. — Le Conseil d'administration prépare les modifications réglementaires que peut nécessiter l'exécution des Statuts, et les soumet à la décision de l'Assemblée générale.

Il prend les mesures nécessaires pour organiser les sessions, de concert avec les comités locaux qu'il désigne à cet effet. Il fixe la date de l'ouverture de chaque session. Il organise les conférences qui ont lieu à Paris pendant l'hiver.

Il nomme et révoque tous les employés et fixe leur traitement.

Art. 6 *bis*. — Dans le cas de décès, d'incapacité ou de démission d'un ou de plusieurs membres du Bureau, le Conseil procède à leur remplacement.

La proposition de ce ou de ces remplacements est faite dans une séance convoquée spécialement à cet effet : la nomination a lieu dans une séance convoquée à sept jours d'intervalle.

Art. 7. — Le Conseil délibère à la majorité des membres présents. Les délibérations relatives au placement des fonds, à la vente ou à l'échange des valeurs et aux modifications statutaires ou réglementaires ne sont valables que lorsqu'elles ont été prises en présence du quart, au moins, des membres du Conseil dûment convoqués. Toutefois, si, après un premier avis, le nombre des membres présents était insuffisant, il serait fait une nouvelle convocation annonçant le motif de la réunion, et la délibération serait valable, quel que fût le nombre des membres présents.

TITRE II. — Attributions du Bureau et du Conseil d'administration.

Art. 8. — Le Bureau de l'Association est, en même temps, le Bureau du Conseil d'administration.

Art. 9. — Le Conseil se réunit au moins quatre fois dans l'intervalle de deux sessions. Une séance a lieu en novembre pour la nomination des Commissions permanentes ; une autre séance a lieu pendant la quinzaine de Pâques.

Art. 10. — Le Conseil est convoqué toutes les fois que le Président le juge convenable. Il est convoqué extraordinairement lorsque cinq de ses membres en font la demande au Bureau, et la convocation doit indiquer alors le but de la réunion.

Art. 11. — Les Commissions permanentes sont composées des cinq membres du Bureau et d'un certain nombre de membres, élus par le Conseil dans sa séance de novembre. Elles restent en fonctions jusqu'à la fin de la session suivante de l'Association. Elles sont au nombre de cinq :

1° Commission de publication ;
2° Commission de finances ;
3° Commission d'organisation de la session suivante ;
4° Commission des subventions ;
5° Commission des conférences.

Art. 12. — La Commission de publication se compose du Bureau et de quatre membres élus, auxquels s'adjoint, pour les publications relatives à chaque section, le Président ou le Secrétaire, ou, en leur absence, un des délégués de la section.

Art. 13. — La Commission des finances se compose du Bureau et de quatre membres élus.

Art. 14. — La Commission d'organisation de la session se compose du Bureau et de quatre membres élus.

Art. 15. — La Commission des subventions se compose du Bureau, d'un délégué par section nommé par les membres de la section pendant la durée du Congrès et de deux délégués de l'Association nommés par le Conseil.

Art. 15 *bis*. — La Commission des conférences se compose du Bureau et de huit membres élus par le Conseil.

Art. 16. — Le Conseil peut, en outre, désigner des Commissions spéciales pour des objets déterminés.

Art. 17. — Pendant la durée de la session annuelle, le Conseil tient ses séances dans la ville où a lieu la session.

TITRE III. — Du Secrétaire du Conseil.

Art. 18. — Le Secrétaire du Conseil reçoit des appointements annuels dont le chiffre est fixé par le Conseil.

Art. 19. — Lorsque la place de Secrétaire du Conseil devient vacante, il est procédé à la nomination d'un nouveau Secrétaire, dans une séance précédée d'une convocation spéciale qui doit être faite quinze jours à l'avance.

La nomination est faite à la majorité absolue des votants. Elle n'est valable que lorsqu'elle est faite par un nombre de voix égal au tiers, au moins, du nombre des membres du Conseil.

Art. 20. — Le Secrétaire du Conseil ne peut être révoqué qu'à la majorité absolue des membres présents, et par un nombre de voix égal au tiers, au moins, du nombre des membres du Conseil.

Art. 21. — Le Secrétaire du Conseil rédige et fait transcrire, sur deux registres distincts, les procès-verbaux des séances du Conseil et ceux des Assemblées générales. Il siège dans toutes les Commissions permanentes, avec voix consultative. Il peut faire partie des autres Commissions. Il a voix consultative dans les discussions du Conseil. Il exécute, sous la direction du Bureau, les décisions du Conseil. Les employés de l'Association sont placés sous ses ordres. Il correspond avec les membres de l'Association, avec les présidents et secrétaires des Comités locaux et avec les secrétaires des sections. Il fait partie de la Commission de publication et la convoque. Il dirige la publication du volume et donne les bons à tirer. Pendant la durée des sessions, il veille à la distribution des cartes, à la publication des programmes et assure l'exécution des mesures prises par le Comité local concernant les excursions.

TITRE IV. — Des Assemblées générales.

Art. 22. — Il se tient chaque année, pendant la durée de la session, au moins une Assemblée générale.

Art. 23. — Le Bureau de l'Association est, en même temps, le Bureau de l'Assemblée générale. Dans les Assemblées générales qui ont lieu pendant la session, le Bureau du Comité local est adjoint au Bureau de l'Association.

Art. 24. — L'Assemblée générale, dans une séance qui clôt définitivement la session, élit, au scrutin secret et à la majorité absolue, le Vice-Président et le Vice-Secrétaire de l'Association pour l'année suivante, ainsi que le Trésorier, s'il y a lieu; dans le cas où, pour l'une où l'autre de ces fonctions, la liste de présentation ne comprendrait qu'un nom, la nomination pourra être faite par un vote à main levée, si l'Assemblée en décide ainsi. Elle nomme, sur la proposition des sections, les membres qui doivent représenter chaque section dans le Conseil d'administration. Elle désigne enfin, une ou deux années à l'avance, les villes où doivent se tenir les sessions futures.

Art. 25. — L'Assemblée générale peut être convoquée extraordinairement, par une décision du Conseil.

Art. 26. — Les propositions tendant à modifier les Statuts, ou le titre Ier du règlement, conformément à l'article 31 des Statuts, sont présentées à l'Assemblée générale par le rapporteur du Conseil et ne sont mises aux voix que dans la session suivante. Dans l'intervalle des deux sessions, le rapport est imprimé et distribué à tous les membres. Les propositions sont, en outre, rappelées dans les convocations adressées à tous les membres. Le vote a lieu sans discussion, par *oui* ou par *non*, à la majorité des deux tiers des voix, s'il s'agit d'une modification au Règlement. Lorsque vingt membres en font la demande par écrit, le vote a lieu au scrutin secret.

TITRE V. — De l'organisation des Sessions annuelles et du Comité local.

Art. 27. — La Commission d'organisation, constituée comme il est dit à l'article 14, se met en rapport avec les membres fondateurs appartenant à la ville où doit se tenir la prochaine session. Elle désigne, sur leurs indications, un certain nombre de membres qui constituent le Comité local.

Art. 28. — Le Comité local nomme son Président, son Vice-Président et son Secrétaire. Il s'adjoint les membres dont le concours lui paraît utile, sauf approbation de la Commission d'organisation.

Art. 29. — Le Comité local a pour attribution de venir en aide à la commission d'organisation, en faisant des propositions relatives à la session et en assurant l'exécution des mesures locales qui ont été approuvées, ou indiquées par la Commission.

Art. 30. — Il est chargé de s'assurer des locaux et de l'installation nécessaires pour les diverses séances ou conférences ; ses décisions, toutefois, ne deviennent définitives qu'après avoir été acceptées par la Commission. Il propose les sujets qu'il serait important de traiter dans les conférences, et les personnes qui pourraient en être chargées. Il indique les excursions qui seraient propres à intéresser les membres du Congrès, et prépare celles de ces excursions qui sont acceptées par la Commission. Il se met en rapport, lorsqu'il le juge utile, avec les sociétés savantes et les autorités des villes ou localités où ont lieu les excursions.

Art. 31. — Le Comité local est invité à préparer une série de courtes notices sur la ville où se tient la session, sur les monuments, sur les établissements industriels, les curiosités naturelles, etc., de la région. Ces notices sont distribuées aux membres de l'Association et aux invités assistant au Congrès.

Art. 32. — Le Comité local s'occupe de la publicité nécessaire à la réussite du Congrès, soit à l'aide d'articles de journaux, soit par des envois de programmes, etc., dans la région où a lieu la session.

Art. 33. — Il fait parvenir à la Commission d'organisation la liste des savants français et étrangers qu'il désirerait voir inviter.

Le Président de l'Association n'adresse les invitations qu'après que cette liste a été reçue et examinée par la Commission.

Art. 34. — Le Comité local indique, en outre, parmi les personnes de la ville ou du département, celles qu'il conviendrait d'admettre gratuitement à participer aux travaux scientifiques de la session.

Art. 35. — Depuis sa constitution jusqu'à l'ouverture de la session, le Comité local fait parvenir deux fois par mois, au Secrétaire du conseil de l'Association, des renseignements sur ses travaux, la liste des membres nouveaux, avec l'état des payements, la liste des communications scientifiques qui sont annoncées, etc.

Art. 36. — La Commission d'organisation publie et distribue, de temps à autre, aux membres de l'Association les communications et avis divers qui se rapportent à la prochaine session. Elle s'occupe de la publicité générale et des arrangements à prendre avec les Compagnies de chemins de fer.

TITRE VI. — De la tenue des Sessions.

Art. 37. — Pendant toute la durée de la session, le Secrétariat est ouvert chaque matin pour la distribution des cartes. La présentation des cartes est exigible à l'entrée des séances.

Art. 38. — Tout membre, en retirant sa carte, doit indiquer la section à laquelle il désire appartenir, ainsi qu'il est dit à l'article 4.

Art. 39. — Le Conseil se réunit dans la matinée du jour où a lieu l'ouverture de la session ; il se réunit pendant la durée de la session, autant de fois qu'il le juge convenable. Il tient une dernière réunion, pour arrêter une liste de présentation relative aux élections du Bureau de l'Association, vingt-quatre heures au moins avant la réunion de l'Assemblée générale.

Le Président et l'un des Secrétaires du Comité local assistent, pendant la session, aux séances du Conseil, avec voix consultative.

Art. 39 *bis*. — Les candidatures pour les élections du Bureau doivent être communiquées au Conseil, présentées par dix membres au moins de l'Association, trois jours avant l'Assemblée générale.

Le Conseil arrête la liste des présentations qu'il a reconnues régulières vingt-quatre heures au moins avant l'Assemblée générale. Cette liste de candidature, dressée par ordre alphabétique, sera affichée dans la salle de réunion.

Art. 40. — La session est ouverte par une séance générale, dont l'ordre du jour comprend :

1° Le discours du Président de l'Association et des autorités de la ville et du département ;

2° Le compte rendu annuel du Secrétaire général de l'Association ;

3° Le rapport du Trésorier sur la situation financière.

Aucune discussion ne peut avoir lieu dans cette séance.

A la fin de la séance, le Président indique l'heure où les membres se réuniront dans les sections.

Art. 41. — Chaque section élit, pendant la durée d'une session, son président pour la session suivante : le président doit être choisi parmi les membres de l'Association.

Art. 42. — Chaque section, dans sa première séance, procède à l'élection de son Vice-Président et de son Secrétaire, toujours choisis parmi ses membres. Elle peut nommer, en outre, un second Secrétaire, si elle le juge convenable Elle procède, aussitôt après, à ses travaux scientifiques.

Art. 43. — Les Présidents de sections se réunissent, dans la matinée du second jour, pour fixer les jours et les heures des séances de leurs sections respectives, et pour répartir ces séances de la manière la plus favorable. Ils décident, s'il y a lieu, la fusion de certaines sections voisines.

Les Présidents de deux ou plusieurs sections peuvent organiser, en outre, des séances collectives.

Une section peut tenir, aux heures qui lui conviennent, des séances supplémentaires, à la condition de choisir des heures qui ne soient pas occupées par les excursions générales.

Art. 44. — Pendant la durée de la session, il ne peut être consacré qu'un seul jour, non compris le dimanche, aux excursions générales. Il ne peut être tenu de séances de sections, ni de conférences, et il ne peut y avoir d'excursions officielles spéciales, pendant les heures consacrées à une excursion générale

ART. 45. — Il peut être organisé une ou plusieurs excursions générales, ou spéciales, pendant les jours qui suivent la clôture de la session.

ART. 46. — Les sections ont toute liberté pour organiser les excursions particulières qui intéressent spécialement leurs membres.

ART. 47. — Une liste des membres de l'Association présents au Congrès paraît le lendemain du jour de l'ouverture, par les soins du Bureau. Des listes complémentaires paraissent les jours suivants, s'il y a lieu.

ART. 48. — Il paraît chaque matin un Bulletin indiquant le programme de la journée, les ordres du jour des diverses séances et les travaux des sections de la journée précédente.

ART. 49. — La Commission d'organisation peut instituer une ou plusieurs séances générales.

ART. 50. — Il ne peut y avoir de discussions en séance générale. Dans le cas où un membre croirait devoir présenter des observations sur un sujet traité dans une séance générale, il devra en prévenir par écrit le Président, qui désignera l'une des prochaines séances de sections pour la discussion.

ART. 51. — A la fin de chaque séance de section, et sur la proposition du Président, la section fixe l'ordre du jour de la prochaine séance, ainsi que l'heure de la réunion.

ART. 52. — Lorsque l'ordre du jour est chargé, le Président peut n'accorder la parole que pour un temps déterminé qui ne peut être moindre que dix minutes. A l'expiration de ce temps, la section est consultée pour savoir si la parole est maintenue à l'orateur ; dans le cas où il est décidé qu'on passera à l'ordre du jour, l'orateur est prié de donner brièvement ses conclusions.

ART. 53. — Les membres qui ont présenté des travaux au Congrès sont priés de remettre au Secrétaire de leur section leur manuscrit, ou un résumé de leur travail ; ils sont également priés de fournir une note indicative de la part qu'ils ont prise aux discussions qui se sont produites.

Lorsqu'un travail comportera des figures ou des planches, mention devra en être faite sur le titre du mémoire.

ART. 54. — A la fin de chaque séance, les Secrétaires de sections remettent au Secrétariat :

1° L'indication des titres des travaux de la séance ;
2° L'ordre du jour, la date et l'heure de la séance suivante.

ART. 55. — Les Secrétaires de sections sont chargés de prévenir les orateurs désignés pour prendre la parole dans chacune des séances.

ART. 56. — Les Secrétaires de sections doivent rédiger un procès-verbal des séances. Ce procès-verbal doit donner, d'une manière sommaire, le résumé des travaux présentés et des discussions ; il doit être remis au Secrétariat, aussitôt que possible, et au plus tard un mois après la clôture de la session.

ART. 57. — Les Secrétaires de sections remettent au Secrétaire du Conseil, avec leurs procès-verbaux, les manuscrits qui auraient été fournis par leurs auteurs, avec une liste indicative des manuscrits manquants.

ART. 58. — Les indications relatives aux excursions sont fournies aux membres le plus tôt possible. Les membres qui veulent participer aux excursions sont priés de se faire inscrire à l'avance, afin que l'on puisse prendre des mesures d'après le nombre des assistants.

Art. 59. — Les conférences générales n'ont lieu que le soir, et sous le contrôle d'un président et de deux assesseurs désignés par le Bureau.

Il ne peut être fait plus de deux conférences générales pendant la durée d'une session.

TITRE VII. — Des Comptes rendus.

Art. 60. — Il est publié, chaque année, un volume contenant : 1° le compte rendu des séances de la session ; 2° le texte ou l'analyse des travaux provoqués par l'Association, ou des notes et mémoires acceptés par le Conseil; 3° le texte ou l'analyse des conférences faites à Paris pendant l'hiver.

Art. 61. — Le volume doit être publié dix mois au plus tard après la session à laquelle il se rapporte. Il est expédié aux invités de l'Association.

L'apparition du volume est annoncée à tous les membres, par une circulaire qui indique à partir de quelle date il peut être retiré au Secrétariat.

Art. 61 *bis*. — Sur leur demande, faite avant le 1er octobre, les membres recevront les comptes rendus de l'Association par fascicules expédiés semi-mensuellement.

Art. 62. — Les membres qui n'auraient pas remis les manuscrits de leurs communications au Secrétaire de leur section devront les faire parvenir au Secrétariat du Conseil avant le 1er novembre. Cette limite n'est pas applicable aux conférences. Passé cette époque, le titre seul du travail figurera dans les comptes rendus, sauf décision spéciale de la Commission de publication.

Art. 62 *bis*. — Dix pages, au maximum, peuvent être accordées à un auteur pour une même question; toutefois, pour les travaux d'une importance exceptionnelle, la Commission de publication pourra proposer au Conseil d'administration de fixer une étendue plus considérable.

Art. 63. — La Commission de publication peut décider, d'ailleurs, qu'un travail ne figurera pas *in extenso* dans les comptes rendus, mais qu'il en sera seulement donné un extrait, que l'auteur sera engagé à fournir dans un délai déterminé. Si, à l'expiration de ce délai, cet extrait n'a pas été fourni au Secrétaire du conseil, l'extrait du procès-verbal relatif à ce travail sera seul inséré.

Art. 64. — Les discussions insérées dans les comptes rendus sont extraites textuellement des procès-verbaux des Secrétaires de sections. Les notes fournies par les auteurs, pour faciliter la rédaction des procès-verbaux, devront être remises dans les vingt-quatre heures.

Art. 65. — La Commission de publication décide quelles seront les planches qui seront jointes au compte rendu et s'entend, à cet effet, avec la Commission des finances.

Art. 66. — Aucun travail, publié en France avant l'époque du Congrès, ne pourra être reproduit dans les comptes rendus : le titre et l'indication bibliographique figureront seuls dans ce volume.

Art. 67. — Les épreuves seront communiquées aux auteurs en placards seulement ; une semaine est accordée pour la correction. Si l'épreuve n'est pas renvoyée à l'expiration de ce délai, les corrections sont faites par les soins du Secrétariat.

Art. 68. — Dans le cas où les frais de corrections et changements indiqués par un auteur dépasseraient la somme de 15 francs par feuille, l'excédent, calculé proportionnellement, serait porté à son compte.

Art. 69. — Les membres dont les communications ont une étendue qui dépasse une demi-feuille d'impression recevront 15 exemplaires de leur travail, extraits des feuilles qui ont servi à la composition du volume.

Art. 70. — Les membres pourront faire exécuter un tirage à part de leurs communications avec pagination spéciale, au prix convenu avec l'imprimeur par le Bureau, en renonçant, s'il y a lieu, aux quinze exemplaires indiqués dans l'article 69.

Les tirages à part porteront la mention qu'ils sont extraits des comptes rendus des Congrès de l'Association.

Lorsque la communication aura été suivie de discussion mentionnée dans le compte rendu, celle-ci devra être signalée dans les tirages à part.

Les tirages à part seront distribués aussitôt après la publication des comptes rendus.

LISTE DES BIENFAITEURS

DE L'ASSOCIATION FRANÇAISE POUR L'AVANCEMENT DES SCIENCES

MM. EICHTHAL (Adolphe D'), Président du Conseil d'administration des chemins de fer du Midi, à Paris.
KUHLMANN (Frédéric), Chimiste, Correspondant de l'Institut, à Lille.
BRUNET (Benjamin), ancien Négociant à la Pointe-à-Pitre, à Paris.
ROSIERS (DES), Propriétaire, à Paris.
PERDRIGEON, Agent de change, à Paris.
BISCHOFFSHEIM (Raphaël-Louis), Député des Alpes-Maritimes, à Paris.
UN ANONYME.
SIEBERT, à Paris.
LA COMPAGNIE GÉNÉRALE TRANSATLANTIQUE, à Paris.
G. MASSON, Libraire de l'Académie de médecine, à Paris.
PEREIRE (Émile), à Paris.
OLLIER, Professeur à la Faculté de médecine de Lyon, Correspondant de l'Institut.
GIRARD, Directeur de la manufacture des tabacs de Lyon.
BROSSARD (Louis-Cyrille), à Étampes.
LOMPECH (Denis), à Miramont.

VILLE DE PARIS.
VILLE DE MONTPELLIER.

LISTE DES MEMBRES

DE

L'ASSOCIATION FRANÇAISE POUR L'AVANCEMENT DES SCIENCES

(MEMBRES FONDATEURS ET MEMBRES A VIE)

MEMBRES FONDATEURS

	PARTS
ABBADIE (D'), Membre de l'Institut, 120, rue du Bac. — Paris	4
AIMÉ-GIRARD, Professeur au Conservatoire des Arts et Métiers, 5, rue du Bellay. — Paris	1
ALBERTI, Banquier, 11 *bis*, boulevard Haussmann. — Paris	1
ALMEIDA (D'), Inspecteur général de l'Instruction publique (*Décédé*)	1
AMBOIX (D'), Capitaine d'état-major, 69, boulevard Malesherbes. — Paris	1
ANDOUILLÉ (Edmond), Sous-Gouverneur honoraire de la Banque de France, 2, rue du Cirque. — Paris	2
ANDRÉ (Alfred), Banquier, 49, rue de La Boétie. — Paris	2
ANDRÉ (Édouard), 158, boulevard Haussmann. — Paris	1
ANDRÉ (Frédéric), Ingénieur des Ponts et Chaussées, 4, rue Michelet. — Paris	1
AUBERT (Charles), Licencié en droit, Avoué plaidant. — Rocroi (Ardennes)	1
AUDIBERT, Directeur de la Compagnie de Paris à Lyon et à la Méditerranée (*Décédé*)	2
AYNARD (Éd.), Banquier, 19, rue de Lyon. — Lyon	1
AZAM, Professeur à la Faculté de Médecine. — Bordeaux	1
BAILLE, Répétiteur à l'École polytechnique, 26, rue Oberkampf. — Paris	1
BAILLON, Professeur à la Faculté de Médecine, 12, rue Cuvier. — Paris	1
BALARD, Membre de l'Institut (*Décédé*)	1
BALASCHOFF (Pierre DE), Rentier, 76, rue de Monceau. — Paris	1
BAMBERGER, Banquier, 14, rond-point des Champs-Élysées. — Paris	1
BAPTEROSSES (F.), Manufacturier. — Briare (Loiret)	1
BARBOUX, Avocat à la Cour d'appel, ancien Bâtonnier de l'ordre, 10, quai de la Mégisserie. — Paris	1
BARTHOLONY, Président du Conseil d'administration des chemins de fer d'Orléans, 12, rue de La Rochefoucauld. — Paris	1
BÉCHAMP, Doyen de la Faculté de Médecine de l'Université catholique, 8, rue Beauharnais. — Lille	1
BECKER (Mme), 260, boulevard Saint-Germain — Paris	1
BELL (Édouard-Théodore), Négociant. — New-York (U.-S.)	1
BELON, Fabricant, avenue de Noailles. — Lyon	1
BERAL (E.), Ingénieur des mines, Sénateur, 1, rue Boursault. — Paris	1
BERDELLÉ (Charles), ancien Garde général des Forêts. — Rioz (Haute-Saône)	1
BERNARD (Claude), Membre de l'Académie des sciences et de l'Académie française, (*Décédé*)	1
BILLAULT-BILLAUDOT et Cie, Fabricants de produits chimiques, place de la Sorbonne. — Paris	1
BILLY (DE), Inspecteur général des Mines (*Décédé*)	1
BILLY (Charles DE), Conseiller référendaire à la Cour des Comptes, 61, avenue Kléber. — Paris	1
BISCHOFFSHEIM (L.-R.), Banquier (*Décédé*)	1

BISCHOFFSHEIM (Raphaël-Louis), ancien Député des Alpes-Maritimes, 3, rue Taitbout. — Paris 1
BLOT, Membre de l'Académie de Médecine, 24, avenue de Messine. — Paris 1
BOCHET (Vincent DU) (*Décédé*). . . . 1
BOISSONNET, Général du Génie, ancien Sénateur, 75, rue Miromesnil. — Paris. . . . 1
BOIVIN (Émile), 64, rue de Lisbonne. — Paris 1
BONAPARTE (Le Prince Roland), 22, cours la Reine. — Paris. . . . 1
BONDET, Médecin de l'Hôtel-Dieu, Professeur à la Faculté de Médecine de Lyon, 2, quai de Retz. — Lyon 1
BONNEAU (Théodore), Notaire honoraire. — Marans (Charente-Inférieure) 1
BORIE (Victor), Membre de la Société nationale d'agriculture de France (*Décédé*). . . . 1
BOUDET (F.), Membre de l'Académie de Médecine (*Décédé*) 1
BOUILLAUD, Membre de l'Institut, Professeur à la Faculté de Médecine (*Décédé*) . . 1
BOULÉ, Ingénieur en chef des Ponts et Chaussées, 23, rue de La Boétie. — Paris . . 1
BRANDENBURG (Albert), Négociant, 1, rue de la Verrerie. — Bordeaux. . . . 1
BRÉGUET, Membre de l'Institut et du Bureau des Longitudes (*Décédé*) 2
BRÉGUET (Antoine), ancien Élève de l'École polytechnique, Directeur de la *Revue scientifique* (*Décédé*). . . . 1
BREITTMAYER (Albert), ancien Sous-Directeur des docks et entrepôts de Marseille, 8, quai de l'Est. — Lyon . . . .
BROCA (Paul), Sénateur, Membre de l'Académie de Médecine, Professeur à la Faculté de Médecine (*Décédé*). . . . 2
BROET, Membre de l'Assemblée nationale (*Décédé*) 1
BROUZET (Ch.), Ingénieur civil, 51, rue Saint-Joseph (Perrache). — Lyon. . . . 1
BURTON, Administrateur de la Compagnie des Forges d'Alais, 58, rue de la Chaussée-d'Antin. — Paris. . . . 1
CACHEUX (Émile), Ingénieur civil des Arts et Manufactures, 25, quai Saint-Michel. — Paris 1
CAMBEFORT (J.), Banquier, Administrateur des Hospices, 13, rue de la République. — Lyon 1
CAMONDO (Comte N. DE), 31, rue Lafayette. — Paris 1
CAMONDO (Comte A. DE), 31, rue Lafayette. — Paris 1
CAPERON père. . . . 1
CAPERON fils 1
CARLIER (Auguste), Publiciste, 12, rue de Berlin. — Paris. . . . 1
CARNOT (Adolphe), Ingénieur en chef des Mines, Professeur à l'École des Mines et à l'Institut national agronomique, 60, boulevard Saint-Michel. — Paris 1
CASTHELAZ (John), Fabricant de produits chimiques, 19, rue Sainte-Croix-de-la-Bretonnerie. — Paris 1
CAVENTOU père, Membre de l'Académie de Médecine (*Décédé*) 1
CAVENTOU fils, Membre de l'Académie de Médecine, 11, rue des Saints-Pères. — Paris 1
CERNUSCHI (Henri), 7, avenue Velasquez. — Paris. . . . 1
CHABAUD-LATOUR (DE), Général de division du Génie, Sénateur (*Décédé*) 1
CHABRIÈRES-ARLÈS, Administrateur des Hospices, 12, place Louis XVI. — Lyon. . . 1
CHAMBRE de Commerce (la). — Bordeaux. . . . 1
— — — Lyon. . . . 1
— — — Nantes 1
— — — Marseille. . . . 1
— — — Rouen. . . . 1
CHANTRE (Ernest), Sous-Directeur du Muséum, 37, cours Morand. — Lyon. . . . 1
CHARCOT, Membre de l'Institut et de l'Académie de Médecine, Professeur à la Faculté de Médecine de Paris, 217, boulevard Saint-Germain. — Paris. . . . 1
CHASLES, Membre de l'Institut (*Décédé*). . . . 1
CHATELIER (LE), Inspecteur général des Mines (*Décédé*). . . . 1
CHAUVEAU (A.), Membre de l'Institut, Inspecteur général des Écoles vétérinaires, Professeur au Muséum, 10, avenue Jules Janin. — Paris. . . .
CHEVALIER, Négociant, 50, rue du Jardin-Public. — Bordeaux 1
CLAMAGERAN, Sénateur, Avocat, 57, avenue Marceau. — Paris. . . . 1
CLERMONT (DE), Sous-Directeur du Laboratoire de Chimie à la Sorbonne, 8, boulevard Saint-Michel. — Paris 1
Dr CLIN (Ernest-Marie), ancien Interne des Hôpitaux de Paris, Lauréat de la Faculté de Médecine (Prix Monthyon), Membre perpétuel de la Société chimique, 20, rue des Fossés Saint-Jacques. — Paris 1

CLOQUET (Jules), Membre de l'Institut (*Décédé*). 1
COLLIGNON (Ed.), Ingénieur en chef des Ponts et Chaussées, Inspecteur de l'École des Ponts et Chaussées, 28, rue des Saints-Pères. — Paris 1
COMBAL, Professeur à la Faculté de Médecine de Montpellier. 1
COMBES, Inspecteur général des Mines, Directeur de l'École des Mines (*Décédé*). . . . 1
COMPAGNIE des Chemins de fer du Midi, 54, boulevard Haussmann. — Paris 5
— — d'Orléans, 1, place Walhubert. — Paris 5
— — de l'Ouest, 110, rue Saint-Lazare. — Paris 5
— — de Paris à Lyon et à la Méditerranée, 88, rue Saint-Lazare. — Paris 5
COMPAGNIE du Gaz Parisien, rue Condorcet. — Paris. 4
— des Salins du Midi, 84, rue de la Victoire. — Paris 2
— des Messageries maritimes, 1, rue Vignon. — Paris 1
— des Fonderies et Forges de Terre-Noire, la Voulte et Bessèges. — Lyon. 1
— générale des Verreries de la Loire et du Rhône, à Rive-de-Gier (Loire) (M. HUTTER Administrateur délégué) 1
— des Fonderies et Forges de l'Horme, 8, rue Bourbon. — Lyon 1
— du Gaz de Lyon, rue de Savoie. — Lyon 1
— de Roche-la-Molière et Firminy. — Lyon. 1
— des Mines de houille de Blanzy (Jules CHAGOT et Cie), à Montceau-les-Mines (Saône-et-Loire), 69, boulevard Haussmann. — Paris 1
CONSEIL d'administration de la Compagnie des Minerais de fer magnétique de Mokta-El-Hadid, 26, avenue de l'Opéra. — Paris. 1
CONSEIL d'administration de l'École Monge, 145, boulevard Malesherbes. — Paris. . . 1
COPPET (DE) Chimiste, villa Irène, aux Baumettes. — Nice 1
CORNU, Membre de l'Institut, Ingénieur en chef des Mines, Professeur à l'École polytechnique, 9, rue de Grenelle. — Paris. 1
COSSON, Membre de l'Institut et de la Société botanique, 7, rue de La Boétie. — Paris. 1
COURTOIS DE VIÇOSE, 3, rue Mage. — Toulouse. 1
COURTY, Professeur à la Faculté de Médecine de Montpellier (*Décédé*) 1
CROUAN (Fernand), Armateur, 14, rue Héronnière. — Nantes 1
DAGUIN, ancien Président du Tribunal de Commerce de la Seine, 4, rue Castellane. — Paris 1
DALLIGNY, 5, rue d'Albe. — Paris. 1
DANTON, Ingénieur civil des Mines, 11, avenue de l'Observatoire. — Paris 1
DAVILLIER, Banquier (*Décédé*) 1
DEGOUSÉE, Ingénieur civil, 35, rue de Chabrol. — Paris. 1
DELAUNAY, Ingénieur des Mines, Membre de l'Institut, Directeur de l'Observatoire (*Décédé*). 1
Dr DELORE, Chirurgien en chef de la Charité, Professeur agrégé à la Faculté de Médecine de Lyon, 31, place Bellecour. — Lyon 1
DEMARQUAY, Membre de l'Académie de Médecine (*Décédé*) 1
DEMONGEOT, Ingénieur des Mines, Maître des requêtes au Conseil d'État (*Décédé*). . . 1
DHOTEL, Adjoint au maire du IIe arrondissement (*Décédé*). 1
Dr DIDAY, ex-Chirurgien en chef de l'Antiquaille, Correspondant de l'Académie de Médecine, Secrétaire général de la Société de Médecine, 71, rue de la République. — Lyon. 1
DOLLFUS (Mme Auguste), 53, rue de la Côte. — Le Havre 1
DOLLFUS (Auguste) (*Décédé*) 1
DORVAULT, Directeur de la Pharmacie centrale (*Décédé*). 1
DUMAS, Secrétaire perpétuel de l'Académie des Sciences, Membre de l'Académie française (*Décédé*) 1
DUPOUY (E.), Avocat, Sénateur, Président du Conseil général de la Gironde, 109, rue Croix-de-Seguey. — Bordeaux 1
DUPUY DE LOME, Membre de l'Institut, Sénateur (*Décédé*). 1
DUPUY (Paul) Professeur à la Faculté de Médecine, 8, allées de Tourny. — Bordeaux. 2
DUPUY (Léon), Professeur au Lycée, 43, cours du Jardin public. — Bordeaux 1
DURAND-BILLION, ancien Architecte (*Décédé*) 1
DUVAL (Fernand), Administrateur de la Compagnie parisienne du Gaz, 53, rue François Ier. — Paris. 1
DUVERGIER, Président de la Société Industrielle de Lyon (*Décédé*). . . . .
EICHTHAL (D'), Banquier, Président du Conseil d'administration des chemins de fer du Midi, 42, rue des Mathurins. — Paris. 10

ENGEL, Relieur, 91, rue du Cherche-Midi. — Paris 1
ERHARDT-SCHIEBLE, Graveur (*Décédé*). 1
ESPAGNY (le Comte D'), Trésorier-payeur général du Rhône (*Décédé*) 1
FAURE (Lucien), Président de la Chambre de Commerce (*Décédé*) 1
FREMY, Membre de l'Institut, Directeur du Muséum, Professeur au Muséum et à l'École polytechnique, 33, rue Cuvier. — Paris 1
FREMY (Mme), 33, rue Cuvier. — Paris 1
FRIEDEL, Membre de l'Institut, Professeur à la Faculté des Sciences, 9, rue Michelet. — Paris 1
FRIEDEL (Mme) née Combes, 9, rue Michelet. — Paris 1
FROSSARD (Ch.-L.), 14, rue de Boulogne. — Paris. 1
FUMOUZE (Armand), Docteur-médecin-pharmacien, 78, Faubourg-Saint-Denis. — Paris. 1
GALANTE, Fabricant d'instruments de chirurgie, 2, rue de l'École-de-Médecine. — Paris 1
GALLINE (P.), Banquier, Président de la Chambre de Commerce, 11, place Bellecour. — Lyon 1
GARIEL (C.-M.), Ingénieur en chef des Ponts et Chaussées, Professeur à la Faculté de Médecine, Membre de l'Académie de médecine, 39, rue Jouffroy. — Paris. . . . 1
GAUDRY (Albert), Membre de l'Institut, Professeur au Muséum d'histoire naturelle, 7 *bis*, rue des Saints-Pères. — Paris. 1
GAUTHIER-VILLARS, Libraire, ancien Élève de l'École polytechnique, 55, quai des Augustins. — Paris. 1
GEOFFROY-SAINT-HILAIRE (Albert), Directeur du Jardin d'acclimatation, 50, boulevard Maillot. — Neuilly (Seine). 1
GERMAIN (Henri), Député de l'Ain, Président du Conseil d'administration du Crédit lyonnais, 21, boulevard des Italiens. — Paris 1
GERMAIN (Philippe), 33, place Bellecour. — Lyon 1
GERMER-BAILLIÈRE, 20, rue des Grands-Augustins. — Paris 1
GILLET fils aîné, Teinturier, 9, quai Serin. — Lyon 1
Dr GINTRAC père, Correspondant de l'Institut (*Décédé*). 1
GIRARD (Ch.), Chef du laboratoire municipal de la Ville de Paris, 2, rue Monge.—Paris 1
GOLDSCHMIDT (Frédéric), Banquier, 22, rue de l'Arcade. — Paris. 1
GOLDSCHMIDT (Léopold), Banquier, 8, rue Murillo. — Paris 1
GOLDSCHMIDT (S.-H.), 6, Rond-Point des Champs-Élysées. — Paris 1
GOUIN (Ernest), Ingénieur, ancien Élève de l'École polytechnique, Régent de la Banque de France (*Décédé*) 1
GOUNOUILHOU, Imprimeur, 11, rue Guiraude. — Bordeaux 1
GRISON (Charles), Pharmacien, 20, rue des Fossés-Saint-Jacques. — Paris. 1
GRUNER, Inspecteur général des Mines (*Décédé*). 1
Dr GUBLER, Membre de l'Académie de Médecine, Professeur à la Faculté de Médecine (*Décédé*.). 1
Dr GUÉRIN (Alphonse), Membre de l'Académie de Médecine, 11*bis*, rue Jean-Goujon. — Paris 1
GUICHE (Marquis DE LA), 16, rue Matignon. — Paris 1
GUIMET (Émile), Négociant, place de la Miséricorde. — Lyon. 1
HACHETTE et Cie, Libraires-Éditeurs, 79, boulevard Saint-Germain. — Paris. 1
HADAMARD (David), 53, rue de Châteaudun. — Paris. 1
HATON DE LA GOUPILLIÈRE, Membre de l'Institut, Inspecteur général des Mines, 9, avenue du Trocadéro. — Paris 1
HAUSSONVILLE (Comte D'), Sénateur, Membre de l'Académie française (*Décédé*) . . 1
HECHT (Étienne), Négociant, 19, rue Le Peletier. — Paris. 1
HENTSCH, Banquier, 20, rue Le Peletier. — Paris. 2
HILLEL frères, 60, rue de Monceau. — Paris. 2
HOTTINGUER, Banquier, 38, rue de Provence. — Paris 1
HOUEL, Ingénieur, 40, rue du Roi-de-Rome. — Paris 1
HOVELACQUE (Abel), Professeur à l'École d'anthropologie, Conseiller municipal, 39, rue de l'Université. — Paris. 1
Dr HUREAU DE VILLENEUVE, Lauréat de l'Institut, 91, rue d'Amsterdam. — Paris. . . 1
HUYOT, Ingénieur des Mines, Directeur de la Compagnie des chemins de fer du Midi (*Décédé*) 1
JACQUEMART (Frédéric), 58, Faubourg-Poissonnière. — Paris. 1
JAMESON (Conrad), Banquier, 38, rue de Provence. — Paris. 1
JAVAL, Membre de l'Assemblée nationale (*Décédé*) 1

JOHNSTON (Nathaniel), ancien Député, Pavé des Chartrons. — Bordeaux 1
JUGLAR (Mme J.), 58, rue des Mathurins. — Paris. 1
KANN, Banquier, 58, avenue du Bois-de-Boulogne. — Paris. 1
KŒNIGSWARTER (Baron Maximilien DE), ancien Député (*Décédé*). 1
KŒNIGSWARTER (Antoine) (*Décédé*) 1
KRANTZ, Sénateur, Inspecteur général des Ponts et Chaussées, Commissaire général de l'Exposition universelle de 1878, 47, rue La Bruyère. — Paris 1
KUHLMANN (Frédéric), Correspondant de l'Institut (*Décédé*) 1
KUPPENHEIM (J.), Négociant, Membre du Conseil des Hospices de Lyon (*Décédé*) . . . 1
Dr LAGNEAU (Gustave), Membre de l'Académie de Médecine, 38, rue de la Chaussée-d'Antin. — Paris. 1
LALANDE (Armand), Négociant, 84, quai des Chartrons. — Bordeaux. 1
LAMÉ FLEURY, Conseiller d'État, Inspecteur général des Mines, 62, rue de Verneuil. — Paris 1
LAMY (Ernest), 113, boulevard Haussmann. — Paris. 1
LAN, Ingénieur en chef des Mines, Directeur des Forges de Châtillon et de Commentry (*Décédé*). — Paris. 2
LAPPARENT (DE), Ingénieur des Mines, 3, rue de Tilsitt. — Paris. 1
LARREY (Baron), Membre de l'Institut et de l'Académie de Médecine, ancien Député, 91, rue de Lille. — Paris 1
LAURENCEL (Comte DE) (*Décédé*). 1
LAUTH (Ch.), Chimiste, Directeur de la manufacture de Sèvres, 2, rue de Fleurus. — Paris 1
LECONTE, Ingénieur civil des Mines, 49, rue Laffitte. — Paris 2
LECOQ DE BOISBAUDRAN, Correspondant de l'Institut, 36, rue de Prony. — Paris . . . 1
LE FORT (Léon), Membre de l'Académie de Médecine, Professeur à la Faculté de Médecine, 96, rue de la Victoire. — Paris 1
LE MARCHAND (Augustin), Ingénieur géologue, aux Chartreux. — Petit-Quevilly, près Rouen 1
LESSEPS (Ferdinand DE), Membre de l'Institut et de l'Académie française, Président-fondateur de la Compagnie universelle du Canal maritime de l'Isthme de Suez, 29, avenue Montaigne. — Paris 1
LEUDET, Directeur de l'École de Médecine de Rouen, Membre associé national de l'Académie de Médecine, 49, boulevard Cauchoise. — Rouen 1
LEVALLOIS (J.), Inspecteur général des Mines en retraite (*Décédé*) 1
LE VERRIER, Directeur de l'Observatoire, Membre de l'Institut, Fondateur et Président de l'Association scientifique (*décédé*). . . . .
LÉVY-CRÉMIEUX, Banquier, 34, rue de Châteaudun. — Paris. 1
LOCHE (Maurice), Ingénieur en chef des Ponts et Chaussées, 24, rue d'Oillemont.— Paris. 1
Dr LORTET, Doyen de la Faculté de Médecine de Lyon, Directeur du Muséum d'histoire naturelle, 1, quai de la Guillottière. — Lyon 1
LUGOL, Avocat, 11, rue de Téhéran (parc Monceau). — Paris. 1
LUTSCHER, Banquier, 22, place Malesherbes. — Paris. 2
LUZE (DE) père, Négociant (*Décédé*) 1
Dr MAGITOT, 8, rue des Saints-Pères. — Paris 1
MANGINI, ancien Sénateur du Rhône, rue des Archers. — Lyon 1
MANNBERGER, Banquier, 59, rue de Provence. — Paris 1
MANNHEIM, Colonel d'artillerie, Professeur à l'École polytechnique, 11, rue de la Pompe. — (Passy) Paris 1
MANSY (Eugène), Négociant, 24, rue Barrallerie. — Montpellier. 1
MARÈS (Henri), Correspondant de l'Institut. — Montpellier. 1
MARTINET (Émile), ancien Imprimeur, 4, rue de Vigny (Parc Monceau). — Paris . . 1
MARVEILLE (DE), château de Calviac-Lassalle (Gard) 1
MASSON (G.), Libraire de l'Académie de Médecine, 120, boulevard St-Germain. — Paris. 1
M. E. (anonyme) (*Décédé*) 1
MÉNIER, Membre de la Chambre de Commerce de Paris, Député de Seine-et-Marne (*Décédé*) 10
MERLE (Henri) (*Décédé*) 1
MEYNARD (J.-J.), Ingénieur en chef des Ponts et Chaussées en retraite (*Décédé*) . . . 1
MILNE-EDWARDS (H.), Doyen de la Faculté des Sciences de Paris, Membre de l'Institut, Président de l'Association scientifique de France (*Décédé*) . . . .
MIRABAUD, Banquier, 29, rue Taitbout. — Paris 1

MONOD (Charles), Professeur agrégé à la Faculté de Médecine de Paris, 12, rue Cambacérès. — Paris 1
MONY (C.). — Commentry (Allier) 1
MOREL D'ARLEUX (Charles), Notaire, 28, rue de Rivoli. — Paris 1
Dr NÉLATON, Membre de l'Institut (*Décédé*). 1
OLLIER, ex-Chirurgien en chef de l'Hôtel-Dieu de Lyon, Correspondant de l'Institut, Associé national de l'Académie de Médecine, Professeur à la Faculté de Médecine de Lyon, 5, quai de la Charité. — Lyon 1
OPPENHEIM frères, Banquiers, 11 *bis*, boulevard Haussmann. — Paris. 2
PARMENTIER, Général de division du Génie, 5, rue du Cirque. — Paris 1
PARRAN, Ingénieur des Mines, Directeur des mines de fer magnétique de Mokta-el-Hadid, 26, avenue de l'Opéra. — Paris. 1
PARROT, Membre de l'Académie de Médecine, Professeur à la Faculté de Médecine (*Décédé*) 1
PASTEUR, Membre de l'Institut et de l'Académie française, 45, rue d'Ulm. — Paris . . 1
PERDRIGEON, Agent de change, 178, rue Montmartre. — Paris 1
PERROT (Adolphe), Docteur ès sciences, ancien Préparateur de Chimie à la Faculté de Médecine de Paris, 8, rue de l'Hôtel-de-Ville. — Genève (Suisse). 2
PEYRE (Jules), Banquier. — Toulouse 1
PIAT (A.), Constructeur mécanicien, 85, rue Saint-Maur. — Paris 1
PIATON, Président du Conseil d'administration des Hospices de Lyon (*Décédé*). 1
PICCIONI (Antoine) (*Décédé*). 2
POIRRIER, Fabricant de produits chimiques, 105, rue Lafayette. — Paris 2
POLIGNAC (Prince Camille DE), route de Grasse, villa Jessie. — Cannes. 1
POMMERY (Louis), Négociant en vins, 7, rue Vauthier-le-Noir. — Reims. 1
POTIER, Ingénieur en chef des Mines, Répétiteur à l'École polytechnique, 89, boulevard Saint-Michel. — Paris 1
POUPINEL (Paul), 64, rue de Saintonge. — Paris 1
POUPINEL (Jules), 8, rue Murillo. — Paris. 1
QUATREFAGES DE BRÉAU (DE), Membre de l'Institut et de l'Académie de Médecine, Professeur au Muséum, 36, rue Geoffroy-Saint-Hilaire. — Paris. 1
RÉCIPON (Émile), Propriétaire, Député des Alpes-Maritimes, 39, rue Bassano. — Paris 1
REINACH, Banquier, 31, rue de Berlin. — Paris 1
RENARD (Charles), Directeur général de la Compagnie d'exploitation des minerais de Rio-Tinto. — L'Estaque (Bouches-du-Rhône). 1
RENOUARD fils (Alfred), Filateur, 46, rue Alexandre-Leleux. — Lille. 1
RENOUARD (Mme Alfred), 46, rue Alexandre-Leleux. — Lille. 1
RENOUVIER (Charles), à la Verdette, près le Pontet, par Avignon (Vaucluse) 1
RIAZ (Auguste DE), Banquier, 10, quai de Retz. — Lyon. 1
Dr RICORD, Membre de l'Académie de Médecine, 6, rue de Tournon. — Paris 1
RIFFAUT (Général) (*Décédé*) 1
RIGAUD, Fabricant de produits chimiques, 8, rue Vivienne. — Paris 1
RIGAUD (Mme), 8, rue Vivienne. — Paris. 1
RISLER (Charles), Chimiste, Maire du VIIe arrondissement de Paris, 39, rue de l'Université. — Paris 1
ROCHETTE (DE LA), Maître de forges (Hauts Fourneaux et Fonderies de Givors), 4, place 1
Gensoul. — Lyon. 1
ROLLAND, Membre de l'Institut, Directeur général honoraire des Manufactures de l'État (*Décédé*) 1
Dr ROLLET DE L'YSLE (*Décédé*) 1
ROMILLY (DE), 22, rue Bergère. — Paris 1
ROSIERS (DES), Propriétaire (*Décédé*). 1
ROTHSCHILD (Baron Alphonse DE), 2, rue Saint-Florentin. — Paris. 1
Dr ROUSSEL (Théophile), Sénateur, Membre de l'Académie de Médecine, 64, rue des Mathurins. — Paris. 1
ROUVIÈRE (A.), Ingénieur civil et Propriétaire. — Mazamet (Tarn) 1
SAINT-PAUL DE SAINÇAY, Directeur de la Société de la Vieille-Montagne, 19, rue Richer. — Paris 1
SALET (Georges), Préparateur à la Faculté de Médecine, 120, boulevard St-Germain. — Paris 1
SALLERON, Constructeur, 24, rue Pavée (au Marais). — Paris. 1
SALVADOR (Casimir) (*Décédé*). 2
SAUVAGE, Directeur de la Compagnie des Chemins de fer de l'Est (*Décédé*). 1
SAY (Léon), Sénateur, ancien Ministre des Finances, 21, rue Frenel. — Paris 1
SCHEURER-KESTNER, Sénateur, 57, rue de Babylone. — Paris. 1

SCHRADER père, ancien Directeur des classes de la Société philomathique, 10, rue Barennes. — Bordeaux 1
SÉDILLOT (C.), Membre de l'Institut, ex-Médecin Inspecteur général, Directeur de l'École militaire de santé de Strasbourg *(Décédé)* 1
SERRET, Membre de l'Institut (*Décédé*) 1
SEYNES (DE), Agrégé à la Faculté de Médecine, 15, rue Chanaleilles. — Paris. 1
SIÉBERT, 23, rue Paradis-Poissonnière. — Paris 1
SILVA (R. D.), Professeur à l'École centrale et à l'École municipale de physique et de chimie industrielles, 26, rue de la Harpe. — Paris 1
SOCIÉTÉ anonyme des Houillères de Montrambert et de la Béraudière. — Lyon 1
SOCIÉTÉ nouvelle des Forges et chantiers de la Méditerranée, 1 et 3, rue Vignon — Paris. 1
SOCIÉTÉ des Ingénieurs civils, 10, cité Rougemont. — Paris 1
SOCIÉTÉ générale des Téléphones, 41, rue Caumartin. — Paris 1
SOLVAY. — Baitsfort-lès-Bruxelles (Belgique). 1
SOLVAY ET Cie, Usine de Varangéville-Dombasle, par Dombasle (Meurthe-et-Moselle) . 2
Dr SUCHARD, 72, rue d'Assas. — Paris et aux Bains de Lavey. — (Suisse, Vaud). . . 1
SURELL, Ingénieur en chef des Ponts et Chaussées en retraite, Administrateur du Chemin de fer du Midi (*Décédé*). 1
TALABOT (Paul), Directeur général des Chemins de fer de Paris à Lyon et à la Méditerranée (*Décédé*). 1
THÉNARD (Baron Paul), Membre de l'Institut (*Décédé*) 1
TISSIÉ-SARRUS, Banquier. — Montpellier 1
TOURASSE (Pierre-Louis), Propriétaire (*Décédé*). 8
TRÉBUCIEN (Ernest), Manufacturier, 25, cours de Vincennes. — Paris 1
VAUTIER (Émile), Ingénieur civil, 46, rue Centrale. — Lyon. 1
VERDET (Gabriel), Président du Tribunal de commerce. — Avignon 1
VERNES (Félix), Banquier, 29, rue Taitbout. — Paris. 1
VERNES D'ARLANDES (Th.), 25, Faubourg-Saint-Honoré. — Paris 1
VIGNON (J.), 45, rue Malesherbes. — Lyon 1
VILLE DE REIMS. 1
VILLE DE ROUEN 1
Dr VOISIN (Auguste), Médecin des Hôpitaux, 16, rue Séguier. — Paris 1
WALLACE (Sir Richard), 2, rue Laffitte. — Paris 2
WURTZ (Adolphe), Sénateur, Membre de l'Institut, Professeur à la Faculté de Médecine et à la Faculté des Sciences (*Décédé*) 1
WURTZ (Théodore), 40, rue de Berlin. — Paris. 1

MEMBRES A VIE

ALBERTIN (Michel), Dir. des Eaux minérales de Saint-Alban, rue de l'Entrepôt. — Roanne (Loire).
ALLARD (H.), ex-Pharm. de 1re cl. à Moulins — Besnay par Besson (Allier).
ALLARD (Saint-Ange), Ing. en chef des P. et Ch., 16, rue Washington. — Paris.
AMADON (Désiré), 4, rue de Marseille. — Lyon.
ANGOT (Alfred), Météorol. titul. au Bur. central météor. de France, 6, rue Cassette. — Paris.
ANONYME, 42, rue des Mathurins. — Paris.
APPERT, Nég., 9, rue Martel. — Paris.
Dr ARLOING, Prof. à la Fac. des Sc. et à l'Éc. vétérinaire, agr. à la Fac. de Méd. — Lyon.
ARNOUX (Louis-Gabriel), anc. Officier de marine. — Les Mées (Basses-Alpes).
ARVENGAS (Albert), Licenc. en droit. — Lisle d'Albi (Tarn).
AUBAN-MOET, Nég. en vins de Champagne. — Épernay (Marne).
BAILLE (Mme), 26, rue Oberkampf. — Paris.
BARABANT, Ing. en chef des P. et Ch., 23, rue de la Rochefoucauld. — Paris.
BARGEAUD (Paul), Percept. — Jonzac (Charente-Inférieure).
BARON, Ing. de la Marine, 11, rue Pelegrin. — Bordeaux.
BARON, Insp. gén. du Contrôle au Min. des Postes et Télégr., 64, rue Madame. — Paris.

Dr BARROIS (Ch.), Maître de conf. à la Fac. des Sc., 185, rue Solférino. — Lille.
BARROIS (Jules), 37 rue Rousselle, faubourg Saint-Maurice. — Lille.
BASTIDE (Scévola), Prop. et Nég., 14, rue Clos-René. — Montpellier.
BAUDREUIL (Charles DE), 29, rue Bonaparte. — Paris.
BAUDREUIL (Émile DE), 9, rue du Cherche-Midi. — Paris.
BAYSELLANCE, Ing. de la Marine, Prés. de la rég. Sud-Ouest du Club Alpin, 84, rue Saint-Genès. — Bordeaux.
BÉLIME (Frédéric), Prop., Cons. gén. — Vitteaux (Côte-d'Or).
BELLON (Paul). — Écully (Rhône).
BERGERON (Jules), Ing. des Arts et Manufac., 75, rue Saint-Lazare. — Paris.
BERGERON (Jules), Memb. de l'Acad. de Méd., 75, rue Saint-Lazare. — Paris.
BERTHELOT, Min. de l'instruct. publ., Sénateur, Memb. de l'Institut, Prof. au Coll. de France, Palais de l'Institut. — Paris.
BERTIN, Ing. en chef des P. et Ch., 60, rue Mogador. — Paris.
BERTRAND (J.), Memb. de l'Institut, Prof. au Coll. de France, 6, rue de Seine. — Paris.
BETHOUART (Alfred), Ing. civ., Juge au Trib. de comm. — Chartres.
BEZANÇON (Paul), 78, boulevard Saint-Germain. — Paris.
BIBLIOTHÈQUE publique de la Ville. — Boulogne-sur-Mer.
BICHON, Constr. de navires. — Lormont, près Bordeaux.
BIOCHET, Notaire. — Caudebec en Caux (Seine-Inférieure).
BLANCHARD, Prof. agr. à la Fac. de Méd. de Paris, Répétit. à l'Institut nat. agron., 9, rue Monge. — Paris.
BLANDIN, Député de la Marne, 56, avenue d'Eylau. — Paris.
BLAREZ (Charles), Prof. agr. à la Fac. de Méd., 97, rue Saint-Genès. — Bordeaux.
BLONDEL (Émile), Chimiste, 24B, route de Bonsecours. — Rouen.
BOAS (Alfred), Ing. des Arts et Manufac., 91, rue Lafayette. — Paris.
BOFFARD (Jean-Pierre), anc. Notaire, 2, place de la Bourse. — Lyon.
BONNARD (Paul), Agr. de philosop., Avocat à la Cour d'appel, 49, rue de Grenelle. — Paris.
Dr BOY, 3, rue d'Espalongue. — Pau.
BORDIER (Henri), Biblioth. hon. à la Bibliothèque nationale, 182, rue de Rivoli. — Paris.
BOUCHÉ (Alexandre), 6, rue de Bréa. — Paris.
BOUDIN (A.), Princip. du Coll. de Honfleur. — Honfleur.
Dr BOUTIN (Léon), 18, rue de Hambourg. — Paris.
BOURDEAU, Prop., Villa Luz. — Billière près Pau (Basses-Pyrénées).
BRANDENBURG (Mme veuve), 1, rue de la Verrerie. — Bordeaux.
BRETON (Félix), Colonel du Génie en retraite, à la porte de France. — Grenoble.
BRIAU, Dir. des Chem. de fer Nantais. — La Madeleine-en-Varades (Loire-Inférieure).
BRILLOUIN (Marcel), Prof. de phys. à la Fac. des Sc. — Toulouse.
Dr BROCA (Auguste), Prosec. à la Fac. de Méd., 1, rue des Saints-Pères. — Paris.
BROCARD, Capitaine du Génie. — Montpellier.
BROLEMANN (Georges), Administ. de la Société Générale, 166, boulevard Haussmann. — Paris.
BROLEMANN, Prés. du Trib. de comm., 11, quai Tilsitt. — Lyon.
BRUHL (Paul), 52, rue de Châteaudun. — Paris.
BRUZON ET Cie (J.), Usine de Portillon (céruse et blanc de zinc). — Portillon près Tours.
BUISSON (Maxime), Chimiste, rue Saint-Léger. — Évreux.
CABANELLAS (Gustave-Eugène), anc. Officier de marine. — Nanteuil-le-Haudoin (Oise).
CAHEN D'ANVERS, 118, rue de Grenelle. — Paris.
CAIX DE SAINT-AYMOUR (Vicomte Am. DE), Memb. du Cons. gén. de l'Oise, de la Soc. d'Anthrop. et de plusieurs Sociétés savantes, 4, rue Gounod. — Paris.
CAPERON père.
CAPERON fils.
CARBONNIER, 21, rue de Provence. — Paris.
CARDEILHAC, anc. Memb. du Trib. de comm. de la Seine, 8, rue du Louvre. — Paris.
Dr CARRET (Jules), Député de la Savoie, 4, rue de Courty. — Paris.
Dr CARTAZ, Secr. de la réd. de la *Revue des Sciences médicales*, 18, rue Daunou. — Paris.
CASSAGNE (Comte Antoine DE).
Dr CAUBET, anc. Int. des hôp. de Paris, Dir. de l'Éc. de Méd., 44, rue Alsace-Lorraine. — Toulouse.
CAZALIS DE FONDOUCE (Paul-Louis), Secr. gén. de l'Acad. des Sc. et Lett. de Montpellier, 18, rue des Étuves. — Montpellier (Hérault).
CAZENEUVE, Doyen de la Fac. de Méd., 26, rue des Ponts-de-Comines. — Lille.

CAZENOVE (Raoul DE), Prop., 8, rue Sala. — Lyon.
CAZOTTES (A.-M.-J.), Pharm. — Millau (Aveyron).
CHABERT, Ing .en chef des P. et Ch., 6, rue Mont-Thabor. — Paris.
CHAIX (A.), Imprim., 20, rue Bergère. — Paris.
CHALIER (J.). — Maisons-Laffitte (Seine-et-Oise).
CHAMBRE DES AVOUÉS au Trib. de 1re instance. — Bordeaux.
CHAMBRE DE COMMERCE DU HAVRE.
CHAPRON (Lawrence), Ing. civ., 58, rue de Rome. — Paris.
CHARCELLAY, Pharm. — Fontenay-le-Comte (Vendée).
CHATEL, Avocat défens., bazar du Commerce. — Alger.
Dr CHATIN (Joannès), Prof. agr. à l'Éc. supér. de pharmacie, Memb. de l'Acad. de Méd., 128, boulevard Saint-Germain. — Paris.
CHAUVASSAIGNE (Daniel), 10, rue Royale. — Paris.
CHAUVITEAU (Ferdinand), 112, boulevard Haussmann. — Paris.
Dr CHIL-Y-NARANJO (Gregorio). — Palmas (Grand-Canaria).
CHIRIS, Sénateur des Alpes-Maritimes, 25, avenue d'Iéna. — Paris.
CHOUET, 15, rue de Milan. — Paris.
CLERMONT (Philibert DE), 8, boulevard Saint-Michel. — Paris.
CLERMONT (Raoul DE), Élève diplômé de l'Institut nat. agron., 8, boulevard Saint-Michel. — Paris.
CLOIZEAUX (DES), Memb. de l'Institut, Prof. au Muséum, 13, rue Monsieur. — Paris.
CLOS, Prof. à la Fac. des Sc., Corresp. de l'Institut, 2, allée des Zéphirs. — Toulouse.
CLOUZET (Ferdinand), Cons. gén., cours des Fossés. — Bordeaux.
COLLIN (Mme), 15, boulevard du Temple. — Paris.
COMBEROUSSE (Ch. DE), Ing., Prof. au Conserv. nat. des Arts et Mét. et à l'Éc. centr. des Arts et manufact., 45, rue Blanche. — Paris.
CORNEVIN (Charles), Prof. à l'Éc. vétérinaire. — Lyon.
CORNU (Mme), 9, rue de Grenelle. — Paris.
COTTEAU (Gustave), Prés. de la Soc. géolog. de France, 17, boulevard Saint-Germain. — Paris.
COUNORD (E.), Ing. civ., 27, cours du Médoc. — Bordeaux.
COUPRIE (Louis). — Villefranche-sur-Saône.
Dr COUTAGNE (Henri), 79, rue de Lyon. — Lyon.
COUTAGNE (Georges), Ing. des Poud. et Salp., 29, quai des Brotteaux. — Lyon.
CRAPON (Denis). — Pont-Evesque (Isère).
CRESPEL-TILLOY (Charles), Manufacturier, 14, rue des Fleurs. — Lille.
CRESPIN (Arthur), Ing. mécan., 23, avenue Parmentier. — Paris.
Dr DAGRÈVE (E.), Méd. du Lycée et de l'Hôpital. — Tournon (Ardèche).
Dr DALLY (Eugène), Prof. à l'Éc. d'anthrop., 5, rue Legendre. — Paris.
DAVID (Arthur), 29, rue du Sentier. — Paris.
DEGORCE (E.), Pharm. en chef de la Marine, 17, rue de l'Alma. — Cherbourg.
DELAIRE (Alexis), Secrét. gén. de la Soc. d'Écon. sociale, 125, boulevard Saint-Germain. — Paris.
Dr DELAPORTE, 24, rue Pasquier. — Paris.
DELATTRE (Carlos), Filateur. — Roubaix.
DELÉPINE, Prop., 14, rue de la Croix prolongée. — Vanves.
DELESSE (Mme), 59, rue Madame. — Paris.
DELESSERT (Édouard), 17, rue Raynouard. — Paris (Passy).
DELESSERT (Eugène), anc. Prof.. — Croix (Nord).
DELHOMME, ferme de la Croix-de-fer. — Crézancy (Aisne).
DELON (Ernest), Ing. civ., 14, rue du Collège. — Montpellier.
DELVAILLE, Doct. en méd.. — Bayonne.
DEMARÇAY (Eugène), anc. Répétit. à l'Éc. polytech., 150, boulevard Haussmann. — Paris.
Dr DEMONCHY, 22, rue Nicolo. — Paris.
DEMONFERRAND, Insp. de la traction aux chem. de fer de l'État, 19, faubourg Bannier. — Orléans.
DEPAUL (Henri). — Le Vaublanc par Plémet (Côtes-du-Nord).
DESBOIS (Émile), 17, boulevard Beauvoisine. — Rouen.
DESORMEAUX (Anatole), Ing. civ., 49, rue Monsieur-le-Prince. — Paris.
DETROYAT (Arnaud). — Bayonne.
DEUTSCH (A.), Nég.-Indust., 20, rue Saint-Georges. — Paris.
DIDA (A.), Chimiste, 108, boulevard Richard-Lenoir. — Paris.
DIDA, fils (Lucien). — Draveil (Seine-et-Oise).

Dollfus (Gustave), Manufacturier. — Mulhouse (Alsace).
Doré-Graslin (Edmond), 24, rue Crébillon. — Nantes.
Douvillé, Ing. en chef des Mines, 207, boulevard Saint-Germain. — Paris.
Dr Dransart. — Somain (Nord).
Dubessy (Mlle), 10, rue Clairault. — Paris.
Dr Duboué. — Pau.
Dubourg (Georges), Nég. en draperies, 45, cours des Fossés. — Bordeaux.
Duclaux (É.), Prof. à l'Institut nat. agronom., 15, rue Malebranche. — Paris
Ducrocq (Henri), Lieutenant au 33e régim. d'artill. — Poitiers.
Dufresne, Insp. gén. de l'Université, 61, rue Pierre-Charron. — Paris.
Dr Dulac. — Montbrison.
Dumas (Hippolyte), anc. Élève de l'Éc. polytech., Indust. — Mousquety par l'Isle-sur-Sorgue (Vaucluse).
Duminy (Anatole), Négociant. — Ay (Marne).
Duplay, Prof. à la Fac. de Méd. de Paris, Chirurg. des Hôp., 42, rue de Penthièvre. — Paris.
Duval (Mathias), Prof. à la Fac. de Méd., Memb. de l'Acad. de Méd., Prof. d'anat. à l'Éc. des Beaux-Arts, Dir. du Laborat. d'anthrop. de l'Éc. des Hautes Études, 11, cité Malesherbes, rue des Martyrs. — Paris.
Duval, Ing. en chef des P. et Ch., 49, rue Labruyère. — Paris.
Eichthal (Eugène d'), 57, rue Jouffroy. — Paris.
Eichthal (Georges d'), 53, rue de Châteaudun. — Paris.
Eichthal (Louis d'). — Les Bezards, par Nogent-sur-Vernisson (Loiret).
Elisen, Ing.-Administ. de la Comp. gén. Transatlantique, 21, rue de La Boétie. — Paris.
Espous (Comte Auguste d'). — Montpellier.
Eysseric (Joseph), Étudiant, rue Duplessis. — Carpentras (Vaucluse).
Fabre (Georges), Sous-Insp. des Forêts. — Alais (Gard).
Fière (Paul), Archéol., Memb. corresp. de la Soc. franç. de numismatique et d'archéologie. — Saïgon (Cochinchine).
Dr Fieuzal, Méd. en chef de l'hosp. des Quinze-Vingts, 110, boulevard Haussmann. — Paris.
Fischer de Chevriers, Prop., 200, rue de Rivoli. — Paris.
Flandin, Prop., 8, rue de la Michodière. — Paris.
Fontarive, Prop. — Linneville, commune de Gien (Loiret).
Fortel fils (A.), Prop., 22, rue Thiers. — Reims.
Fourment (Baron de), — Cercamp-lès-Frévent (Pas-de-Calais).
Fournier (A.), Prof. à la Fac. de Méd. de Paris, Méd. des Hôp., 1, rue Volney. — Paris.
François-Franck (Dr Ch.-A.), Prof. suppl. au Coll. de France, 5, rue Saint-Philippe-du-Roule. — Paris.
Dr Fromentel (de). — Gray (Haute-Saône).
Gallard, Banquier.
Dr Galliet, rue Thiers. — Reims.
Gardès (Louis-Frédéric-Jean), Notaire, Suppl. du juge de paix, anc. Élève de l'Éc. des Mines. — Clairac (Lot-et-Garonne).
Gariel (Mme), 39, rue Jouffroy. — Paris.
Garnier (Ernest), Nég., Prés. de la Soc. industrielle, 27, rue Chabot. — Reims.
Gasté (de), anc. Député, Avocat à la Cour d'appel, 19, rue Saint-Roch. — Paris.
Dr Gaube, 23, rue Saint-Isaure. — Paris.
Gauthiot (Charles), Secr. gén. de la Soc. de géogr. commerciale de Paris, Réd. du *Journal des Débats*, 63, boulevard Saint-Germain. — Paris.
Gelin (l'Abbé Émile), Doct. en philos. et en théol., Prof. de mathémat. supér. au coll. de Saint-Quirin. — Huy (Belgique).
Geneste (Mme), 2, rue Constantine. — Lyon.
Gerbeau, Prop., 13, rue Monge. — Paris.
Germain (Adrien), Ing. hydrog. de la Marine, 13, rue de l'Université. — Paris.
Giard, Prof. à la Fac. des Sc. de Lille, anc. Député. — Lille.
Dr Gibert, 41, rue Séry. — Havre.
Giraud (Louis). — Saint-Péray (Ardèche).
Gobin, Ing. en chef des P. et Ch., 8, place Saint-Jean. — Lyon.
Godchaux (Auguste), Éditeur, 10, rue de la Douane. — Paris.
Goumin (Félix), Prop., 3, route de Toulouse. — Bordeaux.
Gouville (G.), Électricien. — Carentan (Manche).
Dr Grabinski. — Neuville-sur-Saône.
Grad (Charles), Député au Reichstag, Memb. de la Délég. d'Alsace-Lorraine. — Logelbach (Alsace).

Grandidier (Alfred), Memb. de l'Institut, 6, rond-point des Champs-Élysées. — Paris.
Grimaud (Émile), Imprim., place de Gorges. — Nantes.
Grousset, Chef d'instit., 65, rue Cardinal-Lemoine. — Paris.
Dr Guébhard (Adrien), Licenc. ès sc. mathémat. et phys., Prof. agr. à la Fac. de Méd. de Paris, 15, rue Soufflot. — Paris.
Guézard, Princ. clerc de notaire, 16, rue des Écoles. — Paris.
Guieysse, Ing. hydrogr. de la Marine, 42, rue des Écoles. — Paris.
Guilleminet (André), Pharm., 30, rue Saint-Jean. — Lyon.
Guilmin (Mme veuve), 8, boulevard Saint-Marcel. — Paris.
Guilmin (Ch.), 8, boulevard Saint-Marcel. — Paris.
Guy, Négociant, 232, rue de Rivoli. — Paris.
Habert, anc. Notaire, 80, rue Thiers. — Troyes.
Haller (A.), Prof. à la Fac. des Sc. — Nancy.
Hébert, Memb. de l'Institut, Doyen de la Fac. des Sc., 10, rue Garancière. — Paris.
Héron (Guillaume), Prop. — Château-Latour par Rieumes (Haute-Garonne).
Heydenreich, Prof. à la Fac. de Méd., 30, place Carrière. — Nancy.
Hoel (J.), Fabric. de lunettes, 18, rue des Archives. — Paris.
Hoel (Mlle Hélène), 18, rue des Archives. — Paris.
Holden (Jonathan), Industriel, 17, boulevard Cérès. — Reims.
Hollande (Jules), 51, rue de Charenton. — Paris.
Horeau, 3, rue de Meudon. — Billancourt (Seine).
Hovelacque (Maurice), 88, rue des Sablons. — Paris.
Hovelacque-Gense, 2, rue Fléchier. — Paris.
Hovelacque-Khnopff, 88, rue des Sablons. — Paris (Passy).
Hulot, ex-Dir. de la fabric. des timbres-poste à la Monnaie, 26, place Vendôme. — Paris.
Jablonowska (Mlle Julia), 54, boulevard Saint-Michel. — Paris.
Jackson (James), Archiv.-Biblioth. de la Soc. de Géogr., 15, avenue d'Antin. — Paris.
Jackson-Gwilt (Miss).
Dr Javal, Dir. du Labor. d'ophtalmol. à la Sorbonne, Député de l'Yonne, 58, rue de Grenelle. — Paris.
Jollois, Insp. hon. des P. et Ch., 46, rue Duplessis. — Versailles.
Jones (Charles), chez M. R.-P. Jones, 8, cité Gaillard. — Paris.
Jordan (Camille), Memb. de l'Institut, Ing. des Mines, Prof. à l'Éc. polytech., 48, rue de Varennes. — Paris.
Dr Jordan (Séraphin), 11, Campania. — Cadix (Espagne).
Jullien, Ing. en chef des P. et Ch. — Carcassonne.
Jumeau (Georges), Commis d'architecte, 23, Allées-du-Chenil. — Raincy.
Jundzitt (le Comte Casimir), Prop.-Agricult., chem. de fer Moscou-Brest, station Domanow-Réginow (Russie).
Jungfleisch, Memb. de l'Acad. de Méd., Prof. à l'Éc. supér. de Pharm., 38, rue des Écoles. — Paris.
Knieder (X.), Dir. des usines Malétra. — Petit-Quevilly (Seine-Inf.).
Kœchlin (Jules), 44, rue Pierre-Charron. — Paris.
Kœchlin-Claudon (Émile), Ing. civ. — Mulhouse (Alsace).
Krafft (Eugène), 100, rue de la Trésorerie. — Bordeaux.
Kreiss (A.), Dir. de la brasserie d'Adelshoffen. — Schilltighem (Alsace).
Labrunie, Négociant, 14, quai Louis XVIII. — Bordeaux.
Ladureau, Dir. du Labor. centr. agric. et comm., 44, rue Notre-Dame-des-Victoires. — Paris.
Ladureau (Mme Albert), 44, rue Notre-Dame-des-Victoires. — Paris.
Laennec, Dir. de l'Éc. de Méd., 13, boulevard Delorme. — Nantes.
Lallement (Ed.), Prof. à la Fac. de Méd., 10, place de l'Académie. — Nancy.
Lallié (Alfred), Avocat, 11, avenue Camus. — Nantes.
Lancial (Henri), Prof. au Lycée. — Rennes (Ille-et-Vilaine).
Lang, Dir. de l'Éc. La Martinière, 5, rue des Augustins. — Lyon.
Dr Lantier (E.). — Tannay (Nièvre).
Laroche (Félix), Ing. des P. et Ch., 110, avenue de Wagram. — Paris.
Laroche (Mme Félix), 110, avenue de Wagram. — Paris.
Lassence (Alfred de), villa Lassence, 12, route de Tarbes. — Pau.
Lataste, Zoologiste, 7, avenue des Gobelins. — Paris.
Laussedat (Colonel), Dir. du Conserv. des Arts et Mét., rue Saint-Martin. — Paris.
Lavalley, Ingénieur, manoir Bois-Tillard. — Pont-l'Évêque.
Lebret (Paul), 148, boulevard Haussmann. — Paris.

Lechat (Charles), anc. Maire de Nantes, place Launay. — Nantes.
Dr Le Dien (Paul), 155, boulevard Malesherbes. — Paris.
Ledoux (Samuel), Nég., 29, quai de Bourgogne. — Bordeaux.
Le Monnier, Prof. de botan. à la Fac. des Sc., 5, rue de la Pépinière. — Nancy.
Lepine, Prof. à la Fac. de Méd. de Lyon. — Lyon.
Lepine (Jean-Camille), 42, rue Vaubécourt. — Lyon.
Le Roux, Prof. à l'Éc. supér. de Pharm., Répétit. à l'Éc. polytech., 120, boulevard Montparnasse. — Paris.
Lespiault, Prof. à la Fac. des Sc., rue Michel-Montaigne. — Bordeaux.
Lethuillier-Pinel (Mme), Prop., 26, rue Méridienne. — Rouen.
Leudet (Robert), Int. des Hôp., 7, rue Coëtlogon. — Paris.
Le Vallois (Jules), Chef de bataillon du Génie. — Tunis.
Levasseur, Memb. de l'Institut, Prof. au Coll. de France, 26, rue Monsieur-le-Prince. — Paris.
Levat (Daniel), Ing. civil des Mines, anc. Élève de l'Éc. polytech., 30, rue Racine. — Paris.
Lewthwaite (William), Dir. de la maison Isaac Holden, 27, rue des Moissons. — Reims.
Lisbonne, Ing. de la Marine, Dir. des Constr. navales, 59, rue de La Boétie. — Paris.
Longchamps (G. de), Prof. de mathémat. spéc. au lycée Charlemagne, 15, rue de l'Estrapade. — Paris.
Longhaye (Aug.), Négociant, 22, rue de Tournai. — Lille.
Loriol (de), Ing. civ., anc. Élève de l'Éc. des Mines, 46, rue Centrale. — Lyon.
Loussel, 86, rue de la Pompe. — Paris-Passy.
Loyer (Henri), Filateur, 394, rue Notre-Dame. — Lille.
Mac-Carty (O.), Conserv.-Administ. du musée-bibliothèque. — Alger.
Maldant, Ing.-Constr., 21, rue d'Armaillé. — Paris.
Marchegay, Ing. civ. des Mines, 11, quai des Célestins. — Lyon.
Marchegay (Mme), 11, quai des Célestins. — Lyon.
Dr Marès (Paul), 91, boulevard Saint-Michel. — Paris.
Dr Marey, Memb. de l'Institut, Prof. au Collége de France, 11, boulev. Delessert. — Paris.
Margry (Gustave), Pharmacien. — Blidah (dép. d'Alger).
Marignac (Charles), Professeur. — Genève (Suisse).
Marjolin, Chirurg. des Hôp., 16, rue Chaptal. — Paris.
Marquès di Braga, Maître des req. au Cons. d'État, 69, boulevard Haussmann. — Paris.
Martin (William), 13, avenue Hoche. — Paris.
Dr Martin (de), Secr. gén. de la Soc. médicale d'émulation de Montpellier, Memb. corresp. pour l'Aude de la Soc. nat. d'agriculture de France, 22, boulevard du Jeu-de-Paume. — Montpellier.
Martin-Ragot (J.), Manufacturier, 14, Esplanade Cérès. — Reims.
Masurier (J.), Négociant, 16, rue d'Aumale. — Paris.
Maufroy (Jean-Baptiste), Dir. de manufac., 20, rue des Moulins. — Reims.
Dr Maunoury (Gabriel). — Chartres.
Maurel (Marc), Négociant, 48, Cours du Chapeau rouge. — Bordeaux.
Maurel (Émile), Négociant, 7, rue d'Orléans. — Bordeaux.
Maxwell-Lyte (F.), F. C. S, F. J. C, Science club, 4, Savile Row. — Londres, S. W.
Mayer (Ernest), Ing. en chef de la Comp. de l'Ouest, Memb. du Comité de l'exploit. technique des chem. de fer, 9, rue Moncey. — Paris.
Maze (l'Abbé). — Harfleur (Seine-Inférieure).
Meissonier, Fabric. de produits chim., 5, rue Béranger. — Paris.
Ménard, Ing. civ., Dir. de l'usine à gaz. — Dijon.
Merget, Prof. à la Fac. de Méd., 78, rue Saint-Genès. — Bordeaux.
Merlin, 9, rue de la Planche. — Paris.
Dr Mesnards (P. des), rue Saint-Vivien. — Saintes (Charente-Inférieure).
Meunier (Mme Hippolyte) (*Décédée*).
Dr Micé, Prof. à l'Éc. de Méd. — Besançon.
Michaud fils, Notaire. — Tonnay-Charente (Charente-Inférieure).
Mignot, 69, rue Manin. — Paris.
Milne-Edwards (Alphonse), Memb. de l'Institut, Prof. de zool. au Muséum et à l'Éc. de Pharm., rue Cuvier, au Muséum. — Paris.
Mirabaud (Paul), 29, rue Taitbout. — Paris.
Mizi, Ing. civ. — Gien (Loiret).
Mocqueris (Edmond), 58, boulevard d'Argenson. — Neuilly (Seine).
Mocqueris (Paul), 58, boulevard d'Argenson. — Neuilly (Seine).
Montefiore, 58, avenue Marceau. — Paris.

Dr Montfort, Prof. à l'Éc. de Méd., 19, rue Voltaire. — Nantes.
Mont-Louis, Imprim., 2, rue Barbançon. — Clermont-Ferrand.
Morel d'Arleux (Mme), 28, rue de Rivoli. — Paris.
Morel d'Arleux (P.), 56, rue Saint-Augustin. — Paris.
Morin (Théodore), Doct. en droit, Administ. de la Comp. Algérienne, 4, avenue Ingres. — Paris. (Passy).
Mortillet (Gabriel de), Prof. à l'Éc. d'Anthrop., Député de Seine-et-Oise, Maire de Saint-Germain. — Saint-Germain-en-Laye.
Mortillet (Adrien de), Secrét. de la rédact. du journ. l'*Homme*.— Saint-Germain-en-Laye.
Dr Mossé (Alphonse), Prof. agr. à la Fac. de Méd., 48, Grande-Rue. — Montpellier.
Mouchez (Contre-Amiral), Memb. de l'Institut, Dir. de l'Observatoire. — Paris.
Moullade (Albert), Licenc. ès Sc., Pharm.-maj. de 1re classe, 11, rue du Bocage.— Nantes.
Dr Nicas. — Fontainebleau.
Nivet (Gustave), 87, rue de Rennes. — Paris.
Noelting, Dir. de l'Éc. de chimie. — Mulhouse (Alsace).
Normand, Cons. gén. de la Loire-Inférieure, 12, quai des Constructions. — Nantes.
Nottin (Lucien), 4, quai des Célestins. — Paris.
Niel (Eugène), 28, rue Herbière. — Rouen.
Odier, Dir. adj. de la Caisse gén. des Familles, 4, rue de la Paix. — Paris.
Œchsner de Coninck (William), Mait. de conf. à la Fac. des Sc. — Montpellier.
Dr Olivier (Paul), Méd. en chef à l'hosp. gén., Prof. à l'Éc. de Méd., 12, rue de la Chaîne. — Rouen.
Outhenin-Chalandre (Joseph), 37, rue Saint-Roch. — Paris.
Palun (Auguste), Juge au Trib. de Comm. — Avignon.
Dr Pamard (A.), Chir. en chef des Hôp. — Avignon.
Parion, Memb. de la Soc. d'astronomie, 7, quai Conti. — Paris.
Parise, Prof. à l'Éc. de Méd., Associé nat. de l'Acad. de Méd., 26, place aux Bleuets. — Lille.
Passy (Frédéric), Député de la Seine, Memb. de l'Acad. des Sc. morales et politiques, 8, rue Labordère. — Neuilly (Seine).
Passy (Paul-Edouard), Licenc. ès lett., 8, rue Labordère. — Neuilly (Seine).
Pavet de Courteille (Mlle), 57, rue Cuvier. — Paris.
Peclet (Mme), 70, rue d'Assas. — Paris.
Pélagaud (Élisée), Doct. ès sc., 15, quai de l'Archevêché. — Lyon.
Pélagaud (Fernand), 14, quai de l'Archevêché. — Lyon.
Pellet, Prof. à la Fac. des Sc. de Clermont-Ferrand. — Clermont-Ferrand.
Peltereau (E.), Notaire. — Vendôme.
Pennés (J.-A.), ex-Fabric. de produits chim. et hygién., 31, boulevard du Port-Royal. — Paris.
Pereire (Henri), 33, boulevard de Courcelles. — Paris.
Pereire (Émile), 10, rue de Vigny. — Paris.
Pereire (Eugène), Administ. de la Comp. gén. Transatlantique, 45, Faubourg-Saint-Honoré. — Paris.
Perez, Prof. à la Fac. des Sc. — Bordeaux.
Peridier (Louis), Administ. de la Biblioth. populaire gratuite de Cette, 2, quai du Sud. — Cette.
Perot, 101, boulevard de Créteil. — Adamville (Saint-Maur-les-Fossés).
Perret (Michel), 3, place d'Iéna. — Paris.
Perriaux, Nég. en vins, 107, quai de la Gare. — Paris.
Perricaud, Cultivateur. — La Balme (Isère).
Perricaud (Saint-Clair). — La Battero, commune de Sainte-Foy-lès-Lyon (Mulatière)(Rhône).
Dr Perroud, Méd. de l'Hôtel-Dieu, chargé de la clin. complém. à la Fac. de Méd. de Lyon, 6, quai des Célestins. — Lyon.
Dr Petit (Henri), Sous-Biblioth. à la Fac. de Méd., 11, rue Monge. — Paris.
Petrucci, Ingénieur. — Béziers (Hérault).
Philippe (Léon), Ing. en chef des P. et Ch., 28, avenue Marceau. — Paris.
Piche (Albert), ancien Cons. de préfecture, 8, rue Montpensier. — Pau.
Dr Pierrou. — Chazay-d'Azergues (Rhône).
Pitres (A.), Prof., Doyen de la Fac. de Méd., Méd. de l'hôpital Saint-André, 22, rue du Parlement-Sainte-Catherine. — Bordeaux.
Plassiard, Ing. en chef des P. et Ch. en retraite, 4, rue Poissonnière. — Lorient (Morbihan).
Pochard (Mme), 22, rue de Vaugirard. — Paris.
Poillon (L.), Ing.-Constr. (exploitation générale des pompes Greind), 74, boulevard Montparnasse. — Paris.

Poisson (le Baron Henry), 11, rue Marignan. — Paris.
Poizat (le Général), Commandant l'artillerie. — Alger.
Polignac (Comte Melchior de). — Kerbastic sur Gestel (Morbihan).
Polignac (Comte Guy de). — Kerbastic sur Gestel (Morbihan).
Pommerol, Avocat, Réd. de la revue *Matériaux pour l'histoire primitive de l'Homme*. — Veyre-Mouton (Puy-de-Dôme) et 36, rue des Écoles. — Paris.
Porgès (Charles), Banquier, 13, rue Grange-Batelière. — Paris.
Dr Poupinel (Gaston), 225, Faubourg-Saint-Honoré. — Paris.
Dr Poussié, 64, rue de Rivoli. — Paris.
Pouyanne, Ing. en chef des Mines, rue Rovigo, maison Chaise. — Alger.
Pozzi, Prof. agr. à la Fac. de Méd., Chirurg. des Hôp., 10, place Vendôme. — Paris.
Prat, Chimiste, 239, rue Judaïque. — Bordeaux.
Prevet (Ch.), Négociant, 48, rue des Petites-Écuries. — Paris.
Dr Pujos (A.), Méd. princ. du Bur. de bienfais., 58, rue Saint-Sernin. — Bordeaux.
Quatrefages de Bréau (Mme de), 36, rue Geoffroy-Saint-Hilaire, Muséum. — Paris.
Quatrefages de Bréau (Léonce de), Ing. des Arts et Manufac., 36, rue Geoffroy-Saint-Hilaire, Muséum. — Paris.
Raclet (Joannis), Ing. civ., 10, place des Célestins. — Lyon.
Raffard, Ing. civ., 16, rue Vivienne. — Paris.
Dr Raingeard, Prof. suppl. à l'Éc. de Méd. de plein exercice, 1, place Royale. — Nantes.
Rambaud, Maître de conf. à la Fac. des Lett., 76, rue d'Assas. — Paris.
Reille (Baron), Député du Tarn, 10, boulevard de la Tour-Maubourg. — Paris.
Reille (le Vicomte), anc. Député, 8, boulevard de la Tour-Maubourg. — Paris.
Dr Reliquet, 17, boulevard de la Madeleine. — Paris.
Rey (Louis), Ingénieur, 77, boulevard Exelmans. — Paris.
Ribeiro de Souza Rezende (le Chevalier S.), poste restante. — Rio-Janeiro (Brésil).
Ribourt (le Général), 17, rue François Ier. — Paris.
Ridder (G. de), 6, avenue du Coq. — Paris.
Rigout, Chimiste à l'Éc. des Mines, 60, boulevard Saint-Michel. — Paris.
Rilliet, 8, rue de l'Hôtel-de-Ville. — Genève (Suisse).
Risler (Eugène), Dir. de l'Institut nat. agronom., 35, rue de Rome. — Paris.
Robert (Gabriel), Avocat, 6, quai de l'Hôpital. — Lyon.
Robin, Banquier, 38, rue de l'Hôtel-de-Ville. — Lyon.
Robineau, anc. Avoué, Licenc. en droit, 78, rue Lafayette. — Paris.
Roger (Henri), Memb. de l'Acad. de Méd., Prof. agr. de la Fac. de Méd., 15, boulevard de la Madeleine. — Paris.
Rohden (C. de), Mécanicien, 189, rue Saint-Maur. — Paris.
Rouget, Insp. gén. des Finances, 42, rue d'Amsterdam. — Paris.
Rousselet (L.), Archéol., 126, boulevard Saint-Germain. — Paris.
Sabatier (Armand), Prof. à la Fac. des Sc. de Montpellier. — Montpellier.
Dr Sainte-Rose-Suquet, 3, rue des Pyramides. — Paris.
Saint-Martin (Charles de), 89, boulevard Montparnasse. — Paris.
Saint-Olive (G.), Banquier, 13, rue de Lyon. — Lyon.
Schlumberger (Charles), Ing. des Constr. navales en retraite, 54 *bis*, rue du Four-Saint-Germain. — Paris.
Schwérer (Pierre-Alban), Notaire, 3, rue Saint-André. — Grenoble.
Sédillot (Maurice), Entomol., Memb. de la Comm. scientif. de Tunisie, 20, place de l'Odéon. — Paris.
Segretain (Colonel), Dir. du Génie. — Grenoble.
Selleron (E.), Ing. des constr. navales, 18, rue Esprit-des-Lois. — Bordeaux.
Servier (Aristide-Édouard), Ing. des Arts et Manufac., Dir. de la Comp. du Gaz de Metz, 2, rue Hippolyte-Lebas. — Paris.
Seynes (Léonce de), 58, rue Calade. — Avignon.
Siégler (Ernest), Ing. des P. et Ch., Ing. princ. des chem. de fer de l'Est, 8, rue Noël. — Reims.
Sindico (Pierre), Artiste-Peintre, 7, rue Gareau. — Paris.
Société académique de la Loire-Inférieure. — Nantes.
Société philomathique de Bordeaux. — Bordeaux.
Société industrielle d'Amiens. — Amiens.
Société centrale de Médecine du Nord. — Lille.
Société médico-pratique de Paris, place Beaudoyer, mairie du IVe arrondissement. — Paris.
Société médicale de Reims. — Reims.
Société industrielle de Reims. — Reims.

SOCIÉTÉ de Géographie, 184, boulevard Saint-Germain. — Paris.
SOCIÉTÉ des Sciences physiques et naturelles, rue Montbazon. — Bordeaux.
SOCIÉTÉ libre d'Agriculture, Sciences, Arts et Belles-Lettres de l'Eure. — Évreux.
STENGELIN, maison Évêsque et Cie, 31, rue Puits-Gaillot. — Lyon.
STEINMETZ (Charles), Tanneur. — Mulhouse (Alsace).
SURRAULT, Notaire, 5, rue Cléry. — Paris.
TACHARD, Méd.-maj. de 1re classe, Hôpital. — Belfort.
TALABOT (Mme Paulin), 10, rue du Cirque. — Paris.
TARRADE (A.), Pharm., Maire, Memb. du Cons. gén., 69, avenue du Pont-Neuf. — Limoges (Haute-Vienne).
Dr TEILLAIS, place du Cirque. — Nantes.
Dr TEISSIER, Prof. à la Fac. de Méd. de Lyon, 16, quai Tilsitt. — Lyon.
TERQUEM (Alfred), Prof. à la Fac. des Sc., 116, rue Nationale. — Lille.
TESTUT (L.), Prof. d'anat. à la Fac. de Méd. — Lyon.
THÉNARD (Mme la Baronne), 6, place Saint-Sulpice. — Paris.
Dr THULIÉ, 31, boulevard Beauséjour. — Paris.
THIBAULT (J.), Tanneur. — Meung-sur-Loire.
THURNEYSSEN (Émile), Administ. de la Comp. gén. Transatlantique, 80, boulevard Malesherbes. — Paris.
TILLY (DE), Teintures et apprêts, 77, rue des Moulins. — Reims.
TISSOT (J.), Ing. en chef des Mines. — Constantine.
TISSOT, Examin. à l'Éc. polytech. — Voreppe (Isère).
Dr TOPINARD (Paul), Dir.-adj. du Labor. d'anthrop. de l'Éc. des Hautes Études, Prof. à l'Éc. d'Anthrop., 105, rue de Rennes. — Paris.
TOURTOULON (Baron DE), Prop. — Valergues, par Lansargues (Hérault).
TRAVELET, Ing. des P. et Ch. — Besançon.
TRAVERS (J.), Doyen hon. de la Fac. des Lett., rue des Chanoines. — Caen (Calvados).
TRÉLAT (Ulysse), Memb. de l'Acad. de Méd., Prof. à la Fac. de Méd., 18, rue de l'Arcade. — Paris.
TRÉLAT (Émile), Architecte, Dir. de l'Éc. spéc. d'architecture, Prof. au Cons. des Arts et Mét., 17, rue Denfert-Rochereau. — Paris.
TURENNE (Marquis DE), 26, rue de Berri. — Paris.
URSCHELLER (Georges-Henri), Prof. d'allemand au lycée, 4, rue Saint-Yves. — Brest.
Dr VAILLANT (Léon), Prof. au Muséum, 2, rue de Buffon. — Paris.
Dr VALCOURT (DE). — Cannes (Alpes-Maritimes).
VANEY (Emmanuel), Cons. à la Cour d'appel, 14, rue Duphot. — Paris.
VAN BLARENBERGHE, Ing. en chef des P. et Ch., Prés. du Cons. d'administ. de la Comp. des chem. de fer de l'Est, 48, rue de la Bienfaisance. — Paris.
VAN BLARENBERGHE (Mme), 48, rue de la Bienfaisance. — Paris.
VAN BLARENBERGHE, fils, 48, rue de la Bienfaisance. — Paris.
VANDELET, 11, rue Nouvelle. — Paris.
VAN ISEGHEM (Henri), Avocat, Cons. gén. de la Loire-Inférieure, 9, rue du Calvaire. — Nantes.
VARNIER-DAVID, Négociant, 3, rue de Cernay. — Reims.
VASSAL (Alexandre). — Montmorency (Seine-et-Oise), et 55, boulevard Haussmann. — Paris.
VAUTIER (Théodore), Étudiant, 46, rue Centrale. — Lyon.
Dr VERGER (Th.). — Saint-Fort-sur-Gironde (Charente-Inférieure).
VERNEUIL, Memb. de l'Acad. de Méd., Prof. à la Fac. de Méd., 11, boulevard du Palais. — Paris.
VERNEY (Noël), Étudiant, 11, quai des Célestins. — Lyon.
VEYRIN, (Émile), 6, rue Favart. — Paris.
VIEILLARD (Albert), 77, quai de Bacalan. — Bordeaux.
VIEILLARD (Charles), 77, quai de Bacalan. — Bordeaux.
VIEILLE, anc. Recteur, 14, rue de Condé. — Paris.
VIELLARD (Henri), Manufacturier. — Morvillars (Haut-Rhin).
VIGNARD (Charles), Nég., Licenc. en droit, anc. Cons. municip., anc. Juge au Trib. de Comm., 16, passage Saint-Yves. — Nantes.
VINCENT (Auguste), Négociant, Armateur, 14, quai Louis XVIII. — Bordeaux.
WILLM, Prof. de chimie gén. appliquée à la Fac. des Sc. de Lille, 82, boulevard Montparnasse. — Paris.
ZEILLER (René), Ing. en chef des Mines, 8, rue du Vieux-Colombier. — Pari

LISTE GÉNÉRALE DES MEMBRES

DE

L'ASSOCIATION FRANÇAISE POUR L'AVANCEMENT DES SCIENCES

(*Les noms des Membres Fondateurs sont suivis de la lettre* **F** *et ceux des Membres à vie de la lettre* **R.** — *Les astérisques indiquent les Membres qui ont assisté au Congrès de Nancy.*) (1).

ABADIE père, Vétér., 5, rue Franklin. — Nantes.
ABADIE (Alain), Ing., 56, rue de Provence. — Paris.
ABBADIE (D'), Mem. de l'Inst., 120, rue du Bac. — Paris. — **F**
ABEL, Juge d'inst. — Marmande.
ACADÉMIE des Sciences, Belles-Lettres et Arts de Savoie. — Chambéry.
ACADÉMIE d'Hippone. — Bone (départ. de Constantine).
ADAM (Paul), 28, allées d'Amour. — Bordeaux.
ADAM (A.). — Bitschwiller-Thann (Alsace).
ADHÉMAR (Vicomte P. D'), Prop., 25, Grand'Rue. — Montpellier.
ADUY (Eugène), Juge au Trib. de com. — Perpignan.
AGACHE (Édouard), Manufac., 47, boulevard de la Liberté. — Lille.
AGACHE (Edmond), 57, boulevard de la Liberté. — Lille.
AGACHE (Alfred), square de Jussieu. — Lille.
Dr AGUILHON (Élie), 18, rue de la Chaussée d'Antin. — Paris.
AIMÉ-GIRARD, Prof. au Cons. des Arts et Mét., 5, rue du Bellay. — Paris. — **F**
ALAUZE (Paul-Émile), 60, rue Ferrère. — Bordeaux.
ALBENQUE, Pharm. — Rodez (Aveyron).
ALBERTI, Banquier, 11 *bis*, boulevard Haussmann. — Paris. — **F**
ALBERTIN (Michel), Dir. des Eaux de Saint-Alban, rue de l'Entrepôt. — Roanne (Loire). — **R**
Dr ALBESPY. — Rodez (Aveyron).
*ALCAN (Félix), Libraire, 108, boulevard Saint-Germain. — Paris.
ALCAY (Théodore), rue d'Isly. — Alger.
ALFROY (A.), 24, rue Beaurepaire. — Paris.
*ALGLAVE (Em.), Anc. Dir. de la *Revue scientifique*, Prof. à la Fac. de Droit de Paris, 27, avenue de Paris. — Versailles.
ALICOT (Mme veuve), rue Sainte-Foix. — Montpellier.
Dr ALIX, 3, rue Sainte-Germaine. — Toulouse.
ALLAIN-LAUNAY, Insp. des Fin., anc. Élève de l'Éc. polytech., 37, boulevard Malesherbes. — Paris.
ALLARD (Henri), Cons. mun., rue Bonne-Louise. — Nantes.
*ALLARD (H.), Ex-Pharm. de 1re classe, à Moulins. — Bresnay, par Besson (Allier). — **R**
ALLARD (Émile), Insp. gén. des P. et Ch., 15, rue Paul-Louis-Courier. — Paris.
ALLARD (Aimé), 77, place d'Erlon. — Reims.

ALLARD (Saint-Ange), Ing. en chef des P. et Ch., 16, rue Washington. — Paris. — **R**
ALLÈGRE (Léonce), Notaire, 11, rue Beauharnais. — Lille.
ALLEZARD, Juge d'inst. — Issoire (Puy-de-Dôme).
*ALLOEND-BESSAND (Ernest), Commis-Nég., 2, rue de la Belle-Image. — Reims.
ALLUARD (E.), Doyen de la Fac. des Sc., Dir. de l'Observ. météor. du Puy-de-Dôme. — Clermont-Ferrand.
ALPHANDERY, Mem. du Trib. de com., 4, rue de la Licorne. — Alger.
AMADON (Désiré), 4, rue de Marseille. — Lyon. — **R**
Dr AMANS (Paul), 18, rue du Manège. — Montpellier.
AMBOIX (D'), Cap. d'ét.-maj., 69, boulevard Malesherbes. — Paris. — **F**
AMÉ (G.), Employé au chem. de fer du Midi, 37, rue Naujac. — Bordeaux.
*ANDOUARD, Pharm., Prof. à l'Éc. de Méd. et de Pharm., 8, rue Clisson. — Nantes.
ANDOUILLÉ (Edmond), Sous-Gouv. honor. de la Banque de France, 2, rue du Cirque. — Paris. — **F**
ANDRA (Edgard), 168, Faubourg-Saint-Honoré. — Paris.
ANDRAULT, Proc. de la Rép., rue du Palais. — La Rochelle.
ANDRÉ (Fréd.), Ing. des P. et Ch., 4, rue Michelet. — Paris. — **F**
*ANDRÉ (Charles), Astron., Prof. à la Fac. des Sc. de Lyon. — Saint-Genis-Laval (Rhône).
ANDRÉ (Alfred), Banquier, 49, rue de La Boétie. — Paris. — **F**
ANDRÉ (Édouard), 158, boulevard Haussmann. — Paris. — **F**
Dr ANDRÉ, 52, allées Lafayette. — Toulouse.
*ANDRÉ (Charles), Archit., Mem. du Cons. mun., 12, rue d'Alliance. — Nancy.
ANDRÉEFF (Constantin), Prof. à l'Univ. de Kharkow. — Kharkow (Russie).
Dr ANDREY (Édouard), 37, rue Truffaut. — Paris.
ANDRIEUX (Gaston), Entrep. de serrurerie, 12, cours des Casernes. — Montpellier.
*ANGLADE (Joseph), Proc. de la Rép. — Saint-Affrique.
*ANGOT (Alfred), Météorol. tit. au Bur. central météor. de France, 6, rue Cassette. — Paris. — **R**
ANGOT (Paul), 36, boulevard de Sébastopol. — Paris.
ANONYME, 42, rue des Mathurins. — Paris. — **R**
ANTERRIEU (Émile), Cons. gén., 7, rue Boussairolle. — Montpellier.
ANTHOINE (Édouard), Ing., Chef du serv. de la Carte de France et de la Statistique graphique au Ministère de l'Intérieur, 13, rue Cambacérès. — Paris.
ANTOINE (L.-V.), Prop. — Staoueli, près Alger.
ANTONI, Banquier, boulevard de la République. — Alger.
Dr ANTONY, Méd.-Maj. à l'hôp. — Soukaras (dépt de Constantine).
APOLIS (Alexandre), Rentier-Prop., 9, rue Friperie. — Montpellier.
*Dr APOSTOLI, 5, rue Molière. — Paris.
*APPERT, 15, boulevard Poissonnière. — Paris, et avenue d'Eglé. — Maisons-Laffitte.
APPERT (Mlle Marie), 15, boulevard Poissonnière. — Paris, et avenue d'Eglé. — Maisons-Laffitte.
APPERT, Nég., 9, rue Martel. — Paris. — **R**
ARBAUMONT (Jules D'), Mem. de l'Acad. de Dijon, 43, rue Sermaise. — Dijon.
ARCIN, Nég., 16, rue du Réservoir. — Bordeaux.
ARDISSON (Fernand), 45, rue Fondaudège. — Bordeaux.
Dr ARDUIN (Léon), 40, boulevard Ménilmontant. — Paris.
*ARFEUILLÈRE (Raoul), Chef du cab. du Préf. de l'Yonne. — Auxerre.
Dr ARLOING, Prof. agr. à la Fac. de Méd., Prof. à l'Éc. vétérinaire et à la Fac. des Sc. — Lyon. — **R**
Dr ARMAINGAUD, Doct. en méd., 61, cours de Tourny. — Bordeaux.
ARMAND (Jean), Étud. en pharm. — Miramont (Lot-et-Garonne).
Dr ARMET (Silvère). — Saint-Marcel (Aude).
ARMET DE LISLE, 18, rue Malher. — Paris.
ARNAUD (Moïse), Nég. — Olonzac (Hérault).
Dr ARNAUD DE FABRE, 35, rue Sainte-Catherine. — Avignon.
ARNOULD (Charles), 18, rue Thiers. — Reims.
ARNOULD (Jean-Baptiste-Camille), Dir. de l'Enreg. et des Dom. — Troyes.
*Dr ARNOULD, Dir. du serv. de Santé du 1er corps d'armée, 251, rue Solférino. — Lille.
ARNOUX (Louis-Gabriel), Anc. Officier de marine. — Les Mées (Basses-Alpes). — **R**
ARNOZAN (Gabriel), Pharm., 40, allées de Tourny. — Bordeaux.
ARNOZAN (Mme), 40, allées de Tourny. — Bordeaux.
ARON (Henri), Adj. au Maire du 2e arrond., 14, rue de Grammont. — Paris.

Aronssohn (P.), Prof. agr. libre de la Fac. de Méd. de Nancy, 130, boulevard Haussmann. — Paris.
Arosa (A.), Mem. de la Soc. de Géogr., 169, boulevard Haussmann. — Paris.
*Arth (Georges), Chef des trav. chim. à la Fac. des Sc., 7, rue de Rigny. — Nancy.
Arvengas (Albert), Lic. en droit. — Lisle d'Albi (Tarn). — R
Asquier, Prov. du Lycée. — Grenoble.
*Assaky, Prof. agr. à la Fac. de Méd. de Lille, 146, rue de Rennes. — Paris.
Association amicale des anciens Élèves de l'Institut du Nord, 83 *bis*, boulevard de la Liberté. — Lille.
Astor (A.), Prof. à la Fac. des Sc., 1, boulevard de Bonne. — Grenoble.
Auban-Moet, Nég. en vins de Champagne. — Épernay (Marne). — R.
Aubergier, Doyen de la Fac. des Sc. de Clermont-Ferrand. — Clermont-Ferrand.
Dr Aubert, 33, rue Bourbon. — Lyon.
Aubert (Charles), Lic. en droit, Avoué plaidant. — Rocroi (Ardennes). — F
Aubin (Émile), Chim., 176, rue du Temple. — Paris.
Aubry (Félix), Nég., 35, Faubourg-Poissonnière. — Paris.
Dr Audé. — Fontenay-le-Comte (Vendée).
Audoynaud (Alfred), Prof. de chim. à l'Éc. d'agr. de Montpellier, 18, rue Villefranche. — Montpellier.
Augé (Eugène), 3, rue Levat. — Montpellier.
*Ault Dumesnil (d'), Géol., Conserv. du Musée, 1, rue de l'Eauette. — Abbeville (Somme).
Dr Auquier (Eugène). — Sommières (Gard).
Auriol (Adrien), Prof. d'agricul., 5, cité Cardinal-Lemoine. — Paris.
*Avenelle (Ernest), Dir. des établiss. Rivière et Cie, 8, rue Pavée. — Rouen.
*Avenelle fils, 8, rue Pavée. — Rouen.
Aynard (Ed.), Banquier, 19, rue de Lyon. — Lyon. — F
Azam, Prof. à la Fac. de Méd. — Bordeaux. — F
Azambre (F.), Notaire. — Fourmies (Nord).
Babot, Méd.-Vétér. — Miramont (Lot-et-Garonne).
Babut (Eugène) fils, 9, rue Villeneuve. — La Rochelle.
Bachelot (Théodore). — Vernou-sur-Brenne (Indre-et-Loire).
Dr Bachelot-Villeneuve. — Saint-Nazaire (Loire-Inférieure).
Dr Bacquias (Eugène), anc. Député de l'Aube, anc. Prés. de la Soc. acad. de l'Aube, 62, avenue Herbillon. — Saint-Mandé (Seine).
Dr Bader, 30, rue de Lille. — Paris.
Baeschlin (H.-T.), Fabr. d'objets de pansem. — Montpellier.
*Dr Bagneris. — Samatan (Gers).
*Bagneris, Prof. agr. à la Fac. de Méd., 25, rue Baron-Louis. — Nancy.
Dr Baillarger, Mem. de l'Acad. de Méd., 8, rue de l'Université. — Paris.
*Baille, Répét. à l'Éc. polytech., 26, rue Oberkampf. — Paris. — F
Baille (Mme), 26, rue Oberkampf. — Paris. — R
*Baille (J.-B.-Louis), Étudiant, 26, rue Oberkampf. — Paris.
Baillehache (de), Ing. civ., 171, avenue de Wagram — Paris.
Baillon, Prof. à la Fac. de Méd., 12, rue Cuvier. — Paris. — F
Baillou (A.), Prop., 96, rue Croix-de-Seguey. — Bordeaux.
*Dr Bailly, Insp. des Eaux. — Bains (Vosges).
Balanche (Stanislas), Chim., maison Lemaître-Lavrotte et Cie — Bolbec (Seine-Inférieure).
Balaschoff (Pierre de), Rentier, 76, rue de Monceau. — Paris. — F
Balguerie (Edmond), Ing. civ., 23, quai des Chartrons. — Bordeaux.
Ball, Prof. à la Fac. de Méd. de Paris, Mem. de l'Acad. de Méd., 179, boulevard Saint-Germain. — Paris.
Balme, Étud. en méd., 6, avenue Rapp. — Paris.
Bamberger, Banquier, 14, rond-point des Champs-Élysées. — Paris. — F
*Dr Bancel, Méd. de l'Hôp. — Toul (Meurthe-et-Moselle).
Bapterosses (F.), Manufac. — Briare (Loiret). — F
Barabant, Ing. en chef des P. et Ch., 17, rue des Ursulines. — Paris. — R
Dr Baraduc (Léon), Méd. des mines de Saint-Éloi. — Montaigut-en-Combraille, par Saint-Éloi (Puy-de-Dôme).
Dr Baratier. — Bellenave (Allier).
Barbaza (François), Nég. en vins. — Narbonne.
Barbelenet (S.), Prof. au Lycée. — Reims.
Barbier, Peintre, rue Édouard-Larue. — Le Havre.
*Barbier (J.-V.), Secr. gén. de la Soc. de Géogr., 1, rue de la Prairie. — Nancy.

BARBIER (Aimé), Étudiant, 86, rue des Sablons. — Paris.
*BARBIER, Int. des Hôp., hôp. Beaujon. — Paris.
BARBOTEAUD D'ANGLARD (Marthe), Dir. du pensionnat de Demoiselles, 38, rue Saint-Martin. — Cognac.
BARBOUX, Avocat à la Cour d'appel, anc. Bâtonnier du cons. de l'ordre, 10, quai de la Mégisserie. — Paris. — **F**
Dr BARDET, 119 *bis*, rue Notre-Dame-des-Champs. — Paris.
BARDOUX, Sénateur, anc. Min. de l'Inst. publique, 72, rue de Naples. — Paris.
BARDY (Henry), Pharm., Prés. de la Soc. philomath. — Saint-Dié (Vosges).
Dr BARÉTY (Alexandre). — Nice.
BARGE (Henry), Archit., anc. Élève de l'Éc. des Beaux-Arts, Maire. — Jeanneyrias (Isère).
BARGEAUD (Paul), Percept. — Jonzac (Charente-Inférieure). — **R**
BARIAT, Ing., Dir. des ateliers Barjac-Delahaye. — Liancourt (Oise).
Dr BARNAY (Marius), rue du Collège. — Roanne.
BARON, Ing. de la Marine, 11, rue Pelegrin. — Bordeaux. — **R**
BARON, Insp. gén. du contrôle au Minist. des Postes et Télégraphes, 64, rue Madame. — Paris. — **R**
BARON-LATOUCHE (Émile), Juge au Trib. civil. — Fontenay-le-Comte.
BARRAL (Étienne), Prépar. à la Fac. de Méd., 2, quai Fulchiron. — Lyon.
BARROIS (Th.) Filat., 35, rue de Lannoy. — Fives-Lille.
Dr BARROIS (Ch.), Maître de conf. à la Fac. des Sc., 185, rue Solférino. — Lille. — **R**
BARROIS (Th.) fils, Lic. ès sc., 35, rue de Lannoy. — Fives-Lille.
BARROIS (Jules), 37, rue Rousselle, faubourg Saint-Maurice. — Lille. — **R**
BARROUX (Abel), Dir. de l'Asile d'aliénés. — Villejuif (Seine).
BARSALOU, Agricult. — Montredon, par Narbonne (Aude).
*BARTET, Insp. adj. des Forêts, 17, rue Sainte-Catherine. — Nancy.
Dr BARTH (Henry), Méd. des Hôp., 125, boulevard Saint-Germain. — Paris.
BARTHE-DEJEAN (Jules), 5, rue Bab-el-Oued. — Alger.
Dr BARTHE DE SANDFORT, aux Thermes de Dax. — Dax (Landes).
*BARTHELEMY, 22, Faubourg-des-Trois-Maisons. — Nancy.
BARTHÈS (Antonin), Prop. — Maraussan, près Béziers.
BARTHOLONY, Prés. du Cons. d'administ. des chem. de fer d'Orléans, 12, rue La Rochefoucauld. — Paris. — **F**
BARY (Albert DE), Nég. en vins de Champagne, 18, rue des Templiers. — Reims.
BARY (Alexandre DE), Nég. en vins de Champagne, 17, boulevard du Temple. — — Reims.
BASSET (Charles), Nég., cours Richard. — La Rochelle.
Dr BASSET, Méd.-Insp. des Eaux de Royat, 2, cité Trévise. — Paris.
BASSET (Henri), Étud. en méd., 2, cité Trévise. — Paris.
BASSOULS (Frédéric), Prof. à l'Institution nat. des Sourds-Muets, 19, rue Cujas. — Paris.
BASTIDE (Étienne), Pharm., rue d'Armagnac. — Rodez.
BASTIDE (Henri), Pharm., 27, place Francheville. — Périgueux.
BASTIDE (Scévola), Prop. et Nég., 14, rue Clos-René. — Montpellier. — **R**
BATAILLARD, Archiv. à la Fac. de Méd. de Paris, 119 *bis*, rue Notre-Dame-des-Champs. — Paris.
BATLLE (Étienne), rue du Petit-Scel. — Montpellier.
BATTANDIER, Prof. à l'Éc. de Méd. d'Alger, hôp. civ. de Mustapha. — Alger.
Dr BATTAREL, Méd. de l'hôp. civ., 69, rue de Constantine, Mustapha. — Alger.
BAUBIGNY (Henry), Doct. ès sc., 136, boulevard Saint-Germain. — Paris.
BAUDET (Cloris), Ing.-Électr., 90, rue Saint-Victor. — Paris.
BAUDOIN (Édouard), 9, place de l'Hôtel-de-Ville. — Étampes.
BAUDOIN, Pharm. — Montlhéry (Seine-et-Oise).
BAUDOUIN, March. de fer. — Pons (Charente-Inférieure).
BAUDREUIL (Charles DE), 29, rue Bonaparte. — Paris. — **R**
BAUDREUIL (Émile DE), 9, rue du Cherche-Midi. — Paris. — **R**
Dr BAUDRIMONT fils, 43, rue Saint-Rémy. — Bordeaux.
Dr BAUDRY (Sosthène), Prof. à la Fac. de Méd., 14, rue Jacquemars-Grélée. — Lille.
BAUMGARTNER, Ing. en chef des P. et Ch. — Agen (Lot-et-Garonne).
BAVILLE (Georges), Prop., 11, rue Baronie. — Toulouse.
BAVILLE (François), Prop., 11, rue Baronie. — Toulouse.
BAYARD, Pharm., anc. Int. des hôp. de Paris, Secr. de la Soc. des Pharm. de Seine-et-Marne, 16, rue Neuville. — Fontainebleau.
BAYE (Jules), Fabr. de draps. — Sedan (Ardennes).

*Baye (le Baron Joseph de). — Baye (Marne).
Bayen (Maximilien), Nég. en tissus, 15, rue de la Peirière. — Reims.
Baysellance, Ing. de la Marine, Prés. de la rég. sud-ouest du Club Alpin, 84, rue Saint-Genès. — Bordeaux. — R
Bazaine, Ing. en chef des P. et Ch. en retraite, 65, rue d'Anjou. — Paris.
Bazaine (Achille), Ing. à la Cie des Chemins de fer du Sud de la France, villa Paradis, boulevard d'Orient. — Hyères (Var).
Bazaine (Mme Achille), villa Paradis, boulevard d'Orient. — Hyères (Var).
Bazille (Louis), Nég., 27, cours des Casernes. — Montpellier.
Bazille (Gaston), Sénateur, Grand'Rue. — Montpellier.
Bazille (Marc), Grand'Rue. — Montpellier.
Beaudin (Léon), Archit., 8, rue Plantey. — Bordeaux.
Beaurain (Narcisse), Bibliothécaire-adj. de la Ville, Hôtel de Ville. — Rouen.
Dr Beauregard (Henri), Aide-Natur. au Muséum d'hist. nat., 56, rue Gay-Lussac. — Paris.
Beausacq (Mme la Comtesse de), 41, rue d'Amsterdam. — Paris.
Beauvais (Maurice). — Avocat, 70, rue Monge. — Paris.
Béchamp, Doyen de la Fac. de Méd. de l'Univ. catholique, 8, rue Beauharnais. — Lille. — F
Becker (le Général), 260, boulevard Saint-Germain. — Paris.
Becker (Mme), 260, boulevard Saint-Germain. — Paris. — F
Becker (E.), Agent de change, 76, rue de Talleyrand. — Reims.
Béclard, Mem. de l'Acad. de Méd., Doyen de la Fac. de Méd., École de Médecine. — Paris.
Bedel (Louis), Entomol., 20, rue de l'Odéon. — Paris.
Beer (Guillaume), 34, rue des Mathurins. — Paris.
Beigbeder (D.), Anc. Ing. des manufac. de l'État, 26, avenue de l'Opéra. — Paris.
Bélime (Frédéric), Prop., Cons. gén. — Vitteaux (Côte-d'Or). — R
Bell (Édouard-Théodore), Nég. — New-York (U. S.). — F
Bellemer (Th.), Prop. et Maire de Bruges, 52, quai des Chartrons. — Bordeaux.
*Belliéni, Fabr. d'instr. de précision, 17, place de l'Académie. — Nancy.
*Belloc, Ing., anc. Élève de l'Éc. polytech., 136, avenue Daumesnil. — Paris.
Bellon (Paul). — Écully (Rhône). — R
·Bellot (Arsène-Henri), Sous-Archiv. au Cons. d'État, 4, rue Fontanes. — Courbevoie (Seine).
Belon, Fabri., avenue de Noailles. — Lyon. — F
Belton (Louis), Avocat, rue Beauvoir. — Blois.
Beltremieux (Édouard), V.-Prés. du Cons. de préf., Prés. de la Soc. des Sc. nat., rue des Fonderies. — La Rochelle.
Belugou (David), Pharm., 3, boulevard de la Comédie. — Montpellier.
Bémont (Gustave), Chef des trav. de Chim. biologique à la Fac. de Méd., 21, rue du Cardinal-Lemoine. — Paris.
*Benckhart, Juge au Trib. civ., 45, rue Gambetta. — Nancy.
Benoist (J.), Nég., 3, rue des Cordeliers. — Reims.
Benoist (Félix), Manufac., 30, rue de Monsieur. — Reims.
Benoit (Charles), Nég. en vins de Champagne, 81, rue de Venise. — Reims.
Dr Benoit, Doct. ès sc., Ing. civ., Adj. au Bur. internat. des poids et mesures. — Pavillon de Breteuil, par Saint-Cloud (Seine-et-Oise).
Benoit (Léon), Recev. des Fin. — Segré.
Beral (E.), Ing. des Mines, Sénateur du Lot, 1, rue Boursault. — Paris. — F
Beraud, 10, rue Fontenelle. — Rouen.
*Dr Berchon, Méd. princ. de 1re classe de la Marine, Dir. du serv. sanitaire de la Gironde. — Pauillac (Gironde).
*Berchon (Mme). — Pauillac (Gironde).
*Berchon (Auguste), Prop. — Cognac.
*Berdellé (Charles), Anc. Garde gén. des Forêts. — Rioz (Haute-Saône). — F
Berdoly (H.), Avocat. — Château d'Uhuart-Mixe, près Saint-Palais (Basses-Pyrénées).
Berge (René), 240, Faubourg-Saint-Honoré. — Paris.
Berge (Étienne-Jean-Gustave), Lic. en droit, sous-lieut. de réserve au 3e rég. du génie, 39, rue Cardinet. — Paris.
Dr Bergeon, 3, place Bellecour. — Lyon.
*Berger-Levrault (Mme), 7, rue des Glacis. — Nancy.
*Berger-Levrault (A.), Imprim., 7, rue des Glacis. — Nancy.

*BERGER-LEVRAULT (O.), Imprim., 7, rue des Glacis. — Nancy.
*BERGER-LEVRAULT (Mme O.), 7, rue des Glacis. — Nancy.
*BERGER-LEVRAULT (Mlle), 7, rue des Glacis. — Nancy.
*BERGER-LEVRAULT (Edmond), 7, rue des Glacis. — Nancy.
BERGERON (Jules), Ing. des Arts et Man., 75, rue Saint-Lazare. — Paris. — **R**
BERGERON (Jules), Mem. de l'Acad. de Méd., 75, rue Saint-Lazare. — Paris. — **R**
BERGÈS (Achille), Ing. des P. et Ch. — Sables d'Olonne (Vendée).
BERGÈS (Aristide), Ing. civ. — Lancey (Isère).
BERGIS (Léonce), Prop. — Pech-Bétou, par Molières (Tarn-et-Garonne).
BERNADAC (A.), Anc. Élève de l'Éc. polytech., Lieut. de vaisseau de réserve, 33, rue Castelnau. — Pau.
BERNARD (Remy), Cons. mun., boulevard Saint-Aignan. — Nantes.
BERNARD, Contrôl. des Contrib. dir., 5, rue de l'Escale. — La Rochelle.
BERNARD, Prof. de chim. à l'Éc. de Cluny. — Cluny (Saône-et-Loire).
BERNARD, Pharm. milit. — Fontainebleau.
BERNE, Prof. à la Fac. de Méd. de Lyon, 14, rue Saint-Joseph. — Lyon.
BERNEY (J.-B.), Nég., 2, faubourg Cérès. — Reims.
*BERNHEIM, Prof. à la Fac. de Méd. — Nancy.
BEROUD (l'Abbé). — Coligny (Ain).
BERRENS, Manufac. — Barcelone.
BERRUBÉ (Émile), Manufac., 17, route de Darnétal — Rouen.
BERTAULT-SIMON, Prop.-Viticult., 37, rue de Châlons. — Ay-Champagne.
BERTAUT, 40, rue Bonaparte. — Paris.
BERTÈCHE (G.), Chim., 24, place d'Armes. — Valenciennes.
BERTHAUT, Prof., 19, rue Jouffroy. — Paris (Batignolles).
BERTHE (Ernest). — Jonchery-sur-Vesle (Marne).
BERTHELOT, Ministre de l'Inst. publique, Sénateur, Memb. de l'Inst., Prof. au Coll. de France, Palais de l'Institut. — Paris. — **R**
BERTHIER (Camille), Ing. civ. — La Ferté-Saint-Aubin (Loiret).
Dr BERTHOLLET, 14, place Sainte-Clair. — Grenoble.
BERTHON (Auguste), 2, rue de la Paix. — Paris.
BERTHON, Prop., 46, rue de Rome. — Paris.
Dr BERTILLON (Jacques), Publiciste, Chef de la statist. mun., 26, rue de Laval. — Paris.
Dr BERTIN (Georges), Prof. suppl. à l'Éc. de Méd., 2, rue Franklin. — Nantes.
*Dr BERTIN, 2, boulevard Sévigné. — Dijon.
BERTIN, Ing. en chef des P. et Ch., 60, rue Mogador. — Paris. — **R**
BERTIN-SANS (Émile), Prof. à la Fac. de Méd., 3, rue de la Merci. — Montpellier.
BERTRAND (J.), Mem. de l'Institut, Prof. au Coll. de France, 6, rue de Seine. — Paris. — **R**
*BERTRAND (H.), Cons. gén., Maire de Briey. — Briey (Meurthe-et-Moselle).
BESSELIÈVRE (Ch.), Manufac., Cons. gén. de la Seine-Inférieure. — Maromme, près Rouen.
BESSELIÈVRE (L.) fils, Manufac., 24, rue de Crosne. — Rouen.
Dr BESSETTE (E.), Chirurg. de l'Hôp. civ. et milit. — Angoulême.
BESSON (A.), Pharm. de l'Éc. de Paris. — Libourne.
BETHMANN (Édouard DE), 30, cours du Jardin public. — Bordeaux.
BÉTHOUART (Émile), Recev. de l'Enreg., 25, rue de la Tannerie. — Abbeville. — **R**
BÉTHOUART (Alfred), Ing. civ., Juge au Trib. de com. — Chartres. — **R**
BÉTHUNE (A.), Notaire. — Tour-sur-Marne.
BEUDON (Justin-Émile), 24, rue d'Isly. — Alger.
BEYLOT, V.-Prés. du Trib. civ., 25, rue Théodore-Ducos. — Bordeaux.
BEYRIES (Paul), Avocat. — Marmande (Lot-et-Garonne).
BEYSSAC, Étud. en droit, 18, rue Boudet. — Bordeaux.
BEZANÇON (Paul), 78, boulevard Saint-Germain. — Paris. — **R**
BÉZINEAU, Prof. au Lycée, 12, rue Sibié. — Marseille.
BIBLIOTHÈQUE de l'École Fénelon, 23, rue Malesherbes. — Paris.
BIBLIOTHÈQUE de l'École régimentaire du Génie. — Grenoble.
BIBLIOTHÈQUE publique de la Ville. — Boulogne-sur-Mer. — **R**
*BICHAT, Prof. à la Fac. des Sc., 3 *bis*, rue des Jardiniers. — Nancy.
BICHON, Constr. de navires. — Lormont, près Bordeaux. — **R**
BICHON, Commissaire enquêteur, boulevard Seguin. — Oran (Algérie).
BIDAULT (Alfred), 75, rue Madame. — Paris.

Dr BIENFAIT, boulevard des Promenades. — Reims.
Dr BIERMONT (DE), 5, rue des Menuts. — Bordeaux.
BIGNON (Jean), Ing. des Arts et Man., 6, rue de Sfax. — Paris-Passy.
BIGOUROUX (A.), Cap. au long cours, 44, rue Traversière. — Bordeaux.
BILLAUD (Louis), Prop., hôtel d'Allier. — Moulins (Allier).
BILLAULT-BILLAUDOT et Cie, Fabr. de produits chim., place de la Sorbonne. — Paris. — **F**
Dr BILLON, Maire. — Loos (Nord).
BILLY (Charles DE), Cons. référendaire à la Cour des Comptes, 63, avenue Kléber. — Paris. — **F**
BILLY (Alfred DE), Insp. des Fin., 2, rue Corvetto. — Paris.
BINET, Prop., 26, rue Marie-Talabot. — Sainte-Adresse (Havre).
BINOT (Jean), 216, boulevard Saint-Germain. — Paris.
BIOCHET, Notaire. — Caudebec-en-Caux (Seine-Inférieure). — **R**
BISCHOFFSHEIM (Raphaël-Louis), anc. Député des Alpes-Maritimes, 3, rue Taitbout. — Paris. — **F**
BISSON (E.), 24, quai de Seine. — Sartrouville (Seine-et-Oise).
BIVER (Alfred), Dir. des manufac. de glaces de la Comp. de Saint-Gobain, 9, rue Sainte-Cécile. — Paris.
BIZET, Cond. des P. et Ch. — Bellesme (Orne).
Dr BLACHE, 5, rue de Suresnes. — Paris.
BLAISE (Jules), Pharm. — Montreuil-sous-Bois (Seine).
BLAISE (Émile), Ing. des Arts et Man., 44, rue Cambon. — Paris.
BLANCHARD (Raphaël), Prof. agr. à la Fac. de Méd., Répét. à l'Institut nat. agronomique, 9, rue Monge. — Paris. — **R**
Dr BLANCHE (Emmanuel), Prof. à l'Éc. de Méd. et à l'Éc. des Sc. de Rouen, 53, boulevard Cauchoise. — Rouen.
*BLANCHET (Augustin), Fab. de papiers, Château d'Alivet. — Renage, près Rives (Isère).
Dr BLANCHIER. — Chasseneuil (Charente).
BLANCHIN, Maire. — Dormans (Marne).
BLANDIN, Député de la Marne, 56, avenue d'Eylau. — Paris. — **R**
BLANDIN, Ing., Manufac. — Nevers.
*Dr BLANQUINQUE. — Laon.
BLAQUIÈRE (Alp.), Archit., Archiv. de la Commission des monum. hist. de la Gironde, 9, rue Hustin. — Bordeaux.
*BLAREZ (Charles), Prof. agr. à la Fac. de Méd., 97, rue Saint-Genès. — Bordeaux. — **R**
*BLAVET, Nég., Prés. de la Soc. d'Hortic. de l'arrond. d'Étampes, 10, 12 et 14, rue de la Juiverie. — Étampes (Seine-et-Oise).
BLAVY (Alfred), Avoué à la Cour, Suppl. de la justice de paix, Officier d'Acad., 4, rue Barralerie. — Montpellier.
*BLEICHER, Prof. d'hist. nat., à l'Éc. sup. de Pharm., 4, rue de Lorraine. — Nancy.
BLEYNIE DE CHATEAUVIEUX (François-Émile), Pasteur de l'Église réformée, 37, rue Blatin. — Clermont-Ferrand.
BLIN, Fabr. de draps, maison Blin et Bloch. — Elbeuf-sur-Seine.
BLOCH (Mme Élisa), Statuaire, Prof. à l'Association philotech., 6, rue Daubigny. — Paris
BLONDEAU-BERTAULT (Jules), Prop., Nég., Adj. au Maire. — Ay-Champagne (Marne).
BLONDEL (Henri), Archit., 14, quai de la Mégisserie. — Paris.
BLONDEL (Mme Henri), 14, quai de la Mégisserie. — Paris.
BLONDEL (Mlle Hélène), 14, quai de la Mégisserie. — Paris.
BLONDEL (Émile), Chim., 24D, route de Bonsecours. — Rouen. — **R**
*BLONDLOT, Maître de conf. à la Fac. des Sc., 8, quai Claude-Lorrain. — Nancy.
BLOT, Mem. de l'Acad. de Méd., 24, avenue de Messine. — Paris. — **F**
BLOTTIÈRE (Alfred), 189, rue Lafayette. — Paris.
*BLOUME (Eugène), Prof. au Lycée, 1, rue des Bains. — Grenoble.
BLOUQUIER (Charles), rue Salle-l'Évêque. — Montpellier.
BOAS (Alfred), Ing. des Arts et Man., 91, rue Lafayette. — Paris. — **R**
BOAS-BOASSON (J.), Chim., chez MM. Henriet, Romanna et Vignon, 15, rue Saint-Dominique. — Lyon.
BOCA (Léon). — 16, rue d'Assas. — Paris.
*BOCA (Edmond), Ing. des Arts et Man., 9, rue d'Isly. — Paris.
Dr BŒCKEL (J.), Corresp. de la Soc. de Chirurg. de Paris, 2, place de l'Hôpital. — Strasbourg (Alsace).
BOFFARD (Jean-Pierre), anc. Notaire, 2, place de la Bourse. — Lyon. — **R**

Dr Bogros. — Latour-d'Auvergne (Puy-de-Dôme).
Bois (Georges-Francisque), Avocat, 57, avenue de l'Observatoire. — Paris.
Boilevin (Éd.), Nég., Juge au Trib. de com., Grande-Rue. — Saintes.
Boissellier, Agent administratif de la Marine. — Rochefort (Charente-Inférieure).
Boissière (Juvenal), Nég., 50B, rue Fontenelle. — Rouen.
Boissonnet, Général du Génie, anc. Sénateur, 75, rue Miromesnil. — Paris. — F
Boistel (G.), Ing. civ., 22, rue Tournefort. — Paris.
Boiteau (Pierre), Vétér. délégué de l'Acad. — Villegouge, par Lugon (Gironde).
*Boiton (D.-E.-J.), Géom. et Arpent. forestier, 6, rue Brocherie. — Grenoble.
Boivin (Émile), 64, rue de Lisbonne. — Paris. — F
*Boivin, Ing.-Archit. — Lille.
*Boivin (Léon), Étudiant, 284, rue Nationale. — Lille.
Bommartin (Pierre), Notaire. — Soumensac, arrond. de Marmande (Lot-et-Garonne).
Bompard (Maurice), Secr. d'ambassade. — Tunis.
Bonaparte (le Prince Roland), 22, cours La Reine. — Paris. — F
Bondet, Méd. de l'Hôtel-Dieu, Prof. à la Fac. de Méd. de Lyon, 2, quai de Retz. — Lyon. — F
Dr Bonnafond, anc. Méd. princ. de l'Armée, 3, rue Mogador. — Paris.
Dr Bonnal. — Arcachon.
Bonnard (Paul), Agr. de philosophie, avocat à la Cour d'appel, 49, rue de Grenelle. — Paris. — R
Bonneau (Théodore), Notaire honor. — Marans (Charente-Inférieure). — F
*Bonnet (Mme Léontine), 14, avenue de Valz. — Le Puy-en-Velay.
*Dr Bonnet (Noël), 12, rue de Ponthieu. — Paris.
*Dr Bonnet (Ed.), 11, rue Claude-Bernard. — Paris.
Bonneville (de), Ancien Avoué. — Château de Bonneville, par Saint-Julien-Chapteuil (Haute-Loire).
Bonnier, Lic. ès sc. nat., 75, rue Madame. — Paris.
Bonpain, Ing. civ., 40, rue d'Amiens. — Rouen.
Bontems (E.), Lieutenant-Trésorier au 12e Chasseurs. — Lyon.
Bontems (Georges), Ing. civ., 11, rue de Lille. — Paris.
Bonzel (Arthur). — Haubourdin, près Lille (Nord).
Bonzom, Pharm. — Monein (Basses-Pyrénées).
*Boppe, Sous-Dir. de l'Éc. forest., 12, rue Girardet. — Nancy.
Bordet (Adrien), Avocat défens., 4, rue Neuve-du-Divan. — Alger.
Bordet (Léon), Prop. — La Jolivette, commune de Chemilly, par Moulins (Allier).
Bordier (Henri), Biblioth. honor. à la Biblioth. nationale, 182, rue de Rivoli. — Paris. — R
Dr Bordier, Prof. à l'Éc. d'Anthrop., 44, avenue Marceau. — Paris.
Bordo (Louis), Méd. de colonisation. — Chéragas (province d'Alger).
Borel, 5, quai des Brotteaux. — Lyon.
Borel (Auguste), Prés. du Trib. de com., 17, place Grenette. — Grenoble.
Borély (Charles de), Notaire, 14, rue Saint-Firmin. — Montpellier.
Borgeaud (Luc), 2, rue Sainte-Pauline. — Marseille.
*Bosteau, Maire. — Cernay-lès-Reims (Marne).
Boubés (Jean-Georges), Prop., 18, rue Pelegrin. — Bordeaux.
*Bouchard, Prof. à la Fac. de Méd. de Paris, Mem. de l'Acad. de Méd. 174, rue de Rivoli. — Paris.
Bouchard (Mme), 174, rue de Rivoli. — Paris.
Bouchard, Avocat, 5, boulevard des Quatre-Ponts. — Moulins.
Bouchard fils, 5, boulevard des Quatre-Ponts. — Moulins (Allier).
Bouché (Alexandre), 6, rue de Bréa. — Paris. — R
Boucher (Eugène), Industriel, usine du Pied-Selle. — Fumay (Ardennes).
*Boucher (Henry), Cons. gén., Indust. — Docelles (Vosges).
Dr Bouchereau, Méd. à l'Asile Sainte-Anne, 1, rue Cabanis. — Paris.
*Dr Boucheron, 14, rue Halévy. — Paris.
Bouchet, Étud. en droit, place d'Espagne. — Issoire.
Bouchut, Prof. agr. à la Fac. de Méd. de Paris, Méd. des Hôp., 38, rue de la Chaussée-d'Antin. — Paris.
Boude (Paul), Raffineur de soufre, 8, rue Saint-Jacques. — Marseille.
Boudet (C.), 24, quai Saint-Antoine. — Lyon.
Boudet de Bardon, Cons. gén. du Puy-de-Dôme. — Riom.
Boudier, Ing.-Mécan., 10, rue du Hameau-des-Brouettes. — Rouen.

BOUDIER, Pharm. honor., Mem. corresp. de l'Acad. de Méd. — Montmorency.
BOUDIN (A.), Princ. du Collège de Honfleur. — Honfleur. — **R**
BOUDIN (Mme), au Collège. — Honfleur.
Dr BOUILLY, Prof. agr. à la Fac. de Méd., Chir. des Hôp., 43, boulevard Haussmann. — Paris
BOUISSIN (Léon), anc. Cons. gén. de l'Hérault, 5, rue Saint-Philippe-du-Roule. — Paris.
BOUJU (Georges), Étud. en méd., 82, rue de la République. — Rouen.
BOULARD DE VILLENEUVE (Adrien), Attaché à la Banque de France. — Auxerre.
*BOULÉ, Ing. en chef des P. et Ch., 23, rue de La Boétie. — Paris. — **F**
BOULET (Gaston), Manufac., Mem. de la Ch. de com., 31, boulevard Cauchoise. — Rouen.
BOULINAUD (Édouard). — Aux Épis, par Segonzac (Charente).
Dr BOULLAND, 36, boulevard de la Poste. — Limoges.
*BOULOUMIÉ (A.), Administ.-Dir. des Eaux de Vittel. — Vittel (Vosges).
*BOUQUET DE LA GRYE, Mem. de l'Institut, Ing. hydrogr. de 1re classe de la Marine, 104, rue du Bac. — Paris.
BOUQUET DE LA GRYE (Mme), 104, rue du Bac. — Paris.
BOURBON (Émile), Réd. au journal *la Gironde*, 8, rue Cheverus. — Bordeaux.
BOURDEAU, Prop., villa Luz. — Billière, près Pau (Basses-Pyrénées). — **R**
BOURDELLES, Ing. en chef des P. et Ch., 22, rue d'Édimbourg. — Paris.
BOURDIL, Ing. des Arts et Man., 20, rue de Téhéran. — Paris.
*BOURGAUT, Insp. des Forêts en disponibilité, Maire d'Esley. — Esley (Vosges).
*BOURGEOIS (Jules), Prés. de la Soc. entomologique de France, 38, rue de l'Échiquier. — Paris.
*BOURGERY (Henry), Notaire. — Nogent-le-Rotrou.
BOURGUIN (Maxime), Ing. des P. et Ch. — Mézières (Ardennes).
Dr BOURLIER (A.), Prof. à l'Éc. de Méd., 6, boulevard de la République. — Alger.
Dr BOURNEVILLE, Député de la Seine, 14, rue des Carmes. — Paris.
*BOURNON, Archiv. paléog., Publiciste, 18, rue du Cardinal-Lemoine. — Paris.
BOURRIER (Joseph), Subs. du Proc. de la Rép. — Le Puy (Haute-Loire).
BOURRIT (C.), Agent de change, 10, rue de la République. — Lyon.
*BOURSIER (André), Prof. agr. à la Fac. de Méd., 1, rue Blanc-Dutrouilh. — Bordeaux.
*BOURSIER (Ch.), Avocat, 26, rue Gambetta. — Nancy.
BOUSCAREN (Alfred), Prop., 21, boulevard du Jeu-de-Paume. — Montpellier.
Dr BOUTELANT, Méd., Pharm. de 1re classe, 92, rue de Flandre. — Paris.
BOUTET DE MONVEL (Maurice), 26, rue Monsieur-le-Prince. — Paris.
BOUTHRY-LAFRENAY, Recev. des Postes, rue du Palais. — La Rochelle.
BOUTILLIER, Ing. en chef de la Comp. du Midi, 134, boulevard Haussmann. — Paris.
Dr BOUTIN (Léon), 18, rue de Hambourg. — Paris. — **R**
BOUTMY, Maître de forges, Cons. gén. des Ardennes. — Messempré, par Carignan.
BOUTMY (Charles), Ing. civ., 114, boulevard Magenta. — Paris.
BOUTMY (Mme Charles), 114, boulevard Magenta. — Paris.
BOUTRY (Georges), Prop. — Les Bernards, près Chemilly, par Moulins (Allier).
BOUTRY (Mme Georges), Prop. — Les Bernards, près Chemilly, par Moulins (Allier).
*BOUVET, Adminis. de l'Éc. La Martinière, 11, rue Gentil. — Lyon.
BOUVIER, Pharm., 11, place Dauphine. — Bordeaux.
BOUVIER (Marius), Ing. en chef des P. et Ch. — Avignon.
*BOUY-REMY, Prop. — Mailly (Marne).
Dr BOY, 3, rue d'Espalongue. — Pau. — **R**
BOYENVAL, Dir. de la manufac. des Tabacs. — Dijon (Côte-d'Or).
BRAEMER (Gustave), Chim. — Izieux, près Saint-Chamond (Loire).
Dr BRAME (Ch.), anc. Prof. de chim. à l'Éc. de Méd. de Tours, 93, rue Denfert-Rochereau. — Paris.
BRANDENBURG (Albert), Nég., 1, rue de la Verrerie. — Bordeaux. — **F**
BRANDENBURG (Mme veuve), 1, rue de la Verrerie. — Bordeaux. — **R**
Dr BRARD. — La Rochelle.
BRAVAIS (Raoul), Chim., 6, rue Greffulhe. — Paris.
BREITTMAYER (Albert), anc. Sous-Dir. des Docks et Entrepôts de Marseille, 8, quai de l'Est. — Lyon. — **F**
Dr BREMOND (Félix), Insp. du trav. des enfants dans l'industrie, 66, rue Rochechouart. — Paris.
Dr BREMONT fils (Ernest), Méd. au Lycée Condorcet, 67, rue Caumartin. — Paris.
BRENIER (Casimir), Ing.-Const., 20, avenue de la Gare. — Grenoble.
BRESSANT, 30, rue Delambre. — Paris

Bresson (Léopold), Anc. Dir. gén. de la Soc. des chem. de fer de l'État, 166, Faubourg-Saint-Honoré. — Paris.
*Breton (Félix), Colonel du Génie en retraite, à la porte de France. — Grenoble. — **R**
Brettes (Vicomte de), Explorateur du grand Chaco. — Château-Dupuy, près Thenon (Dordogne).
*Breul (Charles), Juge d'inst. — Vervins.
Briau, Dir. des chem. de fer Nantais. — La Madeleine-en-Varades (Loire-Inférieure). — **R**
Bricard, Ing., Secr. gén. de la Comp. des forges et chantiers de la Méditerranée, 9, rue Picpus. — Havre.
Bricka (Adolphe), Nég., 13, rue Maguelonne. — Montpellier.
Bricka (Scipion) fils, 13, rue Maguelonne. — Montpellier.
Brière (Léon), Prop. et Dir. du *Journal de Rouen*, 7, rue Saint-Lô. — Rouen.
*Brillouin (Marcel), Prof. de phys. à la Fac. des Sc. — Toulouse. — **R**
Brissaud, Prof. d'hist. au lycée Charlemagne, Examin. d'admission à l'Éc. spéc. milit. de Saint-Cyr, 9, rue Mazarine. — Paris.
Dr Brisson. — Averton, commune de Montils (Charente-Inférieure).
Brissonneau, Indust., Adj. au Maire, 86, quai de la Fosse. — Nantes.
Brivet, Ing. civ., 53, rue Rennequin. — Paris.
Broadbent (Horace), Ing., Chapel Hill. — Huddersfield (Angleterre).
Broca (Georges), Ing. civ., 18, quai de la Mégisserie. — Paris.
Dr Broca (Auguste), Prosect. à la Fac., 1, rue des Saints-Pères. — Paris. — **R**
Brocard, Cap. du Génie. — Montpellier. — **R**
Broglie (Duc de), anc. Sénateur, 10, rue de Solférino. — Paris.
Brolemann (Georges), Administ. de la Société Générale, 166, boulevard Haussmann. — Paris. — **R**
Brolemann, Prés. du Trib. de com., 11, quai Tilsitt. — Lyon. — **R**
Brongniart (Charles), Prépar. de zoologie au Muséum d'hist. nat. et à l'Éc. sup. de Pharm. de Paris, 8, rue Guy-la-Brosse. — Paris.
Brossier, 9, rue Charras. — Paris.
Brostrom, Nég. — Le Havre.
Brouant, Pharm. de 1re classe, 6, rue de Cléry. — Paris.
Brouardel, Prof. à la Fac. de Méd., Mem. de l'Acad. de Méd., 195, boulevard Saint-Germain. — Paris.
Brousset (Pierre), Nég. — Tunis.
Brouzet (Ch.), Ing. civ., 51, rue Saint-Joseph (Perrache). — Lyon. — **F**
Dr Brugère. — Uzerches (Corrèze).
*Brugère (Alfred), Notaire. — Miramont (Lot-et-Garonne).
Bruhl (Paul), 52, rue de Châteaudun. — Paris. — **R**
*Dr Brulard (J.), 3, rue Gilbert. — Nancy.
Brun (A.), Ing., usine de Leskova-Dolina. — Poste Altenmarkt, près Rakek-Krain (Autriche).
Brun (André), 19, rue des Halles. — Paris.
Brunat (Louis), Constr. — Moulins (Allier).
Bruneau (Léopold), fils, Pharm. de 1re classe, 71, rue Nationale. — Lille.
Dr Brunet (D.), Dir.-Med. en chef de l'Asile public d'aliénés. — Évreux (Eure).
Brunon (Raoul), Int. des hôp. de Paris, 76, boulevard Saint-Michel. — Paris.
Bruyère, Nég., 27, rue de Béthune. — Lille.
Bruzon et Cie (J.), Usine de Portillon (céruse et blanc de zinc). — Portillon, près Tours. — **R**
Brylinski (Mathieu), Nég. 7 et 9, rue d'Uzès. — Paris.
Bucaille (E.), 132, rue Saint-Vivien. — Rouen.
Buffet (Charles), Fabr., rue Sainte-Marguerite. — Reims.
Buirette-Gaulart, Manufac. — Suippes (Marne).
*Buisson (Maxime), Chimiste, rue Saint-Léger. — Évreux. — **R**
Bujard, Greffier du Trib. — Fontenay-le-Comte (Vendée).
Dr Bureau (E.), Prof. au Muséum d'Hist. nat., 24, quai de Béthune. — Paris.
Dr Bureau (Louis), Dir. du Muséum d'Hist. nat., 15, rue Gresset. — Nantes.
Burnan (Adrien), Banquier, 3, boulevard de la Banque. — Montpellier.
*Dr Burot, Prof. agr. à l'Éc. de Méd. nav. — Rochefort.
*Burot (Mme), 45, rue des Fonderies. — Rochefort.
Burton, Administ. de la Comp. des Forges d'Alais, 58, rue de la Chaussée-d'Antin. — Paris. — **F**

Busson-Leblanc, Chef de bur. à la Comp. des Chem. de fer de Paris à Lyon et à la Méditerranée, 7, boulevard Arago. — Paris.
Botin-Denniel, Cultiv., Fabr. de sucre. — Haubourdin (Nord).
*Butte, Maire de Malzéville. — Malzéville, près Nancy.
*Dr Buttura, de Cannes, 41, rue de la Pompe. — (Passy-Paris).
*Cabanellas (Gustave-Eugène), anc. Officier de marine. — Nanteuil-le-Haudoin (Oise). — R
Cabanes (J.-J.), 124, rue de Lyon, — Libourne (Gironde).
Cabello (Vicente), Méd.-maj. de la marine d'Espagne. — Algésiras (Espagne).
Cabrières (Mgr de), Évêque de Montpellier, rue des Carmes. — Montpellier.
Cacheux (Émile), Ing. civ. des Arts et Man., 25, quai Saint-Michel. — Paris. — F
Cagny (P.), Vétér., Mem. de la Soc. centr. vétérinaire. — Senlis (Oise).
Cahen, Capitaine du Génie. — Grenoble.
Cahen d'Anvers, 118, rue de Grenelle. — Paris. — R
Cahours, Mem. de l'Institut, à la Monnaie, rue Guénégaud. — Paris.
Caillard (Frédéric), Nég., 9, rue Cambronne. — Nantes.
Cailliaux (Ed.), Nég., 71, rue Neuve. — Reims.
Caillol de Poncy (O.), Prof. à l'Éc. de Méd., 8, rue Clapier. — Marseille.
Caix de Saint-Aymour (Vicomte Am. de), Mem. du Cons. gén. de l'Oise, de la Soc. d'Anthrop. et de plusieurs Soc. savantes, 4, rue Gounod. — Paris. — R
Callot (Ernest), Dir. de la *Garantie Générale* (Vie), 19, rue Vintimille. — Paris.
Cambefort (J.), Banquier, Administ. des Hosp., 13, rue de la République. — Lyon. — F
Camerano (Lorenzo), Prof. agr. ès sc. nat. du Musée Royal de Zoologie. — Turin.
Caméré, Ing. en chef des P. et Ch. — Vernon (Eure).
Camondo (Comte N. de), 31, rue Lafayette. — Paris. — F
Camondo (Comte A. de), 31, rue Lafayette. — Paris. — F
Candolle (Casimir de), Botaniste. — Genève (Suisse).
Canonville-Deslys (Thomy), Prof. au Lycée et à l'Éc. des Sc., 4, rue de Crosne. — Rouen.
Cantagrel, anc. Élève de l'Éc. polytech., Agent administ. de l'Éc. Monge, 145, boulevard Malesherbes. — Paris.
Capelle (Jules), Adj. au Maire de Rouen, Mem. du Cons. d'arrond., 22, rue Lenôtre. — Rouen.
Capgrand-Mothes, Fabr. de produits pharmaceut., 20, cité Trévise. — Paris.
Carbonnier, 21, rue de Provence. — Paris. — R
*Carcy (de), 37, cours Léopold. — Nancy.
Cardeilhac, anc. Memb. du Trib. de com. de la Seine, 8, rue du Louvre. — Paris. — R
Caristie, Prop. et Cons. mun. — Avallon (Yonne).
Dr Carles, Agr. de la Fac. de Méd. de Bordeaux, 30, quai des Chartrons. — Bordeaux.
Carlet, Prof. à la Fac. des Sc. — Grenoble (Isère).
Carlier (Auguste), Publiciste, 12, rue de Berlin. — Paris. — F
Carlier (Henri), Dir. de l'Observ. météor. — Saint-Martin-de-Hinx (Landes)
*Carnot (Adolphe), Ing. en chef des Mines, Prof. à l'Éc. des Mines et à l'Institut nat. agronom., 60, boulevard Saint-Michel — Paris. — F
*Carnot (Paul), Étudiant, 60, boulevard Saint-Michel. — Paris.
Caron (Hippolyte), Manufac., 46, rue de Lyons-la-Forêt. — Rouen.
Carpentier, Constr. d'instruments de phys., 20, rue Delambre. — Paris.
Carpentier (J.-B.), 16 *bis*, rue Gasparin (près Bellecour). — Lyon.
Dr Carpentier-Méricourt, 6, rue Villedo. — Paris.
Carré, Juge de Paix. — Maillezais (Vendée).
Dr Carre, Méd. en chef de l'Hôtel-Dieu. — Avignon.
Dr Carret (Jules), Député de la Savoie, 4, rue de Courty. — Paris. — R
Carrière (Paul), Pharm. — Saint-Pierre (Ile d'Oléron).
Carrieu, Prof. agr. à la Fac. de Méd., 5, Grande-Rue. — Montpellier.
Carron (C.), Ing. — Pont-de-Claix (Isère).
*Cartailhac, Dir. de la Revue *Matériaux pour l'hist. prim. de l'Homme*, 5, rue de la Chaîne. — Toulouse.
*Dr Cartaz, 18, rue Daunou. — Paris. — R
*Carteron (Léonce), Cons. gén. — Chambley (Meurthe-et-Moselle).
*Casalonga, Dir. de la *Chronique industrielle*, 15, rue des Halles. — Paris.
Cassé (Charles), Prop. — La Bastide-de-Sérou (Ariège).
Dr Cassin (Paul). — Avignon.
Castan, Prof. à la Fac. de Méd. — Montpellier.
Castan (Ad.), Ing. civ. E. C. P., rue Saint-Louis. — Montauban (Tarn-et-Garonne).

CASTANHEIRA DAS NEVES (J.-P.), Ing., Insp. des Télégraphes et des Phares du Portugal, Calçada de Estrella, 95. — Lisbonne.
CASTELNAU (Edmond), Prop., 18, rue des Casernes. — Montpellier.
CASTELNAU (Émile), Prop., 2, rue Nationale. — Montpellier.
CASTELNAU (Paul), Prop., Trés. de la Soc. d'Agricul., 34, rue Saint-Guilhem. — Montpellier.
CASTELOT, Vice-Consul de Belgique. — Colonne Voirol, Alger-Mustapha.
Dr CASTERA. — Portets (Gironde).
CASTHELAZ (John), Fabr. de produits chim., 19, rue Sainte-Croix-de-la-Bretonnerie. — Paris. — **F**
CATALAN, Prof. d'analyse à l'Univ. de Liège. — Liège (Belgique).
CATEL-BÉGHIN, 21, boulevard de la Liberté. — Lille.
CATILLON (A.), Pharm., 3, boulevard Saint-Martin. — Paris.
Dr CAUBET, anc. Int. des hôp. de Paris, Dir. de l'Éc. de Méd., 44, rue Alsace-Lorraine. — Toulouse. — **R**
CAUCHE, anc. Nég., 51, rue Cérès. — Reims.
Dr CAUSSANEL, Chirurg. de l'hôp. civ., 9, rue de la Lyre. — Alger.
CAUSSE (Scipion), Prop., 32, quai Jayr. — Lyon.
Dr CAUSSIDOU, Méd. adj. à l'hôp. — Alger.
CAVENTOU fils, Mem. de l'Acad. de Méd., 11, rue des Saints-Pères. — Paris. — **F**
CAZALIS (Gaston), rue Terral. — Montpellier.
CAZALIS DE FONDOUCE (Paul-Louis), Secr. gén. de l'Acad. des Sc. et Lett. de Montpellier, 18, rue des Étuves. — Montpellier (Hérault). — **R**
CAZANOVE (F.), Nég., 13, rue de Turenne. — Bordeaux.
CAZAVAN, Dir. des forges et chantiers de la Méditerranée, 31, rue d'Harfleur. — Le Havre.
CAZELLES (Émile), Cons. d'État. — Paris.
CAZELLES (Jean), Étud. en droit. — Paris.
CAZENEUVE, Doyen de la Fac. de Méd., 26, rue des Ponts-de-Comines. — Lille. — **R**
CAZENEUVE (Albert). — Au château d'Esquiré, par Saint-Lys (Haute-Garonne).
Dr CAZENEUVE (Paul), Prof. à la Fac. de Méd., 4, avenue du Doyenné. — Lyon.
CAZENOVE (Raoul DE), Prop., 8, rue Sala. — Lyon. — **R**
CAZESSUS (Théophile), Négoc., 64, rue Rodrigues-Pereire. — Bordeaux.
Dr CAZIN, Dir. de l'hôp.. — Berck-sur-Mer (Pas-de-Calais).
CAZOTTES (A.-M.-J.), Pharm. — Millau (Aveyron). — **R**
CELLIEZ, Ing., 24, rue Royale. — Paris.
CENDRE (Gustave), Ing. en chef des P. et Ch., 234, boulevard Saint-Germain. — Paris.
CERCLE ARTISTIQUE, rue de la Comédie. — Montpellier.
CERCLE GIRONDIN de la Ligue de l'Enseignement, 2, rue Combes. — Bordeaux.
CERCLE ROCHELAIS de la Ligue de l'Enseignement. — La Rochelle.
CERCLE PHARMACEUTIQUE de la Marne. — Reims (Marne).
CERCLE PHILHARMONIQUE de Bordeaux, 3, Cours du XXX Juillet. — Bordeaux.
*CÉRÉMONIE, Vétér., 50, rue de Ponthieu. — Paris.
CERNUSCHI (Henri), 7, avenue Velasquez. — Paris. — **F**
*CERTES, Insp. gén. des Fin., 21, rue Barbet-de-Jouy. — Paris.
*CÉZARD (Léonce), Étudiant, 15, cours Léopold. — Nancy.
Dr CEZILLY, Dir. de la Soc. et du journal *le Concours médical*, 2, rue Casimir-Delavigne. — Paris.
CHABERT, Ing. en chef des P. et Ch., 6, rue du Mont-Thabor. — Paris. — **R**
Dr CHABRELY, 37, rue Durand. — Bordeaux (La Bastide).
CHABRIÉ (Camille), Élève à l'Éc. prat., 52, rue des Martyrs. — Paris.
CHABRIER, Ing. civ., 89, rue Saint-Lazare (avenue du Coq). — Paris.
CHABRIÈRES-ARLES, Administ. des Hosp., 12, place Louis XVI. — Lyon. — **F**
Dr CHAIGNEAU, Maire de Floirac, 37, allées de Tourny. — Bordeaux.
CHAILLOT (E.), Pharm., 37, rue du Mirage. — Angoulême.
CHAIX (A.), Imprim., 20, rue Bergère. — Paris. — **R**
CHALIER (J.). — Maisons-Laffitte (Seine-et-Oise). — **R**
Dr CHALON. — Namur (Belgique).
Dr CHAMBON (Daniel). — Miramont, par Marmande (Lot-et-Garonne).
CHAMBRE DES AVOUÉS au Trib. de 1re inst. — Bordeaux. — **R**
CHAMBRE de Commerce (la). — Bordeaux. — **F**
— — — Lyon. — **F**
— — — Nantes. — **F**

Chambre de Commerce (la). — Le Havre. — **R**
— — — Marseille. — **F**
— — — Rouen. — **F**

*Chambrelent, Insp. gén. des P. et Ch., 57, rue du Four-Saint-Germain. — Paris.
Chamerot (Georges), Imprim., 19, rue des Saints-Pères. — Paris.
*Champigny, Pharm., 65, avenue de Breteuil. — Paris.
*Champigny (Armand), Ing. civ., 11, rue de Berne. — Paris.
Champonnois, 45, rue des Petits-Champs. — Paris.
Chanal (F.), anc. Nég., 107, rue de Vendôme. — Lyon.
Chancel, Rect. de l'Acad. — Montpellier.
Chandon de Briailles (Raoul), Nég. en vins de Champagne. — Épernay (Marne).
Chandon de Briailles (Paul), Nég. en vins de Champagne. — Épernay (Marne).
Chandon de Briailles (Gaston), Nég. en vins de Champagne. — Épernay (Marne).
Dr Chanseaux (A). — Aubusson (Creuse).
Chanteret (l'Abbé Pierre), Doct. en droit, 80, rue Claude-Bernard. — Paris.
Chantre (Ernest), Sous-Dir. du Muséum, 37, cours Morand. — Lyon. — **F**
Chantreau (Charles), Chim. et Manufac., rue de Bellaing. — Douai.
Chappelle (de), Doct. en méd., 5, rue Millère. — Bordeaux.
*Chaperon (G.), Ing. civ. des Mines, 18, avenue de l'Observatoire. — Paris.
Chaperon-Graugère (Robert), 57, rue de la Sablière. — Libourne.
Chaplain-Duparc (G.), Cap. au long cours, Ing. civ., 4, rue des Minimes. — Le Mans.
*Chapron (Lawrence), Ing. civ., 58, rue de Rome. — Paris. — **R**
Dr Chapuis (Scipion). — Bou-Farik (prov. d'Alger).
Charbonneau (Firmin), Maître de verreries, 98, rue du Bourg-Saint-Denis. — Reims.
Charcellay, Pharm. — Fontenay-le-Comte (Vendée). — **R**
Charcellay (Mme). — Fontenay-le-Comte.
Charchy (Gustave), Dir. partic. de *la Confiance*, comp. d'assur. contre les accidents, 12, place des Quinconces. — Bordeaux.
Charcot, Mem. de l'Acad. de Méd., Prof. à la Fac. de Méd. de Paris, 217, boulevard Saint-Germain. — Paris. — **F**
Chardin, Ing.-Électr., 5, rue de Châteaudun. — Paris.
Chardonnet (Anatole), Nég., 22, rue Hincmar. — Reims.
Charier, Archit. — Fontenay-le-Comte (Vendée).
Charlemaine (Théodore), Armat., 20, rue Jeanne-d'Arc. — Rouen.
Charlot (J.-B.), Fabr. de caoutchouc, 25, rue Saint-Ambroise. — Paris.
*Dr Charpentier, Prof. à la Fac. de Méd. de Nancy, 6, rue d'Amerval. — Nancy.
Charpin (Mlle), 24, rue Duperré. — Paris.
Charpy (V. Adrien), Prof. à l'Ec. de Méd. — Toulouse.
Charron, Trés. pay. gén. — Nantes.
Charroppin (Georges), Pharm. de 1re classe. — Pons (Charente-Inférieure).
Chasteigner (Comte Alexis de), 5, rue Duplessis. — Bordeaux.
Chatel, Avocat défens., Bazar du Commerce. — Alger. — **R**
Chatelain (Louis), 10, rue des Anglais. — Reims.
Dr Chatin (Joannès), Mem. de l'Acad. de Méd., Prof. agr. à l'Éc. sup. de Pharm., 128, boulevard Saint-Germain. — Paris. — **R**
Chatrousse (Joseph), Archit., 27, rue Lesdiguières. — Grenoble.
*Chauderlot, Nég., 10, rue du Champ-de-Mars. — Reims.
Chaudessolle (Félix), Avocat, ancien Bâtonnier, 3, Montée de Jaude. — Clermont-Ferrand.
Chaudron (Georges), Nég., 99, rue de Vesle. — Reims.
Chauliaguet (Mme). — 140, rue de la Pompe. — Paris.
Chaumette (Albert), Nég., 12, place des Quinconces. — Bordeaux.
Dr Chaumier (Edmond). — Pressigny-le-Grand (Indre-et-Loire).
Chaumier (Mme Edmond). — Pressigny-le-Grand (Indre-et-Loire).
Dr Chaussat. — Aubusson (Creuse).
Chauvassaigne (Daniel), 10, rue Royale. — Paris. — **R**
*Chauveau (A.), Memb. de l'Inst., Insp. gén. des Éc. vétérin., Prof. au Muséum, 10, avenue Jules-Janin. — Paris.
Chauveau fils, 10, avenue Jules-Janin. — Paris.
*Chauveau (Mlle), 10, avenue Jules-Janin. — Paris.
Chauveau (Comte de), 2, avenue des Princes. — Bois de Boulogne (Seine).
Chauvet (G.), Notaire. — Ruffec (Charente).

CHAUVIN (Eugène), Archit., 35, rue Barbet-de-Jouy. — Paris.
CHAUVITEAU, 112, boulevard Haussmann. — Paris. — R
CHAVASSE (Paul), Nég. — Cette (Hérault).
CHAVASSE (Jules), Prop. — Cette (Hérault).
CHAZAL (L.), Caissier payeur centr. du Trés. publ. au Minist. des finances, rue de Rivoli. — Paris.
CHAZOT, Prop. — Alger.
CHEMIN (A.) Prop., 40, boulevard du Chemin-de-Fer. — Reims.
Dr CHENANTAIS, 22, rue de Gigant. — Nantes.
*CHENEVIER (P.), Archit. du départ., Prés. de la Soc. philomatique de Verdun. — Verdun.
CHÉROT (A.), anc. Élève de l'Éc. polytech., 7, rue de la Néva. — Paris.
Dr CHERVIN (Arthur), Dir. de l'Institution des Bègues de Paris, 82, avenue Victor-Hugo. — Paris.
CHEURET, Notaire, 16, chaussée d'Ingouville. — Le Havre.
Dr CHEURLOT, 48, avenue Marceau. — Paris.
CHEUX (Albert), Météorol., 47, rue Delaage. — Angers.
CHEUX, Pharm.-Maj. en retraite. — Ernée (Mayenne).
CHEVALIER, Fabr. de produits chim., 3, rue Magenta. — Villeurbanne (Rhône).
CHEVALIER, Nég., 50, rue du Jardin-Public. — Bordeaux. — F
Dr CHEVALIER (Alfred). — Verzenay (Marne).
Dr CHEVALIER (Victor), Cons. gén. — Saint-Aignan (Charente-Inférieure).
*CHEVALIER (l'Abbé), Lic. ès sc. à l'Éc. de Saint-Sigisbert, place de l'Académie. — Nancy.
CHEVALLIER (Victor), Chim., 7, boulevard de la Comédie. — Montpellier.
CHEVALLIER (Georges). — Montendre (Charente-Inférieure).
Dr CHEVALLIER (Paul). — Compiègne.
CHEVREUX (Édouard). — Le Croisic (Loire-Inférieure).
CHEYSSON (Émile), Ing. en chef des P. et Ch., 115, boulevard Saint-Germain. — Paris.
Dr CHIL Y NARANJO (Gregorio). — Palmas (Grand-Canaria). — R
CHIRIS, Sénateur des Alpes-Maritimes, 25, avenue d'Iéna. — Paris. — R
CHOLLEY (Paul), Pharm., 2, avenue de la Gare. — Rennes.
CHOQUIN (Albert), Bandagiste, Porte-Jeune. — Mulhouse (Alsace).
CHOUET, 15, rue de Milan. — Paris. — R
CHOUILLOU (Albert), anc. Élève de l'Éc. d'agr. de Grignon, Dir. de l'usine, 69, boulevard du Mont-Riboudet. — Rouen.
CHOUILLOU (Édouard), Fabr. de produits chim., 69, boulevard du Mont-Riboudet. — Rouen.
CLAMAGERAN, Sénateur, Avocat, 57, avenue Marceau. — Paris. — F
CLAMAGERAN (Mme), 57, avenue Marceau. — Paris.
CLAPISSON (Lucien), 66, boulevard du Prince-Albert. — Boulogne-sur-Mer.
CLAUDE, Vétér., 26, rue d'Isly. — Alger.
*Dr CLAUDE. — Pompey (Meurthe-et-Moselle).
CLAUDE-LAFONTAINE, Banquier, 32, rue de Trévise. — Paris.
*CLAUDEL (Victor), Fabr. de papiers. — Docelles (Vosges).
CLAUDON (Émile), Nég., Domaine de Malrives. — Castries (Hérault).
CLAUDON (Adolphe), Nég. — Béziers.
CLAUDON (Édouard), Ing. des Arts et Man., 6, boulevard d'Enfer. — Paris.
CLAUZET (Fernand), Propr. — Lesparre (Gironde).
CLAVEL (Henri), Nég. — Névian, près Narbonne (Aude).
Dr CLAVIER. — Arlay (Jura).
CLÉMENT, Méd. des Hôp., 53, rue Saint-Joseph. — Lyon.
CLÉMENT (Léopold), Agric. — Caumont-sur-Garonne (Lot-et-Garonne).
CLERC (J.), Pharm., 29, Cours du XXX Juillet. — Bordeaux.
CLERCQ (CH. DE), 111, avenue du Trocadéro. — (Paris-Passy).
*CLERMONT (DE), Sous-Dir. du Lab. de chim. à la Sorbonne, 8, boulevard Saint-Michel. — Paris. — F
*CLERMONT (Philibert DE), 8, boulevard Saint-Michel. — Paris. — R
*CLERMONT (Raoul DE), Élève diplômé de l'Institut nat. agronom., 8, boulevard Saint-Michel. — Paris. — R.
CLIGNET (E.), Filat., 6, rue des Augustins. — Reims.
Dr CLIN (Ernest-Marie), anc. Int. des hôp. de Paris, Lauréat de la Fac. de Méd. (prix Montyon), Mem. perpét. de la Soc. chim., 20, rue des Fossés-Saint-Jacques. — Paris. — F
CLOIZEAUX (DES), Memb. de l'Institut, Prof. au Muséum, 13, rue de Monsieur. — Paris. — R

Clos, Prof. à la Fac. des Sc., Corresp. de l'Institut, 2, allée des Zéphirs. — Toulouse. — **R**

Dr Clos, 77, rue de l'Église-Saint-Seurin. — Bordeaux.

Clouet (G.), Prof. de chim. à l'Éc. de Méd., Lic. ès sc., 7, rue Fontenelle. — Rouen.

Clouzet (Ferd.), Cons. gén., cours des Fossés. — Bordeaux. — **R**

*Coanet (Eugène), Commerç., 31, rue Saint-Georges. — Nancy.

Cocagne (Adrien-Oscar), Avocat, rue Cauchoise. — Neufchâtel-en-Bray (Seine-Inférieure).

*Coccoz, Comm. d'artill. en retraite, 159, rue de Rennes. — Paris.

Cochot (Albert), Ing. civ., Contrôleur des bâtiments scolaires, 21, Rempart-Beaulieu. — Angoulême (Charente).

Dr Cochot (Alfred), 21, Rempart-Beaulieu. — Angoulême.

Codron (Léon), Fabr. de sucre. — Trosly-Loire (Aisne).

Coene (Jules de) Ing. civ., Prés. de la Soc. pour la défense des intérêts de la vallée de la Seine, 21, boulevard Jeanne-d'Arc. — Rouen.

Coignet (Jean), Ing. civ., 2, rue Cuvier. — Lyon.

Coindre, Ing. en chef des P. et Ch. — Ajaccio.

Dr Collardot, Méd. de l'hôp. civ., 3, rue Cléopâtre. — Alger.

Collet (Jean), Prof. à la Fac. des Sc., 25, rue Lesdiguières. — Grenoble.

*Collignon (Ed.), Ing. en chef des P. et Ch., Insp. de l'Éc. des P. et Ch., 28, rue des Saints-Pères. — Paris. — **F**

*Dr Collignon (René), Méd.-Maj. au 25e de ligne. — Saint-Denis (Seine).

Collin, Ing. civ., 30, avenue de Messine. — Paris.

Collin (Mme), 157, boulevard du Temple. — Paris. — **R**

Dr Collineau, 84, rue d'Hauteville. — Paris.

Collot (Louis), Doct. ès sc., Prof. à la Fac. des Sc., 45, rue Saint-Philibert. — Dijon.

Dr Colombet. — Miramont (Lot-et-Garonne).

Dr Colrat, Prof. agr. à la Fac. de Méd. de Lyon, 19, rue Gentil. — Lyon.

Combal, Prof. à la Fac. de Méd. — Montpellier. — **F**

Combès (Julien-David), Géom., Archit. — Graissessac (Hérault).

Comberousse (de), Ing., Prof. au Conserv. nat. des Arts et Mét. et à l'Éc. centr. des Arts et Man., 45, rue Blanche. — Paris. — **R**

Dr Combescure (Clément), Sénateur, 13, rue de Poissy. — Paris.

Comité médical des Bouches-du-Rhône, 25, rue de l'Arbre. — Marseille.

Commines de Marsilly (Arthur de), anc. Officier de caval., 73, avenue des Champs-Elysées. — Paris.

*Commission de météorologie du département de la Marne. — Châlons-sur-Marne.

Commolet, Prof. au Lycée, 75, rue Clovis. — Reims.

*Dr Comon, Cons. gén. — Longuyon (Meurthe-et-Moselle).

Compagnie des chemins de fer du Midi, 54, boulevard Haussmann. — Paris. — **F**

— — d'Orléans, 1, place Walhubert. — Paris. — **F**

— — de l'Ouest, 110, rue Saint-Lazare. — Paris. — **F**

— — de Paris à Lyon et à la Méditerranée, 88, rue Saint-Lazare. — Paris. — **F**

— du Gaz Parisien, rue Condorcet. — Paris. — **F**

— des Salins du Midi, 84, rue de la Victoire. — Paris. — **F**

— des Messageries maritimes, 1, rue Vignon. — Paris. — **F**

— des Fonderies et Forges de Terre-Noire, la Voulte et Bessèges. — Lyon. — **F**

— générale des Verreries de la Loire et du Rhône, à Rive-de-Gier (Loire), (M. Hutter, Administ. délégué). — **F**

— des Fonderies et Forges de l'Horme, 8, rue Bourbon. — Lyon. — **F**

— du Gaz de Lyon, rue de Savoie. — Lyon. — **F**

— de Roche-la-Molière et Firminy. — Lyon. — **F**

— des Mines de houille de Blanzy (Jules Chagot et Cie) à Montceau-les-Mines (Saône-et-Loire), 69, boulevard Haussmann. — Paris. — **F**

Dr Comte (Léon), anc. Int. des hôp. de Lyon, 2, place du Lycée. — Grenoble.

Condamy, Pharm., rue du Temple. — La Rochelle.

Congnet, 6, rue Mondovi. — Paris.

Conseil d'administration de la Compagnie des Minerais de fer magnétique de Mokta-el-Hadid, 26, avenue de l'Opéra. — Paris. — **F**

Conseil d'administration de l'École Monge, 145, boulevard Malesherbes. — Paris. — **F**

Constant (Lucien), Avocat, 66, rue des Petits-Champs. — Paris.

Dr Constantin. — Saint-Barthélemy (Lot-et-Garonne).

*Constantin (Jules), Dir. de l'usine à gaz, 18, rue des Jardiniers. — Nancy.
*Contamin (F.), Filat., boulevard de la Pyramide. — Vienne (Isère).
Copin (Edouard), Fabr. de faïence d'art, rue Denis-Papin. — Blois.
Coppet (de), Chim., villa Irène, aux Baumettes. — Nice. — **F**
Corbin, Colonel du Génie en retraite, 6, place Lavalette. — Grenoble.
Cordier (Henri), Prof. à l'Éc. des langues orientales, 3, place Vintimille. — Paris.
*Cormon (Mlle H.), Instit., 14, rue Dom-Bouquet. — Amiens.
Cornevin (Ch.), Prof. à l'Éc. vétérinaire. — Lyon. — **R**
Cornil, Sénateur de l'Allier. Prof. à la Fac. de Méd. de Paris, Mem. de l'Acad. de Méd., 19, rue Saint-Guillaume. — Paris.
Cornil (Mme), 19, rue Saint-Guillaume. — Paris.
Cornu, Mem. de l'Institut, Ing. en chef des Mines, Prof. à l'Éc. polytech., 9, rue de Grenelle. — Paris. — **F**
Cornu (Mme), 9, rue de Grenelle. — Paris. — **R**
Cornu (Max), Prof. de culture au Muséum d'Hist. nat., au Muséum, rue Cuvier. — Paris.
Cornut, Ing. en chef de l'Association des propriétaires d'appareils à vapeur, 22, rue de Puebla. — Lille.
Corpet, Ing.-Mécan., 119, avenue Philippe-Auguste. — Paris.
Corsel, Avocat, 41, rue d'Amsterdam. — Paris.
Cossé (Victor), Raffineur, 1, rue Daubenton. — Nantes.
Dr Cossé (Émile), 41, rue Richer. — Paris.
Cosson, Mem. de l'Institut et de la Soc. de Botan., 7, rue de La Boétie. — Paris. — **F**
Coste (Eugène), 6, rue des Capucins. — Lyon.
Coste (Adolphe), 4, cité Gaillard (rue Blanche). — Paris.
*Dr Coste (N.), 25, avenue de Toulouse. — Montpellier.
Cotard (Charles), Ing., anc. Élève de l'Éc. polytech., 5, rue Auber. — Paris.
*Cotteau (Gustave), Prés. de la Soc. géolog. de France, 17, boulevard Saint-Germain. — Paris. — **R**
*Cotteau (Edmond), Mem. de la Soc. de Géogr., 4, rue Sedaine. — Paris.
*Cottereau-Rehm. — Pagny-sur-Moselle.
Dr Couillaud, rue Jean-Moët. — Épernay.
Coulet (Camille), Lib.-Édit., 5, Grande-Rue. — Montpellier.
Coulet (Jules), Étudiant, 5, Grande-Rue. — Montpellier.
*Couneau (Émile), Greffier du Trib. civ. de La Rochelle. — La Rochelle.
Counord (E.), Ing. civ., 27, cours du Médoc. — Bordeaux. — **R**
Coupérie (Stephen), 11, rue Montméjan. — Bordeaux.
Coupier (T.), Fabr. de produits chim., 21, quai Saint-Symphorien. — Tours.
Coupier (Mme), 21, quai Saint-Symphorien. — Tours.
Couprie (Louis). — Villefranche-sur-Saône. — **R**
Courcière, 14, rue Bab-el-Oued. — Alger.
Courcy-Thompson (Sydney de) Secretary of the National Scientific Society F. Z. S. member A. S. Liverpool and the B. A., 7, Gordon Terrace Wiverton Road, Sydenham. — Londres. S. E.
*Cournault (Charles), V.-Prés. de la Soc. d'Archéol., Conserv. du Musée Lorrain, rue de la Rivière. — Malzéville (Meurthe-et-Moselle).
Courtin (Benoît), Chef d'inst. — Solre-le-Château (Nord).
Courtois (Henri), Lic. ès sc. phys. — au château de Muges, par Damazan (Lot-et-Garonne).
Courtois de Viçose, 3, rue Mage. — Toulouse. — **F**
Courtois de Viçose (Mme), 3, rue Mage, — Toulouse.
*Cousin (Jules), Chim., 43, rue du Rocher. — Paris.
Cousin (Pierre), Étudiant, 43, rue du Rocher. — Paris.
*Cousin, Ing. des Mines, 17, rue des Glacis. — Nancy.
Cousté, anc. Dir. de la Manufac. des tabacs, 6, Boulevard de l'Odet. — Quimper (Finistère).
Dr Coutagne (Henri), 79, rue de Lyon. — Lyon. — **R**
Coutagne (Georges), Ing. des Poudres et Salpêtres, 29, quai des Brotteaux. — Lyon). — **R**
Coutanceau, Ing. civ., 3, rue Michel. — Bordeaux.
Coutelier, Lic. en droit. — Marmande (Lot-et-Garonne).
Coutereau (Léon), Banquier. — Branne (Gironde).
*Couturier. — Épinal (Vosges).

Couvreux (Abel), 80, boulevard Haussmann. — Paris.
Couzinet (Henri), anc. Notaire. — Miramont (Lot-et-Garonne).
Coze (André) fils, Sous-Ing., à l'usine à gaz. — Reims.
*Crafts (M.), Chim., 30, avenue Henri-Martin. — Paris.
Crapez (Auguste), Nég. — Landrecies (Nord).
*Crapon (Denis). — Pont-Évêque (Isère). — **R**
Craponne (Paul), Ing. de la Comp. du Gaz, 2, rue Bayard. — Lyon.
Crepeaux (Virgile), 42, rue des Mathurins. — Paris.
Crepelle (Charlemagne), 9, rue Lolliette. — Arras.
Crépy (Paul), Nég., Mem. du Trib. de com. — Lille.
Crespin (Arthur), Ing.-Mécan., 23, avenue Parmentier. — Paris. — **R**
Crespel-Tilloy (Charles), Manufac., 14, rue des Fleurs. — Lille. — **R**
Croizier (Eugène), Notaire, Lic. en droit. — Moulins (Allier).
Cros-Mayrevieille, Avocat, 57, rue des Barques-de-la-Cité. — Narbonne.
Cros-Mayrevieille (Gabriel). — Narbonne.
Crouan (Fernand), Armateur, 14, rue Héronnière. — Nantes. — **F**
Croutelle (Félix), Prop., 66, rue Ponsardin. — Reims.
Crouzet, Capit. du Génie, 10, avenue de la Gare. — Grenoble.
Crova (André), Prof. à la Fac. des Sc., 14, rue du Carré-du-Roi. — Montpellier.
Crowther (William), Chim. — Quarmby-Huddersfield (Angleterre).
Crozel (Georges), place de l'Hôtel-de-Ville. — Vienne (Isère).
Dr Cruet, 2, rue de la Paix. — Paris.
Cruzel (Pierre), anc. Pharm. — Miramont (Lot-et-Garonne).
Cuau, 53, rue Denfert-Rochereau. — Rochefort.
*Culmann, Pharm. — Forbach (Lorraine).
*Dr Culot (Charles), anc. Int. des Hôp. — Maubeuge.
Cuneau (Gustave), Pharm., rue des Trois-Marteaux. — La Rochelle.
Cuvelier (Eugène), Prop. — Thomery (Seine-et-Marne).
Dr Cyon (E. de), 25, rue du Général-Foy. — Paris.
*Dagrève (E.), Méd. du Lycée et de l'Hôp. — Tournon (Ardèche). — **R**
Dr Daguillon. — Joze, par Maringues (Puy-de-Dôme).
Daguin, anc. Prés. du Trib. de com. de la Seine, 4, rue Castellane. — Paris. — **F**
Daleau (François). — Bourg-sur-Gironde.
Dalléas, 3, cours du Chapeau rouge. — Bordeaux.
Dalligny, 5, rue d'Albe. — Paris. — **F**
Dr Dally (Eugène), Prof. à l'Éc. d'Anthrop., 5, rue Legendre. — Paris. — **R**
Damoy (Julien), 19, rue des Moines. — Paris.
Danel, Imprim., 93, rue Nationale. — Lille.
Daney, Maire de la ville de Bordeaux, 36, rue Roussel. — Bordeaux.
Danton, Ing. civ. des Mines, 11, avenue de l'Observatoire. — Paris. — **F**
Dan Dawson, Milesbridge Chemical Works, near Huddersfield (Angleterre).
Darasse (Léon), Fabric. de produits chim., 21, rue Simon-Lefranc. — Paris.
Darboux (G.), Prof. à la Fac. des Sc., Mem. de l'Institut, 36, rue Gay-Lussac. — Paris.
Dard (J.), Minotier. — Moulins de Bures, par Orsay (Seine-et-Oise).
Darland (Jean), Avocat. — Nérac (Lot-et-Garonne).
Dr Darland (Xavier). — Nérac (Lot-et-Garonne).
Daubrée, Mem. de l'Institut, anc. Dir. de l'Éc. des Mines, Insp. gén. des Mines en retraite, 254, boulevard Saint-Germain. — Paris.
*Daum (A.), Dir. de verreries, Grands-Moulins. — Nancy.
*Daum (Antoine), Élève à l'Éc. centr. des Arts et Man., verrerie de Nancy, Grands-Moulins. — Nancy.
Daussargues, Agent voyer en chef de Tarn-et-Garonne. — Montauban.
Davanne, 82, rue des Petits-Champs. — Paris.
David (Paul), Nég., 93, place d'Erlon. — Reims.
Dr David, 180, boulevard Saint-Germain. — Paris.
David (Arthur), 29, rue du Sentier. — Paris. — **R**
Daymard, Ing. en chef de la Comp. gén. Transatl., 47, rue de Courcelles. — Paris.
Debize, Colonel en retraite, 42, quai de la Charité. — Lyon.
Deblont (Jules), Teinturier. — Fives-Lille.
Decauville (Paul), Dir. des Établiss. de Petit-Bourg. — Petit-Bourg (Seine-et-Oise).
Dr Decès (A.), 72, rue du Bourg-Saint-Denis. — Reims.
Decès (Mme), 72, rue du Bourg-Saint-Denis. — Reims.

DECÈS (Charles-E.), Étudiant, 72, rue du Bourg-Saint-Denis. — Reims.
DECÈS (Mlle Marie), 72, rue du Bourg-Saint-Denis. — Reims.
DECLAIS (Émile), Géom., Archit., 44, rue Jouvenet. — Rouen.
Dr DÉCLAT (G.), 25, rue Vignon. — Paris.
DÈCLE (Ch.), 38, rue Condorcet. — Paris.
DECOURTEIX, Ing. agricole. — La Châtre (Indre).
Dr DECRAND (J.), anc. Chef de clin. à la Fac. de Montpellier, 17, cours Lavieuville. — Moulins-sur-Allier.
DECROIX (Jules), Banquier, 42, rue Royale. — Lille.
DEFFORGES (Gilbert), Cap. d'ét.-maj., 123, rue de Grenelle-Saint-Germain. — Paris.
DEFODON, Réd. en Chef du *Manuel général de l'Instruction primaire*, 79, boulevard Saint-Germain. — Paris.
*DEFRESNE (Th.), Pharm.-Drog., 56, rue de la Verrerie. — Paris.
DEGEORGE, Archit., 151, boulevard Malesherbes. — Paris.
DEGLATIGNY (Louis), Maison Gadeau de Kerville. — Rouen.
*DÉGLIN (Henri), Avocat à la Cour d'appel, 79, rue Saint-Georges. — Nancy.
DEGORCE (E.), Pharm. en chef de la Marine, 17, rue de l'Alma. — Cherbourg. — **R**
DEGOULET (Marin-Étienne), Pharm., 26, rue Saint-Clair. — Lyon.
*DEGOUSÉE, Ing. civ., 35, rue de Chabrol. — Paris. — **F**
DEGRANGE-TOUZIN, Avocat, 24 *bis*, rue du Temple. — Bordeaux.
DEGRANGE-TOUZIN (Mme Armand), 24 *bis*, rue du Temple. — Bordeaux.
*DEHÉRAIN (P.-P.), Prof. au Muséum et à l'Éc. de Grignon, 1, rue d'Argenson. — Paris.
*DEHÉRAIN (Henri), Étud. à la Fac. des Lett., 1, rue d'Argenson. — Paris.
DÉJARDIN (E.), Pharm. de 1re classe, ex-Int. des Hôp., 103, boulevard Haussmann. — Paris.
Dr DÉJERINE, Méd. des Hôp., 14, rue Jacob. — Paris.
DELABOST (Merry), Chirurg. en chef de l'Hôtel-Dieu et des Prisons de Rouen, 76, rue Ganterie. — Rouen.
DELACROIX (Félix), Ing.-Mécan. — Deville-lès-Rouen.
*Dr DELACROIX, 2, rue Saint-Guillaume. — Reims.
DELADERRIÈRE (Émile), Avocat, Doct. en droit, 8, rue Capron. — Valenciennes.
Dr DELAGE, 18, rue des Fleurs. — Lille.
DELAGRANGE, Notaire. — Blois.
*DELAHODDE-DESTOMBES (Vr), 19, rue Gauthier-de-Châtillon. — Lille.
*DELAHODDE-DESTOMBES (Mme), 19, rue Gauthier-de-Châtillon. — Lille.
DELAIRE (Alexis), Secr. gén. de la Soc. d'Économ. sociale, 125, boulevard Saint-Germain. — Paris. — **R**
DELAMARE (E.-A.), Consul de Grèce, 91, route de Darnétal. — Rouen.
DELAMARE (Antoine-André), Nég., 28, rue de Buffon. — Rouen.
DELAPORTE (Georges), Ing. à la Soc. des Teintures et Apprêts. — Tarare (Rhône).
DELAPORTE (Charles), Filat. de coton, Juge au Trib. de com. — Maromme (Seine-Inférieure).
Dr DELAPORTE, 24, rue Pasquier. — Paris. — **R**
*DELARUE (Louis), Joaillier-Orfèvre, 22, rue Grand-Pont. — Rouen.
*DELARUE, Chef de bat. d'infant. de marine, 1, rue du Manège. — Nancy.
DELATTRE (Carlos), Filat.. — Roubaix. — **R**
*DELATTRE (André), Ing. des Arts et Man., 20, rue Saint-Georges. — Nancy.
*DELAVAUVRE (Jules-Joseph), Prop. — Aux Écossais, par Besbon (Allier).
Dr DELBARRE fils. — Cambrai (Nord).
DELBRUCK (J.). — Langoiran (Gironde).
*DELCOMINÈTE, Prof. à l'Éc. sup. de Pharm. — Nancy.
DELCROS (Élie), Avocat. — Perpignan.
DELÉCLUZE, Prop. — Pont-à-Marcq (Nord).
DÉLÉPINE, Prop., 14, rue de la Croix prolongée. — Vanves. — **R**
DELESALLE (Alfred), Filat. — La Madeleine (Nord).
DELESSE (Mme), 59, rue Madame. — Paris. — **R**
DELESSERT (Édouard), 17, rue Raynouard. — Paris (Passy). — **R**
DELESSERT (Eugène), anc. Prof. — Croix (Nord). — **R**
DELESTRAC, Ing. en chef des P. et Ch., 11, rue Lalande. — Bourg (Ain).
DELEURROU, Proc. gén., 75, rue Saint-Sernin. — Bordeaux.
DELEVEAU, Prof. au Lycée. — Marseille.
DELHOMME, ferme de la Croix-de-Fer. — Crézancy (Aisne). — **R.**
Dr DELISLE, Prépar. d'anthrop. au Muséum d'Hist. nat., 30, rue Gay-Lussac. — Paris.

Delius (Mme Émilie), 8, rue du Marc. — Reims.
Delius (Georges), Nég., 8, rue du Marc. — Reims.
Delius (Henry), Nég., 8, rue du Marc. — Reims.
Delius (Paul), Nég., 8, rue du Marc. — Reims.
*Dr Delmas, Maison de convalescence, 5, place Longchamps. — Bordeaux.
Delmas (Mme), 5, place Longchamps. — Bordeaux.
*Delmas (Julien), cours des Dames. — La Rochelle.
Delocre, Insp. gén. des P. et Ch., 8, rue Pasquier. — Paris.
Delon (Ernest), Ing. civ., 14, rue du Collège. — Montpellier. — **R**
Dr Delore, Chir. en chef de la Charité, Prof. agr. à la Fac. de Méd. de Lyon, 31, place Bellecour. — Lyon. — **F**
*Delort, Prof. au Collège. — Auxerre.
Delrieu, Banquier. — Marmande (Lot-et-Garonne).
*Dr Delthil. — Nogent-sur-Marne (Seine).
Delune (Théodore), Nég. en ciment, 94, quai de France. — Grenoble.
Deluns-Montaut, Député, 3, rue des Beaux-Arts. — Paris.
Dr Delvaille, Doc. en méd. — Bayonne. — **R**
*Demange (Émile), Prof. agr. de la Fac. de Méd., 12, rue Saint-Dizier. — Nancy.
*Demange père, V.-Prés. du Cons. d'hygiène, 9, rue Saint-Jean. — Nancy.
*Demange (Jules), Étud. en méd., 8, rue Notre-Dame. — Nancy.
Demarçay (Eugène), anc. Répét. à l'Éc. polytech., 150, boulevard Haussmann. — Paris. — **R**
*Demesmay (Félix). — Cysoing (Nord).
Démichel, Constr. d'instruments de phys., 24, rue Pavée (au Marais) — Paris.
Demolon (Lucien), Ing. civ., 10, avenue Parmentier. — Paris.
Dr Demonchy, 22, rue Nicolo. — Paris. — **R**
*Demonet, Ing. des Arts et Man., Mem. du Cons. mun., 19, rue de la Commanderie. — Nancy.
*Demonferrand, Insp. de la Traction aux chem. de fer de l'État, 19, faubourg Bannier. — Orléans. — **R**
*Dr Demons, 45, cours de Tourny. — Bordeaux.
Demons (Mme), 45, cours de Tourny. — Bordeaux.
*Denis, Réd. du journal *le Progrès de l'Est*, 23, rue des Dominicains. — Nancy.
Denise (L.), Archit., 17, rue d'Antin. — Paris.
Denise, Pharm., place Notre-Dame. — Étampes.
Denoyel (Antonin), Prop., 4, rue des Deux-Maisons. — Lyon.
Denucé, Doyen honor. de la Fac. de Méd., 26, Pavés des Chartrons. — Bordeaux.
Denucé (Maurice), Int. des Hôp., 26, Pavés des Chartrons. — Bordeaux.
*Denys (Roger) Ing. en chef des P. et Ch. — Épinal.
*Depaul (Henri). — Le Vaublanc, par Plemet (Côtes-du-Nord). — **R**
Depeaux (Félix), Mem. du Cons. gén. de la Seine-Inférieure, 25, boulevard Cauchoise. — Rouen.
Depierre (Alphonse), Prop. — Macheron (Haute-Savoie).
Depierre (Joseph), Ing.-Chim. Holleschowitz. — Prague (Bohême).
Depoully (Paul), 15, rue Levert. — Paris.
*Deprez (Marcel), Mem. de l'Institut, Ing., 111, rue de Rennes. — Paris.
Dequoy, Filat., 27, rue de Wazemmes. — Lille.
Dero, Doct.-Méd., 69, rue du Champ-de-Foire. — Le Havre.
Derodé (Marcel), Avocat, 49, rue des Capucins. — Reims.
Deroo, Pharm., 119, rue de Paris. — Lille.
Derrien, Chef de bat. breveté au 141e rég. de ligne. — Aix (Bouches-du-Rhône).
Deruelle, Prop., 199, rue de Vaugirard. — Paris.
Desailly (Paul), Exploitation de phosphate de chaux fossile, 17, rue du Faubourg-Montmartre. — Paris.
Desbois (Émile), 17, boulevard Beauvoisine. — Rouen. — **R**
Desbonnes (F.), Nég., 5, cours de Gourgues. — Bordeaux.
Desboves, Grande-Rue. — Cayeux-sur-Mer.
Desbrières, Secr. du comité des Forges, 96, rue d'Amsterdam. — Paris.
Descamps (Maurice), Ing. des Arts et Man., 22, rue de Tournai. — Lille.
Descamps (Ange), 49, rue Royale. — Lille.
Deschamps, Pharm. — Riom.
Deschamps (Arnold), Avocat, Juge suppl. au Trib. civ. de Rouen, 17, rue de la Poterne. — Rouen.

Dr DESCOMPS. — Aiguillon (Lot-et-Garonne).
DESEILLIGNY (l'Abbé), Aumônier de Mgr l'Archevêque, à l'Archevêché. — Rouen.
DESFONTAINES (Charles), Rentier, 17, boulevard Haussmann. — Paris.
DESHAYES (Victor), Ing., Chef de serv. aux forges d'Alais. — Tamaris (Gard).
*Dr DESHAYES (Charles), Méd. des Hôp., 35, rue Pavée. — Rouen.
Dr DESHAYES, 7, galerie Malakoff. — Alger.
DES HOURS (Louis), Prop. — Mézouls, près Mauguio (Hérault).
DESLANDRES (Henri), anc. Élève de l'Éc. polytech., 43, rue de Rennes. — Paris.
DESLONGCHAMPS, Prof. à la Fac. des Sc. — Caen.
Dr DESMAISONS-DUPALLANS. — Castel-d'Andorte, près Bordeaux.
DESMAREST (Paul), Ing. des Arts et Man., 97, boulevard Saint-Michel. — Paris.
DESMEDT-WALLAERT, 12, rue Terremonde. — Lille.
DESORMEAUX (Anatole), Ing. civ., 49, rue M.-le-Prince. — Paris. — **R**
DESROZIERS (Edmond), Ing. civ. des Mines, 16, rue Taitbout. — Paris.
DESSAILLY, Agent commercial, 30, rue de Flandre. — Paris.
DESTRÉS, Maire de Saint-Brice. — Saint-Brice (Marne).
DÉTROYAT (Arnaud). — Bayonne. — **R**
DEUTSCH (A.), Nég.-Indust., 20, rue Saint-Georges. — Paris. — **R**
DEVAY (F.). — Condé-sur-Vesgres (Seine-et-Oise).
DEVIC (Marcel), Prof. à la Fac. des Lett. de Montpellier. — Montpellier.
DEVIENNE (Joseph), Juge au Trib. civ., 2, rue des Célestins. — Lyon.
*DEVILLE, Greffier du Trib. de 1re Inst. — Saint-Dié (Vosges).
DEWULF, Colonel du Génie, Direct. des fortif. — Bayonne.
DIACON, Prof. à l'Éc. de Pharm. — Montpellier.
DIDA (A.), Chim., 108, boulevard Richard-Lenoir. — Paris. — **R**
DIDA fils (Lucien). — Draveil (Seine-et-Oise). — **R**
Dr DIDAY, ex-Chir. en chef de l'Antiquaille, Corresp. de l'Acad. de Méd., Secr. gén. de la Soc. de Méd., 71, rue de la République. — Lyon. — **F**
*DIDIER (Marc), Agricult. — La Neuville-aux-Larris, par Châtillon-sur-Marne.
DIDIER (Georges), 42 *bis*, boulevard du Temple. — Reims.
DIEDERICH-PERRÉGAUX, Manufac. — Jallieu (Isère).
*DIETZ (J.), rue de la Monnaie. — Nancy.
*DIETZ (Émile), Pasteur. — Rothau (Alsace).
Dr DIEULAFOY (Georges), Prof. à la Fac. de Méd. de Paris, 16, rue Caumartin. — Paris.
DOIN, Libr.-Édit., 8, place de l'Odéon. — Paris.
DOLLFUS (Mme Auguste), 53, rue de la Côte. — Le Havre. — **F**
DOLLFUS (Auguste), Prés. de la Soc. indust. — Mulhouse (Alsace).
*DOLLFUS (Adrien), 35, rue Pierre-Charron. — Paris.
DOLLFUS (Charles), 16, avenue Bugeaud. — Paris.
DOLLFUS (Gustave), Manufac. — Mulhouse (Alsace). — **R**
DOLLFUS (Jules). — Oran (Algérie).
DOMBRE (Louis), Ing.-Administ. des Mines. — Lourches (Nord).
DONNADIEU, Prof. à l'Univ. catholique. — Lyon.
DONY (Min), Ing. civ., 327, rue Paradis. — Marseille.
*Dr DOR (Henri), Prof. honor. à l'Univ. de Berne, 55, montée de la Boucle. — Lyon.
DOR (Mme Henri), 55, montée de la Boucle. — Lyon.
DORÉ-GRASLIN (Edmond), 24, rue Crébillon. — Nantes. — **R**
*DORMOY, Ing. en chef des Mines, 14, rue de Clichy. — Paris.
DOUAY (Léon), 4, rue Hérold, chalet Silvia. — Nice.
DOUCET, Prof. au Lycée et à l'Éc. des Sc., 64, rue Ganterie. — Rouen.
DOUMENJOU (Hippolyte). — Foix (Ariège).
DOUMENJOU (Paul), Avoué. — Foix (Ariège).
DOUMERC, Ing. civ., 10, rue Copenhague. — Paris.
DOUMERC (Jean), Ing. civ. des Mines, Mem. de la Soc. géolog. de France, villa Linda. — Mustapha-Alger.
DOUMERC (Paul), Ing. civ., Mem. de la Soc. géolog. de France. — Montauban.
*DOUMET-ADANSON, Prés. de la Soc. d'Hortic. et d'Hist. nat. de l'Hérault. — Château de la Baleine, par Villeneuve-sur-Allier (Allier).
Dr DOUTREBENTE, Dir. de l'Asile des aliénés, 34, avenue de Paris. — Blois.
DOUVILLÉ, Ing. en chef des Mines, 207, boulevard Saint-Germain. — Paris. — **R**
Dr DOYEN (E.), 5, rue Cotta. — Reims.
Dr DOYEN (O.), anc. Maire de Reims, 5, rue Cotta. — Reims.

Dr Doyon, Méd. des Eaux. — Uriage (Isère).
Dr Dransart. — Somain (Nord). — R
Drée (Comte de), au dépôt de recrutement. — Besançon.
Dr Dresch (G.). — Foix (Ariège).
Dr Dresch. — Pontfaverger (Marne).
Drouin (A.), Ing.-Chim., 33, rue Charlot. — Paris.
Dr Drouineau (Gustave), Chir. en chef des Hosp. civ., 4, rue des Augustins. — La Rochelle.
Droz (Alfred), Avocat, 13, rue Royale. — Paris.
Dubar, Réd. de *l'Écho du Nord*, Grande-Place. — Lille.
Dubessy (Mlle), 10, rue Clairault. — Paris. — R
Dr Dubest (Hippolyte). — Pont-du-Château (Puy-de-Dôme).
Dubignon. — Royan-les-Bains (Charente-Inférieure).
Dublanc (Mme Aline), 47, quai des Tournelles. — Paris.
*Dubois (E.), Prof. de phys. au Lycée, 31, rue Cozette. — Amiens.
*Dr Dubois (Raphaël), Prépar. à la Fac. des Sc., 154, boulevard Montparnasse. — Paris.
Dubois (Frédéric), Sous-Dir. de l'imprim. Chaix, 20, rue Bergère. — Paris.
Dubois (Émile), Prof. à l'Éc. profess., 51, rue Cérès. — Reims.
*Duboscq (Mlle), 21, rue de l'Odéon. — Paris.
Dubost (Frédéric), Insp. du Matériel et de la Traction aux chem. de fer de l'Est, place de Strasbourg. — Paris.
Dr Duboué. — Pau. — R
Dubourg, Avoué, 51, rue de la Devise. — Bordeaux.
Dubourg (Georges), Nég. en draperies, 45, cours des Fossés. — Bordeaux. — R
*Dr Dubousquet-Laborderie, 39, rue de Paris. — Saint-Ouen (Seine).
Dr Dubreuilh (Ch.), 12, rue du Champ-de-Mars. — Bordeaux.
Dr Dubrisay, Mem. du Comité consult. d'Hygiène publique, 6, rue Marengo. — Paris.
Dubroca (Camille), Prop. — Cérons (Gironde).
Duchataux, Avocat, 12, rue de l'Échauderie. — Reims.
Duchemin (E.), 33, place Saint-Sever. — Rouen.
Duchemin (Paul-Henri), Entrep. de transports par eau, 33, place Saint-Sever. — Rouen.
Dr Duchemin, Méd. princ. de l'Armée, Méd. en chef de l'Hôp. milit. — Grenoble.
Duclaux (Émile), Prof. à l'Institut national agronom., 15, rue Malebranche. — Paris. — R
Duclos (Lucien), Fabr. de produits chim. — Croisset, près Rouen.
Ducretet (E.), Fabr. d'instruments de phys., 75, rue Claude-Bernard. — Paris.
Ducrocq (Henri), Lieutenant au 33e rég. d'artillerie. — Poitiers. — R
*Ducrocq (Th.), Prof. de droit adminis., à la Fac. de droit de Paris, Doyen et Prof. honor. de la Fac. de droit de Poitiers, Corresp. de l'Institut, 12, rue Stanislas. — Paris.
Dr Dufay, Sénateur de Loir-et-Cher, 76, rue d'Assas. — Paris.
Dufet (Henri), Prof. au Lycée Saint-Louis, 130, boulevard Montparnasse. — Paris.
Dufresne, Insp. gén. de l'Univ., 61, rue Pierre-Charron. — Paris. — R
Dufresné, Archit., rue Chambourdin. — Blois.
Dugit (Ernest), Doyen de la Fac. des Lett., 25, rue Lesdiguières. — Grenoble.
*Duguet, Prof. agr. à la Fac. de Méd. de Paris, Méd. des Hôp., 60, rue de Londres. Paris.
Duhalde, Nég., 13, rue Cérès. — Reims.
*Duhaut (Georges), Prop. — Honfleur.
Dr Dujardin-Beaumetz, Méd. de l'hôp. Saint-Antoine, Mem. de l'Acad. de Méd., 176, boulevard Saint-Germain. — Paris.
Du Lac (Frédéric), 40, place Dauphine. — Bordeaux.
Dr Du Lac (Dieudonné). — La Gauphine, par Cazouls-lès-Béziers (Hérault).
Dr Dulac. — Montbrison. — R
Du Marché, Chef d'escad. au 13e rég. d'artill. — Vincennes.
Dumas (Léon), Prof. à la Fac. de Méd., 2, Plan du Palais. — Montpellier.
Dumas (Hippolyte), anc. Élève de l'Éc. polytech., Indust. — Mousquety, par l'Isle-sur-Sorgue (Vaucluse). — R
Dr Duménil, Corresp. de l'Acad. de Méd., 45, rue Thiers. — Rouen.
*Dr Du Mesnil (O.), Méd. de l'asile de Vincennes, 14, rue du Cardinal-Lemoine. — Paris.
Duminy (Anatole), Nég. — Ay (Marne). — R
Dumollard (Félix), 6, rue Hector-Berlioz. — Grenoble.
*Dumont, Chef des trav. de phys. à la Fac. de Méd., 16, place Carrière. — Nancy.

Dr DUMONTPALLIER, Méd. des Hôp., 24, rue Vignon. — Paris.
DUMORISSON, Secr. gén. de la Préfecture. — La Rochelle.
Dr DUNOYER (Léon). — Au Dorat (Haute-Vienne).
DU PASQUIER, Nég., 6, rue Bernardin-de-Saint-Pierre. — Havre.
DUPLAY, Prof. à la Fac. de Méd. de Paris, Chirur. des Hôp., 2, rue de Penthièvre. — Paris. — **R**
DUPLOUY, Chirurg. en chef de l'Hôp. milit., rue des Fonderies. — Rochefort.
DUPLOUY (Mme), rue des Fonderies. — Rochefort.
DUPONT (Louis), Agr. de l'Univ., Prof. au Lycée, 48, avenue du Pont-Neuf. — Limoges.
DUPONT (Edmond), boulevard Crespel. — Arras.
DUPOUY (E.), Sénateur de la Gironde, Prés. du Cons. gén., 109, rue Croix-de-Seguey. Bordeaux. — **F**
DUPRÉ (Anatole), Sous-Chef au Lab. mun. de la Préf. de police, 23, quai Saint-Michel. — Paris.
DUPRÉ (Jean-Marie), 37, avenue Victor-Hugo. — Paris.
DUPREY (H.), Prof. à l'Éc. de Méd. de Rouen, 28 *ter*, rampe Saint-Hilaire. — Rouen.
DUPUIS. — Pontarmé (Oise).
DUPUY (Paul), Prof. à la Fac. de Méd., 8, allées de Tourny. — Bordeaux. — **F**
DUPUY (Léon), Prof. au Lycée, 43, cours du Jardin-Public. — Bordeaux. — **F**
DUPUY, Pharm. — Branne (Gironde).
DUPUY (Ed.), Pharm. de 1re classe, ex-Int. des Hôp. de Paris. — Châteauneuf (Charente).
DUPUY (G.), rue du Faubourg-Saint-Martin. — Angoulême.
DUPUY, Prof. d'hist. au Lycée, rue Villeneuve. — La Rochelle.
DUPUY (C.), Ing., 425, avenue Louise. — Bruxelles (Belgique).
DUPUY (Henri), 14, rue Éblé. — Paris.
*DURAND, Prof. à l'Éc. sup., 1, rue Jean-Lamour. — Nancy.
DURAND (Eugène), Prof. à l'Éc. d'Agr. — Montpellier.
*DURAND-CLAYE (Alfred), Ing. en chef des P. et Ch., 69, rue de Clichy. — Paris.
DURAND-CLAYE (Léon), Ing. en chef des P. et Ch., 81, rue des Saints-Pères. — Paris.
Dr DURAND-FARDEL, Mem. associé national de l'Acad. de Méd., 17, rue Guénégaud. — Paris.
DURAND-GASSELIN, Banquier, 6, rue Jean-Jacques-Rousseau. — Nantes.
DURANTEAU (Mme la Baronne). — Au château de Laborde, près et par Châtellerault (Vienne).
DURANTEAU (le Baron Alfred), Prop. — Au château de Laborde, près et par Châtellerault (Vienne).
DURASSIER, Chim., Insp. du trav. des enfants dans l'industrie, 24, avenue de Wagram. — Paris.
DUREAU (Alexis), Archiv. honor. de la Soc. d'Anthrop. de Paris, Biblioth. à l'Acad. de Méd., 49, rue des Saint-Pères. — Paris.
DURET (Théodore), Homme de lettres. — Cognac (Charente).
Dr DURIAU, rue de Soubise. — Dunkerque.
DURIN (Henri), Notaire. — Montaigut-en-Combrailles.
DUSSAUT (Mlle Caroline), aux Ruches. — Fontainebleau.
DUSSAUT (Louis), Contrôleur des contrib. indir. — Nantes.
DUTAILLY (G.), Député de la Haute-Marne, Prof. à la Fac. des Sc. de Lyon, 181, boulevard Saint-Germain. — Paris.
DUVAL (Fernand), Administ. de la Comp. parisienne du Gaz, 53, rue François Ier. — Paris. — **F**
DUVAL, Ing. en chef des P. et Ch., 49, rue La Bruyère. — Paris. — **R**
DUVAL (Alphonse), Nég., 2, rue Geoffroy-Marie. — Paris.
DUVAL (Mathias), Prof. à la Fac. de Méd. de Paris, Mem. de l'Acad. de Méd., Prof. d'anat. à l'Éc. des Beaux-Arts, 11, cité Malesherbes, rue des Martyrs. — Paris. — **R**.
DUVAL (Jules), Capit. du Génie. — Vincennes (Seine).
*DUVAL (Raoul), Député, 6, rue Lincoln. — Paris.
DUVEYRIER, Géogr., 16, rue des Grès. — Sèvres (Seine-et-Oise).
DUVILLIER (Édouard), Prof. de chim. à l'Éc. sup. des Sc., 7, rue Courbet. — Mustapha-Alger.
Dr DUZÉA (René), anc. Int. des hôp. de Lyon, 16, place Bellecour. — Lyon.
ÉCOLE spéciale d'Architecture, 136, boulevard Montparnasse. — Paris.
EICHTHAL (D'), Banquier, Prés. du Cons. d'adminis. des chem. de fer du Midi, 42, rue des Mathurins. — Paris. — **F**

EICHTHAL (Eugène D'), 57, rue Jouffroy. — Paris. — **R**
EICHTHAL (Georges D'), 53, rue de Châteaudun. — Paris. — **R**
EICHTHAL (Louis D'). — Les Bezards, par Nogent-sur-Vernisson (Loiret). — **R**
ÉLIE (Eugène), Manufact., 50, rue de Caudebec. — Elbeuf.
ELISEN, Ing. administ. de la Comp. gén. Transatl., 21, rue de La Boétie.— Paris.— **R**
ELWELL (F.) fils, Ing. des Arts et Man., Mem. de la Soc. des Ing. civ., 26, avenue Trudaine. — Paris.
*ENGEL (Mme). — Malzéville, près Nancy.
ENGEL, Relieur, 91, rue du Cherche-Midi. — Paris. — **F**
*ENGEL (Rodolphe), Prof. à la Fac. de Méd. — Montpellier.
ENGEL (Eugène), chez MM. Dollfus, Mieg et Cie. — Dornach (Alsace-Lorraine).
*ERARD (Paul), Ing. des Arts et Man. — Jolivet, près Lunéville.
ESCARRAGUEL, Prop., 1, allées de Tourny. — Bordeaux.
ESPOUS (Comte Auguste D'). — Montpellier. — **R**
*Dr EURY. — Charmes-sur-Moselle (Vosges).
EXCELSMANS (Comte), 3, avenue du Bois-de-Boulogne. — Paris.
EYMARD (Albert), Usine de Neuilly-sur-Seine, 14, rue des Huissiers. — Neuilly (Seine).
EYSSARTIER (Maurice), Pharm. — Uzerche (Corrèze).
Dr EYSSAUTIER (Ch.), Lauréat de la Fac. de Méd. de Bordeaux, 10, rue de Buci. — Paris.
*EYSSÉRIC (Joseph), Étudiant, 14, rue Duplessis. — Carpentras (Vaucluse). — **R**
FABRE (Charles), Prop., 24, rue des Petits-Hôtels, place Lafayette. — Paris.
FABRE (Ernest), Ing.-Dir. de la Soc. anonyme des chaux hydrauliques de l'Homme-d'Armes. — L'Homme-d'Armes, près Montélimar (Drôme).
FABRE, anc. Élève de l'Éc. polytech., Sous-Insp. des Forêts. — Alais (Gard). — **R**
*FABRE, Ing., 26, avenue Trudaine. — Paris.
FABRIÈS (Louis), Chim. — Oran (Algérie).
FAGET (Marius), Archit., 86, cours d'Aquitaine. — Bordeaux.
FAGUET (L.-Auguste), Chef des trav. pratiques d'hist. nat., à la Fac. de Méd., 26, avenue des Gobelins. — Paris.
FALATEUF (Oscar), Avocat, anc. Bâtonnier de l'ordre, 6, boulevard des Capucines. — Paris.
FALCOUZ (Étienne), Archit., 10, place des Célestins. — Lyon.
FALIÈRES, Pharm. — Libourne.
FALLOT (Alfred), Manufact. — Valentigney (Doubs).
Dr FANTON, 9, boulevard du Nord. — Marseille.
FAUCHER (Émile), Ing. civ. — Levesque, par Sauve (Gard).
FAUCHERAND (Th.), Prop. — Veille, par Tonnay-Boutonne (Charente-Inférieure).
FAUCHILLE (Auguste), Doct. en droit, 56, rue Royale. — Lille.
FAUCONNIER (Adrien), Lic. ès sc. phys., Prépar. à la Fac de Méd. 5, rue Sainte-Beuve. — Paris.
Dr FAUDEL, Secr. perp. de la Soc. d'Hist. nat. de Colmar, 8, rue des Blés. — Colmar (Alsace).
FAULQUIER (Rodolphe), Manufac., Juge au Trib, de com., 5, rue Boussairolles. — Montpellier.
FAUQUET (Ernest), Nég., Mem. du Cons. mun. de Rouen, 41, rue de Crosne. — Rouen.
FAUQUET (Octave), Filat. de coton à Oissel, Juge au Trib. de com., 9, place Lafayette. — Rouen.
FAURE (Ernest), Prop. — Tresses (Gironde).
FAURE, Ing. civ., Fabr. de produits chim., 35, rue Sainte-Claire. — Clermont-Ferrand.
FAURE (Fernand), Député de la Gironde, Prof. à la Fac. de Droit, 56, rue de la Trésorerie. — Bordeaux.
FAURE (le Général A.), Comm. le Génie du 7e corps d'armée. — Besançon.
Dr FAUVEL, Chirurg. des Hôp., 109, rue d'Orléans. — Havre.
*Dr FAUVELLE, Prés. de la Soc. de Méd. de l'Aisne, 11, rue de Médicis. — Paris.
*FAUVELLE (René), Étudiant, 11, rue de Médicis. — Paris.
FAVEREAUX (Georges), Chef du Cab. du Gouv. gén. de l'Algérie. — Alger.
*FAVIER, Conserv. de la biblioth. publique, 2, rue Jeanne-d'Arc. — Nancy.
Dr FAVRE, Méd. consultant de la Comp. P.-L.-M., 1, rue du Peyrat. — Lyon.
FAVRE (l'Abbé Ch.), Prof., 47, rue Ampère. — Paris.

Fayet aîné (E.), Nég., 30, cours du Médoc. — Bordeaux.
Fayol, Ing. en chef des houillères de Commentry. — Commentry (Allier).
Félix (Marcel), Étud. en méd., 10, place Delaborde. — Paris.
*Fénal, Cons. gén., Industr. — Pexonne (Meurthe-et-Moselle).
*Fenieux (Edmond). — Sens-sur-Yonne.
Feraud (L.), Avoué en 1re instance, place du Petit-Scel. — Montpellier.
Ferber, anc. Élève de l'Éc. polytech., 1, quai de l'Est. — Lyon.
Dr Féréol (Félix), Mem. de l'Acad. de Méd., 8, rue des Pyramides. — Paris.
Ferère (G.), Armateur, 19, rue Jules-Lecesne. — Le Havre.
Dr Ferrand (Joseph). — Blois.
Ferrand (Eusèbe), Pharm., 18, quai de Béthune. — Paris.
Ferray, Pharm. de 1re classe. — Évreux.
Dr Ferret, anc. Chir. en chef de l'hôp. de Meaux, 59, rue du Cardinal-Lemoine. — Paris.
Ferrouillat (Prosper), Fabr. de produits chim., 1, rue d'Égypte. — Lyon.
Ferry (Émile), Nég., Mem. du Cons. gén. de la Seine-Inférieure, 21, boulevard Cauchoise. — Rouen.
Ferry (Mme Émile), 21, boulevard Cauchoise. — Rouen.
Dr Ferry de la Bellone (de). — Apt (Vaucluse).
Ferté (Émile), 3, rue de la Loge. — Montpellier.
Feuillade, Prof. au Lycée, 58, rue de Marseille. — Lyon.
Février (le Général), Comm. le 6e corps d'armée. — Châlons-sur-Marne.
*Dr Ficatier. — Auxerre.
Ficheur (E.), anc. Prof. au Collège de Beauvais, Prépar. de botan. à l'Éc. des Sc. d'Alger. — Mustapha, près Alger.
Fière (Paul), Archéol., Memb. corresp. de la Soc. franç. de Numism. et d'Archéol. — Saïgon (Cochinchine). — **R**
Dr Fieuzal, Méd. en chef de l'hosp. des Quinze-Vingts, 110, boulevard Haussmann. — Paris. — **R**
Figaret, Dir. des Postes et Télégraphes de l'Hérault, Hôtel des Postes. — Montpellier.
Figuier, Prof. à la Fac. de Méd., 17, place des Quinconces. — Bordeaux.
Figuier (Mlle), 17, place des Quinconces. — Bordeaux.
Filloux, Pharm. — Arcachon.
Findla (James), Palace Hotel. — San Francisco (États-Unis).
Dr Fines, Dir. de l'Observ., 2, rue du Bastion-Saint-Dominique. — Perpignan (Pyrénées-Orientales).
Fines (Mlle Jacqueline), 2, rue du Bastion-Saint-Dominique. — Perpignan.
*Finet (François), Entrep., 61, Chaussée du Port. — Reims.
Fischer de Chevriers, Prop., 200, rue de Rivoli. — Paris. — **R**
Dr Fiselbrand, 13, rue de Mâcon. — Reims.
*Fisson (Charles), Fabr. de chaux hydraul. nat. — Xeuilly (Meurthe-et-Moselle).
*Flament (Henri), Ing. civ., 39, rue Cardinet, Parc Monceau. — Paris.
Flandin, Prop., 8, rue de la Michodière. — Paris. — **R**
Flers (de), 62, rue de la Rochefoucauld. — Paris.
Fleureau (Georges), Ing. des P. et Ch. — Bernay (Eure).
Fleury, anc. Rect. de l'Acad. — Douai.
Fleury, Dir. de l'Éc. de Méd. — Clermont-Ferrand.
Fleury (A.), Prop. — Hennaya, près Tlemcen (département d'Oran, Algérie).
Fleury (Albert), Archit., 28, rue Beffroy. — Rouen.
*Fliche, Prof. à l'Éc. forest., 13, rue Saint-Dizier. — Nancy.
*Floquet (G.), Prof. à la Fac. des Sc., 17, rue Saint-Lambert. — Nancy.
Flotard (G.), Prop., 53, rue Rennequin. — Paris.
Flournoy (Edmond), Mem. de la Soc. d'Anthrop., 13, rue Bonaparte. — Paris.
Foex (Gustave), Dir. de l'Éc. d'Agr. — Montpellier.
Foncin, Insp. gén. de l'Inst. publ., 121, boulevard Saint-Germain. — Paris.
Fontarive. — Linneville, commune de Gien (Loiret). — **R**
Fontoynont, Pharm., 9, rue de Lévis. — Batignolles-Paris.
Forqueray (Emmanuel), rue Fleuriau. — La Rochelle.
Forrer-Debar, Nég., 3, quai Saint-Clair. — Lyon.
Fortel fils (A.), Prop., 22, rue Thiers. — Reims. — **R**
Fortin (Raoul), 24, rue du Pré. — Rouen.
Fossat (J.), Huissier, 8, place du Parlement. — Bordeaux.
Fossier (Louis-Joseph), Archit., 23, rue Petit-Roland. — Reims.
Fossier (Firmin), anc. Notaire. — Tour-sur-Marne (Marne).

FOUGERON (Paul), 55, rue de la Bretonnerie. — Orléans.
*FOULD, Maître de forges, 4, rue Girardet. — Nancy.
FOUQUE (Laurent), Cons. gén. — Oran (Algérie).
FOUQUERAY (Charles), 12, rue du Petit-Banc. — Niort (Deux-Sèvres).
FOURCADE (Es.), Caissier central de la Comp. du Canal de Suez, 9, rue Charras. — Paris.
FOURCAND (Léon), Nég., Memb. du Cons. mun., 34, rue Saint-Remy. — Bordeaux.
FOUREAU (Fernand), Mem. de la Soc. de Géog. de Paris. — Bussière-Poitevine (Hte-Vienne).
*FOURET (Georges), Répét. à l'Éc. polytech., 16, rue Washington. — Paris.
Dr FOURGNAUD. — La Flotte (île de Ré).
FOURMENT (Baron DE). — Cercamp-lès-Frévent (Pas-de-Calais). — **R**
FOURNEREAU (l'Abbé), Prof. de sc. à l'institution des Chartreux. — Lyon.
FOURNET, 5, place Tourny. — Bordeaux.
FOURNIÉ (Victor), Ing. des P. et Ch., 4, rue Paillet. — Paris.
*Dr FOURNIER (Alban). — Rambervillers (Vosges).
FOURNIER (A.), Prof. à la Fac. de Méd. de Paris, Méd. des Hôp., 1, rue Volney. — Paris. — **R**
FOURNIER (Charles-Albert), anc. Notaire, 20, rue Bazoges. — La Rochelle.
Dr FOURNIOL (Léon), 54, rue Thiers. — Billancourt (Seine).
FRANCEZON (Paul), Chim. et Indust. — Alais (Gard).
FRANCK (Émile), Ing. civ., Insp. de la Comp. *la Providence* (*vie*), 124, boulevard Haussmann. — Paris.
Dr FRANÇOIS-FRANCK (Ch. A.), Prof. suppl. au Coll. de France, 5, rue Saint-Philippe-du-Roule. — Paris. — **R**
FRANCQ (L.), Ing. civ. des Mines, Lauréat de l'Institut, 32, avenue Bugeaud. — Paris.
FRANQUET, Nég., 12, boulevard Cérès. — Reims.
FRANTZEN, Fabr. de fleurs, 8, cour des Petites-Écuries. — Paris.
Dr FRAT (Victor), 23, rue Maguelonne. — Montpellier.
*Dr FRÉBILLOT (L.). — Mirecourt (Vosges).
FRÉCHOU, Pharm. — Nérac.
FRÉMINET (Adrien), 24, rue Saint-Nicaise. — Châlons-sur-Marne.
FREMY, Memb. de l'Institut, Dir. du Muséum, Prof. au Muséum et à l'Éc. polytech., 33, rue Cuvier. — Paris. — **F**
FREMY (Mme), 33, rue Cuvier. — Paris. — **F**.
FRÈRE (Isidore), Prop.-Nég. — Saint-Genis-des-Fontaines (Pyrénées-Orientales).
*FRESQUET (Édouard DE), Prof. d'économie polit. et de législ. à l'Éc. norm. spéc. de Cluny. — Cluny (Saône-et-Loire).
*FREVILLE (Ernest), 151, boulevard Haussmann. — Paris.
*FREVILLE (Augustin), Mem. du Cons. gén. de Seine-et-Oise, 151, boulevard Haussmann. — Paris.
FREYSSINGE, Pharm. de 1re classe, 105, rue de Rennes. — Paris.
*Dr FRIANT, Prof. à la Fac. des Sc., 23, rue de l'Hospice. — Nancy.
Dr FRICKER, 39, rue Pigalle. — Paris.
*FRIEDEL, Memb. de l'Institut, Prof. à la Fac. des Sc., 9, rue Michelet. — Paris. — **F**
*FRIEDEL (Mme), née Combes, 9, rue Michelet. — Paris. — **F**
*FRIEDEL (Mlle Lucie), 9, rue Michelet. — Paris.
*FRIEDEL (Jean), 9, rue Michelet. — Paris.
*FRIEDEL (Georges), 9, rue Michelet. — Paris.
FRIEDERICH, Nég. — Fontenay-le-Comte (Vendée).
*Dr FRIOT, 43, rue Saint-Georges. — Nancy.
Dr FRISON (A.), 5, rue de la Lyre. — Alger.
FRITSCH (Aug. Em.), 7a, place Paradis. — Marseille.
Dr FROMENTEL (DE). — Gray (Haute-Saône). — **R**
FROSSARD (Ch.-L.), 14, rue de Boulogne. — Paris. — **F**
*FUCHS, Ing. en chef des Mines, 5, rue des Beaux-Arts. — Paris.
*FUMOUZE (Armand), Doct.-Méd.-Pharm., 78, Faubourg-Saint-Denis. — Paris. — **F**
Dr FUMOUZE (Victor), 132, rue Lafayette. — Paris.
GABILLOT (Joseph), 3, place des Cordeliers. — Lyon.
GABLIN, Pharm. de 1re classe, rue d'Orléans. — Saumur.
GACHASSIN-LAFITE (Léon), Avocat, 9 *bis*, rue de Cheverus. — Bordeaux.
GACHASSIN-LAFITE (Mme), 3, rue Matignon. — Bordeaux.
Dr GACHÉ (A.), 1, rue Claude-Brosse. — Grenoble.
Dr GACHES-SARRAUTE (Mme), 61, rue de Rome. — Paris.

Gadeau de Kerville (Henri), Secr. de la Soc. des Amis des Sc. nat. de Rouen, 7, rue Dupont. — Rouen.
Gadiot (E.), Nég. en laines, 9, rue Legendre. — Reims.
Gaillard (Louis), Comm.-pris., 37, quai Maubec. — La Rochelle.
Dr Gairal père. — Carignan (Ardennes).
*Galante, Fab. d'instruments de chirurg., 2, rue de l'Éc.-de-Médecine. — Paris. — F
Galante (Mme Henry-Charles), 2, rue de l'École-de-Médecine. — Paris.
Galante (Henri-Charles), 2, rue de l'École-de-Médecine. — Paris.
Dr Galezowski, 103, boulevard Haussmann. — Paris.
Galibert (Paul), Avoué, 1, rue Cheverus. — Bordeaux.
Galicher (J.) fils, Relieur, 81, boulevard Montparnasse. — Paris.
Dr Galippe, Chef du Lab. de la Fac. de Méd., 65, rue Sainte-Anne. — Paris.
Galland (Auguste), 33, quai Saint-Vincent. — Lyon.
Gallard, Méd. des Hôp., 7, rue Monsigny. — Paris.
Gallard, Banquier. — R
*Gallé (Émile), Secr. gén. de la Soc. centr. d'Hortic. de Nancy, 2, avenue de la Garenne. — Nancy.
Dr Galliard (Lucien), anc. Int. des Hôp., 43, rue de la Victoire. — Paris.
Gallice (Henry), Nég. en vins de Champagne, faubourg du Commerce. — Épernay (Marne).
Dr Galliet, rue Thiers. — Reims. — R
Galline (P.), Banquier, Prés. de la Ch. de com., 11, place Bellecour. — Lyon. — F
Dr Gallois (Paul), anc. Int. des Hôp., 41, rue de l'Abbé-Grégoire. — Paris.
Galot (Jules), Administ. des Comp. Ouest, 68, rue de la Bastille. — Nantes.
Gandoulf, Princip. du Collège. — Embrun (Hautes-Alpes).
Gandriau (Raoul), Manufac. — Fontenay-le-Comte (Vendée).
Gandriau (Georges), Manufac. — Fontenay-le-Comte (Vendée).
Garcin (Paul), Pharm. de 1re classe, au haut du Cours. — Aix-en-Provence.
Gardès (Louis-Frédéric-Jean), Notaire, Suppl. du Juge de paix, anc. Élève de l'Éc. des Mines. — Clairac (Lot-et-Garonne).
*Gariel (C.-M.), Ing. en chef des P. et Ch., Mem. de l'Acad. de Méd., Agr. à la Fac. de Méd., 39, rue Jouffroy. — Paris. — F
Gariel (Mme), 39, rue Jouffroy. — Paris. — R
Garin (J.), Avocat, Doct. en droit, 31, place Bellecour. — Lyon.
Garnier (Paul), Ing.-Mécan., 16, rue Taitbout. — Paris.
Garnier (Louis), Nég., 7, rue du Cloître. — Reims.
Garnier (Ernest), Nég., Prés. de la Soc. indust., 27, rue Chabaud. — Reims. — R
*Garnier, Prof. à la Fac. de Droit, 4, rue de la Craffe. — Nancy.
*Garnier, Prof. à la Fac. de Méd., 42, rue de Metz. — Nancy.
*Garreau, anc. Cap. de frégate, 1, rue de Floirac. — Agen.
Dr Garrigou, 38, rue Valade. — Toulouse.
Garrisson (Gaston), Avocat, 110, faubourg Saint-Germain — Paris.
*Gascard (A.), Pharm., 47, rue du Bac. — Rouen.
Gascard (A.), Lic. ès sc., 111, rue Notre-Dame-des-Champs. — Paris.
Gascheau (Maurice), Banquier. — Rodez (Aveyron).
*Gasqueton (Mme Georges). — Saint-Estèphe-Médoc (Gironde).
*Gasqueton (Georges), Avocat. — Saint-Estèphe-Médoc (Gironde).
Gasser (Édouard), Pharm. — Massevaux (Alsace).
Gasté (de), anc. Député, Avocat à la Cour d'app., 19, rue Saint-Roch. — Paris. — R
Dr Gaston (R), anc. Int. des Hôp., villa Gaston. — Aix-les-Bains — l'hiver, 5, rue Saint-Michel. — Nice.
Gatine (L.), Fabr. de produits chim., 23, rue des Rosiers. — Paris.
Dr Gaube, 23, rue Saint-Isaure. — Paris. — R
Dr Gauchas, 7, rue de Thann. — Paris.
*Gauche (Léon), Administ. du Musée indust. de la Ville, 153, rue de Paris. — Lille.
Gaudermen, Nég., 22, rue Beccaria. — Paris.
Gaudermen (Mme), 22, rue Beccaria. — Paris.
Dr Gaudicher (Henri), 20, rue Notre-Dame-de-Lorette. — Paris.
Gaudry (Albert), Mem. de l'Institut, Prof. au Muséum d'hist. nat., 7 *bis*, rue des Saints-Pères. — Paris. — F
*Dr Gauran, Méd.-Ocul., Cons. mun., 8, rue de l'École. — Rouen.
Gauran, Méd. de la Marine. — Brest.
*Gauthier (V.), Prof. au Lycée de Vanves, 17, boulevard du Lycée. — Vanves (Seine).

*Gauthier (Mme), 17, boulevard du Lycée. — Vanves (Seine).

*Gauthier (Charles), Ing. civ. — Marguerittc-Zaccar, par l'Oued-Zeboudj (Dép. d'Alger).

Gauthier (Gaston), Pharm. — Uzerche (Corrèze).

Gauthier-Villars, Libraire, anc. Élève de l'Éc. polytechn., 55, quai des Augustins. — Paris. — F

Gauthiot (Charles), Secr. gén. de la Soc. de Géogr. commerciale de Paris, Réd. au *Journal des Débats*, 63, boulevard Saint-Germain. — Paris. — R

Gautié, Ing. en chef des P. et Ch. — Clermont-Ferrand.

Gautier (Joseph). — Germeville, par Aigre (Charente).

Gautier (Étienne). — Germeville, par Aigre (Charente).

Gautier (Gaston), Prés. du Comice agr. — Narbonne.

Gautreau (Louis), Administ. de la Comp. gén. Transatl., 18, rue Caumartin. — Paris.

Gavarret, Insp. gén. de l'Inst. publ., Mem. de l'Acad. de Méd., anc. Prof. à la Fac. de Méd., 73, rue de Grenelle-Saint-Germain. — Paris.

Gavelle (Émile), Filateur., 275, rue de Solférino. — Lille.

Dr Gay. — Jarnac.

Gay (Henri), Prof. de phys. au Lycée, 36, rue de la Gare. — Lille.

Gay (Tancrède), Bandagiste, 17, rue de Vesle. — Reims.

Dr Gayet, ex-Chir. tit. de l'Hôtel-Dieu, Prof. à la Fac. de Méd. de Lyon, 100, rue de l'Hôtel-de-ville. — Lyon.

Dr Gayme, 11, place des Tilleuls. — Grenoble.

Gayon, Prof. à la Fac. des Sc., 456, rue de la Benauge. — Bordeaux.

Gayraud (E.), Prof. agr. à la Fac. de Méd., rue Argenterie. — Montpellier.

Geay, Dir. des Constr. navales, 73, quai Colbert. — Le Havre.

Gelin (l'Abbé Émile), Doct. en philos. et en théologie, Prof. de math. sup. au Collège de Saint-Quirin. — Huy (Belgique). — R

Gellis (Paul), Prop. — Malras, près Limoux (Aude).

Dr Gémy, Chirurg. à l'hôp. civ., 1, impasse de la Lyre. — Alger.

*Genaille, Ing. civ. au Bur. central des chem. de fer de l'État, 42, rue de Châteaudun. — Paris.

*Genay (Paul), Prés. du Comice agr. de Lunéville, Ferme de Bellevue. — Lunéville.

*Geneix-Martin (l'Abbé), Prof. au Coll. Stanislas, 34, rue Notre-Dame-des-Champs. — Paris.

Génella (Émile), Secr. gén. de la Mairie. — Alger.

Geneste (Eugène), Ing. civ., 42, rue du Chemin-Vert. — Paris.

Geneste (Mme), 2, rue Constantine. — Lyon. — R

Genevoix (Émile), Pharm., 7, rue de Jouy. — Paris.

Genevoix, Pharm., 27, rue des Martyrs. — Paris.

Gensoul (Paul), Ing. civ., 42, rue Vaubécour. — Lyon.

*Gentilhomme (Alfred), Prof. à l'Éc. de Méd., Chir. de l'Hôtel-Dieu. — Reims.

Genty, Ing. des P. et Ch. — Oran.

Gény, Insp. adj. des Forêts, 5, rue Nicolas-Chorier. — Grenoble.

Geoffroy (Victor), Libraire, 5, place Royale. — Reims.

Geoffroy Saint-Hilaire (Albert), Dir. du Jardin d'acclim., 50, boulevard Maillot. — Neuilly (Seine). — F

Georges, Nég., 1, place des Quinconces. — Bordeaux.

Georgin (Ed.), Étudiant, 7, faubourg Cérès. — Reims.

Gerbaud (Germain) fils, Banquier. — Moissac.

*Gerbeau, Prop., 13, rue Monge. — Paris. — R

Dr Gérente (Paul), Méd.-Dir. de l'Asile des aliénés, rue de la Flèche. — Alger.

Gerin (Gabriel), 2, rue Cuvier. — Lyon.

Germain (Adrien), Ing.-hydrogr., 13, rue de l'Université. — Paris. — R

Germain (Henri), Député de l'Ain, Prés. du cons. d'administ. du Crédit Lyonnais, 21, boulevard des Italiens. — Paris. — F

Germain (Philippe), 33, place Bellecour. — Lyon — F

Germain (Jean-Louis), Caissier de la maison Babut, rue des Fonderies. — La Rochelle.

*Germain (Léon), Biblioth. de la Soc. d'Archéo. Lorraine, 26, rue Héré. — Nancy.

Germer-Baillière, 20, rue des Grands-Augustins. — Paris. — F

Gervais (Alfred), Dir. des Salins du Midi, 2, rue des Étuves. — Montpellier.

Dr Gervais. — Saugues (Haute-Loire).

Giard, Prof. à la Fac. des Sc. de Lille, anc. Député. — R

Dr Gibert, 41, rue de Séry. — Le Havre. — R

GIBON, Ing. Dir. des forges de Commentry. — Commentry (Allier).
GIBOU, Prop., 93, boulevard Malesherbes. — Paris.
GILARDONI (Jules), Manufac. — Altkirch (Alsace).
GILARDONI (Camille), Manufac. — Altkirch (Alsace).
GILON (Adolphe), Entrep., 11, rue du Départ. — Paris.
GILLET (François), Teintur., 9, quai Serin. — Lyon.
GILLET fils aîné, Teintur., 9, quai Serin. — Lyon. — **F**
*GILLET (Elie), Insp. honor. de l'Inst. prim. — Clamecy (Nièvre).
Dr GILLET DE GRANDMONT, 4, rue Halévy. — Paris.
GILLET DE GRANDMONT (Mme), 4, rue Halévy. — Paris.
GILLET-PARIS, Ing., 23, quai Fulchiron. — Lyon.
Dr GILLOT, 5, rue du Faubourg-Saint-Andoche. — Autun (Saône-et-Loire).
GINESTOU, Agent de la Soc. d'encourag., 44, rue de Rennes. — Paris.
GINOUX DE FERMON (Comte), Député et Cons. gén. de la Loire-Inférieure, 30 *bis*, rue du Général-Foy. — Paris.
GIRARD (Ch.), Chef du Lab. mun. de la Ville de Paris, 2, rue Monge. — Paris. — **F**
Dr GIRARD, Cons. gén. du Puy-de-Dôme. — Riom (Puy-de-Dôme).
*GIRARD (Jules), Prof. à l'Éc. de Méd., Cons. mun., 4, rue Vicat. — Grenoble.
GIRARD (Joseph DE), Prof. agr. à la Fac. de Méd., 3, rue Rebuffy. — Montpellier.
GIRARD (Jules), Nég., 6, place Saint-Pierre. — Clermont-Ferrand.
GIRARDON, Ing. des P. et Ch., 1, cours Lafayette. — Lyon.
GIRARDOT (V.), 17, place du Marché. — Reims.
GIRAUD (Louis). — Saint-Péray (Ardèche). — **R**
Dr GIRAUD-TEULON, Mem. de l'Acad. de Méd., 1, rue d'Édimbourg. — Paris.
Dr GIRET (Georges). — Limoux (Aude).
Dr GIRIN, 24, rue de Lyon. — Lyon.
*GIROD, Contrôleur princ. des Contrib. dir., 30 *bis*, boulevard Contrescarpe. — Paris.
GIROUD (Adolphe), Prof. à l'Éc. de Méd., 3, quai de l'Ile-Verte. — Grenoble.
GLAIZE (Paul), Préfet de la Loire. — Saint-Étienne.
GOBERT, Pharm.-Chim. — Montferrand (Puy-de-Dôme).
*GOBIN, Ing. en chef des P. et Ch., 8, place Saint-Jean. — Lyon. — **R**
GODARD (H.), Dir. du journal la *Chronique Blésoise*, 65, rue Denis-Papin. — Blois.
GODCHAUX (Auguste), Éditeur, 10, rue de la Douane. — Paris. — **R**
GODEFROY (l'Abbé), Prof. de chim. à l'Univ. catholique de Paris, 1, rue d'Alençon. — Paris.
*GODFRIN, Prof. à l'Éc. sup. de Phar., 9, rue de Lorraine. — Nancy.
GODRON (Émile), Avocat, 91, boulevard de la Liberté. — Lille.
GOFFRES (Paul), S.-Préf. — Saint-Omer.
GOGUILLOT (Ludovic), Prof. à l'Institution nat. des Sourds-Muets, 105, boulevard Saint-Michel. — Paris.
GOLDSCHMIDT (Frédéric), 22, rue de l'Arcade. — Paris. — **F**
GOLDSCHMIDT (Léopold), Banquier, 8, rue Murillo. — Paris. — **F**
GOLDSCHMIDT (S.-H.), 6, rond-point des Champs-Élysées. — Paris. — **F**
*Dr GOLDSCHMIDT, 5, rue des Bouchers. — Strasbourg (Alsace).
GOLL, Cons. de Préfect., place du Château. — Blois.
GORDON (Richard), Biblioth.-adj. à l'Éc. de Méd. — Montpellier.
GORISSE (Eugène), anc. Insp. à la Comp. franç. du Phénix, 2, rue de Rohan. — Mirande (Gers).
GORRE (Antoine-Jean), Rent., 3, rue d'Aubigné. — Paris.
*Dr GOSSE. — Genève.
GOSSELET, Prof. à la Fac. des Sc., 18, rue d'Antin. — Lille.
GOSSELIN, Mem. de l'Institut, Prof. à la Fac. de Méd., 282, boulevard Haussmann. — Paris.
GOUBAULT (Ernest), Chef de caves. — Épernay (Marne).
GOUGET, Archiv. du département. — Bordeaux.
*Dr GOUGUENHEIM, Méd. des Hôp., 73, boulevard Haussmann. — Paris.
GOUIN (Raoul), 70, rue de l'Université. — Paris.
GOULET (Georges), Nég. en vins de Champagne, 21, rue Buirette. — Reims.
GOULET-GRAVET (François), 21, rue Buirette. — Reims.
GOULLIN (Gustave-Charles), Consul de Belgique, anc. Adj. au Maire de Nantes, 51, place Launay. — Nantes.
*GOUMIN (Félix), Prop., 3, route de Toulouse. — Bordeaux. — **R**
GOUNOUILHOU, Imprim., 11, rue Guiraude. — Bordeaux. — **F**

Dr Gouraud (Xavier), Méd. de l'hôp. Cochin, 40, rue du Bac. — Paris.
Gourdon (Camille), Prof. à l'Éc. La Martinière. — Lyon.
Gouverneur, Maire. — Nogent-le-Rotrou (Eure-et-Loir).
Gouville (G.), Électricien. — Carentan (Manche). — **R**
Gouvion (Albert), Ing. des Arts et Man. — Saulzoir (Nord).
*Gouy de Bellocq, 3, rue de l'Alliance. — Nancy.
Dr Gozard. — Toury-sur-Jour (Nièvre).
Gozier-Voisin, Archit., 53, rue de Vesle. — Reims.
Gozzadini (Comte J.), Sénateur du royaume d'Italie, anc. Prés. du Congrès internat. d'Anthrop. et d'Archéo. préhist. — Bologne (Italie).
Dr Grabinski. — Neuville-sur-Saône. — **R**
*Grad (Charles), Député au Reichstag, Mem. de la délégation d'Alsace-Lorraine. — Logelbach (Alsace). — **R**
*Grammaire (Louis), Géom., Cap. adjud.-maj. au 52e rég. territ., Agent gén. du Phénix. — Chaumont (Haute-Marne).
Grandidier, Mem. de l'Institut, 6, rond-point des Champs-Élysées. — Paris. — **R**
Grandidier (Félix), Conserv. des Forêts, 1, rue Voltaire. — Grenoble.
Dr Granel (Maurice). — Saint-Pons (Hérault).
*Gras (Alexandre), Colonel du Génie en retraite, 2, rue Madeleine. — Grenoble.
Grasset (J.), Prof. à la Fac. de Méd., Corresp. de l'Acad. de Méd., 6, rue Basse. — Montpellier.
Grasset (Mme Joseph), 6, rue Basse. — Montpellier.
Grédy (Frédéric), 16, quai des Chartrons. — Bordeaux.
Grellet. — Kouba, près Alger.
Grelley (Jules), anc. Élève de l'Éc. polytech., Dir. de l'Éc. sup. de com. de Paris, 102, rue Amelot. — Paris.
Dr Grenet, rue de la Grosse-Tombe. — Joigny.
Grenier, Pharm., 61, rue des Pénitents. — Le Havre.
*Dr Greull, Dir. de l'établiss. hydrothér. — Gérardmer (Vosges).
Dr Grillot. — Autun (Saône-et-Loire).
Grimaud (B.-P.), Mem. du Cons. mun., 34, rue de Châteaudun. — Paris.
Grimaud (Emile), Imprim., place de Gorges. — Nantes. — **R**
Grimaux, Prof. à l'Éc. polytech. et à l'Institut nat. agronom., 123, boulevard Montparnasse. — Paris.
Grison (Charles), Pharm., 20, rue des Fossés-Saint-Jacques. — Paris. — **F**
Grison (Eugène), Com.-Nég., 5, rue de la Prison. — Reims.
*Grison-Poncelet (E.), Manufac. — Creil (Oise).
Dr Grizou. — Châlons-sur-Marne.
Groc (Alcide), Dir. des trav. communaux. — La Rochelle (Charente-Inférieure).
Gros (Camille), Employé des lignes télégrap., Cons. mun., 24, rue Béteille. — Rodez.
Dr Gros. — Écouen (Seine-et-Oise).
Dr Gros, 97, rue de Vendôme. — Lyon.
Dr Grosclaude. — Elbeuf.
*Gross, Prof. à la Fac. de Méd., 17, quai Isabey. — Nancy.
*Grosseteste (William), Ing. E. C. P. — 11, rue des Tanneurs. — Mulhouse.
Grottes (Comte Jules des), Cons. gén., 33, rue du Temple. — Bordeaux.
*Groult, Avocat, Doct. en droit, Fondateur des Musées cantonaux. — Lisieux.
Grousset (Eugène), Insp. des pharm. — Castelsarrasin (Tarn-et-Garonne).
Grousset, Chef d'institution, 65, rue du Cardinal-Lemoine. — Paris. — **R**
Grouvel (le Général), 199, boulevard Saint-Germain. — Paris.
Gruyer (Hector), Cons. gén., Maire. — Sassenage, près Grenoble.
*Grynfeltt, Prof. à la Fac de Méd. — Montpellier.
*Grynfeltt (Édouard), Étudiant, place Saint-Côme. — Montpellier.
Guccia (Jean), 28, Via Ruggiero Settimo. — Palerme (Italie).
Dr Guébhard (Adrien), Lic. ès sc. math. et phys., Prof. agr. à la Fac. de Méd., 15, rue Soufflot. — Paris. — **R**
Dr Guérin (Alphonse), Memb. de l'Acad. de Méd., 11 *bis*, rue Jean-Goujon. — Paris. — **F**
Guérin (Jules), Ing. civ., 56, rue d'Assas. — Paris.
Guérin, Opticien, 14, rue Bab-Azoun. — Alger.
*Guérin, Indust., rue des Capucins. — Lunéville.
*Guerle (de), Trés.-Payeur gén., place des Dames. — Nancy.
Guerne (Jules de), Naturaliste, 2, rue Monge. — Paris.
Guestier (Daniel), Mem. de la Ch. de com., 35, pavé des Chartrons. — Bordeaux.

*GUÉZARD, princ. Clerc de Notaire, 16, rue des Écoles. — Paris. — R
*GUÉZARD (Mme), 16, rue des Écoles. — Paris.
GUIARD, Ing. des P. et Ch., 9, rue de Penthièvre. — Paris.
GUIAUCHAIN, Archit. — L'Agha (département d'Alger).
Dr GUICHARD (A.), Prof. suppl. à l'Éc. de Méd. d'Angers, 75, Faubourg-Bressigny. — Angers.
GUICHE (Marquis DE LA). 16, rue Matignon. — Paris. — F
*GUICHET, Prof. adj. à l'Éc. forest., 47, rue Gambetta. — Nancy.
GUIET (Gustave), 95, avenue Montaigne. — Paris.
GUIEYSSE, Ing.-Hydrogr. de la Marine, 42, rue des Écoles. — Paris. — R
GUIGNAN (Alcide). — Sainte-Terre (Gironde).
*GUIGNARD (Ludovic-Léopold), V.-Prés. de la Société d'Hist. nat. de Loir-et-Cher, Sans-Souci. — Chouzy (Loir-et-Cher).
GUIGNERY (Alfred), anc. Indust., 9, rue du Moulin-Vert. — Paris (Montrouge).
GUIGON, Prop.-Rent. — Saint-Marcel, près le Puy-en-Velay (Haute-Loire).
Dr GUILLAUD, Lic. ès sc. nat.. Prof. à la Fac. de Méd. — Bordeaux.
GUILLAUME (Léon), Dir. de l'Éc. d'hortic. des pupilles de la Seine. — Villepreux (Seine-et-Oise).
Dr GUILLAUME (Ed.). — Attigny (Ardennes).
GUILLEMIN, Maire d'Alger, Prof. de phys. au Lycée, 18, rampe Vallée. — Alger.
*GUILLEMINET (André), Pharm., 30, rue Saint-Jean. — Lyon. — R
GUILLEY, Prés. du Cercle des Beaux-Arts, 27, rue de Gigant. — Nantes.
GUILLIBERT (Hippolyte), Avocat à la Cour d'Aix, 3, rue Saint-Claude. — Aix-en-Provence.
GUILMIN (Mme veuve), 8, boulevard Saint-Marcel. — Paris. — R
GUILMIN (Ch.), 8, boulevard Saint-Marcel. — Paris. — R
GUILLOTIN, 76, rue du Lourmel. — Paris.
GUIMET (Émile), Nég., place de la Miséricorde. — Lyon. — F
Dr GUINANT, 23, rue du Bas-Port. — Lyon.
*GUINET (A.), Entrep. de trav. pub., 8, rue Serre. — Nancy.
*Dr GUIRAUD. — Montauban.
GUNDELACH (Charles), 37, rue de Paris. — Asnières.
GUNDELACH (Émile), Maison Meissonnier. — Saint-Denis (Seine).
*GUNTZ, Chargé de cours complémentaire à la Fac. des Sc., 3, rue de la Source. — Nancy.
GUY, Nég., 232, rue de Rivoli. — Paris. — R
GUYARD (Henri), Mem. de la Soc. des Sc. nat. 17, rue d'Egléný. — Auxerre.
*GUYOT (Yves), Député de la Seine, Publiciste, 95, rue de Seine. — Paris.
GUYOT (Charles), 15, boulevard du Temple. — Paris.
*GUYOT, Prof. à l'Éc. forest., 10, rue Girardet. — Nancy.
GUYOT-LAVALINE, Sénateur, V.-Prés. du Cons. gén. du Puy-de-Dôme, 68, rue de Rennes. — Paris.
HAAG, Ing. en chef des P. et Ch., 1, rue Chardin. — Paris.
HABERT, anc. Notaire, 80, rue Thiers. — Troyes. — R
Dr HABRAN (Jules), 16, rue Thiers. — Reims.
HABRAN (Mme), 16, rue Thiers. — Reims.
HACHETTE et Cie, Libr.-Édit., 79, boulevard Saint-Germain. — Paris. — F
HADAMARD (David), 53, rue de Châteaudun. — Paris. — F
HALBARDIER, 44, rue de Vesle. — Reims.
*HALLER (A.), Prof. à la Fac. des Sc. — Nancy. — R
HALLETTE (Albert), Fabr. de sucre. — Le Cateau (Nord).
HALLEZ (Paul), Prof. suppl. à la Fac. des Sc., 52, rue Saint-Gabriel. — Lille.
HALLOPEAU (P.-F.-A.), Insp. princ. au chem. de fer de Lyon, Répét. à l'Éc. centrale (Métallurgie), 3, rue de Lyon. — Paris.
Dr HALLOPEAU, Prof. agr. à la Fac. de Méd. de Paris, 30, rue d'Astorg. — Paris.
HALPHEN (Constant), 11, rue Tilsitt. — Paris.
HALPHEN (G.), Chef d'esc. au 11e rég. d'artill., Mem. de l'Institut, 17, rue Sainte-Sophie. — Versailles.
HAMARD (l'Abbé), à l'Oratoire. — Rennes. — R
Dr HAMEAU. — Arcachon.
HAMELIN (E.), Prof. agr. à la Fac. de Méd., rue Saint-Roch. — Montpellier.
Dr HAMY, Aide-Naturaliste au Muséum, Conserv. du musée d'ethnogr., 40, rue de Lübeck (avenue du Trocadéro). — Paris.

HANAPPIER (Mme), 57, rue du Jardin-Public. — Bordeaux.
*HANNEQUIN, anc. Cons. à la Cour, 25, rue de la Ravinelle. — Nancy.
*HANRA, Prof. à l'Éc. des Arts et Mét. — Châlons-sur-Marne.
HANRA (Mme). — Chalons-sur-Marne.
*HANREZ, V.-Prés. de la Soc. indust. — Dombasle-sur-Meurthe (Meurthe-et-Moselle).
HANRIOT, Prof. agr. à la Fac. de Méd. de Paris, 4, rue Monsieur-le-Prince — Paris.
HANSEN-BLANGSTED (Émile), 5, rue Mériel. — Montreuil-sous-Bois (Seine).
HARAUCOURT (C.), Prof. au Lycée, 8, place Boulingrin. — Rouen.
*HARDEL (l'Abbé Charles), Curé. — Vineuil, près Blois.
HARDY (E.), Chef des trav. chim. de l'Acad. de Méd., 90, rue de Rennes. — Paris.
HARLÉ, Ing. des P. et Ch. — Lure (Haute-Saône).
HATON DE LA GOUPILLIÈRE, Insp. gén. des Mines, Mem. de l'Institut, 9, avenue du Trocadéro. — Paris. — **F**
HATT, Ing.-hydrogr, 31, rue Madame. — Paris.
*HATZFELD (Léon), Indust. 3, rue de Metz. — Nancy.
HAU (Michel), Nég. en vins de Champagne. — Reims.
HAUGUEL, Nég., 35, rue Hilaire-Colombel. — Le Havre.
*HAURIOU (Maurice), Agr. à la Fac. de droit, 55, rue Raymond IV. — Toulouse.
HAUSER, Nég., 83, rue Tourneville. — Le Havre.
HAYEM, Prof. à la Fac. de Méd., Mem. de l'Acad. de Méd., 7, rue de Vigny. — Paris.
*HÉBERT, Pharm. — Isigny (Calvados).
HÉBERT, Doct. ès sc., anc. Insp. d'Acad., Prof. au Lycée, impasse Belair. — Rennes.
HÉBERT (Ernest), Insp. des Postes et Télégraphes. — Arras (Pas-de-Calais).
HÉBERT, Mem. de l'Institut, Doyen de la Fac. des Sc., 10, rue Garancière. — Paris. — **R**
*HECHT (Étienne), Nég., 19, rue Le Peletier. — Paris. — **F**
*HECHT, Prof. à la Fac. de Méd., 4, rue Isabey. — Nancy.
*HECHT (Émile), Étud. en méd., 4, rue Isabey. — Nancy.
HEIDELBERGER, Nég. en vins, rue Liberger. — Reims.
HEIMPEL, Nég. — Béziers.
*HEITZ (Paul), anc. Élève de l'Éc. centr. des Arts et Man., 6, avenue du Bel-Air. — Paris.
*HELD, Prof. agr. à l'Éc. de Phar., rue du Bastion. — Nancy.
HELLÉ, Dessinat., 34, rue de Seine. — Paris.
*Dr HENNEGUY, Prépar. au Coll. de France, 17, rue du Sommerard. — Paris.
*Dr HÉNOCQUE (Albert), Dir. adj. du Lab. de méd. de l'Éc. des Hautes Études au Coll. de France, 87, avenue de Villiers. — Paris.
HENRI-LEPAUTE (Léon), Constr. d'horlogerie et de phares, 6, rue Lafayette. — Paris.
*Dr HENRION, Mem. du Cons. mun., 151, rue de Strasbourg. — Nancy.
HENRIVAUX, Dir. de la Manufac. des glaces. — Saint-Gobain (Aisne).
*Dr HENROT (Adolphe). — Reims.
*HENROT (Jules), Prés. du Cercle pharmaceut. de la Marne, 75, rue Gambetta. — Reims.
*Dr HENROT (Henri), Prof. à l'Éc. de Méd., Maire de Reims, 73, rue Gambetta. — Reims.
Dr HENRY, 38, rue de l'Hôpital-Militaire. — Lille.
*HENRY, Prof. adj. à l'Éc. forest., 31, cours Léopold. — Nancy.
HENTSCH, Banquier, 20, rue Le Peletier. — Paris. — **F**
HÉRARD (Hippolyte), Méd. de l'Hôtel-Dieu, Mem. de l'Acad. de Méd., 11, rue de Rome, — Paris.
HERBAULT-NEMOURS, Agent de change, 5, rue Gaillon. — Paris.
HERBÉ-PORSON, Représ. de filature, 9, rue Saint-André. — Reims.
*HERBORN (Robert), Ing. civ. des Arts et Man., 21, rue Saint-Jean. — Nancy.
HÉRON (Guillaume), Prop. — Château-Latour, par Rieumes (Haute-Garonne). — **R**
HÉRON, 7, place de Tourny. — Bordeaux.
HERRENSCHMIDT (Paul), 35, rue des Marais. — Paris.
*HERRGOTT, Prof. agr. à la Fac. de Méd, 2, rue de la Monnaie. — Nancy.
*HERRGOTT (J.), Prof. à la Fac. de Méd., 68, rue Stanislas. — Nancy.
*HERSCHER (Charles), Ing. civ., 42, rue du Chemin-Vert. — Paris.
HÉRUBEL (Frédéric), Fab. de produits chim. — Petit-Quevilly, près Rouen.
HERVÉ-MANGON, Membre de l'Institut, Député de la Manche, 3, rue Saint-Dominique. — Paris.
HERVIER (François), Indust., 23, rue de Boulogne. — Paris.
HEURTAUX (Alfred), Prop., rue Bonne-Louise. — Nantes.
*HEYDENREICH, Prof. à la Fac. de Méd., 30, place Carrière. — Nancy. — **R**
*HEYDENREICH (Mme), 30, place Carrière. — Nancy.

HILLEL frères, 60, rue de Monceau. — Paris. — F
HIMLY (L.), Nég., rue des Hallebardes. — Strasbourg (Alsace).
Dr HIRIGOYEN, 38, rue de Cursol. — Bordeaux.
HIRSCH, Archit. en chef de la Ville, 17, rue Centrale. — Lyon.
HIRSCH, Ing. en chef des P. et Ch., 1, rue de Castiglione. — Paris.
HIRSCH (Henri-Gustave), Changeur, 55, rue Boulainvilliers. — Paris.
HOEL (J.), Fabr. de lunettes, 18, rue des Archives. — Paris. — R
HOEL (Mlle Hélène), 18, rue des Archives. — Paris. — R
HOFMANN (H.), Prof. de langue allemande, rue de Joinville, impasse Quesnay. — Le Havre.
HOLDEN (Jonathan), Indust., 17, boulevard Cérès. — Reims. — R
HOLDEN (Mme), 17, boulevard Cérès. — Reims.
HOLDEN (Isaac), Manufact., 27, rue des Moissons. — Reims.
HOLDEN (Jean), Manufact., 31, rue des Moissons. — Reims.
HOLLANDE (Jules), 51, rue de Charenton. — Paris. — R
HOLSTEIN (P.), Agent de change, 20, rue de Lyon. — Lyon.
*HOLTZ, Ing. en chef des P. et Ch., 24, rue de Milan. — Paris.
HONNORAT (Ed.-F.). — Moustier-Sainte-Marie (Basses-Alpes) et q. des Siéyès. — Digne.
HOREAU, 3, rue de Meudon. — Billancourt (Seine). — R
HORSTER, Cens. des Études au Lycée. — Dijon.
HOSPITALIER, Ing. des Arts et Man., Prof. à l'Éc. mun. de Phys. et de Ch. indust., 6, rue du Bellay. — Paris.
HOTTINGUER, Banquier, 38, rue de Provence. — Paris. — F
*HOUDAILLE (F.), Répét. de phys. à l'Éc. nationale d'Agr. — Montpellier.
HOUEL, Ing., 40, avenue du Roi-de-Rome. — Paris. — F
HOULON aîné, Nég., 8, rue Thiers. — Reims.
HOUPIN (Ernest), Teintures et Apprêts, 72, rue Fléchambault. — Reims.
HOUZÉ DE L'AULNOIT, Avocat. — Lille.
HOUZEAU (Paul), Huile et Savons, 8, impasse des Romains. — Reims.
HOVELACQUE (Abel), Prof. à l'Éc. d'Anthrop., Cons. mun., 39, rue de l'Université. — Paris. — F
HOVELACQUE-GENSE, 2, rue Fléchier. — Paris. — R
HOVELACQUE-KHNOPFF, 88, rue des Sablons. — Paris-Passy. — R
HOVELACQUE (Maurice), 88, rue des Sablons. — Paris-Passy. — R
HOVELACQUE-MAHY, 99, rue Royale. — Lille.
HUBER (Frédéric), Peintre, 135, rue de la Tour. — Paris-Passy.
HUBERT (Pierre), Indust., 16, rue Marceau. — Nantes.
*Dr HUCHARD, Méd. des Hôp., 67, avenue des Champs-Elysées. — Paris.
HUDELO, Répét. de phys. gén. à l'Éc. centr., 8, rue Saint-Louis-en-l'Isle. — Paris.
*HUGUENOT (Henri), Élève à l'Éc. centr., 5, rue Jeanne-d'Arc. — Troyes.
HULOT, ex-Dir. de la fabrication des timbres-poste, à la Monnaie, 26, place Vendôme. — Paris. — R
Dr HUREAU DE VILLENEUVE, Lauréat de l'Institut, 91, rue d'Amsterdam. — Paris. — F
HUREAU DE VILLENEUVE (Mme), 91, rue d'Amsterdam. — Paris.
HUREL (Alexandre), 26, rue Beaurepaire. — Paris.
HURION (A.), Prof. à la Fac. des Sc. — Grenoble.
HUTTIN, (Aug.), Percept. de Courtelevant. — Delle (Territoire de Belfort).
IBRY, ancien Manufac., 34, rue Marlot. — Reims.
Dr ICARD, Secr. gén. de la Soc. des Sc. médic., 48, rue de Lyon. — Lyon.
ICARD (J.), Pharm., 24, cours Belzunce. — Marseille.
ILLARET (A.), Vétér., 283, boulevard de Caudéran. — Bordeaux.
IRROY (Ernest), Nég. en vins de Champagne, 34, boulevard du Temple. — Reims.
ISELIN (William), Nég., 81, rue d'Orléans. — Le Havre.
ISSAURAT, Publiciste, 98, boulevard Saint-Germain. — Paris.
ISTRATI, Doct. en méd. et ès sc. phys. et chim., Prof. à la Fac. de Méd. — Bucarest (Roumanie).
JABLONOWSKA (Mlle Julia), 54, boulevard Saint-Michel. — Paris. — R
JACCOUD, Mem. de l'Acad. de Méd., Prof. à la Fac. de Méd., 62, boulevard Haussmann. — Paris.
JACKSON (James), Biblioth.-Archiv. de la Soc. de Géographie., 15, avenue d'Antin. — Paris. — R
JACKSON-GWILT (Miss). — R
JACQUEMART (Frédéric), 58, Faubourg-Poissonnière. — Paris. — F

Jacquemart-Ponsin, Prop., place Godinot. — Reims.
Jacquemet (Pierre), Prof. agr. à la Fac. de Méd., 51, Grande-Rue. — Montpellier.
*Jacquemin, anc. Dir. de l'Éc. sup. de Phar., 39, place Carrière. — Nancy.
Jacquenet (Monseigneur), Évêque d'Amiens. — Amiens (Somme).
Jacquet, Dir. de l'usine de la Voulte. — La Voulte (Ardèche).
Jacquier, Nég. en épiceries, 7, rue Cérès. — Reims.
Jacquier (Gaston). — Gières (Isère).
Jalabert (Félix), Prop.. — Poussan (Hérault).
Dr Jalabert. — L'Arba, près Alger.
Jalard, Pharm., 526, rue Sainte-Anne.— Narbonne.
Jalliffier, Prof. agr. au Lycée Condorcet, 11, rue Say. — Paris.
Jameson (Conrad), Banquier, 38, rue de Provence. — Paris. — **F**
Janssen, Mem. de l'Institut, Dir. de l'Observ. phys. — Meudon (Seine-et-Oise).
*Jaquiné, Insp. gén. honor. des P. et Ch. — Nancy.
Jarsaillon (François), V.-Prés. du Comice agr. — Oran.
Jaumes (J.), 5, rue Sainte-Croix. — Montpellier.
Dr Javal, Dir. du Lab. d'ophtalmo. à la Sorbonne, Député de l'Yonne, 58, rue de Grenelle. — Paris. — **R**
Jay (Louis), Agent de change. — Clermont-Ferrand.
Dr Jean, anc. Int. des hôp. de Paris, 27, rue Godot-de-Mauroy. — Paris.
Jean (Paul), Constr. d'appareils à gaz, 52, rue des Martyrs. — Paris.
Jeanjean, Prof. à l'Éc. de Pharm. — Montpellier.
Jeanjean, Prop. et Géol. — Saint-Hippolyte-du-Fort (Gard).
Dr Jeannin (O.). — Montceau-les-Mines (Saône-et-Loire).
Jennepin, Chef d'institution. — Cousolre (Nord).
Dr Jeunehomme, Méd.-Maj. de 1re classe, à l'Hôp. milit. — Constantine.
Jobard, Manufacturier, rue de Gray. — Dijon.
Dr Joffroy, Prof. agr. à la Fac. de Méd. de Paris, Méd. des Hôp., 28, rue Godot-de-Mauroy. — Paris.
Johannot (H.), Fabr. de papiers. — Annonay (Ardèche).
Johnston (Nathaniel), anc. Député, pavé des Chartrons. — Bordeaux. — **F**
Dr Jolicœur, 13, boulevard des Promenades. — Reims.
*Jolivald (l'Abbé), anc. Prof. — Mandern, par Sierck (Lorraine).
Dr Jollan de Clerville, 5, rue des Cadeniers. — Nantes.
Jollois, Insp. gén. honor. des P. et Ch., 46, rue Duplessis. — Versailles. — **R**
Jolly (Léopold), Pharm., 64, Faubourg-Poissonnière. — Paris.
Joly (Charles), V.-Prés. de la Soc. centr. d'Hortic. de France, 11, rue Boissy-d'Anglas. — Paris.
Joly (J.), Ing.-Constr., usine Saint-Lazare. — Blois.
Dr Jolyet, Chargé de cours à la Fac. de Médec., 22, impasse de Vezet-Tandine. — Bordeaux (Talence).
Jones (Charles), chez M. R.-P. Jones, 8, cité Gaillard. — Paris. — **R**
Jordan (A.), Prof., 40, rue de l'Arbre-Sec. — Lyon.
Jordan (Camille), Mem. de l'Institut, Ing. des Mines, Prof. à l'Éc. polytech., 48, rue de Varennes. — Paris. — **R**
Dr Jordan (Séraphin), 11, Campania. — Cadix (Espagne). — **R**
Jouanny (Georges), Fabr. de pap. peints, 70, Faubourg-du-Temple. — Paris.
Jouet (Daniel), Ing.-Agron., Délégué rég. adj. pour le phylloxera, 24, rue de la Croix-Blanche. — Bordeaux.
Joulie, Pharm. à la Maison mun. de Santé, 200, rue du Faubourg-Saint-Denis. — Paris.
Jourdan (Adolphe), Libr.-Édit., 4, place du Gouvernement. — Alger.
Jourdin, Chim., Insp. des établiss. insalub., 3 boulevard de Belleville. — Paris.
Dr Jourjon, 32, avenue Ledru-Rollin. — Paris.
Jousset de Bellesme, Physiol., Dir. des établiss. de piscicul. de la Ville de Paris, 12, rue Chanoinesse. — Paris.
Juglar (Mme J.), 58, rue des Mathurins. — Paris. — **F**
Julian, Assureur, 165, boulevard de Caudéran. — Bordeaux.
Julien, Prof. de géol. à la Fac. des Sc. — Clermont-Ferrand.
Julien, Pharm. de 1re classe. — Saint-Amand-les-Eaux (Nord).
Jullien, Ing. en chef des P. et Ch. — Carcassonne. — **R**
Jullien, Cap. au 1er rég. de Zouaves, détaché à l'Éc. norm. de Tir. — Au camp de Châlons (Marne).

Jumeau (Georges), Commis d'archit., 23, Allées du Chenil. — Raincy. — R
Jundzitt (Comte Casimir), Prop.-Agr. Chemin de fer Moscou-Brest, station Domanow-Reginow (Russie).
Juncker (Albert), Ing. en chef des P. et Ch., 20, rue Euler. — Paris.
Jungfleisch, Mem. de l'Acad. de Méd., Prof. à l'Éc. sup. de Phar., 38, rue des Écoles. — Paris. — R
Jury, Ing. civ. — Saïgon (Cochinchine).
Josselin, Prop., 8, rue Madame-Lafayette. — Le Havre.
Justinart (J.), Imprim., rue Hincmar. — Reims.
Kabelguen (François), 36, rue Sainte-Luce. — Bordeaux.
Kann, Banquier, 58, avenue du Bois-de-Boulogne. — Paris. — F
Keittinger (Jules), Fabr. d'indiennes à Lescure, 165, rue du Renard. — Rouen.
Keittinger (Charles), Fabr. d'indiennes à Lescure, 36, rue du Renard. — Rouen.
Dr Kirchberg, Prof. suppl. à l'Éc. de Méd., 1, rue Basse-du-Château. — Nantes.
Kirwan (de), Insp. des Forêts, 15, rue Vaubécourt. — Lyon.
Kleinmann, Dir. de l'agence du Crédit Lyonnais. — Alexandrie (Égypte).
Klipffel (Auguste), Nég. — Béziers.
Knieder (X.), Dir. des Usines Malétra. — Petit-Quevilly, près Rouen. — R
Dr Knœpfler, 5, faubourg Saint-Georges. — Nancy.
Kœchlin (Jules), 44, rue Pierre-Charron. — Paris. — R
Kœchlin-Claudon (Émile), Ing. civ. — Mulhouse (Alsace). — R
Dr Kœchlin (E.). — Mulhouse (Alsace).
Kœnig (Théodore), Rent., 21, rue de Vaugirard. — Paris.
Dr Kohn (Arthur), 4, rue Lavoisier. — Paris.
Kollmann, Prof. d'anat. — Bâle (Suisse).
Kornprobst, Ing. en chef des P. et Ch. en retraite, 4, place du Château. — Blois.
Kovalski, Prof. à l'Éc. sup. de com. et d'indust., 1, rue Grassis. — Bordeaux.
Krafft (Eugène), 100, rue de la Trésorerie. — Bordeaux. — R.
Krantz, Sénateur, Insp. gén. des P. et Ch., Commiss. gén. de l'Exposition universelle de 1878, 47, rue La Bruyère. — Paris. — F
*Krantz (Camille), Maître des req. au Cons. d'État, 24, rue de Turin. — Paris.
*Krantz (Léon), Fabr. de papiers. — Docelles (Vosges).
Kreiss (A.), Dir. de la brasserie d'Adelshoffen. — Schilltighein (Alsace). — R.
Krug (P.), Nég. en vins de Champagne, 30, boulevard du Temple. — Reims.
Kübler (Gustave), Nég. — Altkirch (Alsace).
Kunholtz-Lordat, rue Saint-Guillaume. — Montpellier.
Kunkler, ex-Cap. d'artill., Ing. des P. et Ch., aux chem. de fer de l'État. — Branne (Gironde).
Labat (A.), Prof. à l'Éc. vétérinaire de Toulouse. — Toulouse.
Labatut (Félix), Notaire, Prés. de la Ch. de discipline. — La Bastide-de-Sérou (Ariège).
Labbé (Henri), Garde gén. des Forêts. — Alais.
Labbé (Léon), Prof. agr. à la Fac. de Méd., Mem. de l'Acad. de Méd., 117, boulevard Haussmann. — Paris.
Labbé (Mme Léon), 117, boulevard Haussmann. — Paris.
Dr Labouré, Méd. de l'hôp. — Aïn-Témouchent (départ. d'Oran).
Laboureur (L.), Pharm., 2, boulevard d'Enfer. — Paris.
Labrunie, Nég., 14, quai Louis XVIII. — Bordeaux. — R
Lacaze (Gabriel), Notaire. — Samatan (Gers).
Lacaze-Duthiers (de), Mem. de l'Institut, Prof. à la Fac. des Sc., 7, rue de l'Estrapade. — Paris.
Lachaize (Laurent), Peintre-Verrier. — Rodez.
Lachaume (Hippolyte), Ing., 17 bis, rue d'Amiens. — Lille.
*Lacroix, Chim., 186, avenue Parmentier. — Paris.
Lacroix (Sigismond), Député de la Seine, 66, rue d'Assas. — Paris.
Lacroute (Lucien). — Ruffec (Charente).
*Dr Ladame, Privat-Docent à l'Univ., 10, rue du Mont-Blanc. — Genève (Suisse).
Dr Ladreit de la Charrière, Méd. en chef de l'Institution nat. des Sourds-Muets et de la Clin. otolog., 1, rue Bonaparte. — Paris.
Ladureau, Dir. du Lab. centr. agr. et com., 44, rue Notre-Dame-des-Victoires. — Paris. — R
Ladureau (Mme Albert), 44, rue Notre-Dame-des-Victoires. — Paris. — R
Laennec, Dir. de l'Éc. de Méd., 13, boulevard Delorme. — Nantes. — R

LAFARGUE (Georges), S.-Préf. — Lunéville.
Dr LAFAURIE, 25, rue de Joinville. — Le Havre.
Dr LAFERON (A.), 17, rue d'Abbeville. — Paris.
LAFITTE (Paul), impasse Montbauron. — Versailles.
LAFITTE, Nég., 21, rue Meslay. — Paris.
Dr LAFITTE. — Coutras (Gironde).
LAFON, Prof. à la Fac. des Sc., 2, place Louis XVI. — Lyon.
LAFONT (Georges), Archit., 17, rue Rosière. — Nantes.
*LAFONT (Jules), Prop., 7, boulevard Saint-Louis. — Le Puy-en-Velay.
*LAFONT (Mme J.), 7, boulevard Saint-Louis. — Le Puy-en-Velay.
Dr LAGNEAU (Gustave), Mem. de l'Acad. de Méd., 38, rue de la Chaussée-d'Antin. — Paris. — F
LAGNEAU (Mme), 38, rue de la Chaussée-d'Antin. — Paris.
Dr LAGOUT. — Aigueperse (Puy-de-Dôme).
LAGRAVE, Magistrat, 27, cours de l'Intendance. — Bordeaux.
LAGRAVE (J.-B.-Henri), Lic. en droit, 70, rue Saint-Sernin. — Bordeaux.
LAGRENÉ (DE), Insp. gén. des P. et Ch. — 85, rue d'Assas. — Paris.
LAHAYE, Notaire. — Pontfaverger (Marne).
Dr LAILLER, Méd. de l'hôp. Saint-Louis, 3, rue de Bruxelles, près la place Blanche. — Paris.
*LAIR (Comte Charles), 18, rue Las-Cases. — Paris.
LAIR, Maire de Saint-Jean-d'Angely. — Saint-Jean-d'Angely (Charente-Inférieure).
LAIRE (G. DE), 92, rue Saint-Charles. — Paris.
*LAISANT, Député de la Seine, 162, avenue Victor-Hugo. — Paris.
LALANCE (Auguste), Manufac. — Château de Pfartead, près Mulhouse (Alsace).
*LALANDE (Armand), Nég., 84, quai des Chartrons. — Bordeaux. — F
LALANDE (Marcellin), Mem. de la Soc. franç. de phys. — Brive (Corrèze).
LALANNE (Émile), Dir. du poids public, 71, rue de Turenne. — Bordeaux.
LALANNE, Sénateur, Mem. de l'Institut, Insp. gén. des P. et Ch., 116, rue de Rennes. — Paris.
*LALEMAN, Avocat, 47, rue Inkermann. — Lille.
Dr LALESQUE, anc. Int. des hôp. de Paris, boulevard de la Plage. — Arcachon.
*Dr LALLEMENT (Ed.), Prof. à la Fac. de Méd., 10, place de l'Académie. — Nancy. — R
LALLIÉ (Alfred), Avocat, 11, avenue Camus. — Nantes. — R
LALOUETTE, Dir. de *l'Omnium*, 13, rue de Lyon. — Lyon.
LAMARE (Alphonse), Étud. en méd., 39, rue de Rivoli. — Paris.
LAMBERT (Ch.), Courtier, 3, place Barrée. — Reims.
LAMBERT (Éd.), Ing. — Au Bousquet d'Orb (Hérault).
LAMÉ-FLEURY, Cons. d'État, Insp. gén. des Mines, 62, rue de Verneuil. — Paris. — F
*LAMEY, Conserv. des Forêts en retraite, 89, avenue de Saint-Cloud. — Versailles.
LAMIC (J.), Prof. à l'Éc. de Méd., 2, rue Sainte-Germaine. — Toulouse.
LAMOTTE (H.), Méd. — Cherchell (départ. d'Alger).
LAMOUROUX, Chef de bat. en retraite, 31, rue Casavan — Le Havre, et à Etainhus, par Saint-Romain (Seine-Inférieure).
LAMY (Ernest), 113, boulevard Haussmann. — Paris. — F
LAMY (Adhémar), S.-Insp. des Forêts, 24, rue des Jacobins. — Clermont-Ferrand.
*LANCEREAUX, Mem. de l'Acad. de Méd., Prof. agr. à la Fac. de Méd., 44, rue de la Bienfaisance. — Paris.
LANCIAL (Henri), Prof. au Lycée. — Rennes. — R
Dr LANDE, Place Gambetta. — Bordeaux.
Dr LANDOUZY, Prof. agr. à la Fac. de Méd., Méd. des Hôp., 4, rue Chauveau-Lagarde. — Paris.
*Dr LANDOWSKI (Paul), 36, rue Blanche. — Paris.
LANDREAU, Notaire. — Pornic (Loire-Inférieure).
LANDRIN, Chim., 21, rue Simon-le-Franc. — Paris.
LANDRY (F.), Lic. ès sc. math., 13, rue Spontini. — Paris.
LANDRY (G.), Avocat, Doct. en droit, Maire de Beuzeval-Oulgate, 16, place Saint-Sauveur. — Caen.
LANG, Dir. de l'Éc. La Martinière, 5, rue des Augustins. — Lyon. — R
LANG (Pierre), Nég. — Altkirch (Alsace).
*LANGE (Albert), 236, Faubourg Saint-Honoré. — Paris.
*LANGLARD (Eugène-Denis), Dir. partic. de la Comp. d'assurance gén., 30, rue des Tiercelins. — Nancy.

*Dr LANGLET, 67, rue de Venise. — Reims.
*LANGLOIS (Marcellin), Prof. de phys., 43, rue de l'Écu. — Beauvais (Oise).
LANNEGRACE, Prof. à la Fac. de Méd., 1, rue Sainte-Croix. — Montpellier.
LANNELONGUE, Prof. à la Fac. de Méd., Mem. de l'Acad. de Méd. 3, rue François Ier. — Paris.
Dr LANTIER (E.). — Tannay (Nièvre). — R
LANUSSE (P.-F.), Nég., 4, rue Gouvion. — Bordeaux.
LAPLANCHE (Maurice C. DE). — Château de Laplanche, par Luzy (Nièvre).
LAPORTE (Maurice), Nég. — Jarnac (Charente).
LAPPARENT (DE), Ing. des Mines, 3, rue de Tilsitt. — Paris. — F
*Dr LAPRÉVOTTE (Ernest). — Rouvres en Xaintois (Vosges).
*Dr LARDIER. — Rambervillers (Vosges.)
LARIVE (Adolphe), Associé-Apprêteur, 10, boulevard Gerbert. — Reims.
LAROCHE (Félix), Ing. des P. et Ch., 110, avenue de Wagram. — Paris. — R
LAROCHE (Mme Félix), 110, avenue de Wagram. — Paris. — R
LAROCQUE, Dir. de l'Éc. sup. des Sc., rue Voltaire. — Nantes.
Dr LAROYENNE, Chirurg. en chef de la Charité, Chargé de clin. complémentaire à la Fac. de Méd. de Lyon, 16, rue Boissac (Bellecour). — Lyon.
LAROZE (Alfred), Avocat, Député de la Gironde, 16, rue de Lerme. — Bordeaux.
LAROZE (Numa), Nég., 2, rue de Bouthier (La Bastide). — Bordeaux.
LARRÉ, Avoué, 5, rue Vital-Carles. — Bordeaux.
Dr LARREY (Baron), Mem. de l'Institut et de l'Acad. de Méd., 91, rue de Lille. — Paris. — F
Dr LARRIVÉ, 5, Place de Rennes. — Paris.
LARRONDE (E.), Cons. mun., 5, rue Foy. — Bordeaux.
LARTILLEUX (Arthur), 26, place Saint-Timothée. — Reims.
LASSENCE (Alfred DE), villa Lassence, 12, route de Tarbes. — Pau. — R
*LATASTE, Zoologiste, 7, avenue des Gobelins. — Paris. — R
LATHAM (Ed.), Nég., 41, rue de la Côte. — Le Havre.
LA TOUR DU BREUIL (Vicomte A. DE), Ing. civ., Château de Mée, par Pellevoisin (Indre).
LAUBEUF (Maxime), Élève-Ing. de constr. navales, 47, boulevard de Seine. — Poissy.
LAULANIÉ, Prof. à l'Éc. vétérinaire. — Toulouse.
LAUMONIER (J.), Lic. ès sc. nat. 58, rue Jacob. — Paris.
Dr LAUNOIS, anc. Int. des Hôp. de Paris, 15, rue de Châteaudun. — Paris.
LAURAS, Pharm., 23, rue d'Isly. — Alger.
Dr LAURENS, Maire, Cons. gén. de la Drôme. — Nyons (Drôme).
LAURENT, Nég. (Maison Roumieu), 38, allées de Tourny. — Bordeaux.
LAUSSEDAT (le Colonel), Dir. du Conserv. des Arts et Mét., 292, rue Saint-Martin. — Paris. — R
LAUSSEDAT (Mme), 292, rue Saint-Martin. — Paris.
LAUTH (Ch.), Dir. de la manufac. de Sèvres, 2, rue de Fleurus. — Paris. — F
LAUTH (Émile), Ing. E. C. P. Manufac. — Masevaux (Alsace).
LAVALLEY (Étienne), Prop., 1, rue du Général-Foy. — Paris.
LAVALLEY, Ing., Manoir Bois-Tillard. — Pont-l'Évêque. — R
LA VALLIÈRE (DE), Dir. de l'assurance « Le Loir-et-Cher. » — Blois.
LAVOISIER (Eugène), Manufac., Prés. du Trib. de Com. de Rouen. — Saint-Léger-du-Bourg-Saint-Denis, près Rouen.
LAVOLLÉE, Ing. des P. et Ch., 47, rue de Lille. — Paris.
LAWTON (William), Nég., 1, place du Champ-de-Mars. — Bordeaux.
LAX, Ing. en chef des P. et Ch., 17, rue Joubert. — Paris.
*LAYET, Prof. à la Fac. de Méd. — Bordeaux.
LEAUTÉ, Ing. des manufac. de l'Etat, Répét. à l'Éc. polytech., 145, boulevard Malesherbes. — Paris.
LEBEAULT (P.), 172, avenue du Trocadéro. — Paris.
*Dr LEBERT (G.). — Colombey (Meurthe-et-Moselle).
LE BLANC (Victor), Nég., rue de Vertou. — Nantes.
Dr LE BLAYE (J.), 9, cours de Gourgues. — Bordeaux.
LEBLEU, Avocat. — Dunkerque.
Dr LE BLOND (A.), Méd. adj. de Saint-Lazare, 53, rue Hauteville. — Paris.
LEBLOND, Prof. d'électr. à l'Éc. des défenses sous-marines. — Boyardville (île d'Oléron, Charente-Inférieure).
LEBLOND (Paul), Juge au Trib. civ., Mem. du Cons. mun., 17, rue Louette. — Rouen.

Lebon (Ernest), Prof. de géom. descrip., 4 *bis*, rue des Écoles. — Paris.
Lebon (Maurice), Avocat, Mem. du Cons. mun., 87, rue Jeanne-d'Arc. — Rouen.
Lebouteux (E.), Teintur. en soie, 17, rue Basse-des-Ursins. — Paris.
Lebret (Paul), 148, boulevard Haussmann. — Paris. — **R**
Le Breton (G.), Dir. du Musée de céram. de Rouen, 25 *bis*, rue Thiers. — Rouen.
Lecaplain, Prof. au Lycée et à l'Éc. des Sc., 146, rue Beauvoisine. — Rouen.
Lechat (Charles), ex-Maire de Nantes, place Launay. — Nantes. — **R**
Le Chatelier (Henry), Lieut. au 130e de ligne. — Ouargla par Laghouat (départ. d'Alger).
Le Chatelier (Henry), Ing. des Mines, 73, rue Notre-Dame-des-Champs. — Paris.
*Leclaire, Avocat à la Cour d'appel, 8 *bis*, rue Bailly. — Nancy.
Le Cler (Achille), Ing. civ., Maire de Bouin (Vendée), 7, rue de la Pépinière. — Paris.
Dr Lecler (Alfred). — Rouillac (Charente).
Lecler (Mme). — Rouillac (Charente).
*Lecocq (G.), Dir. d'assurances, 7, rue du Nouveau-Siècle. — Lille.
Lecœur (Édouard), Ing., 3, rue Saint-Jacques. — Rouen.
Lecomte-Bruère. — Mousseaux, près Romorantin (Loir-et-Cher).
Leconte, Ing. civ. des Mines, 49, rue Laffitte. — Paris. — **F**
Lecoq de Boisbaudran, Corresp. de l'Institut, 36, rue de Prony. — Paris. — **F**
Lecornu, Ing. des Mines, Maître de conf. à la Fac. des Sc. — Caen.
Lecourt (Armand), Ing. des Poudres. — Esquerdes par Wizernes (Pas-de-Calais).
Lecrosnier (Émile), Libr.-Édit., 23, place de l'École-de-Médecine. — Paris.
Dr Lécuyer (H.). Mem. tit. de la Soc. d'Anthrop. de Paris. — Beaurieux (Aisne).
Ledanois, anc. Référendaire au Sceau, 14, rue de Maubeuge. — Paris.
Le Dentu, Prof. agr. à la Fac. de Méd., Chir. des Hôp., 45, rue Taitbout. — Paris.
*Lederlin, Doyen de la Fac. de Droit, 9, rue Mazagran. — Nancy.
Dr Le Dien (Paul), 155, boulevard Malesherbes. — Paris. — **R**
Ledoux (Samuel), Nég., 29, quai de Bourgogne. — Bordeaux. — **R**
Ledoux (Antony), 20, rue Admyrault. — La Rochelle.
Ledreux, Percept., 62, rue de Mars. — Reims.
Ledru, Avocat à la Cour d'appel, 3, rue des Mathurins. — Paris.
Leduc (H.), 28, rue Larochefoucauld. — Paris.
Dr Leduc (Stéphane), Prof. à l'Éc. de Méd. — Nantes.
Lee, Chir.-Dent., 37, rue du Clou-dans-le-Fer. — Reims.
Dr Leenhardt (René). — Montpellier.
Leenhardt (Frantz), Prof. à la Fac. — Montauban (Tarn-et-Garonne).
Leenhardt (Jules), Nég., rue Clos-René (Maison Vidal). — Montpellier.
Leenhardt (Charles), Nég., Prés. de la Ch. de com., 27, cours des Casernes. — Montpellier.
Lefebvre (Henry), Ing. civ., 8, rue Henry. — Elbeuf.
Lefèvre (Léon), Prépar. de chim. à l'Éc. polytech. — Mont-Saint-Aignan lès Rouen et 33, rue Linné. — Paris.
Lefèvre (Léon), Ing. des P. et Ch. — Abbeville (Somme).
Lefèvre, 8, rue Dumont-Durville. — Paris.
Lefort (Jules), Mem. de l'Acad. de Méd., 87, rue des Petits-Champs. — Paris.
Lefort (Joseph), Avocat à la Cour d'appel, 54, rue Blanche. — Paris.
Lefort, Notaire, 12, rue de la Grue. — Reims.
Le Fort (Léon), Mem. de l'Acad. de Méd., Prof. à la Fac. de Méd., 96, rue de la Victoire. — Paris. — **F**
Lefranc (P.), Notaire. — Châtel-Censoir (Yonne).
Léger (Léopold), Ing. civ., 2, rue Juba. — Alger.
Léger (Alfred), Ing., 9, rue Boissac. — Lyon.
Legris (Georges), Ing.-Mécan. — Maromme (Seine-Inférieure).
*Lejeune, Secr. perpét. à l'Acad. Stanislas, 22 *bis*, rue de la Ravinelle. — Nancy.
Le Lasseur, 1, rue Saint-Clément. — Nantes.
Lelegard (A.), 21, rue de Suresnes. — Paris.
Lelièvre (Ernest), 14, rue Monge. — Paris.
Dr Leloir (Henri), Prof. à la Fac. de Méd., 34, place aux Bleuets. — Lille.
Lelong (l'Abbé), 44, rue David. — Reims.
Dr Lelorain, 16, rue Monge. — Paris.
Le Marchand (Abel) Constr. de navires, 29, rue du Perrey. — Le Havre.
Le Marchand (Augustin), Ing. — Les Chartreux, Petit-Quevilly (Seine-Inférieur). — **F**
Lemercier (Comte Anatole), anc. Maire de Saintes, 18, rue de l'Université. — Paris.

Lemerre (A.), Édit., 27-31, passage Choiseul. — Paris.
*Le Mesle (G.), Géol., 19, place du Château. — Blois.
Lemierre (Ferd.), Nég. en vins, 74 et 74 *bis*, rue Mondenard. — Bordeaux.
*Lemoine (Émile), Ing. civ., anc. Élève de l'Éc. polytech., 5, rue Littré. — Paris.
Lemoine (G.), Ing. en chef des P. et Ch., 76, rue d'Assas. — Paris.
Lemoine, Prof. à l'Éc. de Méd., 49, boulevard des Promenades. — Reims.
Le Monnier, Prof. de botan. à la Fac. des Sc., 5, rue de la Pépinière. — Nancy. — **R**
Lemut, Ing. civ., 12 *bis*, rue Mondésir. — Nantes.
*Lenglet (Paul), Banquier, 18, place de la Carrière. — Nancy.
Lennier (G.), Dir. du Musée d'hist. nat., 2, rue Bernardin-de-Saint-Pierre. — Le Havre.
Lenoir (Léon), Archit., 11, rue Contrescarpe. — Nantes.
Leo, Prop. — Chéragas, près Alger.
Dr Léon (A.), 14, cours du Jardin-Public. — Bordeaux.
Léon (Adrien), Député de la Gironde, 17, place des Quinconces. — Bordeaux.
Léon (Alexandre), Administ. de la Comp. du Midi, Armateur, 11, cours du Chapeau rouge. — Bordeaux.
Léonard-Jennepin (J.), Nég. en marbres. — Cousolre (Nord).
Lepez (André), 131, rue Beauharnais. — Lille.
Lepine, Prof. à la Fac. de Méd. de Lyon. — Lyon. — **R**
Lépine (Jean-Camille), 42, rue Vaubécour. — Lyon. — **R**.
Lequeux (J.), Archit., 44, rue du Cherche-Midi. — Paris.
Leras, anc. Insp. d'Acad., 17, rue Bois-le-Vent. — Paris-Passy.
Dr Leroux (Armand). — Ligny-le-Châtel (Yonne).
Le Roux (Henri), Chef de div. à la Préf. de la Seine, 14, rue Cambacérès. — Paris.
Leroux, Prof. à l'Éc. sup. de Pharm., Répét. à l'Éc. polytech., 120, boul. Montparnasse. — Paris. — **R**
Dr Lesage (Max.). — Beauvais (Oise).
Dr Lescardé, 11, rue du Blanc-Pignon. — Arras.
Lescarret, Secr. gén. de la Mairie, 57, rue des Trois-Conils. — Bordeaux.
Dr Lesguillons (Jules). — Compiègne.
Lesmaris, Notaire, 23, rue Pascal. — Clermont-Ferrand.
Dr Lesouef (Jules), Mem. du Cons. gén. de la Seine-Inférieure. — Criquetot-sur-Ouville.
Lespiault, Prof. à la Fac. des Sc., rue Michel-Montaigne. — Bordeaux. — **R**.
Lespiault (Maurice), Conserv. du Musée. — Nérac.
Lesseps (Ferdinand de), Mem. de l'Institut et de l'Acad. franç., Prés.-Fondat. de la Comp. univ. du canal marit. de l'Isthme de Suez, 29, avenue Montaigne. — Paris. — **F**
Lessert (Alex. de), 15, rue de Bordeaux. — Le Havre.
Lestrange (Vicomte de). — Saint-Julien, par Saint-Genis de Saintonge (Charente-Inférieure).
Lesure (Maurice). — Attigny (Ardennes).
Letellier (A.), Avocat défens., Cons. gén., 26, rue Duquesne. — Alger.
Letellier, 123, rue de Paris. — Saint-Denis (Seine).
Leteurtre (V.), Fabr. de rouennerie, Mem. du Cons. mun. de Rouen, 52, rue du Renard. — Rouen.
Le Thuillier-Pinel (Mme), Prop., 26, rue Méridienne. — Rouen. — **R**.
Dr Letourneau, 70, boulevard Saint-Michel. — Paris.
Letourneur, Cons. à la Cour d'appel. — Alexandrie (Égypte).
Letrange (Édouard), anc. Maire. — Charleville (Ardennes).
*Leudet, Dir. de l'Éc. de Méd. de Rouen, Mem. associé national de l'Acad. de Méd., 49, boulevard Cauchoise. — Rouen. — **F**
*Leudet (Mme), 49, boulevard Cauchoise. — Rouen.
*Leudet (Robert), Int. des Hôp., 7, rue Coetlogon. — Paris. — **R**.
Levainville et Rambaud, Nég., 16, rue du Parc-Royal. — Paris.
Le Vallois (Jules), Chef de batail.. — Tunis. — **R**
*Levasseur, Mem. de l'Institut, Prof. au Coll. de France, 26, rue Monsieur-le-Prince. — Paris. — **R**
Levasseur (Émile), Juge d'instruct. au Trib. de la Seine, 49, rue Saint-Georges. — Paris.
Le Vasseur, Éditeur, 33, rue de Fleurus. — Paris.
Levat (David), Ing. civ. des Mines, anc. Élève de l'Éc. polytech., 30, rue Racine. — Paris. — **R**

*Leveau (Gustave), Astron.-tit., à l'Observ. de Paris, 166, boulevard Montparnasse. — Paris.
Dr Lévêque, 27, rue de Nesle. — Reims.
Levi-Alvarès (Albert), Ing. civ., 6, avenue de Messine. — Paris.
*Dr Lévy (Charles), 46, rue Saint-Georges. — Nancy.
*Dr Lévy (Émile), anc. Chef de clin., 20, rue Saint-Dizier. — Nancy.
*Lévy (Jacques), Graveur, rue de l'Église. — Malzéville, près Nancy.
Lévy-Crémieux, Banquier, 34, rue de Châteaudun. — Paris. — **F**
*Levylier (Edmond), anc. S.-Préf., 9, rue Vignon. — Paris.
Lewthwaite (William), Dir. de la maison Isaac Holden, 27, rue des Moissons. — Reims. — **R**
Lhose, Prop., 34, rue des Martyrs. — Paris.
L'Hote, Chim., 223, faubourg Saint-Honoré. — Paris.
Licherdopol (J.-P.), Prof. de phys. et de chim. à l'Éc. de Comm., Strada Domnitii. — Bucarest (Roumanie).
Lichtenstein (Henri), Nég., cours des Casernes (Maison Andrieux). — Montpellier.
Lichtenstein (Jules), Rentier. — Villa la Lironde, près Montpellier.
*Dr Liébault, 4, rue de Bellevue. — Nancy.
*Liecthy (Armand), Agent gén. de la Comp. d'assurances l'Union. — Clamecy (Nièvre).
*Liégeois (Jules), Professeur de droit administratif à la Faculté de Droit de Nancy. — Nancy.
*Dr Lieutaud, Prof. d'hist. nat. à l'Éc. de Méd., Dir. du Jardin des Plantes, 25, boulevard du Roi-René. — Angers.
*Lieutaud (Mme), 25, boulevard du Roi-René. — Angers.
*Lieutaud (Paul), 25, boulevard du Roi-René. — Angers.
Liguine (V.), Prof. à l'Univ. — Odessa (Russie).
Lilienthal, Mem. de la Ch. de com., 13, quai de l'Est. — Lyon.
Limasset, Ing. des P. et Ch. — Châlons-sur-Marne.
Dr Limbo (S.-G.), 110, boulevard Malesherbes. — Paris.
Limousin (S.), Pharm., 2 *bis*, rue Blanche. — Paris.
Limousin (Mme), 2 *bis*, rue Blanche. — Paris.
Limousin (Mlle), 2 *bis*, rue Blanche. — Paris.
*Limousin (Charles-M.), Dir. de la *Revue du Mouvement social et économique*, 64, rue d'Alésia. — Paris.
*Lioté (Léon), Nég., 44, rue Gambetta. — Nancy.
*Lioté (Rémy), Nég., 44, Grande-Rue. — Lunéville.
*Liouville, Député de la Meuse, Agr. de la Fac. de Méd. de Paris, 3, quai Malaquais. — Paris.
Lisbonne, Ing. de la Marine, anc. Dir. des constr. navales, 59, rue de La Boétie. — Paris. — **R**
Lisbonne (Eugène), Avocat. — Montpellier.
Lisbonne (Georges), 5, Plan du Palais. — Montpellier.
Lisbonne (Gaston), Avocat, 5, Plan du Palais. — Montpellier.
Livache, Ing. civ., 24, rue de Grenelle-Saint-Germain. — Paris.
Dr Livon (Ch.), Prof. suppl. à l'Éc. de Méd., 14, rue Peirier. — Marseille.
Llaurado (Mlle Marie-Andrée de), 46, Calle de la Montera. — Madrid (Espagne).
Dr Lloveras (Roberto), 386, Piedad. — Buenos-Ayres (République Argentine).
Lobinhes, Nég., 11, Cours du Midi. — Lyon.
Locard (Arnould), Ing. civ., 38, quai de la Charité. — Lyon.
Loche (Maurice), Ing. en chef des P. et Ch., 24, rue d'Offemont. — Paris. — **F**
Dr Lœwenberg (de), Méd. auriste, 15, rue Auber. — Paris.
Lœvy (Maurice), Mem. de l'Institut, S.-Dir. de l'Observ., 119 *bis*, rue Notre-Dame-des-Champs. — Paris.
*Loiset (Auguste), Prop., 64, rue Brûle-Maison. — Lille.
*Loisnel, anc. Maire de Neufchâtel. — Neufchâtel (Seine-Inférieure).
Lombard-Gerin, Ing., 5, rue des Cordeliers. — Lyon.
*Longchamps (G. de), Prof. de math. spéc. au Lycée Charlemagne, 15, rue de l'Estrapade. — Paris. — **R**
Loncke, Dir. partic. de la Comp. d'Assurances générales, 13, boulevard de la Liberté. — Lille.
Londie (Jules), 16, rue de Metz. — Toulouse.
Longhaye (Aug.), Nég., 22, rue de Tournai. — Lille. — **R**
Longjumeau (Comte de Norreys de), villa Francinelli. — (Carabacel) Nice, et 352, rue Saint-Honoré. — Paris.

Lordereau, Ing. des P. et Ch. — Montargis.
Lorenti, Secr. gén. de la Soc. d'Agr., 22, cours Morand. — Lyon.
Lorin, Prépar. de chim. indust. et de phys. gén., Chef de manip. de phys. à l'Éc. centr. des Arts et Man., 5, place des Vosges. — Paris.
*Lorinet (Mme A.), rue Croix-de-Bussy. — Épernay.
Loriol (P. de), Géol. — Châlet-des-Bois, par Crassier (canton de Vaud) (Suisse).
Loriol (de), Ing. civ., anc. Élève de l'Éc. des Mines, 46, rue Centrale. — Lyon. — R
Dr Lortet, Doyen de la Fac. de Méd. de Lyon, Dir. du Muséum d'hist. nat., 1, quai de la Guillotière. — Lyon. — F
*Lory (Charles), Doyen de la Fac. des Sc. — Grenoble.
Loste, Notaire, 50, rue Ferrère. — Bordeaux.
Lottin, Juge de paix. — Selles-sur-Cher (Loir-et-Cher).
Louer (Jacques), Brasseur, 20, rue d'Étretat. — Le Havre.
Dr Lougnon (Cyr), 6, rue Gay-Lussac. — Paris.
Lougnon (Victor), Ing. aux forges de Saint-Jacques. — Montluçon (Allier).
Loussel, 86, rue de la Pompe. — Paris-Passy. — R
Dr Love (James) 28, boulevard des Italiens. — Paris.
Loyer (Henri), Filat., 394, rue Notre-Dame. — Lille. — R
Loyer (Mme Pauline), née Houzé de l'Aulnoit, 287, rue Nationale. — Lille.
Lucante (Angel), Secr. gén. de la Soc. franç. de botan. — Courrensan, par Gondrin (Gers).
*Lucas (Édouard), Prof. au Lycée Saint-Louis, 1, rue Boutarel. — Paris.
Lucas (Charles), Archit. de la Ville de Paris, 8, boulevard Denain. — Paris.
Lucas-Championnière, Chirurg. des Hôp., 50, rue du Faubourg-Poissonnière. — Paris.
Dr Lugeol, 8, rue Dufau. — Bordeaux.
Lugol, Avocat, 11, rue de Téhéran (parc Monceau). — Paris. — F
Luneau, Ing. des P. et Ch., 41, rue Saint-Pétersbourg. — Paris.
*Lusseau (Daniel), Notaire. — Saint-Fort-sur-Gironde (Charente-Inférieure).
Lusson, Prof. de phys. au Lycée, rue Alcide-d'Orbigny. — La Rochelle.
Dr Luton (Alfred), 4, rue du Levant. — Reims.
Lutscher, Banquier, 22, place Malesherbes. — Paris. — F
Lutz (Emile), Administ. gén. de la Soc. cotonnière, 88, rue Cauchoise. — Rouen.
Luuyt, Insp. gén. des Mines, Dir. de l'Éc. des Mines, 60, boulevard Saint-Michel. — Paris.
Luys (Jules), Mem. de l'Acad. de Méd., Méd. de la Salpêtrière, 20, rue de Grenelle. — Paris.
Lyon (Max), Ing. civ., 15, rue Louis-le-Grand. — Paris.
Mac Carty (O.), Conserv.-administ. du Musée-bibliothèque. — Alger. — R
*Macquart-Leroux (H.), 145, rue des Capucins. — Reims.
Madelaine, Ing. aux chem. de fer de l'État. — La Roche-sur-Yon.
Maes, Dir. de la cristallerie de Clichy, 21, rue d'Uzès. — Paris.
*Mager (Henri), Publiciste, 11, rue d'Aboukir. — Paris.
Dr Magitot, 8, rue des Saints-Pères. — Paris. — F
Dr Magnan, Méd. de l'asile Sainte-Anne, 1, rue Cabanis. — Paris.
Magnien (L.), Prof. d'agr. de la Côte-d'Or. — Dijon.
Dr Magnin (Ant.), Chargé d'un cours de botan. à la Fac. des S — Besançon.
Mahieu (Aug.), Filateur. — Armentières (Nord).
Mahoudeau, Méd., 111, rue Monge. — Paris.
Mahue (Louis). — Anizy-le-Château (Aisne).
Mailho, Pharm., 9, cours des Fossés. — Bordeaux.
*Maillard, 10, rue Lepois. — Nancy.
Maillet, anc. Élève de l'Éc. polytech., Teintures et Apprêts, 262, rue de Vesle. — Reims.
Maillet du Boulay, Dir. du Musée départ. d'antiquités, enclave Sainte-Marie. — Rouen.
Maillet-Valser, Adj. au Maire, Prop., 23, rue Boulard. — Reims.
Dr Maillot (F.-C.), anc. Prés. du Cons. de santé des armées, 21, rue du Vieux-Colombier. — Paris.
Maireau, anc. Notaire, 23, rue de la Peirière. — Reims.
Maistre (Jules). — Villeneuvette, près Clermont-l'Hérault.
Maldant, Ing.-Constr., 21, rue d'Armaillé. — Paris. — R
*Malfilatre, Int. des Hôp., à l'asile Sainte-Anne, 1, rue Cabanis. — Paris.
*Mallarmé, Avocat, rue de l'Industrie. — Alger.

Mallet (F.), Nég., 25, rue de l'Orangerie. — Le Havre.
Malloizel (Raphaël), anc. Élève de l'Éc. polytech., Prof. de math., 11, rue de l'Estrapade. — Paris.
Dr Malot. — Hermenonville (Marne).
Manchon (Ernest), Manufact., Secr. et Mem. de la Ch. de com. de Rouen, 27, rue du Pré-de-la-Bataille. — Rouen.
Manès, Ing. civ., Dir. de l'Éc. sup. de com. et d'indust., 20, rue Judaïque. — Bordeaux.
Manès (Mme), 20, rue Judaïque. — Bordeaux.
*Mangenot (l'Abbé), Prof. au grand Séminaire, rue de Strasbourg. — Nancy.
Mangini, anc. Sénateur du Rhône, rue des Archers. — Lyon. — F
Manier, Prof. — Oxford (Angleterre).
Mannberger, Banquier, 59, rue de Provence. — Paris. — F
Mannheim, Colonel d'artill., Prof. à l'Éc. polytech., 11, rue de la Pompe. — Paris-Passy. — F
*Dr Manouvrier (L.), Prépar. au Lab. d'anthrop. de l'Éc. des Hautes Études, prof. adj. à l'Éc. d'Anthrop., 15, rue de l'École-de-Médecine. — Paris.
Mansy (Eugène), Nég., 24, rue Barallerie. — Montpellier. — F
Maquenne, Doct. ès sc., 38, rue Truffaut. — Paris.
Marais (Charles), S.-Préf. — Châteaubriant (Loire-Inférieure).
Marcadé (Georges), Manufac., 10 *bis*, rue Picini (avenue du Bois-de-Boulogne). — Paris.
Marchal, Cons. gén., Réd. en chef du *Petit Colon*, 15, rue Duquesne. — Alger.
*Dr Marchal (Eugène), 57, rue Stanislas. — Nancy.
Marchand (Eugène), Corresp. de l'Acad. de Méd. — Fécamp (Seine-Inférieure).
Marchand, Prof. agr. à la Fac. de Méd., Chir. des Hôp., 85 *bis*, rue Lafayette. — Paris.
Marchand, Imprim. — Blois.
Marchegay, Ing. civ. des Mines, 11, quai des Célestins. — Lyon. — R
Marchegay (Mme), 11, quai des Célestins. — Lyon. — R
Marchegay, Ing. du Génie marit., 103, rue Saint-Lazare. — Paris.
Dr Marcorelles (J.), 71, rue de Rome. — Marseille.
Dr Marduel, 10, rue Saint-Dominique. — Lyon.
Maré (Alexandre), Fabr. de ferronnerie. — Bogny-sur-Meuse (Ardennes).
Maréchal, 25, rue du Manège. — Bordeaux.
Maréchal, S.-Préf. de Jonzac. — Jonzac.
*Dr Maréchal. — Brest.
Marès (Henri), Corresp. de l'Institut. — Montpellier. — F
Dr Marès (Paul), 91, boulevard Saint-Michel. — Paris. — R
Marès (Roger), 91, boulevard Saint-Michel. — Paris.
*Dr Marey, Mem. de l'Institut, Prof. au Coll. de France, 11, boulevard Delessert — Paris-Passy. — R
Margotin (Alexandre), Apprêteur, 14, rue des Trois-Résinets. — Reims.
Margry (Gustave), Pharm. — Blidah (dép. d'Alger). — R
*Marguerite-Delacharlonny (P.), Ing. et Man. — Urcel (Aisne).
Margueritte (Émile), 3, rue Nicolas-Flamel. — Paris.
Marguet (Paul), 29, boulevard des Promenades. — Reims.
Mariage (J.), Fabr. de sucre. — Thiant, par Denain (Nord).
Mariage (Charles), Notaire. — Phalempin (Nord).
Mariage (Louis), Étud. en méd., 4, rue Monge. — Paris.
Marical, Pharm., 112, rue de Paris. — Le Havre.
Marie, Avocat, 1, rue du Calvaire — Nantes.
Marié-Davy, Astron., Dir. de l'Observ. de Montsouris. — Paris.
Marignac (Charles), Prof. — Genève (Suisse). — R
Dr Marignan (E.). — Massillargues (Hérault).
Marignier, Ing. civ. — Joze, par Maringues (Puy-de-Dôme).
Dr Maritoux (Eugène). — Uriage-les-Bains (Isère).
Marjolin, Mem. de l'Acad. de Méd., Chir. des Hôp., 16, rue Chaptal. — Paris. — R
Marlier (Dominique), March. de bois, 79, rue du Jard. — Reims.
Dr Marmottan, anc. Député de la Seine, 31, rue Desbordes-Valmore. — Paris.
Marnas (J.-A.), 11, quai des Brotteaux. — Lyon.
Marques di Braga, Maître des req. au Cons. d'État, 69, boulevard Haussmann. — Paris. — R
Marquet (Léon), Fabr. de produits chim., 15, rue Vieille-du-Temple. — Paris.
Marsilly (le Général de), rue Chante-Pinot. — Auxerre (Yonne).

MARTEAU (Victor), Manufac., 13, rue Noël. — Reims.
MARTEAU (Charles), Manufac., 13, avenue de Laon. — Reims.
MARTEAU (Albert), Nég., 9, rue Piper. — Reims.
Dr MARTEL (Joannis), Chef de clin. à la Fac. de Méd., 97, rue Saint-Lazare. — Paris.
MARTEL, Insp. d'Acad., 12, place Gouvion. — La-Roche-sur-Yon (Vendée).
MARTIN (Albert), 7, rue du Puits-Gaillot. — Lyon.
*Dr MARTIN (André), Secr. gén. adj. de la Soc. de Méd. publ. et d'Hyg. profess., 3, rue Gay-Lussac. — Paris.
MARTIN (William), 13, avenue Hoche. — Paris. — R
*Dr MARTIN (DE), Secr. gén. de la Soc. méd. d'émulation de Montpellier, Mem. corresp. pour l'Aude de la Soc. nat. d'Agr. de France, 22, boulevard du Jeu-de-Paume. — Montpellier. — R
MARTIN (Gabriel), anc. S.-Préf., 9, rue de Mailly. — Paris.
MARTIN, Avoué. — Nérac (Lot-et Garonne).
*MARTIN (F.), Mem. de la Commission départ. des antiquités et des arts de Seine-et-Oise. — Villeneuve-Saint-Georges (Seine-et-Oise).
MARTIN-RAGOT (J.), Manufac., 14, esplanade Cérès. — Reims. — R.
MARTINET (Ludovic). — Banyuls-sur-Mer (Pyrénées-Orientales).
MARTINET (Émile), anc. Imprim., 4, rue de Vigny (Parc Monceau). — Paris. — F
MARTINET (Ernest), Prof. au Lycée. — Nice.
Dr MARTINET, 28, rue de Turin. — Paris.
Dr MARTINEZ, 1, rue de la Marine. — Alger.
MARTRE (Étienne), Insp. des Contrib. dir., 9, quai Maubec. — La Rochelle.
MARVEILLE (DE). — Château de Calviac-Lasalle (Gard). — F
MARX (Armand), Nég., 18, rue du Calvaire. — Nantes.
MARX (Raoul), Nég., 18, rue du Calvaire. — Nantes.
MARZAC (Ferdinand), aîné, Nég., 2, rue Porte-des-Portanets. — Bordeaux.
MAS (Alphonse), Avoué. — Béziers (Hérault).
MASCART, Mem. de l'Institut, Prof. au Collège de France, 60, rue de Grenelle. — Paris.
MASQUELIER (Em.), Nég., 7, quai d'Orléans. — Le Havre.
Dr MASSART. — Honfleur.
MASSART, fils. — Honfleur.
MASSAT (Camille), Pharm. — Sainte-Foy-la-Grande (Gironde).
MASSE (E.), Prof. à la Fac. de Méd., 22, rue du Manége. — Bordeaux.
MASSE (Alexandre), Rentier. — Gadou, commune de Vieil-Baugé (Maine-et-Loire).
MASSÉNAT (Élie). — Brive (Corrèze).
MASSIOU (Ernest), Archit., Officier d'Acad., 12, rue du Palais. — La Rochelle.
MASSOL (Gustave), Prof. agr. à l'Éc. sup. de Pharm. — Montpellier.
MASSON (Georges), Libr. de l'Acad. de Méd., 120, boulevard Saint-Germain. — Paris. — F
MASSON (Émile), 82, rue Taitbout. — Paris.
MASURIER (J.), Nég., 16, rue d'Aumale. — Paris. — R
MATHÉ, Prop. — Les Bugandières, près Muron (Charente-Inférieure).
MATHERON (Philippe), Ing. civ., 86, rue Notre-Dame. — Marseille.
MATHIAS, Ing. princ. de la Traction au chem. de fer du Nord, 84, rue de Maubeuge. — Paris.
MATHIEU (Henry), Ing. en chef des chem. de fer du Midi, 26, rue Las-Cases. — Paris.
MATHIEU, Prof. de math. spéc. au Lycée. — Reims.
*MATHIEU (Émile), Propr. — Bize (Aude).
*MATHIEU (l'Abbé), Mem. de l'Acad. Stanislas, 111, rue de Strasbourg. — Nancy.
MATTAUCH (J.), Chim., établiss. H. Stackler. — Saint-Aubin-Épinay (Seine-Inférieure).
MAUFRAS (E.), anc. Notaire. — Villegouge, par Castelnau de Médoc (Gironde).
MAUFROY (Jean-Baptiste), Dir. de manufac., 20, rue des Moulins. — Reims. — R
MAUGUIN, Libr., Cons. gén. — Blidah (province d'Alger).
MAUNOIR, Secr. gén. de la Soc. de Géogr., 14, rue Jacob. — Paris.
Dr MAUNOURY (Gabriel). — Chartres. — R
MAUREL (Marc), Nég., 48, cours du Chapeau-Rouge. — Bordeaux. — R
MAUREL (Émile), Nég., 7, rue d'Orléans. — Bordeaux. — R
*Dr MAUREL, Méd. princ. de la Marine, 61, rue du Chantier. — Cherbourg.
*MAURY (Paul), Prépar. de botan. à l'Éc. prat. des Hautes Études, 53, rue Censier. — Paris.
MAUSSELIN (Charles), Banquier, 76, rue de Monceau — Paris.
*MAXANT, Entrep. de carrières, route de Toul. — Nancy.

Maxwell-Lyte (Farnham), F. C., S.; F. J. C., Science club, 4, Savile Row.—Londres. S. W. — **R**

Mayer (Ernest), Ing. en chef de la Comp. des chem. de fer de l'Ouest, Mem. du Comité d'expl. technique des chem. de fer, 9, rue Moncey. — Paris.

Mayet, Prof. à la Fac. de Méd., Méd. des Hôp., 64, rue de la République. — Lyon.

*Maze (l'Abbé). — Harfleur. — **R**

Médard, Ing. civ., Dir. de l'usine à gaz. — Dijon. — **R**

Meester (Charles de), Avocat, Réd. au *XIXe Siècle*, 8, cité Gaillard. — Paris.

Dr Meige, 2, rue de l'Université. — Paris.

Meigné, Ing. des Arts et Man., Dir. prop. de l'usine à gaz. — Saintes (Charente-Inférieure).

Meissas, 10 *bis*, rue du Pré-aux-Clercs. — Paris.

Meissonier, Fabr. de produits chim., 5, rue Béranger. — Paris. — **R**

Mekarski, Ing. civ., Dir. des Tramways de Nantes. — Doulon, près Nantes.

Meller père, Nég., 43, pavé des Chartrons. — Bordeaux.

Mellerio, Élève de l'Éc. des Hautes Études, 18, rue des Capucines. — Paris.

*Mengin, Avocat, 19, place des Dames. — Nancy.

Mengin-Lecreulx (le Colonel), Comm. le 3e rég. du Génie. — Arras.

*Mer (Émile), Insp. adj. des Forêts, 19, rue Israël-Sylvestre. — Nancy.

Dr Méran, 54, rue Judaïque. — Bordeaux.

Mercadier, Dir. des études à l'Éc. polytech., rue Descartes. — Paris.

Dr Mercier (Anatole). — Fontenay-le-Comte (Vendée).

Mercier (Gustave), Pharm., Cons. gén., 13, rue Bab-el-Oued. — Alger.

Merget, Prof. à la Fac. de Méd., 78, rue Saint-Genès. — Bordeaux. — **R**

*Merlin, 9, rue de la Planche. — Paris. — **R**

Merville (Jules), Pavillon Gabriel. — Le Havre.

Merville (Mme Jules), Pavillon Gabriel. — Le Havre.

Dr Mesnards (P. des), rue Saint-Vivien. — Saintes (Charente-Inférieure). — **R**

Messimy, Notaire, 13, rue de Lyon. — Lyon.

Mestrezat, Nég., Consul suisse, 37, rue Saint-Esprit. — Bordeaux.

*Metz-Noblat (A. de), Secr. du Club Alpin, 27, rue de la Ravinelle. — Nancy.

Metzger, Ing. des P. et Ch., aux chemins de fer de l'État, 13, boulevard Saint-Germain. — Paris.

Dr Meunier (Valéry), Méd.-Insp. des Eaux-Bonnes. — Pau.

Meunier (Ludovic), Nég., rue Saint-Symphorien. — Reims.

Meure, Pharm., 75, rue Portal. — Bordeaux.

*Dr Meyer (Édouard), 73, boulevard Haussmann. — Paris.

Meyer (Lucien), Chim., 33, rue Grange-aux-Belles. — Paris.

Meyran (Octave), 39, rue de l'Hôtel-de-ville. — Lyon.

Dr Micé, Prof. à l'Éc. de Méd. — Besançon. — **R**

Michaud fils, Notaire. — Tonnay-Charente (Charente-Inférieure). — **R**

Dr Michel (Édouard), Secr. gén. de la Soc. médico-pratique de Paris, 11, rue Rougemont. — Paris.

Michel (Alphonse), Ing. civ., rue des Jacobins. — Beauvais (Oise).

*Dr Michel. — Chaumont (Haute-Marne).

Micheli (Marc). — Château du Crest, près Genève (Suisse).

Michenot (Théophile), Commis de banque, rue Saint-Léonard. — La Rochelle.

Mieg (Mathieu), 8 *bis*, rue des Bonnes-Gens. — Mulhouse (Alsace).

Mielle (Adolphe), 4, place Saint-Jean. — Lyon.

Mieusement, Photog., 13, rue de Passy. — Paris.

Dr Mignen. — Montaigu (Vendée).

Dr Mignot, Lauréat de l'Institut. — Chantelle (Allier).

Mignot, 69, rue Manin. — Paris. — **R**

Dr Millard, Méd. des Hôp., 4, rue Rembrandt. — Paris.

Millardet, Prof. à la Fac. des Sc., 152, rue Bertrand-de-Goth. — Bordeaux.

Millet (Paul), Prof., 12, rue Campagne-Première. — Paris.

Dr Milliot (Benjamin), Méd. de colonisation. — Bone (Algérie).

*Millot (Charles), anc. Off. de marine, Chargé de cours à la Fac. des Sc., 28, rue des Quatre-Églises. — Nancy.

Milne-Edwards (Alphonse), Mem. de l'Institut, Prof. de zoologie au Muséum et à l'Éc. de Pharm., rue Cuvier, au Muséum. — Paris. — **R**

Mira (R.) aîné, Prop. — Saint-Savin (Vienne).

Mirabaud (Paul), 29, rue Taitbout. — Paris. — **R**

MIRABAUD, Banquier, 29, rue Taitbout. — Paris. — F
MIRAY (Paul), Teintur., Manufac., 25, boulevard Gambetta. — Rouen.
Dr MIRPIED, 59, rue Saint-Sulpice. — Bourges.
MIZZI, Ing. civ. — Gien (Loiret). — R
MOCQUERIS (Edmond), 58, boulevard d'Argenson. — Neuilly (Seine). — R
MOCQUERIS (Paul), 58, boulevard d'Argenson. — Neuilly (Seine). — R
MODELSKI (Edmond), Ing. des P. et Ch. — La Rochelle.
MOINET (Édouard), Dir. des Hosp. civ. de Rouen, rue de Germont. — Rouen.
MOITESSIER, Prof. à la Fac. de Méd. — Montpellier.
MOLLINS (S. DE), Ing. civ. — Croix (Nord).
MOLLINS (Jean DE), Doct. ès sc. de Zurich, Maison Holden. — Croix, près Roubaix (Nord).
*MOLTENI (A.). Fabr. de mach. et d'instr. de précision, 44, rue du Château-d'Eau. — Paris.
MOMUS (Mme), 176, rue Fondaudège. — Bordeaux.
MONCHANIN (Eugène), 33, faubourg Saint-Michel. — Bar-sur-Aube.
MONCHEAUX (E. DE), Pharm. de 1re classe, 27, rue de Ponthieu. — Paris.
MONCHY (DE), Prop., 52, rue des Remparts. — Bordeaux.
Dr MONDOT, 9, boulevard Malakoff. — Oran (Algérie).
*MONET (Adolphe), Ing. des P. et Ch., 1, rue Baron-Louis. — Nancy.
Dr MONIER (Louis), Méd. en chef des Hôp. — Avignon.
MONGIN, Dir. du Dépôt de mendicité. — Beni-Messous, près Chéragas, par Alger.
MONNET (G.), Pharm., place du Gouvernement, galerie Sarlande. — Alger.
*MONNET (Prosper), Chim., Dir. de l'usine de la Plaine (Dardagny). — Genève (Suisse).
MONNIER (E.), Ing. de la Comp. des Porteurs de la Marne, anc. Mécan. princ. de la Marine, 12, rue Sévigné. — Paris.
MONOD (Charles), Prof. agr. à la Fac. de Méd. de Paris, 12, rue Cambacérès. Paris. — F
Dr MONOD (Louis), 5, rue des Écuries-d'Artois. — Paris.
Dr MONOD, 19, rue Vauban. — Bordeaux.
MONOYER (F.), Prof. à la Fac. de Méd., 1, cours de la Liberté. — Lyon.
MONOYER (Mme F.), 1, cours de la Liberté. — Lyon.
MONSEU, Ing., Dir. gérant de la Soc. anonyme de glaces et verreries du Hainaut. — Roux (Belgique).
MONTEFIORE, 58, avenue Marceau. — Paris. — R
MONTEL (Jules), Nég., anc. Juge au Trib. de com., 3, boulevard de la Comédie. — Montpellier.
Dr MONTFORT, Prof. à l'Éc. de Méd., 19, rue Voltaire. — Nantes. — R
*MONTJOIE (DE), Prop., château de Lanée. — Villers-les-Nancy.
MONTLAUR (Vicomte Amaury DE). — Au château de Poudres, par Sommières (Gard).
MONT-LOUIS, Imprim., 2, rue Barbançon. — Clermont-Ferrand. — R
MONY (C.). — Commentry (Allier). — F
MORAND (Gabriel). — Issoire (Puy-de-Dôme).
MORANDIÈRE, Ing. de la Comp. de l'Ouest, 78, rue de Passy. — Paris.
MORCH (Mme), rue Réaumur. — La Rochelle.
Dr MOREAU (E.), 7, rue du Vingt-Neuf-Juillet. — Paris.
MOREAU (Benjamin), Cons. mun., 52, rue de Rennes. — Nantes.
Dr MOREAU, 2, rue de Pessac. — Bordeaux.
MOREL, Archéol., Recev. des finances. — Carpentras (Vaucluse).
*MOREL (l'Abbé), Dir. de l'Éc. Saint-Sigisbert, place de l'Académie. — Nancy.
MOREL D'ARLEUX (Charles), Notaire, 28, rue de Rivoli. — Paris. — F
MOREL D'ARLEUX (Mme), 28, rue de Rivoli. — Paris. — R
MOREL D'ARLEUX (P.), 56, rue Saint-Augustin. — Paris. — R
Dr MORET (Jules), 53, rue Cérès. — Reims.
Dr MORICE, Méd. à l'Hôtel-Dieu. — Blois.
MORIÈRE, Doyen de la Fac. des Sc.. — Caen.
MORILLOT, anc. Avocat gén. à Besançon, Doct. en droit, Avocat au Cons. d'État et à la Cour de cass., 60, rue Richelieu. — Paris.
MORIN (Théodore), Doct. en droit, Administ. de la Comp. algérienne, 4, Avenue Ingres. — Paris-Passy. — R
MORTIER (François), Teintures et Apprêts, rue Clovis. — Reims.
*MORTILLET (Gabriel DE), Prof. à l'Éc. d'Anthrop., Député de Seine-et-Oise, Maire de Saint-Germain. — Saint-Germain-en-Laye. — R

*Mortillet (Adrien de), Secr. de la rédac. du journal *l'Homme*. — Saint-Germain-en-Laye. — R.
Dr Mossé (Alp.), Agr. à la Fac. de Méd., 48, Grande-Rue. — Montpellier. — R
Dr Motais, Chef des trav. anatom. à l'Éc. de Méd., 26, rue du Cornet. — Angers.
Motelay (Léonce), Rentier, 8, cours de Gourgues. — Bordeaux.
Dr Motet, 161, rue de Charonne. — Paris.
Mouchez (Contre-Amiral), Mem. de l'Institut, Dir. de l'Observ., à l'Observatoire. — Paris. — R
Mouchot (A.), Prof. en retraite. — Fontainebleau.
*Mougin (H.), Dir. des verreries. — Portieux (Vosges).
Moulia, Nég., 169, boulevard de Strasbourg. — Le Havre.
Moullade (Albert), L. S., Pharm.-Maj. de 1re classe, 11, rue du Bocage — Nantes. — R
Dr Moure (J.-E.), 2, cours de Tournon. — Bordeaux.
Dr Mourgues. — Lassale (Gard).
*Mourin, Rect. de l'Acad., Palais de l'Académie. — Nancy.
Mourlan-Descudé, Prop. — Nérac.
Mousnier (Jules), Pharm. — Sceaux (Seine).
Dr Moussous, 38, rue d'Aviau. — Bordeaux.
Moussous fils, 38, rue d'Aviau. — Bordeaux.
Mulot, Indust., 43, rue des Boulets. — Paris.
Mumm (G.-H.), Nég. en vins de Champagne, 17, boulevard du Temple. — Reims.
*Munier, Député de Meurthe-et-Moselle. — Pont-à-Mousson.
*Muntz, Ing. en chef de la Comp. du chem. de fer de l'Est, 9, rue Mazagran. — Nancy.
Murgue (Daniel), Ing. de la Comp. houillère de Bességes. — Bességes (Gard).
Murray, Économiste, Mem. honor. du Cobden-Club, 84-85, King William street. — Londres. E. C.
Dr Musgrave-Clay (R. de), 19, rue Latapie. — Pau.
Mussat (E.), Prof. de botaniq. à l'Éc. de Grignon, 11, boulevard Saint-Germain. — Paris.
Musset (Ch.), Prof. à la Fac. des Sc. — Grenoble.
Nachet, Fabr. d'instr. de précision, 17, rue Saint-Séverin. — Paris.
Nadaillac (Marquis de), Corresp. nat. de l'Institut, 8, rue d'Anjou-Saint-Honoré. — Paris.
Nansouty (le Général de), Dir. honor. de l'observ. du Pic-du-Midi. — Bagnères-de-Bigorre.
Nansouty (Max de), Ing.-Chim., 6, rue de la Chaussée d'Antin. — Paris.
Dr Napias (Henri), Secr. gén. de la Soc. de Méd. publ. et d'Hyg. profess., 68, rue du Rocher. — Paris.
Napias (Mme), 68, rue du Rocher. — Paris.
Napoli (David), Chim. aux chem. de fer de l'Est, 34 *ter*, rue de Dunkerque. — Paris.
Narbonne (Paul), Prop., — Bize (Aude).
Dr Négrié, Méd. des Hôp., 54, rue Ferrère. — Bordeaux.
Négrié (Mme), 54, rue Ferrère. — Bordeaux.
Negrin (Paul), Prop., Dir. de la verrerie Labocca. — Cannes.
Dr Nepveu, 66, rue d'Hauteville. — Paris.
*Dr Netter, Biblioth. universitaire, 87, rue Saint-Dizier. — Nancy.
Neuberg (J.), Prof. à l'Univ. — Liège (Belgique).
Dr Neumann, 43, rue de Châteaudun. — Paris.
Neveu, Ing. civ. — Rueil (Seine-et-Oise).
Neveu-Derotrie, Ing. en chef des P. et Ch., 63, rue d'Isly. — Alger.
Neveux, Notaire, 1, rue de la Clef. — Reims.
Nicaise, Prof. agr. à la Fac. de Méd., Chir. des Hôp., 37, boulevard Malesherbes. — Paris.
Nicaise, Archéol. — Châlons-sur-Marne.
Dr Nicas. — Fontainebleau. — R
Nicholson, Chir.-Dent., 179, boulevard Haussmann. — Paris.
*Nicklès (René), Ing. civ. des Mines, V.-Secrét. de la Soc. de Géol., 59, rue de Rennes. — Paris.
Nicolas, Reprås. de comm., 10, rue de Lille. — Reims.
Nicolas (Auguste), Archit. du départ. du Calvados, 92, rue Saint-Pierre. — Caen.
Nicolas (Hector), Archéol., Conduct. des P. et Ch., 9, rue Velouterie. — Avignon.
Nicolle (Maurice), Int. des Hôp., 42, rue de Grenelle. — Paris.
Nidelet (Urbain), Notaire, 14, rue Crébillon. — Nantes.

NIEL (Eugène), 28, rue Herbière. — Rouen. — R
Dr NIEPCE fils (A.), Villa Breuil. — Saint-Raphaël (Var).
*NIPERT (Eugène), Percept. Contrôl. de l'Enreg., 32, rue des Tiercelins. — Nancy.
NIVESSE (A.), Ing.-Chim. attaché à la Maison Lefebvre. — Corbehem (Pas-de-Calais).
NIVET, Ing. civ., 87, rue de Rennes. — Paris.
NIVET (Mme), 87, rue de Rennes. — Paris.
NIVET (Gustave), 87, rue de Rennes. — Paris. — R
NIVET (V.), Prof. à l'Éc. de Méd. et de Pharm. — Clermont-Ferrand.
NIVOIT (Edmond), Ing. en chef des Mines, 2, rue de la Planche. — Paris.
NOEL, Nég. en bois du Nord, 85, cours de la République. — Le Havre.
NOEL (J.), Ing., 20, rue Rohan. — Bordeaux.
Dr NOELAS (F.), rue du Phénix. — Roanne (Loire).
NOELTING, Dir. de l'Éc. de Chim. — Mulhouse (Alsace). — R
NOGUEY (Gustave), 14, rue Chai-des-Farines. — Bordeaux.
NOIROT (Maurice), Employé, 14, rue Coquebert. — Reims.
NOIZET (Paul). — Crèvecœur Alland'Huy, canton d'Attigny (Ardennes).
*NORBERG (Jules), Dir. de l'imprim. Berger-Levrault, 10, rue des Glacis. — Nancy.
NORDSTROM, Consul de S. M. le roi de Suède et Norvège en Algérie, boulevard de la République, maison Féraud. — Alger.
NORMAND, Cons. gén. de la Loire-Inférieure, 12, quai des Constructions. — Nantes. — R
NORMAND (A.), Constr. de navires, 67, rue du Perrey. — Le Havre.
NOROY (Ch.), Chim., 10, avenue du Chemin de fer. — Chatou (Seine-et-Oise).
NOTTELLE, Secr. du Synd. gén. des Chamb. synd., Mem. de la Soc. d'Économie polit., 49, rue Réaumur. — Paris.
NOTTIN (Lucien), 4, quai des Célestins. — Paris. — R
NOURY, Prof. à la Soc indust. — Elbeuf.
NOUVEL, Pharm. de 1re classe. — Rodez (Aveyron).
NOUVELLE (Georges), Ing. civ., 25, rue Brézin. — Paris.
NUGUES (A.), Chim., Chef du Lab. à la raffinerie Lebaudy frères, 19, rue de Flandre. — Paris.
OBERKAMPFF (E.), Ministre du saint Évangile, 69, avenue de Saxe. — Lyon.
OCHET, Huissier. — Reims (Marne).
Dr OCHOROWICZ, Agr. de l'Univ. de Lemberg, 5, place du Panthéon. — Paris.
ODIER, Dir. adj. de la Caisse gén. des Familles, 4, rue de la Paix. — Paris. — R
ODIN, Insp. du Crédit foncier de France, 3, rue de l'Abbé-Grégoire. — Paris.
Dr ODIN (Joseph), 3, place de la Bourse. — Lyon.
ŒCHSNER DE CONINCK (William), Prof. à la Fac. des Sc. — Montpellier. — R
OLIVER (Paul), Pharm. de 1re classe. — Collioure (Pyrénées-Orientales).
OLIVIER (Ernest), Mem. des Soc. botaniq. et entomolog. de France, 10, cours de la Préfecture. — Moulins (Allier).
OLIVIER (Auguste), anc. Magistrat, Cons. d'arrond. de Bar-sur-Seine. — Saint-Parres-les-Vaudes (Aube).
Dr OLIVIER (Paul), Méd. en chef à l'Hosp. gén., Prof. à l'Éc. de Méd., 12, rue de la Chaine. — Rouen. — R
OLIVIER DE LANDREVILLE (Arsène), 112, boulevard Voltaire. — Paris.
OLLIER DE MARICHARD, Archéol. — Vallon (Ardèche).
*OLLIER, ex-Chir. en chef de l'Hôtel-Dieu de Lyon, Corresp. de l'Institut, Associé national de l'Acad. de Méd., Prof. à la Fac. de Méd., de Lyon, 5, quai de la Charité. — Lyon. — F
*OLLIVIER, Prof. agr. à la Fac. de Méd. de Paris, 5, rue de l'Université. — Paris.
OLLIVIER, Ing., 51, boulevard Beaumarchais. — Paris.
OLLIVIER-BEAUREGARD (G.-M.), 3, rue Jacob. — Paris.
*OLRY, Ing. en chef des Mines, 51, rue du Faubourg-Saint-Jean. — Nancy.
OLTRAMARE, Prof. — Genève (Suisse).
ONÉSIME (le Frère), 24, montée Saint-Barthélemy. — Lyon.
OPPENHEIM frères, Banquiers, 11 *bis*, boulevard Haussmann. — Paris. — F
ORBIGNY (Alcide D'), Armateur, rue Saint-Léonard. — La Rochelle.
Dr ORÉ, Prof. à l'Éc. de Méd., Corresp. nat. de l'Acad. de Méd., rue du Palais-de-Justice. — Bordeaux.
O'REILLY (Joseph-Patrice), Prof. de Minéral. et d'exploit. des mines au Collège Royal. — Dublin (Irlande).
ORIOLLE, Ing. de l'Éc. centr. des Arts et Man. — Nantes.
*OSMOND (F.), Ing. des Arts et Man., 49, boulevard Richard-Lenoir. — Paris.

Ouin-Lepage, Chef d'institution, rue d'Esmonts. — Elbeuf.
Outhenin-Chalandre (Joseph), 37, rue Saint-Roch. — Paris. — R
Outran (Émile), 10, Coleman Street. — Londres (E. C.).
Pagnoul, Prof. de chim., Dir. de la Station agr. du Pas-de-Calais. — Arras.
Palun (Auguste), Juge au Trib. de com. — Avignon. — R
*Pamard (A.), Chirurg. en chef des Hôp. — Avignon. — R
Pamard, Chef de bat. du Génie. — Fontainebleau.
Panckoucke (Henri), Trés.-Payeur gén. — Grenoble.
Parion, Mem. de la Soc. d'astron., 7, quai de Conti. — Paris. — R
Dr Paris (H.). — Chantonnay (Vendée).
Parise, Prof. à l'Éc. de Méd., Associé nat. de l'Acad. de Méd., 26, place aux Bleuets. — Lille. — R
*Dr Parisot (Pierre), Prof. agr. à la Fac. de Méd., 43, rue Gambetta. — Nancy.
*Dr Parisot (Victor), Prof. à la Fac. de Méd., 37, rue Saint-Julien. — Nancy.
*Dr Parisot (E.), Prof. adj. à la Fac. de Méd., 34, rue Stanislas. — Nancy.
*Parisot (Eugène), 52, rue des Tiercelins. — Nancy.
Parisse (Eugène), Ing. des Arts et Man., 49, rue Fontaine-au-Roi. — Paris
*Parmentier, Général de division du Génie, 5, rue du Cirque. — Paris. — F
Dr Parmentier. — Flizes (Ardennes).
Parmentier, 3, rue d'Alger. — Paris.
Paroissien (Albert), Nég., 3, rue des Templiers. — Reims.
Parquet (Mme), 1, rue Daru. — Paris.
Parran, Ing. des Mines, Dir. des mines de fer magnét. de Mokta-el-Hadid, 26, avenue de l'Opéra. — Paris. — F
Parsat, Pharm. — Montpazier (Dordogne).
Pascal (de), Ing., 15, rue de Jarente. — Lyon.
Dr Pasquet (A.). — Uzerche (Corrèze).
Passion (Octave), Avocat. — Issoire (Puy-de-Dôme).
*Passy (Frédéric), Mem. de l'Acad. des Sc. morales et polit., Député de la Seine, 8, rue Labordère. — Neuilly-sur-Seine. — R
Passy (Paul-Edouard), Licen. ès lett., 8, rue Labordère. — Neuilly (Seine). — R
Pasteur, Mem. de l'Institut et de l'Acad. franç., 45, rue d'Ulm. — Paris. — F
Dr Patoir. — Lille.
Paturel (Georges), Chim., 18, rue Gérando. — Paris.
Paturet (Georges), Avocat à la Cour d'appel de Paris, 68, rue Gay-Lussac. — Paris.
Pauche (Alexandre), Avocat, anc. Notaire, 6, cours Romestang. — Vienne (Isère).
Paúl (Constantin), Prof. agr. à la Fac. de Méd. de Paris, Mem. de l'Acad. de Méd., 45, rue Cambon. — Paris.
*Pauquet (H.), Nég. — Creil (Oise).
Pavet de Courteille (Mlle), 57, rue Cuvier. — Paris. — R
Payen, 44, rue de Châteaudun. — Paris.
Pechaud (Jean), Prop. — Saint-Saulges (Nièvre).
Péchiney (A.), Ing. Chim. — Salindres (Gard).
Péclet (Mme), 70, rue d'Assas. — Paris. — R
Pélagaud (Élysée), Doct. ès sc., 15, quai de l'Archevêché. — Lyon. — R
Pélagaud (Fernand), Doct. en droit, 14, quai de l'Archevêché. — Lyon. — R
*Pelé (F.), 52, rue Caumartin. — Paris.
Peligot, Mem. de l'Institut, hôtel des Monnaies. — Paris.
Pellat (Adolphe), Prop., anc. V.-Prés. du Cons. de préfect. de l'Isère. — Fontaine, près Grenoble.
Pellet (H.), Chim. de la Comp. Fives-Lille, 5, rue Fénelon. — Paris-Passy.
Pellet, Prof. à la Fac. des Sc. — Clermont-Ferrand. — R
Pelletant, Prop. — Genté, par Salles-d'Angle (Charente).
*Pelletier (Horace), Prés. du Comice agr. de Blois. — Madon, par les Montils (Loir-et-Cher).
*Pelletier (Auguste), Étudiant. — Villers-en-Prayères, par Beaurieux (Aisne).
Pelterbau (E.), Notaire. — Vendôme. — R
Penet (Léon), Conserv. du Muséum d'hist. nat., 3, rue Villars. — Grenoble.
Pennès (J.-A.), ex-Fabr. de produits chim. et hygién., 31, boulevard de Port-Royal. — Paris. — R
Dr Pennetier, Dir. du Muséum d'hist. nat., Prof. à l'Éc. de Méd., impasse de la Corderie, barrière Saint-Maur. — Rouen.
Perard (Louis), Prof. à l'Univ. — Liège (Belgique).

*PÉRAUX, Nég., 83, rue Saint-Dizier. — Nancy.
PERDRIGEON, Agent de change, 178, rue Montmartre. — Paris. — **F**
PÉRÉ (Paul), Avoué. — Marmande (Lot-et-Garonne).
PEREIRE (Henry), 33, boulevard de Courcelles. — Paris. — **R**
PEREIRE (Émile), 10, rue de Vigny. — Paris. — **R**
PEREIRE (Eugène), Administ. de la Comp. Transatl., 45, Faubourg-Saint-Honoré. — Paris. — **R**
PEREZ, Prof. à la Fac. des Sc. — Bordeaux. — **R**
PEREZ (Mlle), 26, rue du Haras. — Tarbes.
PÉRIDIER (Jean), chez M. Péridier et Cie, Banquier. — Cette (Hérault).
PÉRIDIER (Louis), Administ. de la Bibliothèque popul. grat. de Cette, 2, quai du Sud. — Cette. — **R**
PÉRIER, Prof. agr. à la Fac. de Méd., Chir. des Hôp., 7, rue Drouot. — Paris.
PERIER (Louis), 21, rive de la Seine. — Issy (Seine).
PERIER (Auguste), Courtier, rue Villeneuve. — La Rochelle.
*PÉRIN, Adj. au Maire. — Frouard (Meurthe-et-Moselle).
PERON (Pierre-Alphouse), S.-Intend. milit. — Bourges (Cher).
PEROT, 101, boulevard de Créteil. — Adamville, Saint-Maur-les-Fossés. — **R**
PÉROUSE (Denis), Ing. des P. et Ch., 50, quai de Billy. — Paris.
PERREAU (Paul), 12 *bis*, rue de Venise. — Reims.
*PERRÉGAUX (Louis), Manufac. — Jallieu, par Bourgoin (Isère).
PERRET, anc. Sénateur du Rhône, château de la Chaux. — Collonge-au-Mont (Rhône).
PERRET (Auguste), Nég., 49, quai Saint-Vincent. — Lyon.
PERRET (Michel), 3, place d'Iéna. — Paris. — **R**
*PERRIAUX, Nég. en vins, 107, quai de la Gare. — Paris. — **R**
PERRICAUD, Cultivat. — La Balme (Isère). — **R**
PERRICAUD (Saint-Clair). — La Battero, commune de Sainte-Foy-lès-Lyon (Mulatière, Rhône). — **R**
Dr PERRICHOT, 5, rue de la Communauté. — Le Havre.
PERRIER, Prof. au Muséum, 28, rue Gay-Lussac. — Paris.
PERRIER (Ch.). — Valleraugue (Gard).
PERRIER (le Général), Mem. de l'Institut et du Bur. des longit., S.-Dir. au Minist. de la Guerre, 138, rue de Grenelle. — Paris.
PERRIER (E.), Ing. des P. et Ch., faubourg de Figuerolles. — Montpellier.
PERRIN (R.), Ing. en chef des Mines, 17, rue de l'Étoile. — Le Mans.
Dr PERRIN, Dir. du Val-de-Grâce, 136, boulevard Saint-Germain. — Paris.
PERRIN (Jules), 11, rue du Lac. — Saint-Mandé.
*PERRIN (Antoine), Prop. — Sidi-Bel-Abbès (Dép. d'Oran).
PERROT (Ernest), 7, rue du Lycée. — Laval (Mayenne).
PERROT (Adolphe), Doct. ès sc., anc. Prépar. de chim. à la Fac. de Méd. de Paris, 18, rue de l'Hôtel-de-Ville. — Genève (Suisse). — **F**
PERROT (Paul), Commiss.-pris., 64, rue Miromesnil. — Paris.
*Dr PERROUD, Méd. de l'Hôtel-Dieu, chargé de la clin. complémentaire à la Fac. de Méd. de Lyon, 6, quai des Célestins. — Lyon. — **R**
Dr PERRY (Jean). — Miramont, près Marmande (Lot-et-Garonne).
Dr PERY, Méd. des Hôp., 159, cours Victor Hugo. — Bordeaux.
PETIT, Pharm., 8, rue Favart. — Paris.
PETIT (Mme), 8, rue Favart. — Paris.
PETIT (Charles-Paul), anc. Pharm. de 1re classe, 17, boulevard Saint-Germain. — Paris.
*PETIT, Ing. en chef des P. et Ch., 38, rue Franklin. — Lyon.
*Dr PETIT (Henri), S.-Bibliothéc. à la Fac. de Méd., 11, rue Monge. — Paris. — **R**
Dr PETIT (L.), 108, Faubourg-Saint-Honoré. — Paris.
PETIT (Charles), Banquier. — Blois.
PETIT (Ernest), Avocat, rue du Domaine. — Blois.
PETIT (Louis), 37, cours Morand. — Lyon.
*PETIT (H.), 2, rue Saint-Joseph. — Châlons-sur-Marne.
PETIT-MONTAUDON, 37, rue de Vesle. — Reims.
*PETITON (A.), Ing.-conseil des Mines, 91, rue de Seine. — Paris.
PETRUCCI, Ing. — Béziers (Hérault). — **R**.
*PEUGEOT (Armand), Manufac. — Valentigney (Doubs).
Dr PEYRAUD. — Libourne (Gironde).
PEYRAUD (Mme). — Libourne (Gironde).

PEYRE (Jules), Banquier. — Toulouse. — F

PEYROT (J.-J.), Prof. agr. à la Fac. de Méd., Chir. des Hôp., 18, rue Laffitte. — Paris.

PEZAT (Albert), Nég., 172, cours Victor-Hugo. — Bordeaux.

Dr PEZZER (DE), 13, rue Saint-Florentin. — Paris.

PHILIP (Isidore), Prop., 7, rue du Jardin-des-Plantes. — Bordeaux.

PHILIPPE (Léon), Ing. en chef des P. et Ch., 28, avenue Marceau. — Paris. — R

PIARRON DE MONTDÉSIR, Ing. en chef des P. et Ch. en retraite, 133, avenue de Neuilly. — Neuilly (Seine).

PIAT (A.), Constr.-Mécan., 85, rue Saint-Maur. — Paris. — F

Dr PIBERET, 54, Faubourg-Montmartre. — Paris.

*Dr PICARD. — Selles-sur-Cher.

*Dr PICARDAT (A.). — Saint-Parres-les-Vaudes (Aube).

Dr PICHANCOURT. — Bourgogne (Marne).

PICHE (Albert), anc. Cons. de préfect., 8, rue Montpensier. — Pau. — R

*PICHEVIN, Int. des Hôp., hôp. Saint-Louis. — Paris.

PICHOU (Alfred), Chef de bur. aux chem. de fer du Midi, 11, chemin de Cauderès. — Talence, près Bordeaux.

PICOT (Émile), Pharm. de 1re classe, boulevard de Tancarville. — Havre.

*PICOT, Prof. de clin. méd. à la Fac. de Méd., 25, rue Ferrère. — Bordeaux.

*PICOU (Gustave). — Saint-Denis (Seine).

PICQUET (H.), Capitaine du Génie, Répét. à l'Éc. polytech., 73, boulevard Saint-Michel. — Paris.

PIÉGU, 18, rue d'Enghien. — Paris.

Dr PIÉROU. — Chazay-d'Azergues (Rhône). — R

PIÉROU (Mme). — Chazay-d'Azergues (Rhône).

PIERRET, Prof. de clin. des maladies mentales à la Fac. de Méd. — Lyon.

PIÉTON, Avocat, 27, rue de Vesle. — Reims.

PIETTE (Ed.), Juge au Trib. de 1re instance, 18, rue de la Préfecture. — Angers (Maine-et-Loire).

PIFRE (Abel), Ing., 63, avenue Friedland. — Paris.

*PILLET, Prof. à l'Éc. des P. et Ch. et à l'Éc. des Beaux-Arts, 18, rue Saint-Sulpice. — Paris.

PILLOT (Maurice), Nég., cours Richard. — La Rochelle.

PILON, Notaire. — Blois.

Dr PIN (Paul). — Alais (Gard).

PINASSEAU (A.), Notaire. — Saintes (Charente-Inférieure).

PINAT (Anatole), Ing. des forges d'Allevard. — Allevard (Isère).

PINEL (Charles), Ing.-Constr., ancien Juge au Trib. de com., 24, rue Méridienne. — Rouen.

PINON (P.), Négociant, 14, rue Saint-Symphorien. — Reims.

PISON (Joseph), Insp. des Forêts. — Briançon (Hautes-Alpes).

PITAT (Germain), Prop., 10, boulevard du Champbonnet. — Moulins (Allier).

PITRAT aîné, Imprim., 4, rue Gentil. — Lyon.

PITRES (A.), Prof. à la Fac. de Méd., Méd. de l'hôp. Saint-André, 22, rue du Parlement-Sainte-Catherine. — Bordeaux. — R

PLANCHON, Corresp. de l'Institut. — Montpellier.

PLANTÉ, Insp. du serv. télégraph. aux chem. de fer de l'État, 6, rue des Étudiants. — Tours.

PLANTÉ fils (Charles), Insp. de l'exploit. des chem. de fer de l'État. — Saintes (Charente-Inférieure).

PLANTEAU, Prof. agr. de la Fac. de Méd. de Bordeaux, 45, cours d'Alsace-Lorraine. — Bordeaux.

PLANTIER (Alfred), Doct. en méd. et en droit. — Alais (Gard).

PLASSIARD, Ing. en chef des P. et Ch. en retraite, 4, rue Poissonnière. — Lorient (Morbihan). — R

Dr PLUMEAU (A.), 84, cours de Tourny. — Bordeaux.

POCHARD (Mme), 22, rue de Vaugirard. — Paris. — R

POILLON (L.), Ing.-Constr. (Exploitation gén. des Pompes Greindl), 74, boulevard Montparnasse. — Paris. — R

*POINCARÉ, Prof. à la Fac. de Méd., 9, rue de Serre. — Nancy.

*POINCARÉ, Ingén. des Mines, Maître de conf. à la Fac. des Sc. de Paris, 66, rue Gay-Lussac. — Paris.

POIRIER (J.), Aide-Natur. au Muséum, 43, avenue du Maine. — Paris.

POIRRIER, Fabr. de produits chim., 105, rue Lafayette. — Paris. — F
POIRRIER (aîné), Teintures et Apprêts, rue Clovis. — Reims.
POISSON (Baron Henry), 4, rue Marignan. — Paris. — R
*POISSON (Jules), Aide-Natur. au Muséum, 69, rue de Buffon. — Paris.
POISSONNIER (Achille), Archit., 18, avenue du Bel-Air. — Paris.
POIVRE, Avocat, Défenseur à la Cour d'appel, boulevard de la République, maison Kamoui. — Alger.
POIZAT (le Général), Comm. l'artill. — Alger. — R
POLAILLON, Prof. agr. à la Fac. de Méd., Mem. de l'Acad. de Méd., Chir. des Hôp., 6, rue de Seine. — Paris.
POLIGNAC (Prince Camille DE), route de Grasse, villa Jessie. — Cannes. F
POLIGNAC (Comte Melchior DE). — Kerbastic-sur-Gestel (Morbihan). — R.
POLIGNAC (Comte Guy DE). — Kerbastic-sur-Gestel (Morbihan). — R.
POLLET, Vétér., 20, rue Jeanne-Maillotte. — Lille.
POLLIART (Léon), Courtier, 5, rue de la Renfermerie. — Reims.
POLLOSSON (Maurice), Prof. agr. à la Fac. de Méd., 16, rue des Archers. — Lyon.
POLONY, Ing. en chef des P. et Ch. — Rochefort.
POMEL (A.), anc. Sénateur, Dir. de l'Éc. sup. des Sc. — Mustapha, près Alger.
POMIER-LAYRARGUES (Georges), Ing. — Montpellier.
*Dr POMMEROL, Cons. gén. du Puy-de-Dôme. — Gerzat (Puy-de-Dôme).
POMMEROL, Avocat, Réd. de la Revue *Matériaux pour l'hist. primit. de l'Homme*, Veyre-Mouton (Puy-de-Dôme), et 36, rue des Écoles. — Paris. — R
POMMERY (Louis), Nég. en vins, 7, rue Vauthier-le-Noir. — Reims. — F
POMMERY (Mme Louis), 7, rue Vauthier-le-Noir. — Reims.
Dr PONCET (Antonin), Prof. à la Fac. de Méd., Chir. en chef désigné de l'Hôtel-Dieu, place de l'Hôtel-Dieu. — Lyon.
PONCET (Mme), place de l'Hôtel-Dieu. — Lyon.
PONCHON, S.-Ing. des P. et Ch., rue Haute-Saint-André. — Clermont-Ferrand.
PONCIN, Chef d'institution, 8, rue des Maronniers. — Lyon.
Dr PONS. — Nérac (Lot-et-Garonne).
PONTIER (André), Pharm., 48, boulevard Saint-Germain. — Paris.
PONTZEN, Ing. civ., 4, Rue Castellane. — Paris.
PORGÈS (Charles), Banquier, 13, rue Grange-Batelière. — Paris. — R
PORTAL (Paul), Banquier. — Montauban.
PORTEVIN (H.), Ing. civ., anc. Élève de l'Éc. polytech., 2, rue de la Belle-Image. — Reims.
POTAIN, Prof. à la Fac. de Méd., Mem. de l'Acad. de Méd., 256, boulevard Saint-Germain. — Paris.
POTEL (Ernest), Ing. en chef des P. et Ch., rue Fleuriau. — La Rochelle.
POTIER, Ing. en chef des Mines, Répét. à l'Éc. polytech., 89, boulevard Saint-Michel. — Paris. — F
POTIER (Mme), 89, boulevard Saint-Michel. — Paris.
*POTRON (Ernest). — Beaumont-en-Argonne (Ardennes).
POUCHAIN (V.), Maire d'Armentières, rue du Faubourg-de-Lille. — Armentières.
*Dr POUCHET, Prof. au Muséum, Dir. du Lab. de zool. et de physiol. maritime de Concarneau, 5, rue Médicis. — Paris.
POUJADE, Prof. au Lycée de Lyon. — Lyon.
POULLAIN (Mme), 4, rue du Chaume. — Paris.
POUPINEL (Paul), 64, rue de Saintonge. — Paris. — F
POUPINEL (Jules), 8, rue Murillo. — Paris. — F
POUPINEL (Émile), 41, boulevard de Sébastopol. — Paris.
Dr POUPINEL (Gaston), 225, faubourg Saint-Honoré. — Paris. — R
Dr POUSSIÉ, 64, rue de Rivoli. — Paris. — R
Dr POUSSIÉ. — Marvéjols (Lozère).
POUSSIER (Alfred), Pharm., 4, place Eau-de-Robec. — Rouen.
Dr POUSSON (Alfred), anc. Int. des Hôp., 7, rue Villiot. — Paris.
POUYANNE, Ing. en chef des Mines, rue Rovigo, maison Chaise. — Alger. — R
Dr POUZET fils, 3, rue de Copenhague. — Paris.
POWELL (Thomas), Ing., 32, rue d'Elbeuf. — Rouen (Seine-Inférieure).
Dr POZZI, Prof. agr. à la Fac. de Méd. de Paris, Chir. des Hôp., 10, place Vendôme — Paris. — R
Dr PRADIER (Frédéric), 6, rue de la Treille. — Clermont-Ferrand.
PRALON, Ing. civ., 43, rue de Berlin. — Paris.

Prarond (Ernest), Prés. honor. de la Soc. d'émulationn d'Abbeville. — Abbeville (Somme).
Prat, Chim., 239, rue Judaïque. — Bordeaux. — **R**
Dr Pravaz, Doct. ès sc. — Sainte-Foy-la-Mulatière (Rhône).
Prax (Maurice), Avoué. — Montauban.
Preller, Nég., 5, cours de Gourgues. — Bordeaux.
Preterre (A.), Réd. en chef de l'*Art dentaire*, 29, boulevard des Italiens. — Paris.
Prevet (Ch.), Nég., 48, rue des Petites-Écuries. — Paris. — **R**
Prevost (Maurice), Mem. de la Soc. de Topogr. de France, 55, rue Claude-Bernard. — Paris.
Proust, Prof. à la Fac. de Méd., Mem. de l'Acad. de méd., Méd. de l'hôp. Lariboisière, 9, boulevard Malesherbes. — Paris.
Prouteaux (Henri), 122, avenue de Villiers. — Paris.
Prud'homme (Charles), Prop., 52, rue de Phalsbourg. — Le Havre.
*Prudon (le Général), 77, boulevard Haussmann. — Paris.
Prunier, anc. Magistrat, — au château de Brizambourg (Charente-Inférieure).
Dr Prunières. — Marvéjols (Lozère).
Puerari, 69, boulevard Haussmann. — Paris.
Pujos, 19, allées de Chartres. — Bordeaux.
*Dr Pujos (A.). Méd. princ. du Bur. de bienfais., 58, rue Saint-Sernin. — Bordeaux. — **R**
*Pulligny (Vicomte de), au château de Chesnay-sur-Ecos (Eure).
Dr Pupier, rue Strauss. — Vichy.
*Puton, Insp. gén. des Forêts, Dir. de l'Ec. forest., 12, rue Girardet. — Nancy.
Putz (le Général H.), 98, rue Saint-Merry. — Fontainebleau.
Putzeis, Prof. d'hyg. à l'Univ. de Liège, 7, boulevard d'Avroy. — Liège (Belgique).
Quatrefages de Bréau (de), Mem. de l'Institut et de l'Acad. de Méd., Prof. au Muséum, 36, rue Geoffroy-Saint-Hilaire. — Paris. — **F**
Quatrefages de Bréau (Mme de), 36, rue Geoffroy-Saint-Hilaire, Muséum. — Paris. — **R**
Quatrefages de Bréau (Léonce de), Ing. des Arts et Man., 36, rue Geoffroy-Saint-Hilaire, Muséum. — Paris. — **R**
Quef-Debièvre, Prop., 2, boulevard Louis XIV. — Lille.
Dr Quéirel, 61, rue Saint-Jacques. — Marseille.
Dr Quélet, Lauréat de l'Acad. des Sc. — Hérimoncourt (Doubs).
Quentin (Pol), Nég., 5, impasse des Romains. — Reims.
Quesné (Victor), anc. Banquier. — Elbeuf.
*Quesnel (Gustave), 10, rue Legendre. — Rouen.
Quinette de Rochemont, Ing. en chef des P. et Ch., 45, rue Sainte-Adresse. — Le Havre.
Dr Quinquaud, Prof. agr. à la Fac. de méd., Méd. des Hôp. 5, rue de l'Odéon. — Paris.
Rabaud (Alfred), Prés. de la Soc. de Géogr. de Marseille, 101, rue de Paris. — Marseille.
Rabot, Doct. ès sc., Pharm., Prés du Cons. d'hyg. du départ. de Seine-et-Oise, 33, rue de la Paroisse. — Versailles.
Rabourdin (Charles), Archit. du départ. du Loiret, 1, rue des Anglais. — Orléans.
Rabourdin (Lucien), Prof. d'économie polit., 50, rue des Écoles. — Paris.
Rachel (Edmond), Nég., 2, rue du Marc. — Reims.
*Rachon (l'Abbé Prosper), anc. Prof. à l'Acad. romaine. — Hams, par Longuyon (Meurthe-et-Moselle).
Raclet (Joannis), Ing. civ., 10, place des Célestins. — Lyon. — **R**
Dr Rafaillac. — Margaux (Gironde).
*Raffalovich (Arthur), Publiciste, Mem. du Cobden Club, 43, rue de Courcelles. — Paris.
Raffard, Ing. civ., 16, rue Vivienne. — Paris. — **R**
Ragain (Gustave), Prof. au Lycée et à l'Éc. de Com. et d'Indust., 42, rue de Ségalier. — Bordeaux.
Ragonot (E.), Banquier, anc. Prés. de la Soc. entomolog. de France, 12, quai de la Râpée. — Paris.
Ragot (J.), Ing. civ., Administ. délégué de la Sucrerie de Meaux. — Villenoy, près Meaux (Seine-et-Marne).
Raillard, Insp. gén. des P. et Ch., 7, rue Fénelon. — Paris.
Raimbault (Paul), Pharm. de 1re classe, 38, rue des Lices. — Angers.
*Dr Raimbert. — Châteaudun.
Dr Raingeard, Prof. suppl. à l'Éc. de Méd., 1, Place Royale. — Nantes. — **R**
Rambaud (Alfred), Maître de conf. à la Fac. des Lett., 76, rue d'Assas. — Paris. — **R**
Rames (J.-B.), Pharm. et Géol. — Aurillac (Cantal).

Dr Rames (J.), rue d'Aurcigues. — Aurillac (Cantal)
Ramon, Chef du serv. du matériel et de la traction. — Gisors (Eure).
*Rampont (Henri), Avocat. — Toul (Meurthe-et-Moselle).
*Rampont, Avoué, 1, place de l'Académie. — Nancy.
Dr Ranque (Paul), 13, rue Champollion. — Paris.
Dr Ranse (de), Correspond. de l'Acad. de Méd., Réd. en chef de la *Gazette médicale*, 85, avenue Montaigne. — Paris.
Raoult (François), Prof. à la Fac. des Sc., 2, rue des Alpes. — Grenoble.
Dr Rattel, 149, rue Montmartre. — Paris.
Dr Raugé (P.), villa des Épis, 7, rue de Paris. — Nice.
Raulet (Lucien), 93, rue Nollet. — Paris.
Raynal, Nég., 12, rue Vauban. — Bordeaux.
Reber (Jean), Chim., maire de Houlme. — Au Houlme (Seine-Inférieure).
Reboul (le Colonel), 52, boulevard Eugène. — Neuilly (Seine).
Récipon (Émile), Prop., Député des Alpes-Maritimes, 39, rue Bassano. — Paris. — F
Dr Reclus, Prof. agr. à la Fac. de Méd., 9, rue des Saints-Pères. — Paris.
Reclus (Élisée), Géogr. — Clarens (Vaud-Suisse).
Reclus (Onésime), Géogr. — Pavillon Chaintreauville, par Nemours (Seine-et-Marne).
*Dr Redard, 4, rue du Mont-Blanc. — Genève.
*Dr Reddon, Méd. résident à la villa Penthièvre. — Sceaux (Seine).
Redier (A.), Constr. d'instr. de précision, 8, cour des Petites-Écuries. — Paris.
Dr Régis (Emmanuel), anc. Chef de clin. des maladies mentales à la Fac. de Méd. de Paris, Méd. de la maison de santé de Castel d'Andorte. — Bouscat (Gironde).
Dr Regnard (Paul), Prof. à l'Institut nat. agronom., 50, boulevard Saint-Michel. — Paris.
Reich (Louis), Agricult. — L'Armillière, par le Sambuc (Bouches-du-Rhône).
Reignier (Alexandre), Méd. consultant, place Rosalie. — Vichy.
Reille (Baron), Député du Tarn, 10, boulevard de Latour-Maubourg. — Paris. — R
Reille (le Vicomte), anc. Député, 8, boulevard de Latour-Maubourg. — Paris. — R
Reimonenq (Charles), ex-Chef de sect. de la voie au chem. de fer du Midi, dom. du Bastard. — La Tresne (Gironde).
Reinach, Banquier, 31, rue de Berlin. — Paris. — F.
Reinwald, Libraire, 15, rue des Saints-Pères. — Paris.
Reinwald (Mme), 15, rue des Saints-Pères. — Paris.
Dr Reliquet, 17, boulevard de la Madeleine. — Paris. — R
Remerand, Pharm. — Fontenay-le-Comte (Vendée).
*Rémond, Prosec. à la Fac. de Méd., 11, rue Mazagran. — Nancy.
Rémy (Ch.), Prof. agr. à la Fac. de Méd., 74, rue de Rome. — Paris.
*Rémy, Prof. agr. à la Fac. de Méd., 125, rue Saint-Dizier. — Nancy.
Rémy (Auguste) fils, Nég. — Saultain (Nord).
Remy-Taneur, Imprim. en taille douce, 38, rue Lacépède. — Paris.
Renard (Charles), Dir. gén. de la Comp. d'exploit. des Minerais de Rio-Tinto. — L'Estaque (Bouches-du-Rhône). — F
Renard, Capitaine du Génie, au haras du Chalet. — Meudon (Seine-et-Oise).
Renard, Chim., Prof. à l'Éc. sup. d'industrie de Rouen, 37, rue du Contrat-Social. — Rouen.
Renard (Soulange), Banquier, 10, avenue de Messine. — Paris.
Renard et Villet, Teinturiers. — Villeurbanne (Rhône).
Renaud (Georges), Dir. de la *Revue géographique internationale*, Prof. d'économie polit., de législ. et de géogr. aux Éc. sup. de la ville de Paris, 76, rue de la Pompe. — Paris-Passy.
Renaud (Paul), Constr.-Mécan., prairie de Mauves. — Nantes.
Renault (E.), Fabr. de tissus imprimés, 6, rue aux Juifs. — Darnétal, près Rouen.
Renault, Doct. ès sc., Aide-Natural. au Muséum, 1, rue de la Collégiale. — Paris.
Renaut (Joseph), Prof. à la Fac. de Méd., 6, rue de l'Hôpital. — Lyon.
Rénier, Recev. des Fin. — Issoire (Puy-de-Dôme).
Renou (E.), Dir. de l'Observ. du parc Saint-Maur. — Parc Saint-Maur (Seine).
Renouard fils (Alfred), Filateur, 46, rue Alexandre-Leleux. — Lille. — F
Renouard (Mme Alfred), 46, rue Alexandre-Leleux. — Lille. — F
Renouard-Béghin, Filateur et Fabr. de toiles, 3, rue à Fiens. — Lille.
Renouvier (Charles) — La Verdette, près le Pontet, par Avignon (Vaucluse). —
Renversé, S.-Intend. milit. en retraite, 49, rue Naujac. — Bordeaux.
Rérolle (Louis), 125, boulevard Saint-Michel. — Paris.
Rettig (Fritz), Chim., maison Heilmann et Cie. — Mulhouse.

*Reus Prof. adj. à l'Éc. forest., 5, rue Mazagran. — Nancy.
Revaux (G.), Ing., 104, rue Lafayette. — Paris.
Revilliod (Hippolyte), Doct. en droit, anc. Élève de l'Éc. des Sc. polit., Avocat, rue Villars. — Grenoble.
Revoil, Archit. des monum. histor., Mem. corresp. de l'Institut, avenue Feuchères. — Nîmes.
Revot (Adolphe), Manufact., 9, rue Saint-Pierre-les-Dames. — Reims.
Rey (Louis), Ing., 77, boulevard Excelmans. — Paris. — R.
Dr Rey (Armand), Dir. de l'établiss. thermal. — Bouquéron-les-Bains, près Grenoble.
Rey-Lescure, Mem. de la Soc. géolog. de France, 73, rue Pargaminière. — Toulouse.
Reynaud (G.), Manufac. — Betheniville (Marne).
Dr Reynier, Prof. agr. à la Fac. de Méd., Chir. des Hôp., 11, rue de Rome. — Paris.
Dr Riant, Méd. de l'Éc. norm. du départ. de la Seine, 138, rue du Faubourg-Saint-Honoré. — Paris.
Riaz (Auguste de), Banquier, 10, quai de Retz. — Lyon. — F
Dr Riban, Dir. adj. au Lab. d'enseig. chimique et des Hautes Études à la Sorbonne, 85, rue d'Assas. — Paris.
Ribero de Souza Rezende (le Chevalier S.), Poste restante. — Rio-Janeiro (Brésil). — R
Ribot, Avocat, anc. Député du Pas-de-Calais, 65, rue Jouffroy. — Paris.
Ribourt (le Général), 17, rue François 1er. — Paris. — R
Ricard (Louis), Avocat, Maire de Rouen, Mem. du Cons. gén. de la Seine-Inférieure, 210, rue Beauvoisine. — Rouen.
Richard, Chim., 13, rue Crévier. — Rouen.
Richard (J.), Entrep. — Arles (Bouches-du-Rhône).
Richard (Maurice), Maire de Millemont, Cons. gén. de Seine-et-Oise, 33, rue de Prony. — Paris.
*Dr Richard. — Châlons-sur-Marne.
Richard, Fabr. d'instr. de phys., 8, impasse Fessard. — Paris.
Dr Richardière (Henri), anc. Int. des Hôp. de Paris, 167, boulevard Saint-Germain. — Paris
Dr Richer (Paul), Chef de Lab. à la Fac. de Méd., 15, rue Soufflot. — Paris.
Richet (Ch.), Prof. agr. à la Fac. de Méd. de Paris, 15, rue de l'Université. — Paris.
Ricome (P.), Pharm. — Massillargues (Hérault).
Dr Ricord, Mem. de l'Acad. de Méd., 6, rue de Tournon. — Paris. — F
Ridder (G. de), 6, avenue du Coq. — Paris.
*Rieder (Jacques), Ing. E. C. P. — Vesserling (Alsace).
Rieumal, Nég., 6, rue de Mulhouse. — Paris. — R
Dr Rigabert. — Saacy (Seine-et-Marne).
Rigaud (Ad.), Nég., Cons. mun., 49, quai de Béthune. — Lille.
Rigaud, Fabr. de produits chim., 8, rue Vivienne. — Paris. — F
Rigaud (Mme), 8, rue Vivienne. — Paris. — F
Rigaut (E.), Filateur, rue Sainte-Marie. — Fives-Lille.
Rigel (Jérôme), chez M. Fauvel, 10, boulevard Bonne-Nouvelle. — Paris.
Rigout, Chim. à l'Éc. des Mines, 60, boulevard Saint-Michel. — Paris. — R
Rilliet, 8, rue de l'Hôtel-de-Ville. — Genève (Suisse). — R
Risler (Charles), Chim., Maire du VIIe arrondiss. de Paris, 39, rue de l'Université. — Paris. — F
Risler (Eugène), Dir. de l'Institut nat. agronom., 35, rue de Rome. — Paris. — R
Rispal, Nég., 200, boulevard de Strasbourg. — Le Havre.
*Riston (Victor), Doct. en droit. — Malzéville (Meurthe-et-Moselle).
*Rivière (Émile), Publiciste, 50, rue de Lille. — Paris.
Robert (Édouard), anc. Élève de l'Éc. norm., Prof. au Lycée, 16, rue du Manège. — Montpellier.
Robert (Gabriel), Avocat, 6, quai de l'Hôpital. — Lyon. — R.
Robert, Juge d'inst., 21, rue Sébastopol. — Tours.
Robert (Auguste), Ing., Cons. mun., 3, rue Villars. — Grenoble.
*Robert (E.), 29, quai de Bourgogne. — Bordeaux.
*Roberts (Ferdinand de), Mem. de l'Acad. Stanislas, villa de la Pépinière. — Nancy.
Robin (Alphonse), 60, rue Saint-Joseph. — Lyon.
Robin, Banquier, 38, rue de l'Hôtel-de-Ville. — Lyon. — R
Robin (Louis), 157, boulevard Haussmann. — Paris.
Robineau, anc. Avoué, Lic. en droit, 78, rue Lafayette. — Paris. — R
Robineaud, Pharm., 12, rue Cornac. — Bordeaux.

Robinet, Chim. — Épernay (Marne).
*Rocaché, Ing. civ., 9, rue des Taillandiers, 5, passage des Taillandiers. — Paris.
Rochambeau (de), Prés. de la Soc. archéolog. du Vendômois, 51, rue de Naples. — Paris.
*Rochard (Jules), Insp. gén. du serv. de Santé de la Marine, Mem. de l'Acad. de Méd., 4, rue du Cirque. — Paris.
Roche (Léon). — Oradour-sur-Vayres (Haute-Vienne).
Roche (Louis), 103, rue de la Croix blanche. — Bordeaux.
Rochebillard (Paul), 3, rue du Rivage. — Roanne.
Rocher, Avocat, Mem. de la Soc. de Méd. légale, 71, rue de la Victoire. — Paris.
Rochette (de la), Maître de forges (Hauts Fourneaux et Fonderies de Givors), 4, place Gensoul. — Lyon. — F
Rodanet (Lucien), V.-Cons. des Pays-Bas. — Chalet-la-Guadeloupe, par Royan-sur-Mer.
Rœderer (Théophile), Nég. en vins de Champagne, 104, rue des Capucins. — Reims.
Roehrig, Prof. à l'Éc. de Com. et d'Indust., 66, rue Saint-Sernin. — Bordeaux.
*Rogé, Maître de forges, Prés. de la Ch. de com. — Pont-à-Mousson.
Rogelet (Camille), Manufac., 18, boulevard du Temple. — Reims.
Rogelet (Edmond), Manufac., 3, rue du Marc. — Reims.
Rogelet (Charles), Manufac., 9, rue Ponsardin. — Reims.
Roger (Henri), Mem. de l'Acad. de Méd., Prof. agr. à la Fac. de Méd., 15, boulevard de la Madeleine. — Paris. — R
Dr Roger (J.), 108, boulevard François Ier. — Le Havre.
*Roger (A.), rue Croix-de-Bussy. — Épernay.
Rohart (Gaston), 44, rue Chabaud. — Reims.
Rohden (C. de), 189, rue Saint-Maur. — Paris. — R
*Dr Rohmer, Prof. agr. à la Fac. de Méd. de Nancy, 8 *ter*, rue des Ponts. — Nancy.
Roig-Torrès, Dir. de la *Cronica cientifica*, 26, rue Claris. — Barcelone (Espagne).
Roland (H.), Ing. en chef de l'Assoc. normande des prop. de machines à vapeur, 3, rue Jeanne-d'Arc. — Rouen.
*Rolland (G.), Ing. des Mines, 49, avenue d'Antin. — Paris.
Rolland (L.), Fabr. de produits chim., 19, Grande-Rue. — Montrouge (Seine).
Dr Rollet, Prof. à la Fac. de Méd. de Lyon, ex-Chir. en chef de l'Antiquaille, 41, rue Saint-Pierre. — Lyon.
Rollez (G.), 24, boulevard de la Liberté. — Lille.
Rollin (Albert), Ing. des Arts et Man., 20, rue Saint-Jacques. — Rouen.
Roman (E.), Ing. des P. et Ch., 3, rue Barbecanne. — Périgueux.
Romero (D. Vicente de), Député au Parl. espagnol, 11, Puerta Ferrisa. — Barcelone (Espagne).
Romilly (de), 22, rue Bergère. — Paris. — F
Dr Rondeau, Prépar. des trav. de physiol. à la Fac. de Méd., 34, rue de la Pompe. — Paris-Passy.
Rondeaux (Fernand), Fabr. d'indiennes au Houlme. — Le Houlme par Malaunay (Seine-Inférieure).
Rondet, Pharm., 45, avenue de l'Observatoire. — Paris.
Ronna (A.), Ing., Secr. du comité de la Soc. autrichienne I. R. P. des chem. de fer de l'État, 25, rue de Grammont. — Paris.
Roosmalen (E. de), Dir. de l'Éc. d'Agr. du Pas-de-Calais. — Berthonval, par Mont-Saint-Éloi, près Arras (Pas-de-Calais).
Roquette-Buisson (le Comte de), Trés.-Payeur gén. — Perpignan.
Rosenstiehl (Auguste), 114, route de Saint-Leu. — Enghien (Seine-et-Oise).
Roset (Henri), Pharm., Fabr. de produits chim. — Eutumia-en-Parame (Ille-et-Vilaine).
Rothschild (Baron Alphonse de), 2, rue Saint-Florentin. — Paris. — F
Rouart (H.), anc. Élève de l'Éc. polytech., 137, boulevard Voltaire. — Paris.
Rouault (François), Prof. départemental d'agr. — Grenoble.
Rouch (Germain), Lic. ès sc. nat., 2, rue de l'Hospice-Saint-Joseph. — Béziers.
Rouchy (l'Abbé), Curé. — Chastel par Murat (Cantal).
Rougerie (Mgr P. E.), Évêque. — Pamiers (Ariège).
Rouget (Paul), Ing., Dir. de la Comp. du gaz de Brest, 38, rue de Berri. — Paris.
Rouget, Insp. gén. des Fin., 42, rue d'Amsterdam. — Paris. — R
Dr Rougier. — Arcachon.
Rouher (Gustave). — Château de Creil (Oise).
Rouit, Ing. en chef de la Comp. du Médoc, 38, rue Calvé. — Bordeaux.
Roumazeilles, Vétér. — Bernos, près Bazas (Gironde).

Roumieu, Nég., 34, allées de Tourny. — Bordeaux.
Dr Roussel (Théophile), Sénateur, Mem. de l'Acad. de Méd., 64, rue des Mathurins. — Paris. — F
Roussel (Jules), Nég., avenue Plateforme. — Nîmes (Gard).
Roussel, Chim., 13, rue Neuve. — Clermont-Ferrand.
Dr Roussel (J.), 26, boulevard des Italiens. — Paris.
*Dr Roussel (Pierre), 11 rue des Michottes. — Nancy.
Rousselet (L.), Archéol., 126, boulevard Saint-Germain. — Paris. — R
Rousselet, S.-Insp. des Forêts. — Saint-Gobain (Aisne).
Rousselier (Jean), Dir. de la Soc. des charbons agglom. du Sud-Est, 18, rue de la République. — Marseille.
Rousset (Alfred), Prof. au Lycée, 4, rue Vicat. — Grenoble.
Roussille (Albert), Chim. expert, 40, rue Truffaut. — Paris.
Dr Roustan, 58, rue d'Antibes. — Cannes.
Dr Rouveix (M.). — Saint-Germain-Lembron.
Rouvier, Cons. gén. — Surgères.
Rouvière (A.), Ing. civ. et Prop. — Mazamet (Tarn). — F
Rouvière (Léopold), Pharm. — Avignon.
Rouville (P. de), Doyen de la Fac. des Sc. — Montpellier.
Roux, Imprim., 21, rue Centrale. — Lyon.
Roux (Ph.), 138, rue Amelot. — Paris.
Rouyer (L.), Nég., 27, rue David. — Reims.
Roy, Pharm., V.-Prés. de la Soc. de Pharm. de Seine-et-Marne. — Melun.
Rozey (Émile), Nég., 18, rue de l'Assomption. — Paris.
*Dr Ruault, 127, boulevard Saint-Germain. — Paris.
Rubino (Alfred), Prop., 11, rue du Minage. — La Rochelle.
Ruch (Alphonse), 29, rue Sévigné. — Paris.
Ruffin (A.), Pharm. de 1re classe, 80, rue de la Tour-d'Ordre. — Boulogne-sur-Mer.
Rumpler (Théophile), V.-Prés. de la Soc. de protection des Alsaciens-Lorrains demeurés Français, 8, rue Beauregard. — Paris.
*Ruttinger (Ernest), 8, place de l'Académie. — Nancy.
Dr Sabatier, rue de la Coquille. — Béziers (Hérault).
Sabatier (Armand), Prof. à la Fac. des Sc. de Montpellier. — Montpellier. — R
Dr Sabatier-Desarnaud. — Béziers (Hérault).
Sabin-Boulet, 30, rue Abel-de-Pujol. — Valenciennes.
Sacaze (Julien), Avocat, Prés. de la Soc. des Études du Comminges, Pyrénées centrales. — Saint-Gaudens (Haute-Garonne).
*Dr Sadler (A.), Chef des trav. histolog. à la Fac. de Méd. — Nancy.
*Sadoul, Proc. gén. à la Cour d'appel, 106, rue Saint-Dizier. — Nancy.
Saget, Dir. de la Banque de France. — Tours.
*Saglier, Prépar. à la Fac. des Sc., 12, rue d'Enghien. — Paris.
*Sagnier (Henri), Secr. de la réd. du *Journal de l'Agriculture*, 2, carrefour de la Croix-Rouge. — Paris.
Saignat (Léo), Prof. à l'Éc. de Droit, 24 *bis*, rue du Temple. — Bordeaux.
*Saillard (Camille), Avocat, avoué, Prés. de la Comm. météorolog. de l'Aube, 17, rue Thiers. — Bar-sur-Seine (Aube).
Saint-Joseph (Baron de), 23, rue François Ier. — Paris.
*Saint-Laurent (de), Avocat, 128, cours des Fossés. — Bordeaux.
Saint-Loup, Prof. à la Fac. des Sc. — Clermont-Ferrand.
Saint-Martin (Charles de), 89, boulevard Montparnasse. — Paris. — R
Saint-Olive (G.), Banquier, 13, rue de Lyon. — Lyon. — R
Saint-Ouen (Fernand de), Prop., rue Notre-Dame. — Valenciennes.
Saint-Paul de Sainçay, Dir. de la Soc. de la Vieille-Montagne, 19, rue Richer. — Paris. — F
Saint-Quentin, Prof. au Collège. — Laon.
Saint-Requier, Ing., 4, avenue Lalauzière. — Asnières (Seine).
Dr Sainte-Rose-Suquet, 3, rue des Pyramides. — Paris. — R
Saint-Venant, S.-Insp. des Forêts. — Bourges.
Salanson (A.), Dir. de l'usine à gaz. — Nîmes.
Salavert-Pelletreau (J.-Émile), Prop. — Tonneins (Lot-et-Garonne).
Salet (Georges), Prépar. à la Fac. de Méd., 120, boulevard Saint-Germain. — Paris. — F
Salet (Mme), 120, boulevard Saint-Germain. — Paris.
Salier (François). — Moissac (Tarn-et-Garonne).

Salle (Adolphe), Nég., 61, pavé des Chartrons. — Bordeaux.
Salleron, Constr., 24, rue Pavée (au Marais). — Paris. — F
*Salmon (Ph.), Avocat, V.-Prés. de la Commission des monum. mégalithiques, 29, rue Le Peletier. — Paris.
Salomon (Georges), Ing. civ. des Mines, 30, boulevard Malesherbes. — Paris.
Salvago (Nicolas), 15, place Malesherbes. — Paris.
Salvert de Bellenave (de), Ing. de la Marine, 18, boulevard Bonne-Nouvelle. — Paris.
Samary (Paul), Ing., Archit. en chef de la Ville, 31, rue Mogador. — Alger.
Samazeuilh (Fernand), Avocat, 6, cours du Jardin-public. — Bordeaux.
Samuel (Émile), Manufac. — Neuville-sur-Saône.
*Saporta (le Marquis de), Corresp. de l'Institut. — Aix-en-Provence et l'été à Fonscolombe, par le Puy-Sainte-Réparade (Bouches-du-Rhône).
*Saporta (Le Comte Antoine de), 29, rue de la Loge. — Montpellier.
Saporta (Mme la Comtesse A. de), 29, rue de la Loge. — Montpellier.
*Sar (Georges), Élève de l'Éc. polytech. — Paris.
Sarazin (Edmond), Lic. ès sc. — Genève.
Sarcey (Francisque), 59, rue de Douai. — Paris.
Sarradin (Émile), Trés. de l'Assoc. polytech. nantaise, 22, boulevard Delorme. — Nantes.
Saunion (Alexandre), Nég., rue des Ormeaux. — La Rochelle.
Saury (J.), Pharm. — Aurillac (Cantal).
Dr Sauvage (Émile), Dir. de la station aquicole, 9, rue Tour-Notre-Dame. — Boulogne-sur-Mer.
Sauvage, Pharm., 11, rue Scribe. — Paris.
Dr Savatier. — Beauvais-sur-Matha (Charente-Inférieure).
Savé, Pharm. — Ancenis (Loire-Inférieure).
Say (Léon), Sénateur, anc. Minist. des Fin., 21, rue Frenel. — Paris. — F
Schaeffer (Gustave), Chim. — Dornach (Haut-Rhin).
Scheube (Henri), Rentier, 75, boulevard de Strasbourg. — Paris.
Scheurer-Kestner, Sénateur, 57, rue de Babylone. — Paris. — F
*Schlagdenhaufen, Dir. de l'Éc. sup. de Pharm., 51, rue de Metz. — Nancy.
Schlotfeldt (Frédéric), Dir. de l'usine à gaz. — Montpellier.
*Schlumberger (Charles), Ing. des Constr. navales, en retraite, 54 *bis*, rue du Four-Saint-Germain. — Paris. — R
*Schlumberger (Mme Charles), 54 bis, rue du Four-Saint-Germain. — Paris.
Schlumberger (Mlle), 54 bis, rue du Four-Saint-Germain. — Paris.
*Schlumberger (Donald). — Mulhouse (Alsace).
*Schmid (Ernest), Maître de verreries. — Vannes-le-Châtel (Meurthe-et-Moselle).
*Schmit (E.), Pharm., 34, rue Saint-Jacques. — Châlons-sur-Marne.
*Schmitt, Pharm. princ. à la Pharmacie centr. des hôp. milit., 160, rue de l'Université. — Paris.
*Schmitt (Ernest), Prof. de chim. à la Fac. libre des Sc., Prof. de chim. et de pharm. à la Fac. libre de Méd. — Lille.
*Dr Schmitt, Prof. agr. à la Fac. de Méd., 51, rue Chanzy. — Nancy.
*Schmitt (Henri), Pharm., 2, route de Flandre. — Paris.
Schmol (Charles), 132, rue de Turenne. — Paris.
Schoelaub (Auguste), Agent d'assurance. — Altkirch (Alsace).
Dr Schœlhammer. — Mulhouse (Alsace).
Schœlhammer (Paul), Chim. chez MM. Scheurer, Rott et Cie. — Thann (Alsace).
Schoengrun, Mem. de la Ch. de com., 28, place Gambetta. — Bordeaux.
Schrader père, anc. Dir. des clas. de la Soc. philomath., 10, rue Barennes. — Bordeaux. — F
Schrader (Frantz), Mem. de la Dir. centr. du Club Alpin, 75, rue Madame. — Paris.
*Dr Schuhl, 29, rue des Ponts. — Nancy.
Schutzenberger, Prof. au Coll. de France, Mem. de l'Acad. de Méd., 53, rue Claude-Bernard. — Paris.
*Schwab (Fernand), Ing. des Arts et Man., 11, rue Saint-Nicolas. — Nancy.
Dr Schwartz, 122, boulevard Saint-Germain. — Paris.
Dr Schwéhisch, 55, rue du Cherche-Midi. — Paris.
Schwérer (Pierre-Alban), Notaire, 3, rue Saint-André. — Grenoble. — R
Schwob, Dir. du *Phare de la Loire*, 6, rue Héronnière. — Nantes.
Scrive (Désiré), Nég., 1, rue des Lombards. — Lille.
Scrive-Loyer, Manufac., 27 *bis*, rue du Vieux-Bourg. — Lille.

Sebert (H.), Colonel d'artill. de la Marine, 13, rue de la Cerisaie. — Paris.
Secrestat, Nég., 34, rue Notre-Dame. — Bordeaux.
*Secretant (Georges), Ing.-Optic., 13, rue du Pont-Neuf. — Paris.
Sédillot (Maurice), Entomolog., Mem. de la Comm. scientif. de Tunisie, 20, rue de l'Odéon. — Paris. — **R**
Sée (Marc), Mem. de l'Acad. de Méd., Prof. agr. à la Fac. de Méd. de Paris, 126, boulevard Saint-Germain. — Paris.
Sée (Paul), Ing. civ. — Lille.
Segrestaa (Maurice), 25, allées de Chartres. — Bordeaux.
Segretain, Colonel, Dir. du Génie. — Grenoble. — **R**
Séguin (Paul), Ing., quai des Étroits. — Bellerive, par Lyon.
Séguin (L.), Dir. de la Comp. du Gaz du Mans, Vendôme et Vannes, à l'usine à gaz. — Le Mans.
Dr Seguy, boulevard Séguin. — Oran.
Seiler (Antonin), Juge d'inst. — La Châtre (Indre).
Seiler (Albert), Ing., 17, rue Martel. — Paris.
Dr Seiler (M.), 26, boulevard Magenta. — Paris.
Seignouret (P.-E.), anc. Élève de l'Éc. polytech., 26, cours du xxx Juillet. — Bordeaux.
Selleron (E.), Ing. des Constr. navales, 18, rue Esprit-des-Lois. — Bordeaux. — **R**
Selleron-Koechlin (Ernest) père, Nég., 76, rue de la Victoire. — Paris.
Sélys-Longchamps (Walther de). — Halloy près Ciney (Belgique).
Senart (E.), 22, rue Grande-Étape. — Châlons-sur-Marne.
Sentini, Pharm., Prés. de la Soc. de Pharmacie de Lot-et-Garonne. — Agen.
Serre (Gaston de), Mem. de la Soc. géolog. de France, 8, rue Las-Cases. — Paris.
Serre (Fernand), Avocat, 2, rue Levat. — Montpellier.
*Serre, Prem. Prés. de la Cour d'appel, 4, rue Girardet. — Nancy.
Serres (de), V.-Prés. du Comité de dir. de la Soc. autrichienne I. R. priv. des chem. de fer de l'État, Park Ring. — Vienne (Autriche). — 23, rue de Grammont. — Paris.
Dr Servajan, Insp. des Eaux minérales de Saint-Alban, Entrepôt des Eaux minérales. — Saint-Alban (Loire).
Dr Servantie, Pharm., 29, rue Margaux. — Bordeaux.
Serve (Élie), Notaire. — Saint-Pourçain (Allier).
Servier (Aristide-Édouard), Ing. des Arts et Man., Dir. de la Comp. du gaz de Metz, 2, rue Hippolyte-Lebas. — Paris. — **R**
Dr Seuvre, 9, rue du Bourg-Saint-Denis. — Reims.
Sévenne, Prés. de la Ch. de com., 1, rue de Lyon. — Lyon.
Seynes (Léonce de), 58, rue Calade. — Avignon. — **R**
Seynes (de), Agr. à la Fac. de Méd., 15, rue Chanaleilles. — Paris. — **F**
Seyrig, Ing. civ., 147, avenue de Wagram. — Paris.
Dr Sezary, Méd. de l'hôp. civ., 8, rue Vialar. — Alger.
Sibour (Auguste), Cap. de vaisseau. — Salon (Bouches-du-Rhône).
Sicard, Chef de sect. aux chem. de fer de l'État. — La Roche-sur-Yon (Vendée).
Sicard (H.), Prof. à la Fac. des Sc., 2, place Kléber. — Lyon.
Dr Sicard (Léonce), 4, rue Montpelliéret. — Montpellier.
Sicard (H.), Pharm. de 1re classe. — Béziers (Hérault).
Siébert, 23, rue Paradis-Poissonnière. — Paris. — **F**
Siegfried (Jacques), Banquier, 1, rue de Choiseul. — Paris.
Siégler (Ernest), Ing. des P. et Ch., Ing. princ. des chem. de fer de l'Est, 8, rue Noël. — Reims. — **R**
Dr Signez, 136, boulevard Voltaire. — Paris.
*Silva (R.-D.), Prof. à l'Éc. cent. et à l'Éc. mun. de Phys. et de Chim. indust., 26, rue de la Harpe. — Paris. — **F**
Simon, Bijoutier. — Rodez (Aveyron).
Simon (A.-B.), Ing., Dir. des mines de Graissessac, 12, rue du Clos-René. — Montpellier.
Simon, Pharm., 36, rue de Provence. — Paris.
*Simon (Léon), Prés. de la Soc. centr. d'Hortic., 29, rue de la Ravinelle. — Nancy.
*Simon, Prof. agr. à la Fac. de Méd., 23, place Carrière. — Nancy.
Simonnet (Camille), Filateur, 28-30, rue de Courcelles. — Reims.
*Simoutre (l'Abbé), Prof. au grand Séminaire, rue de Strasbourg. — Nancy.
Sindico (Pierre), Peintre, 7, rue Garreau (Montmartre.) — Paris. — **R**
Dr Sinety (de), 10, rue de la Chaise. — Paris.

SINOT, Nég. — Cette.
SIRAND (Pierre), Pharm., 4, rue Vicat. — Grenoble.
Dr SIREDEY (François), Méd. de l'hôp. Lariboisière, 23, rue Saint-Lazare. — Paris.
SIRET (Eugène), Réd. du *Courrier de la Rochelle*, place de la Mairie. — La Rochelle.
*SIRODOT (Simon), Corresp. de l'Institut, Doyen de la Fac. des Sc. de Rennes. — Rennes.
SIVRY (P.), Chef de bur. au Crédit foncier de France, 34, rue de l'Ouest. — Paris.
SKOUSÈS (Paul). — Athènes (Grèce).
Dr SMESTER, 31, rue de Naples. — Paris.
SOCIÉTÉ anonyme des Houillères de Montrambert et de la Béraudière. — Lyon. — F
SOCIÉTÉ nouvelle des Forges et Chantiers de la Méditerranée, 1 et 3, rue Vignon. — Paris. — F
SOCIÉTÉ des Ingénieurs civils, 10, cité Rougemont. — Paris. — F
*SOCIÉTÉ des anciens Élèves des Écoles nationales d'Arts et Métiers, 36, rue Vivienne. — Paris.
SOCIÉTÉ de Géographie d'Oran. — Oran.
SOCIÉTÉ des Beaux-Arts, des Sciences et des Lettres, rue du Marché. — Alger.
SOCIÉTÉ académique de la Loire-Inférieure. — Nantes. — R
SOCIÉTÉ philomathique de Bordeaux. — R
SOCIÉTÉ centrale de Médecine du Nord. — Lille. — R
SOCIÉTÉ des Sciences naturelles de la Charente-Inférieure, représentée par M. Beltremieux, Officier de l'Instruction publique. — La Rochelle.
*SOCIÉTÉ franco-hispano-portugaise de Toulouse. — Toulouse.
SOCIÉTÉ d'Agriculture de l'Indre, place du Marché-aux-Blés. — Châteauroux.
SOCIÉTÉ de Médecine de Saint-Étienne et de la Loire. — Saint-Étienne (Loire).
SOCIÉTÉ d'Émulation du Doubs. — Besançon.
SOCIÉTÉ de Médecine et de Chirurgie de Bordeaux.
SOCIÉTÉ de Médecine et de Chirurgie. — La Rochelle.
SOCIÉTÉ des Sciences physiques et naturelles, rue Montbazon. — Bordeaux. — R
SOCIÉTÉ des Sciences médicales de Lyon.
SOCIÉTÉ des Sciences et Arts de Vitry-le-François.
SOCIÉTÉ des Sciences physiques et naturelles de Toulouse, 5, rue Moulins-Bayard. — Toulouse.
SOCIÉTÉ d'Agriculture, Industrie, Sciences, Arts, Belles-Lettres du département de la Loire. — Saint-Etienne.
SOCIÉTÉ polymathique du Morbihan. — Vannes.
SOCIÉTÉ de Pharmacie de Bordeaux, 5, rue Pélegrin. — Bordeaux.
SOCIÉTÉ d'Agriculture, Commerce, Sciences et Arts du dépt de la Marne. — Châlons.
SOCIÉTÉ Ramond. — Bagnères-de-Bigorre.
SOCIÉTÉ nationale des Sciences naturelles et mathématiques de Cherbourg. — Cherbourg.
SOCIÉTÉ d'Études des Sciences naturelles. — Béziers.
SOCIÉTÉ industrielle d'Amiens. — Amiens. — R
SOCIÉTÉ d'Agriculture, Belles-Lettres, Sciences et Arts. — Poitiers.
SOCIÉTÉ linnéenne de Bordeaux, 39, rue David-Johnston. — Bordeaux.
SOCIÉTÉ française d'Hygiène (Président de la), 30, rue du Dragon. — Paris.
SOCIÉTÉ des Sciences, de l'Agriculture et des Arts de Lille. — Lille.
SOCIÉTÉ de Géographie, 184, boulevard Saint-Germain. — Paris. — R
SOCIÉTÉ des Pharmaciens des Bouches-du-Rhône, 25, rue de l'Arbre. — Marseille.
SOCIÉTÉ de Statistique, 4, rue d'Arcole. — Marseille.
SOCIÉTÉ des Sciences de Nancy. — Nancy.
SOCIÉTÉ industrielle de Reims. — Reims. — R
SOCIÉTÉ médicale de Reims. — Reims. — R
SOCIÉTÉ de Pharmacie de Paris, École de pharmacie, avenue de l'Observatoire. — Paris.
SOCIÉTÉ de Lecture de Lyon, 37, rue de la Bourse. — Lyon.
SOCIÉTÉ de Statistique, Sciences, Lettres et Arts des Deux-Sèvres. — Niort.
SOCIÉTÉ médico-pratique de Paris, place Beaudoyer, mairie du IVe arrondissement. — Paris. — R
SOCIÉTÉ d'économie politique de Lyon, 12, rue de la Bourse. — Lyon.
SOCIÉTÉ française de Photographie, 20, rue Louis-le-Grand. — Paris.
SOCIÉTÉ GÉNÉRALE des Téléphones, 41, rue Caumartin. — Paris. — F
SOCIÉTÉ des Sciences et des Lettres de Loir-et-Cher. — Blois.
*SOCIÉTÉ de Pharmacie de Lyon. — Lyon.
SOCIÉTÉ Botanique de Lyon, Palais des Beaux-Arts, place des Terreaux. — Lyon.
SOCIÉTÉ Médicale de Jonzac. — Jonzac.

Société de Géographie de Toulouse. — Toulouse.
Société française des Amis de la Paix, 8, rue Saint-Lazare. — Paris.
Société de Médecine vétérinaire de l'Yonne. — Auxerre.
*Société de Médecine vétérinaire pratique, mairie du IVe arrondissement. — Paris.
*Société d'Histoire naturelle de Loir-et-Cher. — Blois.
Société des Excursionnistes. — Blois.
Société libre d'Agriculture, Sciences, Arts et Belles-Lettres de l'Eure. — Évreux. — R
Société des Sciences, Lettres et Arts de Pau. — Pau.
Société d'études des Sciences naturelles, 16, rue Bourdaloue. — Nimes.
*Société anonyme de la Brasserie de Tantonville. — Tantonville (Meurthe-et-Moselle).
Société agricole, scientifique et littéraire des Pyrénées-Orientales. — Perpignan.
*Société anonyme des Eaux minérales de Vittel. — Vittel (Vosges).
*Société entomologique de France, 52, rue Saint-Placide. — Paris.
*Sognies, Dir. du Bur. d'hyg., 51, rue Saint-Dizier. — Nancy.
Dr Solles, Cons. mun., 11, rue Pradelles. — Bordeaux.
Sollier (E.), Fabr. de ciment. — Neufchâtel, par Samer (Pas-de-Calais).
*Solvay. — Baitsfort-lès-Bruxelles (Belgique). — F
*Solvay et Cie, usine de Varangeville-Dombasle, par Dombasle (Meurthe-et-Moselle). — F
Somasco (Charles), Ing. — Creil (Oise).
Dr Sordes (A.). — Tarare.
*Sordoillet, Réd. en chef du *Courrier de Meurthe-et-Moselle*, 51, rue Saint-Dizier. — Nancy.
Soret (Louis), Prof. à l'Univ. de Genève, 2, rue Beauregard. — Genève (Suisse).
Soret (Charles), 2, rue Beauregard. — Genève (Suisse).
Sorrel (Joseph), Tanneur, place de la République. — Moulins (Allier).
Soubeiran (Léon), Prof. à l'Éc. sup. de Pharm., 15, faubourg Boutonnet. — Montpellier.
Souché, Inst. comm. — Pamproux (Deux-Sèvres).
Souchet (Alexis), Notaire, 19, rue Gargouleau. — La Rochelle.
Dr Soulez. — Romorantin.
Dr Souverbie (Saint-Martin), Conserv. du Muséum d'hist. nat., 5 *bis*, rue Bardineau. — Bordeaux.
*Spillmann (Paul), Prof. agr. à la Fac. de Méd. — Nancy.
Dr Stagienski de Holub, 2, rue Balay. — Saint-Étienne (Loire).
Stead (W. H.), 1, Trafalgar Road, Birkdale. — Southport (Angleterre).
Steckel (Maurice), 5, rue Taitbout. — Paris.
*Steiner (Charles), Manufac — Ribeauvillé (Alsace).
Steinmetz (Charles), Tanneur. — Mulhouse (Alsace). — R
Stengelin, maison Évesque et Cie, 31, rue Puits-Gaillot. — Lyon. — R
Dr Stéphan (E.), Prof. suppl. à l'Éc. de Méd. d'Alger, 18, rue Rovigo. — Alger.
Stieffel (Jules), Entrepr., 102, chaussée de Dornach. — Mulhouse (Alsace).
*Dr Stœber, 66, rue Stanislas. — Nancy.
*Stœcklin, Insp. gén. des P. et Ch., 4, avenue de l'Alma. — Paris.
*Storck, Ing. civ., 78, rue de l'Hôtel-de-Ville. — Lyon.
*Storck (Mme A.), 78, rue de l'Hôtel-de-Ville. — Lyon.
Strapart, Prof. à l'Éc. de Méd. de Reims, 9, impasse du Carrouge. — Reims.
Strobl (Hermann), Chim. — Valenciennes.
Studler, Dir. de l'Éc. prim. sup.. — Bel-Abbès (département d'Oran).
Sturel (Émile), Prop., 56, rue Saint-Laurent. — Pont-à-Mousson.
*Dr Stutel, Méd. de l'Hôp. — Saint-Dié (Vosges).
Dr Suchard, 72, rue d'Assas, à Paris et aux bains de Lavey. — Vaud (Suisse). — F
Suchetet (A.), 10, rue Allain-Blanchard. — Rouen.
*Sureda (Mme), 34, rue Haute. — Rueil (Seine-et-Oise).
Surrault, Notaire, 5, rue de Cléry. — Paris. — R
Surun (Émile), Pharm., 376, rue Saint-Honoré. — Paris.
Dr Suzzarini, Cons. gén. — Arzew (Dépt d'Oran).
Sykes (Alfred), Solicitor. — Milesbridge, near Huddersfield (Angleterre).
Syndicat des pharm. de l'Indre. — Châteauroux.
Tabaraud (Wilfrid), 5, quai de Bacalan. — Bordeaux.
*Dr Tachard, Méd.-Maj. de 1re classe, hôpital de Belfort. — R
Tachard (Albert), anc. Député du Haut-Rhin, 13, rue Tronchet. — Paris.
Tachet, Prés. du Trib. de com., 2, rue Juba. — Alger.
Taine (Albert), Pharm. de 1re classe, 4, place des Pyrénées. — Paris.

TALABOT (Mme Paulin), 10, rue du Cirque. — Paris. — R
*TALRICH (Jules), Statuaire-modeleur d'anat. de la Fac. de Méd. de Paris, 97, boulevard Saint-Germain. — Paris.
TANESSE, Prof. en retraite, 53, quai Valmy. — Paris.
TANRET (Charles), Pharm. de 1re classe, 64, rue Basse-du-Rempart. — Paris.
TARBOURIECH (Paul), Cons. d'arrond. — Sallèles-d'Aude (Aude).
*TARISSAN, Prof. au Lycée de Tarbes, 26, rue du Haras. — Tarbes.
*TARISSAN (Mme), 26, rue du Haras. — Tarbes.
TARRADE (A.), Pharm., Maire, Mem. du Cons. gén., 69, avenue du Pont-Neuf. — Limoges (Haute-Vienne). — R
*TARRY, Insp. des Fin., 6, rue Clauzel. — Alger.
TARRY (Gaston), Contrôl. des Contrib. diverses. — Alger.
TASTET (Édouard), Nég., 60, façade des Chartrons. — Bordeaux.
TATIN (Victor), Ing.-Constr., 54, rue de la Folie-Regnault. — Paris.
TAUSSERAT (Alexandre), attaché au min. des Aff. étrang., 2, rue de Fleurus. — Paris.
TAVERNIER (DE), Ing. des P. et Ch., 7, rue Baudin. — Paris.
TCHEBICHEF, Mem. de l'Acad. — Saint-Pétersbourg (Russie).
Dr TEILLAIS, place du Cirque. — Nantes. — R
TEISSEIRE (Omer), Nég. exportat., 33, allée d'Amour. — Bordeaux.
TEISSERENC (Émile), 17, rue Maguelonne. — Montpellier.
*TEISSERENC DE BORT (Léon), Chef de serv. de météorol. gén., 60, rue de Grenelle. — Paris.
TEISSET (Jules), Ing. chez MM. Béthouart et Brault, constr.-mécan., Fonderies de Chartres. — Chartres (Eure-et-Loir).
Dr TEISSIER (Joseph), Prof. agr. à la Fac. de Méd. de Lyon, 8, place Bellecour. — Lyon.
TEISSIER (Mme), 8, place Bellecour. — Lyon.
Dr TEISSIER, Prof. à la Fac. de Méd. de Lyon, 16, quai Tilsitt. — Lyon. — R
TELLIER (Jules), Prop. — Sézanne (Marne).
TEMPIÉ, Prop., rue Maguelonne. — Montpellier.
TERQUEM, Prof. d'hydrog. — Dunkerque.
TERQUEM (Alfred), Prof. à la Fac. des Sc., 116, rue Nationale. — Lille. — R
TERRAS (DE), anc. Élève de l'Éc. polytech. — Au Grand Bouchet, par Montdoubleau (Loir-et-Cher).
*TERRAVALIEN (Auguste-Marie), Prop., 3, rue de Montreuil. — Paris.
*TERRAVALIEN (Mme), 3, rue de Montreuil. — Paris.
TERRIER (Léon), Prof. au Coll. Rollin, avenue Trudaine. — Paris.
TERRIER, Archit., Secr. de l'Éc. spéc. d'Arch., 136, boulevard Montparnasse. — Paris.
TERRIER (Paul), Ing., 56, rue de Provence — Paris.
TERRIER, Prof. agr. à la Fac. de Méd. de Paris, 3, rue de Copenhague. — Paris.
TESSIER (Charles), Nég., rue de Feltres. — Nantes.
Dr TESTELIN (Achille), Sénateur, 16, rue de Thionville. — Lille.
TESTUT (L.), Prof. à la Fac. de Méd., — Lyon. — R
TEULADE (Marc), Avocat, Mem. de la Soc. de Géogr. et de la Soc. d'Hist. nat. de Toulouse, 10, rue Peyras. — Toulouse.
*TEULLÉ (le Baron Pierre), Prop., Mem. de la Soc. des Agricult. de France. — Moissac (Tarn-et-Garonne).
TEXIER (Louis), Dir. de l'Éc de Méd., Prés. de l'Assoc. des méd. de l'Algérie. — Alger.
THÉLIN (DE), Ing. des P. et Ch. — Avignon.
THÉNARD (Mme la Baronne), 6, place Saint-Sulpice. — Paris. — R.
THÉRY, Cons. gén. — Langon (Gironde).
THEURIER (A.) fils, Fab. de produits chim. — Pierre-Bénite, par Oullins (Rhône).
THÉVENARD, Maire de Nevers. — Nevers.
THEVENET (Antoine), Prof. à l'Éc. sup. des Sc. — Mustapha, près d'Alger.
THEVENET, Relieur, 31, rue de Tournon. — Paris.
Dr THÉVENOT, 44, rue de Londres. — Paris.
Dr THÈZE (A.), anc. Méd. de la Marine, 59, rue de l'Arsenal. — Rochefort-sur-Mer.
THIBAULT, Ing.-Entrep., 3, rue de l'Hôpital. — Avallon (Yonne).
THIBAULT (J.), Tanneur. — Meung-sur-Loire. — R
THIERCELIN (Alphonse), Dir. de la Soc. gén. — Auxerre.
Dr THIERRY, Méd. en chef de l'Hôp. gén., Prof. à l'Éc. de Méd., 37, rue Thiers. — Rouen.
*THIERRY, Prof. à l'Éc. forest., 11, cours Léopold. — Nancy.
*THIERRY (Ernest), Prépar. à la Fac. des Sc., 33, rue de la Pépinière. — Nancy.
THIRIEZ (Léon), Ing.-Manufac. — Lille.

THOMAS (Louis), Chirurg. en chef de l'hôp. de Tours, 19, boul. Heurteloup. — Tours.
Dr THOMAS (Philadelphe). — Tauziès, par Gaillac (Tarn).
*THOMAS (René), Lic. en droit, 3, rue Lapeyrouse. — Toulouse.
THOMAS (A.), Notaire. — Montrouge (Seine).
*THOMAS (Ch.), Vétér. en 1er au 10e hussards. — Nancy (Meurthe-et-Moselle).
THOMAS (Paul), Prop., 16, avenue Carnot. — Paris.
THOMAS (Jean), Pharm., 48, avenue d'Italie. — Paris.
THOMAS (Léonce), Avocat, 14, rue Porte-Basse. — Bordeaux.
THONA, Agent tempor. des P. et Ch., Chef de sect. au Chem. de fer de Marvéjols à Mende. — Le Poujet, arrondissement de Saint-Flour (Cantal).
THORAUX (L.), Notaire. — Vendôme.
*THOUVENIN, Chef des trav. prat. à l'Éc. sup. de Pharm., 29, rue Saint-Nicolas. — Nancy.
Dr THULIÉ, 31, boulevard Beauséjour. — Paris. — R
THURNEYSSEN (Émile), Administ. de la Comp. gén. Transatl., 80, boulevard Malesherbes. — Paris. — R
THURNINGER, Ing. des P. et Ch. — La Rochelle.
THURON (Charles), Ing. des Arts et Man., 68, rue La Fontaine. — Paris-Auteuil.
TILLION (A.), 15, rue Sous-les-Augustins. — Clermont-Ferrand.
TILLY (DE), Teintures et Apprêts, 77, rue des Moulins. — Reims. — R
*Dr TISON, Doct. ès sc. nat., 31, rue de l'Abbé-Grégoire. — Paris.
TISSANDIER (G.), Réd. en chef de la *Nature*, 19, avenue de l'Opéra. — Paris.
TISSANDIER (Albert), 19, avenue de l'Opéra. — Paris.
*TISSERAND, Prof. au Collège. — Oran (Algérie).
*TISSERANT, Vétér., 3, rue Gilbert. — Nancy.
TISSEYRE (Albert), Archiv. de la sect. sud-ouest du Club Alpin, 61 *bis*, pavé des Chartrons. — Bordeaux.
TISSIÉ (Alphonse), Banquier. — Montpellier.
TISSIÉ-SARRUS, Banquier. — Montpellier. — F
TISSIER (L), Avoué, 6, rue Sainte-Claire. — Moulins.
TISSOT, Ing. en chef des Mines. — Constantine. — R
TISSOT, Examin. à l'Éc. polytech. — Voreppe (Isère). — R
TOFFART (Auguste), Secr. gén. de la mairie. — Lille.
*Dr TOLEDANO, ex-Méd. des Invalides, 29, rue de Bourgogne. — Paris.
Dr TOLMATSCHEW (Nicolas), Clinique. — Kasan (Russie).
TONDUT (Albert), Proc. de la Rép. — Blaye.
*Dr TOPINARD (Paul), Dir. adj. du Lab. d'anthrop. de l'Éc. des Hautes Études, 105, rue de Rennes. — Paris. — R.
TORCAPEL, Ing., 7, rue Saluces. — Avignon.
TORQUET (L.), 17, rue Jeanne-Hachette. — Havre.
TORRILHON, Fabr. de caoutchouc. — Chamalières près Clermont-Ferrand (Puy-de-Dôme).
TOULON (Paul), Ing. des P. et Ch., Lic. ès lett., Lic. ès sc., 36, avenue du Maine. — Paris.
Dr TOURANGIN (Gaston), Cons. gén. de l'Indre, 20 *bis*, boul. Voltaire. — Paris.
*TOURDES, Doyen de la Fac. de Méd., 2, faubourg Stanislas. — Nancy.
TOURNIER (l'Abbé), au Collège. — Toissey (Ain).
*TOURTEL (E.), Cons. gén., 8, rue Isabey. — Nancy.
TOURTOULON (Baron DE), Prop. — Valergues, par Lansargues (Hérault). — R
Dr TOUSSAINT. — Mézières (Ardennes).
TOUSSAINT (Mlle J.), 7, rue de Bruxelles. — Paris.
Dr TOUTANT. — Marans (Charente-Inférieure).
Dr TRABUT, Méd. adj. à l'hôp. civ., boulevard Bon-Accueil. — Mustapha, près Alger.
TRAMASSÉ, Nég., 17, rue Lafaurie-de-Monbadon. — Bordeaux.
TRANNIN, Doct. ès sc. — Arras.
TRAVELET, Ing. des P. et Ch. — Besançon. — R
TRAVERS (J.), Doyen hon. de la Fac. des Lett., rue des Chanoines. — Caen. — R.
*TRAVET (A.), 33, boulevard Victor-Hugo. — Clichy (Seine).
TRÉBUCIEN (Ernest), Manufac., 25, cours de Vincennes. — Paris. — F
TRECH (R.), Avocat défenseur, Cons. mun., 11, rue Bruce. — Alger.
*TRÉLAT (Émile), Archit., Dir. de l'Éc. spéc. d'Arch., Prof. au Conserv. des Arts et Mét., 17, rue Denfert-Rochereau. — Paris. — R
*TRÉLAT (Gaston), Archit., 14, avenue de l'Observatoire. — Paris.
*TRELAT (Mme Gaston), 14, avenue de l'Observatoire. — Paris.
TRÉLAT (Ulysse), Mem. de l'Acad. de Méd., Prof. à la Faculté de Méd., 18, rue de l'Arcade. — Paris. — R

*TRENQUELLÉON (Fernand DE), 5, rue André-Chénier. — Agen (Lot-et-Garonne).
TRÉPIED (Ch.), Dir. de l'Observ. — Bouzaréa, près Alger.
TRICOUT, Orthop., 82, place Drouet-d'Erlon. — Reims.
*TROISIER, Prof. agr. à la Fac. de Méd. de Paris, 32, rue Caumartin. — Paris.
Dr TROLARD, Prof. à l'Éc. de Méd., 29, rue Bab-Azoun. — Alger.
Dr TROLLIER, Prof. à l'Éc. de Méd. — Bab-el-Oued (dép. d'Alger).
*TROTIN (l'Abbé Ch.), Prof. aux Facul. catholiques. — Lille.
TROUETTE (E.), Pharm. de 1re classe, 264, boulevard Voltaire. — Paris.
TRUCHOT, Dir. de la stat. agronom. du Centre, Prof. de chim. à la Fac. des Sc., 4, barrière d'Issoire. — Clermont-Ferrand.
TRUCHOT (Ch.), Prép. de chim. à la Fac. des Sc. — Clermont-Ferrand.
TRUTAT (E.), Conserv. du Musée d'hist. nat., 3, rue des Prêtres. — Toulouse.
TRYSTRAM, Député du Nord, Cons. gén., 95, rue de Rennes. — Paris.
TURENNE (Marquis DE), 26, rue de Berry. — Paris. — R
TURPAUD (Georges), Nég. — Duras (Lot-et-Garonne).
TURQUET (J.-B.), Blanchisserie. — Senlis (Avilly, Oise).
TURQUET (Mme J.-B.). — Senlis (Avilly, Oise).
URSCHELLER (Georges-Henri), Prof. d'allemand au Lycée, 4, rue Saint-Yves. — Brest. — R
USSEL (Vicomte D'), Ing. en chef des P. et Ch., quai des Fourneaux. — Melun.
*VACANT (l'Abbé), Prof. au grand Séminaire, rue de Strasbourg. — Nancy.
Dr VAILLANT (Léon), Prof. au Muséum, 2, rue de Buffon. — Paris. — R
VAILLANT, Archit., 108, avenue de Villiers. — Paris.
*Dr VALCOURT (DE). — Cannes (Alpes-Maritimes). — R
VALENCIENNES (A.), Dir. de l'usine de la Pharm. centr. de France, 317, avenue de Paris. — Saint-Denis.
Dr VALLANTIN (Jacques-Henri), 7, rue Tison-d'Argence. — Angoulême.
VALLÉE (Alfred), Prop. — La Noue-Laurent-Saint-Aignan, par Pont-Rousseau (Loire-Inférieure).
VALLÉE (Mme Alfred). — La Noue-Laurent-Saint-Aignan, par Pont-Rousseau (Loire-Inférieure).
*Dr VALLOIS (Léon), 85, Grande-Rue. — Nancy.
VALSER (A.), Prof. à l'Éc. de Méd., 20, rue Petit-Roland. — Reims.
Dr VALUDE, 134, boulevard Saint-Germain. — Paris.
VAN-ASSCHE (F), Pharm. chim., 13, quai de la Bourse. — Rouen.
VAN BLARENBERGHE, Ing. en chef des P. et Ch., Prés. du Cons. d'admin. du chem. de fer de l'Est, 48, rue de la Bienfaisance. — Paris. — R
VAN BLARENBERGHE (Mme), 48, rue de la Bienfaisance. — Paris. — R
VAN BLARENBERGHE fils, 48, rue de la Bienfaisance. — Paris. — R
VANDELET, 11, rue Nouvelle. — Paris. — R
VANEY (Emmanuel), Cons. à la Cour d'appel, 14, rue Duphot. — Paris. — R
*VANEY, Insp. des Forêts, 8, rue de Serre. — Nancy.
VAN HAMEL (Mme). — Groningue (Pays-Bas).
VAN HAMEL, Prof. à la Fac. des Lett. — Groningue (Pays-Bas).
VAN-ISEGHEM (Henri), Avocat, Cons. gén. de la Loire-Inférieure, 9, rue du Calvaire. — Nantes. — R
*VANSON (l'Abbé), Dir. de la Malgrange. — Jarville (Meurthe-et-Moselle).
VAN TIÉGHEM, Mem. de l'Institut, Prof. au Muséum, 16, rue Vauquelin. — Paris.
Dr VARIGNY (Henri DE), Doct. ès sciences, 7, rue de Sfax (avenue du Bois-de-Boulogne). — Paris.
VARIOT, Ing. civ., 13, rue de Constantine. — Lyon.
VARNIER-DAVID, Nég., 3, rue de Cernay. — Reims. — R
Dr VASNIER (Henri), rue Vauthier-le-Noir. — Reims.
VASSAL (Alexandre), Montmorency (Seine-et-Oise) et 55, boulevard Haussmann. — Paris. — R
VATTEMENT, Pharm. à l'Éc. norm., 57, rue de la République. — Rouen.
VAUTHIER (L.-L.), Cons. mun. de la Ville de Paris, 18, rue Molitor. — Paris.
*VAUTIER (Théodore), Étudiant, 46, rue Centrale. — Lyon. — R
VAUTIER (Émile), Ing. civ., 46, rue Centrale. — Lyon. — F
VAUTRIN (Alexis), Prof. agr. à la Fac. de Méd. — Nancy.
VEDLÈS (Ad.), 15, boulevard Pereire. — Paris.
VÉE (Amédée), 24, rue Vieille-du-Temple. — Paris.
VEISSILIER, Artiste. — Lancey (Isère).
VÉLAIN, Répét. des Hautes Études à la Sorbonne, 9, rue Thénard. — Paris
VELPRY (C.), Pharm.-Chim., 14 et 16, rue Saint-Thomas. — Reims.

Velten, 32, rue Bernard-du-Bois. — Marseille.
Venet, Capitaine au 46ᵉ rég. de ligne, 7, rue Chomel. — Paris.
Dr Verchère (F.), Chef de clin. chirurg. à la Fac. de Méd., 114, rue de Grenelle. — Paris.
Verdel (Mme A.), 39, rue Thiers. — Rouen.
Verdet (Gabriel), Prés. du Trib. de com. — Avignon. — **F**
Verdin (Ch.), Constr. d'instr. de précision pour la physiol., 6, rue Rollin. — Paris.
Vereker, 24, Chesham Place. — London. W.
Dr Vergely, 3, rue Guérin. — Bordeaux.
*Dr Verger (Th.) — Saint-Fort-sur-Gironde (Charente-Inférieure). — **R**
Verly, Réd. en chef de *l'Écho du Nord.* — Lille.
Vernes (Félix), 29, rue Taitbout. — Paris. — **F**
Vernes d'Arlandes (Th.), 25, Faubourg-Saint-Honoré. — Paris. — **F**
Vernet, Fabr. de produits chim. — Poussan (Hérault).
*Verneuil, Mem. de l'Acad. de Méd., Prof. à la Fac. de Méd., 11, boulevard du Palais. — Paris. — **R**
*Verneuil (Mme), 11, boulevard du Palais. — Paris.
Verneuil (Ch. de), au Crédit lyonnais, 21, boulevard des Italiens. — Paris.
Verney (Noël), Étudiant, 11, quai des Célestins. — Lyon. — **R**
Veyrin (Émile), 6, rue Favart. — Paris. — **R**
Vezin, Cons. gén. de la Loire-Inférieure. — Saint-Nazaire.
Vial, Pharm.-Chim., 1, rue Bourdaloue. — Paris.
Vial, Résident supérieur. — Hanoï (Tonkin).
Vialla (Louis), Prés. de la Soc. d'Agr., rue des Grenadiers. — Montpellier.
Dr Viallanes (H.), Doct. ès sc., Répét. à l'Éc. des Hautes Études, 9, rue du Val-de-Grâce. — Paris.
Viallet (Constant), anc. Prés. du Trib. de com., 2, rue de France. — Grenoble.
Viallet (Marius), maison Dumollard et Viallet, 92, quai de France. — Grenoble.
Viallet (Augustin), maison Dumollard et Viallet, 92, quai de France. — Grenoble.
*Viansson, Percept., Prés. de l'Acad. Stanislas, 27, rue de la Ravinelle. — Nancy.
Dr Viardin (E.). — Troyes (Aube).
Dr Vibert. — Puy-en-Velay.
Vidal, Mem. de l'Acad. de Méd., Méd. des Hôp., 49, rue Cambon. — Paris.
Videau (A.-G.), Nég., 31, quai de Bacalan. — Bordeaux.
Vieillard (Albert), 77, quai de Bacalan. — Bordeaux. — **R**
Vieillard (Charles), 77, quai de Bacalan. — Bordeaux. — **R**
Vieille, anc. Rect., 14, rue de Condé. — Paris. — **R**
Viellard (Henri), Manufac. — Morvillars (Haut-Rhin). — **R**
*Dr Viennois, 3, quai de la Charité. — Lyon.
Viéville (V.), Fabr. de tissus, 9, rue de la Peirière. — Reims.
Vignancour (Marc). — Château des Boulaires, près Cusset (Allier).
Vignard (Charles), Nég., Lic. en droit, anc. Cons. mun., anc. Juge au Trib. de com., 16, passage Saint-Yves. — Nantes.
Vignard (Edmond), Int. à la Charité. — Paris.
Vignes (Émile), Ing. aux chem. de fer de l'État, 22, rue Saint-Pétersbourg. — Paris.
Vignes (Léopold), Prop., 4, rue Michel-Montaigne. — Bordeaux.
Vignon (J.), 45, rue Malesherbes. — Lyon. — **F**
Vigouroux, Ing. de chem. de fer. — Bordj-bou-Arréridj (département de Constantine).
Dr Viguier, Doct. ès sc., Prof. à l'Éc. des Sc. — Alger.
Viguier (Hilaire), Prof. à la Fac. des Sc. — Montpellier.
*Vilanova y Piera (Jean), Prof. de paléontol. à l'Univ., 12, San Vicente. — Madrid (Espagne).
Villain (G.), Prépar. de chim. à la Fac. de Méd., 81, rue de Maubeuge. — Paris.
Ville (Georges), Prof. de phys. végét. au Muséum d'hist. nat., 43 *bis*, rue de Buffon. — Paris.
Ville (Alphonse), Adj. au Maire, rue d'Allier. — Moulins (Allier).
Ville de Reims. — Reims. — **F**
Ville de Rouen. — Rouen. — **F**
Villeminot (Paul), Manufac., rue Denfert-Rochereau. — Agha-Mustapha supérieur, près Alger.
Villeneuve (L.), Chirurg. en chef des Hôp., Prof. supp. à l'Éc. de Méd., 8, rue Papère. — Marseille.
*Viller, Ing. en chef des P. et Ch. en retraite, 4, rue de la Monnaie. — Nancy.
Villette (Ch.), Trés.-Payeur gén. — Auxerre.
Vinay, Conduct. des P. et Ch. — Saint-Flour (Cantal).

VINCENT (Auguste), Nég., armateur, 14, quai Louis XVIII. — Bordeaux. — **R**
Dr VINCENT, Chirurg. à l'Hôp. civ., Prof. à l'Éc. de Méd., 11, rue d'Isly. — Alger.
VINCENT, Dir. de l'Éc. des Sc., Prof. au Lycée Corneille, 19, rue Maladrerie. — Rouen.
Dr VINCENT DU CLAUX, Secr. de la réd. des *Annales d'Hygiène publique et de Médecine légale*, 11 *bis*, rue Chardin. — Paris.
VINCHON, Prop., rue Traversière. — Roubaix.
VINOT, Dir. du *Journal du Ciel*, cour de Rohan. — Paris.
Dr VIOLET, 48, rue de l'Hôtel-de-Ville. — Lyon.
VIOLLE, Maître de conf. à la Fac. des Sc., 89, boulevard Saint-Michel. — Paris.
VIOLLET (Henri), Ing. — Royas par Saint-Jean-de-Bournay (Isère).
VIOLLETTE (Ch.), Doyen de la Fac. des Sc. — Lille.
VISSIÈRE, Constr. d'instr. de précision, 15, rue de Paris. — Le Havre.
*VIVENOT-LAMY, anc. Maître de forges, 12, rue de Serre. — Nancy.
VIVIER (Alfred), Juge au Trib. civ., 21, rue Bazoges. — La Rochelle.
VOGT (G.), Ing. à la Manufac. — Sèvres.
VOGT, Fondeur, rue de Buffon. — Mulhouse (Alsace).
*Dr VOISIN (Auguste), Méd. des Hôp., 16, rue Séguier. — Paris. — **F**
VOISIN-BEY, Insp. gén. des P. et Ch., 3, rue Scribe. — Paris.
VOLAND (Pierre), Clerc de notaire, 60 *bis*, rue Boursault. — Paris.
*VOLLAND, Maire de Nancy, Sénateur de Meurthe-et-Moselle. — Nancy.
VOLLOT, Prof. de math. au Lycée — Alger.
VOURLOUD, Ing. civ., 3, quai d'Occident. — Lyon.
Dr VOVARD, 39, rue Neuve. — Bordeaux.
VUIGNER (H.), Ing. civ. des Mines, 28, rue de l'Université. — Paris.
VUILLEMIN, Dir. des Mines. — Aniche.
VUILLEMIN (Georges), Ing. civ. des Mines, Secr. gén de la Comp. des mines d'Aniche. — Aniche (Nord).
*VUILLEMIN (Paul), Chef des trav. d'hist. nat. à la Fac. de Méd., 9, rue des Ponts. — Nancy.
WALBAUM (Alfred), Manufac., rue Gerbert. — Reims.
WALBAUM (Édouard), Manufac., 28, rue Cérès. — Reims.
WALECKI, Prof. au Lycée Condorcet, rue du Havre. — Paris.
WALLACE (Sir Richard), 2, rue Laffitte. — Paris. — **F**
WALLAERT (Auguste), Filat., 28, boulevard de la Liberté. — Lille.
WALLON (Étienne), Prof. au Lycée de Vanves, 25, rue du Général-Foy. — Paris.
Dr WALTHER, Prosec. des Hôp., 58, rue de La Béotie. — Paris.
*WARCY (Gabriel DE), 28, rue Saint-André. — Reims.
WARÉE (Adrien), Fabr. de dentelles, 19, rue de Cléry. — Paris.
Dr WARMONT (Aug.), anc. Int. des hôp. de Paris, Méd. honor. de la Manufac. de Saint-Gobain, 50, rue du Four-Saint-Germain. — Paris.
WARMONT (Paul), Soldat au 32e rég. d'inf. — Châtellerault (Vienne).
WARNOD, Ing. civ. — Giromagny, près Belfort.
WARTELLE, Blanchisserie de fils et tissus, 191, rue de Paris. — Herrin (Nord).
WATEL (Henry), Dir. des tramways d'Alger. — Alger-Mustapha.
*WEBER, Vétér., Prés. de la Soc. centr. de Méd. vétérinaire, 43, rue de Bourgogne. — Paris.
Dr WECKER (DE), 55, rue du Cherche-Midi. — Paris.
*WEILL (Théodore), Agent d'assurances, 9, rue Saint-Jean. — Nancy.
WEILLER (Lazare), Ing.-Manufac. — Angoulême.
Dr WEISGERBER (Charles-Henri), 262, rue du Faubourg-Saint-Honoré. — Paris.
WEISS (Albert), 15, rue de la Grange. — Lyon-Vaise.
*WEISS (Ph.), Prof. à la Fac. de Méd., 55, rue Stanislas. — Nancy.
WELTÉ (Charles), Caissier, 2, rue des Murs. — Reims.
WELTER (Émile), Constr. de machines. — Mulhouse (Alsace).
WENZ, Négociant, 9, boulevard Cérès. — Reims.
WERTHEIMER (E.), Prof. agr. à la Fac. de Méd., 53, rue Saint-Étienne. — Lille.
WERVE ET DE SCHILDE (Baron VAN DE), Château de Schilde. — Par Wyneghem (Province d'Anvers (Belgique).
WEST (Émile), Ing., anc. Élève de l'Éc. centr., 13, rue Bonaparte. — Paris.
WESTPHAL-CASTELNAU, Prop., villa Louise. — Montpellier.
WESTPHALEN, Nég., 29, rue de la Ferme. — Le Havre.
Dr WICKHAM (Georges), Officier de l'Inst. publ., 16, rue de la Banque. — Paris.
WICKHAM (Henri), Étud. en méd., 7, rue de la Michodière. — Paris.
*WIENER, Conserv. du Musée Lorrain, 28, rue de la Ravinelle. — Nancy.
WILD (Eugène), École techn. — Winterthour (Suisse).

WILLM, Prof. de chim. gén. appliquée à la Fac. des Sc. de Lille, 82, boulevard Montparnasse — Paris. — R
WILSON, Député d'Indre-et-Loire, au Palais de l'Élysée. — Paris.
WINDSOR (E.), Constr. de mach. à vapeur, 1, rue du Hameau-des-Brouettes. — Rouen.
WINTER, Nég., 42, rue Jean-Jacques-Rousseau. — Paris.
WITZ (Joseph), Nég. — Épinal (Vosges).
*WITZ (Albert), Photog., 46, place des Carmes. — Rouen.
*WOLGEMUTH, Dir. de l'Éc. indust. de l'Est, Chargé de Cours complémentaires à la Fac. des Sc., boulevard Lobau. — Nancy.
Dr WOLLASTON. — Cannes.
WORMS (Fernand), Avocat, 14, rue Royale. — Paris.
WOUTERS, Rentier, 85, rue d'Assas. — Paris.
WURTZ (Théodore), 40, rue de Berlin. — Paris. — F
*WYROUBOFF (G.), Doct. ès sc., 18, rue Molitor. — Paris.
*XAMBEU, Prof. — Saintes (Charente-Inférieure).
YVER, anc. Élève de l'Éc. polytech. — Briare (Loiret). — F
YVERT, Avoué, rue Gargouleau. — La Rochelle.
Dr YVONNEAU, rue Porte-Coté. — Blois.
ZABOROWSKI, Homme de lettres, 2, avenue de Paris. — Thiais, près Choisy-le-Roi.
ZADOC (Kahn), Grand Rabbin de Paris, 17, rue Saint-Georges. — Paris.
ZAMBAUX, Prop., 42, boulevard Henri IV. — Paris.
ZÈGRE (Germain), Étud. à la Fac. des Sc., 6, rue de Gand. — Lille.
ZEILLER (René), Ing. en chef des Mines, 8, rue du Vieux-Colombier. — Paris. — R
ZIEGLER, 14, rue de la Marine. — Alger.
ZIÉRER, Ing. civ., 57, rue Jeanne-d'Arc. — Rouen.
ZINDEL (Édouard), Chim. aux usines de la Comp. de Saint-Gobain. — Saint-Fons (Rhône).
ZOLLA (Daniel), Lic. en droit, Prof. d'économie rur. et de législ. à l'Ec. nat. d'agr. de Grand-Jouan, 120, rue de la Pompe. — Paris-Passy.
ZURCHER (Philippe), Ing. des P. et Ch., faubourg du Morillon, 7, rue Saint-François. — Toulon (Var).

LISTE DES DÉLÉGUÉS DES MINISTÈRES

AU CONGRÈS DE NANCY

MINISTÈRE DE LA GUERRE.

M. le Général de division G. DE BOISDENEMETS, Commandant de la 11e division d'infanterie, à Nancy.

MINISTÈRE DE LA MARINE ET DES COLONIES.

MM. BOUQUET DE LA GRYE (A.), Membre de l'Institut, Ingénieur hydrographe de 1re classe de la Marine.
DECŒUR, Capitaine d'artillerie de marine, Officier d'ordonnance du Ministre de la Marine et des Colonies.
DEJEAN (Paul), Lieutenant de vaisseau, Officier d'ordonnance du Ministre de la Marine et des Colonies.

MINISTÈRE DES POSTES ET TÉLÉGRAPHES.

M. RAYMOND, Inspecteur principal du contrôle.

MINISTÈRE DES TRAVAUX PUBLICS.

M. BIZALION, Ingénieur en chef des Ponts et Chaussées, à Nancy.

LISTE DES SAVANTS ÉTRANGERS

AYANT ASSISTÉ AU CONGRÈS DE NANCY

MM. BUSIN (Paul), Professeur, Attaché au bureau central de Météorologie italienne, à Rome.
CATALAN, Professeur émérite, à Liège.
DEKHTEREFF (Dr Waldemar de), Médecin à l'asile clinique de Saint-Pétersbourg, Attaché au département de médecine.
FRANCHIMONT (A.-P.-N.), Professeur de chimie à l'Université de Leyde.
FROLOW, Major-Général du Génie russe.
GOSSE (Dr H.-J.), Professeur-Doyen à la Faculté de médecine de Genève.
HARTOG (Marius), Professeur d'histoire naturelle à la Faculté de Cork (Irlande).
HAUSER (Dr Philippe), à Madrid.
LADAME (Dr), Privat-Docent à l'Université de Genève.
LOURENCO (Dr), Professeur de chimie à l'École polytechnique de Lisbonne.
MALAISE (C.), Professeur, Membre de l'Académie royale de Belgique, à Gembloux.
NEUBERG (J.), Professeur à l'Université de Liège.
RAGONA (Domenico), Professeur, Directeur de l'Observatoire royal de Modène.
REDARD (Dr Camille), Professeur à Genève.
REY (Gustave), Professeur de sciences à Vevey (Suisse).
VILANOVA Y PIERA (Jean), Professeur de paléontologie à l'Université de Madrid.
VRY (de), Inspecteur pour les recherches chimiques aux Indes néerlandaises, à La Haye.
WILSON (Thomas), Consul des États-Unis, à Nice.
ZENGER (Ch.-V.), Professeur à l'École polytechnique slave de Prague.

LISTE DES SOCIÉTÉS SAVANTES

QUI SE SONT FAIT REPRÉSENTER AU CONGRÈS DE NANCY

ACADÉMIE Stanislas de Nancy, représentée par M. LEJEUNE (Jules), son Secrétaire perpétuel.

COMMISSION météorologique de l'Aube, représentée par M. SAILLARD, son Président.

COMMISSION météorologique de la Marne, représentée par M. ROGER (Albert).

CLUB ALPIN. Section vosgienne, représentée par M. LEJEUNE (Jules), son Président.

SOCIÉTÉ Académique Franco-Hispano-Portugaise de Toulouse, représentée par M. SIPIÈRE (Clément), son Président.

SOCIÉTÉ Académique Indo-Chinoise de Paris, représentée par M. GÉNIN, Professeur au Lycée de Nancy.

SOCIÉTÉ Lorraine des Amis des Arts, représentée par M. COURNAULT (Ch.), son Président.

SOCIÉTÉ Nationale d'Acclimatation de France, représentée par M. le Dr C. DARESTE.

SOCIÉTÉ des Agriculteurs de France, représentée par M. AMELINE DE LA BRISELAINE.

SOCIÉTÉ libre d'Agriculture, Sciences, Arts et Belles-Lettres d'Évreux, représentée par M. HAY (Léon).

SOCIÉTÉ des Anciens Élèves des Écoles d'Arts et Métiers, représentée par M. DILLON (Jules) Ingénieur.

SOCIÉTÉ d'Anthropologie de Paris, représentée par M. le Dr TOPINARD, son Secrétaire général.

SOCIÉTÉ d'Archéologie de Bordeaux, représentée par M. le Dr BERCHON, son Secrétaire général.

SOCIÉTÉ d'Archéologie Lorraine, représentée par M. GERMAIN (Léon), son Bibliothécaire.

SOCIÉTÉ d'Émulation et de Prévoyance des Pharmaciens de l'Est, représentée par M. GUILLEMINET (André), son Vice-Président.

SOCIÉTÉ Entomologique de France, représentée par M. BOURGEOIS (Jules), son Président.

SOCIÉTÉ Géologique de France, représentée par M. G. COTTEAU, son Président.

SOCIÉTÉ de Géographie de l'Est, représentée par M. J.-V. BARBIER, son Secrétaire général.

SOCIÉTÉ de Géographie de Paris, représentée par M. COTTEAU (Edmond).

SOCIÉTÉ d'Histoire naturelle de Loir-et-Cher, représentée par M. GUIGNARD (Ludovic), son Vice-Président.

SOCIÉTÉ de Médecine de Nancy, représentée par M. le Dr STŒBER, son Secrétaire général.

SOCIÉTÉ de Médecine vétérinaire de l'Yonne, représentée par M. BERBAIN, Vétérinaire.

SOCIÉTÉ Centrale de Médecine vétérinaire, représentée par M. WEBER.

SOCIÉTÉ de Pharmacie de Lyon et du Rhône, représentée par M. GUILLEMINET (André), son Secrétaire.

SOCIÉTÉ des Sciences de Nancy, représentée par M. SCHLAGDENHAUFFEN, son Vice-Président.

SOCIÉTÉ des Sciences et Arts de Vitry-le-François, représentée par M. BARBAT DE BIGNICOURT.

SOCIÉTÉ des Sciences naturelles de La Rochelle, représentée par M. COUNEAU (Em.).

BOURSES DE SESSIONS

LISTE DES BOURSIERS AYANT ASSISTÉ AU CONGRÈS DE NANCY

MM. BAUDOIN, Interne des Hôpitaux de Paris.
CANU (Eug.), du Laboratoire de Wimereux.
RICHE (A.), du Laboratoire du Muséum de Lyon.

JOURNAUX

REPRÉSENTÉS AU CONGRÈS DE NANCY

Courrier de la Moselle (Le), représenté par M. Paul SORDOILLET.
Echo du Nord (L'), représenté par M. E. BLUM.
Feuille des Jeunes Naturalistes (La), représentée par M. Adrien DOLLFUS.
Gazette médicale de Paris (La), représentée par M. BESSON.
Génie civil (Le), représenté par M. Ch. TALANSIER.
Impartial de Nancy (L'), représenté par M. HINZELIN.
Journal de l'Agriculture (Le), représenté par M. H. SAGNIER.
Journal de la Meurthe, représenté par M. LEROY.
Journal des Économistes, représenté par M. Ch. LETORT.
Homme (L'), représenté par MM. G. et A. DE MORTILLET.
Mouvement scientifique (Le), représenté par M. le Dr Paul DUVERNÈY.
Progrès médical (Le), représenté par M. Marcelin BAUDOIN.
Semaine médicale (La), représentée par M. BARBIER.
Revue de l'Hypnotisme (La), représentée par M. le Dr E. BÉRILLON.
Revue, Matériaux pour l'histoire primitive de l'Homme (La), représentée par M. CARTAILHAC.
Revue du mouvement social et économique, représentée par M. Ch.-M. LIMOUSIN.

ASSOCIATION FRANÇAISE

POUR

L'AVANCEMENT DES SCIENCES

ASSEMBLÉES GÉNÉRALES

ASSEMBLÉE GÉNÉRALE

Tenue à Nancy le 19 août 1886

PRÉSIDENCE DE M. FRIEDEL

MEMBRE DE L'INSTITUT, PROFESSEUR A LA FACULTÉ DES SCIENCES

PRÉSIDENT DE L'ASSOCIATION

— Extrait du Procès-verbal —

L'Assemblée adopte les propositions faites pour la nomination des membres du Conseil d'administration.

(Voir ci-après la composition du Conseil.)

L'Assemblée générale a adopté les vœux suivants, présentés par le Conseil au nom des sections :

Sur la proposition de la 7e section, l'Assemblée générale émet le vœu qu'un observatoire météorologique soit établi au Mezenc.

Sur la proposition de la même section, l'Assemblée générale renouvelle le vœu qu'elle a émis l'an dernier à Grenoble en faveur de l'observatoire du mont Ventoux.

Le Président donne lecture d'une lettre du maire d'Oran invitant l'Association pour l'année 1888. L'Assemblée décide que la session de 1888 aura lieu à Oran.

Il est procédé à la nomination d'un vice-président et d'un vice-secrétaire pour la session prochaine : ils doivent être pris respectivement dans le 1er et le 2e groupe.

Par acclamation sont nommés :

Vice-Président : M. le Colonel Laussedat, Directeur du Conservatoire des arts et métiers.

Vice-Secrétaire : M. de Clermont, Sous-Directeur du laboratoire de chimie de la Sorbonne.

Le Président donne communication à l'Assemblée de lettres de MM. Cornu et Janssen, membres de l'Institut, qui expriment leurs regrets de n'avoir pu prendre part aux travaux du congrès.

Le Président propose au nom du Conseil et l'Assemblée vote, à l'occasion du congrès de Nancy, des remercîments : aux Ministres qui ont désigné des délégués ; au Maire de Nancy et au Conseil municipal ; au Comité local ; à son président, M. Bichat, et à son secrétaire, M. Stoeber ; au Recteur ; aux Conférenciers ; aux Compagnies de chemins de fer et à la Compagnie générale transatlantique ; à la Compagnie des porteurs de la Marne ; aux Directeurs et Propriétaires des établissements visités pendant la session ; aux personnes qui ont aidé aux excursions en prêtant leur concours empressé et notamment aux Ingénieurs et Conducteurs des ponts et chaussées ; au Dr Fournier et aux Inspecteurs et Agents du Service des forêts.

BUREAU DE L'ASSOCIATION

MM. ROCHARD (Dr JULES), Inspecteur général du Service de santé de la Marine, Membre de l'Académie de Médecine . . . . *Président.*

LAUSSEDAT (le Colonel), Directeur du Conservatoire des Arts et Métiers . . . . *Vice-Président.*

SCHLUMBERGER (CHARLES), Ingénieur des Constructions navales en retraite. . . . . *Secrétaire de l'Association.*

CLERMONT (PHILIPPE DE), Sous-Directeur du Laboratoire de Chimie de la Sorbonne. . . . . *Vice-Secrétaire de l'Association.*

GALANTE (ÉMILE), Fabricant d'Instruments de chirurgie . *Trésorier.*

GARIEL (C.-M.), Membre de l'Académie de Médecine, Ingénieur en chef des Ponts et Chaussées . . . . *Secrétaire du Conseil.*

ANCIENS PRÉSIDENTS ET MEMBRES HONORAIRES FAISANT PARTIE DU CONSEIL D'ADMINISTRATION.

MM. QUATREFAGES DE BRÉAU (DE), Membre de l'Institut et de l'Académie de Médecine, Professeur au Muséum.

EICHTHAL (AD. D'), Président du Conseil d'Administration de la Compagnie des Chemins de fer du Midi.

FRÉMY, Membre de l'Institut, Directeur du Muséum, Professeur à l'École Polytechnique.

BARDOUX, Sénateur, Ancien Ministre de l'Instruction publique.

KRANTZ, Sénateur, Inspecteur général des Ponts et Chaussées, Commissaire général de l'Exposition universelle de 1878.

CHAUVEAU, Membre de l'Institut, Inspecteur général des Écoles vétérinaires, Professeur au Muséum.

JANSSEN, Membre de l'Institut, Directeur de l'Observatoire physique de Meudon.

PASSY (Frédéric), Membre de l'Institut, Député de la Seine.

BOUQUET DE LA GRYE, Membre de l'Institut, Ingénieur hydrographe de 1re classe de la Marine.

VERNEUIL, Membre de l'Académie de Médecine, Professeur à la Faculté de Médecine.

FRIEDEL, Membre de l'Institut, Professeur à la Faculté des Sciences.

MASSON (G.), Libraire de l'Académie de Médecine, *Trésorier honoraire.*

PRÉSIDENTS, SECRÉTAIRES ET DÉLÉGUÉS DE SECTIONS

1re et 2e Sections.

LUCAS (Édouard), *Président.*
HEITZ, *Secrétaire.*
PERRIER (Colonel).
MANNHEIM (Colonel).
LEMOINE (Em.).

—

LAISANT, *Présid. pour* 1887.

3e et 4e Sections.

CHAMBRELENT, *Président.*
BOCA, *Secrétaire.*
DURAND-CLAYE.
LAUSSEDAT.
BOCA.

—

HOLTZ, *Président pour* 1887.

5e Section.

BICHAT, *Président.*
MERGIER, *Secrétaire.*
DUBOSCQ.
BLAVET.
BAILLE.

—

BRILLOUIN, *Prés. pour* 1887.

6e Section.

SILVA (R. D.), *Président.*
Dr ARTH, *Secrétaire.*
GRIMAUX (Ed.).
CLERMONT (de).
RAOULT.

—

CARNOT, *Présid. pour* 1887.

7e Section.

TEISSERENC DE BORT, *Présid.*
MAZE (l'Abbé), *Secrétaire.*
MASCART.
ROGER (Albert).
ANGOT.

—

FINES (le Dr), *Prés. pour* 1887.

8e Section.

BLEICHER, *Président.*
BOURGERY, *Secrétaire.*
FUCHS.
SCHLUMBERGER.
GAUTHIER.

—

COTTEAU, *Présid. pour* 1887.

9e Section.

SAPORTA (de), *Président.*
MAURY, *Secrétaire.*
MAURY (Paul).
BONNET.
POISSON.

—

BUREAU, *Président pour* 1887.

10e Section.

POUCHET, *Président.*
CANU, *Secrétaire.*
HENNEGUY.
KUNCKEL D'HERCULAIS.
GIARD.

—

SIRODOT, *Présid. pour* 1887.

11e Section.

D'AULT DUMESNIL, *Président.*
MORTILLET (A. de), *Secrét.*
Dr MAGITOT.
CHANTRE.
MORTILLET (G. de).

—

TESTUT, *Président pour* 1887.

12e Section.

BOUCHARD, *Président.*
PETIT, *Secrétaire.*
BERGERON.
NICAISE.
POTAIN.

—

PAMARD, *Président pour* 1887.

13e Section.

DEHÉRAIN, *Président.*
DIDIER, *Secrétaire.*
DEHÉRAIN.
XAMBEU.
SAGNIER.

—

CHAMBRELENT, *Prés. p.* 1887.

14e Section.

PARMENTIER (Général), *Prés.*
BARBIER, *Secrétaire.*
MAGER.
JACKSON.
SCHRADER.

—

LANNOY DE BISSY, *Pr. p.* 1887.

15e Section.

YVES GUYOT, *Président.*
RAFFALOVICH, *Secrétaire.*
RENAUD (G.).
BOUVET.
ALGLAVE.

—

YVES GUYOT, *Présid. p.* 1887.

16e Section.

HÉMENT (Félix), *Président.*
BLUM, *Secrétaire.*
DALLY.
CALLOT.
BOUDIN.

—

DEFODON, *Présid. pour* 1887.

17e Section.

Dr GIRARD, *Président.*
Dr BRULARD, *Secrétaire.*
Dr HENROT.
Dr ROCHARD.
Dr DROUINEAU.

—

Dr LAYET, *Présid. pour* 1887.

ASSOCIATION SCIENTIFIQUE DE FRANCE (1)

BUREAU

MM. MILNE-EDWARDS (A.), Membre de l'Institut, Professeur-Administrateur au Muséum d'histoire naturelle . . . . *Président.*
BISCHOFFSHEIM, Fondateur de l'Observatoire astronomique de Nice . . *Vice-Président.*
BERTHELOT, Membre de l'Institut, Inspecteur général de l'Université. . *Vice-Président.*
FAYE, Membre de l'Institut, Inspecteur général de l'Université . . . . . *Vice-Président.*
MOUCHEZ (l'Amiral), Membre de l'Institut, Directeur de l'Observatoire de Paris. . . . . *Vice-Président.*
SANSON (André), Professeur à l'Institut national agronomique et à l'École d'Agriculture de Grignon . . . . *Secrétaire.*
VÉLAIN, Maître de conférences à la Faculté des Sciences . . . . *Vice-Secrétaire.*
COSSON, Membre de l'Institut. . . . . *Trésorier.*

CONSEIL

MM.

BARON.
BERTHELOT.
BISCHOFFSHEIM.
BLANCHARD.
BLARENBERGHE (Van).
BLAVIER.
BOISSIER (Gaston).
BOUTAN.
BRÉAL (Michel).
CHATIN.
CHEYSSON.
CORNU (A.).
COSSON.
DARBOUX.
DAVANNE.
DEBRAY.
DELEHAYE.
DURUY.
FAYE.
FERNET.
FILHOL (le Dr).
FOUQUÉ.
FRON.
GAUDRY (Albert).
GOULIER (le Colonel).
GRANDIDIER.
GRÉARD.
HATON DE LA GOUPILLIÈRE
HÉBERT.
HERVÉ-MANGON.
HIMLY.
JACQMIN.
JAVAL (le Dr).
LARREY (Baron).
LAUTH.
LEMOINE.
LE ROUX.
LESSEPS (F. de).
LEVASSEUR.
LŒWY.
MAREY.
MARTIN.
MASCART.
MILNE-EDWARDS.
MOUCHEZ (l'Amiral).
OUSTALET.
PÉLIGOT.
PHILIPPON.
PHILLIPS.
PLOIX.
REISET.
RENOU.
SANSON.
TROOST.
VAILLANT.
VAN TIEGHEM.
VÉLAIN.
VIEILLE.
WOLF.

CONSEILLERS HONORAIRES

MM. ABRIA, Doyen de la Faculté des Sciences de Bordeaux.
CROVA, Professeur à la Faculté des Sciences de Montpellier.
DOLLFUS (A.), Manufacturier à Mulhouse.
HIRN, Correspondant de l'Institut, au Logelbach.
HOUZEAU, Professeur de Chimie, à Rouen.
LESPIAULT, Professeur à la Faculté des Sciences de Bordeaux.
POISSON, Trésorier général de la Manche.
RAULIN, Ancien Professeur à la Faculté des Sciences de Bordeaux.
TERQUEM, Professeur à la Faculté des Sciences de Lille.
TRAVERS, Professeur honoraire à la Faculté des Lettres de Caen.

(1) En vertu des dispositions transitoires qui ont été adoptées en vue de la fusion de l'Association française et de l'Association scientifique, le Conseil d'administration est formé pour cette année par la réunion des Conseils des deux Sociétés.

COMITÉ LOCAL DE NANCY

MEMBRES HONORAIRES :

MM. Le premier Président de la Cour d'appel.
Le Procureur général de la Cour d'appel.
Le Général commandant la 11e division d'infanterie.
— — la 21e brigade d'infanterie.
— — la 22e brigade d'infanterie.
— — la 2e brigade de hussards.
Le Préfet de Meurthe-et-Moselle.
Le Président du Conseil général.
Le Recteur de l'Académie.
L'Évêque de Nancy.
Le Président du Consistoire protestant.
Le Grand Rabbin.
Le Sous-Intendant militaire.
Le Doyen de la Faculté des Sciences.
— — — de Médecine
— — — des Lettres.
— — — de Droit.
Le Directeur de l'École supérieure de pharmacie.
— — forestière.
Le Trésorier-payeur général.
Le Président du Tribunal de commerce.
— de la Chambre de commerce.
BERLET, MARQUIS, Sénateurs de Meurthe-et-Moselle.
CLAUDE, Sénateur des Vosges.
CORDIER, DUVAUX, MUNIER, NOBLOT, VIOX, Députés de Meurthe-et-Moselle.
H. LIOUVILLE, Député de la Meuse.

BUREAU :

MM. le Maire de Nancy, *Président d'honneur*.
BICHAT, Professeur à la Faculté des Sciences, *Président*.
BLEICHER, Professeur à l'École supérieure de Pharmacie, *Vice-Président*.
DELCOMINÈTE, Professeur suppléant à l'École supérieure de Pharmacie, *Vice-Président*.
LALLEMENT (le Docteur), Professeur à la Faculté de Médecine, *Vice-Président*.

MM. PUTON, Directeur de l'École forestière, *Vice-Président.*
ROGÉ, Maître de Forges, Président de la Chambre de commerce, *Vice-Président.*
STOEBER (le Docteur), *Secrétaire général.*

MEMBRES :

BARBIER, Secrétaire général de la Société de Géographie.
BARTHÉLEMY.
BERGER-LEVRAULT (Alf.), Imprimeur-Éditeur.
BOPPE, Sous-Directeur de l'École forestière.
BUTTE, Maire de Malzéville.
COUSIN, Ingénieur des Mines.
FLICHE, Professeur à l'École forestière.
FOULD, Maître de Forges.
FOURNIER (le Docteur), à Rambervillers (Vosges).
GERMAIN (L.), Bibliothécaire de la Société d'Archéologie.
GRANDEAU, Doyen de la Faculté des Sciences.
HOLTZ, Ingénieur en chef des Ponts et Chaussées.
LEJEUNE (J.), Président du Club Alpin, Section Vosgienne.
LENGLET, Banquier.
LIÉGEOIS, Professeur à la Faculté de Droit.
METZ-NOBLAT (A. DE), Secrétaire du Club Alpin, Section Vosgienne.
RAMPONT, Avocat, à Toul.
RISTON, Docteur en Droit.
SCHWAB, Ingénieur des Arts et Manufactures.
SOGNIÈS (le Docteur), Directeur du Bureau d'hygiène.
SORDOILLET, Rédacteur en chef du *Courrier de Meurthe-et-Moselle.*
VIANSSON, Président de l'Académie de Stanislas.
WOHLGEMUTH, Directeur de l'École industrielle de l'Est.

CONGRÈS DE NANCY

PROGRAMME DE LA SESSION.

12 Août. — A 8 h. 1/2, séance du Conseil d'administration. — A 2 h. 1/2, séance d'inauguration dans la salle du Théâtre. — A 4 h., réunion dans les sections.

13 Août. — A 8 h. 1/2 du matin et à 2 h. 1/2, séances de sections. — Dans l'après-midi, visites industrielles.

14 Août. — A 8 h. 1/2 du matin, séances de sections. — Dans l'après-midi, visite industrielle à la verrerie de Portieux. — A 9 h. du soir, conférence : *l'Assainissement de la maison,* par le Dr A.-J. Martin, auditeur au Comité consultatif d'hygiène.

15 Août. — Excursion générale à Toul et Tantonville.

16 Août. — A 8 h. 1/2 du matin et à 2 h. 1/2, séances de sections. — Dans l'après-midi, visites industrielles. — A 9 h. du soir, réception par la Municipalité à l'Hôtel de Ville.

17 Août. — Excursion générale à Raon-l'Étape, Prayé et Senones.

18 Août. — A 8 h. 1/2 du matin et à 2 h 1/2, séances de sections. — Dans l'après-midi, visite médicale à Contrexéville, Vittel; visites industrielles. — A 8 h. du soir, conférence: *De l'Analyse des mouvements par la chronophotographie,* par M. Marey, professeur au Collège de France, membre de l'Institut.

19 Août. — A 8 h. 1/2 du matin, séances de sections. — A 1 h. 1/2, séance du Conseil d'administration. — A 2 h. 1/2, assemblée générale et séance de clôture.

SÉANCES GÉNÉRALES

SÉANCE D'OUVERTURE

12 Août 1886

PRÉSIDENCE DE M. FRIEDEL

M. FRIEDEL

Membre de l'Institut, Professeur à la Sorbonne, Président de l'Association.

LES PROGRÈS DE LA MINÉRALOGIE

MESDAMES, MESSIEURS,

En ouvrant, dans cette hospitalière cité de Nancy, le 15e congrès de l'Association française pour l'avancement des sciences, je ne puis m'empêcher, au risque de jeter une ombre de tristesse sur le commencement de ces fêtes de la science, de me reporter à l'origine de notre Société.

Je cherche autour de moi ceux qui ont présidé à sa fondation, qui y ont déployé un zèle et un patriotisme si grands que nos premières réunions ont été parmi les plus brillantes et les plus fécondes, et, malheureusement, je n'en retrouve qu'un bien petit nombre.

Il en est qui n'ont pas même été témoins des premiers succès de leur œuvre : Delaunay, disparu d'une manière si tragique; Combes, enlevé subitement au moment même où sa retraite des fonctions actives allait lui laisser tout le temps d'appliquer sa haute intelligence, son caractère droit et généreux aux œuvres d'intérêt général auxquelles il avait toujours été dévoué.

D'autres, plus heureux, ont pu voir quelques-uns des résultats de leurs efforts et se réjouir de la prospérité de l'Association : Claude Bernard, Broca, Bouillaud, Wurtz, et parmi ceux qui, sans avoir été des premiers fondateurs de l'Association, lui apportèrent l'autorité de leur illustration scientifique ou de leur haute situation industrielle : Dumas, Kuhlmann. Que de vides dans ce petit nombre d'années, et quels vides !.

Assurément, si l'Association avait été une œuvre personnelle ou celle de quelques hommes poursuivant un but intéressé, elle n'aurait pas résisté à de tels coups.

Vous verrez, Mesdames et Messieurs, par les comptes rendus de notre secrétaire général et de notre trésorier, qu'elle a continué néanmoins à prospérer. Jamais le nombre de ses membres n'a été plus grand, ni ses ressources plus considérables. A côté de son développement normal et presque régulier, elle a reçu cette année un accroissement exceptionnel de forces par sa réunion, depuis longtemps désirée, avec l'Association scientifique de France.

Vous savez, Mesdames et Messieurs, qu'à la suite de négociations prolongées, dans lesquelles ont été surtout actifs nos anciens présidents, le bien regretté Wurtz et M. Bouquet de la Grye, d'un côté, et le président de l'Association scientifique, le vénérable Milne Edwards de l'autre, la fusion a été votée par vous dans notre congrès de Grenoble. Elle a été votée de même par l'Association scientifique dans une réunion spéciale tenue le 14 novembre 1885.

Nous espérions, en conséquence, pouvoir vous annoncer aujourd'hui que les dernières formalités étaient remplies et que les deux associations, fondées en vue de favoriser en France le développement scientifique, n'en formaient plus qu'une, réalisant ainsi le dernier désir des deux illustres savants qui nous ont, pour ainsi dire, légué le devoir d'achever l'œuvre d'union commencée par eux.

Des difficultés administratives ont empêché que ce résultat ne fût atteint dès maintenant ; mais nous avons lieu de compter qu'elles ne tarderont pas à être levées.

D'ailleurs, la fusion est réalisée en fait sinon en droit, et, dès cette année, les membres des deux associations ont été admis à jouir des avantages assurés par chacune d'elles à ses adhérents.

Je suis heureux de souhaiter la bienvenue la plus cordiale à ceux des membres de l'Association scientifique qui ont bien voulu se joindre à nous ici et prendre part à notre congrès.

Nous avons donc le droit de nous féliciter, et cette année doublement, des succès de notre Société. Toutefois, en nous rappelant les maîtres éminents que nous avons perdus, il importe de nous demander, non si nous les avons remplacés, nous ne pouvons y penser, mais si l'esprit qui les animait s'est bien conservé au milieu de nous. Leur volonté était d'attirer vers la haute culture scientifique le plus grand nombre possible de nos compatriotes, de grouper les bonnes volontés, de constituer un budget libre et spontané de la science, d'encourager, pour la grandeur de la patrie, tout ce qui peut se faire par le développement scientifique.

C'est là le but que notre Association doit avoir toujours sous les yeux et qu'elle est tenue d'atteindre sous peine de déchoir. Elle n'est pas faite pour vulgariser la science, comme on dit, c'est-à-dire pour l'abaisser en lui enlevant son véritable caractère. Elle unit ceux qui cultivent la science la plus élevée et groupe autour d'eux les personnes qui, sans monter jusqu'aux sommets, veulent au moins, des régions moyennes, suivre des yeux le voyageur gravissant à travers les obstacles, de cime en cime, sans jamais atteindre la dernière.

Tout le charme qui s'attache au récit des ascensionnistes nous racontant leurs efforts, leurs insuccès, leur persévérance, leur joie en voyant l'horizon s'élargir devant eux, et les montagnes déjà gravies s'abaisser à leurs yeux, ne le trouvons-nous pas dans l'exposé du savant qui nous dit le but qu'il a poursuivi, les difficultés qu'il a rencontrées, la patience ou l'art qu'il a mis à les vaincre, et les vérités qu'il a produites au jour?

S'il nous arrive de rester froids, c'est que l'auteur s'est servi d'un langage que le développement de la science, mais autant peut-être l'imprudence des savants, a rendu incompréhensible, sauf au petit nombre des initiés, ou encore que, par un sentiment de pudeur scientifique qui est louable, mais ne doit pas être poussé trop loin, il a craint de faire passer le lecteur par le chemin détourné qu'il a suivi lui-même, et le conduit au but par le plus court.

Ne vaudrait-il pas mieux, surtout dans nos réunions, faire parler à la science une langue plus française et laisser entrevoir plus souvent, à travers l'œuvre, l'homme avec ses émotions, ses déceptions et ses joies?

Dans la recherche scientifique ce n'est pas la froide raison seule qui est active, c'est l'homme tout entier, avec son imagination, avec son besoin inquiet de certitude, sa passion du vrai, son espérance invincible d'améliorer la condition du genre humain.

Ne le voyez-vous pas clairement, Mesdames et Messieurs, lorsque vous suivez M. Pasteur dans l'exposé si simple et si grand qu'il a fait, à l'Académie des sciences, de sa lutte contre un des fléaux les plus épouvantables qui menacent chacun de nous? Au travers de ces faits, rapportés avec une rigueur toute scientifique, et semble-t-il presque avec froideur, ne sentez-vous pas vibrer l'émotion du savant aux prises avec l'inconnu qu'il fait reculer devant lui, du bienfaiteur de l'humanité qui sauve d'une mort affreuse des milliers de ses semblables, du patriote qui enrichit d'un joyau du plus grand prix la couronne scientifique de la France?

Nous avions pu espérer que lui-même viendrait prendre part à notre réunion et que l'un de ses collaborateurs les plus distingués nous parlerait avec toute la compétence nécessaire des résultats obtenus jusqu'à ce jour. Les choses n'ont pu s'arranger à notre gré.

M. Pasteur a bien voulu toutefois nous promettre de nous envoyer la statistique complète de ses inoculations antirabiques. De la sorte, sans obtenir tout ce que nous eussions désiré, nous aurons pourtant à notre congrès une petite part de ce qu'on a droit d'appeler le plus beau triomphe scientifique d'un siècle qui en compte un si grand nombre.

Dans les travaux de M. Pasteur, nous trouvons la grandeur du résultat pratique d'accord avec celle de la découverte scientifique. Bien souvent il n'en est pas ainsi, et le chercheur qui trouve une vérité n'est pas celui qui en tire parti pour lui-même ou pour les autres. Toute vérité scientifique n'est pas immédiatement féconde; elle peut attendre longtemps les conditions nécessaires pour qu'elle produise ses fruits.

En mérite-t-il moins notre respect, notre reconnaissance, nos encouragements, celui qui, par un travail patient et obscur, fraye la voie aux grandes découvertes de l'avenir? Il poursuit le même but que l'homme de génie: la connaissance de la vérité; celle-ci est multiple, insaisissable dans son ensemble à la faiblesse de l'esprit humain. Les plus grands seuls parviennent à entrevoir quelques-uns des traits de sa figure majestueuse. L'humble travailleur, s'il fixe consciencieusement un seul point de la science, peut se réjouir d'avoir apporté à l'édifice glorieux une pierre qui n'en sera plus retirée et sur laquelle viendront s'appuyer d'autres assises s'élevant toujours plus haut.

Ainsi s'édifie le temple de la Science. Comme les cathédrales du moyen âge, il n'est pas construit seulement par des croyants. Il n'en est pas moins, comme elles, un hommage immortel rendu au Créateur, puisque tant de vies d'hommes ont été consacrées à ce labeur gigantesque qui consiste à saisir, dans quelques-unes de ses parties, le plan de son œuvre.

Unissons-nous donc, Mesdames et Messieurs, pour travailler nous-mêmes et pour encourager le travail. Rappelons-nous que chacune des modestes subventions, accordées par notre Association, correspond à un effort sérieux et peut faire éclore ou affermir une vocation scientifique. Celles-ci ne sont pas aussi nombreuses qu'il faudrait dans notre pays, et l'État à lui seul, quoi qu'il ait fait pour cela dans ces dernières années, ne suffit pas à les multiplier.

Il faut qu'il s'en produise davantage, non seulement à Paris, mais dans tous les centres provinciaux et c'est là encore un des buts que nous cherchons à atteindre. Notre ambition est de favoriser les efforts individuels ou collectifs qui se font pour propager le mouvement scientifique sur tous les points du territoire.

Nous savons qu'en cela surtout nous trouvons un écho particulier dans cette vieille capitale de la Lorraine, dans laquelle l'esprit d'initiative et de décentralisation a toujours été vivant, et qui par une fortune dont il faut la féliciter, bien qu'elle soit infiniment douloureuse pour tous les cœurs français, a recueilli les débris des illustres Facultés de Strasbourg.

Vous ne vous étonnerez pas, Mesdames et Messieurs, qu'un ancien élève de ces Facultés rappelle ici le souvenir des maîtres qu'il y a entendus et dont l'enseignement et les travaux faisaient de la ville alsacienne, si française de sentiments, un centre intellectuel ayant son originalité et sa vie propre: Gerhardt, Persoz, Lereboullet, Bertin, Sarrus, Cailliot, Ehrmann, Sédillot, Kirschleger, et pour ne pas négliger les vivants, MM. Pasteur et Daubrée.

De tout cela, il ne reste que le souvenir. A la place d'une université cherchant à marier la culture française à la science germanique et formant comme un vivant trait d'union entre les deux peuples, nous ne trouvons plus qu'un organisme destiné à refouler l'esprit français et à dresser une barrière, si c'était possible, entre nos frères d'au delà des Vosges et nous.

Mais je n'ai garde d'oublier, Mesdames et Messieurs, que la tradition, une tradition qui mérite d'être conservée, m'impose la tâche de résumer devant vous les découvertes récentes de la science dans celle de ses branches auxquelles se rapportent particulièrement mes études.

Les progrès que la chimie a faits dans une période d'une trentaine d'années ont été mis sous vos yeux avec une clarté magistrale, une éloquence entraînante, par mon bien regretté maître et ami Wurtz dans le beau discours que vous avez entendu à Lille, en 1874, et dans une conférence faite à Clermont deux ans après.

Ces conquêtes de la théorie, qui avaient pour corollaires la découverte des splendides couleurs du goudron de houille, la reproduction de l'alizarine et des autres matières colorantes de la garance, de la vanilline, principe odorant de la vanille, de l'indigo, des acides tartrique et citrique, etc., continuent à s'étendre progressivement et paisiblement. Si pour le moment nous n'avons pas à signaler de résultats aussi étonnants, il n'en est pas moins vrai que la marche en avant se poursuit et qu'il s'accumule chaque année une masse presque effrayante de matériaux.

L'étude d'innombrables composés artificiels nous rapproche de plus en plus des composés naturels non encore reproduits et les grands alcaloïdes, je veux

-dire ceux qui sont les plus importants pour nous, la quinine, la morphine, sont déjà serrés de près. Les travaux actuels des chimistes, en ce qui les concerne, ressemblent à ceux d'architectes qui s'efforceraient de lever pierre à pierre le plan d'un édifice compliqué et d'accès difficile.

Ce plan une fois établi d'une manière rigoureuse, la reconstruction de l'édifice lui-même ne sera pas au-dessus du pouvoir des méthodes synthétiques régulières qui reçoivent chaque jour un plus grand développement. Ce ne sera plus qu'une question de patience et de travail intelligent, et la quinine et la morphine se feront de toutes pièces, comme aujourd'hui l'alizarine. Bien plus, nous avons lieu d'espérer qu'en même temps que les alcaloïdes de la nature, on en obtiendra d'autres, jouissant de propriétés thérapeutiques qui les rendront précieux. M. Ladenburg n'a-t-il pas, en cherchant à reproduire l'atropine, dont il a d'ailleurs réussi depuis à faire la synthèse, obtenu l'homatropine qui produit des effets physiologiques assez différents pour lui avoir mérité, à côté de son homologue, une place parmi les agents employés par les oculistes, et d'autres essais moins heureux n'ont-ils pas montré dans des dérivés de la quinoléine, qu'on s'est peut-être trop hâté d'essayer sur les malades, sinon des remèdes, au moins des corps ayant sur l'organisme une action énergique et très particulière?

Si la synthèse chimique a encore de beaux jours devant elle, nous verrons, sans doute, aussi refleurir une branche de la chimie, qui a été relativement négligée, après avoir été en honneur au commencement du siècle et avoir eu à Nancy un adepte habile et dévoué, Braconnot: je veux parler de la recherche des principes immédiats, c'est-à-dire des composés chimiques qui existent dans les animaux et dans les végétaux et qui peuvent en être extraits. De pareilles alternatives se présentent souvent dans l'histoire de la science ; celle-ci procède par bonds inégaux. Les esprits superficiels peuvent s'en étonner, mais cela résulte de la nature même des choses.

Il a fallu, d'abord, que la séparation des principes immédiats mît aux mains des chimistes des matériaux abondants, de composition variée, pour attirer leur attention sur la complexité des matières organiques. Puis est venu le moment de chercher les lois qui président à leur constitution. Maintenant que ces lois sont assez bien connues pour qu'on ait pu établir la structure et les fonctions d'un grand nombre d'entre eux, l'étude plus complète de leurs transformations, la définition plus exacte de quelques-uns de ceux qui ont été déjà signalés, la découverte assurée de beaucoup d'autres encore inconnus, viendront attirer davantage l'attention sur les travaux de ceux qui, comme Braconnot, ont étudié particulièrement les produits naturels.

La chimie minérale vient de nous procurer la satisfaction de voir réussir enfin, entre les mains d'un jeune savant aussi habile que persévérant, l'isolement du fluor, vainement tenté par bien d'autres dans des expériences dangereuses qui ont été fatales au premier professeur de chimie de la Faculté des sciences de cette ville, Nicklès.

Ce résultat important est dû encore à l'emploi du procédé qui a servi à Davy pour isoler le potassium : l'action décomposante de la pile. L'essai avait été déjà tenté, mais dans des conditions où le fluor, cet élément d'une activité si exceptionnelle, réagissait sur les électrodes ou sur les vases. Le mérite de M. Moissan a été de comprendre que la décomposition devait être faite à basse température et de choisir heureusement le corps qu'il fallait soumettre à l'électrolyse, l'acide fluorhydrique rendu conducteur par addition de fluorure de potassium. Dans le courant gazeux qui se dégage au pôle positif, le silicium et le bore cristallisés brûlent à la température ordinaire, l'iodure, le chlorure de potassium sont décomposés, le mercure et d'autres métaux sont transformés en fluorures, les combinaisons organiques sont carbonisées ou enflammées; l'eau absorbe le gaz en donnant à sa place de l'oxygène ozonisé; il se produit une foule de réactions dont l'étude promet un épilogue des plus intéressants à cette brillante découverte.

Les recherches physico-chimiques continuent de leur côté à fournir des moyens d'investigation qui permettent de pénétrer d'une manière plus intime dans la vie même de la molécule chimique, j'entends par là ces mouvements intérieurs dont tout nous porte à admettre l'existence.

La spectroscopie, qui vient encore de fournir à M. Lecoq de Boisbaudran deux nouveaux métaux dans une série où il y en a déjà tant que nous serions presque disposés à crier grâce, nous fait entrevoir, par la comparaison des raies, une liaison, qui n'a rien de fortuit assurément, entre les divers éléments d'une même famille.

La thermochimie, après avoir donné entre les mains de M. Berthelot et de M. Thomsen la raison de la plupart des réactions, en vient à l'étude des isoméries les plus délicates.

Les recherches de M. Bouty sur la conductibilité des solutions salines et celles de M. Raoult sur l'abaissement du point de congélation des diverses solutions semblent nous fournir de nouveaux moyens pour déterminer le poids moléculaire des combinaisons.

Mais ce n'est pas sur ces travaux, si intéressants qu'ils soient, que je me propose de m'arrêter avec vous. Je voudrais vous entretenir d'une science infiniment moins populaire que la chimie, la minéralogie.

Après avoir joui d'une assez grande vogue à la fin du siècle dernier et au commencement de celui-ci, alors que les travaux de Werner venaient de permettre au minéralogiste de décrire et de classer avec méthode les riches matériaux accumulés dans les collections, elle a perdu de ses adeptes à mesure qu'elle est devenue plus scientifique. Les immortels travaux d'Haüy, ainsi que ceux de Berzélius et de l'École chimique, semblent avoir effarouché les amateurs qui, peut-être, ne voyaient dans une collection de minéraux que le groupement plus ou moins pittoresque d'échantillons brillants, aux couleurs variées, aux formes bizarres, ou qui, s'ils avaient quelques ambitions scientifiques, les bornaient à l'emploi des caractères extérieurs et de ce flair minéralogique, mémoire des yeux et de la main, qui permet de déterminer les minéraux presque à coup sûr sans aucun essai.

Si le grand nombre a délaissé la minéralogie, celle-ci n'en a pas moins conservé des fidèles dévoués dont les travaux récents méritent toute votre attention.

La minéralogie présente ce caractère particulier qu'elle profite des progrès de la chimie et de la physique, dont elle a souvent d'ailleurs fourni elle-même le point de départ. Ayant pour but la description complète des minéraux, et surtout des minéraux cristallisés, elle applique à cette description des méthodes qui sont ensuite transportées avec avantage dans le domaine des produits artificiels.

C'est ainsi qu'elle a donné naissance à la cristallographie qui établit les lois suivant lesquelles se forment les cristaux, ces productions merveilleuses de la nature minérale dans lesquelles Haüy a su discerner des agrégations régulières de particules infiniment ténues.

Cette régularité de structure, indiquée d'abord par la forme extérieure, s'est trouvée confirmée par l'étude d'un grand nombre de propriétés physiques et particulièrement par celle de l'action que les corps cristallisés exercent sur la lumière. De cette étude est sorti l'un des procédés les plus sûrs et les plus féconds qui puissent nous révéler l'architecture intime des cristaux : c'est celui qui consiste à examiner leur action sur la lumière polarisée, c'est-à-dire, sur la lumière ayant reçu par réflexion ou par réfraction dans des conditions convenables des propriétés spéciales et étant devenue incapable de se réfléchir ou de se réfracter, comme le fait un rayon de lumière ordinaire, sauf en certaines circonstances bien définies.

Pour employer une comparaison grossière, le rayon lumineux ayant traversé certains milieux est comme une tige de fer qu'on aurait assujettie à passer à travers une filière rectangulaire. Présentez-lui à la sortie de la filière une ouverture de même forme et de même grandeur placée comme la première, elle passera sans difficulté. Mettez l'ouverture en croix avec la filière, la tige ne pourra plus passer.

Il y a cette différence entre la tige et le rayon que, dans toutes les positions intermédiaires, une partie de ce dernier passera et une partie d'autant plus grande que l'on se rapprochera davantage de la position parallèle. Si donc nous prenons deux appareils, correspondant à la filière et à l'ouverture, dont l'un fournit un rayon polarisé, et dont le second placé à angle droit l'arrête au passage, nous aurons dans le champ de l'instrument une obscurité complète. Mais interposons maintenant entre les deux une lame cristallisée appartenant à une substance qui ne cristallise pas dans le type cubique, nous verrons en général par suite d'une action découverte par Arago, expliquée par Fresnel, le champ obscur s'illuminer et prendre souvent les plus belles couleurs. Avec un cristal homogène et lorsque la lumière tombe sur la lame en faisceaux parallèles, nous voyons une teinte uniforme dans tout le champ de l'instrument. Si le cristal n'est pas homogène, s'il est formé de portions diverses enchevêtrées ou régulièrement groupées, mais dans des positions qui ne soient pas parallèles, il y aura des teintes différentes pour les diverses portions. Si l'on vient à faire tourner le cristal, certaines des plages colorées s'éteindront, comme on dit, cesseront de rétablir le passage de la lumière, tandis que d'autres resteront lumineuses. Nous avons donc là un moyen extrêmement délicat et précis d'étudier la structure des cristaux, dans ses détails les plus intimes. Haüy déjà avait remarqué que tous les cristaux sont biréfringents, sauf ceux qui appartiennent à la symétrie cubique. Brewster a établi, peu après, d'une manière complète, la relation qui existe entre les propriétés optiques et la symétrie cristalline et dit, entre autres, que les cristaux cubiques seuls sont sans action sur la lumière polarisée. Néanmoins, l'observation avait prouvé que certaines substances se présentant en formes du type cubique avaient une action et éclairaient le champ obscur de l'appareil de polarisation. Biot avait même imaginé un mot pour désigner, sinon pour expliquer, cette exception ; il l'appelait polarisation lamellaire.

C'est aux recherches de M. Mallard que nous devons l'explication précise de cette anomalie qu'elles ont en réalité fait disparaître.

Il a montré que les cristaux de formes cubiques qui agissent sur la lumière polarisée ne sont pas réellement cubiques, mais bien constitués par le groupement régulier de portions appartenant à l'un des autres types cristallins. La boracite, par exemple, chloroborate de magnésium qui se présente habituellement en dodécaèdres rhomboïdaux, c'est-à-dire avec la figure d'un solide terminé par douze rhombes égaux appartenant à la symétrie cubique, est formée par la réunion de douze pyramides droites à base rhombe dont les sommets sont réunis au centre du cristal et dont les bases sont les faces rhombes.

Si l'on pratique dans un cristal de boracite, près de la surface, une section mince parallèle à l'une des faces, on verra, dans l'appareil de polarisation, un rhombe de couleur uniforme entouré d'une bordure de couleurs différentes; cette bordure provient des portions des pyramides contiguës à celle qui avait la face rhombe pour base, qui se sont trouvées comprises dans la section et qui ne sont pas en position parallèle avec la partie centrale de la plaque.

La boracite n'est pas seule dans ce cas; certaines variétés de grenat et bien d'autres minéraux encore, présentent des phénomènes analogues. Les belles observations de M. Mallard en lumière parallèle ont d'ailleurs été confirmées par celles de M. Émile Bertrand, faites en lumière convergente, qui ont montré, dans les portions isolées du grenat et de la boracite, toutes les propriétés appartenant à des cristaux réguliers de substances orthorhombiques.

Les cristaux présentent donc, au moins beaucoup d'entre eux, cette particularité curieuse, d'avoir comme une tendance à s'élever dans l'ordre de la symétrie, à un degré plus élevé que ne semblerait comporter leur structure élémentaire. Ils ont trompé les cristallographes purs qui ne se servaient pour la détermination des types cristallins que des mesures d'angle seules. Ils trompent encore certains minéralogistes étrangers qui ne veulent voir, dans les effets produits sur la lumière polarisée, que des phénomènes analogues à ceux que donnent le verre trempé ou la gélatine desséchée; pour ces corps, les inégalités de tensions intérieures ont bien pour conséquence une action sur la lumière polarisée, mais une action inégale dans les divers points de la substance, et qui est incapable de donner lieu à la formation de teintes plates nettement terminées, comme cela a lieu dans les cristaux examinés par M. Mallard, et encore moins de courbes isochromatiques régulières.

Il ne peut rester aucun doute sur l'exactitude de l'interprétation donnée par le savant cristallographe des anomalies optiques des cristaux qui avaient été regardés comme cubiques, ni sur cette vérité, qui, si elle est banale en ce qui concerne les relations sociales, paraît au moins bizarre en cristallographie : il ne faut pas se fier à l'apparence.

Nous avons là un exemple bien frappant du secours qu'une science peut et doit apporter à une autre dans l'étude des corps. Où la cristallographie à elle seule fait défaut, l'optique décide d'une façon catégorique et l'examen optique des cristaux, introduit principalement par l'un de mes maîtres regrettés, H. de Senarmont, est devenu un procédé courant auquel aucun minéralogiste n'oserait négliger d'avoir recours.

Ces mêmes procédés optiques employés avec des grossissements beaucoup plus forts que ceux en usage dans les appareils primitifs d'Amici et de Nörremberg, rendent les plus grands services au géologue pour l'étude des roches. Ils lui permettent de déterminer, avec un degré de certitude qui n'avait pu être atteint autrement, les éléments les plus ténus de ces mélanges de minéraux en proportions variables. Après M. Sorby, l'initiateur de ce genre d'études, MM. Zirckel et Rosenbusch en Allemagne, MM. Fouqué et Michel Lévy chez nous, ont tiré le plus grand parti de cette méthode nouvelle, qui a éclairé à beaucoup d'égards les idées que l'on avait sur l'origine et le mode de formation de certaines roches, en montrant quels matériaux se sont solidifiés les premiers et quels sont ceux qui ne se sont consolidés que dans une phase ultérieure du refroidissement.

A toutes ces déterminations concourent la recherche du signe optique des cristaux, c'est-à-dire de la vitesse relative avec laquelle les deux rayons polarisés se propagent suivant certaines directions, l'observation de la position des axes quand elle est possible, celle du dichroïsme et même la mesure approchée des indices de réfraction.

Cette dernière a été rendue plus facile, grâce à un instrument imaginé récemment par M. Émile Bertrand. Avec une plaque transparente ou non, d'une substance cristallisée et au moyen de quatre lectures seulement faites dans deux positions du cristal, on obtient pour tous les corps n'ayant pas un indice de réfraction trop élevé, par la détermination de l'angle de réflexion totale, les deux ou les trois indices et par conséquent la surface d'onde du cristal. Et ces opérations qui ne pouvaient être réalisées qu'à l'aide de prismes ou de lames de grande dimension, peuvent encore se faire sur des cristaux très petits tels que ceux des roches.

C'est un nouveau mode de contrôle qui doit être appliqué à bien des déterminations anciennes pour les vérifier et, peut-être, pour en corriger quelques-unes. Tant il est vrai que chaque pas en avant dans la science, nous apprend à remplacer les méthodes dont s'étaient servis nos devanciers par d'autres plus rigoureuses et à ne jamais nous considérer comme satisfaits de l'identification de deux corps naturels ou artificiels, que quand nous avons constaté l'identité non seulement de quelques-unes de leurs propriétés, mais de toutes leurs propriétés. A la vérité, nous sommes souvent obligés de nous contenter à moins, lorsque certains caractères nous sont inaccessibles, mais c'est alors d'une manière provisoire et sous bénéfice d'inventaire.

Si dominantes que soient en cristallophysique les propriétés optiques, d'autres encore méritent l'attention. Leur intérêt pratique est moindre au point de vue de la détermination des cristaux, mais elles peuvent fournir au physicien des points de vue nouveaux.

On connaissait depuis longtemps la particularité curieuse que possèdent quelques minéraux hémièdres de se charger d'électricités de signes contraires aux deux extrémités de certains axes lorsqu'on les échauffe ou qu'on les refroidit. MM. Jacques et Pierre Curie ont montré que la compression des mêmes cristaux agit comme le refroidissement et la dépression ou la traction, comme l'échauffement. La cause du phénomène, dans l'un comme dans l'autre cas, paraît donc être le rapprochement ou l'éloignement des molécules. Chose remarquable, le phénomène est réversible et les cristaux hémièdres à faces inclinées convenablement chargés d'électricité, positive à l'une de leurs extrémités et négative à l'autre, se contractent ou se dilatent.

La physique, comme vous le voyez, Mesdames et Messieurs, a donc contribué à enrichir beaucoup la minéralogie. La chimie, de son côté, n'a pas fait moins pour elle, car s'il est une branche de la science qui ait porté beaucoup de fruits et qui en promette encore davantage, c'est celle qui s'occupe de la reproduction des minéraux.

Je ne vous rappellerai pas l'histoire déjà longue des tentatives qui ont conduit à la synthèse minéralogique, après que pendant longtemps les chimistes se fussent tenus devant les minéraux avec la même admiration découragée qui les arrêtait naguère devant les matières dites organiques et leur reproduction.

L'admiration reste; elle est encore accrue par une compréhension plus nette des procédés employés par la nature pour produire les matières qui nous servent ou qui peuvent nous aider à établir l'histoire chimique du globe; mais nous savons, par de nombreux exemples, dus principalement à des savants nos compatriotes : Berthier, Becquerel, Senarmont, H. Sainte-Claire Deville, M. Daubrée, que les minéraux peuvent être reproduits dans nos laboratoires et que nous tenons en mains un moyen d'étude précieux qui nous permet de nous rendre compte des conditions dans lesquelles ont pu être produits les minéraux naturels et leurs mélanges, d'arriver à la connaissance chimique de certaines espèces dont l'analyse seule n'est pas encore parvenue à établir la formule, et peut-être même de produire des matières utiles sous la forme qui leur communique leurs propriétés.

Je ne puis vous citer tous les résultats obtenus récemment dans cette voie et je dois me borner à vous parler de ceux qui sont intéressants par leur caractère de généralité.

C'est l'observation des produits cristallisés obtenus accidentellement dans les fourneaux métallurgiques, qui a mis sur la voie des premières reproductions et c'est par fusion que Mitscherlich et Berthier les ont réalisées.

MM. Fouqué et Michel Lévy sont parvenus, en fondant d'abord certains silicates, certaines roches ou des matières ayant la même composition chimique, en une masse vitreuse et en soumettant ensuite ce verre à l'action d'une température un peu inférieure à celle de la fusion, pendant un temps assez long, à reproduire précisément les minéraux que l'on trouve dans les roches éruptives, laves, basaltes et autres. Ces minéraux sont les feldspaths anorthite et labradorite, l'amphigène, le pyroxène, le péridot, le fer magnétique, etc. La reproduction de tout cet ensemble de substances unies souvent dans les roches artificielles exactement comme elles le sont dans celles de la nature, ne laisse aucun doute sur l'analogie des procédés, analogie qui résulte déjà de l'observation, puisque souvent on a eu l'occasion de voir la lave fondue se solidifier avec une lenteur due à la grande dimension des masses expulsées par les volcans.

Il n'en est pas de même pour les roches granitiques. Ici le problème de l'origine est beaucoup plus difficile à résoudre. Personne n'a vu de granite se former sous ses yeux. Personne jusqu'ici n'a pu reproduire tous ses éléments et encore moins les associer de manière à former une roche semblable à celles que les Vosges voisines nous montrent en si grande abondance.

Néanmoins, sur les trois éléments du granite, deux ont été obtenus artificiellement.

Le quartz l'avait été depuis longtemps par Senarmont en chauffant de la silice gélatineuse avec une solution d'acide chlorhydrique vers 300°.

M. Hautefeuille est parvenu le premier à reproduire les feldspaths orthose et albite en jolis cristaux en chauffant la silice avec l'alumine et les alcalis nécessaires en présence d'un dissolvant tel qu'un vanadate ou un tungstate alcalin fondu. C'est là un beau résultat, surtout quand on pense aux essais infructueux faits antérieurement par bien des chimistes ; mais il ne paraît pas probable que les conditions de cette expérience aient été réalisées dans la nature.

Peut-être s'en est-on approché de plus près dans une série de recherches faites par votre président en commun avec M. Edmond Sarasin, en chauffant à une température voisine de 500° dans un fort tube d'acier, garni intérieurement de platine, une solution de silicate alcalin avec un silicate d'alumine précipité. Suivant l'alcali employé et suivant les proportions, on voit se produire l'albite ou l'orthose, mélangés ou non de quartz. Les cristaux ressemblent à ceux de la nature et présentent les mêmes particularités de formes et de groupements. La présence bien constatée de gouttelettes d'eau dans le quartz des granites semble indiquer que ceux-ci ont dû être formés en présence de solutions aqueuses. On s'est donc rapproché des conditions naturelles ; on ne les aura atteintes tout à fait que lorsqu'on sera parvenu à faire cristalliser le quartz se moulant sur le feldspath, et surtout lorsqu'on aura réussi à obtenir le mica, qui a résisté jusqu'ici à tous les efforts.

Les minéraux de la famille des zéolithes se rencontrent dans les cavités des roches éruptives anciennes. On a surpris la formation de quelques-uns d'entre eux qui ont été déterminés par M. Daubrée, dans les bétons romains de Plombières; mais on n'était pas parvenu à les faire naître à volonté. Les premiers pas dans ce sens ont été faits par M. de Schulten qui, en chauffant du silicate de soude dans des tubes en verre alumineux, a vu se produire de petits icositétraèdres d'analcime, l'une des plus belles parmi ces substances, se rencontrant entre autres dans les laves des îles Cyclopes. Le même minéral s'est produit dans les essais dont il a été question plus haut sur la reproduction de l'albite par voie aqueuse, lorsqu'on diminuait la proportion de silice.

En ce qui concerne les pierres précieuses on sait que depuis longtemps la solution du problème au point de vue scientifique, sinon en ce qui concerne les applications, a été donnée pour le spinelle et le corindon par Gaudin, Ebelmen, H. Sainte-Claire Deville et Caron. Plus récemment MM. Frémy et Feil ont préparé le rubis en grandes masses cristallines impropres à la taille bien que possédant toutes les propriétés du minéral naturel.

Il semble que des essais nouveaux aient conduit à un résultat plus pratique, car l'on rencontre depuis quelque temps, dans le commerce, des rubis de belle dimension ayant, avec un éclat et une transparence un peu moindres, la dureté, la densité, les propriétés optiques de la précieuse gemme. Une infinité de petites bulles semées dans la masse, fort différentes de celles que l'on voit dans les cristaux naturels, et dont quelques-unes sont étirées, comme dans une substance ayant passé par l'état pâteux, portent invinciblement à croire qu'ils ont été obtenus par fusion. C'est, d'ailleurs, un fait connu que l'alumine cristallise par la fusion, à l'inverse de la silice qui reste vitreuse.

Le diamant seul, jusqu'ici, semble au-dessus de toutes les tentatives faites pour l'obtenir. Bien des fois on a annoncé l'avoir reproduit; l'affirmation reposait sur des erreurs. Ce qui rend le problème plus difficile à résoudre, c'est que le diamant n'est connu nulle part dans sa gangue originaire. Partout où il se rencontre, c'est un étranger qui est venu avec son aspect propre, avec sa merveilleuse résistance à l'usure, s'interposer entre les éléments des roches, sans qu'aucun indice qui lui soit extérieur puisse apporter quelques renseignements sur son origine. Cela est vrai aussi bien des itacolumites et des quartzites du Brésil, et des brèches serpentineuses de l'Afrique australe que des sables dans lesquels on l'exploite souvent. Parfois, pourtant, il a emprisonné quelques matières étrangères qui diminuent sa valeur commerciale, mais qui sont fort intéressantes en montrant qu'il a dû se former à une température relativement peu élevée.

Mais je m'arrête dans cet exposé déjà trop long. Mon désir était de vous intéresser à la minéralogie, de vous montrer en elle une science dont les progrès sont rapides, dont les méthodes se renouvellent et qui est digne de tout l'intérêt des esprits curieux. Elle ne tient pas encore dans l'enseignement de nos Facultés la place qu'elle mérite, et devrait être partout, comme dans cette ville, l'objet d'un cours spécial.

Je crains d'avoir été le mauvais avocat d'une bonne cause et, en vous parlant trop longtemps d'un sujet dont quelques parties sont arides, d'avoir découragé votre attention. Il aurait fallu, pour la soutenir, pouvoir vous montrer les beaux échantillons naturels de nos collections, quelques-uns des produits artificiels que je vous citais, et surtout ces images aux colorations vives et pourtant harmonieuses que donnent les cristaux dans la lumière polarisée; mais vous faire voir ces belles choses est un plaisir réservé aux professeurs de minéralogie. Mon rôle, en vous signalant les progrès récents de cette science, était seulement d'indiquer à ceux d'entre vous qui ne la connaissent pas, une source de jouissances à la fois esthétiques et scientifiques des plus vives.

Nous allons tout à l'heure, Mesdames et Messieurs, nous mettre au travail dans nos sections, en nous séparant momentanément, puisque l'abondance des richesses qui nous sont promises empêche chacun de nous d'avoir part à toutes. Nous le ferons en nous rappelant que si nous avons pour but prochain la culture de la science, le développement intellectuel, la décentralisation scientifique, nous en poursuivons un autre que nous plaçons plus haut encore et que nous pouvons avouer devant les savants étrangers qui ont bien voulu répondre à notre appel, puisqu'ils sont tous les amis de la France : c'est la grandeur intellectuelle et morale de notre patrie.

La science est un merveilleux agent de progrès industriel et mal inspirés seraient ceux qui la regarderaient comme le superflu d'une civilisation aristocratique : les défaites économiques leur rappelleraient bientôt qu'aujourd'hui l'industrie de routine a vécu et que seule est viable, celle qui s'appuie étroitement sur la connaissance des lois de la matière.

La science n'est pas moins favorable au développement moral. Comment la recherche assidue de la vérité, fût-ce dans le monde de la matière ou dans celui de l'étendue et de la quantité, n'élèverait-elle pas l'esprit et ne fortifierait-elle pas le cœur? Comment la comparaison du peu que nous savons avec l'infini de ce que nous ignorons, ne nous porterait-elle pas à la modestie ?

Ce sont là de grands mérites, mais il en est encore un autre que je me permets de vous rappeler en terminant. Nous pouvons, dans notre chère France si divisée, différer d'opinions et de sentiments sur beaucoup de points. Il en est un sur lequel assurément nous sommes tous unis : l'amour de la patrie. Et pour servir la patrie, il existe un moyen dont l'emploi ne peut froisser personne, qui est à la portée de chacun, qui provoque seulement des rivalités généreuses : aider au progrès de la science. C'est elle qui nous divise le moins.

M. VOLLAND

Maire de la ville de Nancy, Président d'honneur du Comité local.

Messieurs,

Je ne retarderai pas longtemps le moment impatiemment attendu où vous pourrez inaugurer la série de vos doctes travaux : mais puisque la ville de Nancy a aujourd'hui l'enviable et la brillante fortune d'être le siège de votre congrès, il m'échoit, de par le privilège de mes fonctions, comme un devoir trop précieux pour ne pas le remplir, de vous souhaiter la bienvenue au nom d'une municipalité et d'une libérale population, heureuses de vous accueillir.

Je ne saurais trop chaleureusement surtout remercier nos hôtes étrangers qui viennent, comme autant d'amis, jeter l'éclat de leurs noms et de leur réputation sur les travaux du congrès, et, sans distinction d'origine et de nationalité, rompre en commun le pain de la science et de la vérité.

De tout temps, les travaux de l'esprit ont été ici particulièrement en honneur, et la science y a compté souvent des disciples illustres. Nous étions encore déshérités et privés des bienfaits de l'enseignement supérieur, que, du fond d'obscurs et bien modestes laboratoires, avaient surgi, avec un rare éclat, les noms de *de Haldat*, ceux de véritables novateurs, *Braconnot* et *Blondlot*, et, chaque année, des humbles murs de nos établissements classiques, sortait une jeunesse d'élite, en rangs peut-être plus pressés qu'ailleurs, qui allait soutenir sur les bancs de nos grandes écoles nationales, plus tard, au sein même de l'Institut de France, l'honneur du nom lorrain.

Depuis, Nancy est devenu un centre universitaire complet; à notre École forestière, à nos Facultés des sciences, des lettres, sont venues successivement s'ajouter la Faculté de droit, la savante Faculté de médecine de Strasbourg et l'École supérieure de pharmacie. Nous faisions plus que recueillir leur personnel enseignant; en même temps, en effet, notre population s'enrichissait vraiment d'un sang nouveau. Chaque jour, nous avions à recevoir de Metz, de Strasbourg, nos frères exilés, et nous sentions ainsi nos forces intellectuelles et morales s'accroître de tout ce qu'il y avait de pur, de meilleur, d'excellent dans ces deux nobles cités.

Notre sol nancéien qui, spontanément, s'était tant de fois couvert de riches moissons, s'est, de la sorte, trouvé fertilisé, pour ainsi dire, par les couches nouvelles de puissantes alluvions, et vous pouvez, sans crainte, lui confier les fécondes semences de la science.

Telle est, Messieurs, mise à nu, et brièvement, l'histoire de notre formation scientifique. Elle vous dit d'avance quelles sont ses tendances et son but le plus direct.

Ici, quand nous sentons la frontière si près de nous... et quelle frontière! ici, sur cette terre lorraine, je me trompe, sur cette terre française, nous aspirons, — que la sincérité de cet aveu soit son excuse, — nous aspirons de toutes nos forces à créer, à développer un centre d'enseignement rayonnant dans toutes les directions, un véritable et éclatant foyer de science française, et si l'épithète d'une nationalité est trop étroite pour être placée à côté de ce grand nom: la science, je dirai que, du moins, nous voulons mettre du patriotisme jusque dans notre amour de l'étude, et je suis heureux de rendre ce public témoignage aux savants maîtres de notre jeunesse, qu'ils ont cette noble ambition d'étendre avec les bornes de la science le renom de la Patrie française.

Ah! sans doute, la science a des limites autrement larges que celles des nationalités, et, grâce à Dieu, les frontières n'empêchent pas, de savants à savants, ni les cordiaux serrements de mains, ni les pacifiques échanges d'idées. Vos congrès, où nous comptons avec autant de joie que de fierté tant d'éminents étrangers, sont l'annonce certaine de ces temps heureux, entrevus peut-être des sommets que vous habitez, où vos travaux auront pacifié la Terre; mais, avant de toucher à ce port béni autant que reculé, ce n'est pas être impie de n'exiger de la science humaine rien de plus que ce qu'elle peut humainement donner.

Ce n'est pas être impie si les faibles lui demandent leur relèvement, s'ils croient avec passion qu'un jour elle donnera la force à leur droit; ce n'est pas être impie de penser que les nations n'ont pas à craindre de voir s'évanouir dans le cosmopolitisme de la science l'idée sainte de la patrie.

Oui, les nations doivent conserver dans ce grand tournoi leurs bannières et leurs couleurs ; elles peuvent, d'ailleurs, les marier comme elles le sont aujourd'hui sur la façade même de notre Hôtel de ville, dans l'union la plus étroite, et les confondre dans une association d'autant plus féconde que chacune d'elles y aura son nom, sa mise de fonds individuelle et sa part respective d'efforts, d'émulation et de gloire. C'est ainsi que, la main dans la main, elles marcheront à la conquête des vérités scientifiques qui sont le bien commun des peuples, sans avoir pour cela rien à retrancher de la noble devise de l'Association française :

Par la Science, pour la Patrie !

M. Édouard COLLIGNON

Ingénieur en chef, Inspecteur de l'École nationale des ponts et chaussées,
Secrétaire de l'Association.

L'ASSOCIATION FRANÇAISE EN 1885-1886

Messieurs,

Le règlement de l'Association française impose à votre secrétaire l'obligation de vous présenter, à chaque réunion nouvelle, un résumé de l'histoire de l'Association pendant l'année qui vient de finir. Tel est pour l'année 1885-1886 l'objet du présent rapport ; car c'est un rapport, et non pas un discours, dont je vais avoir l'honneur de vous donner lecture.

Le congrès de Grenoble, qui a eu lieu l'an dernier, du 12 au 20 août, restera assurément dans les souvenirs de ceux qui y ont assisté, comme l'un des plus intéressants et des mieux remplis. La ville de Grenoble est le centre administratif et historique de l'une des plus grandes et des plus belles régions de la France. C'est une ville de science en même temps qu'une ville industrielle. Elle a des environs charmants, ce qui ne gâte rien, même aux yeux des hommes d'étude. Les montagnes du Dauphiné attirent chaque année à Grenoble un grand nombre de touristes et de voyageurs. Il est vrai qu'au point de vue spécial des congrès scientifiques, il est des esprits timorés qui redoutent un peu la beauté des paysages voisins et l'intérêt offert par les promenades. Rien ne serait plus naturel, en pareil cas, que de se laisser entraîner dans des excursions multipliées et d'abandonner le travail des sections aux membres les plus consciencieux ou les moins ingambes. Certes, ces craintes n'ont jamais été mieux fondées qu'à Grenoble ; mais l'événement ne les a pas justifiées, et nous pouvons admettre qu'elles sont chimériques. On n'y a pas délaissé les sections, comme nous le ferons voir tout à l'heure, bien que la part faite aux excursions y ait été plus large qu'à l'ordinaire.

Aux divers éléments de succès déjà énumérés, nous devons ajouter qu'un bon nombre de savants étrangers ont répondu, en 1885, à notre appel, et sont venus donner par leur présence un nouvel éclat à notre réunion. On sait que, l'année précédente, la crainte du choléra avait retenu loin de la France la plupart de nos visiteurs accoutumés. Aussi avons-nous fêté doublement le retour de nos hôtes étrangers à leurs anciennes habitudes.

Le compte rendu du congrès de Grenoble signale un total de 342 communications, dont 38 appartiennent au groupe des sciences mathématiques, 55 au groupe des sciences physiques et chimiques, 166 au groupe des sciences naturelles, et 83 au groupe des sciences économiques, en y comprenant la sous-section d'archéologie, récemment créée. Le troisième groupe est, comme toujours, celui qui présente la plus grande abondance de matières. La section des sciences médicales y occupe le premier rang, avec 71 communications; vient ensuite la section d'anthropologie, avec 48.

Outre ces sujets particuliers, développés par leurs auteurs au sein des différentes sections, le congrès a encore offert quelques communications en séance générale, et deux conférences fort intéressantes et fort applaudies, l'une faite par M. Cotteau, sur la paléontologie en 1885, avec projections pour représenter les animaux fossiles et les paysages aux diverses époques géologiques ; l'autre, par M. le docteur Rochard, qui est devenu depuis notre vice-président, sur les ressources alimentaires de la France. Parmi les communications en séance générale, nous en relevons une qui marque les débuts de la langue volapük dans nos congrès. Cette langue qui est sortie tout armée, domme on sait, du cerveau de son inventeur, fait, dit-on, de grands progrès dans le monde commercial, auquel elle est spécialement destinée. En tout cas, il s'est trouvé à Grenoble jusqu'à deux maîtres du nouvel idiome. Mais les vieilles langues sont tenaces, et lorsqu'ils causaient ensemble, nos deux volapükistes n'ont, croyons-nous, employé que le français.

En fait d'excursions, nous pouvons citer la Grande-Chartreuse, Lus-la-Croix-Haute, la vallée de la Bourne, Vizille, Uriage, Allevard, Aix-les-Bains, Annecy, noms qui rappelleront à nos collègues le souvenir de charmantes journées et de magnifiques paysages. La principale excursion finale a été dirigée vers Briançon. Pour la rendre possible, il a fallu partager la masse des excursionnistes en deux groupes égaux, qui ont parcouru le même circuit, en sens inverse l'un de l'autre. Le premier groupe est allé droit sur Briançon par la montagne, en remontant la vallée de la Romanche et en franchissant le col de Lautaret; le second groupe qui, pendant le même temps, gagnait Briançon par le chemin de fer, est revenu à Grenoble par cette même route de la montagne, tandis que le premier y rentrait par la voie ferrée. La rencontre des deux groupes s'est opérée à Briançon, au point et à l'heure fixés d'avance, malgré la diversité des chemins suivis et des conditions des trajets effectués. La précision des mouvements exécutés simultanément par les deux groupes fait honneur aux organisateurs de cette double excursion, c'est-à-dire au comité local, et à notre infatigable secrétaire, M. Gariel.

Le 14 août, la municipalité de Grenoble nous conviait à une superbe représen-

de campagne, travaux d'approche d'une place assiégée, construction et lançage de ponts des divers systèmes, sur les fossés de la place et sur l'Isère, tel est le sommaire des opérations dont le génie militaire a bien voulu nous rendre témoins, et que nous avons eu le plus grand plaisir à suivre.

Ne quittons pas Grenoble, Messieurs, sans renouveler nos remerciements à la municipalité, au comité local, à l'école et au régiment du génie, aux habitants enfin, qui ont si bien exercé l'hospitalité à notre égard. Pas un de nous n'a oublié l'excellent accueil que nous avons trouvé dans leur ville ; pas un qui n'applaudisse avec reconnaissance à l'habileté des mesures prises pour y rendre notre séjour plus agréable et plus intéressant.

En se séparant le 20 août, l'Association française a consacré par son vote définitif sa fusion avec l'Association scientifique, fondée par Leverrier, laquelle a pris de son côté une résolution identique. On pouvait croire que la fusion des deux sociétés, préparée de longue date et acceptée avec empressement de part et d'autre, allait passer dans le domaine des faits accomplis. Mais après l'examen de la question par l'autorité compétente, il a été reconnu que la solution définitive exigerait de nouvelles formalités et de nouveaux délais. On n'admet pas la fusion par consentement mutuel. Un instant même, on a été jusqu'à prétendre que l'une, au moins, des deux sociétés devait se dissoudre ; après quoi elle ne rencontrerait aucun obstacle pour se fusionner en se reconstituant. Nous avons lieu d'espérer aujourd'hui qu'aucune des parties contractantes ne sera réduite à une aussi dure extrémité.

A part cet incident, qui n'a point de gravité et qui prolonge seulement une situation provisoire très acceptable, l'Association française est, cette année, comme les peuples heureux : elle n'a pas d'histoire, et le rôle du secrétaire doit se borner à passer en revue les changements survenus parmi les membres qui la composent. Commençons par parcourir la liste de ceux qu'elle a perdus depuis notre dernière réunion.

M. Bouquet, membre de l'Académie des sciences, dans la section de géométrie, est mort le 9 septembre 1885. Son successeur à l'Académie, M. Halphen, a donné dans les *Comptes rendus* du 7 juin 1886 le résumé de ses travaux scientifiques. Nous en extrayons l'appréciation suivante, pleinement justifiée par l'importance des questions traitées par l'éminent géomètre : « M. Bouquet est mort, dit M. Halphen, léguant à l'histoire mathématique de notre siècle, qui compte tant de grandes œuvres, tant de noms illustres, des œuvres et un nom qu'elle n'oubliera pas », M. Bouquet, dit de son côté M. Tannery, l'un de ses anciens élèves, « aimait l'enseignement autant que la science ». C'est, en peu de mots, faire à la fois l'éloge du professeur et du savant, de l'homme estimé et admiré de tous, universellement regretté aujourd'hui.

Les habitués des premiers congrès ont certainement conservé le souvenir de *M. Bergeron,* qui, chaque année, venait de Londres, où il représentait les compagnies françaises, pour prendre part aux travaux de la section du génie civil. Il manquait au rendez-vous depuis quelque temps, et nous pouvions accuser son zèle de s'être un peu refroidi. C'est avec un profond regret que nous avons appris qu'il venait de s'éteindre, après une maladie qui ne justifie que trop bien ses absences des dernières années.

Nous devons aussi vous rappeler la mort de *M. Lunier,* membre de l'Académie de médecine, ancien inspecteur général des asiles d'aliénés ; il avait exercé avec le plus grand dévouement, au congrès de Blois, en 1884, les fonctions de président du comité local.

M. Bouley, membre de l'Académie des sciences et de l'Académie de médecine, professeur au Muséum, est mort le 30 novembre 1885. Tout le monde connaît ses travaux scientifiques. Ceux d'entre vous, Messieurs, qui ont assisté au congrès de Blois n'ont pas oublié la belle conférence qu'il y a faite sur les travaux de M. Pasteur.

M. Jamin, secrétaire perpétuel de l'Académie des sciences, doyen de la Faculté de Paris, ancien professeur à l'École polytechnique, a été enlevé le 12 février 1886, à la suite d'une cruelle maladie. Il est inutile de parler de son mérite scientifique, qui est universellement apprécié. On admirait surtout son talent d'exposition, qui le classait au premier rang des savants vulgarisateurs.

Citons encore, en abrégeant, car la liste des morts est longue, *M. Robin*, sénateur, professeur à la Faculté de médecine, membre de l'Académie de médecine et de l'Institut; *M. Parise*, professeur à l'École de médecine de Lille; *M. Dechambre*, membre de l'Académie de médecine, directeur de l'*Encyclopédie des sciences médicales* que publie M. Georges Masson, notre ancien trésorier; *M. Königswarter*, membre fondateur de l'Association, *M. Lan*, également membre fondateur, inspecteur général, directeur de l'École supérieure des mines; *M. Morren*, membre de l'Académie royale de médecine de Belgique; *M. Simonin*, rédacteur scientifique du Journal *la France*; *M. Lallemand*, doyen de la Faculté des sciences de Poitiers; *M. Courty*, professeur à l'École de médecine de Montpellier, l'auteur d'ouvrages très estimés sur les maladies des femmes. Ces quatre derniers étaient en général des membres très assidus de nos congrès. M. Lallemand y a fait des communications intéressantes et a présidé la section de physique en 1872 et en 1873, aux congrès de Bordeaux et de Lyon, les premiers que notre Association ait tenus. M. Courty a présidé, en 1879, le comité local au congrès de Montpellier.

Là s'arrête, pour cette année, Messieurs, cette liste nécrologique, qui ne contient pas moins de quatorze noms. Les événements dont il me reste à vous entretenir sont heureusement d'un tout autre caractère, et, loin d'inspirer des regrets, ils ne pourront provoquer de votre part que des félicitations et des applaudissements.

Déjà vous avez tous applaudi à la récente nomination de *M. Marcel Deprez* à l'Académie des sciences, dans la section de mécanique. M. Deprez a été longtemps l'un des membres les plus actifs de nos réunions. Ses communications, dans quelque section qu'il prît la parole, se faisaient toujours remarquer par un incontestable mérite scientifique et une profonde originalité. Le succès de sa grande expérience de Creil sur le transport électrique de l'énergie, succès obtenu après plus d'une année de recherches et d'efforts, lui a ouvert les portes de l'Institut, où sa place était depuis longtemps marquée.

Vous avez vu aussi avec une vive satisfaction l'entrée à l'Académie des sciences de *M. Chauveau*, notre ancien président du congrès d'Alger, dont les recherches sur la transmission des maladies ont acquis une juste célébrité; la nomination de *M. Halphen*, dans la section de géométrie, où l'appelaient ses beaux travaux de haute analyse; celles enfin de *MM. Crova* et *Terquem*, comme membres correspondants.

A l'Académie de médecine, *M. Johannès Chatin*, maître de conférences à la Sorbonne, professeur agrégé à l'École de pharmacie, et M. le docteur *Bouchard*, professeur à la Faculté de médecine de Paris, ont été nommés membres titulaires; *MM. Cazin, de Ranse* et *Diday*, membres correspondants.

M. Mathias Duval, membre de l'Académie de médecine, directeur du laboratoire d'anthropologie à l'École des hautes études, a été nommé professeur à la Faculté de Paris; *M. Leloir,* professeur à la Faculté de Lille; *M. Pitres,* doyen de la Faculté de Bordeaux; *M. Œchsner de Koninck,* maître de conférences à la Faculté des sciences de Montpellier.

Nous vous rappellerons encore d'autres nominations que vous avez certainement apprises avec un grand plaisir : celle de *M. Certes,* comme inspecteur général des finances; de *M. Cornu,* comme membre titulaire du Bureau des longitudes; de *M. Hirsch,* comme professeur au Conservatoire des arts et métiers; de *M. Mannheim,* comme colonel d'artillerie; de *M. Paul Bert,* comme résident général à Hué; de *M. Vial,* comme résident général à Hanoï. Ce dernier, ancien officier de marine, attaché à la Compagnie transatlantique, nous avait rendu les plus grands services au congrès du Havre, en 1877.

La moisson de prix recueillie cette année par les membres de l'Association a été particulièrement abondante. Rappelons le prix Plumey, accordé par l'Académie des sciences à *M. Daymard;* le prix Jecker à *M. Silva;* le prix Delesse à *M. de Lapparent;* un prix de mécanique accordé à *M. Hatt,* pour ses belles recherches sur la théorie des marées; le grand prix des sciences physiques à *M. Johannès Chatin;* le prix Lallemand à *M. Granet,* de Montpellier; le prix Gay à M. le capitaine *Defforges;* le prix des arts insalubres à *M. Charles Girard,* chef du laboratoire municipal de Paris; le prix Cuvier à *M. Van Beneden;* le prix Petit-Dormoy à *M. Halphen. MM. Chervin, Cagny, du Mesnil, Topinard* et *Rivière* ont obtenu des mentions honorables, qui se rattachent respectivement au prix de statistique, au prix Desportes, au prix Vernois, au prix Montyon et au prix Bréant.

A l'Académie de médecine, le prix Henri Buignet a été donné à M. le docteur *Quinquaud;* le prix Itard à M. le docteur *de Lœwenberg;* à la Faculté de médecine, le prix Chateauvillars à *M. Testut.*

Des médailles d'or ont été accordées à M. le docteur *Pennetier,* de Rouen, pour services rendus pendant les épidémies; à M. le docteur *Gibert,* du Havre, ancien secrétaire général du comité local au congrès de 1877; une médaille de bronze à M. le docteur *Sordes,* attaché, comme M. Gibert, au service de l'hygiène de l'enfance; un rappel de médaille d'or à M. le docteur *Perroud,* de Lyon.

MM. Cacheux et *Livache* ont reçu des médailles de la Société d'encouragement pour l'industrie nationale; M. Cacheux, une médaille d'or pour ses types d'habitations ouvrières; M. Livache, une médaille de platine pour ses procédés propres à rendre siccatives les huiles.

Pour finir ce relevé rapide des distinctions obtenues cette année par nos collègues, il nous reste à mentionner quelques nominations dans la Légion d'honneur. Signalons entre autres : la croix de chevalier, donnée à *M. Rames* au dernier congrès des Sociétés savantes, pour ses travaux sur la paléontologie et la géologie du Cantal; la croix d'officier, accordée à notre collègue et ami, *M. Alfred Durand-Claye,* pour l'ensemble de ses savantes recherches sur l'assainissement des villes et l'emploi agricole des eaux d'égout; la croix de grand-officier enfin, donnée à M. le docteur *Jules Rochard,* digne couronnement de la belle carrière accomplie par notre sympathique vice-président.

Ici se termine, Messieurs, le rapport de votre secrétaire. Permettez-moi d'y ajouter un mot en mon nom personnel. La ville où nous sommes réunis a joué, à plusieurs reprises, un grand rôle dans mon existence, et ce n'est pas sans émotion que j'y reviens, après tant d'années d'absence, traversées par de si cruelles épreuves! J'y retrouve des souvenirs, des parents, des amis. Je n'en ai que plus de reconnaissance envers ceux d'entre vous, Messieurs, qui ont bien voulu me désigner à Blois pour remplir cette année les fonctions de secrétaire. C'est grâce à eux que je puis dire aujourd'hui quel plaisir j'ai à revoir, plus belle et plus florissante que jamais, la ville où se sont passées les meilleures années de ma jeunesse, et où, si mes souvenirs ne sont pas trompeurs, nous sommes sûrs de rencontrer le plus aimable et le plus cordial accueil.

M. Émile GALANTE

Trésorier.

LES FINANCES DE L'ASSOCIATION

MESDAMES et MESSIEURS,

Les revenus de l'exercice 1885 ont été un peu plus élevés que ceux de l'année 1884 : ils se sont montés à 80,441 fr. 89 c.

En voici le détail :

RECETTES.

Reliquat de l'année 1884.	1,439f 17
Cotisations des membres annuels.	56,920 00
Arrérages des capitaux placés.	21,967 72
Vente de volumes.	105 00
Droits d'admission.	10 00
Total des recettes.	80,441f 89

DÉPENSES.

Les dépenses se sont élevées à 73,734 fr. 40 c. ainsi réparties :

Frais d'administration.		19,435f 70
Impression du volume.		29,874 85
Frais d'impressions diverses.		2,720 55
Subventions :		
MM. Delage : pour aider à la reproduction héliographique des particularités intéressantes de l'anatomie d'une baleine échouée à Langrune.	1,200f	
J. Vinot : pour aider à la publication du *Journal du Ciel* (deux souscriptions perpétuelles).	240	
Genaille : pour aider à la construction d'une machine à calculer.	600	
Société de physique : pour aider à la publication des *Œuvres d'Ampère*.	300	
A reporter.	2,340f	52,031f 10

Report.	2,340f	52,031f10
Viallanes : pour contribuer à des recherches sur la photographie microscopique	600	
Proromans : pour contribuer à des recherches de chimie organique.	500	
G. Pouchet : pour la construction d'un thermomètre enregistreur sous-marin.	400	
Fines : pour l'achat d'une boussole d'inclinaison de Brunner.	2,000	
Observatoire du mont Ventoux : pour contribuer à l'installation de l'observatoire, 5,000 fr. ; pour cette année, dernière annuité.	2,000	
Regnault : pour contribuer aux dépenses de fouilles paléontologiques	400	
Lefort : pour la continuation de ses recherches de géologie locale (*subvention de la ville de Paris*).	400	
Magnin : pour contribuer à la publication de cartes concernant la distribution géographique des végétaux.	300	
Sabatier : pour la continuation de ses recherches sur la sexualité	500	
Laboratoire de Wimereux : pour contribuer à l'achat d'une collection des animaux marins de la Méditerranée.	500	
Marey : pour contribuer aux dépenses nécessitées par ses recherches de physiologie.	2,000	
Daleau : pour aider à la continuation de ses fouilles anthropologiques	250	
Nicolas : pour aider à la continuation de ses fouilles anthropologiques	300	
L'abbé Béroud : pour aider à la continuation de ses fouilles dans les grottes de Villereversure (Ain). .	400	
Société d'anthropologie de Lyon : pour contribuer aux fouilles des tumuli de la région de Bourgoin.	500	
Testut et Dufourcet : pour les fouilles des tumuli sous-pyrénéens.	500	
Topinard : pour aider à l'établissement d'une carte de la répartition de la couleur des yeux et des cheveux.	1,500	
Souscription au fonds d'encouragement pour l'étude expérimentale de la tuberculose.	200	
Dehérain : pour l'achat d'une étuve destinée à des recherches de physiologie végétale.	600	
Andouard : pour la continuation de ses recherches sur les laits (*subvention B. Brunet*).	1,000	
Académie d'Hippone : pour contribuer à la publication de ses travaux.	300	17,490f 00
Bourses de session.		500 00
Frais de la session de Grenoble.		3,713 30
Total des dépenses.		73,734f 40

Laissant disponible une somme de 6,707 fr. 49 c., sur laquelle on a prélevé pour la réserve statutaire. 5,703f.50
Et reporté à nouveau. 1,003 99

Total égal aux recettes. 80,441f 89

CAPITAL.

Le capital qui, au 31 décembre 1884, s'élevait à. 485,304f 61
s'est augmenté en 1885 de :

Réserve statutaire	5,703 50
14 rachats de cotisations.	2,800 00
Total.	493,808f 11

La somme que nous eussions dû placer cette année a été presque entièrement employée à acquitter les frais de mutation du legs Girard.

L'action judiciaire engagée, vous vous en souvenez, en dehors de nous, pour voir fixer le mode de répartition de ce legs, n'est pas encore terminée. Les débats se poursuivent. J'espère, l'an prochain, vous annoncer l'inscription à notre capital de la part qui nous revient dans cette succession.

Nous avons à enregistrer de nouveaux témoignages d'intérêt :

M. Lompech de Miramont, notre collègue, M. Brossard, d'Étampes, lèguent à l'Association, l'un 5,000 fr., l'autre 3,000 fr.

L'augmentation progressive du capital de l'Association demeure assurée. Nos revenus, depuis 1872, vous ont permis de donner, en subventions, une somme de 136,781 fr. 35 c, soit :

Travaux scientifiques d'initiative privée.	94,281f 35
Observatoires, stations météorologiques, laboratoires.	26,300 00
Missions scientifiques, sociétés, musées, écoles, etc.	16,200 00
Total.	136,781f 35

Il convient d'ajouter à ce chiffre 1,000 fr. votés pour l'institut Pasteur, dans une des dernières réunions du conseil.

La décision prise par le conseil d'administration de publier en deux volumes les comptes rendus des travaux présente l'avantage de rappeler plus fréquemment, et à des époques plus opportunes, l'Association au souvenir de ses adhérents dont le nombre se maintient à 3,800.

Les chiffres que je viens d'avoir l'honneur de vous exposer vous montrent la prospérité financière de l'Association, suivant une marche progressive et s'affirmant chaque année davantage. Mais n'oublions pas que, pour répondre exactement à la pensée de ses fondateurs, l'Association française doit constamment tendre à constituer une œuvre puissante de propagande scientifique. Or son capital seul ne saurait lui assurer ce rôle. « Nous devons, selon l'heureuse expression de notre cher collègue, M. Masson, former une vaste famille dont les membres couvriront toute la France, pour se réunir dans une même et utile pensée : le progrès de la science et le bien du pays. »

Votre accueil sympathique nous fait espérer que notre appel sera entendu et que votre concours ne nous manquera pas.

CONFÉRENCES

M. le Dr A.-J. MARTIN

Auditeur au Comité consultatif d'hygiène publique de France

L'ASSAINISSEMENT DE L'HABITATION

— 14 août 1886 —

MESDAMES, MESSIEURS,

Le Comité de l'Association française pour l'avancement des sciences m'a fait le très grand honneur de me prier de vous entretenir ce soir de l'*assainissement de l'habitation*. Je n'ai d'autre titre auprès de vous que celui d'avoir pu étudier d'assez près une exposition récente, d'un genre tout spécial, que la Société de médecine publique de Paris, présidée cette année par notre dévoué et infatigable secrétaire général, avait organisée à la caserne Lobau, à Paris, exposition uniquement consacrée à l'assainissement des habitations, des édifices et des villes.

Ce sont les particularités les plus intéressantes de cette exposition, en ce qui concerne la salubrité des maisons, qu'il me faut exposer devant vous, afin de pouvoir déterminer les procédés que l'hygiène se croit en droit de recommander actuellement à ce sujet. Nous aurons ensuite à en examiner les conséquences directes et indirectes.

L'hygiène de l'habitation forme un ensemble tellement complexe qu'il me faudra me borner à ses parties les plus essentielles, sous peine de fatiguer trop longtemps votre attention dont je vous demande dès maintenant d'escompter toute la bienveillance.

Veuillez remarquer, tout d'abord, à quel point de vue nous devons nous placer. L'hygiène n'est pas une science à proprement parler ; elle ne constitue pas un système de règles ou de principes ayant la rigueur d'un théorème ou la fixité d'une solution algébrique. Elle forme bien plutôt un ensemble d'applications des diverses sciences dans un but déterminé : celui du maintien et de la préservation de la santé. Toutes les sciences sont appelées à lui être utiles ; elle emprunte à toutes et elle forme ainsi comme une vaste synthèse où chaque groupe de connaissances est appelé à tenir une place plus ou moins grande, suivant les circonstances.

En ce qui concerne les habitations, l'hygiène a pour but de les édifier de façon à faire échapper l'homme, le plus possible, aux accidents nuisibles, désagréables, des oscillations incessantes que subissent les propriétés physiques de l'atmosphère... L'idéal de l'habitation serait, évidemment, une création qui soustrairait l'individu, la famille ou les groupes à l'action de ces propriétés, dans une mesure convenable et rien que dans cette mesure, en même temps qu'elle permettrait aux intéressés de jouir de l'intégrité parfaite des propriétés chimiques et biologiques de l'air. Toute l'hygiène de l'habitation est là : trouver les moyens de satisfaire à cette double exigence, ce sera résoudre le problème. (Dr Arnould.)

Une habitation salubre, c'est-à-dire saine, qui contribue à maintenir la santé de ceux qui l'occupent, doit donc avant tout assurer par ses dispositions l'intégrité de l'air qu'on y respire ; il n'y doit arriver que de l'air ayant les qualités de l'atmosphère ambiante et toute cause de souillure doit en être immédiatement enlevée, quels que soient les causes et les auteurs de ces souillures. Ainsi que M. Émile Trélat le dit si justement dans son cours du Conservatoire des arts et métiers, l'hygiéniste connaît les milieux et les régimes, le constructeur connaît les milieux et, faisant à la fois œuvre d'hygiéniste, il doit les approprier à la santé. Or, les cinq facteurs naturels de la santé sont : l'atmosphère, le calorique, la lumière, le sol, les eaux. Il faut connaître les exigences de la santé relativement à ces cinq facteurs. Le constructeur doit savoir renouveler l'atmosphère abritée en aérant les intérieurs, restituer aux matériaux de l'habitation le calorique dispersé pendant la saison froide, expulser le calorique accumulé dans les matériaux de l'habitation pendant la saison chaude, donner accès à la lumière dans les intérieurs abrités, établir et entretenir la salubrité du sol sous-jacent et environnant, aménager l'approvisionnement des eaux et l'ablation des déjections gazeuses, liquides et solides.

A quoi servirait d'élever une habitation d'une belle ordonnance, d'un cachet artistique qui plaise à l'œil, d'en rendre même les dispositions intérieures commodes et agréables, si l'on n'y a pas ménagé une abondante aération naturelle, un éclairage adapté aux fonctions normales de nos yeux, une évacuation immédiate et complète de toutes les matières usées, un chauffage et une ventilation qui ne puissent diminuer en aucune manière les qualités respiratoires de l'atmosphère ?

Un programme aussi vaste et aussi complet que celui que traçait M. Emile Trélat au début de son enseignement, nous ne saurions même l'effleurer ce soir dans toutes ses parties ; nous n'en prendrons que certains points, ceux qui se rattachent plus particulièrement à l'intégrité de l'air respiré dans l'habitation, c'est-à-dire l'aération, le chauffage et l'évacuation des matières usées. Il est, en outre, entendu que nous nous préoccupons surtout en ce moment de l'hygiène de l'habitation privée et non des conditions bien autrement complexes que doit remplir la salubrité d'un établissement ou logement collectif.

En ce qui concerne l'*aération* des maisons et des appartements, il va de soi que l'on doit s'efforcer d'y introduire le plus possible et incessamment l'air extérieur, celui-ci devant toujours être, dans quelque situation que l'on se trouve, plus sain que l'air intérieur plus ou moins confiné. Quant à l'évacuation de celui-ci, elle se fait par les cheminées et par les nombreux orifices que présentent nos pièces ; elle se pratique par des ouvertures spéciales dans les locaux collectifs. Or, dans chaque pièce habitée, la partie par laquelle nous sommes le plus en rapport avec l'atmosphère ambiante, c'est la fenêtre ; les vitres qui la ferment amènent à profusion la lumière, condition indispensable de la salubrité ; mais l'imperméabilité des vitres fait qu'elles arrêtent l'introduction de l'air.

Aussi, dans toutes les circonstances où l'on a besoin d'amener de l'air dans les locaux habités, sans que cet air puisse être gênant pour les personnes, a-t-on cherché des moyens de toutes sortes pour obvier à cette imperméabilité. De là, le placement de vasistas à la partie supérieure des fenêtres ; de là, cette innombrable variété de modèles de persiennes mobiles, à lames de verre, à valves de mica, avec opercules et clapets. En Angleterre, où l'on s'est beaucoup occupé de cette question depuis un certain nombre d'années, on a imaginé à l'infini toutes sortes de procédés ; mais on n'a pas tardé à remarquer qu'ils déterminaient des courants d'air plus ou moins violents, qui venaient frapper la tête des personnes occupant les pièces ainsi aérées.

C'est alors qu'on imagina d'installer sur plusieurs points de la partie supérieure des murailles dans les appartements, tout près du plafond, des soupapes, ou mieux des briques de ventilation percées de plusieurs conduits ayant une direction conique de dehors en dedans. Qu'arrive-t-il, en effet, avec des briques ainsi disposées ? Si l'on veut introduire de l'air dans un conduit cylindrique, comme je le fais en ce moment devant vous à l'aide d'un soufflet (fig. 1), il se produit un courant rec-

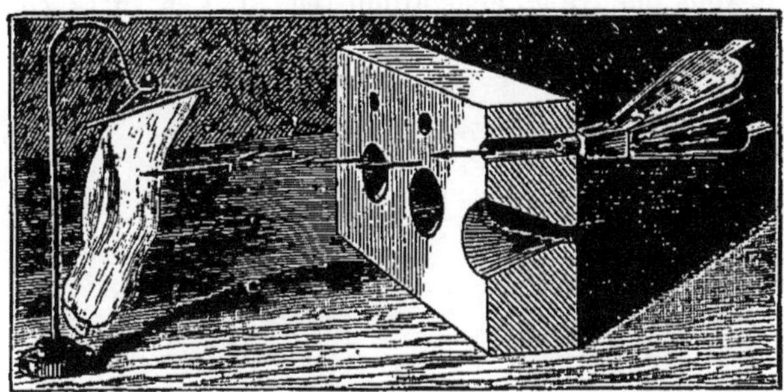

Fig. 1. — Effets produits sur un drapeau par le vent d'un soufflet à travers un ajutage cylindrique. (Extrait de *La Nature*.)

tiligne qui vient frapper directement les objets placés devant lui ; le petit drapeau, mis en face du conduit, est aussitôt agité violemment. Tandis que si j'introduis le soufflet dans un conduit conique (fig. 2), ayant même orifice extérieur

Fig. 2. — Effets produits sur un drapeau par le vent d'un soufflet à travers un ajutage conique. (Extrait de *La Nature*.)

et l'orifice intérieur largement évasé, la même quantité d'air est lancée sans que le drapeau situé en face vienne à bouger ; l'air s'est dispersé dans tous les sens dès qu'il est sorti de la gaine dont la disposition conique a favorisé son épanouissement.

Enfin, ces briques et ces soupapes ont de sérieux inconvénients : on ne peut les multiplier beaucoup dans les appartements ; il n'est pas facile de les laver et elles retiennent, à l'intérieur des conduits qui les traversent, toutes les poussières de l'air, de telle façon que celui-ci se salit aisément au passage. Aussi a-t-on imaginé, il y a quelques années, à Leeds, de les remplacer par une sorte de cage en bois ou vitrée, placée devant les fenêtres ; cette cage renferme un assez grand nombre de petites ouvertures auxquelles font suite des conduits cylindriques en verre par lesquelles l'air passe avant de se rendre dans la pièce.

Depuis longtemps déjà, M. Émile Trélat enseignait, dans son cours du Conservatoire des arts et métiers, les avantages qu'il y aurait à posséder, à la partie supérieure des fenêtres, des vitres percées d'un grand nombre de petits trous à section conique, afin de satisfaire aux conditions importantes d'aération que j'ai indiquées tout à l'heure. De leur côté, MM. Geneste et Herscher, frappés de ces mêmes avantages, s'efforçaient de rechercher des procédés industriels susceptibles d'obtenir des verres ainsi disposés. MM. Appert, maîtres verriers, sont enfin parvenus, après de nombreux essais, à fabriquer des *vitres perforées*, telles que celles dont je vous montre un échantillon (fig. 3). Ces vitres comprennent 5,000

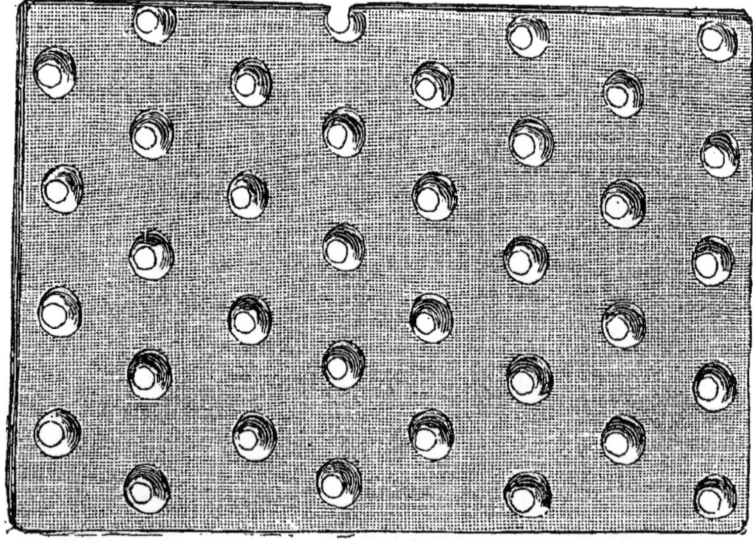

Fig. 3. — Aspect d'un morceau de vitre perforée (grandeur naturelle). Système Appert, Geneste et Herscher, d'après la méthode de M. Émile Trélat. (Extrait de *La Nature*.)

trous par mètre carré, trous ayant une section circulaire de 3 millimètres de diamètre chacun et espacés de 15 millimètres d'axe en axe, sur une épaisseur de verre de 3^{mm},5 ; d'autres vitres un peu plus épaisses (5 millimètres d'épaisseur) ont des trous de 4 millimètres de diamètre, espacés de 20 millimètres d'axe en axe.

Quels sont donc les principaux avantages de ces vitres perforées ? Remarquez qu'elles présentent une surface ouverte à l'air extérieur de 3 décimètres carrés par mètre carré ; de plus, les trous étant évasés à l'intérieur, les veines fluides de l'air se trouvent épanouies à leur entrée dans la pièce. Si l'on souffle en effet (fig. 4) dans la direction de la petite ouverture vers la plus grande, l'air s'épanouit le long des parois du verre, il vient les lécher en quelque sorte et former par derrière la bougie, placée en face, comme un remous; tandis que la bougie est immédiatement éteinte lorsqu'on souffle dans le sens opposé (fig. 5), l'air, venant comme une flèche, se dirige droit devant lui et avec violence. Placées à une hauteur minima de 2m,50 au-dessus du sol, afin que les veines d'air accédant n'incommodent pas les occupants, ces vitres perforées permettent d'introduire insensiblement et incessamment de l'air frais dans les nombreuses parties de l'habitation

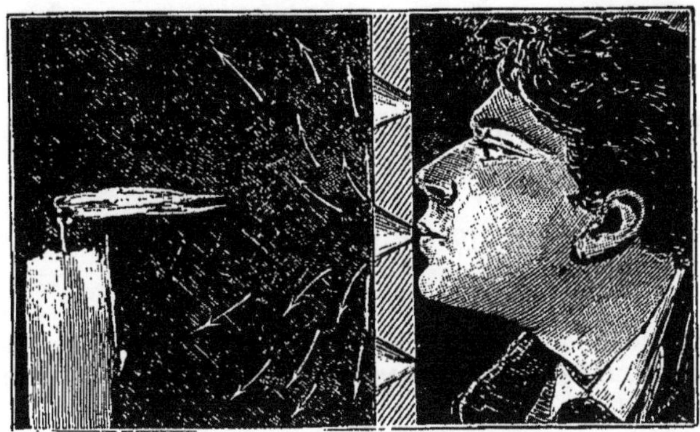

Fig. 4. — Effet produit sur la flamme d'une bougie en soufflant par la petite base de l'orifice conique d'une vitre perforée. (Extrait de *La Nature*.)

où l'aération est des plus indispensables ; dans les pièces moins élevées et dans les appartements, elles peuvent aussi être utilisées, à la condition qu'on les dispose de façon à pouvoir recouvrir par moments leur surface ouverte, ce que l'on peut obtenir à l'aide d'un châssis mobile pouvant dégager et fermer à volonté leurs orifices. Il faut aussi noter qu'elles ne sont pas exposées à s'obstruer, car « toutes

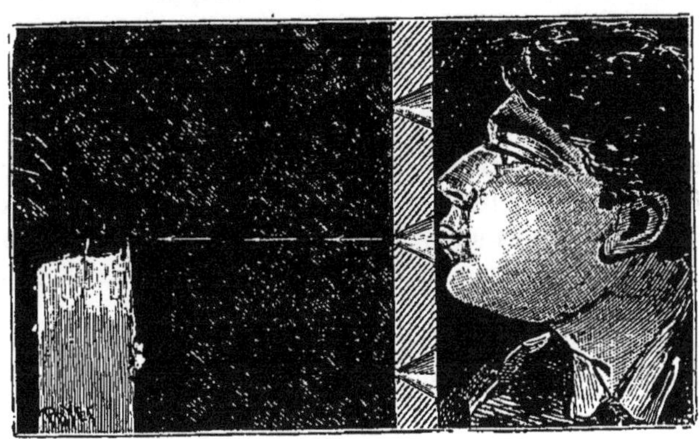

Fig. 5. — Effet produit sur la flamme d'une bougie en soufflant par la grande base de l'orifice conique d'une vitre perforée. Extinction de la bougie. (Extrait de *La Nature*.)

les vitres des fenêtres sont nécessairement lavées et de cette façon l'air qui les traverse ne se charge d'aucune impureté au passage ». (Émile Trélat.)

Cette nécessité d'introduire constamment et aussi largement que possible l'air extérieur dans les locaux habités, on ne se doute généralement pas assez de son importance. Je n'ai pas l'outrecuidance de l'apprendre à personne ici ; mais l'on me permettra de penser qu'il ne serait pas sans avantage de l'exiger, tout au moins dans certains milieux ; que de villes et de localités où l'absence des fenêtres dans les habitations constitue la principale cause de l'insalubrité! Le croirait-on, déclarait récemment M. Martin Nadaud dans un document législatif, il y a en France 219,270 maisons sans la moindre fenêtre; l'air et la lumière n'arrivent aux malheureux qui habitent ces misérables taudis que par une porte ou par un trou pratiqué dans cette porte qu'il faut bien fermer à l'époque des pluies, des neiges et des grands froids; on n'exagère pas en supposant six personnes par habitation; le jeune ménage est naturellement forcé d'abriter les enfants et les vieux parents. C'est tout de suite 1,300,600 martyrs qui se trouvent dans un état parfaitement identique à celui des vieux parents. Nous avons ensuite 1,656,636 autres maisonnettes à deux ouvertures. Si les malheureux qui les habitent ne sont pas parqués ensemble dans une promiscuité hideuse dans la même chambrée, il n'y a encore qu'une ouverture pour leur permettre de respirer et de vivre. C'est encore 11,145,816 habitants qui se trouvent dans une condition à peu près semblable à la première catégorie!

L'air que nous devons respirer dans nos habitations doit être pur et aussi frais que possible; nous emprunterons encore à M. Émile Trélat la définition de cette double condition, telle qu'il l'a exposée il y a quelques semaines devant la Société de médecine publique de Paris. Lorsque nous sommes en plein air, fait-il remarquer, surtout à la campagne, l'atmosphère qui nous environne se nettoie incessamment et aussitôt qu'elle se salit; car notre corps dépense autour de lui, par voie de rayonnement calorifique, une partie de la chaleur qu'il produit intérieurement; ce rayonnement calorifique, joint à la température des gaz expirés, détermine un courant atmosphérique ascendant autour des individus et dans ce courant sont emportés l'acide carbonique et la vapeur d'eau chargée des matériaux organiques exhalés. Aussi est-il indispensable, lorsque nous occupons des habitations closes, d'y assurer artificiellement le renouvellement de l'air; plus les communications seront faciles avec l'atmosphère extérieure, plus elles seront actives, plus il y aura de salubrité à l'intérieur. Il faut aussi que ces communications soient aussi immédiates et directes que possible, parce qu'il faut respirer de l'air frais, celui-ci étant le plus favorable à la santé. Lavoisier a, en effet, démontré qu'à 26°25 on consommait 41 parties d'oxygène, tandis qu'à 12°,50 ce chiffre s'élevait à 12; d'où il résulte qu'à oxydation égale des poumons ou à production de chaleur égale, il faut que le même individu fasse 11 inspirations si l'air est à 26°, 25 et 12 s'il est à 12°,5. Ainsi, sous un même volume, l'air chaud contient moins d'oxygène que l'air froid; il est donc moins efficace à la respiration; en outre, plus l'air est chaud, plus il peut contenir de vapeur d'eau avant de se saturer; plus la place de l'oxygène y est, par suite, réduite. Il faut, il est vrai, compter avec les conditions climatériques au milieu desquelles nous vivons; mais les principes que nous venons de rappeler n'en devront pas moins régler la salubrité dans nos habitations. On songera aussi, suivant un théorème bien connu mais très peu appliqué, que le meilleur moyen de se bien chauffer consiste à ne pas se refroidir; en d'autres termes, comme on l'a dit, si une maison ne se refroidissait pas en hiver, il serait superflu de la chauffer; or, comme, abstraction faite de la ventilation nécessaire, les seules causes de refroidissement proviennent de l'enveloppe, il suffit de donner à cette enveloppe autant de chaleur que les influences extérieures lui en prennent (Somasco). Il ne faudrait donc pas, ou le moins possible, élever la température de l'air dans la maison, mais chauffer nos murs, nos parquets, maintenir en température convenable tout le matériel qui nous environne, restituer artificiellement aux murailles la chaleur qui leur manque et avoir à notre portée un foyer brillant, rayonnant de la chaleur lumineuse, ardente. De là, pour les habitations particulières, les avantages d'appareils envoyant aussitôt les produits de la combustion au dehors, et n'enlevant que le moins possible aux qualités normales de l'air qui nous entoure.

Le problème de la salubrité de l'habitation ne se résume pas seulement dans les conditions que nous venons d'examiner : la qualité des matériaux employés, le choix et l'aménagement du sol et du sous-sol, les dispositions intérieures, le chauffage, l'évacuation des immondices, etc., sont autant de sujets d'où dépend la parfaite et complète intégrité de l'air respiré pendant l'occupation de nos logements. Parmi ces conditions inhérentes à l'assainissement, il en est une qui domine en quelque sorte une partie des autres, car elle est de tous les instants et exige une surveillance incessante ; je veux parler de l'évacuation prompte et immédiate de toutes les matières usées par la vie journalière, c'est-à-dire de tout ce qui peut être cause de putréfaction et de fermentation dans l'habitation. Or, ces matières sont surtout produites dans les cabinets d'aisances, dans les cuisines, dans les cabinets de toilette, et ce sont ces parties de la maison qu'il convient d'aménager avec un soin particulier.

Ainsi que le disait encore il y a quelques jours M. Durand-Claye, l'un de nos ingénieurs sanitaires les plus autorisés et les plus compétents, dans la maison les principes sont simples : « dès qu'une matière usée est produite, il faut l'expulser, sans la laisser séjourner dans l'habitation. Pour les ordures ménagères, le service d'enlèvement peut se faire actuellement d'une manière relativement satisfaisante dans les grandes villes, grâce à des récipients mobiles et à l'enlèvement méthodique. Il n'en est pas de même pour les eaux pluviales et ménagères, pour les matières de vidanges dont l'éloignement est d'ordinaire si mal aménagé. Ce qu'il faut, c'est à chaque orifice d'évacuation l'eau en quantité suffisante, puis un appareil d'occlusion simple et efficace, le siphon hydraulique, c'est-à-dire l'inflexion suffisamment accusée du tuyau d'évacuation. Ensuite la canalisation générale de la maison doit être simple en tracé et en élévation, communiquant largement à la partie supérieure avec l'atmosphère, de manière à aspirer à chaque évacuation de l'air pur et frais qui baigne le flot liquide et combatte dès le point de départ la fermentation par l'oxydation. » Ainsi, deux sortes d'appareils sont indispensables, dans tous les cas, pour assurer la salubrité des parties de l'habitation où l'on produit et d'où l'on projette des matières usées, à savoir : le réservoir de chasse d'eau et le siphon hydraulique.

Personne n'ignore que l'emploi judicieux et approprié d'une certaine quantité d'eau est un des éléments indispensables de l'assainissement des habitations ; il est très rare qu'on puisse disposer d'eau sans limite et il ne suffirait pas de dépenser pe l'eau pour que l'assainissement soit réalisé. Aussi doit-on s'efforcer de l'envoyer dans les appareils et tuyaux en chasses abondantes au lieu d'égouttements continuels, comme on ne le fait que trop souvent ; il faut transformer l'écoulement continu, en usage pour certains appareils, en écoulement intermittent de faible durée, afin d'augmenter le volume d'eau écoulé en un temps donné et de lui procurer, par suite, une force de nettoyage réellement efficace.

Dans ce but, on a imaginé un grand nombre d'appareils de chasse d'eau, soit automatiques, soit à tirage, dont la plupart sont des variantes du siphon annulaire automatique de Rogers Field. Presque tous les procédés mécaniques en usage ont l'inconvénient d'imposer l'obligation de se servir d'organes mobiles, soumis à des chocs et exposés à des déformations graves lorsqu'ils se faussent ; les moindres ordures suffisent alors pour paralyser le jeu des pièces en mouvement. De plus, le procédé de la trompe d'eau, tel que Rogers Field l'a appliqué, exige une précision mathématique dans la pose, précision que les ouvriers réalisent rarement, toujours avec peine, et qu'il est facile de détruire même lorsqu'elle est obtenue. On est ainsi arrivé à rechercher des appareils sans aucun mécanisme et susceptibles d'effectuer des chasses d'eau intermittentes, à intervalles facultatifs, au moyen d'un siphon à amorçage automatique par cataracte instantanée. Je place sous vos yeux un appareil de ce genre que MM. Geneste, Herscher et Carette avaient exposé à la caserne Lobau; cet appareil, inspiré des dispositions de la fontaine de Héron, est dépourvu de tout mécanisme; il se remplit à volonté, soit goutte à goutte, soit à intervalles plus rapprochés, et, une fois en place, ne nécessite aucune surveillance spéciale.

Le siphon hydraulique qui complète aujourd'hui toute installation destinée à l'évacuation des matières usées, affecte généralement la forme de la lettre S couchée ∽, quand la direction de sortie est verticale, et la forme en demi S couchée lorsque cette sortie est horizontale. Ces formes ont été admises comme étant les plus rationnelles, à la suite de nombreuses expériences; elles offrent, en effet, le moins de résistance à l'écoulement des liquides et permettent le plus facilement le nettoyage automatique et complet de l'appareil, d'ailleurs exempt d'angles, puisque ces siphons sont de section circulaire dans toute leur longueur.

La plus importante des conditions que doivent remplir les siphons hydrauliques, c'est assurément qu'ils forment une fermeture toujours directement infranchissable aux courants de gaz viciés, provenant des réservoirs où se déposent les matières évacuées. On sait, depuis les recherches de Wernich, de Tyndall, de Carmichael, etc., qu'il en est ainsi la plupart du temps avec les siphons en S, dont Wazon nous a appris qu'on trouve le dessin dans un brevet d'Alexandre Cumming, brevet pris dès 1775. Mais il est fréquent que les siphons se siphonnent eux-mêmes, c'est-à-dire que, sous l'action d'une succion produite dans le tuyau principal d'écoulement, la garde d'eau du siphon risque de s'épuiser; alors elle ne forme plus obturation et les gaz des réservoirs rentrent avec facilité dans les habitations. D'où la nécessité de les ventiler en couronne (fig. 6), c'est-à-dire de greffer une tubulure au sommet du siphon, tubulure en communication avec l'atmosphère extérieure; ainsi l'on empêche toute succion sur la poche d'eau interceptrice des odeurs. La figure 7 montre l'effet comparatif que produit le passage de l'eau ou des matières dans un siphon ordinaire et dans un siphon ventilé. Je reproduis d'ailleurs l'expérience devant vous. Vous voyez les deux siphons disposés au-dessous d'un même réservoir; je fais passer l'eau, le réservoir étant désamorcé, et aussitôt le siphon ordinaire se siphonne, l'eau descend au-dessous de la plongée et par suite le retour des gaz se fait certainement; tandis qu'avec le siphon ventilé vous pouvez remarquer que l'obturation persiste d'une manière constante. On ne se contente pas d'ailleurs de cette précaution; dans les siphons dits siphons français, — et ce sont les seuls qui soient fabriqués couramment dans notre pays, depuis peu de mois seulement — vous pouvez voir qu'on a eu soin de réserver à la partie supérieure une sorte de poche qui contribue à réduire au minimum les pertes d'eau de ce qu'on appelle la garde; celle-ci doit, en outre, être aussi haute que possible.

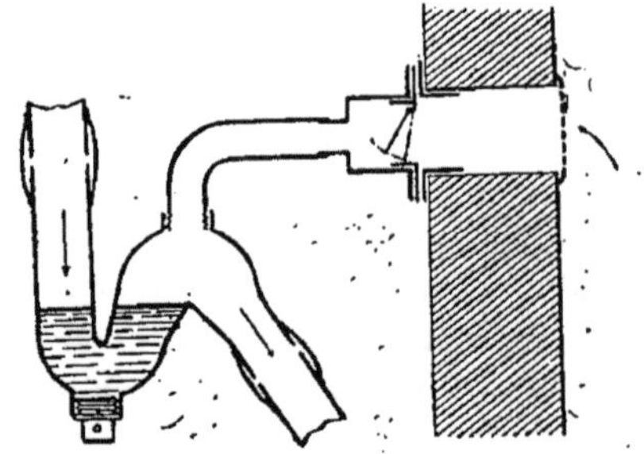

Fig. 6. — Installation d'un siphon français avec boîte de ventilation. (Extrait de *La Nature*.)

dans les siphons intercepteurs, sous peine de n'avoir qu'une sécurité trompeuse. Enfin, pour que la ventilation du siphon se fasse avec une grande facilité et qu'elle soit, pour chaque siphon, indépendante, on fait aboutir le tuyau de ventilation à une prise d'air, formée d'une boîte métallique logée dans le mur exté-

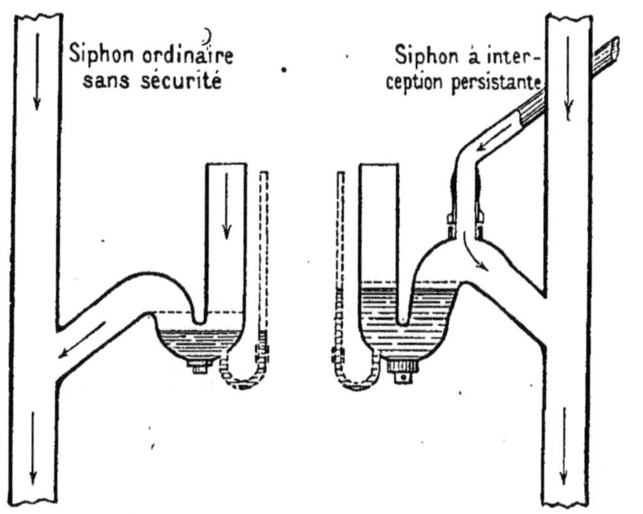

Fig. 7. — Siphon ordinaire sans sécurité et siphon français à interception persistante. (Extrait de *La Nature*.)

rieur et renfermant une valve mobile en mica qui s'ouvre au passage de l'air chaque fois qu'un liquide traverse le siphon et qui se referme immédiatement après cette traversée.

On a fait, il est vrai, aux siphons plusieurs reproches. Ils ne fonctionneraient plus lorsqu'on a été un certain temps sans s'en servir, par suite de la lente évaporation de la couche d'eau qu'ils renferment ; ainsi, lorsqu'une personne laisse son appartement pendant deux ou trois mois d'été, les siphons ont pu se désamorcer peu à peu en son absence. Mais il est facile de remédier à cet inconvénient, très rare dans la pratique, en remplissant au moment du départ le siphon de glycérine ou en maintenant un très petit écoulement d'eau pendant le temps où l'appareil n'est pas en service. Il en est de même pour les cas de grands froids, après qu'on a entouré le siphon d'une garniture chaude. En somme, il n'existe pas aujourd'hui de meilleur procédé contre le retour des odeurs malsaines et dangereuses des habitations.

Les siphons présentent, en outre, le très grand avantage de pouvoir rejeter tous les systèmes plus ou moins compliqués de mécanismes dont on se sert trop souvent pour l'évacuation des immondices. Nos water-closets, nos appareils d'évier, etc., sont munis de clapets, de soupapes d'un maniement très incommode et qui ne présentent à l'égard de l'hygiène que de graves inconvénients. Viennent-ils à être dérangés, ce qui est fréquent, tout au moins pour les appareils à usage commun, il est souvent difficile de les réparer, et pour peu que l'on soit éloigné d'un centre habité, cela devient presque une impossibilité. Il en résulte que, pendant tout ce temps, l'habitant reçoit directement les émanations des réservoirs où sont projetées les matières usées.

Tout le monde sait que les Anglais se sont ingéniés, depuis longtemps déjà, à construire des appareils exempts de tout mécanisme ; mais ce que l'on sait moins c'est que la fabrication française peut fournir, depuis quelques mois, des appareils tout aussi bons, sinon meilleurs, que ceux qu'on devait faire venir de l'autre côté de la Manche.

D'un autre côté, il importe que les appareils, comme les locaux où on les place, soient accessibles sur toutes leurs parties de façon à ce que le nettoyage en soit facile ; et, de plus, tout ce qui les entoure doit être imperméable, étanche et lisse ; aucune impureté d'aucune sorte ne doit y être retenue. D'où l'emploi de carreaux vernissés sur les parois, d'appareils en faïence ou en grès, de revêtements en ciment. On a cherché par tous les moyens à obtenir des matériaux à la fois bon marché, résistants et imperméables. L'ardoise se salit vite et il s'y forme des dépôts de sels qu'il est assez difficile d'enlever et qui sont des foyers permanents de mauvaises odeurs ; l'ardoise émaillée est préférable, mais elle coûte cher ; de même, la lave émaillée dont on fait des dalles, des plaques, des dessus de siège d'une étanchéité absolue. Le verre a aussi été essayé et je vous montrerai dans un instant des cabinets aménagés uniquement avec cette matière, peu coûteuse, facile à laver, et qui doit être d'un usage très précieux partout où l'on peut espérer ne pas avoir de brisures.

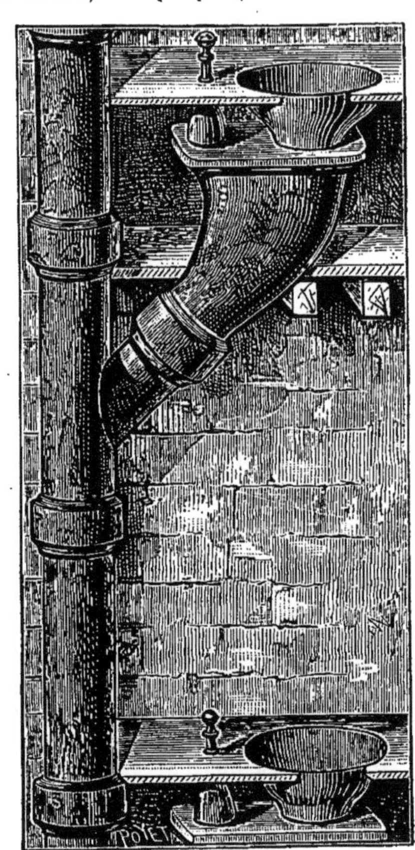

Fig. 8. — Cabinet d'aisances insalubre. (Extrait de *La Nature*.)

A l'exposition de la caserne Lobau, il était facile de comparer à la fois les installations défectueuses et les améliorations qui sont la conséquence des principes et des indications que je viens de rappeler. La salle occupée par le service de l'assainissement présentait une remarquable collection de ces dispositions comparatives, habilement aménagée par MM. Durand-Claye et Masson ; d'autres exposants avaient également établi des dispositifs complets d'appareils installés, si bien qu'il m'a été possible de réunir les divers spécimens que je vais maintenant faire passer sous vos yeux en projection, grâce à l'obligeance et au talent de M. Molteni.

Dans la figure 8, on voit tout d'abord un type de ces cabinets d'aisances si communs dans nos maisons, où ils sont placés à mi-étage : une simple cuvette, munie d'une soupape maniée par une tige à main, est placée sur un énorme vase de fonte allant rejoindre le tuyau de chute commun à tous les étages de la maison ; il n'y a d'écoulement d'eau que celui que le visiteur veut bien y mettre, et le cabinet lui-même est encombré par des tuyaux autour desquels s'amassent toutes les saletés. Il n'en est plus de même lorsqu'on fait usage des cuvettes sans mécanisme figurées à côté ; des réservoirs de chasse, à tirage dans la figure de gauche (fig. 9) ; automatiques dans la figure de droite (fig. 10), permettent l'enlèvement immédiat des matières qui vont se déverser dans les tuyaux de chute après avoir passé par un siphon ventilé à l'aide d'un conduit spécial aboutissant à un tuyau d'évent, ou mieux à une boîte indépendante d'aération avec valve en mica. L'appareil de gauche est surmonté d'un abatant qu'on abaisse pour le service et qui permet un nettoyage parfait de toutes les parties de l'appareil et de la pièce où il est posé.

S'agit-il de remplacer les « plombs », ces horribles boîtes où les ménagères sont

Fig. 9 et 10. — Installations de cabinets d'aisances salubres avec réservoir de chasse et appareils siphonnés et ventilés sans mécanisme. (Extrait de *La Nature*.)

tenues de jeter toutes les immondices et qui sert à tous usages, de supprimer cette cause permanente d'infection, trop souvent placée, comme le montre la figure 11, sous une fenêtre faisant appel d'air vers la demeure, il faut, ou bien installer un évier dans l'appartement, ou bien disposer des cuvettes-toilettes ; mais l'un comme l'autre doivent être surmontés d'un robinet et n'envoyer les matières charriées par le tuyau de chute que par l'intermédiaire d'un siphon ventilé, comme on le voit aux figures 12 et 14.

De telles installations deviennent encore plus nécessaires lorsqu'il s'agit d'appareils devant servir à un grand nombre de personnes, surtout si la surveillance n'en peut être constante ; et c'est ce qui arrive dans la plupart des établissements publics. Je fais passer sous vos yeux la reproduction (fig. 15) de l'un de ces cabinets, dits à la turque, dont la saleté est si révoltante et je place en regard un cabinet tout revêtu de verre (fig. 16). Un réservoir de chasse d'eau automatique y balaye les matières à intervalles réguliers ; un autre réservoir de chasse placé latéralement fait couler de temps à autre de l'eau dans les rigoles placées en avant du siège, des verres perforés aux fenêtres y déterminent une aération cons-

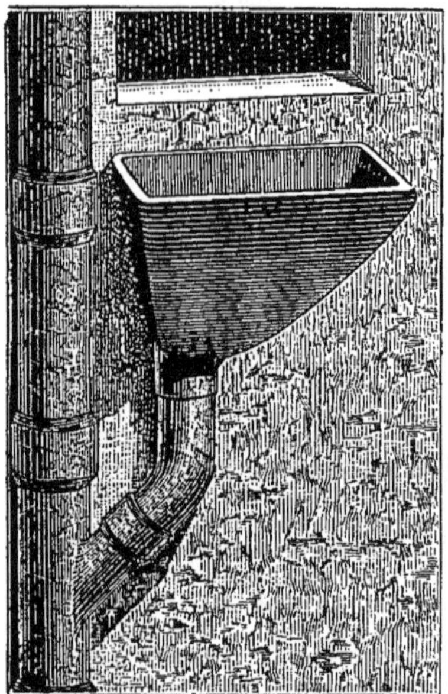

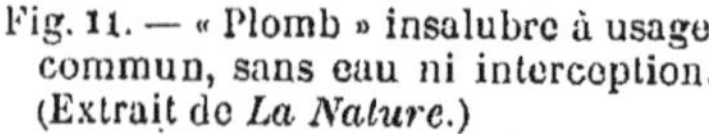
Fig. 11. — « Plomb » insalubre à usage commun, sans eau ni interception. (Extrait de *La Nature*.)

Fig. 12. — Cuvette-toilette munie d'un effet d'eau et d'un siphon obturateur ventilé. (Extrait de *La Nature*.)

Fig. 13. — Évier de cuisine insalubre. (Extrait de *La Nature*.)

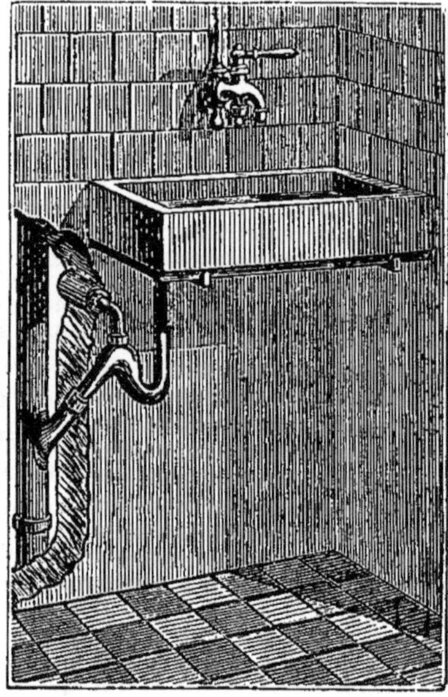

Fig. 14. — Évier salubre avec effet d'eau et siphon obturateur ventilé. (Extrait de *La Nature*.)

tante et insensible; un siphon ventilé y empêche tout reflux de mauvaises odeurs. Ainsi se trouvent obtenues, dans ces diverses parties de l'habitation, les conditions que les hygiénistes les plus sévères peuvent légitimement exiger, dans l'état actuel de nos connaissances scientifiques et de notre outillage sanitaire.

Comment relier ces diverses parties de la maison à la disposition admise pour l'évacuation, totale ou partielle, des matières usées ? A l'occasion de l'exposition d'hygiène de Londres en 1884, M. Masson et moi nous avons eu l'occasion de faire une étude que la ville de Paris nous a fait l'honneur de publier sous forme d'atlas de planches, dont j'extrais celles qui se rapportent à la maison d'habitation de

Fig. 15. — Cabinet public insalubre avec « trou à la turque ». (Extrait de *La Nature.*)

Paris, suivant que cette maison est munie de fosse fixe, qu'elle est desservie par l'appareil diviseur ou qu'elle envoie tout à l'égout, pour employer l'expression consacrée. Je fais projeter devant vous ces diverses dispositions dont l'explication vous donnera une idée suffisante des caractères différentiels.

La figure 17 représente une maison de construction ancienne, desservie par une fosse fixe. Les gaz qui se dégagent de celle-ci sous l'influence des variations atmosphériques y sont refoulés dans les appartements par les branchements des cabinets, reliés directement au tuyau de chute commun ; la fosse, d'autre part, n'est pas étanche et ses infiltrations vont infecter l'eau du puits qui sert à l'alimentation des habitants de l'immeuble. Les plombs, placés sur les paliers, sont branchés directement sur le tuyau de descente des eaux pluviales, qui forme fréquemment cheminée d'appel, si bien que l'air vicié se trouve déversé à l'intérieur lorsqu'on les ouvre ; il en est de même du tuyau fixé sur la façade et dont les émanations arrivent aux fenêtres des mansardes. Quant aux éviers des cuisines, ils n'ont pas d'écoulement direct au dehors. On peut enfin constater qu'aussi bien les cuisines que les cabinets situés à mi-étage s'aèrent par l'escalier, qui fait comme une vaste cheminée de ventilation ; pour peu que des joints soient fuyants, des appareils en mauvais état, la maison est infectée ; de là, cette odeur si caractéristique que l'on ressent dès qu'on entre dans les habitations ainsi construites.

La situation n'est pas beaucoup améliorée avec l'installation du système diviseur, telle que la représente la figure 18. Cette maison est reliée à l'égout par un drain général recevant les eaux de pluie, les eaux ménagères et la vidange des cabinets ; ce drain, à l'entrée du branchement particulier, se termine par un réservoir, dit gueule de cochon, qui n'est en somme qu'un siphon incomplet, souvent à sec, n'empêchant en aucune façon le refoulement des gaz de l'égout. De

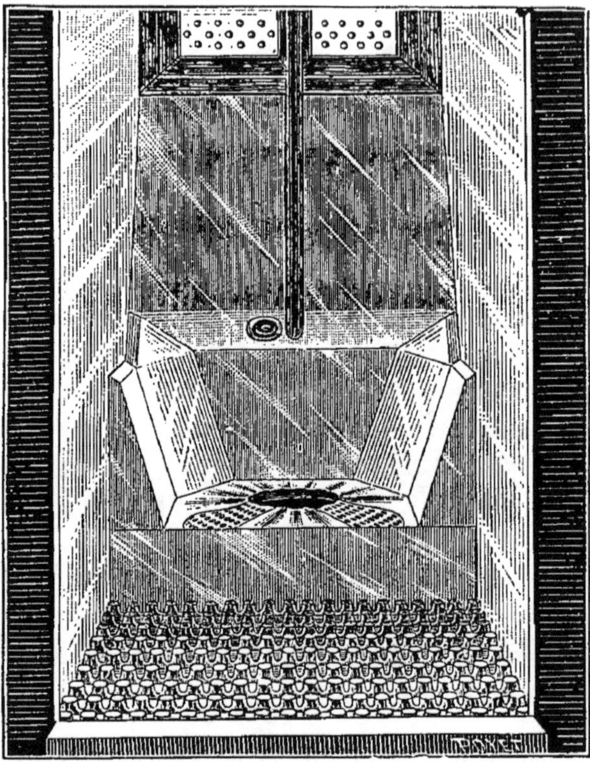

Fig. 16. — Cabinet public salubre à parois et siège de verre, réservoir de chasse et siphon. (Extrait de *La Nature*.)

plus, ceux-ci peuvent aisément remonter par les tuyaux de chute des eaux pluviales et infecter les mansardes, aussi bien que par la décharge des éviers pourvus de bondes siphoïdes insuffisantes. Les cuvettes des water-closets, quoique munies d'effet d'eau, sont directement reliées au tuyau de chute prolongé jusqu'à la tinette filtrante qui n'est le plus souvent qu'une fosse fixe de plus petit calibre. Les éviers des cuisines sont reliés directement au tuyau de chute, etc., etc.

Tout autre est l'installation que représente la figure 19, montrant une coupe de maison assainie par l'écoulement direct à l'égout. Ici, tous les tuyaux de chute évacuant les eaux des cours, les immondices des éviers, des water-closets et les eaux pluviales ont des diamètres qui, sauf pour les chutes en poterie, ne dépassent pas $0^{m},11$; ils se réunissent dans un drain général en poterie vernissée de $0^{m},15$ de diamètre, prolongé dans l'égout où il débouche directement, au pied d'un mur de séparation isolant le branchement; un siphon à nettoyage automatique empêche le retour des gaz de l'égout. Des regards situés au-dessus de ce siphon sont ventilés chacun par un tuyau aboutissant à une grille verticale munie d'une valve en mica et qui s'ouvre à l'air libre. Le tuyau de chute des eaux pluviales de la façade débouche

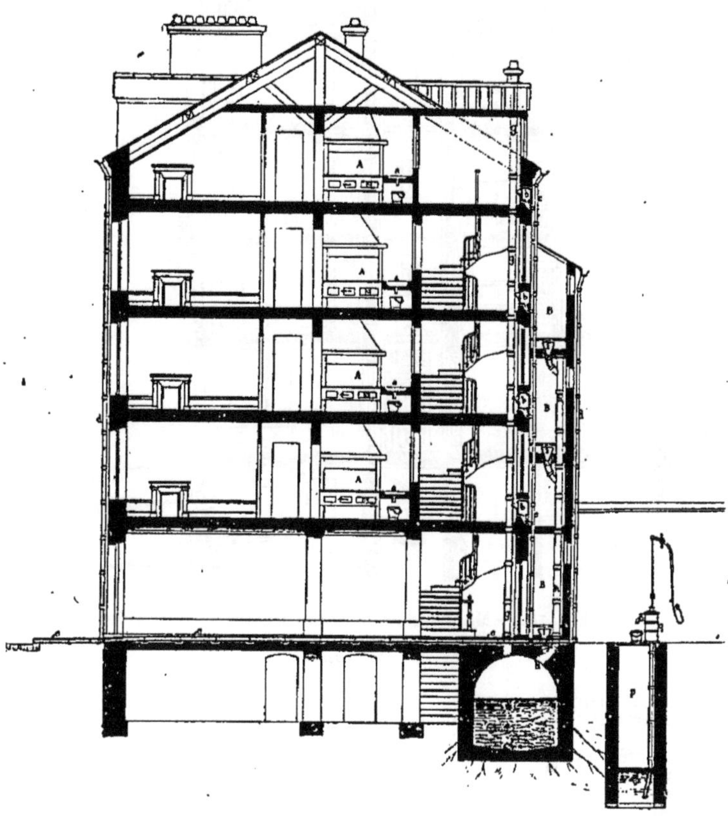

Fig. 17. — Maison desservie par une fosse fixe, avec cabinets, plombs et éviers insalubres.

Légende.

A Cuisines prenant le jour et l'air sur la cage de l'escalier.
B Cabinets d'aisances communs disposés sous un appentis adossé au bâtiment. La porte d'entrée du cabinet du rez de chaussée a été ménagée sous le rampant de l'escalier; les deux autres cabinets, en élévation, communiquent avec le bâtiment par une baie ouverte dans la cage de l'escalier aux deux tiers de chaque étage.
a Pierre d'évier avec récipient mobile recevant les eaux ménagères.
b Cuvettes, dites plombs, placées sur chaque palier dans l'allège de la croisée éclairant la cage de l'escalier.
c Descente d'eaux pluviales recevant les eaux ménagères par les plombs d'étages.
d Descentes des eaux pluviales.
e Gargouilles en fonte conduisant dans le ruisseau de la rue toutes les eaux pluviales et ménagères de la maison.
f Fosse fixe.
g Tuyau d'évent de la fosse.
h Chute des cabinets d'aisances.
i Cuvettes en fonte sans fermeture placées sous des sièges en bois ou en pierre.
o Pipes en plomb raccordant les cuvettes de cabinets d'aisances avec le tuyau de chute.
p Puits contaminé par les fuites de la fosse fixe.
q Pompe.

dans l'un de ces regards. Quant au tuyau de chute des cabinets, il est placé contre le mur extérieur de la cuvette et vient rejoindre le drain par un coude dont la forme empêche les dépôts de se produire; il débouche à l'air libre au-dessus du

Fig. 18. — Maison desservie par un appareil diviseur.

Légende.

A Égout public.
B Branchement particulier.
a Prise en charge sur la conduite d'eau.
b Distribution d'eau alimentant les cuisines et la fontaine de la cour.
b' Robinets d'arrêt et de vidange de la distribution d'eau.
c Compteur à eau.
C Cuisines prenant le jour et l'air sur une courette.
d Pierres d'évier avec bonde siphoïde et plomb d'évacuation raccordant le tuyau de descente.
e Robinet piqué sur la colonne montante *b*.
f Descente en fonte recevant les eaux ménagères.
D Cabinets d'aisances prenant le jour et l'air sur la courette.
g Cuvettes, système Havard, avec valve à tirage et à effet d'eau. Ces cuvettes sont placées sous des sièges en bois cloués et scellés dans les parements de murs ou cloisons.
h Réservoir en zinc pour le lavage des cuvettes. Ces réservoirs s'emplissent ordinairement à la main.
j Tuyau de chute en fonte de 0m,19 à 0m,22 de diamètre. Ce tuyau est ordinairement enveloppé par une chemise en plâtre.
i Pipes en plomb raccordant les cuvettes avec le tuyau de chute.
E Cabinets de toilette avec cuvette, pot à eau et seau dit hygiénique pour recevoir les eaux sales et souvent les urines.
k Tuyau de descente recevant des eaux pluviales et des eaux ménagères.
l Tuyau de descente des eaux pluviales.
m Siphon dit bonde siphoïde recevant les eaux de cour.
n Siphons en fonte, sorte de récipients dans lesquels les ordures finissent toujours par s'accumuler.
U Urinoirs, souvent sans effet d'eau, avec stalles en ardoises ou en ciment, ou simplement en bois avec revêtements en zinc.
o Tuyau d'évacuation de l'urinoir fermé par une bonde siphoïde.
p Tinette-filtre raccordant la chute des cabinets d'aisances en conservant toutes les matières solides.
v Ventilateur de la chambre à tinette.
q Col de cygne en caoutchouc pour le raccord de la tinette avec la canalisation.
r Canalisation en fonte de 0m,19 et souvent de 0m,22 et 0m,25 de diamètre.
s Déversoir, dit gueule de cochon, terminant la canalisation à l'entrée du branchement particulier.
t Partie de conduite de 0m,30 de diamètre (diamètre réglementaire) posée sous trottoir et raccordant les descentes avec la canalisation.

toit et reçoit les tuyaux de décharge des water-closets, séparés de la cuvette par un siphon hydraulique ventilé en couronne. Le tuyau commun de ventilation de ces siphons part de celui du water-closet du rez-de-chaussée et se branche sur le tuyau de chute à la distance d'un étage au-dessus du dernier. Il va de soi que tous les cabinets sont pourvus de réservoirs de chasse, de manière qu'il n'existe aucune communication directe entre le service d'eau pure et les cuvettes. De même, les éviers et les lavabos comportent des siphons hydrauliques. Enfin, nous avons supposé que le rez-de-chaussée de la maison était occupé par un café, afin de montrer comment doit être disposé l'urinoir situé dans l'arrière-boutique, et qui est d'ordinaire si malpropre; cet urinoir est à auge, avec réservoir de chasse automatique et siphon hydraulique. Comme on le voit, toutes les précautions sont prises dans la maison pour que le même principe de la salubrité soit appliqué aussi strictement que possible à tous les appareils recevant des matières usées, à savoir circulation, pas de stagnation.

Sans doute, les détails que je viens de donner sur la salubrité des habitations, ne sont pas tous également ni de la même façon applicables dans tous les immeubles. Toutefois, les règles que j'ai posées tout à l'heure sont les mêmes partout et ce sont elles qui doivent présider à toutes les applications.

Il nous reste à voir comment ces précautions peuvent être réalisées, comment l'on peut obtenir que les habitations soient construites dans de bonnes conditions de salubrité.

L'importance de ces conditions n'est pas douteuse. La malpropreté intérieure de l'habitation, a-t-on dit depuis longtemps, est la première de toutes les misères physiologiques d'où procèdent d'ordinaire les affections banales de poitrine, la dégénérescence scrofuleuse, la décadence organique des familles et la phtisie pulmonaire qui, vous le savez, compte dans certaines villes pour le cinquième du nombre total des décès. La réforme de la salubrité de l'habitation domine, en quelque sorte, toute l'hygiène des agglomérations et cela est si vrai que c'est surtout dans les habitations insalubres que les épidémies font le plus de victimes. M. le Dr Sognies, dans sa remarquable étude sur l'hygiène à Nancy que je viens de lire dans l'ouvrage qui nous a été distribué, le déclare implicitement : Les maisons qui laissent à désirer au point de vue de l'hygiène, dit-il, se trouvent dans les 4e, 5e, 7e et 8e sections ; c'est presque toujours dans la 4e section que les épidémies de choléra ont pris naissance et ont fait le plus de victimes. Voyez aussi l'épidémie de choléra à Paris en 1884, débutant dans ce quartier Sainte-Marguerite, dont l'insalubrité était telle que M. le Dr Du Mesnil disait, une année auparavant, que si jamais le choléra éclatait dans la capitale, ce devrait être certainement dans ce quartier qu'on en constaterait les premiers cas. N'en a-t-il pas été ainsi en Italie, en Espagne dans ces dernières années, en France même, où les villes si insalubres de Toulon et de Marseille, certains villages de Bretagne, ont été tout particulièrement visités par le fléau. Ce n'est pas ici le lieu de définir les divers moyens de propagation des maladies transmissibles, leurs modalités particulières, non plus que les différentes influences extérieures et intérieures, atmosphériques et humaines qui agissent pour chacune d'elles; mais il est un fait que l'on ne saurait nier, c'est que la plupart, comme le disait M. Rochard à la tribune de l'Académie de médecine, sont filles de la saleté et de l'encombrement. Que d'exemples je pourrais vous citer de la vérité de cet aphorisme! Ne sait-on pas que la mortalité est en raison de la densité de la population et que cette densité est toujours dangereuse lorsque l'hygiène de la population est défectueuse ; il est des villes maudites à cet égard

Fig. 19. — Maison assainie par l'écoulement à l'égout et les dispositions hygiéniques de toutes les parties consacrées à l'évacuation de toutes les matières usées.

Légende.

A Égout public.
A' Branchement particulier.
B Cuisines avec robinet d'eau de source au-dessus de la pierre d'évier.
C Cabinets d'aisances.
q Cuvette en poterie émaillée avec siphon. La cuvette est montée sous un siège en bois avec dessus et devant ouvrant à charnières.
o Réservoir de chasses fonctionnant à la main pour le lavage de la cuvette. — Alimentation d'eau d'Ourcq ou de rivière.
a Tuyau de chute des cabinets d'aisances, plomb de 0m,11 de diamètre.
p Ventilation en plomb de 0m,04, pour les siphons sous cuvettes de cabinets d'aisances.
m Prise d'air avec valve en mica pour la ventilation du tuyau de chute.
D Lavabos avec robinets alimentés par l'eau de source; tuyaux d'évacuation débouchant à air libre dans les cuvettes interposées sur les tuyaux de descente.
U Urinoirs avec revêtements en lave émaillée, auge en poterie émaillée et à retenue d'eau; réservoir de chasses fonctionnant automatiquement; alimentation en eau d'Ourcq ou de rivière; conduit d'évacuation débouchant à l'air libre dans un siphon de cour ou dans un regard.
n Siphons en plomb ou en poterie avec bouchons de nettoyage.
b Tuyau de descente d'eaux pluviales recevant des eaux ménagères.
b' Tuyau de descente des eaux pluviales.
c Cuvettes interposées sur les tuyaux de descente d'eaux.
d Tuyau de descente d'eaux ménagères.
e Conduites en tuyaux de poterie vernissée.
f, g Siphons de cour en poterie vernissée.
h Siphons en poterie vernissée, interposés entre les chutes ou descentes et la canalisation.
j Siphon en poterie vernissée, interposé sur la canalisation entre l'égout public et la maison.
k Regards de visite.
l Prise d'air sur regards de visite.
v Prise d'air pour la ventilation du branchement particulier.
r Compteurs à eau.
s Prise en charge sur la conduite d'eau de source.
s' Prise en charge sur la conduite d'eau d'Ourcq ou de rivière.
x Robinets d'arrêt et de vidange sur les conduites d'alimentation et sur les colonnes montantes.

et dans les villes des quartiers maudits, en quelque sorte, où les épidémies et les maladies se montrent toujours, tant qu'on ne remédie pas à leur insalubrité. Il ne suffit pas alors de faire percer des voies nouvelles, d'assainir les rues, si l'on ne pratique pas en même temps l'assainissement des maisons qui les bordent ; et c'est surtout par là que les villes et leurs habitants ont à bénéficier des dépenses effectuées dans un but de salubrité.

En pareille matière, c'est aux particuliers, d'une part, et aux pouvoirs publics, d'autre part, qu'il appartient de réaliser la grande réforme de la salubrité de l'habitation. Il n'y a que des avantages pour les propriétaires à s'en préoccuper plus qu'ils ne le font d'ordinaire. Il faut noter à cet égard l'institution, en Angleterre, de ces sociétés privées qui ont pour but de garantir la salubrité des maisons moyennant une sorte de prime annuelle, analogue aux primes d'assurance contre l'incendie, et je ne vois pas pourquoi les maisons ne porteraient pas sur leur façade extérieure une plaque bien visible, indiquant qu'elles sont assurées contre l'insalubrité. Ces compagnies anglaises, fondées par un ingénieur sanitaire du plus rare mérite, le regretté Fleeming Jenkin, installent d'abord la maison dans de bonnes conditions de salubrité, puis s'assurent périodiquement, moyennant un abonnement modique, du bon fonctionnement des appareils. Elles font, par exemple, l'épreuve des tuyaux de vidange, des tuyaux de chute et des drains pour s'assurer s'ils sont bien à la fois imperméables à l'air et imperméables aux fluides ; ces épreuves se font à l'aide d'huile de menthe de Mitcham dans l'eau bouillante, soit par la fumée ou à l'aide de l'eau. On a voulu aussi, en Angleterre et plus récemment aux États-Unis, que les personnes chargées de la pose et de l'entretien des appareils de salubrité fussent en possession de connaissances spéciales ; de là, l'institution d'ingénieurs sanitaires et même de plombiers sanitaires ayant conquis un diplôme particulier dans des écoles qui leur sont particulièrement affectées. A New-York, une loi, en date du 4 juin 1881, a prescrit que tout plombier exerçant sa profession dans cette ville, se présenterait en personne, ferait enregistrer son nom et son adresse, de même que tout changement d'adresse et de domicile, et ferait preuve des connaissances nécessaires pour exercer sa profession conformément aux prescriptions sanitaires.

Convient-il de laisser les propriétaires et les occupants absolument libres à l'égard de la salubrité des habitations ? Je suis de ceux qui ne le pensent pas, en raison du danger que peut faire courir une maison insalubre aux locataires et aux voisins, sans même qu'ils puissent en être informés. Aussi, je crois qu'il serait urgent, pour les pouvoirs publics, de ne laisser construire ni habiter aucune maison sans s'être assurés de son état de salubrité, sans l'avoir *reçue* à ce point de vue, comme elle doit être reçue au point de vue de la sécurité publique. Les règlements locaux, édictés par les municipalités, satisfont à ce désir, mais seulement pour une faible part, et il importe de se demander s'il n'y a pas quelques précautions à prendre à ce propos.

Le législateur de 1848 s'était, il est vrai, efforcé d'assurer cette condition indispensable de l'hygiène publique, lorsqu'il inscrivit en tête des attributions conférées aux conseils et commissions d'hygiène publique et de salubrité « l'assainissement des habitations et des localités ». Cette disposition ne parut pas toutefois suffisante et l'Assemblée nationale adopta, en 1850, la loi qui régit encore aujourd'hui cette matière. Or, la salubrité des habitations ne peut être garantie qu'autant que, d'une part, la loi ne laisse en dehors de son action aucune des causes propres à annihiler ou à détruire cette salubrité, qu'elle oblige, sous une sanction sérieuse et efficace, tous les citoyens à la réaliser et à la maintenir et que, d'autre part, un service de surveillance, d'entretien et de contrôle est organisé à cet effet sur tous les points du territoire et pour tous les genres d'habitation.

Beaucoup de bons esprits pensent depuis longtemps que la loi du 13 avril 1850 ne satisfait pas à ces conditions et qu'il y a urgence à la modifier. Voilà même bientôt cinq ans que le Parlement en est saisi!

On sait que cette loi de 1850 ne s'applique qu'aux logements et dépendances insalubres mis en location ou occupés par d'autres que le propriétaire, l'usufruitier ou l'usager, et que suivant l'expression de son rapporteur à l'Assemblée législative, M. de Riancey, « quand le propriétaire habite lui-même l'intérieur de sa maison... la loi s'arrête et le laisse libre ;... s'il veut se nuire à lui-même, elle ne saurait l'en empêcher. » Cette liberté du suicide, comme on l'a dit, ne pouvait manquer d'enlever une partie de son efficacité à la loi. On comprend aujourd'hui que le propriétaire qui habite un logement insalubre, peut nuire à d'autres qu'à lui-même, à sa famille, à ses employés, à ses domestiques, à ses voisins et tous ont également droit à la protection de l'autorité publique. Personne n'a le droit de créer chez lui un foyer d'infection. Il est d'ailleurs intéressant de remarquer que ce sont les peuples qui ont le plus souci de la liberté individuelle qui n'ont pas manqué à cet égard de promulguer les lois les plus restrictives, souvent même des dispositions que l'on peut taxer de draconiennes.

D'un autre côté, il est équitable de reconnaître également la responsabilité des locataires, en certains cas ; les abus de jouissance de leur part ne sont pas rares, ils amènent trop fréquemment l'insalubrité et il y a souvent une criante injustice, comme la loi de 1850 et une jurisprudence constante l'ont établi, à ce que le propriétaire soit seul mis en cause. M. Marjolin le faisait remarquer, il y a quelques années, devant l'Académie de médecine ; un propriétaire, disait-il, loue un grenier sans fenêtre ou une remise, pour en faire une pièce de débarras, un magasin ; au bout de quelque temps, le locataire s'établit lui et les siens dans cet endroit et y couche ; la commission des logements insalubres intervient à bon droit. Qui va-t-elle poursuivre ? Sera-ce le locataire qui a transformé la chose louée ? Nullement. Elle poursuivra et fera condamner le propriétaire qui a loué le grenier ou la remise... La loi actuelle ne prend, en effet, à partie que le propriétaire, l'usufruitier ou l'usager. Elle semble ne pas admettre que si les locataires sont souvent victimes de l'insouciance du propriétaire, ils le sont parfois aussi de leur propre incurie. Aussi serait-il plus équitable que les propriétaires soient responsables de l'insalubrité de l'immeuble ; et les locataires ou occupants responsables de l'insalubrité résultant de l'abus de jouissance des locaux loués ou occupés à un titre quelconque.

On a depuis longtemps reconnu la nécessité de fixer légalement, avec plus de précision, les causes d'insalubrité qui exigent des prescriptions spéciales plus ou moins immédiates, et d'assurer, par des dispositions législatives nouvelles, l'application de mesures reconnues indispensables. La loi du 13 avril 1850 se borne en effet à réputer insalubres « les logements qui se trouvent dans des conditions de nature à porter atteinte à la vie ou à la santé de leurs habitants ». Toutes les autorités qui ont eu à s'occuper de l'assainissement des habitations, et notamment les commissions des logements insalubres, n'ont pas manqué de faire remarquer le défaut de précision des causes d'insalubrité, telles qu'elles sont définies dans le texte de loi. Il en est résulté de fréquentes difficultés soulevées, soit devant les conseils municipaux, soit surtout devant les conseils de préfecture et le Conseil d'État. Aussi convient-il, « en vue de réduire le nombre si considérable, jusqu'à présent, des contestations amenées par le laconisme et le vague de la loi à cet égard, d'énumérer dans la loi, sinon d'une manière limitative, au moins à l'aide d'une énonciation suffisante, les causes générales d'insalubrité qui ont été le plus fréquemment indiquées par l'expérience ». Il faut éviter, par exemple, que le conseil de préfecture de la Seine et même le Conseil d'État puissent continuer à se refuser légalement à considérer l'eau comme un des éléments indispensables à l'entretien de la salubrité dans les habitations, ainsi qu'il est résulté de plusieurs arrêts; je crois aussi qu'il est urgent de modifier une loi telle que celle dont je m'occupe, lorsqu'elle vient de permettre, au tribunal de simple police à Paris et à la date du 7 février 1885, de déclarer que « l'arrêté qui ordonne à un propriétaire d'amener l'eau dans une maison particulière porte atteinte au droit de propriété. Ce n'est pas là, dit le juge du fait, une mesure intéressant la salubrité publique, mais seulement le bien-être et la commodité des locataires[1] ».

Cette loi a spécifié que les municipalités seraient tenues d'instituer des commissions dites des logements insalubres, chargées de rechercher et d'indiquer les mesures indispensables d'assainissement des logements et dépendances insalubres mis en location ou occupés par d'autres que le propriétaire, l'usufruitier ou l'usager. Nous avons la bonne fortune de nous trouver dans une des très rares villes où cette prescription de la loi a été appliquée ; elle est restée à l'état de lettre morte dans la quasi-unanimité de nos villes, ce qui tient surtout à ce que les attributions sanitaires appartiennent également aux conseils et commissions d'hygiène, créés en 1848, et que de la multiplicité des commissions ayant même but naît toujours, sinon des conflits, du moins des atermoiements, si ce n'est même l'absence complète d'action. Il est d'ailleurs difficile, dans la plupart des communes, de trouver les éléments nécessaires pour constituer de telles commissions. Aussi a-t-on pensé qu'il était préférable de confier la surveillance de l'assainissement des habitations aux agents des services de la santé publique. Vous n'ignorez pas que l'on se préoccupe depuis plusieurs années en France de la réorganisation de notre administration sanitaire, en prenant pour base l'institution des conseils et commissions d'hygiène publique et de salubrité, réunissant toutes les attributions sanitaires, et la création d'un corps de l'inspection de l'hygiène publique servant d'intermédiaire entre le pouvoir exécutif et le pouvoir délibérant. Ainsi, l'on pourrait obtenir une surveillance régulière de l'assainissement des habitations, telle que celle que l'on trouve aujourd'hui chez la plupart des nations étrangères. Je ne

1. Tribunal de simple police de Paris (7 février 1885). — Logements insalubres, fourniture de l'eau aux locataires, arrêté prescrivant cette fourniture, excès de pouvoirs :

« Si l'autorité municipale (à Paris, le préfet de police) est investie du droit d'ordonner les mesures de police intéressant la salubrité publique, ces mesures ne sauraient porter atteinte au droit de propriété.

« Porte atteinte au droit de propriété l'arrêté qui enjoint à un propriétaire de faire, dans sa maison, des modifications ou des améliorations visant seulement des intérêts privés et ordonne spécialement d'amener l'eau dans une maison particulière. Ce n'est pas là une mesure intéressant la santé publique, mais seulement le bien-être et la commodité des habitations.

« A supposer l'établissement de l'eau indispensable à l'assainissement de la maison, cet établissement ne peut être ordonné qu'après l'accomplissement des formalités spéciales édictées par la loi du 13 avril 1850. »

Il n'est pas sans intérêt de rapprocher ce jugement de l'affaire suivante qui a été jugée à la même époque en Angleterre :

« Un locataire, à Chichester, intenta une action à son propriétaire, parce que la canalisation de la maison qu'il occupait se trouvait dans un état défectueux. Le propriétaire se défendit en alléguant qu'il n'était en possession de cet immeuble que depuis peu de temps. Il fit les réparations réclamées par le plaignant ; mais, quelque temps après, ce dernier fut atteint d'une affection de nature typhoïdique, et cette affection fut attribuée, par les médecins, au mauvais état des drains. Un jury spécial, appelé à délibérer sur ce cas, se prononça dans le même sens. Le juge admit que les réparations avaient été insuffisantes, et le propriétaire fut condamné à 45 livres (1,125 fr.) de dommages et intérêts envers son locataire. »

saurais en ce moment vous en rappeler l'organisation comparative ; qu'il me suffise de dire que c'est grâce à de tels services que l'on a pu établir, dans un grand nombre de villes, l'obligation du permis de construction, puis du permis d'habitation pour tous les nouveaux immeubles, au point de vue de la salubrité, etc., etc. Aussi, y aurait-il un très grand intérêt à ce que, dans chaque département, le conseil d'hygiène soit chargé de rédiger un règlement déterminant les conditions générales et locales à observer pour la salubrité des habitations.

Il faut reconnaître, d'ailleurs, que le public sait parfaitement apprécier les avantages de cette surveillance sanitaire des habitations et qu'il n'est pas nécessaire, dans la plupart des cas, de faire usage des pénalités inscrites dans les lois. La pénalité la plus efficace n'est-elle pas l'exécution d'office des travaux prescrits, et aux frais des contrevenants, en cas de mauvais vouloir manifeste ? Il faut ici reconnaître que le nombre des affaires litigieuses en pareille matière ne cesse de diminuer avec l'amélioration du service et le progrès de l'esprit public. J'ai sous les yeux le tableau des affaires traitées par l'excellente et dévouée commission des logements insalubres à Nancy, et j'y vois que les travaux qu'elle a recommandés sont en général exécutés sans trop de récriminations ; les services rendus par le bureau d'hygiène de cette ville en sont sans doute cause en grande partie. Mais si l'on apportait à la loi de 1850 les modifications dont j'ai parlé tout à l'heure, le nombre des décisions en matière de logements insalubres deviendrait certainement de plus en plus restreint ; il serait alors nécessaire d'obtenir une procédure plus rapide dans toutes les affaires litigieuses. C'est là, en effet, l'un des griefs qui ont été le plus souvent et le plus judicieusement invoqués en faveur de la révision de la loi du 13 avril 1850. L'un des derniers rapports de M. du Mesnil, au nom de la commission de Paris, abonde d'exemples à l'appui : tels procès se prolongent au détriment de la salubrité pendant plusieurs années, jusqu'à sept ou huit ans ; lorsque le conseil de préfecture a ordonné une enquête, la procédure devient alors parfois inextricable et souvent lorsqu'une décision intervient, elle n'est plus susceptible d'être appliquée.

Aussi, je pense que la loi devrait tout d'abord spécifier, parmi les mesures à prendre en matière de salubrité des habitations, celles qui sont urgentes et celles qui peuvent être différées. Dans le premier cas, alors que l'urgence a été déclarée par une délibération expresse du conseil ou de la commission compétente, c'est-à-dire en cas d'épidémie, d'inondation, d'incendie ou d'autres dangers publics et lorsque la salubrité immédiate de l'habitation est intéressée, les mesures de première nécessité ne doivent souffrir aucune lenteur ; l'autorité, qui en pareil cas encourt toute responsabilité légale, doit être mise immédiatement en demeure d'agir et les représentants de l'État, c'est-à-dire les préfets et en cas de besoin, le ministre, doivent être aussitôt mis à même de surveiller, à tous les degrés de leurs hiérarchies respectives et conformément aux prescriptions légales, l'exécution des mesures prescrites. Dans tous les autres cas, il n'y aurait aucun inconvénient à accorder les délais nécessaires pour procéder à des examens contradictoires et porter les affaires devant la juridiction administrative et judiciaire suivant les cas, mais non sans que cette juridiction ait pris l'avis du conseil ou de la commission dont la délibération est l'objet d'un recours.

Remarquons enfin que, sous l'empire de la législation actuelle, les commissions des logements insalubres doivent visiter les lieux qui leur sont signalés comme insalubres, déterminer l'état d'insalubrité, en indiquer les causes, ainsi que les moyens d'y remédier, désigner enfin les logements qui ne seraient pas susceptibles d'assainissement. Les commissions sont donc tenues d'attendre pour agir ;

le champ de leur activité s'en trouve nécessairement très restreint. La plupart des locataires hésitent à prendre la responsabilité d'une réclamation, et la commission serait rarement appelée si les conseils de préfecture n'avaient admis que la plainte peut être anonyme et si, à Paris, la préfecture de la Seine n'avait engagé ses divers agents à signaler les habitations qu'ils considèrent comme insalubres. M. Hippolyte Maze, dans son rapport, fait remarquer avec raison que cette situation amène aussi une très grande inégalité dans la répression, et parfois de véritables iniquités ; dans la même rue, tel propriétaire dénoncé par un voisin malveillant pour une contravention légère sera traité sévèrement, et tel autre qui aura compromis la vie de ses semblables échappera à un juste châtiment parce que ses agissements n'auront pas été signalés à qui de droit.

A Lille et à Roubaix, les commissions des logements insalubres ont été autorisées par les municipalités à visiter d'office les immeubles quartier par quartier, par exemple, un quartier complètement chaque année, et ces visites ont donné d'excellents résultats. Pareilles mesures sont prises sans difficulté en temps d'épidémies ; à Paris, pendant la dernière épidémie de choléra, plusieurs commissions d'hygiène n'ont pas manqué de le faire, et celle du XIe arrondissement notamment a pu établir ainsi le recensement général sanitaire de tous les immeubles de sa circonscription, suivant le programme indiqué par M. Levraud dans une proposition faite dans ce sens au conseil municipal de la ville de Paris.

Je pourrais multiplier ces remarques sur notre législation en matière de salubrité des habitations et sur les services administratifs chargés de s'en occuper ; mais je ne voudrais pas abuser plus longtemps de votre bienveillante attention. J'en ai dit assez, je l'espère, pour vous convaincre à la fois de l'importance de l'assainissement de *la maison* où nous sommes appelés à vivre, nous et les nôtres, et pour solliciter votre concours en faveur de cette importante réforme. Dans un pays comme le nôtre où la natalité est si faible et la mortalité relativement élevée, il est du devoir commun d'arracher à la mort le plus grand nombre possible de nos concitoyens. Or, c'est toujours dans les milieux insalubres, dans les maisons malpropres que la mortalité est la plus forte ; c'est donc là que tous les efforts doivent se porter pour remédier à cette insalubrité et en détruire les causes. Il n'est pire disette pour un État que celle des hommes, disait Jean-Jacques Rousseau. Cette remarque acquiert plus de force encore peut-être, il me semble, ici, dans cette ville et près de cette noble terre, *terra victa sed non domita,* à laquelle, suivant la belle expression de Gambetta, « il convient de penser toujours sans en parler jamais ».

M. E.-J. MAREY

Professeur au Collège de France, Membre de l'Institut.

ÉTUDE DE LA LOCOMOTION ANIMALE PAR LA CHRONO-PHOTOGRAPHIE.

Mesdames, Messieurs,

Le mouvement est un attribut essentiel de la vie, il en constitue la manifestation la plus apparente, sinon la plus facile à bien connaître. Dans le corps d'un être vivant le mouvement s'observe partout: le sang circule, le cœur et les artères battent, le poumon s'emplit d'air et se vide tour à tour. Chaque organe subit des variations alternatives de volume, des mouvements rythmés d'expansion et de retrait liés aux intermittences du cours du sang qui le traverse. Les muscles vibrent continuellement sous l'action des nerfs moteurs; enfin il n'est pas un seul élément des tissus organisés qui, dans son évolution, ne change de forme, de volume et de situation. Ainsi, faible ou fort, lent ou rapide, le mouvement existe dans toutes les parties des êtres vivants.

Outre ces mouvements intérieurs ou organiques, si faibles parfois que nos sens ne sauraient les percevoir, il en est d'autres, tout extérieurs, rapides, étendus, énergiques ; ce sont les mouvements de la vie de relation : ainsi la locomotion de l'homme, les différentes allures des quadrupèdes, le vol des oiseaux, etc.

Tandis que les mouvements organiques sont bien souvent dissimulés par leur faiblesse ou leur lenteur, ceux de la vie animale échappent à l'observation par leur étendue, leur brusquerie, leur variété, leur complication.

Le rôle du physiologiste est d'imaginer toutes sortes d'artifices pour rendre saisissables ces divers mouvements et pour en déterminer rigoureusement les caractères. J'ai passé bien des années à chercher des méthodes, à inventer ou à perfectionner des appareils destinés à mesurer les mouvements organiques ; je poursuis ma tâche et j'essaye aujourd'hui de porter la précision dans l'analyse de la locomotion de l'homme et des différentes espèces d'animaux.

Quel que soit le mouvement qu'on observe, il n'y a qu'une manière satisfaisante de l'exprimer, c'est d'en donner la figure ou l'expression graphique. Dans les cas les plus simples, le mouvement transmis à certains appareils s'inscrit de lui-même sur un papier qui se déroule d'un mouvement uniforme. On obtient ainsi une courbe dont les sinuosités expriment les changements de direction ou de vitesse, c'est-à-dire toutes les phases du mouvement.

Les appareils inscripteurs sont aujourd'hui trop nombreux et trop connus pour que je tente de les énumérer et d'en indiquer les usages[1]. Il me suffira de vous montrer les courbes que donnent les pulsations des artères pour prouver combien l'inscription de ces mouvements y révèle de nuances délicates qui échappent au tact le plus exercé.

1. J'ai longuement décrit la construction et l'emploi des appareils inscripteurs dans un ouvrage intitulé : *La Méthode graphique*. 2e édition. 1885.

La figure 1 représente divers tracés du pouls obtenus avec le sphygmographe ; les types sont pris au hasard : vous en constatez à première vue l'extrême variété. Par un procédé semblable on obtient le tracé de la pulsation du cœur de l'homme, en appliquant un instrument spécial sur la région de la poitrine où se produit la pulsation du cœur. Dans ces courbes il existe encore plus de variétés que dans

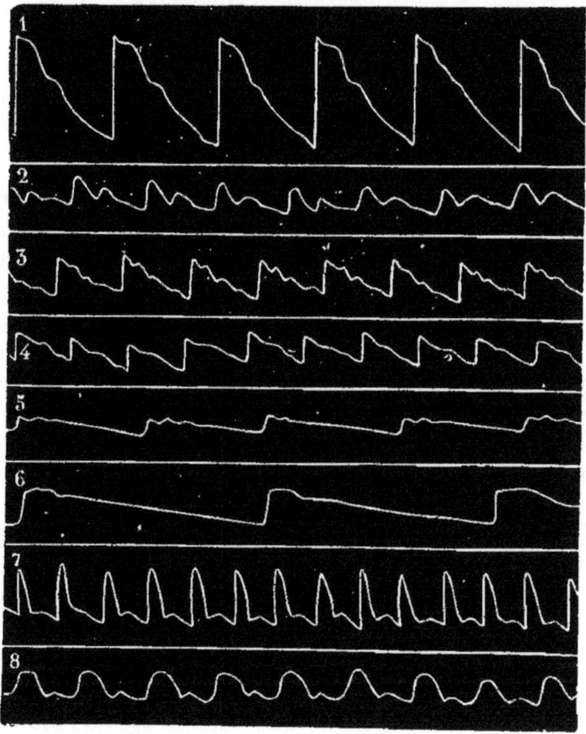

Fig. 1. — Tracés sphygmographiques du pouls recueillis sur différents malades. Ces types sont pris au hasard dans le seul but de montrer la diversité des formes graphiques.

celles du pouls, chaque inflexion exprime quelque détail de la fonction ; les physiologistes et les médecins ont appris à connaître la signification fonctionnelle ou clinique de la plupart de ces formes. On peut dire de tous les appareils inscripteurs qu'ils expriment d'une manière complète des mouvements que l'observation directe ne permettait de saisir que d'une façon insuffisante.

Pour l'analyse des mouvements de la vie de relation, l'emploi des appareils inscripteurs n'a que des applications bornées.

Vous imaginerez aisément les difficultés qu'on éprouve à transmettre à des appareils fixes ces mouvements d'un corps qui se déplace, à réduire ces mouvements lorsqu'ils sont très étendus, très violents ou très rapides, comme ceux qu'on observe sur un quadrupède qui court ou sur un oiseau qui vole. Quelques tentatives toutefois avaient déjà donné des résultats importants : ainsi j'ai pu recueillir sur de grands oiseaux la courbe des mouvements de l'aile pendant le vol, inscrire le rythme des battues de chacun des pieds d'un cheval aux différentes allures. D'autre part, un de mes élèves, devenu un maître aujourd'hui, M. le professeur Carlet de Grenoble, a inscrit avec une grande précision certains mouvements du corps et des membres de l'homme pendant la marche lente. Mais, pour l'étude complète de la locomotion de l'homme et des animaux, l'inscription mécanique doit céder la place à une autre application de la méthode graphique, beaucoup plus simple et plus parfaite, car elle inscrit les mouvements sans leur créer aucune entrave, je veux parler de la chrono-photographie[1].

Il y a longtemps déjà que notre savant physicien astronome Janssen, par une sorte d'intuition, émit l'idée que la photographie donnerait un jour le moyen d'analyser les mouvements des animaux. Un habile photographe américain, M. Muybridge, résolut en partie ce problème par de brillantes expériences ; permettez-moi de décrire sommairement la méthode qu'il a employée.

M. Muybridge disposa les uns à la suite des autres une série d'appareils photographiques braqués sur un écran blanc au-devant duquel on faisait passer un cheval au pas, au trot ou au galop. A mesure que l'animal avançait, les appareils photographiques s'ouvraient successivement et chacun d'eux prenait une image de l'animal. Ces images différaient les unes des autres, puisqu'elles s'étaient formées successivement : elles représentaient donc l'animal dans les diverses attitudes qu'il avait prises à différents instants de son passage devant les appareils.

La figure 2 est empruntée à M. Muybridge : elle montre un cheval au galop, à différentes phases des appuis et des levés de ses membres. Des repères tracés sur l'écran et portant des numéros d'ordre permettent d'apprécier la quantité dont l'animal a progressé entre deux images consécutives.

La figure 3 montre les détails de l'installation créée par M. Muybridge. A gauche est l'écran incliné qui reflète dans les appareils photographiques une lumière blanche éclatante sur laquelle se détachera en silhouette le corps de l'animal, à droite, la série des appareils munis chacun d'un obturateur à *guillotine* tendu par un puissant ressort, de façon à n'ouvrir l'objectif que pendant un instant très court que l'auteur estime 1/500 de seconde environ. Pour que ces appareils photographiques s'ouvrent tour à tour à mesure que le cheval avance, vous voyez des fils tendus en travers de son chemin. L'animal, en rompant l'un après l'autre ces fils, provoque l'ouverture de courants électriques et la chute successive des différents obturateurs.

M. Muybridge varia ses expériences de maintes façons ; il étudia les allures de différentes sortes d'animaux, celles de l'homme, le saut, l'escrime, le maniement de différents outils. Enfin il représenta, dans un volumineux album, une intéressante série d'attitudes d'hommes et d'animaux en mouvement. L'ensemble de ces études est d'un haut intérêt pour les artistes.

Depuis lors, de nouveaux progrès de la chimie photographique ont singulièrement accru la sensibilité des plaques et l'on obtient aujourd'hui mieux que des silhouettes d'hommes ou d'animaux en mouvement. Par une belle lumière, on a des images complètes avec tout le modelé désirable. Si, par exemple, on photographie un homme nu en mouvement, tous les muscles du corps sont parfaitement dessinés avec un relief qui indique la part que prend chacun d'eux dans le mouvement exécuté.

Les silhouettes obtenues par M. Muybridge suffiraient toutefois pour exprimer les phases successives du déplacement des membres si elles étaient prises à des intervalles de temps égaux ; mais la disposition employée pour provoquer la formation des images successives crée des inégalités dans la durée de ces intervalles, les fils cédant plus ou moins vite à l'effort qui tend à les rompre et, de plus, la progression du cheval ne se fait pas d'un mouvement uniforme. M. Muybridge

1. Pour les principes de la méthode et la description des appareils, voir la *Méthode graphique*, supplément de la 2e édition.

essaya toutefois de reconstituer, d'après la série des images, la trajectoire de

Fig. 2. — Douze photographies successives obtenues par M. Muybridge sur un cheval au grand galop. A la dernière figure, le cheval est représenté au repos. La vitesse du galop était de 1,142 mètres à la minute.

chacun des membres du cheval; mais les courbes qu'il obtint dans ses laborieux essais n'ont pas une précision suffisante, une méthode fort simple permet d'obtenir avec une fidélité parfaite la trajectoire d'un corps en mouvement, c'est la photographie de ce corps *devant un fond obscur*.

Si l'on dirige un appareil photographique sur un écran noir, on pourra démasquer l'objectif sans que la glace soit impressionnée, car elle ne recevra pas de lumière. Mais si, parallèlement au plan de cet écran, on lance une boule blanche vivement éclairée par le soleil, l'image de cette boule impressionnera la plaque sensible sur laquelle on verra la trace de son passage sous forme d'une trajectoire continue, pareille à ces lignes de feu dont notre œil garde un instant l'impression quand nous agitons dans la nuit un charbon allumé.

Mais le mouvement d'un corps dans l'espace ne se produit pas toujours dans un

Fig. 3. — Dispositions employées par M. Muybridge dans les expériences sur les allures du cheval. A gauche est l'écran réflecteur sur lequel l'animal se détache en silhouette. A droite, la série des appareils photographiques dont chacun prendra une image de l'animal.

plan comme celui d'un projectile; le corps peut se déplacer suivant les trois dimensions de l'espace. Pour percevoir les inflexions d'une trajectoire dans tous les sens, il faut recourir aux procédés de la stéréoscopie; les images représentées (fig. 4) sont ainsi obtenues : recueillies sous des angles différents, elles donnent, quand on les examine au stéréoscope, la sensation du relief. Ces trajectoires représentent le mouvement de la tête d'un homme qui marche; le déplacement s'effectue suivant les trois dimensions, puisque, indépendamment de ses balancements latéraux et verticaux, l'homme qui marche progresse d'une façon continue.

La photographie sur fond noir est d'un précieux secours pour connaître les points de l'espace que parcourt un corps en mouvement; nulle autre méthode n'est susceptible d'exprimer ainsi le chemin qu'un point lumineux suit dans l'espace obscur. Tout récemment, M. L. Soret, de Genève, s'est servi de cette méthode pour analyser des actes fort complexes. Opérant dans l'obscurité, il photographiait les trajectoires d'une lampe à incandescence animée de mouvements divers.

Stéréoscopiques ou planes, ces figures ne fournissent encore qu'une notion incomplète du mouvement : elles ne donnent, en effet, que la notion de lieu. et non celle de temps qui est indispensable, car le mouvement n'est que la relation du temps à l'espace. Pour connaître entièrement le mouvement de la pierre lancée,

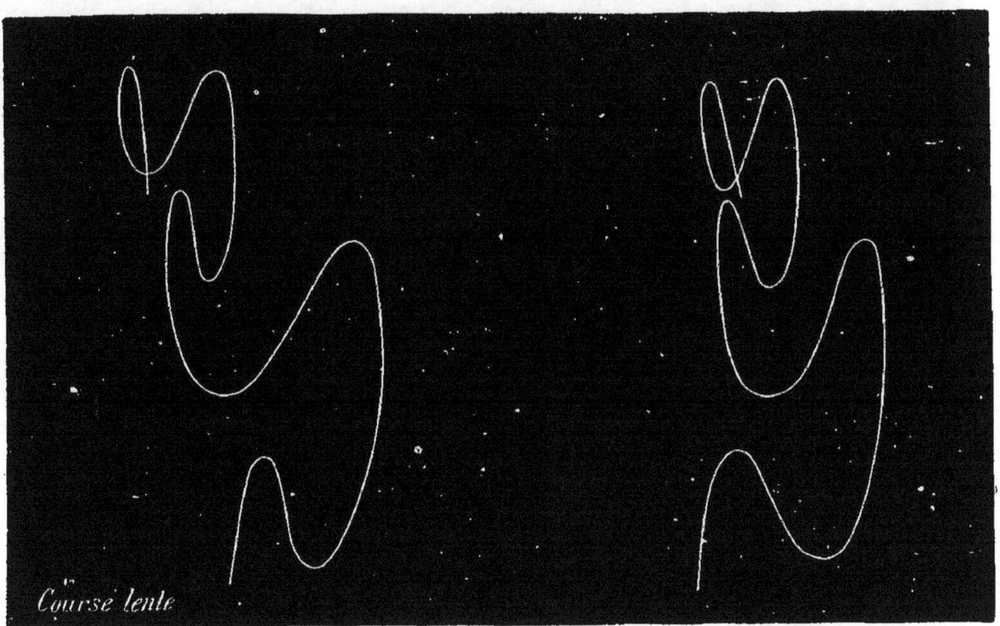

Fig. 4. — Image stéréoscopique des mouvements d'un point brillant placé au sommet de la tête d'un homme qui marche.

il faudrait savoir en quels points de sa trajectoire parabolique cette pierre se trouvait à des instants successifs égaux entre eux, par exemple, tous les cinquantièmes de seconde.

Il suffit, pour obtenir cette indication de temps, d'interrompre à des intervalles égaux l'arrivée de la lumière dans l'appareil photographique. On produit cette interruption au moyen d'un disque tournant opaque percé de petites fenêtres qui ne laissent la lumière arriver sur la glace sensible que d'une manière intermittente.

La figure 5 est la trajectoire parabolique de la boule brillante lancée devant l'écran noir, mais cette trajectoire est discontinue ; les éclairements ne se produisent que tous les cinquantièmes de seconde, en raison de l'intervalle des fenêtres du disque et de la vitesse de la rotation.

Dans la plupart des expériences, une règle de deux mètres de hauteur, située devant l'écran, donne, sur la glace sensible, son image qui sert d'échelle et permet d'estimer la valeur absolue des chemins parcourus par le projectile pendant chaque cinquantième de seconde aux différentes phases de son parcours. On voit ainsi que la vitesse du projectile diminue dans la phase ascendante de sa trajectoire parabolique et s'accroît dans la phase descendante. Cette méthode, que j'ai désignée sous le nom de *chrono-photographie,* donne donc la loi complète du mouvement d'un point dans l'espace.

Si les mémorables travaux de Galilée et d'Atwood n'avaient pas fait connaître la loi du mouvement des corps qui tombent sous l'action de la pesanteur, il suffirait,

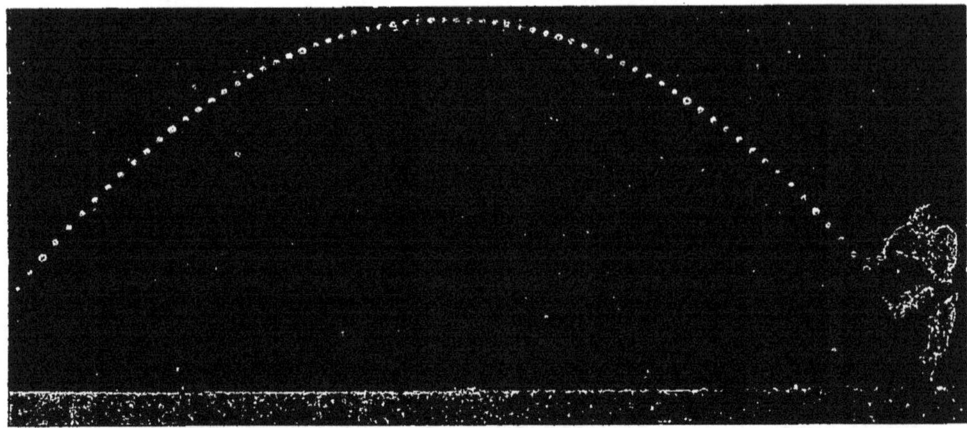

Fig. 5. — Trajectoire chrono-photographique d'une boule brillante lancée devant l'écran noir.

pour découvrir ces lois, de jeter une pierre en l'air et d'en prendre la trajectoire chrono-photographique : on aurait, comme dans la figure 5, l'expression du mou-

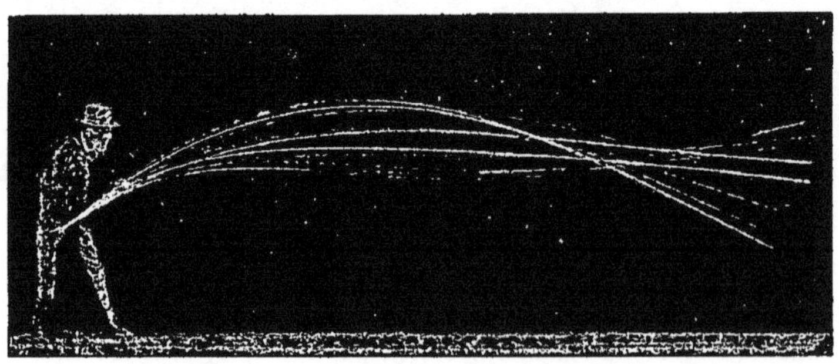

Fig. 6. — Ventres et nœuds formés par les positions successives d'une longue tige flexible à laquelle on imprime des mouvements vibratoires.

vement uniformément varié de cette pierre, avec la valeur réelle des accélérations qui s'observent dans des temps égaux successifs.

Veut-on savoir comment se comportent les vibrations d'une longue tige de bois que l'on agite d'une main, tandis que de l'autre on lui donne un point fixe La figure 6 montre les ventres et les nœuds des vibrations sur les différents points de la longueur de la tige. Déplaçons la position des mains et reportons-les plus près des extrémités de la tige, la forme des vibrations change immédiatement.

Vous le voyez, les variétés de mouvements qu'on peut analyser par la chrono-photographie sont en nombre illimité.

Toutes les figures solides que les géomètres étudient et qu'ils conçoivent comme engendrées par la rotation de courbes, la translation de lignes, l'intersection de plans, toutes ces figures, dis-je, peuvent être réellement produites en chrono-photographie par les images successives de ces courbes, de ces lignes, de ces plans qui se déplacent.

La netteté des images dépend de la brièveté de l'éclairement qui correspond à chacune d'elles ; il faut, en effet, que le corps en mouvement n'ait pas le temps de se déplacer d'une manière sensible pendant que la photographie en est prise. Le temps de pose que j'avais d'abord adopté était le millième de seconde ; je le diminue encore, car pour certains mouvements très rapides de l'aile de l'oiseau, cette durée est trop longue. De récentes expériences m'ont donné de bonnes images en un *deux-millième* de seconde.

On a émis des doutes sur la réalité de ces courtes durées d'éclairement ; en effet, avec les obturateurs ordinaires, il serait bien difficile d'atteindre cette brièveté ; mais le disque fenêtré qui sert pour la chrono-photographie acquiert graduellement une vitesse de rotation qui peut être extrêmement grande. La figure 7

Fig. 7. — Photo-chronographe, appareil produisant sur une même plaque une série de photographies à des intervalles de temps égaux entre eux. — L'appareil est ouvert et laisse voir la disposition du disque fenêtré se mouvant devant la plaque.

représente la disposition de ce disque, auquel on imprime un mouvement rotatif au moyen d'un rouage puissant, muni d'un régulateur. Dès que le disque a acquis une vitesse de dix tours à la seconde, le régulateur maintient cette vitesse avec une uniformité parfaite que l'on contrôle, du reste, par la chrono-photographie. Le disque passe devant la glace photographique à quelques millimètres de distance seulement. Dès lors, étant connue la valeur angulaire de chacune des fenêtres, on en déduit rigoureusement la durée de l'éclairement pour chaque point de la glace sensible.

La condition la plus difficile à réaliser, c'est la parfaite obscurité de l'écran devant lequel on opère. Pour peu que cet écran envoie de lumière à la plaque sensible pendant chacun des éclairements, ces petites quantités de lumière, s'ajoutant les unes aux autres sur toute la surface de la plaque, finissent par la voiler entièrement. Une paroi de mur enduite d'une peinture noire quelconque, le velours noir lui-même exposé au soleil renvoie trop de lumière pour que la glace garde sa sensibilité et puisse recevoir, en ses différents points, une longue série d'images successives. Aussi, l'expression d'écran noir est-elle métaphorique : en réalité, c'est devant une cavité obscure que l'on opère.

Dans ses remarquables études sur les couleurs, l'illustre Chevreul a montré que, pour obtenir le *noir absolu,* il faut percer un trou dans les parois d'une caisse noircie intérieurement. Mis à côté de ce trou obscur, une étoffe, un corps matériel quelconque, si noir qu'il soit, présente un aspect gris foncé, il réfléchit donc de la lumière blanche.

Pour réaliser des conditions favorables, il a fallu construire un vaste hangar de dix mètres de profondeur et de largeur égale. Une face de ce hangar est ouverte et rétrécie, par des châssis mobiles, à la stricte hauteur nécessaire. Tout l'intérieur

Fig. 8. — Marcheur vêtu de blanc passant devant l'écran noir.

du hangar est noirci ; le sol en est bitumé ; le fond tapissé de velours noir. Devant cette longue bande obscure roule, sur un chemin de fer, la chambre qui contient les appareils photographiques, et qu'on approche ou qu'on éloigne de l'écran suivant la grandeur des images qu'on veut obtenir.

Devant le champ obscur qui vient d'être décrit, un homme, placé en pleine lumière, nu ou vêtu d'un costume blanc, donne une image très nette sur la glace sensible.

La figure 9 montre un coureur dans quatre attitudes successives. Le disque obturateur employé n'avait qu'une seule fenêtre, et comme il faisait cinq tours par se-

Fig. 9. — Attitudes successives d'un coureur. L'intervalle entre deux images consécutives est de 1/5 de seconde; le temps de pose 1/2000 de seconde.

conde, l'intervalle qui sépare deux images consécutives correspond au chemin parcouru en un cinquième de seconde (le temps de pose, pour chaque image, étant toujours d'un deux-millième de seconde). De même que pour la boule brillante, nous pouvons suivre ici le déplacement du coureur, estimer sa vitesse d'après l'espace parcouru entre deux éclairements successifs, soit deux mètres en un cinquième de seconde, c'est-à-dire dix mètres à la seconde.

Si la course était moins rapide, le nombre des images s'accroîtrait, car l'espace parcouru dans un cinquième de seconde serait moins étendu, et les images, par conséquent, plus rapprochées les unes des autres.

Dans le saut (fig. 10), vous voyez les curieuses attitudes que prend le corps à différents instants : l'élan préalable, l'impulsion donnée par une seule jambe, le

Fig. 10. — Sauteur franchissant un obstacle.

mouvement de flexion qui relève les pieds au moment où l'obstacle va être franchi ; puis la chute accélérée suivant les lois de la gravité, l'amortissement du choc par la flexion graduelle des jambes, et enfin le retour à la station droite. On voit déjà, dans cette figure, que les images se confondent entre elles au moment où le déplacement du corps est ralenti, à la fin de la chute, par exemple. Cette confusion se trouve encore plus prononcée dans la marche lente (fig. 11), où les images des

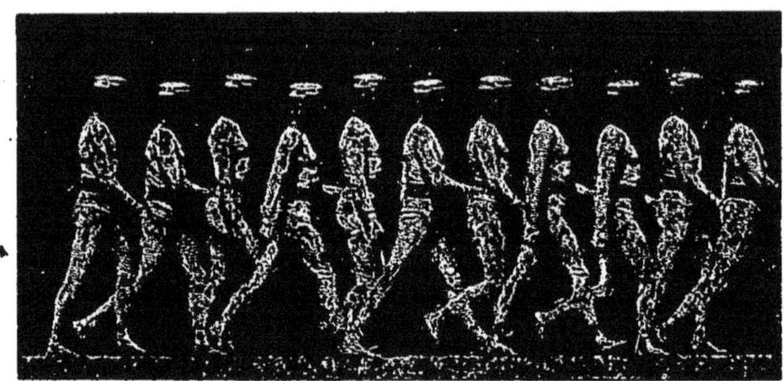

Fig. 11. — Marche lente; les images tendent à se confondre en se superposant.

jambes sont parfois difficiles à démêler. Et pourtant le nombre des attitudes n'est que de cinq par seconde, ce qui est insuffisant pour donner une idée complète de la série des mouvements exécutés.

Fig. 12. — Homme revêtu d'un costume de velours noir sur lequel l'axe des membres est dessiné par des cordons blancs; les articulations portent des boutons blancs placés au niveau du centre de mouvement. La tête est couverte d'un casque de velours noir qui la cache entièrement et qui porte une boule brillante au niveau de l'oreille.

Sommes-nous donc arrivés à la limite de puissance de la chrono-photographie ? Un artifice bien simple va nous tirer d'embarras.

Dans les expériences que vous avez vues tout à l'heure, une boule de la grosseur d'une bille de billard donnait, sans confusion, jusqu'à cinquante images par seconde, une tige de l'épaisseur du doigt traduisait distinctement ses mouvements vibratoires. C'est qu'alors les images avaient peu de surface et que la moindre translation les séparait les unes des autres. Réduisons donc, supprimons même la surface de l'homme en expérience et nous pourrons multiplier indéfiniment le nombre de ses attitudes successives.

Voici comment on réduit l'image d'un homme à des traits déliés qui, par leurs longueurs et leurs directions, expriment très suffisamment les attitudes successives de son corps et de ses membres.

Au lieu d'un vêtement blanc, donnons au coureur un costume de velours noir; devant le fond obscur, il deviendra presque invisible. Mais si nous appliquons sur ce costume des cordons blancs, suivant la direction de l'axe des membres, et des boutons blancs sur les principales articulations (fig. 12), les parties blanches donneront leurs images et nous obtiendrons sur la glace sensible l'expression d'un nombre d'attitudes presque illimité. Avec un disque percé de cinq fenêtres, ce qui donne vingt-cinq images par seconde, on a obtenu, pour la course, la figure 13, qui montre, dans tous leurs détails, les mouvements de la moitié gauche du corps : tête, bras et jambe. Notons que de cinq en cinq, une des images est plus for-

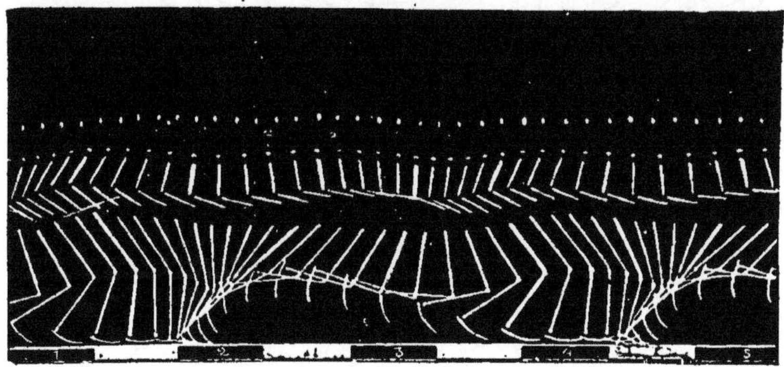

Fig. 13. — Images chrono-photographiques d'un coureur. En bas de la figure, une échelle dont les divisions ont $0^m,50$ de longueur sert à apprécier l'étendue des mouvements.

tement accentuée que les autres; on obtient ce résultat en donnant à l'une des fenêtres du disque une largeur plus grande qu'aux autres; le temps de pose est ainsi augmenté et l'intensité de l'image accrue. Cette disposition a pour but de créer des repères, au moyen desquels il est toujours facile de reconnaître les traits correspondants à une même image, c'est-à-dire à une même attitude du coureur.

Cette figure, avons-nous dit, ne renseigne que sur les mouvements de la moitié gauche du corps. Mais dans une allure à mouvements symétriques, les deux moitiés du corps répètent alternativement les mêmes actes, de sorte que deux figures transparentes, semblables à celle-ci, donneraient l'expression complète de tous les mouvements du coureur, à la condition qu'en les superposant, on fît glisser l'une des figures sur l'autre, de manière à faire alterner entre eux les appuis des pieds droit et gauche.

Les *chrono-photographies partielles* traduisent donc complètement la loi du mouvement de chaque partie du corps. Comme dans la trajectoire des projectiles, on voit, pour chaque point pris isolément, la courbe qu'il a décrite, ses accélérations et ses ralentissements aux différentes phases de l'allure. En projetant sur un écran ces images photographiques agrandies, de manière à donner au coureur ses dimensions véritables, on obtient la valeur absolue des espaces parcourus en des temps connus et par conséquent les vitesses, les accélérations ou les ralentissements de ces points.

Dans les études de détail, on décalque une partie de ces images, comme cela s'est fait figure 14 pour l'analyse des oscillations de la jambe dans la marche, ou bien,

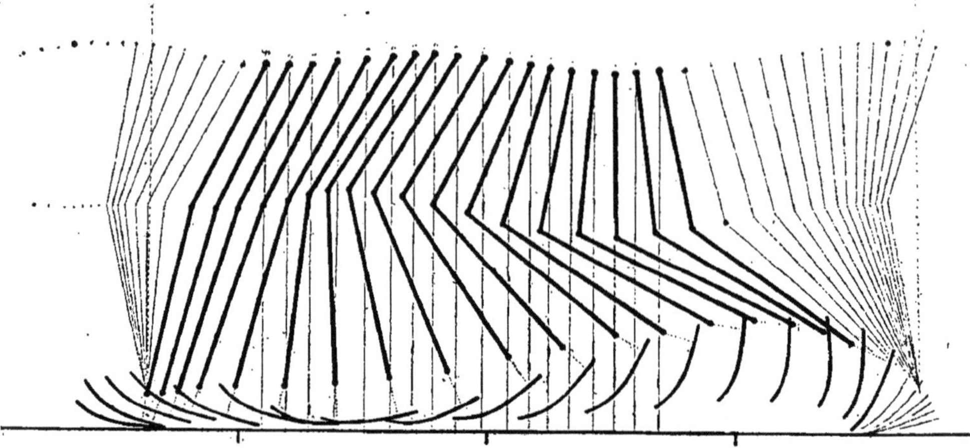

Fig. 14. — Oscillations du membre inférieur d'un homme qui marche.

comme dans la figure 15, on trace avec l'équerre ou le compas des lignes de cons-

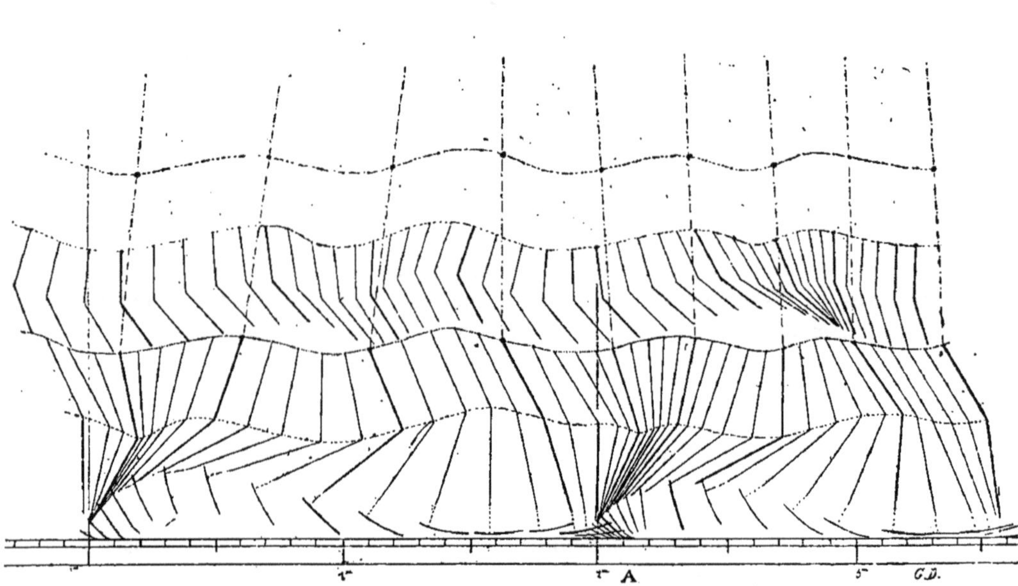

Fig. 15. — Épure représentant les attitudes successives des membres et les inclinaisons du tronc dans la transition de la course à la marche.

tructions destinées à mieux faire saisir l'inclinaison du membre ou du tronc par rapport à la verticale.

Ces épures sont très propres à la comparaison de deux sortes de mouvements dont l'œil serait incapable de discerner complètement la différence. Ainsi, quand on saute d'un lieu élevé, on doit amortir sa chute, c'est-à-dire atténuer l'intensité du choc des pieds sur le sol, en fléchissant les jambes, tandis que les muscles extenseurs travaillent à retenir la masse du corps qui tombe.

Les figures 16 et 17 montrent deux sortes de chutes, la première avec flexion

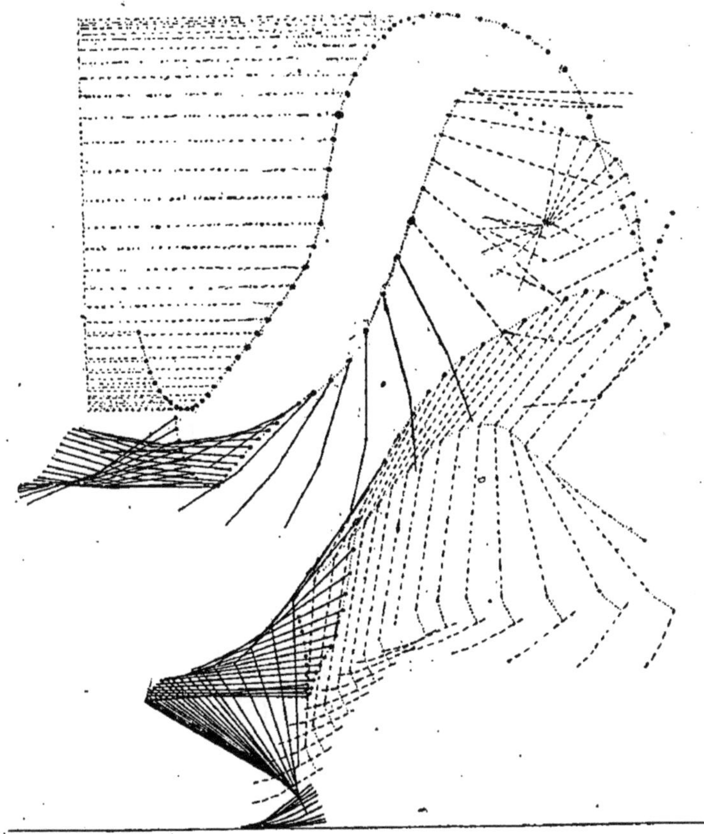

Fig. 16. — Attitudes successives des membres pendant une *chute élastique*, sur la pointe des pieds.

des jambes et amortissement du choc, la deuxième avec les jambes presque roidies, ce qui implique un choc violent des pieds sur le sol.

Sans entrer dans les détails arides qu'exigerait l'analyse des images chronophotographiques des allures de l'homme, j'essayerai de vous en montrer les applications pratiques.

De même que l'on règle l'emploi des machines, pour obtenir un effet utile avec la moindre dépense de travail, de même l'homme peut régler ses mouvements de manière à produire les effets voulus avec le moins de dépense de travail et par conséquent le moins de fatigue possible. De deux allures qui nous font parcourir le même chemin dans le même temps, on devra préférer celle qui coûte le moins de fatigue. Or la comparaison du travail dépensé dans deux genres de locomotion était jusqu'ici impossible, car on ne connaissait pas tous les éléments du problème, la masse des organes en mouvement et la vitesse dont ces organes sont animés.

La chrono-photographie, nous l'avons vu, donne exactement la vitesse des différentes parties du corps; la balance permet de mesurer les masses en mouvement; on peut donc établir, avec une précision satisfaisante, le travail dépensé dans les différents actes de la locomotion. De ces comparaisons ressortent d'importantes conclusions, celle-ci, par exemple, que, pour la marche, l'allure la plus favorable est celle où la fréquence du pas est d'environ *cent vingt* par minute; pour la course, le nombre de pas doit être à peu près de *deux cent quatorze* par minute. Des pas plus rares ou plus nombreux donneraient moins d'effet utile avec une plus grande dépense de travail. On conçoit aisément les applications de ces expériences; ainsi elles permettent de régler la cadence du pas des soldats pour mé-

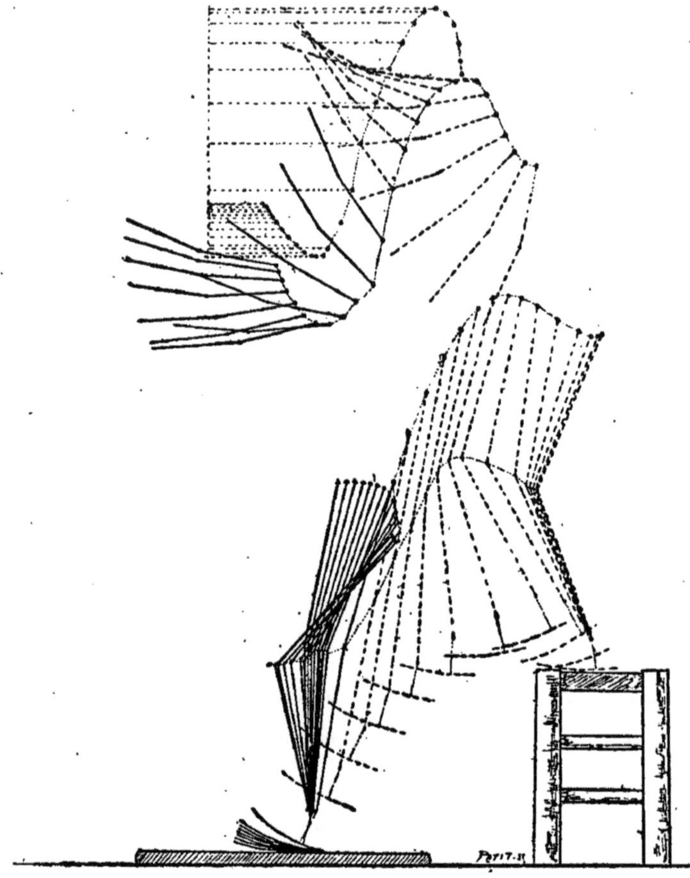

Fig. 17. — Chute *raidie,* sur les talons.

nager, autant que possible, leurs forces dans les rudes étapes qu'ils doivent fournir. Ces études, pour être applicables, devront être longtemps poursuivies, en variant les conditions et en opérant sur un grand nombre de sujets; mais la méthode est trouvée, et l'expérience a confirmé ce que les lois de la mécanique ne pouvaient, à elles seules, faire prévoir, quand les conditions dynamiques du travail de l'homme étaient incomplètement connues.

L'exemple qui va suivre est bien propre à montrer combien les mouvements des êtres animés sont rigoureusement soumis aux lois de la mécanique. Les théories de la balistique démontrent que les forces intérieures développées dans un corps en mouvement n'altèrent pas la trajectoire du centre de gravité de ce corps, de sorte que, si une bombe éclate en un point de sa course parabolique, le centre de gravité commun des éclats lancés en sens divers continue son trajet, suivant le prolongement de la courbe commencée. Or, quand un homme saute par-dessus un obstacle, dès qu'il a quitté le sol, son centre de gravité suit, comme celui d'un projectile, une trajectoire parabolique. Si par l'action de ses muscles il déplace ses bras et ses jambes, pendant son trajet aérien, le centre de gravité de son corps ne sera pas, pour cela, détourné de sa route. En analysant une courbe chrono-photographique du saut (fig. 18), M. Demeny, mon aide à la Station physiologique, a

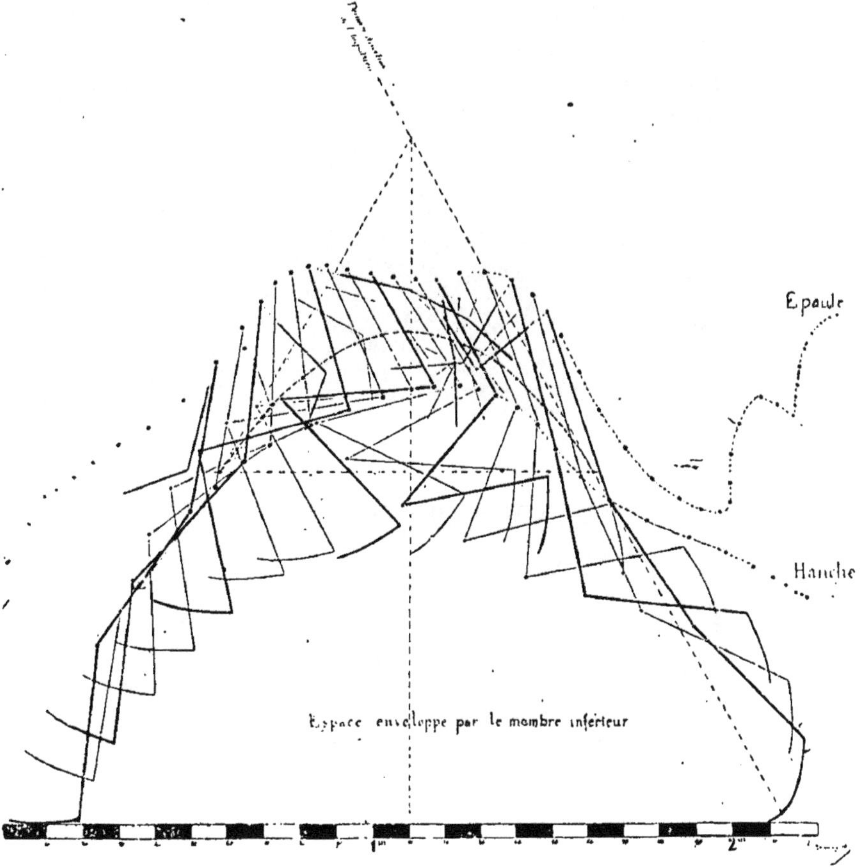

Fig. 18. — Attitudes successives du corps dans un saut en hauteur. La courbe parabolique représente les positions successives du centre de gravité du corps.

pointé la position du centre de gravité du corps préalablement déterminée pour toutes les attitudes que prend le sauteur pendant qu'il est en l'air ; il a trouvé que la trajectoire du centre de gravité suit exactement la courbe parabolique et, comme conséquence, que, si le sauteur élève ses jambes au moment où il franchit un obstacle, sa tête s'abaisse de la quantité nécessaire pour maintenir le centre de gravité sur sa trajectoire. L'abaissement de la tête au sommet de la courbe du saut est très marqué sur cette figure, il ne se produit pas quand le sauteur, n'ayant point d'obstacle à franchir, laisse ses jambes étendues.

Ces développements permettront d'exposer très sommairement les applications faites à l'étude de la locomotion des animaux. Le type le plus intéressant parmi

Fig. 19. — Cheval au trot; l'instant représenté correspond au milieu de l'appui d'une base diagonale.

Fig. 20. — Premier temps du galop; appui d'un membre postérieur seul.

les quadrupèdes est le cheval; c'est le seul, jusqu'ici, dont les différentes allures aient été étudiées avec quelque soin.

Voici d'abord plusieurs attitudes isolées prises aux instants les plus caractéristiques du trot et du galop. Ces figures, grâce à la sensibilité extrême des plaques photographiques nouvelles et à la brièveté du temps de pose, ont une vigueur et une netteté qu'on n'obtenait pas autrefois.

Fig. 21. — Deuxième temps du galop; appui d'une base diagonale.

Fig. 22. — Troisième temps du galop; appui d'un pied antérieur seul.

La figure 19 représente le trot; l'instant choisi est le milieu de l'appui d'une base diagonale. Les figures 20, 21, 22, 23 correspondent au galop et montrent successivement le premier temps, le second, le troisième, et enfin la suspension, c'est-à-dire l'instant où le cheval est en l'air, avant de retomber sur l'un des pieds postérieurs.

Si l'on veut photographier les images en série, on se heurte bien vite à l'écueil

Fig. 23. — Quatrième temps du galop; suspension.

déjà signalé à propos de la locomotion humaine. La grande longueur du corps du cheval fait que les images successives, même peu fréquentes, se recouvrent les unes les autres et se confondent. Toutefois, en noircissant trois des membres d'un cheval blanc, on obtient des chrono-photographies partielles qui traduisent d'une manière satisfaisante les mouvements du membre resté visible. Ainsi la figure 24

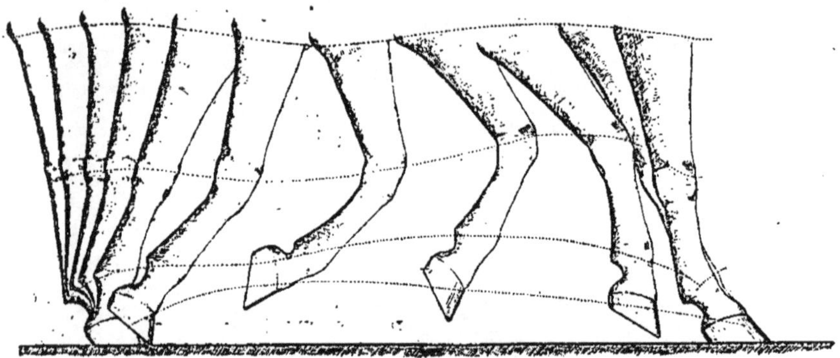

Fig. 24. — Oscillation du membre antérieur dans le pas. Intervalle entre les images 1/10 de seconde.

montre l'oscillation d'un membre antérieur du cheval dans le pas, et la trajectoire suivie par l'articulation du boulet entre deux appuis consécutifs du pied ; la figure 28 exprime celle du même membre à l'allure du galop.

Mais, pour pousser plus loin l'analyse des mouvements, on ne peut revêtir le cheval d'un costume de velours à lignes blanches comme cela se fait pour l'homme. Voici comment on tourne la difficulté. On choisit un cheval noir que l'on noircit encore avec du noir de fumée, car le lustre du poil réfléchit la lumière et donne à l'animal l'apparence d'un cheval blanc, comme dans la figure 26. Puis, après avoir soigneusement déterminé les centres de mouvements des différentes articulations, on colle sur chacun de ces points un petit morceau de papier blanc d'une forme particulière : ici un rond, ailleurs un triangle, un carré, une croix, etc. Quand on a fait passer l'animal devant le fond obscur, la plaque chrono-photographique présente une infinité de petits signes disséminés de façons bizarres. On projette cette image agrandie sur une feuille de papier, en notant les *repères*, c'est-à-dire des signes qui, de cinq en cinq, sont plus fortement marqués. Il n'y a plus alors qu'à joindre par des lignes les signes qui appartiennent à une même image, et l'on obtient une figure entièrement comparable à celle qui correspond à la course de l'homme et qui traduit les différentes attitudes des membres et du corps. Les figures 27 et 28 renferment tous les renseignements nécessaires pour déterminer les mouvements des membres antérieurs du cheval à différentes allures.

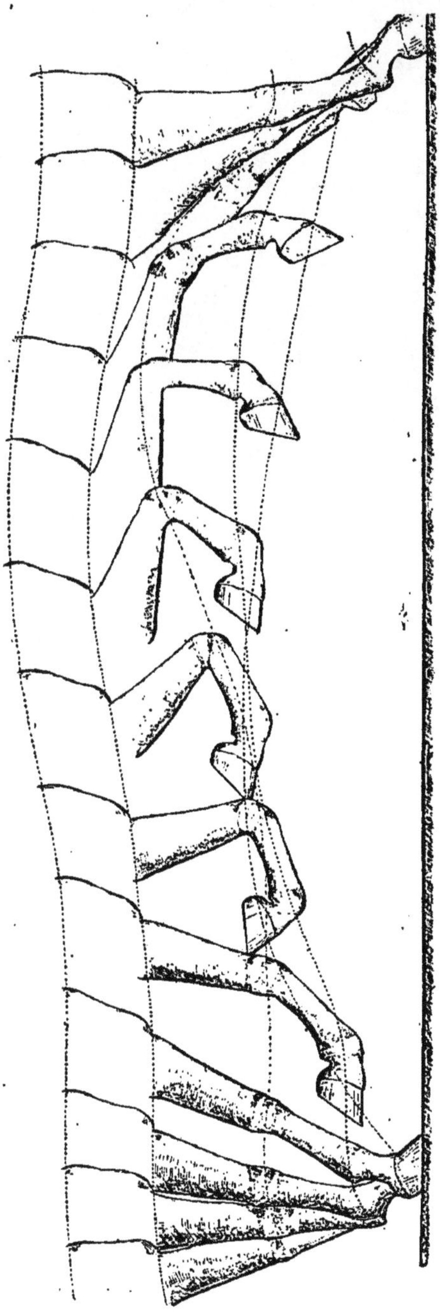

Fig. 25. — Oscillation du membre antérieur dans le galop. Intervalle des images, 1/25 de seconde.

Ces études devront être poursuivies longtemps pour donner l'analyse complète de la locomotion du cheval ; M. Pagès, qui a entrepris ce travail, le conduira certainement à bonne fin.

L'analyse du vol des oiseaux présentait des difficultés particulières. Non seulement l'extrême rapidité du mouvement des ailes à certaines phases de leur révolution exige des temps de pose d'une brièveté extrême, mais la direction souvent capricieuse du vol de l'oiseau l'éloigne du chemin qu'il devrait suivre pour donner sur la plaque sensible

Fig. 26. — Cheval noir portant sur chacune de ses articulations des morceaux de papier découpés de formes différentes afin de donner la trajectoire chrono-photographique de chacune de ses articulations.

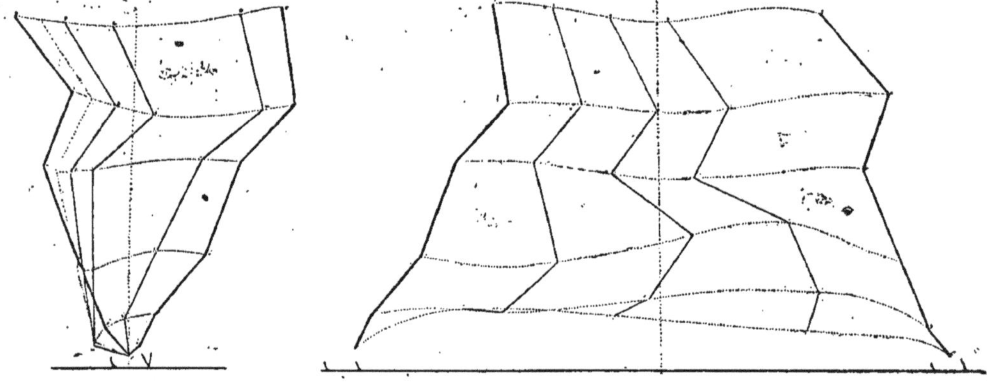

Fig. 27. — Attitudes successives des différents segments du membre antérieur d'un cheval au trot : la moitié gauche de la figure correspond à la phase d'appui : la moitié droite à celle de lever.

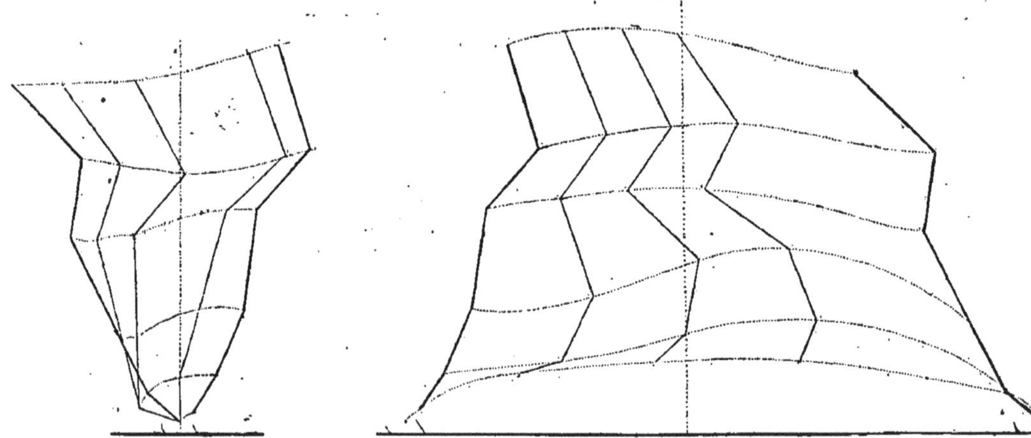

Fig. 28. — Attitudes successives des différents segments du membre antérieur d'un cheval au galop : moitié gauche, phase d'appui; moitié droite, phase de lever.

des images suffisamment nettes. Il faut ordinairement répéter plusieurs fois la même expérience avant de réussir.

Voici d'abord une série d'attitudes successives prises sur un goëland ; les figures 29 et 30 montrent l'oiseau tantôt avec les ailes très relevées, tantôt à demi caché sous ses ailes dont le carpe est fléchi et dont les pennes séparées laissent voir dans leurs intervalles celles de l'autre côté. Ces images sont espacées entre elles pour éviter la confusion qui se produit lorsque l'on en prend une grande quantité (fig. 31), mais le nombre en est insuffisant pour permettre de suivre la série des mouvements qui constituent une révolution de l'aile.

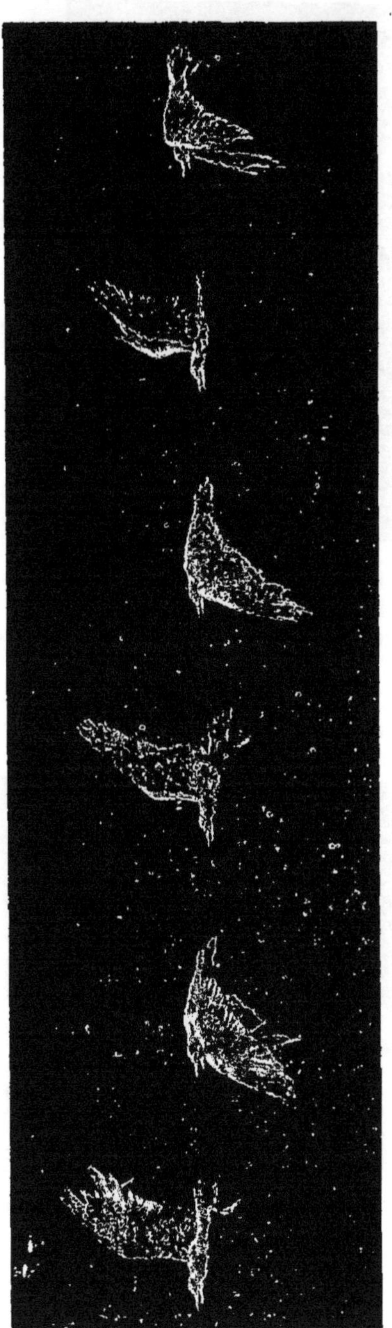

Fig. 29. — Images successives d'un goëland au vol à 1/10 de seconde d'intervalle.

On voit cependant qu'une révolution de l'aile occupe sensiblement l'intervalle de deux repères ; elle a donc lieu pendant un tour de disque, cela montre que l'oiseau donnait alors à peu près cinq coups d'aile par seconde. Ces premières indications seront un guide précieux pour reconnaître à quelle phase de la révolution de l'aile appartient chacune des attitudes isolées que donne la photographie complète de l'oiseau. Quant aux photographies partielles qui consistent à réduire l'animal à des lignes brillantes, je n'ai pu jusqu'ici les réaliser. En attendant, j'ai essayé, d'après des images recueillies en série, de déterminer l'ordre dans lequel se succèdent les différentes positions de l'aile dans sa révolution complète.

En s'éloignant de l'écran noir pour suivre le vol de l'oiseau pendant un plus long parcours et en prenant dix images à la seconde, on voit, comme on devait s'y attendre, que l'aile est représentée alternativement en élévation et en abaissement. Mais ces attitudes ne sont pas, si je puis ainsi dire, diamétralement opposées. — Cela prouve que la révolution de l'aile du goëland, au moins pendant les premiers instants du vol, ne dure pas exactement un cinquième de seconde, mais un peu moins longtemps, de sorte que les images successives de l'aile haute correspondent à une phase de plus en plus avancée de son élévation, que l'aile basse apparaît à une époque de plus en plus avancée de sa remontée.

Sur le pigeon représenté figure 32 dont le nombre des coups d'aile était à peu près de huit par seconde, l'aile ne présente pas, dans la série des images successives, les alternatives d'élévation et d'abaissement que nous venons de voir

Fig. 30. — Deux images successives d'un goëland au vol.

sur le goëland ; mais, partant de l'abaissement complet, on la voit successivement de moins en moins abaissée et finalement complètement élevée.

Cette manière de déterminer l'ordre de succession des mouvements de l'aile d'après la différence de phase qui existe entre les tours du disque obturateur et

Fig. 31. — Images successives et très fréquentes d'un goëland au vol.

les coups d'aile se rattache à la *stroboscopie*, que les physiciens emploient pour analyser optiquement les mouvements périodiques. Elle permet de disposer dans leur ordre normal les images correspondant à une longue série d'attitudes. C'est ce que j'ai essayé de faire (fig. 33) en décalquant les unes à la suite des autres, sur une feuille de papier, onze images exprimant la succession des mouvements dans une même révolution de l'aile. En prenant pour point de départ le moment où l'oiseau présente son aile dans l'élévation extrême, on voit que cette aile, en s'abaissant, se porte de plus en plus en avant, de façon que sa pointe, qui d'abord était située verticalement au-dessus de la queue, se trouve à la fin de l'a-

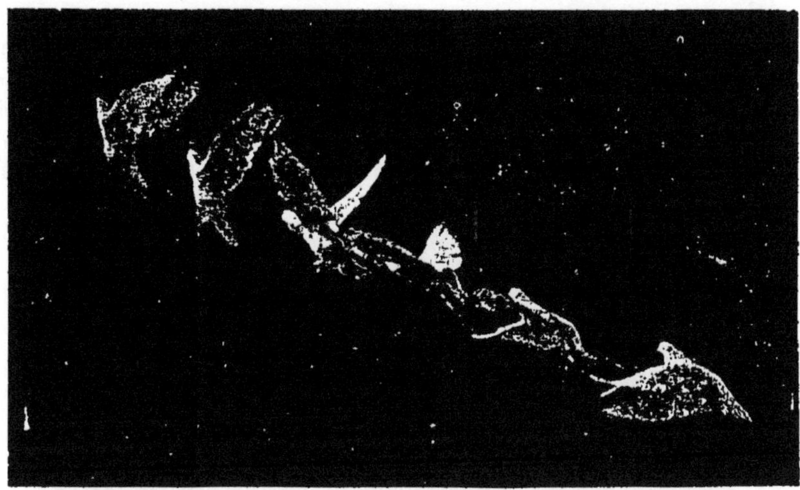

Fig. 32. — Pigeon qui s'élève en volant. Les images successives correspondent à des phases de moins en moins avancées dans la révolution de l'aile.

baissement verticalement au-dessous de la tête. A partir de ce moment, le carpe se fléchit et les pennes pivotent sur leur axe par un mécanisme à étudier, mais dont l'anatomie semble fournir une explication satisfaisante (fig. 34). Cette flexion

Fig. 33. — Onze attitudes successives d'un goëland qui vole. Dans cette série d'images décalquées d'après les originaux, on a dû exagérer les distances qui séparent deux positions successives de l'oiseau dans l'espace, afin d'éviter la confusion des images.

du carpe persiste jusque vers la fin de la remontée de l'aile. A cet instant, un redressement s'opère et l'aile, entièrement déployée, est prête à s'abaisser de nouveau.

L'analyse des chrono-photographies montre également les effets mécaniques des coups d'aile, c'est-à-dire les réactions qu'ils impriment au corps de l'animal : une accélération de la vitesse et une élévation légère du corps accompagnent le coup d'aile descendant ; un ralentissement et un abaissement de la trajectoire s'observent dans la phase de remontée. Enfin la résistance de l'air traduit visiblement ses effets par une flexion des pennes au moment le plus brusque de l'abaissement de l'aile (3e image de la figure 33) ; à cet instant, la vitesse du carpe est d'environ sept mètres à la seconde.

L'analyse des chrono-photographies de l'oiseau révélera bien des détails curieux. Mais je m'arrête. En retenant si longtemps votre attention sur les différentes applications de la chrono-photographie, j'ai voulu vous faire juger de la puissance de cette méthode et de l'avenir qui lui est réservé.

La science n'existe que par la précision ; elle a constamment besoin de mesures exactes. Ces mesures sont arrivées à un haut degré de perfection en ce qui concerne les propriétés géométriques des corps ; on détermine aussi avec une grande exactitude la valeur statique des forces de la nature : comme le poids, l'état électrique, la température. Certains phénomènes dynamiques sont également susceptibles de mesures rigoureuses, quand ils ont atteint un régime uniforme : ainsi la vitesse d'un cours d'eau, l'intensité d'un courant électrique, le travail dépensé par une

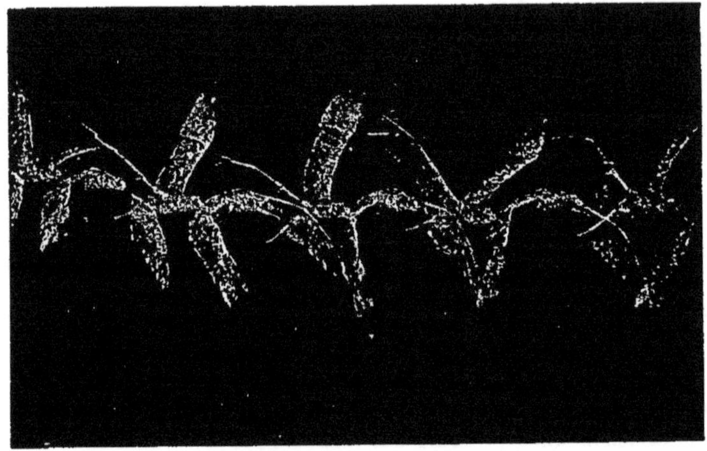

Fig. 34. — Images successives d'un goëland au vol montrant la flexion du carpe dans la remontée de l'aile.

machine, etc. Dans tous ces cas, la méthode offre pour caractère commun qu'elle compare la grandeur à mesurer à une autre dont la valeur est connue.

Mais quand la grandeur à mesurer change sans cesse, quand la vitesse et la complexité de ses variations défient l'observation la plus attentive, la science est forcée de s'arrêter. C'est alors que les hypothèses se donnent librement carrière ; que les opinions se heurtent, que les discussions s'éternisent. L'imprudent qui, sur des données suspectes, se risque à baser des calculs est conduit à des résultats absurdes. Mais qu'une méthode nouvelle apparaisse qui permette de mesurer rigoureusement ce qui échappait à nos sens, aussitôt la science reprend sa marche assurée.

L'invention des appareils enregistreurs a rendu saisissables les variations de toutes les forces qui pouvaient mettre en mouvement un style traçant sur un cylindre tournant. Les applications de la méthode graphique ont donné à certaines branches de la physique et de la physiologie une extrême précision.

Mais, si le corps dont on veut connaître les rapides changements de position ou de forme nous est inaccessible, l'inscription mécanique de ses mouvements n'est plus possible. Le physiologiste qui étudie les actes complexes de la locomotion de l'homme ou des animaux doit, comme l'astronome, estimer exactement la position des corps qu'il observe à des intervalles de temps parfaitement mesurés. Comme lui, il doit déterminer des trajectoires, des vitesses, des accélérations, mais avec cette difficulté spéciale, que ces déterminations devront se faire à des intervalles de temps extrêmement courts.

Vous venez de voir que la chrono-photographie répond à tous ses besoins : encore quelques perfectionnements des appareils, encore quelques efforts pour étendre l'application de la méthode, et la connaissance des mouvements dans le monde physique et dans les êtres organisés atteindra, j'ose l'espérer, toute la perfection désirable.

PROCÈS-VERBAUX DES SÉANCES DE SECTIONS

1er Groupe

SCIENCES MATHÉMATIQUES

1re et 2e Sections

MATHÉMATIQUES, ASTRONOMIE, GÉODÉSIE ET MÉCANIQUE

Président d'honneur. . . .	M. le Général FROLOW, major général du génie russe.
Président	M. Ed. LUCAS, Prof. de math. spéciales au Lycée Saint-Louis.
Vice-Président.	M. LAISANT, Député de la Seine, Anc. Él. de l'Éc. Polyt.
Secrétaire.	M. HEITZ, Él. de l'Éc. centr. des Arts et Manufact.

— Séance du 13 août 1886. —

M. Émile MATHIEU, Prof. à la Fac. des Sc. de Nancy.

Sur un problème d'électrodynamique. — M. Mathieu se propose de déterminer dans une plaque rectangulaire la distribution des courants électriques qui entrent par un point électrode P et sortent par un autre P'. Ce problème permet aussi de déterminer la résistance électrique d'une pareille plaque.

On peut le résoudre à l'aide des fonctions θ de Jacobi, qui conduisent à des séries doubles dont les coefficients sont difficiles à calculer. L'auteur montre comment on peut traiter ce problème par une série simple dont les coefficients sont donnés immédiatement.

M. Ém. DORMOY, Ing. en chef des mines, à Paris.

Théorie mathématique des jeux de Bourse. — M. Dormoy a cherché à représenter par une équation les probabilités de hausse et de baisse d'une valeur quelconque achetée à la Bourse. Si l'on représente par x une hausse quelconque, exprimée en francs, et par y la probabilité que cette hausse sera atteinte ou dépassée, on peut employer l'équation

$$y = \frac{1}{ax^2 + 2}.$$

La valeur du bénéfice probable est

$$\frac{\pi}{2\sqrt{2a}} = \frac{1,11}{\sqrt{a}}.$$

On détermine a en égalant à zéro l'espérance mathématique d'un acheteur de prime. Pour le marché du 6 décembre 1885, sur la rente 3 p. 100, on trouve $a = 14$, et l'équation qui représente ce marché est par conséquent

$$y = \frac{1}{14x^2 + 2}.$$

M. G. de LONGCHAMPS, Prof. de math. spéc. au Lycée Charlemagne, à Paris.

Les points d'inflexion dans les cubiques circulaires unicursales droites. — Les cubiques circulaires unicursales sont engendrées, au moyen d'une droite et d'un cercle, à la façon des conchoïdales. De cette construction, exposée au congrès de Grenoble, on peut tirer des résultats intéressants pour ces cubiques particulières. La détermination des points d'inflexion, par la règle et le compas, est une des conséquences à laquelle conduit cette remarquable génération.

MM. G. TARRY, Recev. des Contrib., à Alger; et **J. NEUBERG**, Prof. à l'Univ. de Liège.

Sur les polygones et les polyèdres harmoniques. — MM. Tarry et Neuberg appellent polygones et polyèdres harmoniques les figures qui dérivent des polygones et des polyèdres réguliers par une transformation homologique telle que les sommets restent sur une même circonférence ou sur une même sphère. Les propriétés de ces figures rappellent complètement celles des points et des cercles de Lemoine et de Brocard, dans le plan du triangle.

Des propositions analogues sont applicables aux cercles joignant les points correspondants de deux divisions homographiques sur une circonférence, ainsi qu'aux cercles qu'on obtient en projetant sur la surface d'une sphère, à partir d'un point supposé mobile dans un plan donné, un cercle fixe de la sphère.

M. COLLIGNON, Ing. en chef, Insp. de l'Éc. des P. et Ch., à Paris.

Rendre tautochrone une courbe qui ne l'est pas [1]. — Si l'on appelle r le rayon calculé, r' le rayon de roulement du corps tournant soumis à l'action de la pesanteur, ρ le rayon de courbure de la courbe que son centre de gravité doit décrire, on aura l'équation

$$r' - r = \frac{r'^2}{\rho - r'},$$

qui fait connaître la correction à faire subir à ce rayon r calculé, pour rendre le tautochronisme rigoureux.

Examen de certains cas limites de l'attraction newtonienne. — Discussion des formules de l'attraction exercée sur un point matériel par une couche sphé-

(1) Rectification de la communication faite au Congrès de Paris, le 24 août 1878. (*C. R. de la 7e session de l'Ass. fr.*, p. 68.)

rique ou cylindrique homogène, lorsque, la distance de la couche au point attiré restant constante, le rayon de la couche grandit indéfiniment. Attraction du plan indéfini homogène sur un point extérieur. Explication du paradoxe auquel conduit l'application de la théorie des limites. — Recherche directe de l'attraction d'une sphère homogène massive sur un point extérieur.

M. CATALAN, Prof. à l'Univ. de Liége.

Sur les Nombres de Segner. — Définition des Nombres de Segner. — Relations (connues) auxquelles ils satisfont. — Séries qui proviennent de la formule du binôme. — Relations nouvelles. — Les Nombres de Segner rattachés aux Nombres de Catalan. — Propriétés nouvelles des Nombres de Segner : 1° prolongés suffisamment, ils contiennent, comme facteurs, tous les nombres premiers ; 2° deux Nombres consécutifs ne sont pas composés des mêmes facteurs premiers; etc. — Table des Nombres de Segner. — Groupes relatifs à un nombre premier ; etc.

M. Samuel ROBERTS, à Londres.

Sur un problème de Diophante (Liv. 5, prob. XXV) *et sur la solution de Fermat.* — M. ROBERTS donne une interprétation nouvelle du problème de Diophante qui consiste à trouver trois carrés tels qu'en les retranchant successivement de leur produit, les restes obtenus soient des carrés. En suivant des procédés qui n'étaient pas ignorés de Fermat, il retrouve les mêmes solutions.

M. TARRY, à Alger.

Sur un problème de la géométrie de situation. — M. TARRY démontre deux théorèmes sur les figures que l'on peut décrire d'un seul trait continu, sans arrêt ni répétition. Ces deux théorèmes permettent de trouver dans un très grand nombre de cas le nombre des solutions ; il applique son procédé au problème de Reiss, sur le jeu de dominos, et retrouve en deux pages les résultats du docteur Reiss dont la solution, beaucoup plus longue, occupe 60 pages in-4° des *Annali di Matematica.*

Discussion. — Le président de la section insiste sur l'extrême élégance et la grande simplicité de cette nouvelle méthode.

— Séance du 14 août 1886. —

M. COLLIGNON, à Paris.

Problème de géométrie. — Trouver une courbe telle, que le centre de gravité de l'aire, comptée à partir d'une ordonnée fixe, soit situé sur l'ordonnée du pied de la tangente menée à la courbe au point M où elle se termine.

On trouve facilement que cette courbe est l'exponentielle $y = \mathrm{H}e^{\frac{x}{a}}$, et que l'aire doit être comptée à partir du point où la courbe touche son asymptote.

L'exponentielle est un cas particulier des courbes satisfaisant à la fois aux deux équations

$$\frac{\int_{x_0}^{x} xy\,dx}{\int_{x_0}^{x} y\,dx} = \lambda x, \qquad \frac{\frac{1}{2}\int_{x_0}^{x} y^2\,dx}{\int_{x_0}^{x} y\,dx} = \mu y,$$

λ et μ étant des coefficients constants, qui doivent être liés ensemble par l'équation $\frac{1}{\mu} + \frac{2}{\lambda} = 6$. Les courbes dont il s'agit sont représentées par l'équation $y = Cx^n$, en supposant $x_0 = o$. Propriétés diverses de ces courbes. — Leurs trajectoires orthogonales, quand on fait varier C, sont des courbes du second ordre homothétiques. — Généralisation des résultats obtenus.

M. G. de LONGCHAMPS, à Paris.

Sur une conique remarquable du plan d'un triangle. — La transformation supplémentaire consiste, les coordonnées x, y, z d'un point P étant connues, à substituer à ce point P un autre point P' dont les coordonnées sont $y + z$, $z + x$, $x + y$.

En partant de ce principe général et en l'appliquant aux coordonnées trilinéaires, on trouve qu'au cercle circonscrit au triangle fondamental correspond une conique remarquable du plan de ce triangle. Elle a pour centre, le centre du cercle inscrit; elle passe par les pieds des bissectrices; ses demi-axes sont : 1° le rayon r du cercle inscrit; 2° une moyenne géométrique entre r et le demi-rayon du cercle circonscrit, etc...

M. Émile LEMOINE, Ing. civ., anc. Él. de l'Éc. polyt., à Paris.

Questions diverses sur la géométrie du triangle. — 1° Soit un triangle ABC, O un point fixe, A'B'C' une droite qui passe par O et coupe BC en A', AC en B', AB en C'; AA' et CC' se coupent en J_b; AA' et BB' se coupent en J_c; BB' et CC' se coupent en J_a. Les lieux de J_a, J_b, J_c, quand A'B'C' tourne autour de O, lieux qui sont comme l'on sait des coniques circonscrites à ABC, sont des coniques associées d'une même conique. Examen des diverses positions de O pour lesquelles ces lieux sont des coniques remarquables;

2° Étude des droites qui ont pour équation :

$$A\alpha + B\beta + C\gamma = 0$$

$$\frac{\alpha}{bC} + \frac{\beta}{cA} + \frac{\gamma}{aB} = 0$$

$$\frac{\alpha}{cB} + \frac{\beta}{aC} + \frac{\gamma}{bA} = 0$$

3° Étude de la conique, lieu des points O tels que ABC étant un triangle fixe, les angles OAC, OBC soient égaux.

4° Quelques remarques sur les coniques concentriques qui sont l'une inscrite, l'autre circonscrite au triangle ABC;

5° Par un point O on mène dans un triangle les trois droites telles que le point O soit le milieu du segment compris entre deux des côtés; étude de cette figure.

M. Ém. DORMOY, à Paris.

Théorie mathématique du jeu de l'écarté. — La théorie du jeu de l'écarté comprend deux parties :

1° Rechercher avec quels jeux on doit proposer ou refuser des cartes ;

2° Chercher quelle est la manière de jouer qui donne le plus de chances de faire le point.

1° Pour qu'un jeu puisse se jouer d'autorité, il faut qu'il donne au moins 65 chances sur 100 de faire le point. Les jeux ont été divisés en six classes, suivant le nombre d'atouts qu'ils renferment. Dans chaque classe, il a été fait des catégories ; et dans chaque catégorie, M. DORMOY indique quel est le type minimum des jeux qui peuvent se jouer d'autorité.

2° Quand il y a doute sur la manière dont un jeu doit se jouer, l'auteur a également calculé quelle est la manière de jouer qui donne le plus de chances de faire le point.

M. LEVEAU, Astr. titulaire à l'Obs. de Paris.

Détermination des éléments du soleil. — M. LEVEAU expose les diverses causes d'erreurs inhérentes à l'observation du soleil et dont sont indépendantes les observations de planètes à apparences stellaires. Les équations de condition formées dans le but de perfectionner la théorie d'une planète comprennent les variations des éléments de l'orbite du soleil avec un coefficient proportionnel à l'inverse de la distance de la planète à la terre. Pour les petites planètes, ces coefficients sont, dans certains cas, voisins de l'unité ; ils seront considérés dans la comparaison des observations faites de 1807 jusqu'à nos jours avec les positions déduites des tables provisoires de Vesta que M. LEVEAU vient de terminer.

M. Édouard LUCAS, à Paris.

Sur l'emploi des criteriums quadratiques, cubiques, biquadratiques et octiques suivant un module premier. — M. LUCAS donne les énoncés de quinze théorèmes d'arithmétique supérieure qui résultent du caractère potentiel du nombre 2.

Les autres nombres premiers 3, 5, 7, 11, 13, donnent lieu à des théorèmes analogues, mais la complication de l'énoncé augmente de plus en plus avec la nature du nombre premier que l'on considère comme base.

M. Charles BERDELLÉ, anc. Garde gén. des Forêts, à Rioz (Haute-Saône).

L'arithmétique des directions. — En représentant l'unité positive par 1^1, l'unité négative par $1^{\frac{1}{2}}$, on peut représenter par

$$1^{\frac{a}{b}1^{\frac{c}{d}}}$$

l'unité formant avec l'axe positif un angle de $\frac{a}{b}$ de circonférence dans un méridien formant avec un méridien pris pour origine un angle de $\frac{c}{d}$ de circonférence.

M. le Général de MARSILLY, à Auxerre.

Énumération des Cubiques. — Contrairement aux idées d'Euler et de Cramer sur la classification des courbes, M. de Marsilly s'est proposé de recourir aux propriétés des cubiques planes dans l'espace tangible pour les répartir en genres et en espèces. Le présent mémoire est consacré à l'établissement des genres. Les caractères génériques sont tirés de la présence ou de l'absence d'un centre, de l'existence ou la non-existence de systèmes de parallèles coupant la courbe soit en deux points (cordes), soit en un seul, du nombre des diamètres (lieux des milieux des cordes), de leur nature (hyperboles, droites ou paraboles), enfin de l'existence et du nombre des asymptotes. On arrive ainsi à répartir les cubiques dans 22 genres.

M. DUMIOT, à Aubervilliers.

Pratique de la résistance des matériaux. — M. Dumiot présente divers tableaux intéressants pour le calcul de la résistance des matériaux à l'extension, à la compression et à la flexion.

M. ARNAUDEAU, Ing. civ., à Paris.

Étude sur π. — M. Arnaudeau indique la construction par points de la courbe ayant pour équations, en coordonnées polaires,

$$\rho = a\,\frac{\sin\omega}{\omega}.$$

M. V. COCCOZC, à Paris.

Les carrés magiques impairs à enceintes successives. — Étude d'une question traitée d'abord par Fermat et Frenicle et aussi par La Hire, Antoine Arnauld et Prestet. C'est la continuation des travaux présentés dans les précédents congrès par MM. Laquière et Schoute.

M. DUPUIS, Prov. hon., à Saint-Germain-en-Laye.

Le nombre géométrique de Platon.

M. J. FÉRET, anc. Él. de l'Éc. polyt.

Application du calcul des probabilités à l'étude d'un jeu forain.

— Séance du 16 août 1886. —

M. JAMET, Prof. au Lycée, à Nantes.

Sur les lignes asymptotiques d'une catégorie de surfaces. — Ce mémoire est la suite d'une note publiée, en 1883, dans le *Bulletin* de l'Académie de Belgique, 3ᵉ série, tome VI, 1883. Les surfaces dont il s'agit sont définies par cette propriété : *Les plans tangents, en tous les points d'une section plane, contenant une droite fixe D, concourent en un même point, dont le lieu géométrique est une seconde droite* Δ.

Par un bon choix de variables, M. JAMET donne à l'équation différentielle des lignes asymptotiques, la forme très simple

$$\sqrt{\frac{T''}{T}}\, dt = \pm \sqrt{\frac{U''}{U}}\, du\ (1).$$

Incidemment, il suppose que T, t soient des fonctions rationnelles d'une variable indépendante θ, et il discute les propriétés de la fonction ω, intégrale de $\sqrt{\frac{T''}{T}}\, dt$. Dans un cas particulier, ω est une *intégrale elliptique de première espèce*, etc.

M. CHENEVIER, Archit. départ., à Verdun (Meuse).

Le triangle à calcul. — Le triangle à calcul présenté à la section est une construction géométrique, en forme de tableau, basée sur les propriétés des triangles semblables, qui permet d'effectuer, avec une approximation plus grande que celle de la règle à calcul, toutes les opérations qu'on peut faire avec ce dernier appareil et notamment la résolution des triangles. Il donne aussi le développement des arcs, la surface des cercles, etc.

Le triangle à calcul est surtout applicable aux travaux du génie civil concernant les projets de routes, canaux et chemins de fer dont il permet de calculer très vite et avec une approximation suffisante dans la pratique tous les éléments de construction.

Le triangle articulé à calcul. — Le triangle articulé est un instrument en buis, composé de plusieurs échelles divisées, qui peut se mettre dans la poche. Il permet d'effectuer la plus grande partie des mêmes opérations que le tableau précédent et peut être employé aux mêmes applications ; mais il donne sous un petit volume des résultats plus approchés dus à la précision avec laquelle il est construit.

M. CATALAN, à Liège.

Sur une classe d'équations différentielles. — Intégrale générale de $\frac{Y''}{Y} = \frac{X''}{X}$.

Application au cas où $X = \int_0^{\frac{\pi}{2}} \frac{d\varphi}{\sqrt{1 - a^2 \sin^2\varphi}}$. Recherche d'intégrales particulières de l'équation plus générale : $\frac{Y^{(p)}}{Y} = \frac{X^{(p)}}{X}$.

Théorème sur des intégrales définies équivalentes. — Si X *est une fonction impaire de* x :

$$\int_{-a}^{+a} \frac{dx}{1 + X + \sqrt{1 + X^2}} = a.$$

(1) Celle-ci rappelle l'équation des lignes géodésiques de l'ellipsoïde. (*Mélanges mathématiques*, tome I.)

Sur une formule d'Eisenstein. — Indépendamment de la méthode *directe*, on peut, pour découvrir des théorèmes d'arithmétique, employer une méthode *indirecte*, bien connue. Elle consiste à former *deux* développements d'une même fonction de x, d'apparences différentes. Jacobi en a fait usage. Si l'on part d'une certaine formule d'Eisenstein, publiée dans le XXVIIe volume du *Journal de Crelle*, on arrive à la proposition suivante :

Soit (N, p) *le nombre des décompositions de* N, *en* p *parties inégales;*
Soit G (N) *le nombre des diviseurs de* N. *On a*

$$(N, 1) - 2(N, 2) + 3(N, 3) - 4(N, 4) + \ldots$$
$$= G(N) - G(N-1) - G(N-2) + G(N-5) + G(N-7) - \ldots$$

M. FOURET, Répét. à l'Éc. polyt., à Paris.

Sur une généralisation du théorème de Kœnig, relatif à la force vive d'un système matériel. — Le but de cette communication est d'établir, en s'appuyant sur les notions les plus élémentaires de géométrie, un théorème concernant un déplacement fini quelconque d'un système matériel. M. Fouret en déduit, comme conséquence immédiate, un théorème sur la force vive d'un système matériel, dû à M. Bonnet (mémoires de l'Académie des sciences de Montpellier, t. Ier, p. 142), lequel comprend lui-même, comme cas particulier, le théorème bien connu de Kœnig (1).

Sur un mode de génération de la spirale de Poinsot. — La spirale de Poinsot, comme chacun sait, est le lieu des points de contact de l'ellipsoïde d'inertie tournant autour de son centre, en restant tangent à un plan situé à une distance de ce centre égale au demi-axe moyen de l'ellipsoïde. L'objet de la communication est de déduire, par une construction géométrique très simple, la spirale de Poinsot d'une certaine spirale logarithmique convenablement choisie.

— Séance du 18 août 1880. —

M. ESCARY, Prof. au Prytanée milit., de La Flèche.

Sur la convergence de certaines séries doubles rencontrées par Lamé dans la théorie analytique de la chaleur, à l'occasion de la sphère et des ellipsoïdes de résolution. — Dans ce mémoire, M. Escary montre d'abord que la série double par laquelle Lamé exprime la température stationnaire des points intérieurs d'une sphère homogène, coïncide avec celle que Laplace a donnée pour le calcul des attractions des sphéroïdes peu différents de la sphère. La démonstration, donnée par Dirichlet, de la convergence de cette dernière série, est par suite applicable à la première.

Ensuite, pour ce qui concerne les ellipsoïdes de révolution, l'auteur donne une génération des polynômes de Lamé, à l'aide de radicaux carrés analogues à celui qui a donné naissance aux fonctions Y_n de la mécanique céleste. De cette manière, on obtient en même temps le champ de variation de la variable indépendante pour que la génération soit légitime, et pour que les intégrales des équations différen-

(1) Voir une note sur ce sujet dans le tome XIV du *Bulletin de la Société mathématique de France*.

tielles linéaires, que vérifient ces polynômes, et rencontrées pour la première fois par Lamé, soient des fonctions uniformes.

Enfin, l'identité de forme des polynômes de Lamé avec les fonctions Y_n de Laplace permet encore d'appliquer la même démonstration de Dirichlet à la convergence des séries doubles donnant la température stationnaire des points intérieurs d'un ellipsoïde de révolution aplati ou allongé, la matière pondérable, limitée par cet ellipsoïde, étant encore supposée homogène.

M. le Général FROLOW, Major général du génie, à Saint-Pétersbourg.

Sur les carrés diaboliques. — M. Frolow, continuant ses recherches publiées dans deux brochures sur les carrés magiques et sur les carrés diaboliques, donne de nouveaux procédés pour les carrés dont la base est un nombre divisible par quatre et par huit.

M. DELAUNOY, anc. Él. de l'Éc. polyt., S.-intend. milit., à Orléans.

Emploi de l'échiquier pour la solution des problèmes arithmétiques.

3e et 4e Sections.

GÉNIE CIVIL ET MILITAIRE, NAVIGATION

Président	M. CHAMBRELENT, Insp. gén. des P. et Ch., à Paris.
Vice-Président	M. HOLTZ, Ing. en chef des P. et Ch., à Nancy.
Secrétaires	MM. Ed. BOCA, Ing. des Arts et Man., à Paris.
	H. HUGUENOT, Él. de l'Éc. centr. des Arts et Man., à Paris.

— Séance du 13 août 1886. —

M. Henri FLAMENT, Ing. civ., à Paris.

Projet d'irrigation du plateau de la Beauce. — Après avoir indiqué les conditions défavorables pour l'agriculture que présente la Beauce, M. Flament expose ainsi qu'il suit le sommaire d'un projet qu'un Beauceron, M. Dolon, a étudié dans le but de procurer à la Beauce de l'eau en abondance.

La Loire qui prend sa source au pied du mont Gerbier-de-Joncs dans l'Ardèche, se jette dans la mer à Saint-Nazaire après avoir, sur un parcours considérable, reçu le tribut de nombreux affluents. Le débit de la Loire, au-dessous de Decize, est de 720 mètres cubes par seconde. L'altitude à cet endroit est de 190 mètres au-dessus du niveau de la mer.

On pourrait donc dériver à ce point un volume de 6 mètres cubes d'eau par seconde égal à 520,000 mètres cubes par jour, et 190 millions de mètres cubes pour une année sans amoindrir le volume d'eau nécessaire aux divers services du bassin de la Loire. On pourrait établir à cet endroit deux immenses réservoirs qui se rempliraient lors de chaque crue et constitueraient une ressource utile pour l'alimentation du canal lui-même pendant la période de bas étiage.

La hauteur moyenne vérifiée sur 19 plaines du plateau de la Beauce est de 149 mètres au-dessus du niveau de la mer. Il conviendrait d'emmagasiner l'eau dans plusieurs réservoirs d'approvisionnement construits sur quelques mamelons du plateau. Des dispositions particulières pourraient être prises pour fournir de l'eau à la ville de Paris. Le projet consiste donc à dériver de la Loire un volume de 6 mètres cubes par seconde et à emmagasiner en temps de crues 190 millions de mètres cubes par an. Nous avons calculé que les distributions d'eau continues n'absorberaient pas plus de 80 millions de mètres cubes chaque année. Il restera donc 110 millions de mètres cubes pour l'irrigation périodique.

L'étude complète de ce projet va être commencée sous la direction de M. Dolon et avec le concours d'ingénieurs compétents et nous espérons pouvoir à la session de 1887 en apporter le premier projet à l'Association, et le livrer à une discussion qui aura l'intérêt d'études complètement achevées.

Discussion. — M. Bouquet de la Grye craint que la pente du canal voûté ne soit pas suffisante si l'on s'en tient aux chiffres indiqués.

De plus M. Bouquet de la Grye estime qu'il n'est pas admissible que l'on prenne de l'eau dans un bassin qui n'en possède déjà pas assez, pour l'écouler dans un autre bassin.

Quant à l'emmagasinement, M. Bouquet de la Grye pense que ce serait une excellente chose, mais il fait remarquer que bien des projets de réservoirs ont été étudiés depuis 1857 et que l'on est toujours arrivé à des dépenses fort exagérées.

M. Flament répond que l'altitude de la Loire au-dessous de Decize est de 190 mètres au-dessus du niveau de la mer, que l'étude définitive fera ressortir clairement la possibilité de l'irrigation de la Beauce.

M. Chambrelent préfère le reboisement méthodique aux réservoirs pour éviter les inondations et conserver, pendant l'été, un approvisionnement d'eau plus abondant.

M. BOUQUET DE LA GRYE, Ing. hydrog. de 1re classe de la marine, à Paris.

Étude sur la barre du Sénégal. — M. Bouquet de la Grye présente à la section un projet de travaux destinés à arrêter les divagations de l'embouchure du Sénégal et à supprimer la barre extérieure si dangereuse pour les navires.

L'auteur ajoute que ce projet déjà publié[1] a eu l'assentiment du ministre de la marine et tout fait présumer qu'il sera exécuté à bref délai.

M. DENYS, Ing. en chef des P. et Ch., à Épinal.

Accident arrivé à une digue en maçonnerie, à Bouzey (Vosges). — M. Denys fournit des renseignements sur un accident arrivé à une digue en maçonnerie du réservoir de Bouzey, près d'Épinal, réservoir servant à l'alimentation du bief de partage sur la branche sud du canal de l'Est. Sous une charge de 4,700,000 mètres cubes d'eau la digue s'est infléchie vers l'aval sur une longueur de 120 mètres; elle a pris une flèche de $0^{m},31$ sans subir ni affaissement ni déversement. Un sondage et des galeries de reconnaissance ont permis de reconnaître que c'était le terrain de fondation qui avait glissé après avoir éprouvé une sorte de feuilletage sous l'action de l'eau. Le sol est en effet de grès bigarré sableux, assez solide quand il est sec, mais qui perd beaucoup de sa cohésion sous l'action de l'eau.

On n'a pas encore pris parti pour la réparation de l'accident.

M. Denys signale à cette occasion l'influence de la température sur un massif de 500 mètres de longueur qui subit des variations de température de 80°, dans sa partie haute, tandis que le fond a une température presque invariable.

Enfin M. Denys termine en appelant l'attention de la section sur la production des sous-pressions qui changent les bases habituelles du calcul des murs de soutènement.

---

(1) *Revue maritime*, numéro de juin 1886.

M. P. CHENEVIER, Archit. départ., à Verdun (Meuse).

La sécurité des spectateurs dans les théâtres au point de vue de l'incendie. — Les dangers qui menacent les spectateurs dans les théâtres peuvent être ainsi classés d'après leur fréquence :

Asphyxie. — Écrasement. — Chutes. — Brûlures.

La surveillance la plus complète et la plus stricte est la mesure qui concourt le plus efficacement à la sécurité du public.

Les dispositions qu'on doit rechercher sont, par ordre d'utilité :

1° Les châssis d'aérage de la scène. — 2° Le rideau de fer plein. — 3° L'isolement des corridors, du côté de la salle, par des portes incombustibles fermant seules. — 4° L'augmentation des issues sur les couloirs des galeries supérieures. — 5° L'agrandissement des couloirs pour qu'ils puissent contenir et abriter tous les spectateurs de chaque étage.

Les améliorations qui seraient encore désirables comprennent :

Perfectionnements dans l'éclairage. — Suppression la plus complète possible, au moins sur la scène, des matériaux inflammables. — Protection spéciale de la scène par un système hydraulique fortement organisé. — Modification de l'appel produit dans la salle par la cheminée du lustre.

Le public se désintéressant des mesures qui concernent sa sécurité, c'est à l'administration supérieure qu'appartient le soin de prescrire dans toute la France les dispositions nécessaires pour que la vie des spectateurs ne soit plus menacée dans les théâtres.

— Séance du 14 août 1886. —

M. OSMOND, Ing. des Arts et Man., à Paris.

Structure de l'acier. — M. Osmond résume des travaux faits sur la structure de l'acier fondu en collaboration avec M. Werth (1).

L'examen microscopique de l'acier montre que ce corps est formé généralement de granulations de fer doux cimentées entre elles par des carbures de fer.

M. Osmond développe les conséquences qui résultent de cette structure pour l'explication des propriétés mécaniques de l'acier.

M. HOLTZ, Ing. en chef des P. et Ch., à Nancy.

Canal de l'Est et canal de la Marne au Rhin. — Alimentation au moyen de machines. — Amélioration du bief de partage de Mauvages. — Trois groupes importants d'usines concourent au moyen de machines élévatoires à l'alimentation du canal de la Marne au Rhin et du canal de l'Est. Ces usines sont celles de Valcourt et de Pierre-la-Treiche, de Vacon et de Messein.

Les deux premières sont établies sur la Moselle près de Toul ; elles utilisent les chutes des barrages de navigation construits pour la canalisation de cette rivière et servent à compléter pendant la saison sèche l'alimentation du grand bief, dit de Pagny-sur-Meuse, du canal de la Marne au Rhin, où la branche nord du canal de l'Est prend son origine.

(1) *Annales des Mines*, 1885, livr. de juillet-août.

Chaque usine comprend deux turbines Fontaine, actionnant chacune trois pompes horizontales du système Girard. Force brute totale utilisée par les deux usines, variable de 400 à 600 chevaux. Hauteur de refoulement, 40 mètres. Volume journalier susceptible d'être refoulé, 55,000 mètres cubes.

L'usine de Vacon reprend une partie de ces eaux, environ 40,000 mètres cubes par jour, et les élève de nouveau, au moyen de machines à vapeur, à 40 mètres de hauteur, jusqu'au bief de partage, dit de Mauvages, du canal de la Marne au Rhin. Force des machines, 250 chevaux. Consommation de charbon par heure et par force de cheval, mesurée en eau montée, $1^k\ ^1/_2$.

Les usines de Messein constituent un groupe distinct des précédents. Établies près de Messein, elles sont mises en mouvement par les eaux dérivées de la Moselle et utilisent les chutes cumulées de deux écluses du canal latéral à la Moselle. Elles servent d'une part à l'alimentation de la branche dite de Nancy du canal de l'Est, d'autre part à l'alimentation de la ville même de Nancy.

Chaque usine se compose de trois roues-turbines de 6 mètres de diamètre actionnant directement quatre pompes aspirantes et foulantes, système Girard. Force brute normale utilisée par les deux usines, 300 chevaux. Hauteur de refoulement, $12^m,70$ pour l'usine de l'État, $20^m,70$ pour celle de la ville.

Les turbines de Valcourt et de Pierre présentent, au point de vue de la régularité et de l'élasticité du fonctionnement, une supériorité très marquée sur les roues-turbines de Messein.

Parmi les améliorations réalisées dans ces dernières années sur le bief de partage du canal de la Marne au Rhin, la plus importante consiste dans l'établissement d'un service de touage sur chaîne noyée. Les toueurs comportent des machines à vapeur du système Francq; les réservoirs d'eau surchauffée sont sur les bateaux eux-mêmes. Le succès de l'opération a été complet et les toueurs fonctionnent sans émission de fumée ni de vapeur dans la traversée d'un souterrain de 5 kilomètres dont le passage dure de 3 à 4 heures.

M. BOUQUET DE LA GRYE, à Paris.

Étude sur le régime de la Loire maritime. — M. Bouquet de la Grye expose les conditions de la navigation entre la mer et Nantes et fait voir que les navires franchissent successivement trois zones qui peuvent être appelées zone maritime, zone mixte, zone fluviale.

La première se trouve aujourd'hui limitée en amont par l'étranglement du fleuve entre la pointe de Mindin et Saint-Nazaire.

Le régime des marées n'y a point été modifié encore et la hauteur de la pleine mer, ainsi que celle de la basse mer, diffère peu sur toutes les parties de l'entonnoir compris entre Saint-Gildas et la pointe de Chemoulin. Il y a pourtant un léger renflement à Saint-Nazaire pour la haute mer et un abaissement de la basse mer à Saint-Gildas.

Comme les courants de marées ont une force vive diminuant régulièrement en raison des envasements qui s'opèrent en amont de Saint-Nazaire, le seuil des charpentiers s'élève régulièrement; en 1821 il était à la cote 4 mètres; en 1881 à la cote $3^m,30$, et il paraît se relever en 1886, d'après le dire des pilotes, à la cote $2^m,85$. Il y a donc à l'heure actuelle difficulté pour les grands navires de remonter dans les mortes eaux à Saint-Nazaire, s'il y a de la levée sur la barre. L'effet produit par les lames dans cette section est un effet d'érosion qui tend à atténuer, sauf dans les parties abritées, les obstructions dépendant de la diminution du volume du flot.

La zone mixte s'étend de Saint-Nazaire à Paimbeuf, les dépôts provenant d'amont y ont produit des augmentations de volume considérables dans les bancs, les chenaux se sont retrécis et les profondeurs ont diminué. Cette zone mixte était en 1821 absolument maritime, elle tend à devenir fluviale comme celle d'amont.

Au delà de Paimbeuf, la Loire circule au milieu d'un lacis d'îlots et de bancs qui s'herbent successivement, la profondeur des chenaux diminue et leur largeur est réduite progressivement.

En somme, il y a eu depuis 1821, entre Saint-Nazaire et Nantes, dépôt de matériaux cubant 43 millions de mètres cubes.

M. Bouquet de la Grye estime qu'en présence de ces chiffres il n'y a point lieu de chercher des remèdes efficaces parmi les palliatifs, comme constructions de jetées, dragages, etc. L'atterrissement des bords du fleuve et du thalweg provenant des entraînements provoqués dans les parties supérieures du fleuve, c'est là que gît le mal et c'est là qu'il faut appliquer le remède.

Il pense donc qu'il conviendrait de rendre les propriétaires des terrains en pente responsables des entraînements provoqués par eux par des labours, mise en culture ou pacages intempestifs, l'administration pouvant intervenir dans certains cas déterminés pour favoriser les reboisements ou gazonnements. Nul ne pourrait déverser dans le ruisseau ou la rivière des eaux chargées de détritus de nature à provoquer des atterrissements et les lits des rivières devraient cesser d'être considérés comme des collecteurs d'égouts nettoyés pendant les inondations puisqu'une partie des dépôts entraînés restent dans l'estuaire.

Des mises en défens de certaines zones du plateau central et la régularisation du lit mineur de la Loire et de l'Allier ajoutées aux prescriptions ci-dessus rendraient bien vite à la Loire la limpidité qu'elle perd si rapidement au moment des crues, et lorsque ce résultat serait obtenu, on pourrait par des moyens artificiels dégager l'estuaire et faciliter le dragage normal et l'approfondissement successif occasionné par le jeu des marées.

Discussion. — M. Chambrelent fait observer que les objections présentées par M. Bouquet de la Grye, contre les digues qui enserrent le lit des rivières, sont reconnues de plus en plus fondées.

Il ajoute, à l'appui de ce qu'il a dit sur les avantages du boisement, que non seulement une dépense de 200 fr. faite pour le boisement d'un hectare donne un produit supérieur à cette dépense, mais le résultat obtenu a en outre pour effet d'empêcher des désastres bien supérieurs aux 200 fr. dépensés.

C'est ainsi qu'en 1882, un orage survenu dans le massif de la Grande-Chartreuse, causa des désastres évalués à 55,000 fr. et qu'il fut reconnu qu'une dépense de moins de 10,000 fr. eût arrêté tout le mal.

Les terribles inondations de la Garonne en 1875, qui produisirent tant de désastres dans la ville de Toulouse, ont causé des dommages évalués à plus de 100 millions ; une somme de moins de 100 millions eût suffi pour fixer tout le bassin pyrénéen et empêcher les désastres.

M. Ch. HERSCHER, Ing., à Paris.

Objet, description et théorie d'un système de siphon automatique de chasse d'eau (procédé Geneste, Herscher et Carette). — Notamment dans les questions d'assainissement, l'emploi des appareils automatiques de chasse d'eau a une utilité de premier ordre. Il est important que ces appareils fonctionnent sûrement dans les conditions usuelles, sans exiger de précautions exceptionnelles comme pose, avec une alimentation même réduite à un mince filet d'eau, et enfin sans exiger d'entretien. Le siphon de chasse Geneste, Herscher et Carette, réalise ces multiples conditions et d'autres encore très essentielles.

L'appareil s'inspire des dispositions de la Fontaine de Héron et comprend essentiellement : un siphon avec retenue d'eau à la base ; un dispositif spécial d'amorçage (dit « pneumato-détendeur ») ; un tube régulateur.

Le pneumato-détendeur assure absolument et sans difficulté l'amorçage qui est ordinairement obtenu d'une manière incertaine et défectueuse. L'appareil marche à pleine section, dès le début. Un tube barostatique aide à rétablir, en cas de besoin, la pression atmosphérique dans l'appareil après chaque chasse. Enfin, un tube régulateur additionnel, dont le rôle complémentaire est des plus appréciables, rétablit les conditions de fonctionnement normal du siphon, au cas où il aurait été noyé à la suite d'un orage ou autrement.

(La justification du rôle et des proportions comparatives des divers éléments composant l'appareil se trouve développée dans un mémoire préparé à cet effet, avec calculs et figures à l'appui.)

— Séance du 16 août 1886. —

M. PERNET, Instituteur, à Orcevaux.

L'indicateur de la marche et de la distance des trains. — M. Pernet décrit un système de communication avec les trains en marche par l'intermédiaire de plaques métalliques reliées par un fil et que viennent frotter en passant des balais portés par les wagons.

Discussion. — M. Boca fait remarquer que cette disposition ne présente rien de nouveau.

M. Gobin fait remarquer d'autre part que ce système est loin de présenter le caractère de sécurité que lui attribue son auteur.

M. Eugène COANET, à Nancy.

Du neutralisateur des forces de projection, de percussion et des chocs résultant de la rencontre de la chute des corps. — M. Coanet se borne à développer longuement sous forme d'axiomes les principes sur lesquels repose son système, sans laisser entrevoir les dispositions adoptées dans son appareil pour ses applications diverses.

M. CHAMBRELENT, Insp. gén. des P. et ch., à Paris.

Chute et reconstruction du barrage de l'Habra, en Algérie. — Le barrage de l'Habra avait été établi au confluent des deux rivières de l'Habra et de l'Oued Fergoug, pour retenir les eaux de ces deux rivières, dans le but de les employer à l'irrigation de la plaine de la Macta, située en aval.

Ces eaux étaient distribuées sur les terres à arroser par un canal sur la rive droite et un canal sur la rive gauche.

Le barrage est tombé subitement, dans la nuit du 15 au 16 décembre 1881.

Les causes de l'accident étaient multiples ; elles provenaient de vices de fondation et de la mauvaise direction donnée au barrage.

L'ouvrage a été immédiatement reconstruit en modifiant la direction du barrage et en prenant des mesures spéciales dans la construction des fondations.

Il est terminé depuis plusieurs années et présente une complète solidité.

— Séance du 18 août 1886. —

Les 3e et 4e sections se sont réunies à la 13e section pour traiter la question suivante :

Assainissement et mise en valeur de la Camargue [1].

— Séance du 19 août 1886. —

M. CAHEN, Capitaine du génie, à Grenoble.

Appareil de sauvetage pour les incendies. — M. Cahen présente un dispositif d'échelle de sauvetage en cas d'incendie, qui se distingue de l'échelle que le congrès a vue fonctionner à Grenoble en 1885, en ce que l'appareil est d'un prix modéré, d'une construction et d'un entretien faciles même par des ouvriers ordinaires de la campagne. — Cet engin est destiné à rendre des services aux communes pauvres ne disposant pas des ressources nécessaires pour se procurer des appareils plus parfaits, il est vrai, mais aussi plus dispendieux.

M. L. L. VAUTHIER, Ing. des P. et Ch., à Paris.

Sur la propagation et l'amplitude des marées dans les parties de mer qui baignent les îles Britanniques et la côte nord-ouest du continent européen depuis Brest jusqu'au 63e degré de latitude nord. — Il y a longtemps que l'on sait qu'il existe, dans la mer d'Irlande aussi bien que dans la Manche et la partie rétrécie de la mer du Nord, des interférences d'ondes-marées qui, sur certains points, augmentent l'amplitude des oscillations, et réduisent cette amplitude sur d'autres. Ce phénomène a donné lieu à des recherches extrêmement intéressantes. M. Vauthier n'a eu qu'un but, c'est de mettre en pleine évidence le phénomène en question, par la mise en rapport des oscillations successives de la marée le long d'une même côte et des heures d'établissement des divers points de cette côte.

Les résultats obtenus sont donc déduits des faits les plus élémentaires, sans l'intervention d'interprétations théoriques quelconques. Ils semblent pourtant de nature à ajouter quelque chose à ce qu'on savait déjà, et à démontrer que le phénomène des interférences joue un rôle dans bien des cas où l'on assignait, à la tuméfaction des marées sur certains points et à leur affaissement sur d'autres, des causes, étrangères aux interférences d'ondes, puisées surtout dans le gisement des côtes.

---

(1) Le compte rendu de cette séance figure dans les travaux de la 13e section.

M. CHAMBRELENT, à Paris.

Chute du réservoir Saint-Martin, à Bordeaux. — Le réservoir Saint-Martin, établi au milieu de la ville de Bordeaux, est destiné à l'alimentation des habitants.

Il se composait dans le principe d'un réservoir inférieur, pour le service bas de la ville, et d'un réservoir supérieur reposant sur le réservoir inférieur.

On commença d'abord à remplir le réservoir supérieur, — aucun mouvement ne se produisit dans l'ouvrage.

Quand l'eau fut mise dans le réservoir inférieur, des mouvements prononcés se déclarèrent dans les maçonneries, parce que les fondations de l'ouvrage avaient été établies sur un terrain peu résistant qui fut délayé par l'eau.

On répara l'effet de ces mouvements ; mais ils ne furent pas arrêtés et peu après le mur latéral se rompit.

Le réservoir fut reconstruit ; mais on sépara le réservoir supérieur du réservoir inférieur.

Le réservoir inférieur fut rétabli au même emplacement ; mais le réservoir supérieur fut rétabli sur un autre emplacement, en dehors du premier.

3e, 4e et 13e Sections réunies.

M. Émile MER, Insp. adj. des Forêts, attaché à la Stat. de recher. de l'Éc. forest., à Nancy.

De la construction des étables et des conduites d'eau dans les hautes Vosges. — Considérant que la paille a, sur le marché, un prix qui ne correspond pas à sa valeur comme engrais, M. Mer se demande si le cultivateur a un réel intérêt à s'en servir comme litière et s'il ne serait pas plus avantageux d'absorber les déjections par des substances d'une bien moindre valeur.

M. Mer pense que le cultivateur aurait intérêt à vendre sa paille partout où il peut le faire et, dans le cas contraire, de la faire entrer dans la ration en quantité suffisante, ce qui permettrait d'entretenir plus de bétail, en même temps que la paille consommée se retrouverait dans les déjections. M. Mer s'est bien trouvé pour ses prairies du fumier dans lequel la paille était remplacée par de la sciure de bois employée en petite quantité.

Mais, pour agir ainsi, il faut des étables convenablement disposées ; M. Mer propose de constituer le sol par un béton, sur lequel on poserait des planchers légèrement inclinés, formés de madriers de sapin goudronnés à chaud et reposant aux deux extrémités sur des lambourdes.

L'aménagement des étables est complété par des conduites d'eau formées de tuyaux en bois de sapin perforés, réunis entre eux par des viroles en fer.

Discussion. — M. Didier demande à faire quelques réserves sur le système proposé par M. Mer au sujet de l'emploi de la paille, en faisant remarquer que les conditions ne sont pas partout les mêmes et que ce système peut ne pas donner partout de bons résultats. La paille, en effet, a été regardée jusqu'à présent comme nécessaire à l'absorption des liquides ammoniacaux et à la fermentation du fumier.

M. Mer répond que sous ce rapport la sciure remplit le même rôle que la paille et dans bien des régions n'a qu'une valeur presque nulle.

M. Boca pense qu'il serait dangereux de généraliser le système de construction préconisé par M. Mer qui, au point de vue des dispositions générales, est fort bien étudié ; mais l'emploi du bois pour constituer le sol des étables est en contradiction absolue avec les règles hygiéniques qui exigent, au contraire, que le sol soit formé de matériaux non poreux avec des joints cimentés lorsqu'ils en comportent. Le sol en bois peut devenir un foyer d'infection et l'on serait certainement amené à remplacer entièrement les matériaux en cas d'épidémie, ce qui serait fort coûteux pour de grands établissements.

M. Mer conseille surtout l'emploi des planchers dans les pays trop froids pour que le béton employé seul soit sans danger. S'il était démontré (et il dirige en ce moment des recherches dans cette voie) que l'usage de la sciure, même en grande quantité, ne présente aucun inconvénient dans la confection des fumiers, les planchers ne seraient plus indispensables, au moins dans les pays à climat tempéré. D'ailleurs, ceux dont il vient d'exposer la construction sont mobiles, facilement démontables et doivent n'être utilisés qu'en hiver, même dans les régions froides.

2e Groupe

SCIENCES PHYSIQUES ET CHIMIQUES

5e Section

PHYSIQUE

PRÉSIDENT D'HONNEUR . M. A. CORNU, M. de l'Inst., Prof. à l'Éc. Polyt., à Paris.
PRÉSIDENT . . . . M. BICHAT, Prof. à la Fac. des Sc. de Nancy.
VICE-PRÉSIDENT . . . . M. BLAVIER, Insp. gen. des télégr., à Paris.
SECRÉTAIRE. . . . . . . M. MERGIER, Prep. à la Fac. de med. de Paris.

— Séance du 16 août 1886. —

M. COLSON, Capitaine du génie, à Paris.

De la photographie sans objectif, avec chambre noire à simple ouverture[1]. — M. COLSON a étudié les images fournies par une ouverture étroite au point de vue de leur application à la photographie. Les chambres noires à simple ouverture offrent sur celles à objectif, trois avantages principaux : elles ont un grand champ, sont d'une précision géométrique et n'exigent pas de mise au point.

D'après les essais de l'auteur, il résulte que la forme d'ouverture la plus convenable est la forme circulaire ; son diamètre dépend de la distance de l'écran. De plus l'angle dans lequel se produisent les images peut atteindre sans inconvénient 90°. Le temps de pose est notablement augmenté et doit aller jusqu'à 30" pour les plaques au gélatino-bromure.

Ce procédé permet d'obtenir des vues panoramiques de la plus grande exactitude et peut rendre de grands services en topographie. Il n'est pas jusqu'aux vues stéréoscopiques qui ne puissent s'obtenir très facilement et avec une exactitude de relief à laquelle ne saurait prétendre l'objectif.

---

1. Gauthier-Villars, 1887.

M. Marcellin LANGLOIS, Prof. de phys. au Collège, à Beauvais.

Mouvement atomique et moléculaire. — Le théorème fondamental de cette théorie a été l'objet d'une communication au congrès de Blois. Il a permis à M. Langlois de retrouver les résultats d'expériences relatifs aux chaleurs spécifiques des gaz à volume variable et à volume constant, relatifs aussi à la vitesse de propagation du son.

Les dernières recherches ont permis de retrouver les nombres d'expériences se rapportant aux chaleurs spécifiques de vapeurs organiques complexes, aux chaleurs de formation de ces vapeurs.

Il en est de même pour les propriétés physiques du mercure et de l'eau. Ont été retrouvées : la compressibilité, la chaleur spécifique, la chaleur de fusion, la chaleur de vaporisation.

Toutes ces vérifications ont pour objet d'asseoir une théorie servant de base à des recherches expérimentales sur la transformation des petits mouvements caractéristiques de chaque sorte de phénomènes. Connaître ces petits mouvements dans leur forme, dans leur mode d'action, dans leur intensité, dans leurs variations est en effet le meilleur moyen d'arriver à concevoir les procédés d'expérience permettant de transformer ces phénomènes dans les autres. Tel est le but que se propose l'auteur.

M. PILLET, Répétit. à l'Éc. polyt., à Paris.

Piles pneumatiques au bichromate de potasse. — *Pile à un liquide.* Elle comprend : 1° un vase ordinaire en grès ou en verre ; 2° une cloche de verre munie d'une douille de 18 centimètres de longueur environ. La cloche est placée dans le vase ; elle le remplit presque exactement, en largeur, et elle occupe seulement la moitié de sa hauteur.

Un zinc cylindrique et une couronne de charbons reposent sur la cloche et, à l'état d'inaction, le liquide vient baigner le pied des charbons sans toucher le zinc.

En soufflant, par la douille, dans l'intérieur de la cloche, on fait monter le liquide à l'extérieur, et la pile entre en activité.

Pile à deux liquides. Le vase poreux est, à sa partie inférieure, entouré par une cloche, tubulée, fabriquée d'une seule pièce avec lui. Toute cette partie inférieure est émaillée ; seule la partie du vase qui émerge de la cloche est poreuse. Dans ce vase poreux est une cloche à douille en verre.

Le zinc est dans le vase poreux ; le charbon est en dehors ; en soufflant à la fois dans les deux cloches, les deux liquides montent ensemble et la pile fonctionne.

M. Ch. V. ZENGER, Prof. à l'Éc. polyt. slave de Prague (Autriche).

Protection des édifices au moyen des paratonnerres symétriques [1]. — La construction des paratonnerres symétriques repose sur la considération expérimentale suivante : quand on met un objet à l'intérieur d'un cube ou d'une sphère métallique, la protection contre les effets de décharges électriques est absolue. — M. Zenger a eu l'idée de remplacer cette sorte de boîte par des fils métalliques

1. *C. R. Ac. des Sc.*, 1872.

disposés normalement les uns aux autres et représentant des tranches symétriques du cube ou de la sphère. Tout corps placé à l'intérieur de cette disposition se trouve absolument protégé, car l'action inductrice est zéro en chaque point de l'intérieur.

Pour protéger un édifice, on place un câble à chacun des angles, allant de la tige au sol. La tige est munie, à son extrémité, d'un ovoïde au lieu de pointe, afin d'éviter la décharge lumineuse.

L'auteur a fait des expériences sur un homme placé à l'intérieur d'un dispositif analogue. Les plus fortes étincelles d'une grande bobine Ruhmkorff sont restées sans effets sur le sujet.

— Séance du 14 août 1880. —

M. BAILLE, Répét. à l'Éc. polyt., à Paris.

Sur l'amortissement des aiguilles aimantées.

M. Ch. V. ZENGER, à Prague (Autriche).

Spectroscope à vision directe à prisme simple. — M. Ch. Zenger présente un spectroscope à vision directe puissant et à prisme simple.

Un prisme de 120-140° en crown du Dr Schott est disposé à l'intérieur d'une petite cuve métallique en forme de parallélipipède et terminé à ses deux extrémités par deux lames parallèles de la même substance que le prisme. Cette cuve est remplie d'un certain liquide convenablement choisi, dont la réfringence est la même que celle du prisme pour les radiations moyennes, tandis qu'elle est plus petite et plus grande pour les extrêmes radiations. L'action dispersive est ainsi augmentée considérablement et se répand en éventail autour du rayon moyen, de telle sorte que l'on peut, par ce procédé, obtenir un système 4 à 6 fois plus puissant qu'un prisme au sulfure de carbone de 60°.

M. le Dr HÉNOCQUE, Direct. adj. du Lab. de méd. de l'Éc. des H.-Études, à Paris.

Présentation d'hématoscopes et d'hématospectroscopes. — M. le Dr Hénocque présente une série d'appareils construits par M. Lutz, opticien à Paris, pour simplifier l'emploi de l'analyse spectrale dans les sciences biologiques. Principalement destinés à l'étude du sang pratiquée suivant la méthode d'hématoscopie de l'auteur, ils sont utilisables dans l'étude de toutes les substances qui produisent des spectres d'absorption.

Ce sont :

L'hématoscope d'Hénocque, instrument de mesure servant à l'analyse quantitative de l'oxyhémoglobine.

La plaque hématoscopique d'émail pour l'analyse diaphanométrique du sang et du lait.

Des photographies du sang obtenues avec l'hématoscope et l'échelle photographique.

L'hématospectroscope n° 3, modèle simple pour les étudiants.

L'hématospectroscope n° 2, servant aux démonstrations et aux recherches de laboratoire et muni d'une échelle spectrographique donnant la mesure des bandes en longueur d'onde.

Enfin un hématospectroscope double ou spectroscope à deux branches et à fente unique permettant à deux personnes d'examiner en même temps un phénomène spectroscopique et en particulier d'observer la *réduction de l'oxyhémoglobine* à la surface unguéale du pouce et la position exacte du phénomène des *deux bandes égales* avec l'hématoscope chargé de sang[1].

M. G. Émile MERGIER, Préparat. à la Fac. de Méd., à Paris.

Sur un nouveau focomètre. — M. MERGIER présente un nouveau focomètre destiné à mesurer la distance focale des lentilles épaisses ou des systèmes de plusieurs lentilles.

Cette mesure repose sur le principe suivant : étant donnée une image égale à l'objet, pour avoir une image double, il faut déplacer la lentille d'une quantité exactement égale à la distance focale et l'objet d'une quantité moitié. — On évite ainsi l'erreur que l'on commet dans la méthode des rayons parallèles et celle du focomètre Silbermann où l'on ne tient pas compte de l'épaisseur de la lentille.

Une disposition particulière de l'instrument permet d'opérer rapidement, en évitant les tâtonnements du focomètre Silbermann. Les images sont examinées avec avantage à l'aide d'un microscope.

L'auteur destine plus spécialement cet instrument à la mesure de la puissance des objectifs et des oculaires de microscopes, poursuivant le but de leur numérotage en dioptries.

— Séance du 16 août 1886. —

MM. BICHAT, Prof. à la Fac. des Sc., et **BLONDLOT**, Prof. adj. à la Fac. des Sc., à Nancy[2].

Oscillation du plan de polarisation par la décharge d'une batterie. — M. BICHAT présente au nom de M. BLONDLOT et au sien un appareil permettant de mettre en évidence les oscillations du plan de polarisation produites par le courant de décharge d'une bouteille de Leyde. Ces oscillations sont dues à ce que la décharge est elle-même oscillatoire ; l'expérience destinée à les mettre en évidence est répétée devant les membres de la section.

M. Bichat décrit ensuite la disposition expérimentale très simple qui a permis dans des recherches faites en commun avec M. Blondlot de conclure que les phénomènes électrique et optique sont simultanés ; ou tout au moins que le retard, s'il existe, est inférieur à $\frac{1}{30,000}$ de seconde.

MM. R. BLONDLOT et BICHAT, à Nancy.

Sur un nouvel électromètre absolu. — M. BLONDLOT présente au nom de M. BICHAT et au sien propre un électromètre absolu fondé sur l'attraction des cylin-

1. Cons. *Comptes rendus de l'Académie des Sciences*, t. CIII, n° 18, 2 novembre 1886, p. 817. *L'Hématoscopie, méthode nouvelle d'analyse du sang basée sur l'emploi du spectroscope*, par M. Hénocque.

2. V. *Journal de Physique*, 2e série, T. I, p. 365.

dres concentriques et donnant des indications continues. L'attraction est mesurée à l'aide d'une balance munie d'un amortisseur à air. L'appareil a été construit par M. D. Gaiffe de Nancy. MM. Bichat et Blondlot l'ont appliqué à la mesure des potentiels explosifs pour des distances comprises entre 1 et 22 millimètres. Les nombres obtenus concordent parfaitement avec ceux que M. Baille avait trouvés par une autre méthode.

M. BICHAT, à Nancy.

Sur un nouveau tourniquet électrique. — M. Bichat présente un nouveau modèle de tourniquet électrique permettant de faire des expériences comparables. Au moyen de cet instrument, on peut constater que :

1° Le tourniquet ne se met en mouvement qu'à partir d'un potentiel déterminé, dit potentiel de départ ;

2° Le potentiel de départ est plus élevé quand le tourniquet est électrisé positivement que lorsqu'il est électrisé négativement ;

3° Le potentiel de départ varie avec la nature du métal qui constitue le tourniquet ; cette variation se manifeste quand le tourniquet est électrisé négativement ;

4° Le potentiel de départ varie avec la température ; il va en diminuant quand la température s'élève, de telle sorte qu'à la température du rouge blanc, la déperdition de l'électricité par voie de convection se produit pour des potentiels extrêmement faibles.

M. R. BLONDLOT, à Nancy.

Expérience concernant les propriétés d'une surface liquide. — M. Blondlot présente une expérience mettant en évidence la viscosité d'une surface eau-air. Une goutte d'huile est déposée sur de l'eau contenue dans un verre ; si l'on vient à enfoncer dans l'eau un papier mouillé, la goutte diminue de diamètre en se rapprochant de la forme sphérique ; l'inverse a lieu lorsqu'on retire le papier. La cause de ce phénomène est que la couche superficielle de l'eau se comporte comme une membrane de caoutchouc, la tension se transmettant d'un point à un autre de la surface : celle-ci est donc visqueuse.

— Séance du 18 août 1886. —

M. C. M. GARIEL, Prof. agrégé à la Fac. de méd., à Paris.

Du grossissement dans les appareils d'optique et en particulier dans le microscope[1]. — M. Gariel expose les méthodes qu'il a employées pour mesurer le grossissement dans un microscope et qui reposent l'une sur l'emploi de la chambre claire en utilisant les images virtuelles, l'autre sur l'évaluation directe de la grandeur des images réelles. De ces mesures faites dans des conditions bien déterminées on peut déduire aisément la puissance de l'appareil, c'est-à-dire la valeur en dioptries du système centré qu'il représente. On peut trouver également la position des plans cardinaux de ce système, au moins des plus importants, de ceux qui se trouvent du côté de l'œil.

---

1. Voir *Génie civil*, 23 octobre 1886.

M. BLAVIER, Inspect. gén. des Télégr., à Paris.

Sur les courants telluriques. — M. Blavier rend compte des expériences qu'il a faites pour l'étude des courants telluriques, à l'aide d'un appareil qui enregistrait les déviations de trois galvanomètres en relation avec des lignes télégraphiques mises à la terre à leurs extrémités. Les principaux résultats obtenus sont les suivants :

Les lignes télégraphiques sont constamment parcourues par des courants variables de sens et d'intensité, qui atteignent pendant les perturbations magnétiques une énergie extraordinaire. Pour les fils qui ont les mêmes directions, les courants telluriques suivent exactement les mêmes phases. Pour les fils dont les directions ne sont pas les mêmes (du N. au S. et de l'E. à l'O., par exemple), les courants telluriques sont différents, mais, en général, les grandes perturbations qui se manifestent dans une direction sont suivies de perturbations semblables dans toutes les autres. — La force électro-motrice qui produit ces courants est proportionnelle à la distance des plaques de terre.

En comparant les courbes des courants telluriques aux courbes magnétiques, on constate que les courants observés sur les lignes qui vont du Nord au Sud correspondent aux variations de la déclinaison magnétique, tandis que sur les lignes qui vont de l'Est à l'Ouest, les courants correspondent aux variations de la composante horizontale du magnétisme terrestre. Ces courants sont donc dus à l'induction que produisent sur les fils télégraphiques les variations du magnétisme terrestre. Ces variations sont-elles dues à des courants électriques circulant à l'intérieur de notre globe ou à des courants extérieurs parcourant les régions supérieures de l'atmosphère ? La comparaison des courbes magnétiques et des courbes des courants telluriques permet de répondre à cette question, puisqu'on connait à chaque instant par le sens du courant tellurique celui du courant inducteur, en même temps que les observations magnétiques font connaître le sens de l'action de ces courants sur l'aiguille aimantée.

Il résulte de toutes les comparaisons qui ont été faites, que les perturbations magnétiques sont dues à des courants électriques extérieurs.

M. R. BLONDLOT, à Nancy.

Sur le passage de l'électricité à faible tension à travers l'air chaud. — M. Blondlot a d'abord confirmé le fait du passage de l'électricité à faible tension à travers l'air chaud, fait découvert par M. Becquerel, mais qui avait à tort été mis en doute par différents auteurs. Il a ensuite recherché si ce passage se fait d'après la loi d'Ohm ; il a constaté qu'il n'en est pas ainsi, mais que le débit croît plus vite que la force électro-motrice. Par conséquent, le mécanisme du passage de l'électricité est différent de ce qu'il est dans les métaux et les électrolytes ; il est probable qu'il se fait, au moins en partie, par *convection.*

— Séance du 19 août 1880. —

M. E. BAGNÉRIS, Prof. agrégé à la Fac. de méd. de Nancy.

Nouvel instrument pour l'exploration fonctionnelle de la rétine. — M. E. Bagnéris présente au nom de M. le professeur Charpentier un appareil destiné à mesurer la sensibilité lumineuse de la rétine et la perception différentielle dans la lumière blanche et dans les différentes lumières colorées.

M. G. CABANELLAS, à Nanteuil-le-Haudoin (Oise).

Contribution à l'analyse et à la synthèse des dynamos et de la transmission de l'énergie (*Transport et Distribution*). *Essais de Creil.* — Une machine quelconque est un appareil de transformation d'énergie soit entre les différentes formes de l'Énergie : calorique, mécanique, électrique, chimique, soit dans une même forme par modification des valeurs respectives de la quantité formelle et de la chute de potentiel. Raison d'être du médium électrique dans le Transport, économie de matière et d'énergie. Valeur d'un transformateur comme utilisation de la Matière et de l'Énergie. Valeurs numériques des principaux transformateurs animés et non animés. Analyse du Transport suivant la méthode de Descartes, réduction à l'unité — difficulté déterminantes, formules totalisant. Nouvelles expressions du service des dynamos en fonction de l'intensité H, de la vitesse linéaire V, de la densité de courant i. Expression analogue de la déterminante, importance presque proportionnelle de l'entre-fer d. Confirmations déduites des mesures de M. Leduc, accroissement de la résistance du bismuth. Deux réactions en marche, confirmations de Hughes, lord Raleigh, Ayrton et Perry. Contestation de M. Deprez et preuves tirées de ses expériences, preuves diverses. Applications des expressions du service des dynamos : rendement limite inférieur correspondant à la puissance limite supérieure, les bonnes dynamos doivent toujours travailler à densité maximum. Temps perdu au point de vue des expériences de transport. Les grandes dynamos semblables MM. Deprez et Thompson, pouvoir croissant comme n^5 (n module d'amplification linéaire). Théorème de l'auteur sur l'utilisation maximum. Calcul de H des diverses dynamos. Analyse des dynamos de Creil : grande dépense d'excitation, faible champ, causes, entre-fer, section magnétique dispositif à deux anneaux, induit de Fives-Lille, anneaux de Bréguet et Mignon diminués de moitié, cause réelle du remplacement. Limite de 2452 CGS annoncée par M. Deprez alors qu'il existait des champs industriels d'Edison de plus de 5000. Causes de l'état peu avancé des techniciens. Calcul des dimensions d'une dynamo. Théories des dynamos à courants alternatifs Leroux, Jamin et Roger, Mascart, Lucas. La théorie de M. Joubert n'est pas acceptable, la courbe des courants est périodique sans être symétrique à l'ordonnée maximum. Étude points par points. Coordonnées de la distribution : *Espace, Nombre-Grandeur, Forme.* Récepteurs en dérivation ou en tension, analogie superficielle avec les distributions d'eau et de gaz. La difficulté commence avec la pluralité d'espace même avec fixité du nombre-grandeur. Edison, palliatifs à l'affaissement successif. Propriétés naturelles de la dérivation et de la tension. Réglage à l'émission nécessaire avec récepteurs invariables. Comparaison des propriétés naturelles de la dérivation et de la série. Réglage des dynamos par l'allure, les deux champs, le nombre et groupement des éléments générateurs. Opinion de Sir William Thomson sur l'excitation en dérivation pour un travail fixe. L'indifférence cesse si le travail est variable. Compound. Conditions rationnelles d'une usine d'émission. Hypothèse explicative sur les transformateurs thermo-électriques. Conditions générales d'organisation : emploi des mêmes récepteurs aux diverses distances de Ligne. La série s'impose pour la distribution aux divers centres successifs lesquels pourront distribuer en série, en dérivation ou en série et dérivation. Transformateurs locaux : Robinets purement automatiques ou à intervention mécanique automatique. Cliquets à deux fils. Dynamos à courants alternatifs. Vitesse peu variable par réglage automatique. Utilisation maximum des matériaux en travail maximum. Solutions à intervention mécanique innombrables, rationnelles ou seulement ingénieuses. Distribution projetée à Creil, 80 à 100 chevaux transportés pour 4, 3, 2, 1 Réceptrices. Champ magnétique devant augmenter de 5 à 6 quand le nombre des Réceptions passe de 4 à 1 et de 2 à 3 quand le travail d'une Réception passe de son maximum à son minimum. Le rendement, loin d'aller en dépassant 50 p. 100 de plus en plus, s'approche de 0 à mesure que le travail diminue. Résumé. Conclusions.

M. G. E. MERGIER, à Paris.

Description d'un instrument destiné à la vérification expérimentale de la théorie du grossissement des appareils dioptriques. — M. Mergier présente un appareil destiné à la démonstration expérimentale des lois du grossissement dans les instruments d'optique (loupe, microscope, etc.) telles que M. Guébhard les a exposés en 1883 au point de vue mathématique, et que des constructions géométriques dues à M. le professeur Gariel mettent en évidence.

Cet appareil se compose : 1° d'un œil artificiel pouvant s'accommoder; 2° d'une loupe, et 3° d'une petite croix métallique tenant lieu d'objet. Ces différentes pièces sont armées des supports appropriés pouvant se déplacer le long d'une tige métallique fixée horizontalement au-dessus d'une planchette en bois.

Au moyen de cet appareil on montre nettement les résultats théoriques suivants :

1° Lorsque le centre optique de l'œil est au delà du foyer de l'instrument, on a le maximum de grossissement en éloignant l'objet le plus possible de la loupe ;

2° Si, au contraire, le centre optique de l'œil est entre l'instrument et son foyer, on a le maximum de grossissement lorsque l'objet est le plus près possible de la loupe ;

3° Enfin, dans le cas où il y a coïncidence entre le centre optique de l'œil et le foyer de l'instrument, la position de l'objet est indifférente.

L'auteur fait remarquer, en terminant, que l'appareil peut aussi servir, si on supprime la lentille loupe, à réaliser toutes les expériences relatives à l'œil emmétrope et aux différentes amétropies.

L'astigmatisme lui-même peut être réalisé au moyen d'une lentille cylindrique pouvant s'adapter sur l'œil artificiel.

M. G. VAN DER MENSBRUGGHE, Prof. à l'Univ. de Gand.

Réflexions sur les principales théories capillaires. Instabilité de la couche superficielle d'un liquide. — M. Van der Mensbrugghe fait la critique raisonnée des principales théories capillaires, celles de Young, Laplace, Gauss et Poisson. Il conclut que celle de Young doit être préférée et annonce qu'il fera connaître prochainement une preuve théorique de l'instabilité de la couche superficielle d'un liquide.

Le travail dont le titre suit n'a pu être lu en séance faute de temps :

Louis Rabourdin. *Étude des phénomènes de la vision binoculaire. Moyen de faire l'épure géométrique de toutes déformations provenant de la perspective binoculaire. Explication de certains phénomènes par cette méthode géométrique.*

6e Section

CHIMIE

Présidents d'honneur. . .	MM. FRIEDEL, M. de l'Institut, Prof. à la Sorbonne.
	J. E. de VRY, Insp. pour les rech. chim. aux Indes néerl., à La Haye.
	J. M. CRAFTS, Chimiste, à Boston.
	FRANCHIMONT, Prof. à l'Univers., à Leyde.
Président	M. R. D. SILVA, Prof. à l'Éc. mun. de phys. et de chim. indust., à Paris.
Secrétaire.	M. le Dr G. ARTH, Chef des trav. chim. à la Fac. des Sc. de Nancy.

— Séance du 13 août 1886. —

M. RAOULT, Prof. à la Fac. des Sc. de Grenoble.

Sur quelques dérivés par réduction des acides nitrobenzoïque et nitrocuminique. — M. Raoult a déterminé les poids moléculaires et les formules chimiques de ces différents composés, par la méthode *cryoscopique,* dont il a exposé les principes dans le compte rendu du congrès de Grenoble. Les abaissements du point de congélation obtenus en dissolvant, dans l'eau, les sels de soude, et dans la benzine, les éthers méthyliques formés par ces acides, s'accordent pour montrer que ces acides ont bien les formules prévues par M. Alexeyeff; en particulier, ils prouvent que les acides azobenzoïque et azocuminique sont bien réellement bibasiques.

M. HALLER, Prof. à la Fac. des Sc. de Nancy.

Éther benzoylcyanacétique et cyanacétophénone. — L'éther benzoylacétique $C^6.H^5.CO.CH^2.CO^2.C^2.H^5$ appartient au groupe de composés qui renferment un radical CH^2 compris entre des groupements électronégatifs. On sait que dans ces corps l'hydrogène de CH^2 est facilement remplaçable par du sodium. En opérant avec $C^6.H^5.CO.CH^2.CO^2C.^2.H^5$ et de l'alcoolate de sodium on obtient $C^6.H^5CO.CHNa$ $CO^2.C^2.H^5$ qui, traité par du chlorure de cyanogène, fournit l'éther benzoylcyanacétique $C^6.H^5.CO.CHCAz.CO^2.C^2.H^5$. Ce composé se comporte comme un *acide susceptible* de se combiner aux bases pour donner des sels de la formule $C^6H^5.$ $CO.CMCAz.CO^2.C^2H^5$. Chauffé avec l'eau, il se décompose suivant l'équation

$$C^6H^5.CO.CH\begin{matrix}\diagup CAz\\ — CO^2C^2H^5\end{matrix} + H^2O = CO^2 + C^2H^5OH + C^6H^5.CO.CH^2.CAz.$$

Cyanacéto-phénone.

La cyanacétophénone ainsi obtenue se dissout facilement dans les alcalis, se combine à l'acide chlorhydrique et les éléments de l'eau, quand on la dissout dans l'alcool saturé de cet acide. Enfin cette combinaison chlorhydrique dissoute à chaud dans un peu d'alcool régénère l'éther benzoylacétique.

M. Marcelin LANGLOIS, Prof. de phys. au collège de Beauvais.

Mouvement atomique et moléculaire[1]. — La théorie de ce mouvement est une théorie nouvelle dont le principe est : un mouvement de translation des atomes suivant une circonférence du grand cercle d'une sphère moléculaire. La loi de ce mouvement a été donnée au congrès de Blois.

Les recherches ultérieures de l'auteur lui ont permis depuis de retrouver les conditions dans lesquelles se produit l'écoulement des gaz, les déformations moléculaires qui sont la conséquence des changements d'état.

Il y a plus : l'étude des chaleurs spécifiques et des chaleurs de vaporisation a permis à M. Langlois de trouver des groupements atomiques d'accord avec ceux qui figurent dans les formules rationnelles basées sur la notation atomique.

M. Langlois a pu retrouver à l'aide de sa théorie les nombres d'expériences obtenus pour les chaleurs de vaporisation de l'eau, du mercure, du chloroforme, du sulfure de carbone, de l'éther, de l'acétone, du chlorure de carbone, de la benzine : ce qu'on n'avait pu faire jusqu'ici.

D'après ce qu'il a pu constater, pendant la condensation des vapeurs, les choses se passent comme si le centre moléculaire attirait la surface; l'attraction, constante à l'unité de distance, variant en raison inverse de la distance. Il y a alors deux sources de chaleur latente, distinctes lors de la déformation : 1° l'oscillation moléculaire; 2° le travail effectué pendant la déformation sous pression constante, l'attraction intérieure étant considérée à part.

Les formules données par l'auteur lui permettent de déterminer également les tensions de vapeurs à une température donnée.

Enfin, au moyen de l'évaluation des travaux moléculaires effectués pendant une variation, au moyen de l'évaluation des attractions moléculaires et intermoléculaires, l'auteur a pu retrouver la chaleur spécifique, la chaleur de fusion de la glace et du mercure, la compressibilité de l'eau et du mercure.

Tous ces résultats, auxquels il faut ajouter ceux qui sont relatifs à la vitesse de propagation du son, ces résultats, d'ordres très différents, permettent d'espérer que la théorie nouvelle pourra être d'un grand secours aussi bien en chimie qu'en physique. Déterminer en effet la nature, la forme et la quantité des petits mouvements caractéristiques des divers phénomènes est en effet d'une importance qui n'échappe à personne.

Enfin, ceci soit dit pour terminer, ces mêmes résultats n'ont pu être obtenus avec d'autres notations que la notation atomique.

A propos de l'eau par exemple, les résultats ne sont point d'accord avec ceux d'expériences, quand on prend HO ou H^2O^2 pour formules de ce corps, les lettres représentant des atomes, des points matériels si l'on veut.

L'accord au contraire existe, si l'on admet un molécule à trois atomes H^2O.

---

1. Voir *C. R. Ac. des Sc.*, 10 nov. 1834, 16 nov. 1885, 31 mai, 21 juin 1886.

— **Séance du 14 août 1886.** —

M. Ad. CARNOT, Ing. en chef des Mines, à Paris.

Nouveaux procédés pour la séparation des métaux solubles dans l'ammoniaque (cuivre, cadmium, zinc, nickel ou cobalt, manganèse) et pour la séparation de l'étain, de l'antimoine et de l'arsenic [1].

1er *groupe.* — *Le cuivre* peut être séparé de tous les métaux suivants par l'addition d'hyposulfite de soude ou d'hyposulfite d'ammoniaque dans une solution chlorhydrique sensiblement acide, portée à l'ébullition. — Le *cadmium* est ensuite précipité seul à l'état de sulfure par le même réactif, si l'on a neutralisé l'acide chlorhydrique par l'ammoniaque et ajouté de l'acide oxalique.

Dans la dissolution oxalique, le *zinc* peut être précipité seul par l'hydrogène sulfuré, tandis que les métaux suivants restent dissous. — Le *nickel* et le *cobalt* sont précipités à l'état de sulfures par l'hydrogène sulfuré en liqueur faiblement acétique ou par le sulfhydrate d'ammoniaque et l'acide acétique à l'ébullition. — Le *manganèse* se dépose à l'état de sulfure, quand la liqueur a été entièrement neutralisée par l'ammoniaque et additionnée de sulfhydrate.

Le *fer*, qui accompagne souvent les métaux précédents, pourrait être isolé du zinc par l'hydrogène sulfuré en présence d'un peu d'acide oxalique et du manganèse par l'hydrogène sulfuré en liqueur très faiblement acétique.

2e *groupe.* — L'*antimoine* est nettement séparé de l'*étain*, si l'on porte à l'ébullition la solution acide qui contient les deux métaux, après y avoir ajouté de l'oxalate d'ammoniaque et de l'hyposulfite. Il est précipité à l'état d'oxysulfure d'antimoine mêlé de soufre libre.

S'il y a de l'*arsenic*, on empêche sa précipitation en ajoutant de l'acide sulfureux ou du bisulfite de soude avant de porter à l'ébullition. — On peut ensuite faire déposer le sulfure d'*arsenic* seul en acidifiant fortement par l'acide chlorhydrique, chassant l'acide sulfureux et faisant arriver quelques bulles d'hydrogène sulfuré. — En ajoutant du sulfhydrate d'ammoniaque, puis décomposant par l'acide acétique, on fait déposer tout le sulfure d'*étain*.

L'auteur entre dans les détails nécessaires pour la réussite des opérations ; il signale les difficultés auxquelles pourrait donner lieu l'emploi de l'acide oxalique et le moyen de les résoudre.

Ces nouveaux procédés permettent de simplifier notablement différentes analyses, par exemple celles de beaucoup d'alliages usuels.

M. R. ENGEL, Prof. à la Fac. de méd. de Montpellier.

1° *De l'action d'un sel sur la solubilité d'un autre sel.* — Un sel soluble quelconque a toujours une action sur la solubilité d'un autre sel donné. Mais cette action varie et M. Engel expose les différents cas qui peuvent se présenter, en citant des exemples à l'appui. L'un de ces cas, celui dans lequel les deux sels donnent par leur combinaison un sel double moins soluble que chacun des composants, a été plus particulièrement étudié par l'auteur qui démontre que, dans ces conditions, la quantité de l'un des sels en solution variant suivant une progression géométrique croissante, la quantité de l'autre sel en solution diminue suivant une progression géométrique décroissante [2].

1. *Comptes rendus de l'Académie des sciences*, séances des 15 et 22 mars, 26 juillet et 2 août 1886.

2. Plusieurs extraits de ce travail ont été publiés dans les *Comptes Rendus de l'Académie des Sciences.*

M. BICHAT, Prof. à la Fac. des Sc. de Nancy.

Sur la cristallisation et le dédoublement des racémates[1]. — M. Bichat résume les expériences qu'il a entreprises en vue d'étudier la question du dédoublement de certains racémates. De ces expériences il résulte qu'une dissolution de l'un des racémates spontanément dédoublables ne se dédouble point toutes les fois que l'on prend la précaution d'éviter tout contact avec les poussières en suspension dans l'air. Il suffit, pour obtenir ces racémates non dédoublés, de placer la dissolution encore chaude dans des flacons fermés par un simple tampon de coton.

De certaines expériences, M. Bichat croit pouvoir conclure que les germes qui provoquent le dédoublement sont de nature minérale.

Répondant à M. Wyrouboff qui pense que le dédoublement que l'on observe dans certains cas tient simplement à une différence de solubilité, M. Bichat fait observer que, jusqu'à présent, on ne sait pas à quel état se trouve le sel dans la dissolution. On ne sait pas si les racémates spontanément dédoublables par cristallisation sont déjà dédoublés dans leurs dissolutions concentrées. Des mesures de résistance électrique de ces dissolutions semblent montrer qu'il n'en est rien. Il y aurait lieu de confirmer ces expériences en utilisant le procédé ingénieux imaginé par M. Raoult. Il n'y a pas lieu, dans tous les cas, d'affirmer que les dissolutions concentrées de racémates sont simplement des dissolutions sursaturées d'un mélange à poids égaux de tartrates droit et gauche dont la présence d'un germe provoquerait la cristallisation.

Pour M. Bichat, il reste acquis que, jusqu'à présent, on ne peut obtenir le dédoublement des racémates, sans faire intervenir un germe dissymétrique.

M. WYROUBOFF, Dr ès sciences, à Paris.

Sur la cause du dédoublement des racémates. — De l'ensemble des recherches de M. Wyrouboff, il résulte que le dédoublement de l'acide racémique en acide tartrique droit et gauche, dans les sels sodico-potassique et sodico-ammonique, est dû à une différence de solubilité, les tartrates étant moins solubles que les racémates correspondants à la température ordinaire. Cette différence de solubilité, qu'on peut du reste constater directement, explique d'une façon absolument satisfaisante tous les phénomènes qu'on observe, sans qu'il y ait besoin de faire intervenir l'action, complètement inconnue d'ailleurs, des germes. Quant aux germes *minéraux* auxquels M Bichat attribue le principal rôle dans le phénomène de dédoublement des racémates, ils n'ont pas d'autre action que celle qu'ils exercent dans le cas de toutes les solutions sursaturées.

M. SAGLIER, Prépar. au Conserv. des Arts et Mét., à Paris.

Sur un nouvel iodur de cuivre ammoniacal[2]. — Si l'on traite une dissolution concentrée d'oxyde de cuivre dans l'ammoniaque par un poids de solution alcoolique d'iode à 10 p. 100, on remarque tout d'abord un abondant précipité d'iodure d'azote ; puis si l'on porte la liqueur à l'ébullition, le précipité disparait, et l'on

1. Une partie de ce travail a été publiée. (Voir *C. R. Ac. des Sc.*, 1886.)
2. Voir *C. R. Ac. des Sc.*, juillet 1886.

voit bientôt se déposer des aiguilles vertes très brillantes, les cristaux correspondent à la formule : $2AzH^3, Cu^3, I^2$.

Ce nouvel iodure de cuivre et d'ammoniaque est intermédiaire entre l'iodure cuprosoammonique $2AzH^3, Cu^2I$, et l'iodure cupricoammonique $2AzH^3, CuI, HO$; sa formule devrait alors s'écrire :

$$2AzH^3, Cu^2I, CuI.$$

En faisant varier les proportions d'iode et de liqueur cuivrique, et en opérant suivant les cas à chaud ou à froid, en présence ou non de cuivre métallique, l'auteur a pu obtenir les différents iodures cuproammoniques connus.

M. Cam. VINCENT, à Paris.

Sur les propylamines normales. — M. Vincent a obtenu les trois propylamines normales à l'état de pureté. Il a fait connaître la nitroso-dipropylamine et la dipropylamine. Il a déterminé les constances physiques de la di-, de la tripropylamine et de la nitroso-dipropylamine. Enfin il fait connaître les réactions de la solution aqueuse de dipropylamine normale sur les dissolutions métalliques.

— Séance du 10 août 1886. —

M. A. P. N. FRANCHIMONT, Prof. à l'Univ. de Leyde.

Sur l'acide azotique et son action sur quelques composés organiques. — Après avoir rappelé les principaux résultats de ses travaux concernant l'action de l'acide azotique sur les amides et sur les amides substitués des acides gras mono- et bibasiques ainsi que ceux de l'action sur les acides gras bibasiques eux-mêmes[1], M. Franchimont ajoute que la plupart de ces réactions ont lieu non seulement avec l'acide azotique absolu, mais aussi et encore à la température ordinaire avec un mélange d'acide azotique très fort et d'acide sulfurique et même en faisant réagir l'acide sulfurique sur les azotates des amides.

Il communique plusieurs expériences faites dans le but d'éclaircir ces réactions en partant de l'idée qu'ils se formeraient d'abord des composés oxydiazoïques très instables. Il discute enfin la possibilité d'arriver par l'expérience à fixer définitivement la structure chimique de l'acide azotique, en comparant entre elles l'action de l'acide azoteux et celle de l'acide azotique sur les corps organiques contenant un ou deux atomes d'hydrogène très mobiles.

M. MOISSAN, Prof. agr. à l'Éc. de pharm. de Paris.

Sur le fluor[2]. — M. Moissan est parvenu à isoler le fluor par électrolyse de l'acide fluorhydrique anhydre rendu conducteur de l'électricité par addition d'une certaine quantité de fluorure de potassium. L'électrolyse s'effectue à très basse température et dans un appareil de platine. D'un côté on recueille de l'hydrogène ; de l'autre il se dégage un gaz dans lequel le silicium et le bore s'enflamment, qui

1. *Recueil des travaux chimiques des Pays-Bas*, II, 329 ; III, 216 et 417-428 ; IV, 195 et 393.
2. Voir *C. R. Ac. des Sc.*, 1886.

décompose l'eau avec production d'ozone, qui attaque le mercure et la plupart des métaux et qui produit nombre de réactions desquelles on peut conclure d'une façon certaine que ce gaz est le fluor à l'état de liberté.

M. ALEXEYEFF, Prof. de chimie à l'Univ. de Kiew.

Sur la forme cristalline de quelques azo-combinaisons. — M. ALEXEYEFF a montré que la forme cristalline de l'azobenzol appartenait au type orthorhombique Les déterminations d'une nouvelle combinaison azotée, l'azoxylol, faites par M. Armachewsky, montrent que la forme de ce corps appartient également au type orthorhombique et présente une combinaison qui diffère peu de celle de l'azobenzol.

M. R. D. SILVA, Prof. à l'École munic. de phys. et de chim. indust., à Paris.

Dosage volumétrique du zinc, du cadmium, du cobalt, du nickel et du cuivre. — M. SILVA fait connaître un nouveau procédé de dosage volumétrique du zinc.

Ce procédé consiste à précipiter le zinc, en dissolution ammoniacale, par un faible excès d'une dissolution titrée de sulfure de sodium, excès que l'on détermine au moyen d'une dissolution d'iode dans l'iodure de potassium, également titrée en fonction de la dissolution de sulfure de sodium.

Pour arriver à un résultat numérique, supposons un poids p d'un composé quelconque de zinc dissous dans l'ammoniaque et ramené, après addition de N^{cc} de la dissolution de Na^2S, à un volume 200^{cc}.

Dans 100^{cc} de la masse liquide filtrée, on détermine l'excès a^{cc} de sulfure de sodium (de dissolution) au moyen de la dissolution d'iode. La quantité réelle de la dissolution de Na^2S employée pour le zinc de la *prise* d'essai sera $(N-2a)^{cc}$. Si α est le poids de zinc métallique que précipite 1^{cc} de la dissolution de Na^2S, le poids p du composé de zinc contiendra : $(N-2a)\,\alpha$ de zinc et on arrivera à la quantité pour cent.

$$(Zn)_{100} = 100\,\frac{(N-2a)\alpha}{p}.$$

Ce procédé réussit très bien pour le dosage volumétrique du cobalt, du nickel, du cadmium et même du cuivre.

M. le Dr Ch. BLAREZ, Prof. ag. à la Fac. de méd., à Bordeaux.

Sur la détermination de l'acidité absolue des liquides de l'organisme[1]. — La présence des phosphates rend impossible la détermination exacte de l'acidité absolue des humeurs et des différents liquides de l'organisme. L'acide phosphorique forme, en effet, avec les alcalino-terreux des sels basiques ayant pour formule :

$$PhO^5.3,6\,CaO\,;\ PhO^5 3,55\,StO\,;\ PhO^5,3,45\,BaO.$$

Ces sels se forment, soit en ajoutant directement la base dans l'acide ; soit en neutralisant d'abord l'acide par un excès d'alcali et additionnant ensuite le mélange de solutions neutres de chlorures alcalino-terreux, comme dans le procédé de Maly.

---

1. Voir *C. R. Ac. des Sc.*, 26 juillet 1886.

— **Séance du 18 août 1886.** —

M. COLSON.

Sur les alcools aromatiques. — M. Colson fait l'historique de la découverte des alcools aromatiques. Il rappelle qu'il a isolé les alcools et glycols dérivés du métaxylène et de l'orthoxylène ; un glycol bromé dérivé du mésotylène et une glycérine du même carbure.

Par l'action du perchlorure de phosphore sur le durol, M. Colson a obtenu un tétrachlorure fusible à 145° qui est probablement un éther tétrachlorhydrique et qui donne par saponification un produit visqueux, amer, neutre, exempt de chlore.

L'hexaméthylbenzine a été transformée par la même méthode en hexachlorure fusible à 270°, probablement éther hexatomique d'un alcool qui fondrait vers 180° ; et en un autre hexachlorure isomère fusible vers 150°. Ces alcools polyatomiques sont amers.

M. Colson continue ses recherches en vue de comparer les propriétés des alcools polyatomiques aromatiques aux alcools polyatomiques de la série grasse.

M. de VRY, Inspect. pour les rech. chimiq. aux Indes Néerlandaises, à La Haye.

Sur quelques principes immédiats des quinquinas. — M. de Vry résume l'historique de la découverte des alcaloïdes du quinquina et montre que l'extraction complète, à froid, au moyen des acides chlorhydrique, nitrique et phosphorique, a été faite par un Français, Vireton, de Grenoble.

Étudiant ensuite certains composés du quinquina, l'auteur montre que la chaux forme une combinaison particulière avec un acide copulé contenant l'acide kinique et l'acide quinotannique. Les quinquinas contiennent des alcaloïdes amorphes, dont il a pu démontrer la présence, deux dextrogyres et deux lévogyres et les alcaloïdes cristallins ne sont qu'un produit de ces alcaloïdes amorphes durant la végétation.

M. VANDERHEYM, à Paris.

Sur diverses fraudes relatives aux pierres précieuses et aux perles. — M. Vanderheym met sous les yeux de la section des exemples de diverses fraudes qui ont été employées pour donner à certaines gemmes ou pierres précieuses une valeur qu'elles n'ont pas. Il a montré comment on peut, en trempant dans de l'encre bleue un diamant jaune, faire disparaître la teinte jaune. Il a fait voir des perles teintes en noir avec le nitrate d'argent. Il a montré aussi des rubis artificiels obtenus par fusion qui ont été récemment lancés dans le commerce comme rubis orientaux.

M. FRIEDEL, Mem. de l'Inst., Prof. à la Sorbonne, à Paris.

Sur les rubis artificiels. — A l'occasion de la communication de M. Vanderheym, M. Friedel dit à la section qu'il a eu l'occasion d'examiner les rubis en question, sur lesquels il avait été consulté par deux négociants en pierres fines de Paris. Les pierres qui lui ont été soumises sont de véritables rubis, ayant la densité, la dureté, les propriétés optiques des rubis naturels et différant de ceux-ci seulement par l'existence d'innombrables petites bulles dont la forme et la disposition amènent à la conclusion que les cristaux ont été obtenus par fusion. C'est d'ailleurs conforme à ce que l'on sait de l'alumine, qui cristallise par fusion, à l'inverse de ce que fait la silice, qui reste vitreuse.

M. Friedel met sous les yeux de la section quelques-uns des échantillons qui lui ont été remis et fait voir au microscope, ou même avec une forte loupe les bulles qu'ils renferment.

M. E. VERNER, à Odessa (Russie).

Sur les chaleurs de neutralisation de divers composés aromatiques. — M. E. Verner présente quelques nombres relatifs aux chaleurs de neutralisation de divers composés aromatiques. Cette étude avait surtout pour but de rechercher comment ces chaleurs varient avec l'isomérie. Les résultats n'en peuvent être résumés ; on peut seulement citer quelques-uns de ceux qui sont les plus frappants.

Ainsi, pour les diphénols $C^6H^4(OH)^2$, les chaleurs de neutralisation par la soude sont :

	Ortho.	Méta.	Para.
Pour la 1re molécule de soude. . . .	+ 6.257	+ 8.226	+ 8.001
Pour la 2e — —	+ 1.405	+ 7.359	+ 6.336

Pour les triphénols $C^6H^3(OH)^3$.

Pyrogallol.		Phloroglucine.	
(1)	+ 6.397	(1)	+ 8.347
(2)	+ 6.386	(3)	+ 8.386
(6)	+ 1.021	(5)	+ 1.536

Pour les acides toluiques.

Ortho.	Méta.
+ 7.220	+ 8.113

etc.

M. ŒCHSNER DE CONINCK, Maître de conf. à la Fac. des Sc. de Montpellier.

Sur les produits de la fermentation bactérienne des poulpes marins. — 41 douzaines de poulpes ont été abandonnées à l'air libre sur l'etang de Thau, près Cette (Hérault).

Lorsque la masse a été en pleine putréfaction, on a extrait les ptomaïnes en suivant la méthode de M. A. Gautier. (Les poulpes avaient été préalablement lavés, et les poches à sépia avaient été vidées.)

Voici les premières ptomaïnes isolées et caractérisées :

1° La neuridine $C^5H^{14}Az^2$, dont on a préparé le chlorhydrate et le chloroplatinate, tous les deux parfaitement définis.

2° La cadavérine $C^5H^{16}Az^2$, dont on a obtenu le chlorhydrate et le chloraurate. Ces deux alcaloïdes traités par le cyanure rouge en présence de quelques gouttes de Fe^2Cl^6 n'ont pas donné la réaction du bleu de Prusse.

3° Une ptomaïne nouvelle en $C^{10}H^{15}Az$, dont on a préparé le chlorhydrate, le chloroaurate et le chloroplatinate $(C^{10}H^{15}AzHCl)^2PtCl^4$. Soumis à l'action de l'eau bouillante, il perd 2HCl, et se transforme en sel modifié :

$$PtCl^2 \langle \begin{matrix} C^{10}H^{15}AzCl \\ C^{10}H^{15}AzCl \end{matrix}$$

Il est donc prouvé par cette réaction (et non pas seulement par les rapports que donne l'analyse entre C, H et Az) que la ptomaïne nouvelle est une corindine, c'est-à-dire un alcaloïde pyridique.

M. Œchsner croit que cette réaction est ici employée pour la première fois pour sérier une ptomaïne. C'est pourquoi il se permet de le faire connaître à la section de chimie afin de prendre date.

Contribution à l'étude des ptomaïnes. — M. Œchsner de Coninck a étudié les produits de la fermentation bactérienne de la chair des poulpes. Ces poulpes avaient été pêchés dans la haute Méditerranée L'auteur, en suivant la méthode d'extraction de M. Armand Gautier, a isolé plusieurs alcaloïdes, dont quelques-uns, non encore décrits, appartiennent à la série pyridique. L'un de ces alcaloïdes notamment, en $C^{10}H^{15}Az$, est une corindine, et présente les réactions caractéristiques de cette série. L'autre, en $C^8H^{11}Az$, paraît être une collidine; l'auteur l'a soumis à l'oxydation, dans l'espoir d'obtenir un acide pyridino-carboné.

Ainsi se trouveraient sériées, par leurs réactions caractéristiques et par leurs produits d'oxydation, ces ptomaïnes nouvelles. Cette preuve n'avait pas encore été faite pour les ptomaïnes décrites comme bases pyridiques.

M. FAUCHER, Ing. en chef des poudres et salp., à Lille.

Sur l'approvisionnement de la France en salpêtre par la culture de la betterave. — M. Faucher appelle l'attention de la 6e section sur ce fait, que le salpêtre consommé actuellement par le pays pour l'alimentation de ses arsenaux et pour diverses applications industrielles, est presque uniquement d'origine étrangère.

Or, la betterave produit du salpêtre par transformation de l'azote de l'air, et la quantité produite s'élève à plus de 7,000,000 de kilogrammes.

Ce salpêtre, actuellement perdu ou transformé en carbonate de potasse dans la formation des salins de betteraves, peut être recueilli si l'on osmose les mélasses.

M. Faucher a pu, grâce à l'obligeant concours de M. d'Havrincourt, démontrer qu'en cas de guerres maritimes, les mélasses existant forcément en entrepôt pourraient être traitées avec le matériel ordinaire des sucreries, et livrer en 100 ou 150 jours plus de 3,000 tonnes de salpêtre.

Depuis lors, M. Leplay a pu, dans la sucrerie de M. Druelle, à Courcelles, combiner le travail des sels d'exosmose en salpêtre, avec l'extraction du sucre de la mélasse par la cuite en grains indéfinie avec rentrées successives de la mélasse osmosée, de manière à ce que l'opération soit industriellement rémunératrice, au grand avantage de la sucrerie et de la défense nationale.

— Séance du 19 août 1886. —

MM. GRANDVAL et VALSER, Prof. à l'École de méd. de Reims.

Sur la spartéine et ses sels[1]. — La spartéine est un alcaloïde volatil qu'on trouve dans le genêt à balais (*Spartium scoparium*) associé à un autre principe

1. Publié *in extenso* dans le *Journal de Pharmacie et de Chimie* (15 juillet 1886).

cristallin, la scoparine. Stenhouse, 1851, et Mills, 1862, se sont occupés de l'étude chimique de ces composés. Plus tard, Fick, 1873, et Rymon, 1880, et tout récemment MM. Laborde, Legris et Sée et d'autres, ont étudié la spartéine au point de vue de ses effets physiologiques. Cette base a trouvé depuis lors sa place dans la thérapeutique.

Les chimistes, à leur tour, ont cherché à préparer ses sels employés en pharmacie, le sulfate, notamment. MM. Grandval et Valser, de Reims, ont réussi à produire des composés très nettement cristallisés ; parmi ces sels se trouvent :

Le sulfate neutre, l'iodhydrate, le chlorhydrate et le bromhydrate.

Le sulfate neutre se présente sous forme de cristaux rhombiques.

L'iodhydrate constitue des prismes droits à base rectangle, incolores, transparents et de très grande dimension. Ce composé paraît destiné à remplacer les mélanges d'iodure de potassium et de sulfate de spartéine préconisés depuis quelque temps par les médecins pour les traitements de certaines affections du cœur.

MM. HECKEL et SCHLAGDENHAUFFEN, Prof. à la Fac. des sc. de Marseille et à l'Éc. sup. de pharm. de Nancy.

Sur la cholestérine et la lécithine dans les végétaux. — Quand on traite diverses graines de légumineuses ou autres, par la benzine ou le pétrole, on en retire des huiles ou des corps gras plus ou moins solides. Après leur saponification par l'eau de baryte, traitement par l'eau, puis par le chloroforme, on obtient de la cholestérine dont il est facile de déceler les caractères chimiques et physiques.

La plupart de ces huiles, extraites à l'éther de pétrole, examinées jusqu'à présent, celle du fenugrec, du jéquirity, de fedegosa et d'autres encore, chauffées en présence de nitre, fournissent un résidu qui contient de l'acide phosphorique. La présence de ce composé ne peut s'expliquer que par l'existence de la lécithine dans ces huiles. Le Dr Jahns a publié récemment dans les *Ber. d. d. chem. Gesel.* un mémoire relatif à l'existence de la choline dans le fenugrec; ce travail vient compléter le nôtre, puisqu'il nous permet de saisir les trois produits de dédoublement de la lécithine : choline, glycérine, acide phosphorique.

Dans sa thèse inaugurale soutenue à l'université de Gœttingue, 1882, le Dr Krœtschmar a également indiqué la présence de la lécithine dans un grand nombre de plantes appartenant à diverses familles botaniques.

Nos recherches, entreprises dans le même sens, s'accordent en tous points avec celles des savants étrangers.

M. A. VERNEUIL, à Paris.

Sur la préparation du sulfure de calcium à phosphorescence violette. — Action du chlore sur le séléno-cyanate de potassium.

MM. de CLERMONT, Sous-Direct. du Lab. de chimie à la Sorbonne, **et CHAUTARD.**

Sur les combinaisons de la quinone avec les phénols. — MM. de Clermont et Chautard font connaître différents faits nouveaux relatifs aux combinaisons de la quinone avec les phénols. La phénoquinone traitée par le chlorure d'acétyle fournit l'hydroquinone monochlorée, monoacétylée. La pyrocatéchine-quinone est une combinaison fusible à 153° et s'obtient par l'union directe de la pyrocatéchine et de la quinone.

Les auteurs établissent, dans une autre partie de leur travail, l'identité complète de la pyrogalloquinonè et de la purpurogalline; enfin, ils ont préparé la phloroquinone et en ont étudié les principales propriétés.

(Ce travail a été présenté à l'Académie des sciences, 10 mai 1886.)

M. LORIN, Prof. à l'Éc. cent. des Arts et Manuf., à Paris.

Note préliminaire sur le carbonate de méthyle. — Ce corps, qui manquait parmi les composés méthyliques, a été obtenu au moyen du carbonate d'argent et de l'iodure de méthyle et par l'action du sodium sur l'oxalate de méthyle. Sa génération, son point d'ébullition, sa densité de vapeur, son mode de décomposition par les alcalis, le caractérisent.

Document historique relatif à J. B. Dumas. — La Société chimique de Paris a publié, dans un numéro supplémentaire (mars 1886) qui a pour objet l'*Œuvre de J. B. Dumas,* la liste, année par année, des communications, rapports, discours, etc., dus à Dumas pendant sa longue carrière scientifique, de 1819 à 1884.

Cependant M. Lorin n'a pas trouvé, dans cette liste si longue et si complète, la mention d'une thèse sur la question suivante : *De l'Action du calorique sur les corps organiques. — Application aux opérations pharmaceutiques.* Cette thèse porte : «Présentée et soutenue au concours pour une chaire de chimie organique et de pharmacie créée à la Faculté de médecine de Paris, mars 1838, par J. Dumas, D.-M.-P., membre de l'Institut, etc.»

Ce travail, postérieur aux *Leçons de Philosophie chimique au Collège de France,* est curieux à plus d'un titre, et tout à fait digne du Maître par sa clarté et son élégance. Les questions arducs y sont discutées avec une profondeur et une netteté remarquables. Bref, dans cette partie de son œuvre, l'une des plus importantes et des plus originales, oubliée aujourd'hui et passée même sous silence dans le Recueil de ses publications, Dumas y résume la science d'alors, et la montre aux prises avec les difficultés de la pratique, c'est-à-dire avec et surtout l'emploi de l'analyse et des densités de vapeur.

M. J. MEUNIER, à Paris.

Sur l'hexabromure de benzine, son isomorphisme avec l'α-hexachlorure et sa synthèse probable. — L'hexabromure de benzine, qu'on obtient, soit à froid, soit à chaud, par l'action directe du brome sur la benzine en présence des rayons solaires, cristallise dans un mélange de benzine et d'alcool en cristaux parfaitement isomorphes avec ceux d'α-hexachlorure. Comme ce dernier corps, il se décompose instantanément, *à froid,* sous l'influence d'une solution alcoolique concentrée de potasse, et se transforme en pyrocatéchine par l'action de l'eau à 200°.

En faisant absorber le gaz acétylène par du brome, on obtient, outre un dérivé liquide de l'acétylène, des cristaux que le liquide retient en dissolution, et qui ont la plus grande analogie avec ceux d'hexabromure, mais un point de fusion un peu inférieur.

M. Alph. COMBES, à Paris.

Sur le pentaphényléthane.

Sur de nouveaux composés organo-métalliques et sur la condensation des radicaux acides.

M. HANRIOT, Prof. ag. à la Fac. de méd. de Paris.

Sur l'anémonine. — M. Hanriot envoie une note sur l'anémonine dont l'analyse le conduit à adopter la formule $C^{15}H^{12}O^{6}$. Le brome se fixe sur l'anémonine et donne un tétrabromure $C^{15}H^{12}O^{6}Br^{4}$ cristallisé en octaèdres qui se décomposent avant de fondre. Le zinc et l'acide chlorhydrique réduisent ce tétrabromure en octohydroanémonine $C^{15}H^{20}O^{6}, H^{2}O$ fusible à 42°, bouillant sans décomposition à 210°-212°.

Sur l'eau oxygénée. — M. Hanriot présente une note sur la préparation de l'eau oxygénée concentrée par simple évaporation à 100° ou mieux par distillation dans le vide. On obtient ainsi de l'eau oxygénée très concentrée pouvant marquer jusqu'à 280 vol. Cette eau oxyde les hydrocarbures aromatiques et convertit la benzine en phénol puis en pyrocatéchine et en quinone, enfin en pyrogallol. Le toluène est converti en crésylol. L'acide benzoïque fournit de l'acide salicylique et de l'acide paroxybenzoïque. Toutes ces réactions ont lieu en présence d'un grand excès d'acide sulfurique.

M. Camille VINCENT, à Paris.

Sur les températures et les pressions critiques de quelques vapeurs[1]. — MM. Vincent et Chappuis se sont proposé de déterminer les températures et les pressions critiques de corps homologues ou isomères.

Les résultats obtenus montrent que les différences entre les températures critiques et les températures d'ébullition vont en général en croissant ; ils permettent de voir que pour les isomères, ni les températures critiques, ni les excès des températures critiques sur les températures d'ébullition ne sont constants. Le rapport $\frac{273+T}{P}$ de la température critique absolue à la pression critique va en augmentant avec la complexité de la molécule dans chaque série; les pressions critiques vont au contraire en diminuant. On voit que les pressions critiques des corps isomères sont loin d'être égales et que les pressions vont, comme les températures critiques, en croissant avec la complexité de la molécule substituée.

M. Gust. ROUSSEAU, à Paris.

Recherches sur les manganites alcalins et alcalino terreux.

M. P. CHAUTARD, à Paris.

Sur l'ioduration de l'aldéhyde toluique ordinaire.

---

1. Voir *C. R. Ac. des Sc.*, juillet et août 1886.

M. MILLOT, à Paris.

Électrolyse de l'ammoniaque. — En employant un courant avec des électrodes de charbon purifiés au chlore, on obtient une matière ulmique, qui, épuisée par l'alcool, etc., fournit :

$$CO\begin{cases}AzH^2\\AzH^2\end{cases}$$

$$CO^2 + 2AzH^3 = CO\begin{cases}AzH^2\\AzH^2\end{cases} + H^2O$$

Énanidine :

$$CO^2 + 3AzH^3 = CO\begin{cases}AzH^2\\=AzH\\AzH^2\end{cases} + 2H^2O$$

Biuret :

$$CO^2 + C\begin{cases}AzH^2\\=AzH\\AzH^2\end{cases} = \begin{matrix}CO\begin{cases}AzH^2\\AzH\end{cases}\\CO\begin{cases}\\AzH^2\end{cases}\end{matrix}$$

Ammélide. — Action de CO^2 et AzH^3 sur le biuret :

$$CO^2 + AzH^3 + \begin{matrix}CO\begin{cases}AzH^2\\AzH\end{cases}\\CO\begin{cases}\\AzH^2\end{cases}\end{matrix} = C^3H^4Az^4O^2 + 2H^2O$$

MM. C. FRIEDEL et J. M. CRAFTS.

Action du chlorure de méthyle sur l'orthodichlorobenzine en présence du chlorure d'aluminium. — Cette réaction a été tentée en vue d'obtenir une orthodichlorobenzine tétraméthylée, mais ce n'est pas ce corps que l'on obtient. Les produits que l'on arrive à isoler par distillation, puis par cristallisation et enfin par l'emploi d'une solution alcoolique d'acide picrique sont l'hexaméthylbenzine et le trichlorométhylène. Ce dernier ne peut même être isolé à l'état complet de pureté, tant il retient avec force une certaine proportion d'hexaméthylbenzine. Pour s'assurer de son identité avec le trichlorométhylène, il a fallu préparer ce dernier directement; il présente exactement les mêmes propriétés (point de fusion 205°, point d'ébullition 280°), et la cristallisation dans l'alcool chaud ne lui enlève pas complètement l'hexaméthylbenzine qu'on y a mêlée.

Il y a donc dans l'action du chlorure de méthyle sur l'orthodichlorobenzine réduction complète avec formation d'hexaméthylbenzine, d'une part, et chloruration avec déplacement d'une partie du chlore, de l'autre, puisque le composé $C^6H^4(Cl)_1(Cl)_2$ est transformé en $C^6(CH^3)^3(Cl)_1(Cl)_3(Cl)_5$. On est conduit à admettre que le chlorure d'aluminium, au lieu d'attaquer, comme cela a lieu d'ordinaire, un hydrogène benzéniqué, avec mise en liberté de HCl, déplace un Cl avec mise en liberté de Cl^2 qui agit alors comme chlorurant.

Sur les anthracènes méthylés. — L'hexaméthylanthracène a été obtenu par l'action du chlorure de méthylène sur le pseudocumène en présence du chlorure d'aluminium, comme d'autres anthracènes moins méthylés l'ont été au moyen du toluène et du métaxylène.

L'hexaméthylanthracène est un hydrocarbure ressemblant à l'anthracène, fondant à 220°, donnant avec l'acide picrique en solution alcoolique une combinaison cristallisant en aiguilles d'un brun noir à reflets mordorés, lorsque le composé est sec. Il faut faire cristalliser un grand nombre de fois l'hexaméthylanthracène dans l'éther de pétrole, le chloroforme, la benzine, pour le séparer d'autres hydrocarbures auxquels il est mêlé et dont l'un fond vers 160° et l'autre à 290°. Ceux-ci ne sont d'ailleurs pas très abondants.

L'hydrocarbure fondant à 290° n'est pas, comme on aurait pu le supposer, un anthracène plus substitué ; il renferme une proportion d'hydrogène moindre que l'anthracène hexaméthylé.

7e Section

MÉTÉOROLOGIE ET PHYSIQUE DU GLOBE

Présidents d'honneur. . .	MM. RAGONA, Dir. de l'Obs. royal de Modène. ZENGER, Prof. à l'Éc. polytechn. de Prague.
Président	M. L. TEISSERENC DE BORT, Chef du service de la Météor. générale au Bureau central météor. de France, à Paris.
Vice-Présidents	MM. MILLOT, Chargé de cours à la Fac. des Sc. de Nancy. SAILLARD, Prés. de la Commiss. météorol. de l'Aube.
Secrétaire.	M. l'abbé MAZE, à Harfleur.

— Séance du 13 août 1886. —

M. DENYS, Ing. en chef des P. et Ch., à Épinal.

Organisation du service météorologique dans les Vosges. — M. Denys, président de la commission météorologique des Vosges, donne quelques détails sur l'organisation des études climatologiques dans ce département : à l'heure actuelle, on observe la pluie dans 43 points et la température en 22 de ces stations. Dans la montagne proprement dite, il existe 18 stations à des hauteurs supérieures à 400 mètres, dont les plus élevées sont celles du col de la Schlucht à 1,150 mètres, celle du plateau de Planois à 900 mètres et celle du col de Prayé situé à 835 mètres. La commission publie un bulletin météorologique mensuel et fait observer les phénomènes de la végétation et les orages par ses correspondants. Parmi les stations des Vosges, l'une d'elles, assez importante, celle de Rothau, est dirigée depuis plusieurs années par M. le pasteur Dietz, qui a publié l'année dernière un intéressant résumé de ses seize années d'observations.

Discussion. — M. Teisserenc de Bort demande à M. Denys comment se pratique la mesure de la neige dans les Vosges. Celui-ci répond qu'il croit ces mesures peu exactes de fait, il fait connaître les instructions que la commission des Vosges donne à ses agents. M. Dietz propose de recevoir la neige dans un seau et de la faire fondre au bain-marie. M. Millot combat ce système à cause des remous. M. l'abbé Maze cite à ce propos quelques curieux exemples de remous.

M. BAGARD, Instituteur à Thiébauménil (Meurthe-et-Moselle).

17 mois d'observations faites à Thiébauménil. — M. Bagard examine les vents dominants de la station de Thiébauménil. Il insiste sur la fréquence presque exclusive des deux vents de N.-E. et de S.-O. et en particulier sur la pluie qui accompagne le dernier.

Un tableau et une rose barométrique des vents résument les résultats obtenus par M. Bagard du mois de mars 1885 au mois de juillet 1886 inclusivement.

M. RAGONA, Dir. de l'Obs. royal de Modène.

Marche diurne de la vitesse du vent en hiver. — M. Ragona communique à la section un résultat très remarquable qu'il a obtenu, en discutant 20 années d'observations de l'anémomètre enregistreur. En hiver, la vitesse du vent manifeste, avec la plus grande régularité, dans sa marche diurne, une période trihoraire, c'est-à-dire qu'elle a quatre maximums et quatre minimums, séparés l'un de l'autre par un intervalle de trois heures.

M. HOUDAILLE, Répét. de phys. à l'Éc. d'agric. de Montpellier.

Sur l'Évaporation dans l'air en mouvement. — L'évaporation par centimètre carré et par heure d'une surface de 13^{cq} est liée à la vitesse du courant d'air par la relation :

$$P = p + 0{,}725 \sqrt{V^2 + 17V} \sqrt{\varphi^2 + 10\varphi}$$

P est donné en milligrammes; p = évaporation dans l'air en repos = 1,46 (F-f) ; V = vitesse de l'air ; φ = F—f = différence des tensions de la vapeur d'eau dans l'air et à la surface du liquide.

Si l'on représente par 1 la valeur de l'évaporation par centimètre carré d'une surface de 13^{cq}, l'évaporation dans l'air en mouvement de surfaces de grandeurs différentes S ayant C pour périmètre sera donnée par la relation $P = 0{,}44 + 0{,}51 \frac{C}{S}$; C et S étant exprimés en centimètres.

Discussion. — M. Teisserenc de Bort demande si, dans les expériences qui viennent d'être décrites, l'air en mouvement n'entraîne pas de petites gouttelettes d'eau.

M. Houdaille répond que cela a lieu quelquefois, mais il a tenu compte de ce fait et pris toutes les précautions pour le supprimer. Il donne incidemment la description d'un appareil destiné à mesurer l'évaporation sur du sable humide.

— Séance du 14 août 1886. —

M. RAGONA, à Modène (Italie).

Marche diurne de l'évaporation. — M. Ragona parle des résultats d'une longue série d'observations qu'il a exécutées sur la marche diurne de l'évaporation. Il a trouvé que, dans le cours d'un jour, l'évaporation présente une double période, c'est-à-dire deux maxima et deux minima. Le maximum principal est presque en coïncidence avec l'heure de la température maxima et le minimum principal est presque en coïncidence avec l'heure de la température minima, le maximum secondaire et le minimum secondaire sont intermédiaires entre le maximum principal et le minimum principal.

M. Ragona croit que les maxima et les minima principaux sont dépendants de la température de toute la masse d'eau exposée, tandis que les maxima et minima secondaires sont dépendants de la température de la seule surface.

Discussion. — M. Teisserenc de Bort demande si les courbes présentées sont la représentation des observations.

M. Ragona répond qu'elles sont la représentation des valeurs calculées par la formule de Bessel, mais qu'elles représentent très exactement la marche réelle du phénomène.

M. P. BUSIN, Attaché au Bur. centr. météor. d'Italie, à Rome.

Sur les types du temps en Italie[1]. — Description des plus importants types isobariques italiens, statistique de leurs fréquences et de leurs successions dans les diverses saisons; rose des vents pour la prévision des temps et méthodes pour prévoir le type isobarique prochain en connaissant la rotation des vents de plusieurs observatoires. Voies des basses pressions dans l'hiver et l'été en Italie.

Discussion. — M. Teisserenc de Bort rappelle les travaux de M. Poincaré analogues à celui de M. Busin, mais dont le champ d'étude était la Lorraine; il ajoute que la durée des types est très variable d'une année à l'autre; de plus, le même type correspond à des forces de vent et à des températures qui diffèrent essentiellement selon qu'il se présente en hiver ou en été.

M. Ragona informe la section des résultats de son étude sur les trajectoires des centres de dépressions qui envahissent l'Italie. Ces centres proviennent, de côté N. et alors ils se présentent dans la direction N.-O., de côté O. et alors ils conservent leur direction, de côté S. et alors ils se présentent dans les directions S.-O. Après avoir touché l'Italie, ils s'éloignent tous, quelle que soit leur provenance, par la direction N.-E.

M. Teisserenc de Bort trouve qu'il est utile de rattacher ces trajectoires à la position des grands centres de maxima et de minima du globe.

M. Émile DIETZ, Pasteur à Rothau (Alsace).

Le Climat de Rothau et de la vallée supérieure de la Bruche (Vosges-Alsace). — M. Dietz donne d'abord une courte description de la situation géographique et topographique de la vallée de la Bruche, située entre les hauteurs du Donon et du Champ-du-Feu, dans la direction du S.-O. au N.-E. Rothau est à peu près au milieu de la vallée, à l'altitude de 347 mètres.

Ensuite il présente un résumé de ses observations météorologiques, surtout de la période quinquennale 1881-1885.

1° Pression atmosphérique. — 2° Température. — 3° Pluie et neige. — 4° Orages. — 5° Vents. — 6° État hygrométrique. — 7° État du ciel. — 8° Brouillards, rosée, gelée blanche.

---

1. Pour des détails plus étendus, voir : *Rendiconti dell' Accademia dei Lincei*, 1882; *Rivista marittima italiana*, 1883, 1885; *Zeitschrift der œsterr. Gesell.*, 1884, 1885.

M. DORMOY, Ing. en chef des Mines, à Paris.

Amas de neige rouge dans les Alpes. — M. Dormoy annonce qu'il a rencontré, le 15 juin 1886, un amas de neige rouge sur la montagne du Brévent (Haute-Savoie), à l'altitude de 2,064 mètres. La matière colorante qui recouvrait cette neige a été analysée à l'École des mines, et a été reconnue pour une conferve aquatique de la famille des Diatomées.

M. ROGER, à Épernay.

Appareil pour la démonstration de la théorie de l'arc-en-ciel.

M. ZENGER, Prof. à l'Éc. polyt. de Prague.

Spectroscope à vision directe à un seul prisme.

— **Séance du 16 août 1886.** —

M. Ch. GRAD, Correspondant de l'Institut, au Logelbach (Alsace).

La météorologie forestière en Alsace-Lorraine. — La Diète d'Alsace-Lorraine a adopté une motion pour l'établissement à Strasbourg d'un institut météorologique au point de vue des avertissements à donner à l'agriculture, avec un réseau de stations embrassant tout ce pays et dont les observations seront réunies à l'Office central de Strasbourg. Au Reichstag, M. Grad a fait adopter une autre proposition pour la gratuité des dépêches touchant la télégraphie du temps dans tout l'empire allemand. Actuellement, l'administration des postes et télégraphes est occupée des études préparatoires pour l'organisation de ce service. En ce qui concerne l'Alsace-Lorraine, le réseau météorologique actuel comprend une vingtaine de stations de second et de troisième ordre, disséminées à travers le pays depuis le col de la Schlucht à 1,150 mètres d'altitude jusqu'au niveau de la plaine. Parmi les stations existantes, il en est trois placées sous la direction du bureau d'essai de l'administration des forêts, occupées plus particulièrement des questions de météorologie forestière. M. Grad dépose sur le bureau de la section les quatre premiers rapports annuels publiés par le ministère d'Alsace-Lorraine et résumant les observations faites hors bois et sous bois aux trois stations de Haguenau, de Neumath et de la Melkerei. Ces observations mettent en évidence l'influence des forêts sur le régime des eaux et la régularisation du climat. Sous bois, le degré d'humidité relative de l'air est plus élevé que hors bois, la quantité d'eau provenant de la pluie et de la neige tombée à la surface du sol diminue beaucoup sous bois et l'évaporation d'une nappe liquide en forêt est de moitié plus faible que hors bois, en rase campagne.

Observations météorologiques d'un voyage en Orient. — M. Grad place sous les yeux de la section les tableaux météorologiques qu'il a dressés pendant le cours d'un voyage à travers l'Orient, depuis les premiers jours de décembre 1885 jusqu'à la fin du mois d'avril 1886. Dans le cours de ce voyage à travers l'Égypte et la Nubie jusqu'à la troisième cataracte du Nil, puis dans l'Arabie Pétrée, au mont Sinaï, sur les bords de la mer Morte et en Palestine, l'auteur a fait des observations régulières sur la température de l'air, la nébulosité, la hauteur du baromètre et les vents. Ses observations faites pendant le cours de son voyage, en se déplaçant chaque jour, sont comparées aux observations fixes des stations d'Alexandrie et du Caire. Elles offrent un intérêt tout particulier pour les voyages d'hiver dans ces contrées ensoleillées et seront reproduites en détail dans la seconde partie des comptes rendus du Congrès de Nancy.

M. le Prof. P. BUSIN, à Rome.

De quelques perfectionnements à introduire dans les cartes météorologiques. — Angle des isobares et de la direction des vents. — Sur les erreurs principales qui résultent des diverses manières d'observer et de calculer les corrections barométriques. Importance des variations barométriques et des variations des vents. Sur le choix des lieux d'observations pour la construction des cartes du temps. Sur une méthode de grouper des données plus importantes pour la prévision du temps.

Angle des isobares avec la direction des vents.

M. Léon TEISSERENC DE BORT, Chef du service de Météor. génér. au Bureau centr. météor. de France.

Remarques sur les types du temps. — M. Teisserenc de Bort, à propos de l'étude très intéressante de M. Busin, dit qu'il pense que ce genre de recherches, pour être tout à fait fructueux, demande à être envisagé à un point de vue un peu général. Il a fait voir pour la première fois en 1882 que les caractères généraux du temps dépendent de la position des grands maxima et minima barométriques que l'on peut considérer, par l'importance de leur rôle, comme les *grands centres d'action de l'atmosphère*. Les types d'isobares qui règnent sur une région particulière, l'Italie par exemple, et les parages voisins sont une conséquence de la position de ces centres d'action.

C'est là un fait qu'il ne faut pas perdre de vue et qui sert de guide dans la question, ce qu'il importe d'étudier et de connaître, c'est la cause des déplacements des grands maxima et minima, la succession des types en dépend.

En réalité, il est presque impossible d'indiquer à l'avance la durée probable de tel ou tel type sans connaître la cause qui détermine la position des centres d'action; tel type qui ordinairement dure trois ou quatre jours, persiste pendant des semaines entières d'autres fois. L'année météorologique 1880 a présenté une persistance extraordinaire des hautes pressions sur l'ouest de l'Europe. Il semble que pendant près d'un an les maxima barométriques aient quitté leurs positions ordinaires; au contraire, en 1876-1877, le minimum de pression océanien s'est tenu très près de nos côtes pendant presque tout l'hiver; la durée moyenne d'un type est donc très variable.

M. MILLOT, Chargé de cours à la Fac. des Sc., à Nancy.

Méthode pour représenter la distribution de la température le long des méridiens. Équateur anallothermique[1]. — Tracez un cercle de rayon quelconque, qui représentera un méridien terrestre. Marquez sur la circonférence de ce cercle, chacun à sa latitude, les points où les différentes lignes isothermes coupent ce méridien. Adoptez une échelle quelconque, celle de 1 millimètre par 1° centigrade, par exemple, et, de chaque point, menez dans la direction du rayon une ligne d'une longueur correspondante à la température. Les températures supérieures à zéro seront portées extérieurement à la circonférence, celles au-dessous de zéro le seront en dedans. En joignant par un trait continu les extrémités de toutes ces lignes, vous obtiendrez une courbe qui représentera l'*allure* de la température moyenne tout le long du méridien considéré, ou encore la *pente thermométrique* sur ce méridien.

Ce mode de représentation s'applique également aux autres éléments météorologiques. En construisant de cette façon, sur une même figure, les courbes des températures moyennes de janvier et de juillet le long d'un méridien donné, on voit la courbe de juillet se trouver à l'extérieur dans l'hémisphère nord et à l'intérieur par rapport à celle de janvier, dans l'hémisphère sud, puisque les saisons sont opposées des deux côtés de l'équateur. Les points d'intersection de ces deux courbes sont ceux pour lesquels la variation annuelle de la température est la plus petite possible; l'auteur le démontre. Si donc on fait la même construction pour un grand nombre de méridiens, et si on note les coordonnées géographiques des points d'intersection des courbes de janvier et de juillet, en portant ces points sur un planisphère et en les réunissant par un trait continu, on obtiendra une ligne sinueuse, faisant le tour du globe et passant par tous les points où la variation annuelle de la température est minimum. C'est cette ligne que M. Millot appelle l'*équateur anallothermique*.

M. l'abbé MAZE, à Harfleur.

De la périodicité des grandes pluies, à Paris. — De nombreux exemples montrent qu'il existe une certaine périodicité dans les inondations de la Seine. La conclusion naturelle de ce fait, c'est que les pluies du bassin de la Seine sont périodiques. Partant de cette base, M. l'abbé Maze a étudié la périodicité des années dont la somme de pluie dépasse de beaucoup la moyenne. Il a commencé par la période de six ans si bien visible dans les années suivantes, où l'on a :

1854	1860	1866	1872	1878
613mm,9	655mm,2	644mm,3	686mm,8	732mm,2

Tandis que la moyenne annuelle reste inférieure à 516mm, cette périodicité a également eu lieu dans le siècle passé. L'année des maxima se trouve être celle dont le millésime est un multiple de 6; parmi les exceptions, l'auteur signale la série suivante : les années 1716, 1758, 1800, 1842 et 1884, séparées par un intervalle de 42 ans, ont été très sèches.

L'existence d'une période de six ans entraîne celle des périodes de 12 ans et de 18 ans. La période de 12 ans est encore plus distincte que celle de six ans,

1. Ce travail a été présenté à la *Société des Sciences de Nancy* dans le courant de l'année 1886 et sera publié dans le *Bulletin* de cette Société en 1887.

celle de 18 ans ne paraît avoir aucun rapport avec le cycle de 19 ans objet des recherches d'un certain nombre de météorologistes.

N. B. — Ce travail a paru *in extenso* dans le *Cosmos*, livraison du 23 août 1886, tome V, p. 89 et suiv.

M. ZENGER, à Prague.

Les grandes perturbations atmosphériques et la photographie solaire. — M. Zenger photographie régulièrement le soleil chaque jour avec des plaques au nitrate d'argent et à la chlorophylle; il observe souvent de petites couronnes ou des zones blanches qui enveloppent l'image solaire. Il a remarqué que l'intensité de ces couronnes et de ces zones augmentait vers les époques des grandes perturbations atmosphériques, des grandes perturbations magnétiques, des aurores boréales.

— Séance du 18 août 1886. —

M. Marcellin LANGLOIS, à Beauvais.

Hygromètre à condensation par l'acide sulfurique. — L'hygromètre d'Alluard, mis gracieusement à ma disposition par le bureau central, m'a permis de comparer les résultats que j'obtenais avec mon hygromètre et ceux qu'on obtient par la condensation sur une surface métallique.

Les expériences ont été faites pendant le mois de juillet dernier à l'aide du manomètre à mercure faisant partie de mon appareil. J'opérais de demi-heure en demi-heure et obtenais pour la tension de vapeur des valeurs que je déterminais au $^1/_{10}$ de millimètre après correction de la différence des niveaux ramenée à 0°.

Le vent était faible et la température s'accroissait régulièrement à partir de 17° ou 18°, température obtenue vers 7 heures du matin.

L'air renfermé dans le ballon de verre très mince, l'influence des radiations solaires pendant le temps que dure une expérience et même un temps un peu plus long était négligeable. Il est facile de le constater au manomètre.

Dans les conditions où j'ai opéré, l'acide sulfurique prenait naturellement la température de l'air ambiant.

Il reste à faire les observations avec un vent un peu fort donnant lieu à des variations brusques de température. L'appareil sera pour cela un peu modifié.

M. le Dr PAMARD, à Avignon.

Observatoire du Mont-Ventoux. Inauguration de son installation scientifique. — Dans sa communication faite au congrès de Grenoble, le 13 août 1885, M. Bouvier a exposé l'état des travaux et a fait connaître les instruments qui seraient installés sur la plate-forme, ainsi que les dispositions adoptées pour assurer leur fonctionnement et pour les protéger contre la foudre. Le bâtiment, sauf certains aménagements intérieurs, est terminé. Tous les instruments vont être placés : le paratonnerre sera installé en même temps; je crois bon de vous rappeler qu'il le sera conformément au projet dressé par le regretté Melsens et contrôlé par M. Mascart.

Tout sera prêt bientôt, et nous serions heureux si vous vouliez vous joindre à nous le 9 septembre prochain et faire l'ascension du Ventoux pour voir fonctionner son observatoire météorologique.

M. GUILLAUME, Surveillant gén. à l'Éc. d'agric. de Tomblaine.

Sur la température des différents sols. — M. Guillaume expose les résultats des observations qu'il fait dans cette école sur la température des différents sols. Cette étude, organisée sous la direction de M. Grandeau, donne d'intéressants résultats; on voit, par exemple, que le sol le plus chaud est le sol tourbeux, tandis que le sable est le plus froid. En revanche, le sable suit beaucoup plus vite les variations de la température de l'air que tous les autres sols, calcaire, tourbe, etc.; il est donc très chaud le jour, très froid la nuit, et par cela même doit favoriser les gelées printanières. On peut dire d'une manière générale que le régulateur de la température dans les sols, c'est l'eau qui y est contenue; un sol composé de détritus végétaux, comme c'est le cas pour la tourbe, retient l'eau plus que tout autre, ce qui ralentit ainsi notablement les variations de température. De plus, les tissus organiques sont mauvais conducteurs, ce qui diminue la rapidité avec laquelle la température extérieure se communique dans ce sol.

M. PIERSON, Ancien Instituteur à Vézelise (Meurthe-et-Moselle).

Observations embrassant un espace de 36 ans, sur les brouillards en mars et les gelées ou pluies en mai. — De 1850 à 1860. — Brouillards en mars 1852-1854-1855-1856-1857-1859. Gelées aux quantièmes correspondants de mai et pluies ou abaissement de température parfois.

De 1860 à 1870. — Brouillards en mars 1861-1862-1863-1864-1865-1866-1867-1868-1869. Gelées en mai. Orage et pluie. La belle flèche de Vézelise est incendiée par un orage de mai; pareil accident avait eu lieu en 1726; et, disent les archives de la ville, *le feu fut éteint par du lait de vaches noires.* Durant cette période comme dans celles ci-dessous, des arbres, situés aux parties coudées ou à l'embranchement des chemins ou routes, sont foudroyés, un homme des champs y est tué; ce fait doit être le plus répandu possible, dans l'intérêt de la sécurité des voyageurs et des travailleurs des champs.

De 1870 à 1880. — Brouillards en mars 1870-1871-1872-1873-1874-1875-1876-1877-1878-1879. Gelées ou pluies en mai, aux quantièmes correspondants, ou, sinon il s'ensuit un abaissement sensible de température aux époques concordantes.

De 1880 à 1886. — Le mois de mars donne des brouillards en 1880-1881-1882-1883-1884-1885 et 1886. On a de la gelée en mai et de la pluie, ou s'il ne tombe pas beaucoup d'eau, il y a menace de pluie ou refroidissement.

Sur une annotation sévère de 32 années de brouillards en mars, le dicton ici se trouve vérifié exactement ou à peu près.

Nota. — Les vignes situées sur le cours des ruisseaux *le Brénom* et *l'Euvry* sont presque gelées tous les ans en mai, depuis le défrichement des forêts qui existaient, il y a environ 40 ans, à 8 kilomètres sud-ouest du canton de Vézelise.

Discussion. — M. Saillard n'a jamais trouvé qu'une concordance fortuite entre les deux phénomènes.

M. Millot est dans le même cas.

M. Pierson. Peut-être que la topographie du pays où sont faites les longues observations des brouillards en mars, influe, soit sur le dégagement fréquent des brouillards, soit sur la fréquence des gelées ou pluies en mai; il est à noter, toutefois, qu'il y a peu ou point d'exceptions à signaler. Tous les pays viticoles de la contrée tremblent lorsqu'il y a brouillards en mars.

M. Th. MOUREAUX, Chargé du serv. magn. à l'obs. du Parc Saint-Maur.

Nouvelles cartes magnétiques de la France. — M. Moureaux a envoyé les nouvelles cartes magnétiques de la France qu'il vient de construire et qui comprennent les lignes d'égale déclinaison, les lignes d'égale inclinaison, les lignes d'égale composante horizontale, enfin les méridiens magnétiques. Les cartes sont dressées d'après les déterminations faites en 78 stations disséminées dans les diverses régions de la France; ces déterminations ont été effectuées la plupart en double avec les instruments si parfaits que M. Mascart a fait construire par MM. Brunner à cet effet.

M. Léon TEISSERENC DE BORT, Chef du service de météor. génér. au Bureau central météor. de France.

Recherches sur la mécanique de l'atmosphère. — M. Léon Teisserenc de Bort a exposé le résultat de ses recherches sur la mécanique de l'atmosphère, au sujet de la formule de Ferrel qui permet de relier la vitesse et la direction du vent à la différence de pression qui met l'air en mouvement entre deux points.

Après avoir fait une carte de la pression moyenne pendant l'été sur l'Atlantique dans la région des alizés à l'aide de plus de 100,000 observations maritimes, l'auteur a mesuré sur cette carte les différences de pression qui impriment à l'alizé son mouvement. D'autre part, il a déterminé, à l'aide des documents publiés par le regretté commandant Brault, la vitesse de l'alizé. En calculant, d'après la formule de Ferrel, la différence de pression nécessaire pour imprimer à l'alizé sa vitesse, on trouve un nombre inférieur à celui que donne l'observation. M. Teisserenc de Bort montre comment on est amené à reconnaître que l'écart dépend du frottement du vent contre la surface de la terre, frottement qui est plus grand qu'on ne l'a supposé jusqu'ici.

Dans sa séance du 16 août, la 7e section a émis le vœu suivant:

La 7e section émet le vœu qu'un observatoire météorologique soit établi au Mezenc.

Dans sa séance du 18 août, la 7e section a émis le vœu suivant qui avait déjà été adopté en 1885 :

La 7e section émet le vœu que l'observatoire du Mont-Ventoux, comme ceux du Puy-de-Dôme et du Pic-du-Midi soit classé parmi les observatoires de l'État.

L'assemblée générale du 19 août a adopté ces vœux[1].

1. Voir p. 1.

3e Groupe.

SCIENCES NATURELLES

8e Section.

GÉOLOGIE ET MINÉRALOGIE

Président d'honneur . . .	M. VILLANOVA Y PIERA, prof. de paléont. à l'Univ. de Madrid.
Président	M. BLEICHER, Prof. à l'Éc. de pharm. de Nancy.
Vice-Présidents.	MM. COTTEAU, Présid. de la Soc. géol. de France.
	WOHLGEMUTH, Dir. de l'Éc. prof. de l'Est, à Nancy.
Secrétaires	MM. BOURGERY, à Nogent-le-Rotrou.
	NICKLÈS, Ing. civil, à Dommartemont, près Nancy.

— Séance du 13 août 1886. —

M. SCHLUMBERGER, Ing. de la marine en retraite, à Paris.

Présentation d'une série de préparations des foraminifères de l'oxfordien des environs de Toul. — La faune est très abondante, mais les individus sont en général de très petite taille relativement aux espèces correspondantes actuelles. Les *Dentalina*, *Cristellaria* et *Rotulina* sont très nombreuses, les *Textilaria* et *Flabellina*, au contraire, y sont rares. Les Miliolidées, que l'on rencontre si rarement dans les terrains jurassiques, sont représentées dans l'oxfordien de Toul par une seule espèce de *Spiroloculina* assez bien conservée pour que, préparée au baume du Canada, on puisse en étudier la disposition des loges. On trouve aussi plusieurs genres à Plasmostracum arénacé.

M. COTTEAU, Présid. de la Soc. géol. de France, à Auxerre.

Trois nouveaux genres d'échinides de la craie d'Espagne. — M. Cotteau donne la diagnose de trois genres nouveaux d'échinides recueillis dans le terrain éocène de l'Espagne. Remarquables par la disposition de leurs fascioles, par la forme de leur péristome et par la structure de leurs aires ambulacraires, ces genres ont été rencontrés par M. Vilanova, à Callosa (province d'Alicante), dans une couche en contact immédiat avec le terrain crétacé.

M. PÉRON.

Note sur le terrain tertiaire sud de l'île de Corse. — M. Péron étudie le terrain tertiaire sud de l'île de Corse au point de vue de la topographie, de la stratigraphie et de la paléontologie; de nombreuses coupes lui ont permis de suivre les accidents et les mouvements géologiques, et il décrit à ce propos certains phénomènes, tels que trous, grottes légendaires, qu'ils ont produits.

M. BLEICHER, Prof. à l'Éc. de pharm. de Nancy.

Le quaternaire de Lorraine au point de vue de sa faune malacologique. — Jusque dans ces derniers temps, personne ne s'était occupé de recueillir les rares coquilles fossiles qui se rencontrent dans nos dépôts quaternaires des plateaux, des pentes, des vallées.

Les recherches récentes de M. Bleicher l'ont mis en possession d'un assez grand nombre d'espèces trouvées soit dans le département de Meurthe-et-Moselle, soit dans les Vosges, soit même sur la frontière du grand-duché de Luxembourg. Ces espèces appartiennent généralement à des stations terrestres, plus rarement à des stations palustres; une seule station paraît être nettement fluviatile, c'est celle de Villey-Saint-Etienne (carrières Solvay).

En résumé, les coquilles fossiles du terrain quaternaire lorrain appartiennent toutes à des espèces encore actuellement existantes, mais beaucoup d'entre elles ne se trouvent plus actuellement en Lorraine ou y sont extrêmement rares.

Les coquilles sont particulièrement abondantes dans les dépôts calcaires des sources incrustantes et indiquent un climat plus humide et plus frais que l'actuel. La faune des grouines de la fin de l'époque quaternaire confirme ces résultats, et M. Bleicher a tout récemment découvert aux environs de Nancy, dans cette formation, un certain nombre de coquilles caractéristiques du *lehm* d'Alsace.

Discussion. — M. Malaise : Les divisions dont M. Bleicher vient de parler appartiennent à du quaternaire récent. On trouve des tufs calcaires dans le Luxembourg belge. Dans la province de Namur, on voit, sous certains tufs, des tuiles romaines qui indiquent une formation récente.

M. Malaise demande si l'on a trouvé des débris de castor en Lorraine. En Belgique on a rencontré dans diverses tourbières des restes de castor. Plusieurs localités, Beverit, Beverloo, tirent leur nom du mot flamand *bever :* castor.

M. Malaise prie M. Bleicher de donner un aperçu des divisions du quaternaire en Lorraine. Il demande s'il y a des cavernes et ce que l'on y a rencontré.

— Séance du 14 août 1886. —

M. GAUTHIER, Prof. au Lycée de Vanves.

Recherches sur l'appareil apical de quelques espèces appartenant au genre Hemiaster. — M. Gauthier établit, en présentant de nombreux exemplaires d'échinides, qu'on ne peut pas se servir de l'appareil apical, dans le genre

Hemiaster, pour morceler le genre en plusieurs autres. La disposition des plaques de cet appareil n'a rien de constant; l'*Hemiaster Batnensis*, en suivant cette fausse méthode, appartiendrait seul à *trois* genres, et beaucoup d'autres exemples confirment ce résultat. On ne peut pas séparer, dans le genre *Hemiaster*, les espèces à ambulacres postérieurs très courts, de celles qui les ont très longs.

Discussion. — M. Cotteau considère comme très importantes les observations de M. Gauthier sur l'appareil apical des *Hemiaster*; elles démontrent qu'il ne faut pas attacher une importance organique exagérée à la plus ou moins grande extension de la plaque madréporiforme dans l'intérieur de l'appareil apical, les appareils que M. Gauthier vient de dessiner sur le tableau prouvent que, dans une même espèce et souvent chez des individus de même taille, la plaque madréporiforme est très variable dans son développement; il ne faudrait pas, cependant, tirer de ces faits des conséquences trop absolues, car dans certains cas, la plaque madréporiforme, en raison de ses dimensions et de son étendue, peut fournir un caractère spécifique et même générique excellent.

M. THOMAS, Vétérin. en 1er au 10e hussards.

Les gisements de phosphate de chaux de la Tunisie. — M. Ph. Thomas, membre de la commission d'exploration scientifique de la Tunisie, présente une note au sujet de nouveaux gisements de phosphate de chaux qu'il a découverts dans le centre et l'ouest de la Tunisie, au cours d'une récente exploration. En 1885, il avait signalé les riches gisements des environs de Tamerza, Midès et Chebika, dans le sud-ouest. Cette année, poursuivant ses recherches dans cette direction, il a reconnu que ces gisements s'étendent, au nord, dans les djebels M'rata, Boudinar, Bellil, etc., qui circonscrivent le Bled Douara. A l'est du méridien de Gafsa, les couches phosphatées existent encore dans les djebels Sehib et Rofsa, puis elles s'atrophient et disparaissent dans le djebel Berda. Pour les retrouver dans cette direction, il faut remonter au nord-est, du côté de Kairouan, jusqu'aux djebels Khechem-el-Artsouma, Nasser Allah (djebel Cheraïn) et Sidi-bou-Gobrine. Plus haut vers le nord-est, les couches phosphatées s'atrophient de nouveau; mais, par contre, elles se montrent bien développées dans le nord-ouest du massif central, sous le calcaire nummulitique, notamment à la Kâlaa-es-Senam, aux djebels Slata, Houte, etc., ainsi qu'aux environs du Kef.

Ces derniers calcaires phosphatés se présentent en couches bien réglées, au contact immédiat des gypses et de calcaires siliceux et dans des conditions telles qu'elles semblent, *à priori*, devoir exclure l'hypothèse d'une origine organique.

Discussion: M. Malaise demande si, à l'exception des coprolithes et des débris de mollusques, on a trouvé, en France ou en Tunisie, des phosphates de chaux auxquels on attribue une origine inorganique.

M. Malaise dit que l'on a rencontré, en Belgique, de véritables coprolithes aux environs de Tournai, mais pas en quantité exploitable.

MM. Petermann et Cornet viennent récemment d'attribuer une origine organique à la craie phosphatée de Ciply (terrain crétacé).

M. LEFORT, Cond. des P. et Chaus., à Nevers.

Sur les failles de la Nièvre. — M. Lefort soumet une carte au $\frac{1}{80,000}$ sur laquelle sont représentés les failles et les terrains de la partie occidentale du Morvan. Il montre :

1° Que le pays est riche non seulement en roches granitiques de tout genre et de toute espèce, mais encore sous le rapport des formations sédimentaires qui y affleurent presque toutes depuis le cambrien jusqu'au pliocène;

2° Que les failles sont continues et rectilignes; elles passent successivement par ces états que M. Daubrée appelle diaclase et paraclase. Une exception se présente néanmoins. Certains systèmes de failles, c'est-à-dire le groupement de toutes les cassures parallèles, sont arrêtés par les dislocations d'un système différemment orienté sans être rejetés en avant ou en arrière. Ce phénomène intéressant est particulièrement visible à Trois-Vestres pour des fractures N. 35°. E. qui n'existent pas dans le district houiller de La Martine et y aboutissent cependant du côté de l'est comme du côté de l'ouest;

3° Les failles n'ont pas de grandes profondeurs. Cette vérité résulte et de l'obliquité constante de leurs fentes par rapport à la verticale et de l'arrêt précité des fractures qui n'ont pas entamé les formations sous-jacentes et qui dans le cas examiné n'ont certainement pas 200 mètres de profondeur.

On voit dans cette étude une autre constatation, celle de faille arrêtée verticalement et ne pénétrant pas les couches de l'étage superposé au gisement qu'elles traversent;

4° La nature minéralogique ou pétrographique des assises contemporaines est différente suivant l'orientation des failles prédominant dans la région considérée. La structure actuelle des roches est la conséquence des effets provenant des fractures, c'est-à-dire des eaux minérales qui les ont pénétrées et dont la composition pouvait être variable à chaque époque;

5° Des vallées de plissement existent parallèlement à chaque système de faille. On doit regarder les dislocations comme les génératrices d'arcs ondulatoires. Le sol se courbait comme une mer houleuse pendant chacun des cataclysmes dont les traces sont visibles à la séparation de chaque étage;

6° Les vibrations ondulatoires sont l'origine de toutes les forces connues qui dérivent d'une seule cause, le mouvement vibratoire, mais que nous nommons la chaleur ou la lumière, l'électricité ou la pesanteur suivant qu'elles sont perçues par l'un ou l'autre de nos sens.

Conclusion. — Si le mode de répartition des fossiles à travers les assises sédimentaires a conduit d'Orbigny à établir des étages géologiques caractérisés par une faune distincte et à déduire de ce fait la théorie des cataclysmes successifs, M. Lefort cite l'existence constante et générale d'une couche transitoire séparative entre chaque étage et contenant seule les animaux mélangés des deux horizons contigus, aussi bien que la constatation non moins générale de courbes ondulatoires ayant été produites à chaque renouvellement de faune comme deux faits n'ayant pu être produits que par les cataclysmes dont d'Orbigny avait eu la conception. Il suffirait que les vibrations ondulatoires d'un cataclysme se produisent sous la forme que nous appelons chaleur, pour que la terre s'illumine dans un embrasement général.

M. Charles GRAD, Correspondant de l'Institut, au Logelbach (Alsace).

Sur l'existence de formations glaciaires dans le massif du Sinaï, en Arabie. — La péninsule du Sinaï présente au point de vue de sa constitution géologique deux grandes formations: les dépôts crétacés en occupent la moitié nord, tandis que la moitié méridionale est occupée par des roches cristallines. Tout le massif montagneux du Sinaï se compose de gneiss et de granite, associés à d'autres roches cristallines: syénite, diorite, porphyre. Dans le cours d'un voyage exécuté pendant le mois de mars 1886, M. Grad a constaté dans les vallées qui rayonnent autour du Serbal et du mont Sinaï de grandes moraines et des roches polies et moutonnées sous l'influence des glaciers. Ces moraines atteignent particulièrement un grand développement à proximité des mines de turquoises du ouady Mokatteb et dans les vallées latérales de l'oasis de Firan. Par suite des grandes variations de température entre la nuit et le jour, les roches cristallines se délitent et deviennent friables, en sorte que le poli du glacier a disparu aux altitudes moyennes, partout où les dépôts morainiques ne recouvrent pas les surfaces polies. Mais on retrouve ces polis en enlevant les matériaux meubles des moraines. En faisant l'ascension du Serbal, dont l'altitude dépasse 2,000 mètres au-dessus du niveau de la mer, M. Grad a observé à 1,400 mètres de hauteur, sur le versant du ouady Aleyat, une grande surface polie où les stries du glacier disparu conservent encore toute leur fraîcheur. A cette hauteur, les variations de température sont moins grandes. Le climat actuel de l'Arabie Pétrée est devenu très sec, et ne se prêterait plus à la formation des glaciers, malgré l'élévation des montagnes. Au mois de mars dernier, il y avait un peu de neige dans les ravins du Serbal et du djebel Katherin exposés au nord, mais la hauteur moyenne des précipitations annuelles ne dépasse pas quelques millimètres.

M. BLEICHER, à Nancy.

Guide du géologue en Lorraine. — M. Bleicher présente le manuscrit d'un *Guide du géologue en Lorraine* (Meurthe-et-Moselle, Vosges, Meuse), qu'il se propose de publier prochainement dans le *Bulletin de la Société des sciences de Nancy*.

Il se compose de quatre parties : 1° une introduction contenant les conseils pratiques que l'auteur croit devoir donner au géologue amateur qui désire faire de la géologie en Lorraine, et une classification des terrains applicable à nos régions ; 2° une étude détaillée des terrains stratifiés ou non qui affleurent dans les trois départements, avec leurs caractères stratigraphiques, minéralogiques et paléontologiques. A côté de cette étude détaillée, se trouve un résumé de chaque terrain, et cette partie du guide contient un certain nombre de faits nouveaux ; 3° les plans de quinze excursions géologiques d'une demi-journée à deux ou trois jours, permettant de visiter avec fruit et dans des conditions bien déterminées, les gisements reconnus les plus intéressants de tous les terrains qui affleurent en Lorraine, et de répéter les coupes géologiques qui, dans les planches jointes au texte, sont destinées à le compléter ; 4° la bibliographie géologique lorraine.

M. GRAD, au Logelbach.

Bois fossiles de la forêt pétrifiée du Caire. — M. Grad présente à la section quelques spécimens de bois silicifiés provenant du Bir-Fachmé, entre le Caire et Suez. Les dépôts de bois silicifiés connus sous le nom de forêt pétrifiée du Caire ont été signalés déjà par l'expédition française d'Égypte en 1798. Ils occupent de vastes étendues, où les troncs d'arbres silicifiés gisent par milliers, presque tous brisés en morceaux et enfouis dans le sable. Ce sable provient d'une formation de grès friable en contact avec des marnes qui renferment des mollusques de l'époque miocène, notamment beaucoup de coquilles d'*Ostrea*. D'après un travail d'Unger, les bois examinés par ce botaniste appartiennent à une espèce unique, la *Nicolia egyptiaca*. M. Grad pense qu'un examen plus attentif pourra toutefois amener à reconnaître plusieurs autres espèces et offre d'envoyer la collection qu'il a recueillie à M. Fliche, professeur à l'École forestière, si celui-ci veut bien l'étudier avec l'attention voulue. En Nubie, en face de Korosko, sur la rive libyque du Nil, l'auteur a également trouvé un morceau de bois silicifié à la surface d'un dépôt de grès. Il a vu entre le Caire et Suez des troncs d'arbres debout, sans toutefois avoir creusé assez profondément le sol environnant pour reconnaître d'une manière certaine si les souches sont en place dans le sol où l'arbre a pris naissance.

Discussion : M. Thomas dit qu'il a trouvé en Tunisie dans des sables surmontant des grès à *Ostrea crassissima*, de très nombreux troncs de végétaux paraissant identiques à ceux présentés par M. Grad. Mais, en Tunisie, ces sables paraissent pliocènes.

— Séance du 16 août 1886. —

M. E. FUCHS, Ing. en chef des Mines, à Paris.

Nouveau gisement de phosphate de chaux au nord de la France. — Le gisement nouvellement découvert dans le nord de la France est situé sur le territoire de la petite commune de Beauval, à 7 kilom. au sud de Doullens. Le sol de la région est formé par la craie à *Micraster coranguinum* profondément ravinée. Dans quelques-unes des dépressions on trouve des lambeaux d'*argile plastique* sous formes d'argiles, de glaises sablonneuses grisâtres, de sables, et même accidentellement de grès. L'ensemble est toujours recouvert par un manteau puissant de *bief à silex,* lui-même couronné de limon sur les plateaux. La sablière de Beauval était réputée pour l'homogénéité de ses produits généralement employés pour le moulage. Une récente expérience a montré que ces sables, qui étaient exploités d'une manière intermittente depuis plus d'un siècle, étaient du phosphate de chaux pur à la teneur moyenne de 70 p. 100. Ils sont le résultat du lavage sur place d'une couche de craie mouchetée de phosphate comme celle de Ciply et dont les échantillons intacts se retrouvent sur les parois des excavations imparfaitement atteintes par le ravinement. Le tout forme une vaste poche irrégulière dont la superficie primitivement égale à 15 ou 20 hectares, est encore d'une dizaine d'hectares environ aujourd'hui. Les sondages, très rapprochés à cause du morcellement des terrains entre divers propriétaires, ont permis de constater la présence d'une centaine de mille tonnes à la teneur moyenne de 70 p. 100, plus au moins vingt mille tonnes de phosphates un peu plus pauvres, qui correspondent aux parties les plus profondes des poches et dont la teneur oscille entre 50 et 65 p. 100. La craie phosphatifère a, comme à Ciply, une teneur de 26 à 29 p. 100. Des explorations ont été faites dans les sablières du voisinage. Elles n'ont jusqu'ici donné lieu à aucun résultat, mais il y a lieu de les poursuivre sur toute la lisière de la Somme et de l'Artois.

Discussion: M. Vilanova y Piera donne quelques indications relativement aux gisements de l'Espagne. D'abord il faut noter que tous les granits de l'Estramadure et même ceux de la province de Tolède contiennent du phosphore dans une proportion plus ou moins grande, mais qui reste à déterminer. L'apatite, en très beaux cristaux verdâtres, se trouve à Jumilla (province de Murcie), dans une roche trachitique ; ne pouvant m'expliquer sa présence dans une roche volcanique, comme je l'ai trouvée aussi dans la Somma (Vésuve), que par l'action postérieure des eaux minérales. Enfin nous avons à Belmez (province de Cordoue) les phosphates concrétionnés très chargés de silice et souvent de fer et de manganèse, dans des grottes dont le remplissage s'est fait à l'époque quaternaire à juger par les ossements fossiles que je possède.

M. le Dr FAUVELLE, Ancien Présid. de la Soc. de méd. de l'Aisne, à Paris.

Limite du bassin parisien sur le territoire d'Hirson (Aisne). — Spongiaires du grès vert. — M. FAUVELLE expose comment, pendant la période permo-carbonifère, un soulèvement du bassin parisien amena le redressement des couches primaires inférieures, depuis le commencement des Ardennes à l'est jusqu'au cap Gris-Nez à l'ouest. La partie occidentale de la muraille ainsi formée s'étant désagrégée, fut recouverte par la mer cénomanienne ; c'est à Hirson seulement qu'elle commence aujourd'hui à reparaître, tout en ayant beaucoup perdu de son élévation. A ses pieds se sont déposés, peut-être le trias, certainement les marnes liasiques, puis deux ou trois couches oolithiques inférieures n'atteignant pas le callovien. Sur ces dernières, la mer crétacée est venue déposer des sables ou grès verts de l'âge du gault. Après cette formation, s'est-elle retirée ou bien a-t-elle simplement cessé de former des sédiments ? La variété des fossiles des sables glauconieux donnerait quelque vraisemblance à cette dernière hypothèse. Sur le territoire d'Hirson les couches oolithiques et crétacées devaient s'appuyer, comme encore aujourd'hui le lias, contre la falaise primaire ; mais par la suite des temps, les précipitations atmosphériques les séparèrent, en formant les vallées du Gland et de l'Oise, dont le versant nord est primaire, le versant sud secondaire et le fond liasique.

Les tranchées nécessitées par des travaux publics importants, ont permis à M. Fauvelle d'étudier tous ces terrains et surtout les sables glauconieux dans lesquels il a découvert de nombreux fossiles et surtout une collection de spongiaires remarquables par leur conservation, leur abondance et le nombre des espèces et variétés qui d'ordinaire sont disséminées à tous les étages de la craie. Cette collection est mise sous les yeux de la section.

Discussion: Au milieu des fossiles présentés par M. Fauvelle et recueillis dans les sables du gault d'Hirson (Aisne), M. COTTEAU reconnaît plusieurs exemplaires de l'*Holaster latus*, espèce caractéristique de l'étage albien, et un échantillon de l'*Epiaster Kœchlini*, d'Orb., échinide fort rare, dont on ne connaissait jusqu'ici qu'un exemplaire, de provenance douteuse, à l'état de moule intérieur, décrit et figuré par d'Orbigny dans la *Paléontologie française*.

M. REGNAULT, à Toulouse.

Note sur la grotte de Gargas et sur la grotte d'Auber. — M. REGNAULT annonce qu'il a rencontré dans de nouvelles explorations de la grotte de Gargas, le squelette presque complet d'un petit ours adulte, variété très curieuse que M. Gaudry rapporte à l'*Ursus spelæus* [1].

1. *La Grotte de Gargas. — Origine des cavernes. — Étude des dépôts fossilifères*, avec plan de la grotte. (Société d'histoire naturelle de Toulouse, 1884.)
Un repaire d'hyènes dans la grotte de Gargas. 1885 avec planches. (Société d'histoire naturelle de Toulouse, chez l'auteur.)

Dans la grotte d'Auber, dans la vallée de Biros (Ariège), M. Regnault a commencé également des fouilles importantes et recueilli, sous une couche de stalagmite, un grand nombre d'ossements appartenant à la faune quaternaire.

M. Regnault offre au musée de la Faculté des sciences de Nancy plusieurs cartons des ossements de l'*Ursus spelæus* de petite taille recueillis à Gargas.

M. BLEICHER, à Nancy.

Sur le bathonien inférieur de la Lorraine au point de vue stratigraphique et paléontologique. — M. Bleicher a entrepris depuis quelques années l'étude des formations *bathoniennes* inférieures dans le département de Meurthe-et-Moselle et a publié dans divers mémoires les résultats de ses observations.

Il insiste aujourd'hui sur ce fait que les environs de Nancy et spécialement le lieudit le Haut-du-Lièvre contiennent une faune très remarquable de ce niveau. Grâce aux recherches de MM. Gaiffe et Boubalet, Thomas, Millot, Monal, il a pu établir qu'il existe à la limite des deux étages du bajocien (oolithe inférieure) et bathonien (grande oolithe) une zone très fossilifère dans laquelle *Ammonites niortensis* ou *subfurcatus* n'a pas encore paru et se trouve remplacée par *Ammonites* (*cosmoceras*) *longovicense Steinm.* Ce fossile s'accompagne d'une série d'échinides, de gastropodes, de bivalves, de polypiers des plus intéressants.

M. Bleicher en cite quelques-uns, fait remarquer ceux qui ont déjà apparu dans le bajocien, ceux qui montent dans le bathonien, ceux enfin qui permettent de caractériser cette zone. Il rappelle que des traces de cette faune se trouvent dans presque toute la bande bathonienne de Meurthe-et-Moselle, mais qu'elles vont se perdant soit vers le sud, soit vers le nord où elles disparaissent entre Conflans et Briey, pour reparaître à Longwy où a été précisément trouvée *A. longovicensis* qui paraît devoir être considérée comme la caractéristique de cette zone.

— Séance du 18 août 1886. —

M. Émile RIVIÈRE, à Paris.

Faune des Reptiles, des Oiseaux et des Poissons trouvés dans les grottes de Menton, en Italie — Cette nouvelle communication a pour but de compléter la note que M. Rivière a donnée l'année dernière, au congrès de Grenoble, relativement à la faune des cavernes de Menton. L'auteur étudie cette fois trois groupes de vertébrés, c'est-à-dire :

1° Les Reptiles caractérisés par les deux genres *Bufo* et *Rana* ; le premier indiquant un animal de très grande taille;

2° Les Oiseaux représentés par 42 espèces différentes, chiffre considérable et bien supérieur à celui qui a été trouvé jusqu'à présent dans les autres cavernes de France et même d'Europe ; ces oiseaux appartiennent au groupe des oiseaux de proie diurnes et nocturnes, aux Passereaux, aux Gallinacés, aux Échassiers et aux Palmipèdes ;

3° Les Poissons, au nombre de sept espèces différentes, dont une fossile : un *Strophodus* des terrains jurassiques et six espèces vivantes qui sont des Cténoïdes, tels que *Sciæna aquila*, ou des Cycloïdes des genres : *Thynnus, Labrax, Salmo, Trutta* et *Anguilla*. Les uns sont des poissons de mer, les autres des poissons d'eau douce. Parmi ces derniers, il en est dont la provenance était très éloignée des grottes de Menton. C'est là un fait très important au point de vue des migrations des peuplades quaternaires, qui, déjà annoncées par l'auteur l'an dernier dans sa communication sur les coquilles provenant des mêmes grottes, sont aujourd'hui absolument confirmées par cette nouvelle étude.

De quelques bois fossiles trouvés dans les terrains quaternaires du bassin parisien. — Les échantillons de bois fossiles sur lesquels M. Rivière appelle l'attention des membres de la section de géologie ont été trouvés par lui dans les sablières quaternaires du Perreux (Seine). Des coupes très fines ont été pratiquées pour leur étude au microscope; et de cette étude faite par MM. Renault et Danguy au laboratoire de M. Bureau, au Muséum de Paris, il résulte que ces bois sont des palmiers et des conifères. Les premiers sont des *Rhizocaulons;* les seconds appartiennent aux genres *Cedraxylon* et *Taxodium.*

M. VILANOVA Y PIERA, Prof. de paléontologie à l'Univ. de Madrid.

Sur le terrain éocène d'Alicante.

M. Gustave COTTEAU, à Auxerre.

Catalogue raisonné des Échinides jurassiques recueillis dans la Lorraine. — M. Cotteau présente le catalogue raisonné des échinides recueillis jusqu'ici dans la Lorraine. Les étages jurassiques inférieurs sont largement développés dans cette région; quelques couches sont riches en échinides, et les espèces énumérées sont au nombre de quatre-vingt-une réparties en vingt genres. L'étage bajocien renferme à lui seul trente-trois espèces; vingt-six se rencontrent dans l'étage bathonien. Six espèces communes aux deux formations montrent le lien qui existe en Lorraine, comme partout ailleurs, entre l'étage bajocien et les couches inférieures de l'étage bathonien.

M. FOUQUÉ, Mem. de l'Institut, Prof. au Coll. de Fr., à Paris.

Sur les matériaux de construction employés à Pompéi. — M. Fouqué signale dans les constructions les plus anciennes, antérieures à la domination romaine, des blocs d'un calcaire d'eau douce, riche en empreintes de plantes et provenant des bords du Sarno. La domination de Rome a eu pour effet de substituer au calcaire des matériaux d'origine volcanique existant dans le sol même de la ville ou dans ses environs immédiats; ces matériaux, divers d'ailleurs, sont tous des *leucotéphrites.* Des tufs poreux figurent encore parmi les matériaux employés à l'édification de Pompéi; ces tufs se rattachent aux éruptions des champs phlégréens. La terre cuite joue aussi un grand rôle dans les constructions de Pompéi; les briques sont formées d'éléments volcaniques et l'argile qui a servi à les fabriquer provenait de la décomposition des tufs; les amphores étaient faites avec une argile à grains plus fins. Il paraît probable que la fabrication de ces objets se faisait sur les terrains argilo-calcaires des bords du Sarno.

M. GAUTHIER.

Sur les Échinides de l'Algérie. — Résumé du 9e fascicule des *Échinides de l'Algérie.* Ce fascicule traite des échinides éocènes. On en connaît 26 espèces : 19 recueillies à Kef-Iroud, département d'Alger ; 7, dans le département de Constantine, près la frontière de Tunisie, à Zoui et Aïn-Ougrab.

M. BLEICHER, à Nancy.

Sur les dénudations anciennes aux environs de Nancy. — Les dénudations anciennes se manifestent aux environs de Nancy par des dépôts de fissures, de placages, par des traînées de sables et de cailloux, par des accumulations de débris plus ou moins menus de roches non roulées. Ces éléments sont ou d'origine *lointaine* (*Vosgienne*). ou d'origine *locale* (*matériaux jurassiques*).

Ces dépôts échelonnés du sommet des plateaux jusque vers le fond des vallées méritent d'attirer l'attention, car certains d'entre eux sont entièrement formés des débris d'étages disparus.

M. Bleicher en signale surtout deux, d'origine *locale* ou jurassique ; le premier situé à peu de distance de Nancy, plateau de Champ-le-Bœuf, contient toute la faune des sous-étages bathonien moyen et supérieur ; le second, situé dans le périmètre du fort de Frouard, contient des cailloux de grande taille, à peine roulés, de calcaire siliceux corallien avec ses fossiles caractéristiques. Il en conclut que le bathonien supérieur et le corallien affluaient sous le parallèle de Nancy et de Frouard, jusque vers le commencement de l'époque quaternaire, comme semble le prouver la faune des mammifères contenue dans les fissures.

— Séance du 19 août 1886. —

M. ROLLAND, Ing. au corps des Mines, à Paris.

Sur la géologie de la Tunisie centrale, du Kef à Kairouan. — M. Rolland, chargé de la géologie dans la mission scientifique de la Tunisie, rend compte de l'exploration qu'il a faite, au printemps de 1885, au travers de la Tunisie centrale, du Kef à Kairouan, dans des régions qui étaient entièrement nouvelles au point de vue géologique.

La Tunisie centrale présente essentiellement un massif de couches sénoniennes, avec calcaires à Inocérames et à Céphalopodes, massif puissant qui est couronné, de distance en distance, par une formation de calcaires à Nummulites.

On sait aujourd'hui que les formations nummulitiques, qui affleurent sur tout le pourtour du bassin méditerranéen, présentent des localisations remarquables. D'après les Nummulites que M. Rolland a rapportées de Tunisie et que M. Munier-Chalmas a déterminées, il y a lieu de distinguer désormais, pour l'Algérie et la Tunisie, une nouvelle région naturelle de Nummulites, avec certaines espèces tout à fait spéciales.

Il existe dans la Tunisie centrale, de l'éocène inférieur, aussi bien que de l'éocène moyen, et il se confirme que l'éocène inférieur s'est déposé en certains points, sur le pourtour de la Méditerranée, l'éocène moyen étant, d'ailleurs, avec lui en pleine discordance de transgressivité.

Les gisements de phosphorites découverts par M. Thomas dans le sud de la Tunisie, à la base de l'éocène inférieur, manquent dans la Tunisie centrale, sauf vers l'ouest, à partir du Kef, mais ils sont représentés, entre le Kef et Kairouan, par un système de calcaires phosphatés, situés au même niveau géologique.

M. Émile RIVIÈRE, à Paris.

Grotte des Gerbaï. — Cette grotte assez voisine des cavernes des Baoussé-Roussé, dites grottes de Menton, présente cette particularité qu'elle n'a jamais été habitée par l'homme ; de là absence de toute industrie, de tous objets travaillés ; de là aussi certaines différences dans la faune qu'elle renferme : faune représentée surtout comme mammifères, par des carnassiers, tandis que dans les grottes de Menton, les ruminants, les pachydermes, les oiseaux et les mollusques comestibles sont les espèces animales qui prédominent. Sous ce rapport la grotte des Gerbaï se rapproche tout à fait de celle de Grimaldi, sur laquelle M. Rivière a appelé l'attention de l'Association française, en 1878, au congrès de Paris.

Gisement du moulin Quinat. — Ce gisement, récemment découvert, a donné en une seule fouille de quelques heures plus de deux cents pièces, sur lesquelles 160 représentent plusieurs espèces animales, où les Cervidés et les Équidés prédominent, et 44 sont des silex parfaitement taillés, indiquant ainsi la contemporanéité dans cette localité, aux temps quaternaires, de l'homme et de la faune de cette époque.

Ce nouveau gisement doit être très prochainement l'objet de fouilles suivies de M. Rivière qui promet d'en faire connaître les résultats à l'Association française, au congrès de Toulouse.

M. Attale RICHE, Délég. du Muséum de Lyon.

Les alluvions anciennes du plateau lyonnais. — M. Attale Riche communique les résultats d'une étude qu'il a entreprise sur les alluvions de la région qui s'étend à l'ouest de Lyon.

Il a reconnu les alluvions alpines des plateaux (altitude moyenne : 275 mètres) et les alluvions alpines des hautes et des basses terrasses (altitude 255 et 220 mètres). Il signale un autre type d'alluvions dans lesquelles dominent les cailloux anguleux de quartz et qui sont exclusivement formées de roches de la région. Ces dernières alluvions qu'il nomme « alluvions lyonnaises des plateaux », sont de même âge que les alluvions alpines des plateaux, et, comme elles, doivent se placer à la fin du pliocène supérieur.

Cet âge est celui que M. Fontannes a assigné aux alluvions alpines des plateaux.
(Publié dans les *Annales de la Société Linnéenne de Lyon*, tome 32, 1886.)

M. René NICKLÈS, Ing. civ. à Dommartemont, près Nancy.

Présentation d'une astérie. — M. René Nicklès présente un *Stellaster Sharpii* (Wright. — Paleontographical Society) trouvé par lui à la Foucotte (côte de Toul) à 2 kilomètres de Nancy, à la base du bajocien supérieur, avec le *Pecten articulatus*.

9e Section

BOTANIQUE

Président d'honneur . . .	M. Marcus HARTOG, prof. au Queen's College, à Cork (Irlande).
Président	M. le marquis de SAPORTA, Corresp. de l'Institut, à Aix.
Vice-Président	M. FLICHE, Prof. de botan. à l'Éc. forest. de Nancy.
Secrétaire.	M. P. MAURY, Doct. ès sc., Prép. à l'Éc. des Hautes-Études au Muséum, à Paris.

— Séance du 13 août 1886. —

M. le Dr QUÉLET, à Hérimoncourt (Doubs).

Quelques espèces critiques ou nouvelles de la Flore mycologique de France. — Dans ce mémoire qui peut être considéré comme le quinzième supplément de l'ouvrage : *les Champignons du Jura et des Vosges,* M. le Dr Quélet décrit neuf espèces nouvelles : *Cortinarius oliveus, Russula fusca, Uloporus Mougeotii, Placodes fucatus, Inodermus maritimus, Corticium lilacinum, Geaster striatus, Stephensia crocea, Hydnotria jurana,* et un certain nombre de variétés. Ayant eu occasion d'étudier plusieurs exemplaires de *Phallus* récoltés soit à Épinal, soit au Chérimont, M. Quélet a pu établir l'identité de l'espèce étudiée par lui avec *Hymenophallus togatus* Kalch., décrit d'après un spécimen desséché provenant de Pensylvanie. L'une et l'autre espèce doivent se rapporter au *Phallus impudicus* L. Pour cette forme, il propose la nouvelle appellation *Phallus togatus* Q.

M. Marcus HARTOG, Prof. d'hist. nat. au Queen's College, à Cork (Irlande).

Note sur la formation et la sortie des Zoospores chez les Saprolegniées — M. Marcus Hartog résume ainsi les résultats de ses recherches :

1° Dans le zoosporange des saprolegniées, les granules du réseau de la première séparation appartiennent à toute la surface des proéminences intérieures du protoplasme.

2° Les bandes claires sont l'expression du protoplasme aminci par l'extension des vacuoles entre ces préominences, et ne sauraient être envisagées comme des plaques cellulaires, d'après Büsgen.

3° Le stage homogène provient de la perte par le protoplasme de ses couches résistantes à l'osmose.

4° L'ouverture du bec de sortie est indépendant de toute matière expulsive.

5° Les zoospores mûrs du sporange sont ciliés chez les achlya aussi bien qu'ailleurs ; les achlya sont donc diplanétiques.

6° La sortie des zoospores paraît être déterminée par la stimulation chimique de l'eau aérée.

Discussion. — M. VUILLEMIN remarque qu'il serait bien intéressant de suivre les noyaux au cours des diverses phases indiquées par M. Hartog.

Mais l'étude des noyaux présente chez les champignons des difficultés spéciales. Chez les Mucorinées, par exemple, les noyaux sont réfractaires à l'hématoxyline, tandis que cette teinture a une élection marquée pour ceux des Entomophthorées. Chez ces derniers le mycélium a une grande tendance à prendre la structure cellulaire des plantes supérieures. Eidam l'a trouvée réalisée chez le *Basidiobolus*, et un *Entomophthora* a montré à M. Vuillemin des noyaux peu nombreux, atteignant 7-9 μ de diamètre. Les noyaux des Mucorinées, généralement petits, mais bien distincts quand le prostoplasma n'est pas trop opaque, restent incolores dans la solution où ceux des *Entomophthora* témoins deviennent d'un beau violet localisé aux granulations chromatiques. Les noyaux innombrables de divers champignons semblent donc différer de ceux des cellules uninucléées, non seulement par la taille, mais par certaines propriétés chimiques et une technique spéciale serait à créer pour eux. M. Vuillemin est heureux d'attirer sur cette question encore obscure l'attention d'un observateur aussi perspicace que M. Hartog.

M. le Dr Paul VUILLEMIN, Chef des trav. d'hist. nat. à la Fac. de méd. de Nancy.

Sur le polymorphisme des Pézizes. — M. VUILLEMIN décrit une Pézize dont es ascospores produisent, suivant la richesse du milieu nutritif, soit directement une tête chargée de spores, semblable à ce que Tulasne a figuré chez le *Peziza vesiculosa*, soit un mycélium qui donne de nouvelles Pézizes débutant par un scolécite ou plus souvent une moisissure d'un type nouveau rappelant les *aspergillus* et qu'on pourrait appeler *asterigma*.

Cette moisissure diffère au plus haut point du *botrytis*, ce qui montre la variabilité de l'appareil conidiophore dans un seul genre et la valeur taxinomique des ascospores.

Pourtant M. Vuillemin pense qu'une dégradation parasitaire pourrait frapper l'appareil ascophore à l'exclusion de l'appareil conidiophore. Il serait tenté d'appliquer cette manière de voir aux *Dimargaris, Coemansia* et autres moisissures parasites des Mucorinées, et dont l'organisation rappelle l'*asterigma*.

M. HENRY, Répét. à l'Éc. forestière de Nancy.

Sur la répartition du tannin dans le bois de chêne. — Les principales conclusions de ce travail peuvent se résumer ainsi :

1° Supériorité de la méthode Löwenthal, J. von Schroeder pour le dosage exact du tannin. (Voir dans les *Annales de la Science agronomique française et étrangère*, 1886, la critique approfondie de cette méthode avec les modifications proposées par le Dr J. von Schroeder.)

2° Insuffisance de la méthode Müntz et Ramspacher au moins en ce qui concerne les écorces et les bois.

3° Pauvreté remarquable de l'aubier de chêne en tannin (moins de 2 p. 100).

4° Richesse de l'écorce dont la teneur va en diminuant pour les chênes d'âge moyen (90 ans) depuis la racine jusqu'au sommet du fût (de 13.6 p. 100 à 5.7 p. 100).

5° Le bois parfait contient de 6 à 9.5 p. 100 de tannin et ce sont les couches les plus voisines de l'aubier qui en renferment le plus.

6° Les petites branches (de 0,03c à 0,04c de diamètre) ne dosant que 2.2 à 2.5 p. 100 ne peuvent servir à la fabrication des extraits de tannin, tandis que les ramilles (les 30 derniers centimètres des rameaux) en contiennent de 5 à 6.6 p. 100 et seraient utilisées avec profit pour cet emploi en raison de leur teneur élevée et de leur valeur à peu près nulle.

— Séance du 14 août 1886. —

M. le Dr P. VUILLEMIN, à Nancy.

Herborisation au plateau de Malzéville. — Une promenade aux environs de Nancy ne devait pas exciter grand enthousiasme parmi les botanistes qui avaient encore présents à l'esprit les souvenirs de la session de Grenoble. On ne pouvait même, à cette saison, attendre une riche récolte. Pourtant, malgré les menaces de pluie, les membres de la section de botanique s'étaient réunis en assez grand nombre le vendredi 13 août à 2 heures et demie au Pont-d'Essey pour gagner le plateau de Malzéville.

M. Fliche avait bien voulu diriger l'excursion ; et, grâce aux intéressantes explications de l'éminent professeur de l'École forestière, les essais de reboisement tentés, non sans quelque succès, sur cet aride plateau ont vivement fixé l'attention des membres de la section et donné à cette promenade un attrait tout spécial.

L'herborisation proprement dite nous a aussi procuré quelques plantes caractéristiques, mais seulement dans les lieux secs ou boisés ; car la route de Château-Salins, bordée jadis de prairies riches en *Carex* et autres espèces palustres, est maintenant un faubourg de la ville. Aussi la quittons-nous bien vite pour gravir la hauteur.

A mi-côte, nous visitons près de Dommartemont le parc de M. Nicklès. Fidèle à des traditions de famille, notre confrère utilise la situation exceptionnelle de cette propriété pour y assembler des plantes rares et difficiles à acclimater sous le ciel lorrain. Nous remarquons d'abord de superbes massifs de *Gentiana asclepiadea,* plus pâles peut-être mais non moins vigoureux que sur les flancs du Titlis. Le *Struthiopteris germanica,* naturalisé en plusieurs points des Vosges, partage avec les grappes bleues de la gentiane l'ombre du *Taxodium distichum.* Depuis plus de 35 ans, cet arbre brave les frimas qui, dans d'autres parties de la Lorraine, n'épargnent pas toujours l'Épicéa lui-même. Le désastreux hiver de 1879 a pourtant laissé des traces dans ce jardin privilégié et, frappant un groupe de Cèdres du Liban, il n'a laissé debout que deux individus, âgés maintenant de 40 ans. Le Gincko, le Baumier, le Pavia, le Tulipier, l'Ailantus, le Laricio attirent successivement nos regards. Un Saule argenté de 55 ans mesure à la base cinq mètres de circonférence.

Malheureusement les gelées ne sont pas le seul fléau de nos campagnes. En quittant ce remarquable jardin, qui nous laisse une excellente impression et où nos boîtes se sont déjà remplies grâce à la libéralité de notre confrère, nos regards s'arrêtent péniblement sur les vignes hachées par un récent ouragan. La récolte est perdue. Nos yeux, se détournant de ce pénible spectacle, rencontrent le Donon, reconnaissable au loin à sa forme de pyramide tronquée. Les Vosges centrales se détachent mal des nuages où se perdent leurs cimes.

Nous sommes sur le plateau. Le petit chêne en décore les pentes et les grands corymbes de l'*Aster Amellus* émaillent la pelouse. Le bois de pins nous offre le *Goodyera repens* importé, en compagnie des pins, des forêts vosgiennes où il est rare d'ailleurs. C'est de la même façon qu'il s'est introduit à Fontainebleau.

La plupart des autres Orchidées sont passées ; pourtant l'*Epipactis latifolia*, toujours en retard sur l'*atro-rubens*, est encore fleuri. L'*Hypopytis* s'y maintient depuis plusieurs années. Le *Brunella grandiflora* se montre indifféremment sous ses deux variétés, à feuilles entières ou pinnatifides. Ici les champs sont remplis de *Stachys annua* et de *Galeopsis angustifolia*, tandis que les sables vosgiens nourrissent plutôt *Stachys arvensis* et *Galeopsis dubia*.

Les *Inula salicina, Laserpitium latifolium, Peucedanum Cervaria, Odontites lutea* couvrent la lisière du bois de Flavémont, tandis qu'au printemps on y cueille en abondance, avec *Scilla bifolia*, *Viola alba, mirabilis, Anemone ranunculoides, Hepatica*, etc., le *Primula grandiflora* et sur la pelouse voisine l'hybride *officinali-grandiflora*, qui a fourni à Godron les matériaux d'une étude intéressante.

Nous nous arrêtons à des amas de rocailles pour y ramasser : *Linum tenuifolium, Rumex scutatus, Polypodium robertianum*, etc. ; puis, notant en passant l'abondance de *Herniaria glabra* dans les champs, nous arrivons à la muraille rocheuse qui domine la vallée de la Meurthe et toute la ville de Nancy. Le *Teucrium montanum* est un peu fané ; pourtant nous en faisons une ample récolte. Nous dérobons encore quelques rameaux au *Lathyrus silvestris* qui enguirlande les rochers, mais à la hâte ; car le temps s'est brusquement obscurci, et de ce point élevé nous voyons la pluie marcher droit sur nous. C'est un « sauve-qui-peut » général. Pourtant au cri de ralliement « *Thalictrum silvaticum* » quelques intrépides s'engagent dans un sentier creux qui mène à la station de cette Renonculacée peu commune. La pluie d'ailleurs ne s'est pas décidée à franchir la Meurthe et nous regagnons Nancy sans encombres, remarquant en passant combien le *Lamium maculatum* est vulgaire en Lorraine[1].

M. GODFRIN, prof. à l'Éc. sup. de pharm. de Nancy.

Distinction histologique entre l'Anis étoilé de la Chine et l'Anis étoilé du Japon. — L'Anis étoilé de la Chine (*Illicium anisatum* Lour.) est employé, grâce à l'huile essentielle qu'il contient, au lieu et place de l'Anis vert. En 1881, le *Pharmaceutical Journal* signala l'apparition dans le commerce de fruits très semblables aux précédents et rapportés à l'*Illicium religiosum*, Bn. Ceux-ci, Anis étoilés du Japon, non-seulement ne seraient pas aromatiques, mais seraient même toxiques. Les moyens donnés jusqu'ici pour distinguer les deux sortes ne peuvent conduire à une certitude absolue, mais l'examen histologique du fruit et de la graine m'a donné un criterium certain, qui est le suivant : la graine de l'Anis de Chine n'a au-dessous de la couche externe scléreuse de ses enveloppes que des cellules parenchymateuses ; l'autre Anis possède à la même place de nombreuses cellules pierreuses ; le fruit de l'Anis de Chine a près de la ligne de suture ven-

1. On trouvera de plus amples détails sur le plateau de Malzéville dans notre *Notice sur la flore des environs de Nancy.* (*Nancy et la Lorraine,* pages 333-339.)

trale du carpelle une masse scléreuse fort dure, l'autre ne montre à cet endroit que quelques cellules à membranes un peu épaissies.

M. Paul MAURY, Doct. ès sciences, Prép. à l'Éc. prat. des Hautes-Études.

Note sur le mode de végétation de Hemiphragma heterophyllum *Wall.* — M. P. Maury a pu, grâce aux nombreux échantillons de cette curieuse scrophularinée rapportés du Yun-Nan par M. l'abbé Delavay, trouver la raison du dimorphisme remarquable des feuilles qu'on avait constaté jusqu'ici, sans le comprendre, sur l'*Hemiphragma heterophyllum* Wall. En effet, une série d'échantillons, récoltés le 2 mai 1884, sur la montagne Hee-Chan-Men à 2,000 mètres d'altitude, présente uniquement le type à feuilles étroites, acéreuses, tandis qu'une seconde série recueillie le 26 septembre de la même année sur le mont Trougchan à 3,500 mètres d'altitude offre seulement le type à feuilles larges. L'étude attentive des diverses parties de la plante permet bientôt de reconnaître que les feuilles larges sont dues à l'influence de la période favorable de la végétation répondant à l'été, tandis que les feuilles étroites, qui sont des feuilles larges modifiées, se forment pendant la période hibernale. Cette plante herbacée présente donc ce fait remarquable de conserver toujours des feuilles, sous deux formes appropriées au milieu. De plus, elle est rendue vivace par la production de rameaux nouveaux provenant de bourgeons situés à l'extrémité des anciens rameaux et s'enracinant à la manière des stolons du fraisier. Dans les rameaux âgés, on constate une décortication complète qui n'empêche pas la plante de vivre encore pendant un certain temps. C'est là, on le voit, un exemple curieux de l'influence du milieu sur le mode de végétation d'une plante.

Discussion: M. de Saporta dit avoir observé sur un *Juniperus* de l'Himalaya un fait qui pourrait prendre place à côté de celui que vient de faire connaître M. Maury. Les rameaux de cet arbuste, planté en Provence, rampent à la surface du sol en divergeant tous du pied commun. A leur extrémité, ils portent un bourgeon de la base duquel partent des racines et qui donne lieu à un nouveau rameau se développant au printemps. C'est là un mode de végétation parfaitement adapté à la vie toute spéciale des plantes de montagnes, qui passent une grande partie de l'année sous la neige et végètent rapidement pendant une saison courte et très chaude.

M. Vuillemin fait observer que ces faits ne sont pas sans analogie avec ce qui se passe dans l'enracinement des tiges de ronces. Une sclérose précoce du péricycle arrête l'accroissement diamétral de ces tiges. A défaut de support, elles retombent sous leur propre poids, se renflent en tubercules, émettent des bouquets de racines et des stolons. C'est ce que M. Mer a désigné élégamment sous le nom de progression à longues enjambées.

M. Vuillemin demande à M. Maury si l'exfoliation de l'écorce s'accompagne de la constitution d'un méristème secondaire phellogène et à quelle profondeur apparaît cette couche?

M. Maury n'a pu encore décider ce point à cause de la dureté du bois et de la facilité avec laquelle s'en détache l'écorce sur les échantillons desséchés qu'il a eus à sa disposition.

En pareil cas, M. Vuillemin a recours à la simple ébullition des tiges dans l'eau, suivie d'un durcissement dans l'alcool si le ramollissement est poussé trop loin. Les ponctuations caspariennes sont généralement nettes sur les tiges rampantes à péricycle exempt de sclérose. Elles serviraient de point de repère sur les coupes transversales.

M. Godfrin demande si les feuilles étroites, modifiées, ont bien la même structure que les grandes feuilles normales. Il semble qu'une modification aussi considérable dans l'aspect de la plante doit avoir une influence sur sa structure, comme cela a lieu d'ordinaire.

M. Maury n'a constaté aucune différence de structure entre les deux types qu'il vient de décrire. L'influence du milieu, ou plutôt l'influence des périodes hibernale et estivale, ne s'exerce que sur le parenchyme. Tandis que la forme d'été renferme un parenchyme assez considérable, feuilles larges, un peu charnues, écorce épaisse, la forme d'hiver est moins pourvue de parenchyme, les feuilles étant fort réduites et l'écorce disparaissant progressivement.

M. Vuillemin pense que l'étude microchimique de ces corpuscules serait intéressante. L'une des deux substances associées ne serait-elle pas un déchet de la formation de l'autre comme certaines enclaves des grains d'aleurone ?...

M. Georges POUCHET, Prof. au Muséum d'hist. nat., à Paris.

De l'existence d'un organe oculaire chez les Péridiniens (*Flagellés*). — M. Pouchet s'excuse de présenter une communication à la section de botanique. A la vérité, les êtres dont il désire l'entretenir, les Péridiniens, sont aujourd'hui classés très généralement parmi les végétaux. A ce point de vue, l'existence chez ces êtres d'un véritable organe oculaire n'en est que plus digne de fixer l'attention. Il ne s'agit point d'une *tache* oculaire rouge, mais d'un véritable appareil visuel absolument comparable à l'œil de certaines Annélides et de certains Turbellariés. Cet œil est constitué par un corps réfringent (cristallin), allongé, arrondi à son extrémité antérieure et plongeant par son extrémité postérieure dans une calotte pigmentaire (choroïde) noire ou rouge. La place, la disposition de l'organe, sont constantes. M. Pouchet avait déjà, l'année dernière, signalé l'existence de Péridiniens possédant un œil semblable, mais il a pu cette année étudier cet organe à loisir sur un grand nombre d'individus recueillis à Concarneau. Il a désigné l'espèce sous le nom de *Gymnodium Polyphemus,* comprenant deux variétés, *nigrum* et *roseum,* différentes à la fois par la taille et par la couleur du pigment oculaire. Le reste du cytoplasme de l'être est généralement coloré par la diatomine[1].

Discussion. — M. de Saporta pense que la communication précédente doit, au plus haut point, fixer l'attention des botanistes. M. Pouchet veut bien leur soumettre l'intéressante question qu'il vient de soulever, à savoir si ces êtres inférieurs, reconnus aujourd'hui pour appartenir au règne végétal, peuvent être munis d'organes de vision. Il n'existe actuellement aucun végétal pourvu d'un tel organe ; on se trouverait donc, ici, en présence d'une forme qui établirait un lien nouveau entre les animaux et les plantes.

Il y a lieu, pense M. Maury, avant de chercher à démontrer si l'organe si curieux décrit par M. Pouchet, est bien un organe de vision, de connaître parfaitement les Péridiniens. Sont-ce des êtres parfaits ou des zoospores, comme se l'est demandé M. Pouchet? Quel est leur mode de multiplication, reproduction ou segmentation ? Quelle est leur action sur la lumière, l'oxygène, le carbone ? Enfin quel est le mode de formation de l'organe oculiforme ? Ce sont là autant de questions à résoudre qui doivent éclairer le botaniste, ou mieux le biologiste, dans l'étude de cet organe. Jusqu'ici, rien de semblable n'a encore été constaté chez les végétaux. On connait bien des formations cristallines qui ont reçu le nom de *cristalloïdes,* mais aucune ne peut se comparer à celle des Péridiniens. L'association constante d'un corps cristallin avec un amas de corpuscules pigmentaires est également inconnue dans les plantes. Cette absence complète d'analogie entre l'organe oculaire des Péridiniens et les organes des végétaux rend justement très intéressante la découverte de M. Pouchet, faite chez des êtres qui tiennent, selon toute apparence, le milieu entre les animaux et les plantes.

M. Vuillemin présente ensuite les considérations suivantes :

Le curieux organe que vient de nous décrire M. Pouchet doit être apprécié au double point de vue de la forme et de la fonction.

Morphologiquement, il se rattache à l'œil des animaux inférieurs et paraît être sans homologue chez les végétaux bien différenciés. Cela n'implique nullement que les Péridiniens perçoivent la lumière. Il s'agit plutôt d'une sorte de sensibilité chimique inconsciente, de l'ordre de celle que l'on attribue au pourpre rétinien, d'une sorte de rupture d'équilibre moléculaire entraînant une réaction fatale. Ce rôle est celui des pigments en général ; et il semble résulter de l'exposé de M. Pouchet, que l'organe oculiforme des Péridiniens est né par localisation d'un pigment primitivement disséminé sous forme de granulations dans tout le protoplasma.

Chez les animaux, l'apparition d'un système nerveux fixera cette localisation et l'on aura secondairement un organe sensoriel qui reste néanmoins le régulateur de la pigmentation et de la réceptivité de l'animal à l'égard de la radiation. Les expériences faites par M. Jourdain sur des crustacés, par M. Pouchet lui-même sur des poissons aveugles, diverses observations sur les animaux pêchés à de grandes profondeurs ne laissent aucun doute sur ce point.

Un autre pigment, la chlorophylle qui, chez les êtres inférieurs, chez les Péridiniens eux-mêmes, coexiste avec le pigment oculaire, se retrouve seul chez les plantes bien caractérisées et y joue le rôle trophique de l'œil primitif.

L'analogie se poursuit dans la combinaison d'un protoplasma très réfringent et de corps chlorophylliens. Nous en trouvons un exemple dans l'appareil qui détermine dans les cellules sphériques du protomena, l'éclat bien connu de *Schistostega osmundacea.*

M. Émile MER, Insp. adj. des forêts, Attaché à la station de recherches de l'École forestière à Nancy.

*De la formation des bulbilles dans l'*Isoetes lacustris *du lac de Longemer.* — L'*Isoetes lacustris* présente sur certains points du lac de Longemer un mode particulier de reproduction qui n'a encore été signalé nulle part ailleurs. Le sporange est remplacé par une émergence portant de jeunes feuilles repliées sur elles-mêmes. Ce corps est un bulbille qui se détache de la feuille mère et, se fixant dans le sol, forme un pied indépendant. M. Mer a fait connaître, il y a quelques années [2], les conditions dans lesquelles se rencontrent ces bulbilles ainsi que leur signification physiologique ; ce sont des détails supplémentaires qu'il désire donner actuellement. On sait que l'*Isoetes lacustris* porte des feuilles à macrosporanges et des feuilles stériles. Si l'on examine, dans ces dernières, les diverses

1. Le mémoire *in extenso* paraîtra dans le *Journal de l'Anatomie.*
2. *Comptes Rendus de l'Académie des Sciences,* janvier et février 1881.

formes que présente le sporange, on constate que l'apparition des bulbilles est due à un mode particulier d'avortement de cet organe. On observe en effet une longue série de dégradations entre un sporange normal et la disparition complète de cet organe. Mais l'on peut dire qu'en général elles sont dues à l'envahissement plus ou moins complet du tissu de formation des cellules mères des spores par le tissu conjonctif ou de nutrition représenté par l'enveloppe du sporange, les trabécules et le hile ou point d'attache de l'organe sur la feuille. Il peut se présenter un grand nombre de cas. Le mode de reproduction par bulbilles s'observe principalement sur les individus vivant en massif dans les stations profondes (2 à 4 mètres). C'est au mois de juin qu'apparaissent les feuilles à macrosporanges, au mois de juillet et d'août celles à microsporanges, au printemps et à l'automne les feuilles stériles ou bulbifères.

Discussion. — M. DE SAPORTA, à propos de la communication précédente qui tend à démontrer la variabilité morphologique des *Isoetes,* demande si, dans certains cas et sous l'influence de certaines conditions de milieu, le limbe des feuilles fertiles ne serait pas sujet à avorter soit en partie, soit totalement. Ce qui l'engage à faire cette question, c'est la connaissance acquise dernièrement par lui, d'un *Isoetes* fossile observé dans les couches éocènes du gypse d'Aix et qui présente cette particularité. Les empreintes assez nombreuses qui se rapportent à cet *Isoetes* consistent uniquement en une écaille élargie et engainante inférieurement surmontée d'une languette subulée et terminale, dernier vestige du limbe avorté. Cette écaille, dont les dimensions excèdent à peine 4 millimètres de longueur, porte le sporange enchâssé et tantôt ouvert, tantôt recouvert d'un tégument protecteur, au travers duquel on entrevoit les inégalités en forme de bosselures qui répondent aux cloisons ou trabécules. Cette espèce nouvelle et curieuse d'*Isoetes* tertiaire est encore inédite, mais elle sera bientôt publiée avec les formes auxquelles elle se trouve associée dans les gypses d'Aix et parmi lesquelles il faut citer un *Salvinia,* plusieurs mousses et un genre nouveau de Cupressinées.

— Séance du 16 août 1886 —

M. le Dr DE FERRY DE LA BELLONE, à Apt (Vaucluse).

Organisation générale des Champignons hypogés et des Tubéracées en particulier. — M. le Dr DE FERRY DE LA BELLONE expose le résultat de ses recherches sur l'organisation générale des hypogés, recherches opérées au moyen d'une technique spéciale. Pour étudier les divers éléments d'une Tubéracée, le *Tuber moschatum* est le type le plus approprié. Il se laisse sectionner en coupes extrêmement minces, que l'on peut dissocier et différencier en les traitant avec une liqueur de la formule suivante :

Eau distillée	30	grammes.
Solution de potasse à 5 p. 100.	20	gouttes.
Ammoniaque liquide.	20	—
Solution de nitrate d'argent à 0.05 p. 100.	10	—

On laisse les préparations de 10 à 15 jours dans le liquide, en ayant soin d'agiter plusieurs fois par jour. L'alcali désagrège les filaments des tissus ; les thèques et les spores fixent l'argent d'autant plus qu'elles sont plus âgées, et se teintent en brun. Une préparation ainsi traitée peut être *virée* à l'or. En faisant agir, sur une préparation à l'argent, une goutte de chloro-iodure de zinc, on obtient, dans le tissu des *hyphes,* une différenciation très marquée. Ce sont les extrémités terminales, paraphyses et thèques, qui se colorent en jaune-rouge et cela d'une manière d'autant plus marquée qu'elles sont plus jeunes. C'est l'enveloppe des thèques et surtout l'interne qui fixait l'argent et l'or. C'est le protoplasma qui se teint par le chloro-iodure, aussi cette teinte ne s'accuse-t-elle plus quand le protoplasma résorbé ou vieilli a été détruit. A la longue, le protoplasma se détruit par suite d'une fermentation analogue à celle que produit sur la cellulose le *Bacillus amylocbacter*. Pour conserver l'image de certaines préparations d'ensemble, M. de Ferry a employé la photographie avec un grossissement de 4 à 5 fois seulement. Ce procédé, qui tient le milieu entre la photographie ordinaire et la microphotographie, paraît devoir rendre des services au point de vue de l'étude et de la classification. C'est au moyen de ces procédés d'investigation que M. de Ferry est arrivé à pouvoir définir ainsi les végétaux qu'il a étudiés : 1° une tubéracée est la réunion, dans un réceptacle, de *grappes fructifères, séparées les unes des autres par la veine à air*; 2° les hypogés sont constitués par une bande d'hyménium remplissant un réceptacle fermé de ses sinuosités plus ou moins nombreuses, et s'enroulant suivant un ordre déterminé et tel que sa disposition est tout à fait semblable à celle que présente l'hyménium chez les champignons aériens.

M. HENRY, à Nancy.

Preuves de l'intervention des ferments organisés dans la décomposition de la couverture des sols forestiers. — M. Henry a mis en expérience quatre lots de feuilles mortes disposées dans des cristallisoirs placés sous des cloches tenant le vide et renfermant de la potasse. Deux de ces cloches contiennent de l'air ordinaire, les deux autres de l'air mélangé de vapeurs d'éther ou de chloroforme. On renouvelle l'air des quatre cloches le même nombre de fois et en même quantité, et au bout de sept jours, on dose l'acide carbonique fixé :

Cloche à éther.	CO^2 fixé	= 0gr,732
— à chloroforme. .	CO^2 fixé	= 0 ,434
— avec air ordinaire	CO^2 fixé	= 3 ,115
— —	CO^2 fixé	= 3 ,304

En renversant l'expérience avec les précautions convenables, on obtient des résultats analogues; les feuilles qui ne dégageaient presque point d'acide carbonique en fournissent de grandes quantités, et inversement. Ces deux séries d'expériences semblent démontrer que la décomposition de la couverture est un phénomène biologique dû à l'action de ferments organisés et non un phénomène chimique, une simple combustion, comme on l'a cru longtemps.

Discussion. — M. Hartog a rappelé l'enrichissement des sols en principes azotés dû à la présence des diatomées, non aux bactéries, que M. Berthelot vient de constater.

M. Vuillemin fait remarquer que M. Duclaux a déjà attiré l'attention sur l'impossibilité de la végétation dans une terre stérilisée et entièrement privée de microbes. Il est intéressant de rapprocher ces résultats de ceux de M. Henry, puisqu'il s'agit de deux séries de recherches indépendantes, qui ont conduit, par deux voies différentes, deux observateurs autorisés à des conclusions identiques.

Des champignons plus élevés sont également utiles à certaines plantes supéricures, comme cela résulte des observations sur lesquelles M. Frank a édifié la théorie des mycorhizes.

Sur la demande de M. Henry, M. Vuillemin fait connaître à ce sujet les recherches qu'il a entreprises sur les essences forestières des environs d'Épinal. M. Vuillemin confirme les principaux résultats obtenus par Frank. Les mycorhizes manquent aux plantules de germination du hêtre et du charme; ils apparaissent encore plus tard sur le chêne. Leur présence est fréquente sur le pin sylvestre, dont ils constituent alors le seul tissu absorbant. Leur évolution rappelle celle de l'assise pilifère; ils n'existent que sur les plus fines radicelles, un liège les exfoliant normalement, comme la portion externe de l'écorce des racines ordinaires.

M. FLICHE, Prof. à l'Éc. for. de Nancy.

Étude sur le pin pinier (*Pinus pinea*). — Quoique le pin pinier soit un des arbres les plus caractéristiques et les plus connus de la région méditerranéenne, son histoire botanique et forestière présente encore plusieurs points incomplètement étudiés. Sa spontanéité sur la plus grande étendue de son aire a été mise en doute; quand on examine cependant les forêts qu'il constitue, la vigueur de sa végétation, la facilité avec laquelle il se régénère, il semble qu'il faille se rallier à l'opinion de Griesbach et le considérer comme indigène de l'est à l'ouest de la Méditerranée; il a été certainement introduit aux Canaries et probablement à Madère. En France, il constitue plusieurs massifs plus ou moins étendus d'Aigues-Mortes à Cannes, mais il est menacé de destruction, à raison de sa prédilection pour les stations essentiellement littorales; si on recherche les conditions climatériques qui lui sont nécessaires, on voit qu'il exige une lumière vive, une température moyenne peu inférieure à 15°, avec des minimums ne tombant pas au-dessous de 12°, limite à laquelle l'espèce souffre déjà beaucoup; il paraît supporter, dans d'assez larges limites, des variations dans la quantité d'eau qui tombe annuellement; mais il lui faut des sols frais, c'est là seulement qu'il est commun et qu'il atteint toutes ses dimensions; il demande aussi des terres meubles; quant aux propriétés chimiques du sol, elles paraissent lui être indifférentes, puisqu'il supporte à Ravenne une teneur de 4.8 p. 100 de chaux, tandis qu'à la plage près d'Hyères il se contente de 0.28 de la même base. Quoi qu'on en ait dit, il se rencontre et fort beau à l'état pur, seulement les arbres doivent être assez espacés pour lui permettre d'étaler sa large ramure. De grande longévité, il a d'abord une croissance rapide qui de bonne heure se ralentit pour devenir extrêmement faible; comme ses congénères, il a de nombreux ennemis parmi les insectes; la culture l'a fréquemment fait sortir de son aire; dès la plus haute antiquité, l'homme en a mangé les graines et les a transportées au loin. On ne le rencontre pas dans les lignites, ni les tufs quaternaires; il n'a que des rapports éloignés avec les pins trouvés dans les terrains tertiaires.

Discussion. — A propos de la communication de M. Fliche sur le *Pinus pinea* L., ses stations et sa distribution géographiques, M. de Saporta confirme les assertions du professeur de Nancy; il indique au nord d'Aix, sur la rive gauche de la Durance, un bois où le *Pinus pinea*, parfaitement spontané, croît en société du pin d'Alep. Il fait observer aussi qu'une empreinte de cône, provenant du tertiaire récent de l'Ardèche et en sa possession indiquerait l'existence sur notre sol, dès cette époque, d'un pin proche allié de notre *Pinus pinea*, si toutefois il diffère de ce dernier. Enfin, M. de Saporta a observé chez ce pin une particularité peut-être exceptionnelle, mais qui consiste dans l'existence de feuilles fasciculées par trois sur la plantule de l'espèce, âgée d'une année environ.

M. le Dr Paul VUILLEMIN, à Nancy.

Les unités morphologiques en botanique[1]. — Dès que, dans le corps d'une plante, plusieurs unités homologues sont en présence, soit par division, soit par juxtaposition, elles tendent, ou bien à s'individualiser, ou bien à constituer une unité homologue d'ordre supérieur. Les unités morphologiques de même *nature* ne sont donc pas toujours de même *degré;* le mot *isologie* exprimera ce genre de relations entre homologues. Parfois un arrêt ou un retard de développement fixe indéfiniment le corps de la plante à un stade incomplètement différencié. Telle est la véritable signification des cellules multinucléées, des tiges à plusieurs axes (dites polystéliques), des feuilles à plusieurs systèmes conducteurs indépendants, etc.

Chaque membre est caractérisé par un groupe conducteur spécifique. Celui de la feuille, réduit primitivement à un faisceau collatéral, comprend souvent un ensemble de faisceaux, soit isolés, soit affectant une disposition cyclique (*phyllocycle*) simple ou multiple, toujours zygomorphe, seulement *analogue* au cylindre central de la tige, *homologue,* au contraire, mais *non isologue* au faisceau unique des feuilles élémentaires.

Le groupe conducteur de la tige comprend au moins deux antimères, qui dérivent de faisceaux collatéraux *opposés par leur bois* et qui se disposent régulièrement autour d'un axe. Les antimères, le plus souvent réunis en un cylindre central (*cladocycle*), sont parfois isolés, mais non indépendants (*Equisetum limosum, Hydrocotyle bonariensis,* etc.).

Le système conducteur de la racine formé, dans sa plus grande simplicité, de deux groupes ligneux et de deux groupes libériens également accolés au péricycle représente deux antimères dérivés de faisceaux collatéraux *opposés par leur liber.* Les bois, en se fusionnant, ont dissocié et rejeté latéralement les libers. Ces antimères primitivement indépendants ont encore de la tendance à s'individualiser chez quelques cryptogames. Au contraire, chez les plantes supérieures où la différenciation de la racine est depuis longtemps fixée, les antimères forment presque toujours un cylindre central (*rhizocycle*). Même isolés, ils restent dépendants les uns des autres et groupés symétriquement autour d'un axe (nombreuses Papilionacées). L'insertion des racines binaires prouve que la racine normale dérive du membre radical zygomorphe qui s'est perpétué chez plusieurs Ophioglosses actuels.

Conclusions générales. — La symétrie axile dérive chez les plantes, comme chez les animaux, de la symétrie zygomorphe.

Les caractères anatomiques les plus fixes ont été, dans le principe, sensibles à l'adaptation.

Actuellement, les propriétés des unités morphologiques ont atteint le plus haut degré de fixité.

La combinaison de ces unités est sujette à l'adaptation. Une association hétérogène peut donner naissance à des complexes morphologiques.

Ces notions effacent les discordances apparentes entre la morphologie de l'appareil végétatif et celle de la fleur.

---

1. Ce résumé comprend deux communications qui ont été faites les 16 et 19 août.

— **Séance du 18 août 1886.** —

M. FLICHE, à Nancy.

Rapport sur l'excursion faite par la section à la pépinière de Bellefontaine et à la forêt de Haye le 18 *août* 1886. — Les membres de la section qui avaient bien voulu, malgré les menaces du temps, prendre part à cette excursion quittaient Nancy, à une heure et demie, pour se rendre à Bellefontaine. Ils ont visité avec intérêt la grande pépinière créée en 1864 pour l'instruction des élèves de l'École forestière, pour subvenir aux besoins des forêts soumises, dans la région de l'Est, au régime forestier, enfin pour livrer à prix d'argent des plants aux particuliers qui désirent opérer des reboisements. Elle contient surtout, en ce moment, des jeunes plants de nos grands conifères, en grand nombre et en excellent état. On a cherché aussi à utiliser l'établissement pour suppléer à l'insuffisance du jardin forestier de l'École que sa position, au centre de la ville, ne permet pas d'étendre. Plusieurs espèces réussissent bien, mais un grand nombre se ressentent de la rigueur locale du climat, qui est grande, bien que le *Quercus ilex* s'y maintienne, fort chétif il est vrai, depuis vingt ans.

Quittant la pépinière, l'on est entré en forêt par le val Thiébaut et l'on a gagné la route de Champigneulles. Cette route nous conduit au fond du Noirwal que nous suivons jusqu'au périmètre de la forêt; de là nous revenons à Bellefontaine. On a pu ainsi se rendre compte de la constitution des peuplements forestiers sur les calcaires jurassiques de la Lorraine, de l'importante opération qui fait passer, avec complet succès, la forêt de Haye du régime du taillis sous futaie à celui de la futaie pleine.

Au point de vue botanique, la section a été frappée, malgré la saison un peu avancée, de la grande variété de la végétation, phénomène constant partout, quand le sol renferme beaucoup de chaux. Nous avons recueilli plusieurs des plantes les plus intéressantes de la région, telles que : *Anemone hepatica, Lithospermum purpureo-cæruleum, L. officinale, Malva althea, Atropa belladona, Asarum europæum, Vicia pisiformis, Elymus europæus,* etc. ; de nombreux arbustes ou arbrisseaux, tels que : *Daphne mezereum, D. laureola, Ribes alpinum, Cornus mas, C. sanguinea,* etc.

La flore des coteaux calcaires de la Lorraine a donné lieu à d'intéressantes comparaisons avec celles de stations analogues, étudiées en Bourgogne par M. Bonnet, et avec celles des environs de Paris. Elle est un peu plus boréale que dans les premières, plus occidentale que dans les secondes, aussi bien par quelques espèces qui font défaut que par celles qui ne s'avancent pas jusqu'à la longitude de Paris, ou qui y sont rares. M. de Saporta a fait remarquer à plusieurs reprises le nombre considérable d'espèces communes à la forêt de Haye et à celle de la Sainte-Beaume qui présente, en pleine région méditerranéenne, une flore si spéciale, qui dans sa richesse a tant d'affinités avec celle de la région forestière de l'Europe centrale.

— **Séance du 19 août 1886.** —

M. le Dr EURY, de Charmes (Vosges).

Présentation d'un énorme champignon (*Bovista gigantea*). — M. le Président présente de la part de M. le Dr Eury, de Charmes (Vosges), un énorme champignon qui est reconnu pour être un beau spécimen de *Bovista gigantea*. Il a été trouvé à Charmes avec deux autres individus plus gros que lui. Au moment où on l'a recueilli, il pesait 1100 grammes et mesurait 90 centimètres de circonférence.

Sur la demande de M. Godfrin, la section offre ce champignon à l'École supérieure de pharmacie de Nancy.

M. SIRODOT, Doyen de la Fac. des sciences de Rennes.

Sur le genre JARRYA BATRACHOSPERMOIDES, *voisin des Ulvacées* (*Algues d'eau douce*). — M. SIRODOT décrit la composition, la structure et le mode de reproduction d'une algue d'eau douce qui paraît fort rare, n'ayant été recueillie qu'une seule fois dans un ruisselet tourbeux de la forêt de Paimpont (Ille-et-Vilaine).

Elle se présente sous la forme d'un court filament fixé par une extrémité effilée en une courte pointe conique, sensiblement cylindrique, dans la plus grande partie de sa longueur, légèrement renflé à son extrémité libre au moment de la dissémination des organes reproducteurs (zoospores).

Examinée à la loupe, elle offre l'aspect d'un jeune batrachosperme à verticilles cylindriques et contigus; mais à un grossissement de 200 diamètres, chaque segment apparaît composé de cellules enfermées dans un gélin muqueux. Dans chaque segment, le nombre des cellules est d'autant plus considérable qu'on se rapproche davantage de l'extrémité flottante, où elles deviennent libres sous la forme de zoospores. Par sa structure, ce type appartient à la famille des Palmellacées et constitue un genre nouveau que je dédie à mon camarade Jarry, recteur de l'Académie de Rennes. Caractérisant l'espèce par l'aspect que donne la loupe, le type figurera dans la classification sous le nom de *Jarrya batrachospermoides*.

M. Jules POISSON, Aide-natur. au Muséum, à Paris.

Observation sur les ovules et les graines des ombellifères. — Les ovules de la plupart des ombellifères sont au nombre de deux dans chacune des loges de l'ovaire. Il y a des genres ou des espèces dans lesquelles on les constate sans peine, d'autres où on a la plus grande difficulté à les apercevoir. Néanmoins, ils existent virtuellement. Toujours l'un de ces ovules est stérile et est réduit au nucelle; l'autre, destiné à devenir la graine, se compose d'un nucelle très réduit enveloppé d'un tégument unique. Après l'évolution complète de l'ovule, et lors du développement du sac embryonnaire, le tégument se détruit du dedans au dehors et est digéré comme le serait un albumen.

A l'état adulte, il ne reste qu'un résidu des cellules les plus externes du tégument et les cellules épidermiques externes qui contiennent souvent un pigment coloré.

Sur la distinction des individus dans les plantes dioïques. — Les différences qu'on observe dans les individus à sexes franchement séparés, m'ont semblé devoir être prises en considération, au moins pour beaucoup d'entre les végétaux dioïques. Les espèces soumises à l'examen ont surtout été les suivantes : *Mercurialis annua, Urtica dioica, Humulus lupulus, Cannabis sativa, Spinacia oleracea, Aucuba japonica,* et les espèces dioïques du genre *Casuarina.*

Les résultats sont moins certains pour les *Ephedra distachya*, les différentes espèces de *Populus*, de *Salix*, du *Broussonetia*, du *Salisburia adiantifolia*, du *Taxus*, et des palmiers dioïques.

Les modifications constatées sont, toutes conditions égales, une stature plus élevée, des entre-nœuds plus éloignés, des feuilles à pétioles plus longs, un limbe plus réduit et plus allongé, et une teinte plus pâle de la coloration de ce limbe dans les individus mâles.

Au contraire, dans les individus femelles on remarque une taille ordinairement moindre, des entre-nœuds plus rapprochés, des feuilles plus larges et d'une teinte verte plus foncée que chez les premiers. Enfin, on remarque aussi des tendances à la divarication des rameaux sur les mâles et une fastigiation souvent assez marquée sur les femelles.

Discussion. — M. DE SAPORTA remarque, à l'appui de la communication précédente, qu'il a reçu du jardin botanique de Montpellier des rameaux fructifiés du *Salisburia adiantifolia* présentant constamment, de même que le pied tout entier, des feuilles entières, tandis que les feuilles bilobées sont celles qui dominent sur les pieds mâles de la même espèce, dont le jardin de Montpellier possède de si beaux individus. M. de Saporta ignore pourtant si le caractère différentiel indiqué par lui pourrait être généralisé et servir par conséquent à distinguer l'un de l'autre les deux sexes du Ginkgo.

M. FLICHE fait remarquer que les Peupliers présentent certainement, pour quelques espèces au moins, des caractères spéciaux à chacun des deux sexes en ce qui concerne les organes de végétation; c'est ce qui se voyait très bien, il y a quelques années, dans le jardin de l'École forestière où l'on pouvait comparer un Peuplier pyramidal femelle aux individus mâles qui sont de beaucoup les plus communs, les rameaux étant sensiblement moins redressés; dans le même genre, on a distingué pendant longtemps, sous deux noms spécifiques différents, les deux sexes du Peuplier du Canada; il semble aussi, à en juger par une impression personnelle un peu vague qui demanderait à être vérifiée par des observations rigoureuses, que chez le *Ribes alpinum,* il y a des différences entre les pieds devenus unisexués par suite de l'avortement de l'un des deux verticilles d'organes sexuels.

M. BLEICHER, Prof. à l'Éc. de pharm. de Nancy.

Présentation de pollen fossile provenant des lignites de Jarville. — Les lignites de Jarville, si bien étudiés par M. le professeur Fliche, contiennent, outre les bois, les débris de rameaux de conifères, des grains de pollen parfaitement conservés. M. BLEICHER, à l'aide du procédé de M. Gumbel, les a isolés et présentés à la section de botanique. On peut y reconnaître nettement les caractères si tranchés du pollen des abiétinées et il sera possible de reconnaître s'il appartient au mélèze ou au pin de montagne qui sont les espèces de bois résineux représentés dans ce gisement.

Discussion. — M. FLICHE dit qu'il pourrait affirmer, d'après ce qu'il a vu à Jarville, l'origine du pollen de conifère qui y a été constaté, mais qu'à Bois-l'Abbé, près d'Épinal, dans un dépôt de même âge, il a trouvé du pollen de conifère en abondance, si bien conservé qu'on peut l'étudier sans lui faire subir aucune préparation, et que son attribution ne laisse aucun doute, puisqu'il accompagne des débris de toute nature parfaitement déterminables, appartenant au *P. montana,* seule conifère largement représentée; tandis qu'à Jarville elle est rare, le mélèze, en première ligne, et l'épicéa étant les deux espèces forestières prédominantes. Il y a d'ailleurs identité entre le pollen trouvé à Bois-l'Abbé et celui du *P. montana* vivant.

M. THOUVENIN, Chargé de cours à l'Éc. de pharm., à Nancy.

Recherches sur la localisation du tannin dans la tige des végétaux. — M. Thouvenin fait sur la localisation du tannin dans la tige des végétaux la communication suivante : Ayant été amené à rechercher si le tannin pénétrait tous les tissus d'une manière uniforme ou bien se localisait de préférence dans certains organes, il a remarqué dans quelques genres de la famille des Saxifragacées et dans les familles des Borraginées, des Myristicacées et des Lauracées une localisation bien nette et qui n'a pas encore été signalée.

Chez les Saxifragacées, il a vu que la jeune tige des *Decumaria* et des *Philadelphus* ne possède de tannin que dans la rangée de cellules formant l'assise la plus externe de l'écorce.

Il a remarqué également que, chez certaines Borraginées, le tannin est localisé comme précédemment dans l'assise cellulaire sous-épidermique.

Dans la tige des *Myristica,* le tannin est renfermé dans des files de cellules fusionnées entre elles et formant un symplaste sécréteur. Ces tannifères, disséminés irrégulièrement dans l'écorce, sont disposés suivant des lignes concentriques assez régulières dans le liber ; le bois n'en contient pas, mais on les retrouve à la périphérie de la moelle.

M. Thouvenin a étudié également la répartition du tannin dans les Lauracées. famille dans laquelle a été rangé autrefois le genre *Myristica.* Ici encore il a observé un appareil tannifère situé, comme chez les *Myristica,* dans l'écorce, le liber et à la périphérie de la moelle. Mais ici, les parois transversales des cellules ne se sont pas résorbées, il ne s'est pas formé un symplaste sécréteur.

M. Thouvenin termine en appelant l'attention de la section sur une combinaison non encore signalée que produit le tannin avec la matière albuminoïde du protoplasma mort. Cette combinaison se trouve, en général, dans beaucoup de plantes sèches, ou dans les tissus morts des plantes vivantes, sous la forme d'une masse homogène d'une couleur jaune brunâtre, soluble seulement, quoique assez difficilement, dans la potasse.

Pour lui, cette matière, qui jusqu'à présent avait été considérée comme un produit de destruction du protoplasma, est du protoplasma mort, coagulé par le tannin.

Discussion. — M. Hartog dit qu'il a eu l'occasion d'observer des cellules à tannin, disposées en files, dans la moelle et l'écorce des Lécithydées, ainsi qu'autour des faisceaux accessoires du cortex. Il ajoute que pour l'étude des cellules à tannin, il a employé avec succès le chlorate de potasse et l'acide chlorhydrique.

Ouvrages imprimés

PRÉSENTÉS A LA 9e SECTION

M. le Dr Paul Vuillemin, chef des travaux d'histoire naturelle à la Faculté de médecine de Nancy. — *De la Valeur des caractères anatomiques au point de vue de la classification des végétaux.*

M. le Dr Magnin, chargé de cours à la Faculté des sciences de Besançon. — *La Végétation de la région lyonnaise.*

10e Section.

ZOOLOGIE ET ZOOTECHNIE

Président . . . . M. G. POUCHET, Prof. au Muséum d'hist. nat., à Paris.
Vice-Président. . . . . . . M. DARESTE, à Paris.
Secrétaire. . . . . M. CANU, à Lille.

— Séance du 13 août 1886. —

M. KÜNCKEL D'HERCULAIS, Aide-Natur. au Muséum d'hist. nat., à Paris.

La Punaise de lit et ses appareils odoriférants. — Des glandes abdominales dorsales de la larve et de la nymphe; des glandes thoraciques sternales de l'adulte[1]. — *Morphologie des appareils odoriférants des Insectes hémiptères.*

M. Ch. SCHLUMBERGER, Ing. de la marine en retr., à Paris[2].

Conséquences du dimorphisme chez les foraminifères. — Dans ses études des Miliolidées, M. Schlumberger a constaté que dans le groupe des Biloculines déprimées dont la *Bilocula depressa* est le type, la forme A (petits individus) présente la disposition biloculinaire régulière avec deux séries de loges dans un même plan de symétrie. Les formes B, au contraire, montrent des dispositions très différentes des premières loges quinquéloculinaires qui entourent le microsphère. On constate les mêmes faits pour le groupe des Biloculines bulbeuses et pour certains groupes de Triloculines. On peut en conclure que la forme A déterminera le *genre* et la forme B l'*espèce* dans beaucoup de Miliolidées.

Discussion. — M. Lataste demande quelques éclaircissements sur la signification des formes A et B.

M. Schlumberger explique que la forme A présente une mégasphère centrale et la forme B une microsphère entourée d'un grand nombre de petites loges.

Présentation de préparations microscopiques. — M. Schlumberger présente une préparation de Méduse due à M. Tempère.

---

1. Voir *C. R. de l'Ac. des Sc.* 5 juillet 1886.
2. *Bulletin de la Soc. zoolog. de France,* t. XI, 1886.

— **Séance du 14 août 1886.** —

M. HARTOG, Prof. à la Fac. de Cork (Irlande).

Recherches sur l'œil des Copépodes. — M. Hartog fait la démonstration de coupes microscopiques des yeux de *Cyclops, Pontellina gracilis* et *Caligus* du saumon : il signale la présence d'un noyau et d'une curieuse cavité sigmoïde dans les bâtonnets des ocelles latéraux.

M. le Dr HENNEGUY, Prép. au Coll. de France, à Paris.

Mode d'accroissement des poissons osseux. — M. Henneguy compare entre elles les coupes longitudinales médianes d'embryons de truite de plus en plus âgés; il montre que les distances: A, depuis l'intestin primordial postérieur jusqu'à l'extrémité postérieure, et B, depuis l'extrémité antérieure de la chorde jusqu'à l'extrémité céphalique, demeurent sensiblement constantes. L'accroissement est donc localisé dans la région médiane.

M. F. LATASTE, à Paris.

Le système dentaire des Damans[1]. — M. Lataste démontre que les Damans possèdent de vraies canines, et il établit, pour ces animaux, la formule dentaire suivante (un seul côté de chaque mâchoire étant considéré) :

$$\frac{1}{2} + \frac{1}{0} + \frac{7}{7} \text{ dont } \frac{4}{4} + \frac{3}{3}$$

Discussion. — M. Dareste et M. Lataste échangent quelques observations au sujet de la dent canine.

M. G. POUCHET, Prof. au Muséum d'hist. nat., à Paris.

De la classification des produits en anatomie générale. — M. Pouchet présente un essai de classification des parties constituant l'organisme.

En dehors des tissus formés de cellules, on trouve les produits de cellules qui comprennent :

1° Des produits mésodermiques,
2° Des produits ectodermiques intercellulaires,
3° Des produits ectodermiques par prolifération,
4° Des produits cuticulaires proprement dits,
5° Des produits sécrétés proprement dits,
6° Des produits ternaires ou substances minérales.

M. le Dr R. DUBOIS, Prép. à la Sorbonne, à Paris.

Sur la luminosité des œufs d'insectes. — Malgré des observations toutes récentes qui soutenaient cette opinion, ce n'est point à une substance étrangère, recouvrant la coque, qu'est due la luminosité des œufs de Lampyre. L'œuf est

1. *Sur le système dentaire du genre Daman,* in *Annali del Museo civico di Storia naturale di Genova,* s. 2, v. IV, p. 5-40, 27 sept. 1886.

lumineux durant toute la durée du développement, et la larve qui en sort est elle-même lumineuse.

Si, en comprimant un œuf de Lampyre entre deux lames de verre, on fait jaillir une goutte de liquide, cette goutte est elle-même fortement lumineuse : c'est le protoplasma lui-même qui produit cette lumière et toute la substance de l'œuf concourt à cette production.

— Séance du 16 août 1886. —

M. DEBIERRE, Prof. agr. à la Fac. de méd. de Lyon.

Un exemple de rein unique. — Ce fait a été constaté sur un enfant nouveau-né : il n'existait qu'un seul rein, le gauche. Le rein droit avait complètement disparu ; ce n'est point à la soudure des deux reins sur la ligne médiane qu'est due cette anomalie.

Sur l'anatomie de l'oviducte et sur son hydropisie chez la femme comme cause de stérilité. — M. Debierre n'a pu mettre en évidence, sur la trompe de Fallope, les cils de l'épithélium généralement considérés comme vibratiles. Toutefois, il n'ose nier leur existence et suppose qu'ils n'apparaissent que temporairement à la surface de l'oviducte. Il insiste sur la maladie connue sous le nom de *trompe kystique,* affection plus commune chez la femme qu'on ne le pense généralement et qui constitue une cause fréquente de stérilité.

M. PILLIET, à Paris.

Sur l'unité des processus d'ossification. — M. Pilliet ramène les divers modes d'ossification au type primitif de l'ossification libre. C'est toujours la moelle osseuse qui fournit la substance osseuse, que les os soient libres, périostés ou précédés d'un cartilage.

MM. PILLIET et TALAT, à Paris.

Sur la coloration des tissus vivants par les couleurs d'aniline. — Différents animaux immergés dans des liquides colorés (écrevisses, têtards), ou ayant subi des injections soit interstitielles, soit intrapéritonéales, ou nourris d'aliments colorés, ont été mis en expérience.

L'élection de la matière colorante a deux degrés qui varient suivant l'état d'imprégnation de l'animal : ou tout le cytoplasme offre une teinte verdâtre ou bleue diffuse, ou bien il y a l'élection nette, sur les noyaux principalement.

MM. PILLIET et BOULART, à Paris.

Sur quelques estomacs composés. — Dans les collections d'anatomie comparée au Muséum, MM. Pilliet et Boulart ont étudié l'estomac de l'Hippopotame, du Kanguroo et de l'Aï. D'après la structure histologique, ils définissent nettement les aptitudes physiologiques des diverses portions de l'estomac de ces animaux, et divisent l'estomac des vertèbrés en plusieurs catégories :

1° Ruminants.
2° Porcins (Hippopotame).
3° Paresseux.
4° Chameaux, Lamas, Kanguroo.
5° Cétacés.

M. CERTES, Vice-Président de la Société zoologique de France, à Paris.

De l'emploi des matières colorantes dans l'étude physiologique et histologique des infusoires, des micro-organismes et des éléments anatomiques vivants[1]. — Différentes parties du corps des infusoires, le noyau et le nucléole dans la plupart des espèces, le pédoncule contractile chez les vorticelles, se colorent à l'exclusion des autres; cette faculté élective dépend de la nature de la matière colorante employée. Chez les opalines, le protoplasma se colore, tandis que la cuticule ne se colore jamais : cependant il n'existe point d'orifice buccal chez ces êtres. En filtrant les solutions employées à l'aide des appareils Chamberland, M. CERTES a vu que, malgré le volume relativement considérable des cavités de la porcelaine traversée, le filtre décolore en partie certaines solutions pourtant très faibles.

Avec certaines substances colorantes, la vie des infusoires se prolonge pendant des mois entiers, sans qu'il y ait d'autre coloration que celle des vacuoles stomacales.

A l'appui de cette communication, l'auteur fait passer sous les yeux de la section une planche coloriée représentant les phénomènes qu'il décrit.

M. Adrien DOLLFUS, Direct. de la Feuille des Jeunes Natur., à Paris.

Sur la dispersion géographique des isopodes terrestres en France. — A côté des espèces ubiquistes qui sont domicoles ou rurales, il y a des espèces dont l'habitat est plus limité et servent à caractériser des régions naturelles : la région des plaines du centre et du nord, celle des Vosges et des forêts du N.-E.; la région jurasso-alpine; la région méditerranéenne, la plus riche de toutes; la région du S.-O. et des côtes de l'Océan; la région armoricaine à facies méridional sur les côtes, d'aspect plus septentrional dans l'intérieur. Les données suffisantes sur les Pyrénées et le Plateau central font encore défaut.

M. DARESTE, à Paris.

Détermination des conditions physiologiques et physiques de l'évolution normale de l'embryon de la poule. — Les conditions de l'évolution normale sont multiples. Il y en a qui exercent leur action sur le germe pendant sa formation, et, par conséquent, avant la ponte. Nous n'avons actuellement aucune prise sur elles. Mais il y a beaucoup de conditions qui agissent dans l'intervalle qui

1. *De l'Emploi des matières colorantes dans l'étude physiologique et histologique des infusoires vivants*, par A. Certes (*Bull. de la Soc. de biologie*. Séance du 12 mars 1885.)
Idem, 2e note. (*Bull. de la Soc. de biologie*. Séance du 17 avril 1886.)

sépare la ponte de la mise en incubation, puis pendant l'incubation. Celles-ci sont toutes accessibles. Le travail actuel a pour objet de les faire connaître, et de fournir ainsi des éléments indispensables pour l'incubation artificielle, soit qu'on l'emploie dans un but scientifique, soit qu'on l'emploie dans un but industriel. Toutefois, le problème contient un nombre indéterminé d'inconnues. Aussi M. Dareste n'a pas la prétention d'en donner la solution complète; il a seulement étudié expérimentalement un certain nombre des conditions de l'évolution normale, en s'attachant à celles qui doivent nécessairement intervenir, comme la chaleur et la ventilation. Il est évident que celles qui n'agissent qu'accidentellement, ne peuvent être étudiées que lorsque leur existence se manifeste d'une manière quelconque. Le travail de M. Dareste n'est donc et ne peut être qu'une approximation, mais une approximation qui arrive bien près du but.

M. F. LATASTE, à Paris.

Additions et corrections à la liste des mammifères de Barbarie[1]. — M. Lataste fait quelques modifications à la liste des mammifères de Barbarie :

Malgré de grandes variations dans la forme de leurs crânes, les loutres de Barbarie appartiennent à l'espèce d'Europe.

Le renard de Barbarie n'est point une espèce différente, mais seulement une race spéciale.

De nouvelles observations sont nécessaires pour établir la valeur spécifique des deux formes de chacal indiquées en Barbarie.

M. ASSAKY, Prof. agr. à la Fac. de méd. de Lille.

Sur l'origine du feuillet moyen du blastoderme chez les vertébrés. — Le mésoderme dérive de l'endoderme. Cette proposition ressort de l'ensemble de nos connaissances actuelles sur le développement des feuillets blastodermiques chez les vertébrés.

— Séance du 18 août 1886. —

M. le Dr AMANS, à Montpellier.

Comparaison des contours apparents des machines animales. — Soit un animal, fixé suivant trois axes de coordonnées rectangulaires ou non, dont l'un va de la bouche à la queue. Menons parallèlement à ces axes trois cylindres tangentiels à l'animal ; les trois courbes de contact ainsi obtenues sont ce que je nomme profil, front et horizon.

J'étudie la forme de ces courbes dans toute la série des animaux aquatiques, et leurs relations avec la trajectoire de l'animal. Ceci n'est qu'un chapitre d'un travail beaucoup plus étendu sur l'anatomie comparée des organes de la locomotion.

---

1. On se rendra compte de ces modifications en comparant au *Catalogue des Mammifères de Barbarie*, paru dans les *Actes de la Soc. Linn. de Bordeaux*, v. XXXIX (1885), le *Catalogue des Mammifères de Tunisie*, actuellement en voie d'impression dans les publications officielles de la *Mission scientifique tunisienne*, dirigée par M. le Dr Cosson.

M. G. DUTILLEUL, Lic. ès sc., Prép. à la Fac. des sc. de Lille.

Recherches anatomiques et histologiques sur la Pontobdella muricata. — M. Dutilleul passe successivement en revue les téguments, la musculature, les tissus de la cavité générale, le tube digestif et les ventouses de l'animal étudié.

A propos de chaque système d'organes, l'auteur tire de la structure anatomique et histologique des déductions d'ordre physiologique.

Il décrit en détail la structure des ventouses et montre que ces organes présentent une complexité bien plus grande qu'on ne l'avait supposé jusqu'ici.

Il conteste la théorie de M. Saint-Loup sur la formation de la cuticule et sur l'origine des tissus de la cavité générale et démontre par ses descriptionsle bien-fondé de ses assertions. Son travail est accompagné de deux planches.

M. Joseph SCHMITT, à Paris.

Recherches sur l'action de la nicotine sur les étoiles de mer.

M. VIGNAL.

Sur les éléments du liquide de la cavité générale des Siponcles.

M. FABRE-DOMERGUE.

Sur l'infusoire parasite de la cavité générale des Sipunculus nudus.

Le Prince Albert de MONACO, à Paris.

*Les dragages de l'*Hirondelle *dans le golfe de Gascogne.* — M. G. Pouchet donne lecture d'une lettre qui lui est adressée du Ferrol (Galice) par S. A. le Prince héréditaire de Monaco. Malgré le mauvais temps qui n'a cessé de régner depuis son départ de Lorient, le Prince a pu faire, du 15 juillet au 15 août, à bord de son yacht *l'Hirondelle,* un certain nombre de sondages de température et de dragages à diverses profondeurs dans des points encore peu explorés du golfe de Gascogne. Deux régions ont été particulièrement étudiées : l'une au large des côtes de France, l'autre au voisinage de l'Espagne, près du cap Peñas.

M. Jules de GUERNE, à Paris.

*Les dragages de l'*Hirondelle *dans le golfe de Gascogne.* — Dans une lettre adressée à M. G. Pouchet et datée du Ferrol (Galice), M. Jules de Guerne donne un compte rendu sommaire des dragages exécutés dans le golfe de Gascogne du 15 juillet au 15 août 1886. Les recherches, poursuivies jusqu'au delà de 300 mètres de profondeur, ont été faites par la goélette *l'Hirondelle,* appartenant au Prince héréditaire de Monaco et placée sous son commandement direct. M. Jules de Guerne accompagnait le Prince en qualité de zoologiste.

M. NICOLAS, Cond. des P. et Ch., à Avignon.

Développement chez quelques insectes. — Au dernier congrès de notre association, j'avais présenté un mémoire sur le développement de certaines larves d'hyménoptères et signalé un *arrêt complet* chez quelques-unes d'elles appartenant à la même ponte, tandis que les autres suivaient le cours normal de leurs transformations.

Je suis en mesure d'affirmer que celles qui avaient été frappées de cette suspension momentanée pour passer de l'état larvaire à celui d'insecte parfait, pour une cause encore inconnue, sont arrivées à terme une année après les autres.

J'avais suivi avec une cruelle anxiété, pendant tout 1886, leurs mouvements : j'eus la satisfaction, le 20 juillet 1886, de voir mes *Osmia adunca* se libérer et prendre leur essor.

Ce fait étrange, encore inexpliquable, n'est pas seulement particulier aux *Osmia,* mais par des rapprochements, j'ai pu me confirmer que d'autres hyménoptères le subissent (*Anthidium,* etc.).

Des expériences faites sur le résultat que pourrait avoir une augmentation ou une diminution de nourriture sur leur sexualité me conduisent à penser qu'elle ne peut amener aucune influence.

Ainsi pour des larves d'*Odyneres nidulator*, le fait d'avoir ajouté ou retranché des larves de *Lina populi,* leur nourriture spéciale apportée par la mère dans leur cellule cloisonnée, n'a eu pour résultat que d'augmenter ou diminuer la sécrétion soyeuse. Les mieux nourries eurent des cocons solides, résistants ; les autres des enveloppes faibles, diaphanes.

M. TALRICH, à Paris.

Présentation de nouveaux modèles d'anatomie. — M. Jules Talrich présente une préparation anatomique nouvelle créée par lui pour l'enseignement de la physiologie organique de l'homme, dans les Écoles de Médecine et Facultés des Sciences.

Ce modèle vient d'être adopté pour les Lycées et Collèges par *le Ministre de l'Instruction publique et des Beaux-Arts,* et le premier exemplaire de cette œuvre acquis par *le Conservatoire National des Arts et Métiers.*

M. SIRODOT, Doyen de la Fac. des sc. de Rennes.

Contribution à la faune du littoral de Bretagne. — M. Sirodot communique le résultat des recherches zoologiques qu'il a faites dans la baie de Saint-Malo.

Au mois de février, entre Saint-Malo et Paramé, M. Sirodot a recueilli, à la suite d'une tempête, d'innombrables *Chétoptères* dont les tubes abritaient des *Polynoe* commensales ; la plage était couverte d'une grande quantité de *Solaster papposus.* La marée basse permet de ramasser en grande abondance des *Tubulaires, Eolis papillosa,* des *Doris,* etc.

De plus, M. Sirodot a recueilli aux Hébiens un intéressant *Cerianthus* qui s'abrite dans le sable que l'on retrouve entre les rochers.

M. BOURGEOIS, Prés. de la Soc. Entom. de France.

Malgré le facies homogène que présentent les Coléoptères qui composent la tribu des Lycides (famille des Malacodermes), M. Bourgeois est d'avis que les Homalisides doivent être distraits non seulement des vrais Lycides, mais même des Malacodermes proprement dits, et constituer à eux seuls un groupe d'une valeur systématique comparable à celle des Cébrionides, des Dascillides, des Rhipicérides, des Drilides, etc., petites familles que relient naturellement les derniers Élatérides (Campylides) aux Malacodermes *sensu stricto*. Il appuie son opinion sur les considérations suivantes :

1° Le prosternum des Homalisides diffère notablement de celui des Malacodermes. Au lieu d'une bande chitineuse très mince, comme dans ces derniers, les Homalisides présentent un prosternum de dimension notable, subcarré, construit à peu près comme celui des Élatérides, mais sans *mentonnière* ni *processus postérieur*.

2° Le mésosternum offre (du moins chez l'*H. Fontis-Bellaquei*) les vestiges de la gouttière caractéristique des Élatérides.

3° L'abdomen, chez les Homalisides, présente de 6 à 7 segments visibles, sans différenciation appréciable entre le ♂ et la ♀. Dans les Malacodermes proprement dits, on trouve toujours 9 segments chez le ♂ (dont le 8ᵉ, incomplet, est réduit à deux lobes latéraux) et 7 chez la ♀. Cette règle paraît générale, malgré la diversité de forme qu'affectent parfois les segments terminaux, pris isolément.

4° Chez les Homalisides, les tarses sont insérés bout à bout ; chez les Malacodermes, chacun de leurs articles, à partir du 2ᵉ, s'insère dans une cavité creusée à la face supérieure du précédent.

Discussion[1]. — M. Künckel d'Herculais fait observer que la structure de l'appareil respiratoire des insectes peut fournir des caractères taxonomiques importants, quoique généralement délaissés. C'est ainsi que l'on peut opposer à la disposition en *ampoules* qu'affectent les trachées du Hanneton, la disposition en tubes cylindriques qu'on observe notamment chez d'autres Coléoptères.

— Séance du 10 août 1880. —

M. KÜNCKEL D'HERCULAIS, à Paris.

*Sur l'*Artemia salina *dans les eaux des salines de l'Est.* — M. Künckel d'Herculais signale l'intérêt qu'offre la présence de l'*Artemia salina* qu'il a pu étudier sur des échantillons de cette provenance et discute son origine.

Des caractères que peut fournir l'appareil respiratoire pour différencier ou rapprocher certaines familles de Coléoptères.

M. LATASTE, à Paris.

Sur la classification de quelques Campagnols du Nord des deux continents. — M. F. Lataste étend aux Campagnols d'Asie et d'Amérique un mode de grou-

1. Cette discussion a eu lieu dans la séance du 19 août.

pement qu'il n'avait d'abord proposé, en 1883 [1], que pour les espèces d'Europe. Le sous-genre *Terricola* Fatio ne différant pas du sous-genre *Pitymys* Mac-Murtrie et l'espèce *A. Brandti*, Radde, nécessitant la création d'un sous-genre nouveau, le genre Campagnol (*Microtus*, Schrank, 1798) se trouve divisé comme suit :

1er Sous-genre : *Myodes*. Espèce type : *A. rutilus*, Pallas ;
2e — *Microtus*. — *A. arvalis*, Pallas;
3e — *Arvicola*. — *A. terrestris*, Linné ;
4e — *Pitymys*. — *A. pinetorum*, Leconte ;
5e — *Lasiopodomys* (nov.). Espèce unique : *A. Brandti*, Radde.

M. CANU, à Lille.

Sur deux Copépodes nouveaux, parasites des synascidies [2]. — M. Eugène CANU a présenté deux planches relatives à des formes nouvelles de copépodes parasites des synascidies. Ces copépodes présentent des traces évidentes d'une profonde dégradation. Par exemple : *Aplostoma brevicauda* (ng. nsp.) vit dans la cavité de la tunique de *Morchellium argus ;* il est par conséquent enfermé dans un sac clos de toutes parts et son alimentation ne lui vient pas de l'extérieur. L'influence de cet état parasitaire se traduit par la disparition des appareils masticateurs qui garnissent habituellement la bouche des copépodes. *Aplostoma* ne possède ni mandibules ni maxilles ; en arrière de la bouche, on trouve seulement deux appendices triarticulés qui sont les maxillipèdes de la seconde paire. Les pattes thoraciques, au nombre de quatre paires, sont fort réduites ; elles sont pourtant biramées, la rame interne est solide et garnie d'épines et la rame externe lamelleuse et lisse. Par les caractères tirés de la forme du corps et des pattes thoraciques, le genre *Aplostoma* constitue un type APLOSTOMIEN différent de celui ENTÉROCOLIEN que forme le genre voisin *Enterocola* (V. Ben.).

M. le Dr A. HÉNOCQUE, de Paris.

Application de l'analyse spectroscopique à la physiologie et à la zoologie [3]. — Les appareils et les procédés qui sont employés dans ma méthode d'hématoscopie, sont applicables à la physiologie comparée et à la zoologie :

1° L'hématoscope permet d'observer sous de petites épaisseurs des quantités minimes d'humeurs colorées, et sans les diluer.

2° Chez le cobaye on peut étudier avec le spectroscope le phénomène de réduction de l'oxyhémoglobine du sang contenu dans le pied en examinant la surface plantaire après avoir appliqué une ligature au-dessus du tarse.

3° L'analyse spectrale appliquée à l'étude des hémolymphes chez les insectes, en particulier à l'étude de l'hémoglobine dans le sang des larves de *Chironomus*, donne le moyen de définir la nature de la matière colorante que ces humeurs renferment.

4° Le spectroscope permet l'étude du sang circulant dans les vaisseaux et dans

1. *Le Naturaliste*, p. 323.
2. Une description avec 2 planches sera publiée dans le *Bulletin scientifique du Nord*. Année 1886.
3. Voir 7e et 12e sections.

les circonstances les plus variées, soit à travers les tissus intacts, soit en isolant plus ou moins les gros vaisseaux, ou certains organes, chez les Vertébrés supérieurs, et chez les poissons, les reptiles, les batraciens.

M. VIALLANES, à Paris.

Sur la structure du cerveau de la guêpe.

Travaux imprimés

ENVOYÉS AU CONGRÈS

POUR ÊTRE PRÉSENTÉS A LA 10e SECTION

MM. Bucquoy, Dautremberg et G. Dollfus. — *Sur les mollusques marins.*

11e Section.

ANTHROPOLOGIE

Président d'honneur . . . M. T. WILSON, Consul des États-Unis, Correspondant du *Smithsonian Institut.*
Président . . . . M. D'AULT-DUMESNIL, Administrateur des musées d'Abbeville.
Vice-Présidents . . . . . . MM. le Dr TESTUT, Prof. à la Fac. de méd. de Lyon.
le Dr MANOUVRIER, Prof. adj. à l'Éc. d'Anthr., à Paris.
Secrétaires . . . . MM. le Dr COLLIGNON, Méd.-maj. à Saint-Denis.
A. de MORTILLET, Secr. de la Réd. du journal *l'Homme,* à Saint-Germain-en-Laye.

— Séance du 13 août 1886. —

M. le Dr TOPINARD, Secr. gén. de la Soc. d'Anthr., à Paris.

Carte de la couleur des yeux et des cheveux en France. — Il y a vingt ans que Broca a publié la carte de la taille en France par départements. Ce document est le seul important sur lequel reposent nos connaissances sur la répartition de nos grandes races nationales. De semblables cartes sont nécessaires pour la couleur des yeux et des cheveux, la forme de la tête, l'indice nasal, l'indice facial. M. Topinard a entrepris de dresser la première et pour cela il sollicite le concours de tous les membres de l'Association indistinctement. Ces cartes existent déjà dans la plupart des États de l'Europe, notamment en Allemagne, en Autriche, en Suisse, en Belgique, ou y sont en voie d'établissement. La France ne saurait rester en retard dans ce mouvement. La méthode d'observation instituée par M. Topinard est simple, facile, rapide et sans ennui pour les personnes observées ; elle permet à tous sans exception de concourir à l'œuvre. Il demande qu'on lui adresse son adhésion, rue de Rennes, 105, à la rédaction de la *Revue d'Anthropologie.* Il enverra les instructions nécessaires, les modèles polychromes voulus et une feuille à remplir de 100 observations, à tous ceux qui lui en feront la demande. Les personnes les plus à même de se charger de ce travail sont les médecins dans leur clientèle, les chefs d'atelier, les employés d'administration, toute personne faisant partie d'une société, d'un cercle, d'une réunion quelconque dont les membres se prêteraient volontiers à cette opération, etc. M. Topinard ne demande d'observations que sur les adultes des deux sexes. L'opération est du reste commencée et en bonne voie.

M. le Dr COLLIGNON, Médecin-Major.

Carte préhistorique de Tunisie. — La Tunisie, au point de vue de l'archéologie préhistorique, peut être divisée en deux parties : l'une, supérieure au parallèle de Kairouan, contient des monuments mégalithiques sur divers points, le Kef, Ellez, l'Enfida, etc., mais M. Collignon n'y a jamais recueilli aucun silex taillé ou poli.

Dans la région sud, au contraire, les silex taillés abondent, d'autant plus nombreux qu'on se rapproche plus des chotts. A Gafsa, il a été rencontré un gisement chelléen, avec gros coups de poing empâtés dans un poudingue compact, gisement surmonté d'une couche contenant du moustérien grossier et de travertins dépourvus de silex. Non loin de là, dans des alluvions plus récentes, une station moustérienne riche en pièces très remarquables par la finesse des retouches. Les principales stations découvertes se rapportent surtout à cette dernière époque ; *lieux principaux :* Gabès (pointes de flèche), Fedjej, Bir-Mraboth (peut-être gisement robenhausien), Cherichera, Feriana, Sbeïtla (pointes de flèche pédonculées très nombreuses), Gourbata, Tozeur, Nefta, tout le Nefzaoua, et les rives des Chotts, Djerid et Rharsa, etc., etc.

Les formes dominantes sont par excellence le couteau et la pointe : les instruments retouchés sont rares, les pointes de flèche ne se trouvent qu'à Gabès et dans les environs de Sbeïtla.

Discussion. — M. Adrien de Mortillet : M. Collignon nous signale un exemple fort intéressant de superposition du *moustérien* sur le *chelléen.* Au-dessus d'une couche dans laquelle ont été recueillis des coups de poing chelléens taillés à grands coups et d'aspect tout à fait primitif, se trouve un dépôt renfermant du moustérien grossier, semblable à celui que l'on rencontre dans les sablières des environs immédiats de Paris : aux Ternes, à Clichy, à Levallois, etc. Les collections qui nous sont présentées renferment aussi de nombreux échantillons d'une industrie moustérienne beaucoup plus délicate : des pointes, des racloirs et des pointes-racloirs admirablement taillés. Presque tous les voyageurs qui ont récolté des silex taillés en Tunisie ont trouvé du moustérien splendide. On en a trouvé également en Algérie. Tout nous porte donc à croire que cette industrie a eu un grand développement dans le nord de l'Afrique.

M. Sirodot : Tous les objets de la collection de M. Collignon pourraient être confondus avec ceux qui ont été retirés du gisement du mont Dol. Il y a identité de formes et même de patines entre les pièces moustériennes de Tunisie et celles du mont Dol.

M. le Dr Pommerol : L'étude de la formation géologique où ont été rencontrés les silex taillés chelléens présentés par M. le Dr Collignon, nous donne des renseignements importants sur la manière dont se sont conservés ces instruments. La butte qui les a fournis, nous dit notre collègue, est unique ; il n'en existe point de semblables dans les environs, ni même dans toute la Tunisie. Le conglomérat et le grès du gisement est à ciment calcaire ; il démontre qu'une source minérale calcarifère a surgi dans le lit d'une rivière ou d'un torrent, à l'époque quaternaire ; la présence du travertin indique en outre qu'à un certain moment les eaux minérales ont coulé sur un terrain exondé. Les silex taillés étaient déjà enfouis dans le dépôt pluviatile quand ces eaux sont venues cimenter tous les éléments de la roche. Des phénomènes de ravinement ont dû se produire, qui dans l'intervalle de formation du dépôt et d'apparition des eaux minérales ont entraîné au loin la plus grande partie des terrains quaternaires anciens. Telle est, à mon avis, la raison géologique qui fait que ce gisement chelléen se trouve isolé en Tunisie, et en même temps si bien conservé.

M. Bosteaux : Les instruments chelléo-moustériens présentés par M. le Dr Collignon ont beaucoup d'analogie pour la forme avec les instruments en silex de la station paléolithique du mont de Berru. Les diverses périodes postérieures de l'industrie de la pierre y avoisinent aussi sur des monticules de sables l'industrie première qui est recouverte par les terrains d'alluvion, tout comme dans notre région.

M. Salmon : Je crois devoir rappeler que dans un dolmen algérien fouillé en 1881, à Sigus, par Cagnat, Reboud et moi, nous avons recueilli un petit tranchet en pierre polie donné au musée de Saint-Germain et dessiné depuis par Adrien de Mortillet dans les *Matériaux pour l'histoire de l'homme* ; on dit que cette pièce manque de caractère, mais je ne pense pas qu'on puisse contester qu'elle appartienne à la période néolithique.

M. le Dr Fauvelle demande si M. le Dr Collignon pense qu'un changement climatologique quelconque s'est produit dans la région depuis l'époque quaternaire ou si l'état actuel permet de comprendre l'importance des diverses stations préhistoriques qu'il vient de signaler.

M. Collignon répond qu'au début de la période historique, le pays était déjà désert dans la région sud, comme actuellement. Antérieurement, il est difficile de se prononcer. En tous cas, on peut remarquer qu'il n'est pas un point d'eau actuel, puits ou source, près duquel *dans le Sud,* on ne trouve des silex taillés, et qu'en général ils ne sont abondants que là. En un mot, les régions occupées par les ateliers de silex sont encore précisément les points habités temporairement ou à poste fixe à l'heure actuelle. D'autre part, le nord et le centre du pays, si riches et si fertiles encore, sont presque entièrement dépourvus de silex taillés.

M. Ch. BOSTEAUX, Maire à Cernay-lès-Reims.

Découverte d'une station paléolithique et néolithique au mont de Berru, près de Reims. — La constitution géologique du mont du Berru appartient au tertiaire, et quelque peu au quaternaire ; il a une altitude de 267 mètres ; la meulière de Brie couronne le sommet de cette montagne et cette roche m'a paru avoir été exploitée pour s'en faire des armes et des outils aux époques paléolithiques et néolithique ; plus bas, à 220 mètres d'altitude, on rencontre à la surface du sol, sur les sables supérieurs du Soissonnais des instruments en silex composés de couteaux, grattoirs, perçoirs et nucléus en silex de la craie, importée en cet endroit.

Plus bas encore dans le diluvium, dont l'épaisseur varie de 2 à 5 mètres, se rencontrent aussi des instruments travaillés en silex de meulière de même nature que les roches de la partie supérieure de la montagne.

Discussion. — M. A. de Mortillet : Je ne voudrais pas décourager M. Bosteaux dans ses intéressantes recherches, d'autant plus que je suis comme lui persuadé que certaines meulières ont pu être utilisées à l'âge de la pierre, mais je ne vois pas dans les fragments qu'il nous présente de traces certaines de travail humain.

M. SOUCHÉ, Instituteur à Pamproux (Deux-Sèvres).

Présentation de deux crânes.

M. le Dr POMMEROL, à Gerzat (Puy-de-Dôme).

Sur quelques pierres à bassins et à écuelles des départements de la Loire et du Puy-de-Dôme. — Nous ajouterons à la liste déjà longue des pierres à bassins et à écuelles les pierres suivantes :

1° Le rocher de l'Hermitage, près de Noirétable, dans le département de la Loire, portant à son sommet un très grand bassin circulaire, deux petits bassins rectangulaires et trois rigoles profondes.

2° La pierre de Malintrat, ancien débris de construction probablement romaine qui montre sur une de ses faces six écuelles et une cupule disposées irrégulièrement.

3° Deux pierres situées près de l'escalier de la porte O. de l'église de Sauxillanges : celle de droite creusée de trois cupules et celle de gauche portant deux petites cavités parfaitement sphériques et polies.

4° Le soubassement d'un plein-cintre près de la porte S. de l'église de Gerzat, sur lequel on voit trente cupules, la plupart de forme circulaire et à surface polie : deux se déversent sur le bord de la pierre, et deux autres communiquent par une petite rigole.

Gerzat, Malintrat et Sauxillanges sont des communes du département du Puy-de-Dôme.

La pierre de Gerzat fait partie d'un monument funéraire. En Bretagne, le jour de la fête des Morts, on verse de l'eau bénite dans les écuelles creusées sur les tombes. Il est naturel de penser que les pierres à écuelles et à cupules que l'on trouve spécialement sur les églises sont en rapport avec les rites d'un ancien culte des morts.

Discussion. — M. Collignon : En Tunisie, on trouve nombre de pierres tumulaires romaines portant une ou plusieurs coupes creusées. Parfois elles sont accompagnées de l'inscription habituelle. Ces cupules étaient destinées aux libations, ce qui vient à l'appui de l'opinion de M. Pommerol. Une des preuves de cette destination est que parfois le sculpteur a gravé autour de la dépression un cercle en relief se terminant par un véritable manche, le tout représentant le vase à libations des funérailles.

M. Pommerol : Je citerai à l'appui de ce que vient d'avancer notre collègue l'extrait d'une lettre reçue de Batna et qui parle des pratiques funéraires des Arabes modernes : « On met, m'écrit mon correspondant, la bière dans une fosse que l'on laisse à découvert durant huit jours. On apporte au mort à boire et à manger. On lui a déposé préalablement dans la bouche une pièce de monnaie pour faire le grand voyage. » Nous trouvons, dans cette partie de l'Algérie, un reste des pratiques consistant à offrir de la nourriture aux âmes des morts. L'usage de la pièce de monnaie remonte très certainement à l'ancienne occupation de la Numidie par les Romains.

M. l'abbé Vacant : J'ai écouté avec intérêt l'étude de M. le Dr Pommerol ; mais je suis loin d'admettre, avec lui, la proche parenté des diverses pierres taillées en bassins dont il nous a entretenus.

Celles même de ces pierres qui avaient un caractère religieux n'ont pas eu dans tous les cultes le même usage ni la même signification. Je m'occuperai seulement du christianisme.

Il est certain que l'Église catholique, dès qu'elle parut sur la scène du monde, combattit énergiquement tout ce qui tenait au paganisme. Néanmoins, elle a laissé subsister ou même accepté, en les transformant plus ou moins, des usages, des symboles ou des objets anciens qui pouvaient s'adapter à ses croyances, et il faut se souvenir que tout n'est pas dissemblable même entre les religions qui diffèrent le plus; ajoutez que bien des superstitions païennes se sont perpétuées dans les masses populaires, malgré les défenses portées jusqu'à la fin du VIIIe siècle en particulier contre le culte des fontaines et des pierres. Quelques-unes de ces superstitions ont perdu entièrement leur caractère primitif et sont devenues des coutumes indifférentes au point de vue religieux, de telle sorte que la religion chrétienne ne s'en inquiète pas.

Voilà ce qu'on peut dire en général. Pour ce qui concerne les pierres à bassins, le Dr Pommerol nous apprend qu'il en est entré dans les murailles de quelques églises. Je le crois sans difficulté. Les constructeurs les ont utilisées comme des matériaux commodes, peut-être même ont-ils eu l'intention de garder, à une place d'honneur, des monuments antiques et à ce titre vénérables. On pourrait citer mille cas où ils se sont conduits de cette manière vis-à-vis de pierres tombales, ou de sculptures étrangères à toute religion. Aussi l'argument du Dr Pommerol me paraît-il absolument insuffisant, quand il veut établir que les pierres à écuelles sont un objet de culte, parce qu'elles sont gardées dans les murailles de quelques églises. Du reste, en chercheur consciencieux, il a interrogé les ecclésiastiques chargés des églises en question. Or, que lui ont-ils répondu? Qu'ils ignoraient pourquoi ces pierres étaient ainsi creusées : preuve évidente qu'elles n'ont aucune part dans le culte autorisé des églises où elles se trouvent. Elles ne sont même l'objet d'aucune superstition populaire : ce qui pourtant pourrait être sans établir la thèse du Dr Pommerol ; car il naît quelquefois des superstitions populaires qui n'ont de rapport avec aucun culte ancien.

M. le Dr Pommerol a ajouté que d'anciennes pierres à écuelles ou d'autres pierres taillées sur un modèle analogue se rencontrent dans l'intérieur de beaucoup d'églises et de beaucoup de cimetières chrétiens. Je crois qu'on en rencontre dans toutes les églises et dans tous les cimetières, et leur forme n'a besoin d'autre explication que l'usage auquel elles sont destinées. Il y en a probablement quelques-unes qui sont des représentations symboliques ayant des significations diverses, mais toujours conformes aux croyances propres du christianisme; car on rencontre de nombreuses représentations de cette nature (non, que je sache, des pierres à écuelles) sur les tombes des premiers chrétiens; mais presque partout, surtout dans les monuments et les tombeaux modernes, on ne trouvera en fait de pierres taillées en cuves, que des baptistères, des bénitiers, des vases à fleurs ou des crédences.

L'usage que les chrétiens font de ces objets en pierre n'explique donc pas à quoi servaient les pierres à bassins et à écuelles des anciens habitants de la Gaule.

M. Dr Pommerol : Je crois que notre collègue est dans l'erreur quand il croit que les écuelles sur les tombes de Bretagne sont de simples bénitiers et n'ont jamais servi qu'à contenir de l'eau bénite. Si nous consultons les *Barzaz Breiz* de La Villemarqué, auteur qui connaît à fond les vieux usages et les vieux chants bretons, nous trouvons dans l'argument qui précède le *chant des Trépassés*, cette indication très précise qu'au lieu d'eau bénite on verse souvent du lait dans les cavités des pierres funéraires. Cette cérémonie se pratique le soir de la fête des Morts, quand le clergé en procession vient bénir les tombeaux. C'est là une preuve évidente de l'usage qu'on avait autrefois d'offrir des aliments aux morts.

A une observation de M. Gosse, qu'au Xe siècle les évêques avaient ordonné de détruire toutes les pierres, objet d'un culte païen, M. Pommerol dit que, longtemps avant, les évêques avaient commandé de respecter les pratiques qu'on ne pouvait déraciner d'une manière absolue. En ces cas qui devaient être nombreux, il fallait les marquer du signe du christianisme, les faire tourner au profit de la religion nouvelle, en un mot les absorber tout en les conservant. Voilà pourquoi nous trouvons aujourd'hui, à l'ombre des églises modernes, des pratiques et des monuments se rapportant à l'ancien paganisme gallo-romain.

M. CARTAILHAC, Direct. de la *Revue des Matériaux pour l'histoire primitive de l'homme*, à Toulouse.

Les sépultures à deux degrés et les rites funéraires de l'âge de la pierre. — Les archéologues suédois, il y a cinquante ans, avaient supposé que certaines tombes de l'âge de la pierre de leur pays, avaient servi de charnier et d'ossuaires et que l'on y avait entassé des os humains dès que les chairs avaient disparu. Ces judicieuses observations ne furent point entendues. En France notamment, aucun auteur ne paraît en avoir eu connaissance.

M. Cartailhac, en préparant un ouvrage sur la France préhistorique, n'a pas tardé à comprendre toute la valeur de cette théorie et il n'hésite pas à la généraliser. Il présente aujourd'hui une étude ethnographique comparée de rites funéraires de nos ancêtres de l'âge de la pierre et de nos contemporains attardés à différents degrés inférieurs de la civilisation et il montre leur identité. Chez nos ancêtres, le cadavre fut le plus souvent dépouillé de ses chairs tantôt par l'action prolongée des agents atmosphériques et par la décomposition naturelle, tantôt par des procédés artificiels. Les ossements recevaient ensuite, après un délai plus ou moins long, une destination définitive dans des sépultures aériennes ou souterraines. La crémation, plus répandue qu'on ne le croit à l'âge de la pierre, ne fut qu'un excellent procédé de décharnement.

Discussion. — M. Adrien de Mortillet : Que l'inhumation à deux degrés ait été pratiquée en Europe à l'époque de la pierre polie, cela paraît très probable, mais je crois que, dans l'intérêt même de cette ingénieuse théorie, M. Cartailhac ferait bien de ne pas trop généraliser un mode d'inhumation difficilement applicable à un très grand nombre de sépultures néolithiques. Ainsi à Thinic, pour prendre un exemple parmi ceux qui viennent de nous être donnés, l'inhumation à deux degrés est tout à fait inadmissible. Dans les tombelles non dérangées par la mer, les fouilles nous ont montré que tous les os étaient parfaitement dans leurs connexions naturelles. La position des corps semble même exclure toute idée de décharnement partiel.

Pour les sépultures mégalithiques des environs de Paris, les fouilles n'ayant pas toujours été faites avec beaucoup de soin, elles ne peuvent nous fournir, à quelques rares exceptions près, que des renseignements très incomplets.

Quant aux trous ronds ou ovales qui servent d'entrée à certains dolmens, c'est une erreur de croire qu'ils sont trop petits pour permettre le passage d'un cadavre. Toutes les ouvertures de ce genre que je connais ont au moins 40 ou 50 centimètres de diamètre, ce qui est plus que suffisant pour permettre l'introduction d'un corps.

M. Fauvelle : Je crois devoir citer, à l'appui de l'opinion de M. Cartailhac, l'usage des dolmens dont les dimensions ne permettaient pas d'étendre le cadavre dans toute sa longueur ; tels sont ceux, par exemple, observés par L. Lartet en Palestine sur la rive gauche du Jourdain.

De nos jours encore, on peut citer une sépulture à deux degrés ; c'est celle des rois de France à Saint-Denis.

M. G. Cotteau fait remarquer que le squelette de Menton vient précisément à l'encontre de l'hypothèse de M. Cartailhac.

M. Pommerol : M. Cartailhac nous parle de l'existence de la momification aux temps préhistoriques, et il a cité à l'appui de sa thèse une momie trouvée en Auvergne. Deux momies ont en effet été autrefois découvertes en Auvergne, près du village des Mastres-d'Astières, en un lieu où abondent les débris gallo-romains. Elles sont aujourd'hui déposées au Muséum de Paris. Il est très probable que ces momies datent de l'époque romaine, car jusqu'à ce jour aucun gisement préhistorique n'a été signalé sur le territoire de cette commune. Le procédé de la momification aurait été apporté d'Égypte en Gaule par les Romains en même temps que le culte d'Isis, si répandu à la fin de l'ère impériale.

M. Cartailhac répond une à une aux objections et il insiste notamment sur des faits contemporains qui établissent que le squelette décharné, mais non disloqué, est quelquefois réhabillé.

M. l'abbé VACANT, Prof. au Grand Séminaire de Nancy.

Les cités sépulcrales des anciens Perses et des Parsis. Observation présentée au sujet de l'étude de M. Cartailhac sur les sépultures à deux degrés à l'âge de pierre. — M. l'abbé Vacant : Voici, à titre de simple rapprochement, un mode de sépulture par suite duquel les parties du squelette devraient se retrouver dans l'état des ossements pour lesquels M. Cartailhac pense qu'il y a eu sépulture à deux degrés.

Il se pratiquait chez les anciens Perses et se pratique encore chez les Guèbres ou Parsis, qui sont les descendants des anciens Perses. Ces rites singuliers sont conformes aux enseignements et aux prescriptions de l'*Avesta,* le code religieux de ces peuples ; mais, pour quelques parties du moins, ils peuvent remonter aux origines de la race aryenne qui a peuplé notre Europe.

A une assez grande distance des villes, se trouve le cimetière. C'est une enceinte entourée de très hautes murailles. Cette enceinte n'a qu'une porte en pierre ou en fer très soigneusement fermée. Quelquefois même il n'y a aucune porte, de sorte qu'il faut descendre les cadavres par-dessus le mur. On place les cadavres debout le long de la muraille, la face découverte. Dans quelques régions, les corps sont posés non pas debout, mais assis à la manière du pays, ou couchés sur le dos, les bras croisés ainsi que les jambes. Ils sont ainsi exposés pour que les oiseaux de proie viennent les dévorer ; car on regarde comme un grand bonheur que les chairs soient immédiatement dilacérées par des vautours ou par des chiens et que les os soient au plus tôt décharnés.

Quand le cimetière est rempli et qu'on ne l'abandonne point, on fait de la place aux cadavres nouveaux venus, en poussant les autres dans une fosse centrale.

On trouvera plus de détails sur ces rites funéraires dans Hovelacque, *l'Avesta,* 1880.

— Séance du 14 août 1886. —

M. le Dr GOSSE, à Genève.

Recherches pour préciser l'âge du renne à Genève. — La région du Léman est garnie de terrasses qui permettent de refaire l'histoire du lac, de noter ses différents niveaux : le niveaux actuel est à 372 mètres.

M. Gosse signale particulièrement, à la cote 451, une terrasse portant un éboulis considérable de roches tombées du Salève, parmi lesquelles se trouvent les vestiges de l'occupation humaine avec traces de l'industrie de l'âge du renne. M. de Saussure a retrouvé une station semblable et du même âge à la cote 451^{m},10, à Sée, de l'autre côté du bassin lacustre.

Tenant compte du niveau auquel ont été trouvés des briques romaines, un plat d'argent, une monnaie de Valentinien (364-375) et tenant compte des travaux qui ont amené l'abaissement du niveau artificiellement, M. Gosse conclut que le lac a baissé de 0^{m},40 par siècle. Il se serait donc écoulé, depuis l'âge du renne, environ 182 siècles.

M. Gosse ajoute quelques observations tendant à établir que l'âge du renne en Suisse est plus récent que dans d'autres pays, qu'en France, par exemple. Le voisinage des montagnes, le climat, ont dû faciliter la prolongation de son séjour.

Discussion. — M. Cartailhac ne pense pas que le chiffre cité par M. Gosse puisse être accepté sans discussion. S'il y a des terrasses inégalement espacées, elles prouvent qu'il y avait des arrêts plus ou moins longs dans l'abaissement et l'on n'a aucun moyen de tenir compte de ces temps d'arrêt.

M. Pommerol : M. Gosse prétend que, suivant Rutimeyer, on ne connaît aucun caractère pour savoir si, à l'époque quaternaire, il existait des animaux domestiques. Il me semble que de ce manque même de preuves il faudrait, contrairement à l'opinion de notre collègue, conclure que toute la faune vivait encore à l'état sauvage. Laissez-moi vous citer des faits qui viennent confirmer cette manière de voir. Dans les stations quaternaires qui reposent dans les anciennes berges, et même dans les cavernes, si on veut bien faire le classement des diverses pièces osseuses rencontrées, on constate l'absence presque complète des ossements du crâne et du tronc. Seuls, ou à peu près, les os des membres sont représentés. Ceci prouve qu'on apportait de loin des quartiers d'animaux tués à la chasse et qu'on laissait au lieu même où la bête avait été abattue le tronc entier, comme trop difficile à emporter. De plus, si le renne et le cheval avaient été domestiqués, les habitants des cavernes du Périgord auraient certainement sculpté sur l'os ou la corne quelques-unes des scènes de leur vie ordinaire où les animaux domestiques seraient parfaitement reconnaissables. Or, nous ne connaissons aucune gravure qui nous donne cette indication, soit pour le renne, soit pour le cheval. Au contraire, nous trouvons un grand nombre de pièces gravées représentant des scènes de chasse. A cette époque, il me semble certain qu'aucun animal n'était encore réduit en domestication.

M. Gosse rappelle le mot de l'éminent paléontologiste Rutimeyer : « Ne disons rien, nous n'en savons rien », et ajoute que l'on n'a trouvé le renne que dans les stations humaines.

M. Cartailhac regrette que l'on revienne sur des questions si bien résolues ; il déclare en particulier que le renne se trouve parfaitement dans les alluvions, dans les repaires d'ours et d'hyènes ; il proteste contre les hésitations de ceux qui hésitent à généraliser pour l'Europe occidentale tout entière les conclusions obtenues des Pyrénées à Schussenried et de l'Angleterre en Pologne.

Haches en pierre de types américains. — M. Gosse signale dans les collections de la bibliothèque de Genève une hache de provenance locale, d'après le catalogue, et identique à celles qu'on trouve dans les Antilles. Il connaît quatre autres haches exactement pareilles aux haches américaines et qu'on a exhumées des palafittes, deux dans le musée cantonal vaudois (n°s 5 et 17,275), deux au musée de Genève (n°s 5,048 et 2,440), originaires des stations lacustres de Beaulieu et de Nyon.

Discussion. — M. Cartailhac trouve que la forme caractéristique de la première hache permet d'affirmer qu'elle est exotique. Il n'en est pas de même des autres, rares dans le matériel européen, mais non inconnues.

---

le Dr **COLLIGNON**, Médecin-major.

Anthropologie de la Tunisie (avec les cartes de la taille de l'indice céphalique et de l'indice nasal). — En présentant à l'Association les cartes détaillées des indices céphalique et nasal et de la taille en Tunisie, M. Collignon fait remarquer qu'on se trouve en présence de populations extrêmement métissées, mais pouvant être ramenées à un certain nombre de types principaux : les uns sédentaires, les autres nomades.

Laissant de côté les blonds qui sont une race à part, les Turcs, les Juifs, les Méditerranéens européens de toute provenance et les nègres, on reste en présence des types suivants :

Sédentaires ou berbères : 1° Un type brachycéphale, assez pur à Djerbah, se retrouvant à Kaala, à Lemta, à Bizerte ; 2° un type dolichocéphale à nez droit leptorhinien, répandu dans toute la Tunisie ; 3° un type dolichocéphale à nez mésorhinien concave, front fuyant et menton triangulaire et fuyant, spécial au Djerid ; 4° un type petit dolichocéphale mésorhinien à face dysharmonique par rapport au crâne. Localisé à l'heure actuelle dans la région où se rencontrent les dolmens.

Nomades ou arabes : 1° Le type arabe classique à nez aquilin leptorhinien ; 2° un type assyroïde à nez convexe mésorhinien ; 3° un type mongoloïde à nez aplati et pommettes saillantes ; tous trois dolichocéphales ou sous-dolichocéphales.

Enfin les tribus arabes ont été fortement pénétrées par les types sédentaires et légèrement par l'élément turc dans certaines régions.

M. le Dr **FAUVELLE**, à Paris.

La station moustérienne du Haut-Montreuil (Seine). — Dans sa communication, M. Fauvelle démontre : que le gisement du Haut-Montreuil, où l'on rencontre par ordre de fréquence le renne, le *Rhinoceros tichorhinus* et l'*Elephas primigenius,* n'est pas contemporain d'une première période glaciaire, par laquelle, suivant certains géologues, aurait commencé le quaternaire ; qu'il n'a pu exister une époque où la 6e partie du globe aurait été recouverte d'une immense calotte de glace s'étendant depuis le pôle jusqu'au 52e parallèle, et qui aurait précédé l'âge chelléen où l'hippopotame vivait dans les eaux de la Seine. Il ajoute que M. Albert Gaudry ayant prouvé que le *Rh. tichorhinus* et l'*El. primigenius* résultaient de l'évolution du *Rh. Merkii* et de l'*El. antiquus,* caractéristiques des dépôts chelléens, l'hypothèse en question tendrait à faire croire que les premiers ont apparu sur la terre avant leurs auteurs. Les fossiles ont été déposés dans une dépression du sol occupée par une collection d'eau douce dont on retrouve encore les Limnées et les Planorbes. Elle a été comblée depuis par les terrains voisins entraînés par les eaux pluviales. La découverte de pointes moustériennes, dont l'auteur montre un exemplaire, et les traces évidentes de l'action de l'homme sur la plupart des ossements recueillis, établissent bien la date et l'origine du gisement. Il présente un carton couvert de débris osseux qui montrent les tendances industrielles d'hommes d'une intelligence encore enfantine.

Discussion. — M. A. DE MORTILLET : Tout confirme les conclusions de M. Fauvelle. Le gisement du Haut-Montreuil a incontestablement un aspect tout à fait moustérien. La faune, les quelques silex taillés qui y ont été recueillis et les os grossièrement brisés, si caractéritiques des stations moustériennes, prouvent qu'il appartient bien à cette époque.

M. le Dr POMMEROL : Je ne suis pas de l'avis de mon honorable confrère, M. le Dr Fauvelle, qui pense que le gisement de Montreuil était un lieu d'abatage et de dépeçage des animaux destinés à l'alimentation. Je me rapporte à ce que j'ai dit précédemment dans la discussion qui a suivi la communication de M. le Dr Gosse. Sur le plateau de Montreuil existait un lac ou un étang, à l'époque du renne ; une petite peuplade devait en habiter les bords et aller à la chasse pour se procurer la viande nécessaire à son alimentation. Elle n'en rapportait que les os des pieds et des membres. L'abatage et le dépeçage ne pouvaient se faire au même endroit, mais là où tombait la bête. La station de Montreuil, analogue à celles des berges et des terrasses des grands cours d'eau, a été formée de la même manière. Elle ne vient pas, comme on l'avait cru d'abord, détruire la théorie de Belgrand sur les hauts et les bas niveaux, du moment qu'il est démontré qu'elle s'est formée sur un plateau et sur les rives mêmes d'un lac.

Répondant à M. Pommerol, M. FAUVELLE indique que ce qui lui a fait penser que la station de Montreuil n'était qu'un lieu d'abatage et de dépécement, c'est l'absence des pièces qui, chez le renne, sont recherchées pour l'alimentation, les gigots, les épaules et la tête pour la cervelle. C'est du reste une simple induction.

En réponse à une observation de M. GOSSE, M. FAUVELLE ajoute que, s'il a insisté sur l'hypothèse d'une première période glaciaire, c'est que M. A. Gaudry se propose de l'étayer à l'aide de ce dépôt, suivant lui fluvial, d'animaux des régions polaires, et que sa haute autorité pourrait accréditer une opinion sans doute erronée. Les glaciers des Alpes sont absolument étrangers à la question, aussi il n'en a pas parlé.

M. F. BARTHÉLEMY, à Nancy.

Les Tumuli de la Lorraine. — Les Tumuli, très nombreux dans l'Est de la France et sur les deux rives du Rhin, ont été l'objet de peu de travaux en Lorraine. On en connaît cependant aux environs de Nancy plusieurs groupes qui pourraient être fouillés avec fruit, comme le démontrent les recherches faites récemment par MM. BLEICHER et BARTHÉLEMY dans les Tumuli de la forêt de Haye.

Dans l'un deux, ils ont pu recueillir dix squelettes et observer les conditions d'inhumation. Ces squelettes étaient rangés sans ordre et séparés les uns des autres par une épaisseur variable de matériaux, ce qui indique des sépultures successives. Chaque individu était accompagné de fragments de poterie et de charbons. Un seul squelette portait des ornements de bronze, un bracelet et un petit anneau. Des traces de fer ont été relevées sur plusieurs individus.

Trois crânes reconstitués ont donné les indices céphaliques suivants : 71-1, 71-9 et 72-8.

MM. BLEICHER et BARTHÉLEMY, à Nancy.

Les camps anciens de la Lorraine. — MM. Bleicher et Barthélemy étudient les anciens camps et refuges, défendus par des remparts en blocaille, qui existent encore sur les coteaux des environs de Nancy.

Ces enceintes, vulgairement désignées sous les noms de camps romains, camps de César, ont occupé déjà de nombreux archéologues. Mais une découverte récente a permis de faire table rase de l'opinion qui attribuait leur construction aux légions romaines.

Des coupes pratiquées dans les remparts d'Afrique et de la Fourasse ont fait reconnaître que la couche extérieure de blocaille, amoncelée sans soin, recouvre un noyau central de matériaux calcinés et vitrifiés.

Le camp d'Afrique et le refuge de la Fourasse sont le but d'une excursion intéressante des membres de la section.

M. DELORT, Professeur à Auxerre.

Dix années de fouilles dans la France centrale. Les nouveaux documents que nous apportons à la science paraîtront d'autant plus précieux qu'ils sont d'une authenticité incontestable; car nous les avons recueillis directement aux lieux mêmes où la race néolithique les avait déposés. Il s'agit des 5 groupes de vases recueillis :

1° Dans les grottes de l'Yonne, qui ont donné des vases apodes comme ceux que MM. Ribeyro et P. du Châtellier ont recueillis en Portugal et en Bretagne.

2° Les produits céramiques des dolmens et des tumulus sont nombreux autant que variés. Il est de grandes urnes dont les similaires n'ont été trouvés que dans le Palatinat et les palafittes de la Suisse.

3° Ce groupe, le plus remarquable, couvert de motifs estampillés, provient du cimetière gaulois de Chalinargues, près Murat et paraît appartenir à l'époque dite *Larnaudienne*. Ce groupe de céramique nous conduit à la belle civilisation de l'époque suivante.

4° De l'époque gallo-romaine, où l'art du potier atteindra un degré de cuisson remarquable, trouvera un beau vernis et de splendides motifs décoratifs qui vont se perdre dans la nuit du moyen âge. Les spécimens intacts de cette brillante époque sont aussi rares, que nombreux les débris.

5° Déjà, avec la céramique de l'ère mérovingienne, tout annonce la décadence. Les vases dont on entoure alors les morts sont moins des porte-provisions que des sortes de cassolettes d'où les parfums qui durent s'en dégager nous rappellent les premiers temps du christianisme.

Enfin une terre cuite des grottes de l'Yonne portant gravée l'image du soleil jointe à d'autres faits, nous a porté à croire que la race néolithique avait pratiqué le sabéisme, nouveau lien qui la rattacherait aux peuplades nombreuses de cette vénérable et féconde Asie, si bien nommée par Michelet « l'âme commune ».

M. Ch. BOSTEAUX, à Cernay-lès-Reims.

Cimetières gaulois de la Marne. Résultat des fouilles pendant les années 1885-1886. — Les fouilles gauloises que M. Bosteaux a pratiquées cette année sur les territoires de Cernay-lès-Reims, Witry-lès-Reims, Nogent, Beine-Pontfaverger et Prunay, ont donné une vingtaine de vases, deux bracelets et une fibule en bronze, une en fer, deux épées en fer, une lance, un umbo de bouclier, deux chaînes en bronze, deux porte-guides avec le bout du timon en bronze provenant d'une tombe à char, qui avait été violée ou incomplètement fouillée.

Discussion. — M. Adrien DE MORTILLET : Nous connaissons un certain nombre de chaînes semblables à celles que nous montre M. Bosteaux. Le musée de Saint-Germain en possède une jolie série. Il y en a en fer et en bronze.

Quelques palethnologues ont cru voir dans ces chaînes des pièces d'attelage, mais rien ne confirme cette hypothèse. Généralement trouvées dans des sépultures sans chars, à côté de longues épées en fer, nous pouvons les considérer comme des chaînes servant à accrocher et maintenir les grandes épées gauloises à double tranchant.

— Séance du 16 août 1886. —

M. F. BARTHÉLEMY, à Nancy.

Station préhistorique de Morville-lès-Vic, la Haute-Borne. — M. BARTHÉLEMY communique quelques renseignements sur la station préhistorique de Morville-la-Haute-Borne, si bien explorée par M. l'abbé Merciol.

C'est à Morville que furent trouvés les premiers silex qui attirèrent l'attention des archéologues lorrains.

La collection de M. l'abbé Merciol étant l'objet d'une exposition spéciale, au Musée Lorrain, les membres de la section sont invités à la visiter.

MM. le Dr TESTUT, à Lyon, et DUFOURCET, à Dax.

Les tumulus des Landes. — MM. TESTUT et DUFOURCET présentent des photographies des tumulus qu'ils ont fouillés dans les Landes. Ils ont rencontré généralement un sol battu et un lit régulier de cailloux ; ils n'y ont vu de sépultures que très rarement et supposent que ces tumulus, ceux tout au moins qui sont dépourvus de mobilier funéraire, ne sont que de simples huttes effondrées.

Discussion. — M. G. DE MORTILLET, s'appuyant surtout sur la ressemblance des tumulus dans toutes les parties de la France, ne peut partager l'opinion précédente.

M. le Dr POMMEROL : M. de Mortillet nous signale, dans les tumulus de la Franche-Comté, un lit de pierres granitiques pour y faire reposer le mort. L'interprétation de cet usage me semble être en rapport avec des idées religieuses. Ainsi en Auvergne, on trouve des mégalithes près des roches basaltiques et gréseuses qui peuvent être facilement débitées en dalles, piliers et tables. Pourquoi les hommes néolithiques ne les ont-ils jamais employées dans la construction des mégalithes ? Pourquoi ont-ils préféré toujours aller chercher, à 10 ou 15 kilomètres de distance et par des chemins très pénibles, des matériaux granitiques? Mon avis est que des idées religieuses seules ont pu dicter ce choix.

M. Félix GAILLARD, à Plouharnel (Morbihan).

Le dolmen à double étage de Kervilor, à la Trinité-sur-Mer, et observations sur les dolmens à grandes dalles et ceux à cabinets latéraux. — En avril, M. Gaillard a exploré un dolmen à Kervilor, à la Trinité-sur-Mer ; ce monument présente deux chambres superposées, séparées par un dallage de grandes pierres. Il a été recueilli dans la crypte inférieure, seize grains de collier en callaïs, six têtes de flèche et deux vases entiers.

Ceci constitue un dolmen à double étage.

De l'examen et de l'étude des dolmens de la région qu'il habite, M. Gaillard conclut :

1° Que les dolmens dont l'aire est garnie d'un grand dallage n'ont pas de cabinets latéraux et réciproquement, ceux qui ont des cabinets latéraux n'ont pas de grands dallages ;

2° Quand il y a sur le même tertre plusieurs dolmens groupés, il n'y en a qu'un seul dont l'aire est garnie de grandes dalles ou à cabinet latéral ;

3° Quand dans un groupe de dolmens parallèles sur le même tertre, il y en a un à cabinet latéral, il est à droite des autres ; s'il y en a un à grand dallage, il est à gauche.

M. Ch. Trotin : Il existait près de Pornic une série de dolmens à chambre, confirmant l'observation faite par M. Gaillard : à savoir, que cette sorte de monuments mégalithiques avaient leur ouverture à l'Est.

M. Adrien de Mortillet : Les observations de M. Gaillard relatives aux dolmens à double étage ne sont pas absolument nouvelles et cette particularité n'est pas spéciale à la Bretagne. Il y a longtemps que nous savons qu'un certain nombre des grandes et belles allées couvertes de la vallée de la Seine renferment plusieurs étages superposés de sépultures, séparés par des dallages.

M. NICOLAS, Cond. des P. et Ch., à Avignon.

Découvertes dans les départements de Vaucluse et du Gard. — M. Nicolas présente le produit des fouilles de la grotte de La Masque, au nord du mont Ventoux (Vaucluse).

Presque tous les ossements recueillis dans cette grotte par M. Nicolas appartiennent à l'époque moustérienne. Les quelques silex taillés trouvés avec ces os ne laissent aucun doute à cet égard.

Il y a là une faune des plus intéressantes, comprenant le rhinocéros *tichorhinus*, l'hyène tachetée, l'ours brun, le cheval, deux bovidés de taille différente, le cerf et le chevreuil.

Quant aux os d'homme, de canidé et de chèvre également retirés de la grotte, ils sont évidemment plus récents et doivent provenir de mélanges ou bouleversements ultérieurs.

Le moustérien est, jusqu'à ce jour, fort mal représenté dans le département de Vaucluse. C'est tout au plus si l'on y connaissait trois ou quatre gisements de cette époque, signalés par MM. E. Arnaud, Morel et Nicolas. Les nouvelles découvertes de M. Nicolas, qui viennent grossir ce faible nombre, ont donc une réelle importance.

M. CHUDZINSKI, Prépar. au labor. d'anthr. des H.-Études, à Paris.

Les anomalies des os propres du nez chez les Orangs. — Conformation des os propres du nez chez les anthropoïdes en général.

Variabilité des os propres du nez dans l'espèce Orang.

Les anomalies des os propres du nez des Orangs. Ces anomalies semblent indiquer que les os propres du nez des Orangs sont en voie de disparition.

MM. BLEICHER et BARTHÉLEMY, à Nancy.

Les camps et refuges de la Lorraine. — MM. Bleicher et Barthélemy étudient les camps et retranchements antiques de la Lorraine. Ils s'occupent plus particulièrement de cinq ouvrages qui ont conservé des remparts plus ou moins élevés et dont l'existence ne peut être mise en doute. Ce sont : les éperons barrés par un mur en ligne droite de la Fourasse, de Montenoy et de Gugney ; les camps à enceinte double de Messein et de Tincry.

En attendant des conclusions basées sur une étude plus complète, ils croient devoir insister sur le fait curieux de la calcination du calcaire, qui forme le noyau de deux de ces ouvrages de types très différents : le mur de la Fourasse et le mur intérieur du camp de Messein, dit Camp de César ou d'Afrique.

Discussion. — M. Pommerol : Vous devez vous rappeler que, lors de notre excursion à la montagne de Fourasse, près de Nancy, j'ai donné la même explication que celle de M. de Mortillet. Le but des constructeurs de ce rempart était, en brûlant des pierres calcaires, les seules qu'ils possédaient en cet endroit, d'arriver à la formation de la chaux. On devait y mêler de la terre ou du sable et au moyen de l'eau que l'on ajoutait ou que la pluie même devait fournir à un moment donné, on obtenait un mur en mortier très solide. C'était là une manière très primitive de se procurer de la chaux ; nous sommes au point même de la découverte de cette matière indispensable dans notre pays. A l'époque romaine, on ne procédait pas ainsi. Je n'hésite donc pas à considérer ces murs comme antérieurs à la conquête, et sans doute d'origine gauloise.

M. Salmon : Plusieurs d'entre nous se sont demandé sur place comment on avait procédé pour l'édification de ces remparts ; la question, très intéressante, mérite assurément d'être étudiée. Nous avons tous reconnu que les charbons se trouvaient seulement à la base. Immédiatement au-dessus, le conglomérat renferme de l'argile cuite de teinte jaunâtre ou rougeâtre. La partie supérieure, formant crête, est blanchâtre et manque d'argile dans les coupes que nous avons vues. Il a fallu une puissance calorifique considérable et on ne se rend pas bien compte des moyens par lesquels elle a été produite.

J'ai entendu émettre le vœu que ce camp soit conservé et compris dans le classement officiel des monuments historiques, je m'y associe volontiers avec empressement et je pourrai faire à Paris une démarche dans ce sens.

M. le Dr L. MANOUVRIER, Prof. adj. à l'École d'anthr., à Paris.

Essai d'anthropologie artistique sur le profil grec. — Dans ce travail, M. Manouvrier cherche à objectiver les raisons pour lesquelles le profil des statues grecques paraît jouir d'une beauté spéciale. Il montre que ce profil, lorsqu'il est obtenu correctement, donne à la physionomie : 1° de la noblesse ; 2° du calme ; 3° de la douceur.

La condition essentielle d'un profil grec correct consiste non seulement dans la continuité plus ou moins rectiligne de la ligne fronto-nasale, mais aussi dans la proéminence de la racine du nez en avant des yeux.

Le profil grec est vicieux lorsqu'il est obtenu en faisant dépendre la ligne du front de la ligne du nez ou inversement en prenant pour point de départ la verticalité ordinaire de la première ligne ou l'obliquité de la seconde. Alors les conditions indiquées comme donnant à la physionomie les caractères ci-dessus n'existent plus et l'on obtient des physionomies dures ou stupides.

L'auteur estime que le profil grec convient peu aux figures masculines en général. Il convient surtout aux allégories sérieuses, aux figures de style. Ce n'est pas un profil de pure fantaisie, car on le rencontre quelquefois dans la nature, mais rarement à l'état parfait. Il ne paraît pas être plus fréquent dans la population grecque. Le type adopté par les grands statuaires grecs a pu être le perfectionnement artistique d'un type hiératique adopté primitivement en Égypte.

Discussion. — M. Ch. Trotin : Ce qui confirme la justesse de cette observation que le type grec était un *type conventionnel,* c'est la pose et l'expression des monuments archaïques de la Grèce. On peut attribuer cette *uniformité canonique* (dans le sens grec du mot) à l'origine mythologique des monuments primitifs de la Grèce, lesquels ont voulu se rapprocher le plus possible des ξοανα.

M. l'abbé Vacant : Je soumets à M. le Dr Manouvrier une pensée qui m'est suggérée par son étude aussi neuve qu'intéressante.

L'accentuation dans le profil grec des caractères anatomiques qui distinguent l'homme de l'animal, donne aux traits du calme, de la majesté et de la douceur, par suite de la rectitude des lignes horizontales et verticales. Voilà ce qu'a exposé M. Manouvrier. Ne pourrait-on ajouter que, par suite de cette accentuation, la face reçoit de la grâce, à cause des courbes harmonieuses qui font disparaître ce qu'il y aurait de trop raide et de trop anguleux dans le raccordement des lignes droites?

Je remarque qu'une observation de M. G. de Mortillet, sur l'âge relativement récent de la représentation des divinités, s'accorde entièrement avec les conclusions ordinaires de l'*Histoire des Religions.* L'ancienne religion védique n'avait pas d'idoles et le Brahmanisme n'en a accepté qu'après l'apparition du Bouddhisme. Pour les fétiches, ce n'est qu'avec le temps qu'ils se sont transformés en images de dieux à formes humaines ou animales.

M. Ch. Trotin : A la théorie que M. G. de Mortillet vient d'énoncer que les origines de l'art sont purement civiles, comme on peut le voir en Égypte et en Assyrie, j'ajouterai que ce qui est vrai pour ces deux pays ne l'est pas pour la Grèce. Pour le démontrer, je m'en rapporte aux monuments archaïques eux-mêmes ; je peux d'ailleurs m'appuyer sur l'autorité de nombreux savants.

M. Manouvrier répond à M. l'abbé Vacant qu'il n'a pas eu en vue l'interprétation de tous les traits du visage, mais seulement de ceux qui caractérisent essentiellement le profil grec.

M. le Dr FICATIER, à Auxerre.

Découverte d'une nouvelle grotte magdalénienne à Arcy-sur-Cure (Yonne). — M. le Dr Ficatier rend compte des fouilles qu'il a pratiquées dans une nouvelle grotte à Arcy-sur-Cure. Cette grotte, voisine de la grotte des Fées, était obstruée par une grande quantité de pierrailles tombées des falaises oolithiques qui bordent la Cure, et qui en avaient complètement bouché l'entrée. C'est un terrier de lapin qui fit soupçonner l'entrée de cette grotte. Sous environ 1m,50 de déblai, M. le Dr Ficatier rencontra un dépôt archéologique de trente centimètres de hauteur, très riche en silex et autres objets de l'époque de la madeleine. Ce dépôt s'étendait dans toute la grotte qui mesure une profondeur de 16 mètres sur une largeur de trois et une hauteur de deux. Les silex trouvés étaient en nombre considérable : quatre mille environ, se composant de grattoirs, burins, lames, pointes, becs-de-perroquet ; beaucoup d'échantillons présentés à la séance sont remarquables par le fini de leur taille et la régularité de leurs retouches. Les instruments en os ou corne de cervidés, moins nombreux, se composent : 1° de plusieurs aiguilles à chas remarquablement finies ; l'une d'elles est exceptionnellement large ; 2° de plusieurs pointes de sagaies entières ou en fragments ; 3° de poinçons ; 4° de pointes de flèche en corne de renne à rainure centrale ; 5° de dents perforées ; 6° de coquilles de pétoncles perforées ; 7° un trilobite fossile également percé de deux trous de suspension. C'est cette dernière amulette qui a fait donner à la grotte le nom de grotte du trilobite, qui a été adopté par M. le Dr Ficatier.

Discussion. — M. Adrien de Mortillet dit qu'il arrive souvent que les burins abondent dans les stations magdaléniennes où il n'y a pas de gravures. Il est donc probable que ces instruments ne servaient pas exclusivement à graver. Ils devaient aussi servir à refendre la corne, l'os et le bois. En passant et repassant un certain nombre de fois le burin dans le même sillon, on pouvait facilement arriver à obtenir une rainure assez profonde pour que la pièce puisse être divisée. L'examen des rainures que l'on rencontre sur de nombreux fragments d'os et de corne de l'époque de la madeleine semble du reste confirmer cette hypothèse.

M. MAUREL, Méd. princ. de la marine, à Cherbourg.

Le sang dans les races humaines [1]. — Même en restreignant, comme je l'ai fait, cette étude, et tout en désirant voir mes résultats confirmés par d'autres observateurs, je crois que l'on peut conclure que toutes les races n'ont pas la même richesse de sang, et qu'elles présentent sous ce rapport de véritables différences ethniques.

Ces différences peuvent se résumer dans les conclusions suivantes :

1° C'est la race noire qui paraît avoir le nombre d'hématies le plus considérable (5,112,256, noirs de la Guadeloupe), puis viennent les Indo-Européens (5,000,000 les Européens et 5,008,222 les Hindous), ensuite les Jaunes (4,474,751 les Khmers, 4,334,861 les Chinois, 4,238,731 les Annamites) ;

2° Le chiffre des Khmers est intermédiaire aux deux peuples dont ils proviennent, les Hindous et les Jaunes, se rapprochant beaucoup plus de ces derniers par ce caractère comme pour les autres ;

3° Le même fait est encore plus marqué pour les leucocytes ;

4° Sous le rapport de cet élément, ce sont les Hindous qui ont les chiffres les plus élevés (5,549), puis viennent les Khmers (5,519), ensuite les Européens (5,000), après les Jaunes (Chinois 4,611, Annamites 4,123), et en dernier lieu les noirs (3,823) ;

5° Le fait me paraît être d'autant plus digne d'être signalé, que j'attribue un rôle important aux leucocytes dans la reconstitution du sang.

1. Ce travail est plus complet que celui que l'auteur avait fait précédemment, ce qui explique les différences qui existent entre les conclusions.

Discussion. — M. Fauvelle se demande si les Nègres sur lesquels M. Maurel a fait ses recherches étaient depuis longtemps à la Guadeloupe, et par conséquent avaient pu subir un certain degré de transformation.

M. Th. WILSON, Consul des États-Unis, à Nice.

Les silex taillés de Breonio (*Italie*). — Il s'est élevé récemment une très vive discussion au sujet de l'authenticité de quelques pièces en silex présentées par les explorateurs de ce gisement. M. Wilson, ami des deux contradicteurs, désire ne point prendre parti ni pour, ni contre. Il serait difficile de se faire une opinion sans une étude attentive de toutes les localités.

Il n'y a pas moins de quarante-trois points avec traces d'habitat préhistorique aux environs de Vérone. Une seule localité, celle de Breonio, comprend neuf grottes, sept stations en plein air avec traces de toutes les époques préhistoriques, de l'âge de la pierre à l'âge du fer.

M. Th. Wilson fait passer sous les yeux du Congrès quelques-uns des nombreux silex qu'il a pu recueillir et ceux qui lui ont été remis. C'est uniquement parmi ces derniers que se trouvent des pièces d'aspect singulier, de formes étranges, nouvelles. La première série, tout en ayant à certains points de vue une physionomie locale et particulière, se rattache évidemment aux types les plus connus de diverses époques de l'âge de la pierre.

Discussion. — M. Adrien de Mortillet : Parmi les silex que M. Wilson a recueillis lui-même, il en est qui ne laissent aucun doute sur l'existence en Italie d'une époque solutréenne touchant au moustérien. Ce sont ceux qui proviennent de cavernes des environs de Molino. La pointe en feuille de laurier qui caractérise si bien le commencement du solutréen est représentée dans la série de M. Wilson par un certain nombre d'échantillons tout à fait décisifs ; mais il n'y a pas de pointes en feuille de saule à cran. Ce type, qui appartient à la fin de l'époque solutréenne, a cependant été trouvé en Italie. Lorsque M. Mérejkowsky alla visiter, il y a quelques années, les musées de la péninsule, j'appelai son attention sur ces pointes à cran. Il en rencontra dans les musées de Rome, de Bologne, de Reggio et de Milan plus de soixante provenant de la Toscane, de l'Émilie, de la Vénétie et surtout des Abruzzes.

Il serait fort précieux de connaître la forme des grottes de Molino. M. Stefano de Stefani a là un champ d'études bien autrement intéressantes que ses découvertes de silex de formes curieuses.

M. Salmon : Aux observations judicieuses que vous venez d'entendre j'en ajouterai quelques-unes d'ordre intrinsèque. Je ne rappellerai pas les formes extraordinaires, pour ne pas dire extravagantes, de la plupart des silex de Breonio ; les faussaires se sont livrés à une véritable débauche d'imagination ; après avoir copié plus ou moins mal les types authentiques, ils se sont battu les flancs pour servir du nouveau aux amateurs. Il convient de noter qu'à Amiens, Abbeville et Beauvais les mêmes produits ont déjà circulé ; on dirait que ce sont les mêmes faussaires.

Les arêtes de ces pièces toutes neuves sont vives, tandis que dans les pièces vraies, elles sont plus ou moins adoucies par l'usage ou le roulage.

Les instruments antiques sont déshydratés ou présentent d'autres patines facilement reconnaissables ; tantôt c'est du cacholong et tantôt un vernis ; les pièces fausses de Breonio n'ont rien de semblable.

Le maquillage au moyen d'argile est une couverture suspecte qui disparaît au premier lavage pour faire place à l'aspect d'une taille récente.

Enfin, la carrière de craie d'où la matière première a été tirée a laissé des témoins sur beaucoup de ces silex; j'en prends un au hasard et je fais sous vos yeux des marques blanches sur le drap noir de mon vêtement. Ce dernier criterium est démonstratif. A Beauvais, une petite expérimentation semblable a contribué à convaincre les spectateurs de la fausseté de pièces analogues. Les instruments antiques et réellement bons ont depuis longtemps perdu la trace de leur carrière d'origine; jamais ils ne peuvent déteindre en blanc comme ceux-ci.

M. Adrien DE MORTILLET, en réponse à M. d'Ault-Dumesnil, dit que l'on a fabriqué aussi des faux à Chelles, mais en très petit nombre. Ils sont en silex du pays et assez grossièrement taillés.

M. de BAYE, à Baye (Marne).

La réunion de plusieurs époques de la pierre sur le même plateau. — Le gisement quaternaire de Fèrebrianges (Marne) contient plusieurs périodes de la pierre dans la même couche d'alluvion. Le type chelléen, la forme moustérienne, se trouvent associés dans la couche sédimentaire, et le sol arable donne des instruments de la pierre polie. Dans ces conditions, le gisement revêt un caractère particulier. Les pièces qu'il renferme n'ont pas été roulées. Les types chelléens sont en silex de formation marine, les types moustériens, au contraire, sont en silex lacustre et en silex de la craie. Ces derniers donnent les plus belles pièces étant plus faciles à traiter. Des pièces du dépôt indiquent une transition entre le chelléen et le moustérien. Une face est retaillée et l'autre montre le conchoïde. Contrairement à ce que l'on remarque dans les couches des graviers des rivières, composées de plusieurs stratifications, notre gisement, qui appartient aux plateaux, ne présente qu'une couche unique de terrain d'alluvion. Les causes qui l'ont formé n'étant pas aussi puissantes que celles qui formaient les strates des vallées ont écrit l'histoire des progrès de l'industrie en une seule page. Dans les vallées, au contraire, on trouve plusieurs couches distinctes.

Les lames et les grattoirs allongés du même dépôt représentent sa dernière période.

Discussion. — M. SALMON demande à quelle altitude se trouve le gisement exploré; il prie en outre M. de Baye de dire si la station est sur un plateau horizontal, d'où rien n'aurait pu être entraîné, ou bien sur une déclivité, quelque peu apparente qu'elle fût, mais où les remaniements naturels auraient eu prise. Une confusion serait un inconvénient, parce que, au lieu d'une superposition chronologique des industries, on aurait un mélange sans conclusion utile.

MM. BLEICHER et BARTHÉLEMY, à Nancy.

De l'âge du bronze et du commencement de l'âge du fer en Lorraine. — MM. BLEICHER et BARTHÉLEMY présentent les résultats de leurs recherches sur l'âge du bronze et le commencement de l'âge du fer en Lorraine.

Les conclusions de cette note, qu'ils ont voulu faire purement descriptive, sont : que si les types du bel âge du bronze se retrouvent en Lorraine, la fin de cette période est marquée par un bien plus grand nombre de gisements.

Discussion. — M. A. de Mortillet rappelle que M. Chantre et d'autres paléontologues ont trouvé au Caucase, dans des tombes appartenant au premier âge du fer, des statuettes en bronze, représentant des petits bonshommes avec les organes sexuels fortement accentués, qui ont quelque similitude avec la figurine présentée par M. Barthélemy. La grande fonderie de Bologne renfermait également une statuette du même genre. Ces figures, qui sont à peu près toutes de la même époque, semblent n'être que des essais tout à fait primitifs et grossiers de populations cependant fort avancées en art sous d'autres rapports.

M. Ch. Cournault : Je ferai observer que ce n'est pas la première fois qu'on trouve une statuette ithyphallique dans un tumulus. Le musée de Zurich possède une statuette d'homme et une statuette de femme de 0m,03 de hauteur, dont les parties sexuelles sont très marquées. Ces statuettes sont munies d'une bélière et suspendues à un anneau de bronze. La femme a au cou un anneau non pas mobile mais pris dans la masse du métal.

Ces amulettes ont été trouvées en 1878, à Lunkoffen, près de la Reuss, canton d'Argovie. Le tumulus contenait en outre un bracelet d'argent dont une partie était en or, un bracelet d'argent, des fibules de bronze ornées de corail, des grains de collier en ambre, une grande épée en fer et cinq vases d'argile en forme de coupes.

Je tiens enfin à insister sur l'authenticité de la statuette présentée par M. Barthélemy. Si elle a un aspect peu rassurant, c'est qu'elle vient d'être moulée et qu'elle a perdu une grande partie de sa patine ; mais je l'ai vue peu de temps après sa découverte et elle était en tous points semblable d'aspect aux bracelets qui ont été trouvés avec elle. Elle est donc bien antique.

M. de Baye demande si l'anneau qui se trouve au cou de la figurine représente un torque, comme il arrive quelquefois.

M. A. de MORTILLET, à Saint-Germain-en-Laye.

Les procédés de taille de l'obsidienne aux époques préhistoriques. — L'obsidienne, travaillée avec une grande perfection au Mexique presque jusqu'à notre époque, a aussi été utilisée dans l'ancien monde, aux temps préhistoriques. En Europe, on connaît surtout les ateliers grecs et hongrois qui ont fourni de nombreux échantillons aux collections publiques et privées. J'ai pu acquérir une fort belle série de pièces de l'île de Milo, provenant de la vente Gobineau et il m'a été facile, en les classant méthodiquement, de mettre en évidence l'histoire du travail de l'obsidienne. Le nucléus était d'abord ébauché et présentait alors une section triangulaire ; les arêtes sont particulièrement soignées ; elles représentent une sorte de feston obtenu par le détachement symétrique et alterné de petits éclats. Ce sont ces arêtes qu'on détachait d'abord et qui restaient comme un rebut, tandis que les éclats détachés ensuite constituaient les lames de bon usage. Les nucléus ne sont pas très gros. Lorsque l'on avait enlevé tout autour plusieurs rangées de lames, le noyau était mis aux rebuts. Il est rare de trouver le nucléus intact avec ses trois arêtes, les pièces préparées ayant presque toujours été plus ou moins utilisées. Ce procédé de taille assez compliqué est évidemment le résultat d'une longue expérience.

Discussion. — En réponse à diverses questions, M. A. de Mortillet ajoute les indications suivantes : Il existe une différence, qu'il est bon de signaler, entre les nucléus en obsidienne de l'ancien et du nouveau monde : le plan de frappe qui est brut sur les nucléus de Grèce, est, au contraire, presque toujours repiqué, comme écrasé, sur ceux du Mexique. Ce fait paraît montrer qu'on opérait, en Europe, au moyen du choc, tandis qu'on employait en Amérique le système de la pression. Ce serait pour empêcher le glissement de la pointe avec laquelle on exerçait une pression très énergique pour amener le départ de la lame que les Mexicains auraient dépoli le plan de frappe.

— Séance du 18 août 1886. —

M. l'abbé VACANT, Prof. au Gr. Séminaire, à Nancy.

Note sur la représentation des divinités par des formes d'animaux et par le type humain grec. — Je soumets à M. le Dr Manouvrier une réflexion que j'ai faite à la suite de l'intéressante étude qu'il a présentée hier à la section d'anthropologie sur le type grec.

Mon observation ne porte pas sur sa thèse que le type grec (type idéal qui n'est pas l'imitation de la réalité) est caractérisé par l'accentuation des différences anatomiques qui distinguent la face humaine de la face des animaux, et que ce caractère lui est commun avec le type égyptien et le type phénicien.

Non ; mais, cette thèse admise, je me pose cette question : les Égyptiens, les Phéniciens et les Grecs ont-ils réalisé ce type, particulièrement dans la représentation de la divinité, en prenant pour règle de leur idéal qu'il fallait s'éloigner autant que possible de la tête des animaux?

Je ne crois pas qu'ils aient adopté cette règle et qu'ils aient eu ce dessein.

En effet, nous voyons les dieux honorés sous la forme d'animaux et sous la forme d'hommes à têtes de bêtes, soit chez les Égyptiens qui adorent le bœuf Apis, Isis à la tête ornée de cornes et le dieu à la tête d'ibis, soit chez les Phéniciens dont la divinité principale est Baal à la tête de taureau. Les Grecs représentent souvent Bacchus sous la figure d'un taureau ; ils donnent à Pan, aux dieux marins et à d'autres divinités des corps formés d'éléments empruntés aux animaux et d'autres empruntés à l'homme ; enfin, ils placent, à côté des dieux qui ont une forme entièrement humaine, des animaux emblématiques dont la tête était, dans les temps antérieurs, sur les épaules de la divinité elle-même. Minerve, par exemple, avait été représentée avec une tête de hibou : quand on lui donna une tête de femme, on plaça à côté d'elle le hibou.

Un grand nombre de dieux à tête humaine avaient donc eu des têtes d'animaux ; l'anthropomorphisme les transforma peu à peu, en tenant compte de la tradition, et cette transformation modifia en particulier l'Olympe des Hellènes ; mais, chez les Grecs mêmes, et à plus forte raison chez les Égyptiens et chez les Phéniciens, il y eut toujours des dieux représentés en bêtes. Il en résulte que ces peuples n'ont pu rejeter les traits des animaux, comme indignes de la divinité et comme opposés à l'idéal par lequel il convenait de la représenter.

Ajoutons que le sentiment de la dignité de l'homme et de l'infériorité de la bête n'est pas non plus ce qui les a portés à se faire un type humain où tout s'éloignait de la tête des animaux.

En effet, le sentiment de la distance qui sépare l'homme de la bête n'existait pas chez eux, comme il existe chez nous. Les Égyptiens adoraient les chats, les ibis et d'autres animaux. Pour les Grecs, ils voyaient dans l'esclave comme un anneau qui reliait l'homme à la bête, puisqu'ils se demandaient si l'esclave était de la même nature que son maître, et il ne faut pas oublier que Phidias faisait son Jupiter avant que la Grèce eût entendu les leçons de Socrate et des philosophes qui le suivirent.

Ceux à qui l'on doit le profil grec n'ont donc point cherché les règles de leur idéal dans l'intention d'accentuer ce qui distingue l'homme de la bête.

Ils sont arrivés à ce résultat, conduits par un sentiment esthétique. C'est en s'appliquant à donner au type humain tout ce qu'ils trouvaient de calme, de majesté, de douceur dans les têtes qui étaient sous leurs yeux, qu'ils ont créé le profil grec.

M. BLEICHER, à Nancy.

Origine et nature de quelques matières premières employées par les peuplades primitives d'Alsace, de Lorraine et de Champagne. — M. Bleicher a particulièrement étudié à ce point de vue les matières destinées à l'ornementation, telles que le corail, l'ambre ou succin, le jayet, l'ivoire, et y a ajouté celle d'un tissu grossier provenant d'un tumulus de Hatten (Basse-Alsace).

Deux fragments de *corail* soumis à son observation lui ont donné les sclérites du polypier ; ils provenaient, l'un d'un tumulus de la forêt de Haguenau (collection de M. Nessel), le second de la collection de M. Nicaise (cimetière des Varilles, commune de Bouy, Marne).

Les recherches qu'il a faites sur l'*ambre* ou *succin*, provenant de différentes stations et de différentes époques, lui font supposer que l'ambre vrai est assez rare et que le plus souvent il s'agit du succin qui peut se trouver autre part que sur les bords de la Baltique, dans les lignites tertiaires de la Champagne par exemple. Le *jayet* ou *lignite*, façonné en anneaux de jambe ou de bras, n'est pas rare en Alsace dans les sépultures préromaines et peut-être mérovingiennes et se retrouve en Champagne, d'après M. Nicaise. Grâce au procédé employé par M. von Gumbel pour dévoiler la nature végétale des combustibles minéraux, M. Bleicher a pu découvrir au microscope, dans tous ces anneaux de jayet ou de lignite, des débris de vaisseaux, des lambeaux d'épiderme, enfin même, dans certains cas, des grains de pollen. L'origine de cette matière d'ornementation est du reste encore à découvrir. Un fragment de bracelet, provenant des sépultures de la station préromaine de Herrlisheim, près Colmar, a donné en coupe microscopique les caractères évidents de l'ivoire.

Enfin, le tissu grossier du tumulus de Hatten, que son collègue et collaborateur, le docteur Faudel, lui a soumis, paraît, par ses réactions chimiques de couleur, ses caractères microscopiques, devoir être rapporté plutôt au lin qu'à toute autre matière textile.

M. Auguste NICAISE, à Châlons-sur-Marne.

La sépulture néolithique de Montcetz-l'Abbaye (*Marne*). — En 1885, il a été découvert, sur le territoire de Montcetz-l'Abbaye (Marne), par un carrier nommé Jacquier-Loisy, au lieu dit *les Aulnes*, une sépulture de l'époque de la pierre polie renfermant un squelette dont les os longs et le crâne étaient bien conservés. Quelques silex taillés, lames, grattoirs, pointes étaient placés dans la sépulture. Autour du corps, sur les ossements, au milieu et au-dessous d'eux on a découvert de nombreuses rondelles en coquilles, de pecten probablement, toutes percées d'un trou très large relativement au diamètre de la rondelle. Ces rondelles se montraient au nombre de plus de 700. Du côté droit du squelette, à la hauteur de la main, on a découvert également un anneau en coquille de pecten de deux centimètres et demi de diamètre, large de cinq à six millimètres, bombé en demi-cercle à son pourtour extérieur, plat sur sa circonférence interne; ne portant aucune trace d'usure par suspension, ayant exactement l'aspect d'une de ces bagues, telles qu'on en a fabriqué à toutes les époques en métal, en os, en bois, en ivoire dans des civilisations moins reculées.

Le corps de l'inhumé avait probablement été enduit d'une coloration d'ocre rouge ou placé dans une couche de fer oligiste, car toutes les rondelles en coquille portent les traces évidentes de cette matière rougeâtre.

La provenance de cette découverte est absolument certaine, ainsi que l'indiquent d'ailleurs le nom de l'inventeur et le lieu-dit où elle a été effectuée.

M. GUIGNARD, V.-Prés. de la Soc. d'hist. nat. de Loir-et-Cher, à Sans-Souci, Chouzy (Loir-et-Cher).

Les silex éclates et la hutte des Vernous. — M. GUIGNARD relate la découverte faite par lui d'une hutte au lieu dit *les Vernous,* sur le territoire de la commune de Chouzy. Il présente à la section les divers objets trouvés près de cette habitation, notamment un certain nombre de silex blonds, d'autres admirablement patinés à craquelure produite par le feu ou les agents atmosphériques, quelques débris de poteries des périodes gallo-romaine, mérovingienne et franque et des couteaux de fer trouvés au même lieu sur le champ du sieur Bisson.

M. le Dr FAUVELLE, à Paris.

Des différences intellectuelles dans un même groupe ethnique. — M. FAUVELLE rappelle d'abord que l'intelligence est la manifestation de l'influx nerveux dans les couches grises corticales du cerveau, manifestation caractérisée spécialement par la *mémoire* et la *volonté ;* puis il donne une description succincte de la structure du centre cérébral.

Il divise ensuite les différences intellectuelles en *subjectives,* c'est-à-dire dépendant de l'organisation elle-même, et en *objectives,* résultant de l'influence des milieux et spécialement de l'éducation et de l'instruction.

Après avoir énuméré ces différences, M. Fauvelle recherche comment, au milieu de tant de variations, le type cérébral humain non seulement se maintient mais progresse d'une manière continue. Il en trouve la raison en ce que, dans toute société démocratique, le rôle des individus change à chaque génération et qu'ainsi toutes les variations, tous les progrès de l'organe cérébral se propagent et se généralisent par l'hérédité. Il en conclut que, comme la démocratie empêche la formation des castes et par conséquent le maintien des mêmes fonctions dans les mêmes familles, c'est la forme sociale la plus hygiénique pour le centre intellectuel.

Discussion. — M. l'abbé VACANT : La statistique des éléments qui contribuent à former les diverses intelligences et les divers caractères d'un groupe d'individus, serait assurément aussi utile qu'intéressante. Mais les difficultés de l'entreprise de M. le Dr Fauvelle ne sont-elles pas insurmontables ? Comment faire la part de tous les éléments subjectifs, comment surtout déterminer l'influence du libre arbitre (dont M. le Dr Fauvelle reconnaît l'existence) dans la formation de chaque esprit et de chaque caractère ?

L'action si complexe du milieu physique et social semble aussi échapper, dans le détail, à nos investigations : c'est la conclusion qu'on tire de l'ouvrage de M. Marion sur la *Solidarité morale*.

Prenez un jeune homme de vingt ans, avec ses connaissances, ses aptitudes, ses vertus, ses vices : comment retrouver à travers ces vingt ans les efforts personnels, les influences de l'hérédité, de l'éducation, des relations sociales, l'action du régime, du climat, toutes choses sans nombre qui pourtant ont contribué à faire de ce jeune homme ce qu'il est?

Le mouvement actuel de la population, dont M. le Dr Fauvelle a fait ressortir les avantages, ajoute encore de nouvelles difficultés au problème dont il a le courage d'entreprendre la solution. Les situations changent les hommes, aussi bien que les milieux : comment apprécier les influences subies dans une vie pleine de péripéties et de pérégrinations ?

M. Fauvelle : Je reconnais parfaitement que le sujet que j'ai traité présente des difficultés considérables, mais c'est précisément pour tâcher de les atténuer que je cherche à y répandre quelques lumières. Comme je l'ai dit, l'intelligence est influencée d'abord par le tempérament, puis par la prépondérance d'un des appareils qui, avec le cerveau, constituent le système nerveux, ganglion splanchnique et centre médullaire. Mais les différences principales dépendent d'abord de l'organisation cérébrale, puis de l'influence exercée par le milieu ambiant physique ou intellectuel.

Les personnes qui, comme l'honorable membre auquel je réponds, sont appelées à connaître et à diriger les intelligences, doivent donc tenir compte de ces divers éléments, si elles veulent agir en connaissance de cause. C'est un sujet neuf, quoique bien ancien, et qui mérite l'attention des anthropologistes.

En ce qui concerne le *libre arbitre,* dont je n'ai pas parlé, M. l'abbé Vacant m'a mal compris. Je ne regarde comme dépendant de la *volonté* que les contractions musculaires qui produisent les actes quels qu'ils soient, et encore souvent lui échappent-elles sous l'influence de sensations violentes. Quant aux actes eux-mêmes, ils sont *déterminés* par les circonstances de milieu et de tempérament.

M. Adrien de MORTILLET, à Saint-Germain-en-Laye (Seine-et-Oise).

La Corse préhistorique. — Les recherches dans l'île ne sont encore qu'à leurs débuts. Elles y sont assez difficiles pour que M. A. de Mortillet ait dû se contenter de noter ce qu'il a vu entre les mains des gens du pays. Il n'y a rien qu'on puisse rapporter au quaternaire, mais les époques suivantes sont représentées par quelques pièces caractéristiques : le Robenhausien par des haches en pierre polie, le Morgien par des haches en bronze à bords droits, le Larnaudien par des haches en bronze à ailerons, et l'Hallstattien par des fibules.

M. l'abbé J.-M. BÉROUD, à Coligny (Ain).

Nouvelles fouilles faites dans la grotte des Balmes, près de Villereversure (Ain). — La subvention, si gracieusement mise à ma disposition par l'Association Française pour la continuation des fouilles, m'a permis, tout d'abord, de faire enlever plus de 300 mètres cubes de matériaux appartenant aux formations alluviales s'étalant encore intactes au-dessus du sol de la carrière et d'en extraire une quantité considérable d'ossements fossiles appartenant toujours à l'*Antiquus* ou au *Meridionalis,* au *Rhinoceros Tich.,* au *Felis Leo,* à l'*Hyæna,* au *Gulo bor.,* au *Megaceros,* au *Corvus,* à l'*Aquila,* etc., etc...., et ensuite d'ouvrir, dans le sous-sol, une large et profonde tranchée. — J'arrivais ainsi à me rendre enfin compte de l'allure et de la teneur des diverses formations successivement entassées dans cette excavation énorme mesurant plus de 2,000 mètres cubes. — Le fond de cette excavation est occupé par une formation argileuse, due aux eaux de suintement et d'infiltration de la surface et renferme les restes fossiles du *Renne.*

Au-dessus viennent, par ordre de succession, sauf quelques détails, les formations signalées l'an dernier au Congrès de Grenoble.

M. le Dr NOËLAS, à Roanne (Loire).

Sur les silex tertiaires intentionnellement taillés de Perreux (Loire)[1]. — Un sommaire géologique et une coupe transversale de la vallée actuelle de la Loire à Roanne et à Perreux établissent la continuité des terrains qui recèlent ces silex avec les tertiaires de la Haute-Loire, de l'Allier, de la Limagne et de l'Orléanais et font reconnaître un étage *miocène* aquitanien ; un helvéto-tortonien de sables maigres ou ferro-manganiques et d'assises de gros cailloutis que feu Gruner regardait comme *pré-pliocène,* indépendant, étage analogue à celui d'Otta en Portugal ; de plus des falaises astiennes et saint-prestiennes, *pliocènes ;* ces terrains caractérisés par les fossiles tertiaires, notamment les hipparions, avec des silex intentionnellement ouvrés correspondants, sont figurés dans les planches.

Les premiers, postérieurs à Thenay, éclats naturels ou obtenus par le feu, avec bords abattus et retouches, touchent la marne aquitanienne. Les seconds, dans la butte ballastière des Franchises : petits couteaux en silex jaspé, grattoirs aplatis à bords retouchés ou rabattus, conchoïde esquille et plan de percussion évidents, aspect vaguement moustérien ; entre les couches des sables ferro-manganiques tortoniens ; au même niveau dans les sables maigres, espèces de nucléus, n° 4 ; des racloirs à grandes cassures, à bords retaillés épais et parties corticales (n°s 1, 2, 3). Dans les prolongements tortoniens du lieu dit *la Font-Darrot,* fines pointes à barbelures plus ou moins ondulées ; couteaux et petits racloirs. — Dans le gros cailloutis des Franchises et de ses annexes de la base au sommet : pointes, têtes de flèches déjà prismatiques, de grandes pointes et un développement de couteaux aussi prismatiques de forme presque moustérienne, tout cela avec les caractères de la percussion intentionnelle. Deux pièces émérites en ressortent : un outil courbé sur le plat, à dos épais cortical, à bord intérieur marqué de retouches calculées savamment ; un autre, plutôt grattoir, qui *a passé au feu* et en est resté mat et bruni, dessous plat, dessus à grands éclats, biseau travaillé de retouches, témoignant de recherches des formes nouvelles et les meilleures. Les troisièmes silex, ceux du pliocène des falaises éboulées et des terres de glissement, non en proportion des précédents pour la perfection, mais tendance aux formes prismatiques accusées dans des couteaux, pointes et grattoirs encore pseudo-moustériens ; passant au saint-prestien, pré-chelléen.

Conclusion : Il existe dans les terrains tertiaires des Franchises de Perreux des silex intentionnellement taillés ou ouvrés ; c'est une nouvelle station soumise aux investigations de l'anthropologie.

1. Le même sujet a été publié dans les *Annales de la Société d'agriculture, arts et belles-lettres de la Loire.* Saint-Étienne, mois de février 1886.

M. CARTAILHAC, à Toulouse.

Les habitants de la vallée de Bethmale (*Ariège*). — Cette vallée, située au sud de Saint-Girons, dans la direction du mont Vallier, est l'une des plus intéressantes des Pyrénées au double point de vue de l'archéologie préhistorique et de l'anthropologie proprement dite. M. l'abbé Cau-Durban, curé de la paroisse de Bordes qui ferme l'entrée de la vallée, a montré une fois de plus qu'il suffit de recherches patientes et intelligentes pour mettre au jour les trésors de nos montagnes, et combler les vides de nos cartes archéologiques. Grottes et gisements de divers âges lui ont déjà fourni une précieuse collection. M. Cartailhac espère que l'Association française voudra bien aider M. Cau-Durban à continuer ses fouilles.

La vallée de Bethmale comprend un petit groupe de hameaux dans lesquels la population est restée singulièrement à l'abri des croisements et des influences extérieures. Si l'on assiste à la sortie des offices religieux on est frappé de l'unité de type. On voit aussi les gens revêtus de costumes tout à fait originaux et fort remarquables.

M. Cartailhac fournit, d'après M. Cau-Durban et d'après ses propres observations, des renseignements détaillés sur les mœurs et coutumes de ces Bethmalais ; M. Cartailhac présente les documents démographiques basés sur une période de dix années et les résultats anthropométriques qu'il a commencé à relever.

— **Séance du 19 août 1886.** —

M. Philippe SALMON, à Paris.

Présentation de deux instruments de silex d'aspect pressinien. — M. Salmon présente deux instruments de silex dont la matière semble analogue à celle du Grand-Pressigny (Indre-et-Loire) : 1° un grattoir allongé, fort usé et dont les bords latéraux ont été retouchés afin de ménager la main ; ce grattoir provient de la commune de Vaudeurs (Yonne), lieu dit *Chiloux* ; 2° une sorte de perçoir à base épaisse provenant de la commune de Cerisiers (Yonne), lieu dit *le Four-à-Chaux*. Ces deux localités sont d'assez riches ateliers dans un pays où le silex abonde. La matière des pièces présentées est rougeâtre, translucide et cireuse.

M. Salmon demande aux géologues et aux minéralogistes si, comme plusieurs personnes l'ont pensé, on peut attribuer à la matière de ces instruments l'origine lointaine du Grand-Pressigny ; il rappelle ensuite le projet formé par M. Cartailhac de publier la nomenclature des silex pressiniens recueillis dans les dolmens, en ajoutant que, pour bien connaître l'expansion du silex du Grand-Pressigny, il conviendrait sans doute de relever les objets de même matière dans toutes les stations et découvertes sans exception. Cette question touche au sujet intéressant du mouvement des populations préhistoriques au moyen de migrations et d'échanges.

Discussion. — M. d'Ault du Mesnil, après un examen attentif à la loupe, déclare que la pâte des silex présentés est trop fine pour permettre une attribution au Grand-Pressigny ; il s'associe d'ailleurs entièrement au vœu exprimé par M. Salmon.

M. l'abbé RACHON, à Ham, près Longuyon (Meurthe-et-Moselle).

Fouilles et découvertes à Hyssarlick et Mycène. — Il existe cinq villes superposées sur la colline d'Hyssarlick où elles occupent une hauteur de 16 mètres; les objets d'art, industrie, poterie, ustensiles, bijoux sont plus parfaits dans la ville primitive ; cette perfection décroît dans les suivantes ; celle de la quatrième est rudimentaire ; la cinquième est d'un caractère grec tout différent. Les peuples qui s'y sont succédé ont la même origine, — aryenne.

Partout mélange d'objets perfectionnés en cuivre, or, électron avec les industries et armes de pierres.

Même remarque pour Mycène. Peu de bronze, mais alliage très faible de zinc. Couche de cuivre fondu couvrant toute la surface occupée par la seconde Troie.

Discussion. — M. Adrien DE MORTILLET dit que les découvertes de M. Schliemann lui inspirent une certaine appréhension. Il y a dans ses mobiliers funéraires des choses bien disparates. L'esprit est invinciblement porté à la méfiance.

M. CARTAILHAC dit que les travaux du Dr Schliemann lui inspirent au contraire la plus grande confiance. Il ne faut pas oublier qu'en nous éloignant de l'Europe occidentale nous devons aussi oublier un peu nos classifications, surtout lorsqu'il s'agit du protohistorique.

M. VILANOVA Y PIERA, Prof. de paléontologie à l'Univ. de Madrid.

Sur la période du cuivre. — Dans un ouvrage sur la *Protohistoire ibérique* qui a été couronné dans le concours ouvert par les héritiers de M. D. Fernando de Castro à Madrid, j'ai eu le bonheur de pouvoir ajouter pas mal de découvertes relatives à la priorité dans la péninsule de la période du cuivre sur celle du bronze, parmi lesquelles je dois indiquer celles d'Enguera, d'Alcoy, de Cuevas, Saint-Vicente-de-la-Barquera et d'autres qui m'ont procuré des haches plates de cuivre, mêlées avec d'autres néolithiques dans des cavernes et des enterrements. Parmi ces beaux échantillons j'en ai pris deux que je soumets volontiers à l'examen de la section, et spécialement à celle de mon ami M. Mortillet jeune, pour qu'il veuille avoir l'obligeance de déclarer si c'est bien la réponse à la question qu'il a bien voulu m'adresser à la session de Rouen, relativement aux haches plates. Au reste, celles que j'ai le plaisir d'exhiber ont été préalablement analysées par un chimiste distingué, lequel déclare que, traitées par l'acide nitrique, il n'a été trouvé rien autre chose que du cuivre. Ce résultat ne m'a pas surpris, car je suis persuadé que le jour où cette opération s'appliquera aux nombreuses haches plates qu'on trouve dans bien des musées, et même dans celui de Nancy, il sera démontré que toutes sont du métal pur.

Mais cette question soulevée par moi dans le congrès de Lisbonne et reproduite dans les sessions d'Alger et de Rouen, vient de recevoir une confirmation des plus brillantes dans l'ouvrage que, sur les âges préhistoriques d'Espagne et Portugal, vient de publier mon ami, M. Cartailhac, lequel je m'empresse de féliciter de tout mon cœur, et d'autant plus que je le vois se rendre à mon opinion. Je dois encore lui faire mes sincères compliments pour avoir presque renoncé à l'homme tertiaire, quoiqu'il soit regrettable que l'opinion contraire ait été soutenue dans la préface par l'honorable et savant maître à tous, M. Quatrefages, car avec ces idées pas trop harmoniques, le livre offre un exemple très peu édifiant. Je dois pourtant déclarer que, relativement à mon pays, le beau livre de Cartailhac se trouve en défaut sur beaucoup de faits très intéressants, que je tâcherai de suppléer dans la publication prochaine de l'ouvrage couronné.

Ce sera alors l'occasion de mettre dans son véritable point de discussion l'authenticité des statues de Jula, mise en doute par Cartailhac, parce qu'il ne connaît pas leur gisement et les constructions qui se trouvent dans le même endroit, et qu'il ignore le nombre très considérable de ces objets d'art.

Je ne finirai pas sans adresser un vœu à la section, c'est de vouloir bien accepter l'idée de publier un jour et sous son patronage, le vocabulaire pré ou protohistorique que j'ai cru devoir ajouter à mon livre, dont voici les feuilles en espagnol; mais on pourrait décider de le faire rédiger par une commission spéciale dans toutes les langues de l'Europe, comme on a fait pour mon *Dictionnaire géographique et géologique*.

M. Émile **RIVIÈRE**, à Paris.

Faune des reptiles, des oiseaux et des poissons trouvés dans les grottes de Menton, en Italie. — M. Rivière donne lecture d'un mémoire qui a pour but de compléter la note qu'il a publiée l'année dernière au congrès de Grenoble, touchant la faune des grottes de Menton.

Dans ce nouveau travail, l'auteur étudie trois groupes de vertébrés comprenant les reptiles, les oiseaux et les poissons.

a. Les reptiles sont représentés par les deux genres *Bufo* (crapaud) et *Rana* (grenouille); le premier indique un animal de très grande taille, voisin par ses dimensions du *Bufo agua* de l'Amérique du Sud.

b. Les oiseaux sont représentés par 42 espèces différentes, chiffre considérable et bien supérieur à celui des espèces qui ont été trouvées jusqu'à présent dans les autres cavernes de France et même d'Europe. Ces espèces appartiennent au groupe des oiseaux de proie diurnes et des oiseaux de proie nocturnes, aux passereaux, aux gallinacés, aux échassiers et aux palmipèdes.

c. Les poissons constituent 7 espèces différentes dont une fossile: un *Strophodus* des terrains jurassiques, et 6 espèces vivantes qui sont ou des Cténoïdes, tels que *Sciæna aquila* (maigre), ou des Cycloïdes, genres *Thynnus* (thon), *Labrax* (loubine), *Salmo* (saumon), *Trutta* (truite) et *Anguilla* (congre ou anguille?). Les uns sont des poissons de mer, les autres des poissons d'eau douce. Parmi ces derniers, il en est qui n'ont pu être pêchés qu'à des distances considérables des grottes de Menton. Le fait est important à relever au point de vue des migrations ou des coutumes d'échange des peuplades quaternaires desdites grottes; annoncé déjà par l'auteur, l'année dernière, dans sa communication sur les coquilles des mêmes cavernes, ce fait est aujourd'hui absolument confirmé par cette nouvelle étude de M. Rivière.

M. le Dr **L. MANOUVRIER**, Prof. adj. à l'École d'anthr., à Paris.

Observation d'une anomalie des orteils. — Cette anomalie, observée sur un ouvrier verrier à Nancy, consiste dans une exagération de la longueur des trois premiers orteils, exagération portant sur chacune des phalanges et telle que le quatrième orteil, normal, est moins long de près de deux centimètres que le troisième. Le porteur de cette anomalie ne s'en était pas aperçu.

M. **D'AULT-DUMESNIL**, Admin. des Musées, à Abbeville.

Les terrains quaternaires des environs d'Abbeville.

12e Section

SCIENCES MÉDICALES

Président d'honneur . . .	M. TOURDES, Doyen de la Fac. de méd. de Nancy.
Président	M. BOUCHARD, Prof. à la Fac. de méd. de Paris.
Vice-Présidents	MM. BERNHEIM, Prof. à la Fac. de méd. de Nancy.
	DUGUET, Prof. agr. à la Fac. de méd., Méd. des hôp., à Paris.
	GRASSET, Prof. à la Fac. de méd. de Montpellier.
	GROSS, Prof. à la Fac. de méd. de Nancy.
	HECHT, Prof. à la Fac. de méd. de Nancy.
	HERRGOTT, Prof. à la Fac. de méd. de Nancy.
	LADAME, *Privat-docent* à l'Univ. de Genève.
	PAMARD, Chir. des hôp. d'Avignon.
	PICOT, Prof. à la Fac. de méd. de Bordeaux.
	PONCET, Prof. à la Fac. de méd. de Lyon.
Secrétaires	MM. BARBIER, Int. des hôp. à Paris.
	PARISOT, Prof. agr. à la Fac. de méd. de Nancy.
	L. H. PETIT, Bibl. adj. à la Fac. de méd. de Paris.
	SIMON, Prof. agr. à la Fac. de méd. de Nancy.

— Séance du 13 août 1886. —

M. Auguste VOISIN, Méd. de la Salpêtrière, à Paris.

Observations d'aliénation mentale aiguë traitée et guérie par l'hypnotisme. — Aux congrès de Blois et de Grenoble, M. Auguste Voisin avait déjà démontré, dans deux communications, la possibilité de déterminer le sommeil hypnotique chez des aliénés. Il avait aussi démontré que les effets de l'hypnotisme et les suggestions qu'il permet d'employer ont une influence curative chez ces malades.

Cette nouvelle communication a pour but d'affirmer davantage les conclusions déjà présentées par l'exposition de deux faits tout récents où le sommeil hypnotique a pu être obtenu, à la Salpêtrière, chez deux aliénées atteintes l'une de manie, l'autre de lypémanie aiguë.

Chez la première malade, *agitée,* le sommeil n'ayant pu, à un moment donné, être obtenu par les procédés habituellement employés (la fixation du regard ou du doigt de l'expérimentateur), les deux yeux ont été maintenus ouverts au moyen de deux écarteurs palpébraux et la lumière de la *lampe à magnésium* dirigée sur eux pendant dix minutes, a déterminé le sommeil. En deux jours, la malade, qui présentait au début une agitation des plus grandes et se livrait à des actes lubriques, était complètement calmée et sa tenue était excellente.

La seconde malade, *lypémaniaque*, refusait de manger depuis quinze jours; elle gâtait et se livrait constamment à des tentatives de suicide. A la première séance d'hypnotisme, elle fut endormie en dix minutes. A son réveil, elle commença à obéir aux suggestions faites pendant le sommeil, cessa de gâter et consentit à boire du lait. Actuellement, au bout d'un mois du traitement appliqué tous les deux jours, elle est guérie et travaille cinq heures par jour.

En résumé, ces deux nouvelles observations prouvent d'une façon très nette que le sommeil hypnotique peut être obtenu dans l'aliénation mentale *aiguë*, soit pendant l'excitation maniaque, soit au cours de la folie lypémaniaque des plus intenses.

Étude des phénomènes réflexes comme diagnostic du sommeil hypnotique. — Chez trois malades, l'une atteinte d'ataxie locomotrice progressive, la seconde hystéro-hypocondriaque, la troisième, aliénée lypémaniaque non hystérique, ayant des idées de suicide, M. Auguste Voisin a obtenu les phénomènes suivants :

Chez les deux premières, la pression, le pincement, la percussion d'une partie d'un membre, donnent lieu, aussitôt qu'elles sont hypnotisées, à des secousses qui se transmettent au membre excité et à tout le corps et qui sont suivies chez l'ataxique de contracture avec flexion forcée et demi-supination du membre pincé ou frappé. Ces secousses durent de une à trois secondes chez ces malades.

Chez la troisième, non hystérique, le phénomène est produit à la face par la fixation du regard ou d'un corps brillant. La face entière est prise de secousses convulsives très fortes. La physionomie présente l'apparence d'un grand malaise et la peau de la face, ainsi que les conjonctives, rougissent d'une façon très nette.

Les secousses cessent avec l'action excitante, mais si cette excitation est maintenue, elles continuent.

M. Aug. Voisin ne pense pas que ces phénomènes soient dus à l'hyperexcitabilité neuro-musculaire, quoique les malades fussent en état de léthargie. Il croit cependant que leur cause pathogénique est du même ordre. Mais leur caractère nettement réflexe doit être comparé à ce qui se passe chez les animaux auxquels on a supprimé l'encéphale ou sectionné complètement la région cervicale de la moelle épinière et chez qui une excitation périphérique provoque des mouvements réflexes exagérés.

Il y a donc chez ces malades coïncidence de l'état léthargique et partant de la suppression à peu près complète de l'activité cérébrale, avec l'exaltation de la force excito-motrice de la moelle épinière et du bulbe rachidien. M. Auguste Voisin pense que c'est par la recherche du caractère objectif du sommeil hypnotique qu'on arrivera à se mettre à l'abri de la simulation.

M. LADAME, *Privat-doc.* à l'Univ. de Genève.

Sur un cas de myopathie atrophique progressive[1]. — M. le Dr P. Ladame communique un nouveau fait de myopathie atrophique progressive du type facio-

1. Le cas présenté à Nancy avec 2 photographies du malade, a été publié *in extenso* dans la *Revue de médecine*, numéro du 15 octobre 1886.

scapulo-huméral de Landouzy-Déjerine (forme juvénile de Erb avec participation de la face). Dans ce cas, la galvano-faradisation individuelle des muscles atrophiés a donné de bons résultats, car la maladie a été momentanément arrêtée dans sa marche, et les mouvements ont été améliorés.

M. Paul LANDOWSKI, à Paris.

Traitement local de la dysménorrhée membraneuse. — M. Paul Landowski traite la dysménorrhée membraneuse de la manière suivante : lorsqu'elle est sous l'influence d'un état général, il faut lui opposer un traitement général ; lorsqu'au contraire elle est bien localisée, le traitement local par l'électro-cautère, cinq à six jours après la terminaison des règles, suffit. Il est nécessaire de ne procéder à cette application qu'après avoir dilaté les orifices utérins d'une manière plus que suffisante, à l'aide d'applications successives de cônes d'éponge préparée de plus en plus volumineux ; on applique alors le cautère porté au rouge sombre, en le promenant légèrement et rapidement sur la surface endométrique, on fait ensuite garder le lit pendant une semaine.

M. A. NETTER, Bibl. univers. à Nancy.

Traitement de la coqueluche par l'oxymel scillitique. — M. Netter avait d'abord remarqué que dans la première période de la bronchite ou période des bruits sibilants, l'oxymel scillitique, donné tel quel, sans excipient, provoquait en très peu de jours une abondante sécrétion sur la muqueuse trachéo-bronchique, et de là un passage rapide à la période catarrhale. Depuis une douzaine d'années, traitant de cette manière la coqueluche, il a obtenu les plus brillants succès, de sorte qu'aujourd'hui la médication se trouve adoptée à Nancy par plusieurs de ses confrères, notamment par MM. les professeurs et agrégés Hecht, Remy et Schmitt. Au bout de deux à trois jours, quelquefois même en moins de temps, les accès changent de caractère, en ce que la toux devient *grasse,* et que les mucosités arrivent à la gorge et dans la bouche dès les premiers instants de la quinte. Dès lors la rapidité de la guérison dépend de l'âge et de la force des enfants, selon qu'ayant plus ou moins de trois ans et étant plus ou moins forts, ils crachent ou avalent leurs mucosités.

Doses : Chez l'enfant à la mamelle, 20, 40, 60 gouttes dans les 24 heures dans l'intervalle des mises au sein. Chez l'enfant d'environ deux ans, 4 à 5 cuillerées à café dans l'espace d'une heure. A trois ans et au-dessus, 6 à 7 cuillerées à café. Chez l'adulte, 8 à 9 (ne pas donner le remède en dehors de l'heure choisie et recommencer quotidiennement jusqu'à cessation des quintes).

Discussion. — M. Remy confirme les résultats annoncés par M. Netter, qu'il a pu constater chez plusieurs malades.

M. RUAULT, à Paris.

Nouveaux appareils médico-chirurgicaux. — M. Ruault présente : 1° un appareil, dit aspirateur-injecteur, permettant de faire suivre immédiatement l'aspiration d'un liquide morbide d'une injection médicamenteuse ou antiseptique dans la cavité qui le contenait.

2° Une sonde gastrique, dite à douches stomacales, permettant le lavage de l'estomac avec la plus petite quantité de liquide laveur possible.

Discussion. — M. Bouchard ajoute qu'en effet, avec les anciens appareils, l'abus du lavage de l'estomac, qui a été considérable, avait eu de graves inconvénients, car la distension mécanique des estomacs plus ou moins malades avait produit l'anorexie et l'amaigrissement consécutif. Avec l'appareil de M. Ruault rien de pareil n'est à craindre, puisque le lavage est effectué avec une très petite quantité de liquide qu'on peut de plus retirer immédiatement.

M. GAIRAL père, à Carignan (Ardennes).

Traitement des maladies de matrice par les liquides et suppression des cautérisations. — M. Gairal, considérant que les cautérisations du col de l'utérus causent parfois des accidents plus ou moins graves, propose de substituer à ces cautérisations des liquides appropriés à la nature de la maladie en maintenant ces liquides en contact permanent avec la partie affectée comme topique interne.

Pour cela, il présente un petit appareil qu'il appelle cuvette utérine et dont il démontre l'application et le fonctionnement au moyen d'un mannequin.

Il ajoute que ce petit appareil peut servir pour calmer les vomissements incoercibles des femmes enceintes en soutenant la matrice devenue trop lourde et en calmant sa susceptibilité par le contact permanent d'un anesthésique liquide, ces vomissements étant pour lui d'ordre réflexe dont le point de départ ne peut être que dans la matrice.

Abordant la question des pertes blanches, M. Gairal dit que, quoique les gynécologistes ne soient pas d'accord sur la nature de ces affections, les uns ne les considérant que comme symptomatiques et d'autres comme maladie proprement dite, ils leur opposent les uns et les autres le même traitement, soit un traitement général, tandis que pour M. Gairal, les pertes blanches restant toujours une maladie proprement dite, il les traite localement par une méthode spéciale basée sur la disposition de la muqueuse vaginale et l'emploi d'une poudre végétale spécialement charbonneuse introduite avec un petit insufflateur particulier.

M. APOSTOLI, à Paris.

Traitement de l'endométrite par la galvano-caustique. — M. Apostoli préconise le traitement de l'endométrite par les applications de la galvano-caustique chimique en employant le pôle positif ou acide dans les formes hémorrhagiques et le pôle basique ou négatif dans les formes non hémorrhagiques. Cette méthode remplace avantageusement le grattage intra-utérin.

Discussion. — M. Landowski préfère au grattage et à la galvano-caustique l'emploi des solutions antiseptiques et en particulier du chlorure d'étain, dont les propriétés antiseptiques en font un topique excellent pour les applications intra-utérines.

— **Séance du 14 août 1886** —

MM. DUCLAUX, Prof. à la Fac. des sc. de Paris, et **BOUCHERON**, à Paris.

Sur les microcoques recueillis dans les scrofulides bénignes-impétigo, acné pilaris des paupières et des narines, etc. — L'existence de microcoques très actifs dans le furoncle (Pasteur), dans le clou de Biskra (Duclaux et Heydenreich) et l'existence d'un bacille dans le lupus, ont conduit MM. Duclaux et Boucheron à rechercher s'il n'existait pas d'éléments analogues dans les lésions cutanées de la scrofule bénigne-impetigo, acné pilaris des paupières, etc.

Ils ont trouvé en effet dans ces vésico-pustules des microcoques qu'ils ont cultivés et inoculés. — Avec les cultures très actives, les lapins meurent en 24 heures ; avec les cultures d'activité moyenne, les animaux ne meurent qu'après quelques jours et l'on peut observer les effets de la pullulation des microcoques dans divers tissus.

Ainsi ces microcoques se cultivent dans le sang (devenu plus coagulable) ; puis dans les séreuses, le péricarde très souvent, les synoviales souvent, la plèvre et le péritoine plus rarement, les méninges quelquefois ; dans les muscles, où ils forment des foyers de dégénérescence vitreuse ; dans les ganglions lymphatiques, etc. Ces lésions ne sont pas purulentes. — Quelquefois il se produit des lésions purulentes, abcès juxta-articulaires, articulaires, sous-périostés, ostéomyéliques, abcès vertébraux, abcès musculaires, etc.

Les auteurs rapprochent ces lésions expérimentales internes des affections similaires et non tuberculeuses observées parfois dans la scrofule.

Les cultures les plus actives, injectées par la trachée dans les poumons, ou ingérées dans l'estomac, ne produisent que très rarement des accidents sérieux. — Injectées sous la peau, où étendues sur la peau, ou injectées dans les yeux, ces cultures ne produisent le plus souvent que des lésions locales.

Ainsi, dans les lésions pustuleuses des scrofulides bénignes, existent des microcoques dont la culture et l'inoculation peuvent être très pathogènes dans certaines circonstances favorables.

Discussion. — M. Bouchard fait ses réserves sur la signification donnée par M. Boucheron aux faits observés et qui soulèvent plusieurs questions.

Voilà un microbe indifférent qui pourrait devenir un microbe pathogène grave et produire des lésions analogues à celles de la fièvre typhoïde, il en résulterait donc que la scrofule deviendrait une affection spéciale, contagieuse, indépendante de la tuberculose. Mais n'est-on pas en présence d'un microbe qui vit chez nous indifférent et qui, changeant de milieu, se développe, comme chez certains organismes détériorés, ou particuliers, comme chez le lapin.

Ou bien est-ce simplement un organisme surajouté comme on en trouve tant dans la fièvre typhoïde, par exemple, quand il y a infection purulente.

M. Verneuil fait également des réserves au sujet de l'assimilation entre la scrofule et la maladie décrite par MM. Boucheron et Duclaux. Cette maladie n'est pas analogue à la scrofule ; il y a là des lésions des séreuses et des muscles qui n'y existent pas. C'est plutôt une maladie nouvelle, inoculable, provenant de l'impétigo et qui n'a rien à faire avec la scrofule.

M. Boucheron considère que les interprétations de leurs expériences sont variées et ne seront vérifiées que plus tard. Il insiste cependant sur ce fait qu'il existe des microbes actifs dans les lésions impétigineuses, et que ces microbes ne sont pas ceux de la tuberculose.

Avec les microcoques tirés d'une scrofulide et injectés dans les veines des animaux, on produit des pleurésies et méningites non tuberculeuses, des abcès osseux, articulaires, non tuberculeux, quoique ressemblant beaucoup aux lésions tuberculeuses. Enfin, nous avons observé une lésion musculaire conduisant à l'atrophie et qui pourrait bien être un exemple des atrophies musculaires à pathogénie inconnue.

M. Herrgott rappelle que Baglivi, en écrivant ses observations, avait soin de prévenir qu'il écrivait *in aere romano*. M. Boucheron décrit une affection observée sur le lapin, faut-il l'appliquer à l'homme? Il faut être très réservé dans ces assimilations de l'un à l'autre.

M. J. ROCHARD, Insp. gén. du serv. de santé de la mar. en retr., à Paris.

Traitement des fièvres intermittentes rebelles. — Depuis les expéditions du Tonkin, de Madagascar et du Haut-Sénégal, depuis les travaux entrepris pour le percement de l'isthme de Panama, on observe en France et surtout à Paris, un assez grand nombre de fièvres intermittentes rebelles et de cas de cachexie paludéenne contractés dans ces contrées insalubres. Les médecins qui ne sont pas familiarisés avec ces affections, les traitent exclusivement par le sulfate de quinine, et quand les malades viennent nous consulter, ils en sont saturés et ne savent plus s'ils ont ou non la fièvre. Il faut, dans ces cas, suspendre le sulfate de quinine, en le réservant pour les accès à venir et lui substituer le quinquina en poudre et en électuaire à la dose de 15 à 16 grammes par jour, l'arséniate de soude à la dose d'un milligramme par repas et l'hydrothérapie, lorsque l'état des voies respiratoires en permet l'emploi. S'il survient un accès franc, on donne immédiatement après un gramme de sulfate de quinine, on continue pendant les trois jours qui suivent, en diminuant les doses, et si les accès deviennent réguliers, on l'administre 8 ou 10 heures avant. Dans tous les cas on reprend le traitement indiqué dans l'intervalle. Le régime doit être réparateur, mais varié. Le séjour à la campagne, l'exercice au grand air sont des adjuvants utiles.

Discussion. — M. Netter dit qu'au début des fièvres intermittentes il faut toujours avoir recours au sulfate de quinine.

M. Rochard. Je me serais bien mal fait comprendre si j'avais fait douter de ma confiance dans le sulfate de quinine auquel je dois très probablement la vie, comme tant d'autres. Je ne parle que de son emploi intempestif dans la cachexie palustre, où il faut savoir s'en abstenir, en le réservant pour combattre les accès. Sa suspension même est une garantie pour l'avenir; elle lui permet de reprendre une efficacité nouvelle. Je ne me suis pas occupé du traitement des fièvres intermittentes au début, auxquelles M. Netter semble faire allusion, je n'ai eu en vue, je le répète, que les fièvres passées à l'état chronique telles qu'on les observe en France chez les malades revenant des colonies.

M. DEFRESNE, Pharmacien à Paris.

La pancréatine après son arrivée dans l'estomac et son rôle en thérapeutique. — La pancréatine administrée sous forme de pilules enrobées de cire et de sucre ne se dissout que trois heures plus tard au milieu du chyme qui ne contient alors que des acides organiques dont elle n'a rien à redouter et elle concourt alors directement à la seconde digestion.

La pancréatine administrée sous forme de poudre au début d'un repas tombe au milieu du suc gastrique pur dont l'acidité est due à l'acide chlorhydrique, elle est alors absorbée « in situ » et passe à l'état de zymogène dans la circulation, elle en est séparée par l'appareil glandulaire et devient dans le foie une zymase hépatique capable de saccharifier le glycogène — dans la parotide une zymase ptyalique capable de saccharifier l'amidon dans la bouche — et dans la rate une zymase qui, transmise au pancréas, communique au suc de cette glande la propriété de saccharifier l'amidon dans le duodénum.

M. DELTHIL, à Nogent-sur-Marne.

Traitement de la diphthérie. — M. Delthil expose les résultats de son traitement curatif et prophylactique de la diphthérie par les évaporations d'essence de térébenthine et les fumigations de goudron de gaz et d'essence de térébenthine.

La statistique est aujourd'hui de 134 malades traités, 126 guérisons.

Le traitement prophylactique donne 3 cas de contagion, et encore furent-ils bénins, pour 670 personnes assistant les malades à des titres divers.

Le traitement local consiste uniquement en badigeonnages à l'essence brute de térébenthine.

Il résume ses observations et en détache les faits saillants suivants :

1° Absence d'accidents causés par le traitement ;

2° Durée de l'incubation diphthéritique, 5 jours en moyenne ;

3° Les matières diphthériques non détruites conservent leur contagiosité pendant plus d'un an ;

4° La diphthérie a des milieux d'élection, certaines familles ont des aptitudes de réceptivité particulières ;

5° L'analogie de la diphthérie de la volaille et de celle de l'homme, bien que non admise, est probable, et la contagion de l'un à l'autre possible, le fumier de basse-cour est un instrument de généralisation et de contagion ;

6° La salive des diphthéritiques est acide, elle rougit le papier de tournesol ;

7° La diphthérie est une affection primitivement locale qui se généralise produisant parfois une sorte de phagédénisme diphthéritique, elle peut avoir son point initial dans les régions les plus diverses de l'organisme ;

8° Elle peut être inoculée sur une plaie ;

9° La diphthérie intestinale ne peut être niée, elle existe chez l'homme et communément chez le veau ;

10° La diphthérie peut végéter chroniquement pendant plusieurs mois chez le même individu ;

11° La contagion de la diphthérie ne cesse d'augmenter en France et à l'étranger, le chiffre des décès dépasse à Paris 2,000 par an ; en Saxe, 20,000 individus ont succombé à cette affection en 4 ans.

Discussion. — M. Verneuil insiste sur l'immunité presque absolue conférée par le traitement aux personnes qui soignent les malades, et sur la propagation de la maladie des volailles à l'homme. Ce serait donc encore une nouvelle maladie que les animaux nous donneraient.

M. Pamard cite à l'appui de la méthode de M. Delthil un fait de sa clientèle. Un jeune enfant était considéré comme perdu, on ne croyait pas même devoir l'opérer ; on le soumit au traitement de Delthil et il guérit.

M. Bouchard ajoute que la relation entre la diphthérie de l'homme et celle des volailles est déjà bien connue, surtout en Angleterre où la pépie des volailles s'appelle croup. Elle a été déjà signalée en France par Nicati.

M. R. DUBOIS, Prép. à la Fac. des sc. de Paris.

Présentation d'appareils. — M. R. Dubois présente un appareil nouveau pour la préparation automatique des mélanges titrés de vapeurs et de gaz. Le nouvel appareil diffère de ceux qui ont été antérieurement imaginés par l'auteur par son petit volume, son poids léger et la grande simplicité de son maniement ; il a été construit par M. Mathieu de Paris et est plus spécialement destiné à l'application pour l'anesthésie chirurgicale de la méthode des mélanges titrés d'air et de chloroforme.

M. LEUDET, Dir. de l'Éc. de méd., à Rouen.

Le zôna chronique. — Le zôna chronique ou successif indiqué par Verneuil, existe réellement, et se présente sous les formes de : 1° zôna chronique local ou excentrique ; 2° de zôna par propagation d'une branche nerveuse à une autre ; 3° de zôna à distance et successif.

Les lésions anatomiques du zôna sont connues aujourd'hui ; les ganglions intervertébraux de Gasser sont altérés en même temps que les nerfs périphériques, ou bien ceux-ci sont seuls lésés, sur une partie de leur trajet, et quelquefois jusque dans la peau.

Le zôna est souvent secondaire à des lésions ou centrales ou périphériques ; cérébrales, médullaires, sur le trajet des nerfs. Le premier fait où la lésion du zôna a été décrite, celui de v. Bærensprung, a été recueilli sur un enfant atteint de tuberculose pulmonaire, surtout marquée du côté de la lésion nerveuse. Les observations de Chandelux, Lesser, Cadet de Gassicourt, etc., démontrent l'influence des lésions chroniques des plèvres sur le développement du zôna.

La forme chronique du zôna a été observée par M. Leudet, chez 2 malades atteintes de tuberculose pulmonaire, au moment d'une recrudescence de poussée tuberculeuse. La lésion cutanée provoquait des ulcérations nouvelles, des cicatrices avec ou sans pseudophlegmon. Cet état peut se continuer pendant 3 et même 6 mois et provoquer le développement de chéloïdes et s'accompagner de névrite noueuse.

La tuberculose pulmonaire, l'irritation causée par la fistule pleurale après l'empyème peuvent provoquer le développement du zôna à distance comme au front.

Le zôna récidivant sur le même sujet, peut récidiver dans les mêmes régions, ou dans des régions différentes.

Discussion. — M. Verneuil dit qu'il y a utilité à séparer l'herpès du zôna, l'herpès est une affection contagieuse à phénomènes fébriles, ce qui n'existe pas dans le zôna.

M. Boucheron. Le zôna n'est-il pas infectieux ? En injectant dans le nerf auriculaire d'un lapin le liquide pris dans un zôna ophtalmique, j'ai obtenu des vésicules d'herpèssur le nez, qui durent depuis trois mois.

M. Bouchard. En 1879, j'ai démontré que les vésicules d'herpès contiennent des microbes, je n'en ai pas trouvé dans le liquide clair du zôna. Quant aux lésions nerveuses, personne ne conteste leur influence. M. Landouzy, dont le nom a été prononcé, ne prétend pas que le nerf n'y est pour rien : ce sont des névrites parasitaires. L'immunité donnée par une première atteinte est douteuse.

M. DUBOUSQUET-LABORDERIE, à Saint-Ouen (Seine).

Des amygdalites infectieuses. — M. Dubousquet prouve par des faits cliniques que l'amygdalite n'est qu'une manifestation localisée d'une infection générale dont il a suivi pas à pas l'évolution et la symptomatologie. L'amygdalite infectieuse semble se développer dans un milieu préparé, fécondé d'avance et dans lequel toutes les causes de déchéance physique trouvent une large place. L'origine infectieuse n'est pas douteuse et la contagion déjà pressentie pourrait bien être prouvée dans un temps plus ou moins éloigné. L'évolution clinique est la suivante : un sujet généralement déchu par n'importe quelle cause débilitante est pris brusquement de frissons, de fièvre vive avec courbature et souvent un lumbago insupportable, d'anorexie et céphalée en même temps qu'il ressent une douleur vive dans la bouche et le pharynx avec rougeur et gêne de la déglutition. Il n'y a pas trace de production herpétique ou diphthérique sur les amygdales toujours hypertrophiées dans ces cas. Les ganglions sont engorgés et sensibles, l'urine contient de l'albumine et des bactéries.

L'idée principale qui doit présider au traitement dérive de ces nouvelles notions de pathogénie et la médication sera franchement antiparasitaire. C'est à la quinine et la résorcine que le Dr Dubousquet a donné la préférence et dont il a retiré les meilleurs avantages.

Discussion. — M. Verneuil a vu un cas d'angine infectieuse rapidement mortelle chez un malade, survenue à la suite d'un simple surmenage ; le gonflement du cou était énorme.

M. Dubousquet n'a pas vu d'état local semblable chez ses malades.

M. Bouchard rappelle qu'on ne peut admettre pour ces angines une forme infectieuse et une forme non infectieuse ; les angines simples sont infectieuses, de même que les pneumonies simples.

M. P. RECLUS, Prof. agr. à la Fac. de méd. de Paris.

Traitement des abcès de la région ano-rectale[1]. — M. Paul Reclus rappelle la querelle soulevée au siècle dernier entre les partisans de Faget et ceux de Foubert, au sujet du meilleur mode de traitement de ces abcès : les premiers voulant l'incision suivie de l'opération de la fistule, les seconds l'incision simple. Depuis la dissidence n'a pas cessé, et aujourd'hui encore elle persiste aussi grande que par le passé. M. Reclus démontre que les abcès vrais de la région ano-rectale guérissent très rarement par l'incision simple ; que ceux qui ont été guéris étaient des abcès tubéreux ou des abcès dont la marche n'a pas été suivie assez longtemps pour qu'on soit averti de la récidive. Il cite à l'appui plusieurs observations dans lesquelles les malades, après la première incision, ont été guéris en apparence pendant quatre ou cinq mois ; puis, le foyer n'étant pas guéri dans la profondeur, d'autres abcès se sont montrés successivement, donnant lieu à des

1. Publié *in extenso* dans les *Archives générales de médecine et de chirurgie*, décembre 1886.

fistules intarissables, et il fallait en venir à l'opération de la fistule, qui cette fois a produit une guérison radicale.

M. Reclus en conclut donc qu'il faut traiter tout abcès de la région ano-rectale comme une fistule borgne externe, dont, après ouverture spontanée ou ponction simple, elle est devenue le parfait équivalent.

M. GOUGUENHEIM, Méd. des hôp. à Paris.

Sur un cas de spasme du larynx. — A propos d'un cas de spasme du larynx survenu chez un malade atteint de phthisie laryngée, et qui a nécessité la trachéotomie, M. Gouguenheim reprend la question des accidents attribués à la paralysie des dilatateurs de la glotte ; il montre que cette affection, à laquelle on a voulu faire jouer un si grand rôle dans ces dernières années, semble être battue en brèche par des travaux plus modernes ; elle est rare, et il est probable que la contracture des muscles du larynx provoque l'apparition des phénomènes redoutables attribués avec trop de précipitation à la paralysie.

M. ROHMER, Prof. agr. à la Fac. de méd. de Nancy.

De la maturation artificielle de la cataracte. — Après avoir rappelé les efforts déjà faits antérieurement pour arriver à ce but (Gibson, Muter, Noyes, Mooren et surtout Graefe-Mannhardt et Förster), M. Rohmer rapporte dix observations de cataractes séniles incomplètement mûres, dont il acheva l'opacification des couches corticales par la discission de la cristalloïde antérieure, l'évacuation de l'humeur aqueuse à travers l'ouverture de la piqûre, puis le massage. Dans tous les cas opérés, en moyenne, trois jours après la maturation artificielle, le résultat fut toujours excellent, en ce sens qu'immédiatement après l'extraction la pupille apparut noire et resta telle les jours suivants. Dans un onzième cas, il dut recourir plusieurs fois à la discission, et finalement à l'iridectomie de Graefe-Mannhardt, puis après l'extraction du noyau, à l'aspirateur de Redard pour enlever le reste des masses corticales. Le résultat fut encore excellent.

Les conclusions de ce travail sont les suivantes :

1° La maturation artificielle peut être employée dans les cataractes séniles incomplètement mûres, dans lesquelles, pour cette raison, l'extraction trop hâtive serait contre-indiquée. Une simple discission avec massage de l'œil suffit dans la plupart des cas ;

2° Si le résultat reste incomplet, on peut l'achever en faisant une iridectomie complémentaire de la maturation, et préventive pour l'extraction ;

3° Enfin, si après l'extraction faite dans ces conditions, il persiste dans le champ pupillaire quelques débris de substance corticale opacifiés consécutivement, des moyens adjuvants tels que l'aspiration (Redard) ou les lavages intra-oculaires (M'Keown, Wicherkievitz, Panas) en auront facilement raison, et arriveront à donner une pupille complètement noire.

M. DESHAYES, à Rouen.

De la récidive dans la fièvre typhoïde. — M. Deshayes a eu l'occasion d'observer deux cas bien nets de récidive de la fièvre typhoïde.

Il ne s'agit pas de fièvre relapse, de réitération, mais bien de récidive dans l'acception du mot, c'est-à-dire d'individus ayant présenté, à trois ans de distance, deux fois la fièvre typhoïde.

M. Deshayes croit que la fièvre typhoïde tend depuis quelques années à changer d'allures, et il invoque, à l'appui de son dire, la tendance actuelle des typhiques à présenter du muguet.

Discussion. — M. Bernheim croit qu'une première atteinte de fièvre typhoïde ne confère pas l'immunité, du moins à Nancy où les récidives sont fréquentes, et il a soin d'établir une différence entre la rechute qui est bien connue, et la récidive qui l'est moins.

N'y aurait-il pas modification de la maladie depuis l'époque à laquelle on l'a bien étudiée, il y a une cinquantaine d'années? demande M. Maurel. Ou bien y a-t-il erreur d'interprétation sur les rechutes et les récidives?

M. Bernheim pense que c'est toujours la même maladie, mais que l'individu pourrait bien s'être modifié au point de vue de la réceptivité.

M. Rochard professe qu'il n'y a pas de maladie infectieuse qui confère l'immunité absolue; pour toutes c'est une affaire de degré, et l'immunité diffère pour chacune d'elles; à la vérité, les récidives paraissent plus fréquentes actuellement qu'il y a 40 ans. Il faut tenir compte aussi de ce fait que les enfants qui ont vécu dans les milieux infectés, comme à Toulon par exemple, résistent mieux, quand ils arrivent dans les casernes, aux attaques de la fièvre typhoïde que les enfants des campagnes.

M. Layet expose une théorie différente. Pour lui les récidives existent parce que l'immunité s'éteint, et s'éteint d'autant plus que l'individu est plus jeune. Pour la variole, par exemple, les récidives sont fréquentes puisque chez les sujets revaccinés il y en eut 45 p. 100 chez lesquels la vaccine réussit; l'immunité première va de 1 à 6 ans, par exemple; puis de 6 ans à l'âge adulte, puis de l'âge adulte à la vieillesse; les récidives sont de moins en moins nombreuses à mesure que l'on avance en âge; cela tient à ce que la modification du corps a lieu par désassimilation plus rapide des éléments organiques chez l'enfant que chez le vieillard.

Il faut tenir aussi compte de l'accoutumance de l'organisme aux infections, comme l'a dit M. Rochard; ainsi, dans les pays intertropicaux, cette accoutumance, suite d'une première atteinte, met jusqu'à un certain point à l'abri de la fièvre jaune, non de toute atteinte nouvelle, mais du moins des formes graves.

M. Maurel exprime la même idée d'une autre manière, en disant qu'il y a aussi une sorte d'accoutumance qui résulte non d'une atteinte grave, mais d'une série d'atteintes faibles traduites par de petites indispositions, des embarras gastriques plus ou moins fébriles, qui finissent par donner à l'organisme une grande résistance contre les formes graves de la maladie infectieuse.

M. Bouchard admet que d'une manière générale, les récidives des maladies infectieuses sont fréquentes; elles sont d'au moins 20 p. 100 en temps d'épidémie, mais elles sont plus courtes et moins graves que la première atteinte. Pour la fièvre typhoïde, elle confère sans doute l'immunité, mais celle-ci est moins grande qu'on ne le croit communément, moins certainement que pour la scarlatine, la variole et la syphilis. A ce point de vue, la fièvre typhoïde est comparable à la rougeole, qui peut donner lieu à trois ou quatre attaques successives.

Y a-t-il modification de la maladie? Oui sans doute, mais comment faut-il l'interpréter? Cela peut tenir à l'agent pathogène et à l'homme; l'un diffère d'intensité suivant la latitude, suivant le nombre d'atteintes antérieures dans la race;

l'autre, par suite, ressent de moins en moins ses effets; les premières atteintes des maladies infectieuses dans un pays sont terribles, elles varient de l'équateur au pôle; d'autre part, l'immunité propre à l'individu atteint se transmet à ses descendants par voie d'hérédité, et si elle ne se traduit pas par l'immunité absolue, elle confère du moins une immunité relative, une atténuation de la maladie.

M. Landowski ajoute qu'il faut tenir compte de l'influence tellurique sur la gravité des maladies infectieuses, ainsi qu'il a pu l'observer en Sibérie pour des Russes atteints de syphilis en Turquie et au Caucase, et mourant de cette maladie, qui acquérait une gravité exceptionnelle dès qu'ils arrivaient en Sibérie.

M. NEPVEU, Chef du lab. de la Pitié, à Paris.

Des contre-indications opératoires des tumeurs mélaniques fournies par l'examen du sang [1]. — M. Nepveu a démontré depuis longtemps déjà que l'examen microscopique du sang des sujets atteints de tumeurs mélaniques pouvait être d'un grand secours au chirurgien, en lui annonçant la récidive fatale de l'affection. Ces premiers résultats ont été consignés dans la thèse de M. le Dr Clauzel (1873); depuis ils ont été un peu oubliés, c'est pourquoi M. Nepveu communique trois nouvelles observations d'où il résulte qu'on trouve constamment chez ces malades des granulations mélaniques à l'état libre, des leucocytes devenus en tout ou en partie mélaniques, et des moules vasculaires mélaniques. Aussitôt que l'ablation de la tumeur est faite, les embolies vasculaires diminuent rapidement de nombre et d'importance, mais elles reparaissent en grande quantité lorsque la récidive survient. Une opération même palliative n'est donc pas sans résultat, et l'on comprend facilement quels troubles importants ces nombreuses embolies peuvent amener dans la circulation générale et surtout dans la circulation cérébrale, comme le démontre une des observations rapportées par M. Nepveu.

M. SEILER, à Paris.

Traitement de la tuberculose pulmonaire par les inhalations d'acide fluorhydrique. — Ce traitement consiste à soumettre les malades à des inhalations d'air, qui, après avoir barboté dans un mélange d'eau et d'acide fluorhydrique, est chassé dans une salle où séjournent les malades par séances journalières d'une heure. Modifications favorables de l'oppression, de la dyspnée, des quintes de toux, des sueurs nocturnes, du sommeil, de l'expectoration, de l'appétit; — du côté des voies respiratoires, les troubles organiques et fonctionnels s'amendent lentement, il est vrai, mais l'amélioration est indéniable.

Discussion. — M. Bouchard a vu en 1864, dans le service de M. Charcot, un médecin de province employer les mêmes inhalations et obtenir une amélioration consistant au moins dans la cessation des quintes de toux. Mais ces essais n'ont pas été continués.

---

1. Publiée *in extenso* dans la *Gazette hebdomadaire de médecine et de chirurgie*, 1886, p. 619.

— **Séance du 16 août 1886.** —

M. HEYDENREICH, Prof. à la Fac. de méd. de Nancy.

De la désarticulation du genou. — L'opinion des chirurgiens est loin d'être unanime sur la valeur de la désarticulation du genou. Comparée à l'amputation de la cuisse au tiers inférieur, la désarticulation donne une mortalité égale ou même moindre et un moignon plus long, plus maniable, pouvant souvent servir de base de sustentation au poids du corps.

Si parfois le moignon de la désarticulation du genou est douloureux, ulcéré, cela tient uniquement à ce qu'il y a eu, après l'opération, suppuration du cul-de-sac sous-tricipital. Or cette suppuration est sûrement évitée, si l'on a soin de n'opérer que sur une articulation saine et avec le secours de la méthode antiseptique. Lorsque ces deux conditions sont réalisées, le moignon de la désarticulation du genou est bien supérieur à celui de l'amputation de la cuisse au tiers inférieur.

A l'appui de sa communication, M. Heydenreich présente un enfant de 4 ans, à qui il a pratiqué la désarticulation du genou et dont le moignon est en excellent état.

Discussion. — M. Verneuil que l'étude des faits observés jusqu'à ce jour n'avait pas rendu partisan de la désarticulation du genou, ne voudrait pas être regardé cependant comme son adversaire systématique. Il demande toutefois que l'on se montre très réservé dans la pratique d'une semblable opération. Il y aurait un grand intérêt à voir dans deux ou trois ans le résultat définitif de l'opération faite par M. Heydenreich ; il est bon d'ajouter que Guersant a pratiqué la désarticulation du genou chez des enfants et a eu quelques succès.

M. GRYNFELTT, Prof. à la Fac. de méd. de Montpellier.

Observation de dystocie par spondylizème, démonstration de la pièce pathologique. — Bien que l'existence d'une angustie pelvienne ne fût point douteuse chez la jeune primipare qui fait le sujet de cette observation et qui succomba d'éclampsie avant d'être délivrée, la véritable déformation du bassin que révéla l'autopsie fut méconnue au cours de l'accouchement. D'ailleurs, cette observation clinique et anatomo-pathologique date de 1872, tandis que le premier travail de M. Herrgott sur le spondylizème est de 1877.

La pièce anatomo-pathologique met non seulement en évidence la pathogénie du spondylizème par l'affaissement du corps des deux premières vertèbres sacrées et des trois dernières lombaires (dont il ne reste, pour la cinquième et la quatrième que l'arc postérieur) ; mais encore démontre nettement, par la propagation du processus carieux, ou plutôt tuberculeux, à la symphyse sacro-iliaque gauche, comment pareille lésion de cette dernière articulation peut donner lieu à la production de l'obliquité ovalaire du bassin. Cette observation est de celles qui prouvent sans réplique la curabilité complète des tuberculoses locales, surtout dans la première enfance.

M. Auguste OLLIVIER, Prof. agr. à la Fac. de méd., Méd. des hôpit., à Paris.

De l'hématémèse non cataméniale d'origine hystérique[1]. — Chez les individus en puissance d'hystérie, quel que soit leur sexe, on rencontre parfois des gastrorrhagies plus ou moins abondantes qui paraissent exclusivement dues à un état spécial du système nerveux. Cette variété d'hématémèse que l'on a trop de tendance à regarder comme symptomatique d'un ulcère de l'estomac est en réalité une forme d'hystérie locale à foyer gastrique et à manifestation hémorrhagique. L'absence de troubles profonds de la nutrition, la soudaineté du début, le fait d'une commotion nerveuse, le rétablissement assez prompt de la santé peuvent généralement faire connaître la véritable nature du mal.

Discussion. M. Delmas (Paul). L'hématémèse chez les hystériques est rare et sur le grand nombre d'hystériques qu'il a observés il n'a rencontré qu'une fois la gastrorrhagie.

M. Constantin Paul. Le contrôle anatomique fait défaut dans les observations de M. Ollivier et la clinique seule n'est pas capable de nous faire connaître la véritable nature de ces hématémèses.

M. Bernheim rapproche les hémorrhagies stomacales des hystériques, des hémorrhagies que l'on peut produire chez elles par suggestion.

M. Leudet. Chez les jeunes femmes en dehors de l'hystérie ou de l'époque menstruelle, il peut se produire des hématémèses abondantes ; l'anémie en est la cause. On rencontre des érosions de la muqueuse gastrique en dehors de l'hystérie, Virchow a attiré l'attention sur les lésions des vaisseaux de cet organe.

M. Ollivier n'ignore pas qu'il existe chez les anémiques, des lésions vasculaires, décrites pour la première fois par Niemeyer, mais il estime que les hématémèses survenues chez des névropathes qu'il vient de décrire, sont en dehors de toute anémie bien caractérisée. Elles peuvent donc être regardées comme des hystéries locales, dont la connaissance approfondie est de date récente.

M. Dekhtereff (de Saint-Pétersbourg) a vu des hystériques présenter des vomissements de sang, comme dans le cas de M. Ollivier.

M. de Valcourt a noté dans certains cas la coexistence du refroidissement des extrémités, et comme l'hématémèse survenait sous l'influence de l'alimentation, il y a lieu de se demander s'il n'y a pas eu alors exagération de la congestion vasculaire normale de l'estomac à l'occasion du repas et rupture secondaire des capillaires.

M. GOLDSCHMIDT, à Strasbourg.

Sur la dysménorrhée membraneuse. — M. Goldschmidt rappelle à propos de la communication sur la dysménorrhée membraneuse, qui a été faite dans la séance du 13 août par M. le Dr Landowski, qu'en 1859, il a soutenu devant la Faculté de Strasbourg une thèse sur les fongosités de l'utérus et sur leur traitement par la curette de Récamier ; ce travail est le premier qui présente avec des planches la structure histologique de plusieurs types de fongosités.

---

1. Le mémoire sera publié dans un volume intitulé : *Études de pathologie et de clinique médicales,* qui paraîtra en 1887.

M. A. HÉNOCQUE, à Paris.

Des applications de l'hématoscopie à la physiologie et à la clinique. — L'hématoscopie est une méthode d'analyse spectrale du sang pur non dilué et du sang contenu dans les tissus. Elle comporte deux modes d'examen principaux.

Le 1er consiste à déterminer avec l'hématoscope d'Hénocque la *quantité d'oxyhémoglobine* contenue dans le sang extrait d'une piqûre au doigt.

La 2e consiste à examiner avec le spectroscope à vision directe le sang à travers l'ongle du pouce et à compter la *durée de la réduction de l'oxyhémoglobine.*

L'activité de la réduction est le rapport qui existe entre la quantité d'oxyhémoglobine et la durée de la réduction. On l'évalue en unités d'activité en calculant le quotient de la quantité d'oxyhémoglobine par la durée de la réduction et multipliant par 5.

L'unité d'activité est la quantité d'oxyhémoglobine réduite normalement en une seconde dans le pouce. L'activité de la réduction varie indépendamment de la quantité d'oxyhémoglobine. Elle est augmentée en général chez les individus à constitution sanguine, les arthritiques, les herpétiques, les rhumatisants dans les périodes aiguës ou subaiguës du rhumatisme, dans l'angine herpétique, etc. Elle est diminuée en général dans les anémies, la chlorose, l'épilepsie, les états bilieux passagers, les troubles de la croissance, de la menstruation, certaines phases de la phtisie. L'activité de réduction est influencée par les médications générales ou locales dont les effets immédiats ou éloignés sont mesurés et démontrés par l'hématoscopie.

Avec le spectroscope double récemment construit par M. Lutz sur les indications de M. Hénocque, deux personnes peuvent pratiquer les examens ensemble, et contrôler leurs résultats.

Voir section de physique, p. 97, et section de zoologie, p. 154.

M. VERNEUIL, Prof. à la Fac. de méd. de Paris.

Indolence et douleur dans les néoplasmes. — Il existe dans le public médical et extra-médical des idées erronées sur ce point : on dit que la douleur nulle ou faible accompagne en général les néoplasmes bénins ; lipome, adénome, fibrome, et au contraire qu'elle est vive et quasi-constante dans les tumeurs malignes : épithélioma, ostéosarcome, cancer, ce qui est faux, des tumeurs bénignes pouvant être très douloureuses et au contraire des tumeurs malignes complètement indolentes. Ces données sont très importantes pour le diagnostic, le pronostic et le traitement des tumeurs.

L'indolence et la dolence sont des signes contingents des tumeurs ; l'indolence est beaucoup plus commune que la douleur, au début, quelle que soit la nature du néoplasme. Ceci s'explique par l'absence absolue des nerfs dans les néoplasmes ; ceux-ci ne deviennent douloureux que lorsqu'ils irritent les nerfs voisins ; la douleur annonce donc la marche progressive du néoplasme, mais alors il arrive souvent que la généralisation a commencé soit dans les ganglions voisins, soit dans les viscères, et le résultat de l'opération est compromis d'autant.

Il est incontestable que la douleur existe dans les néoplasmes, mais c'est un phénomène extrinsèque, alors que l'indolence est une propriété intrinsèque ; et il faudrait aussi en étudier les formes, les variétés, la signification, comme M. Verneuil vient de le faire pour l'indolence ; ce sera le sujet d'un travail ultérieur.

Discussion. — M. Bernheim a observé des cancers de l'estomac où la douleur faisait défaut.

M. COUTURIER, à Épinal.

Contribution à l'étiologie de l'iritis séreuse. — M. Couturier communique le résumé de 17 observations d'iritis séreuse qu'il a recueillies dans les Vosges sur des malades porteurs d'accidents ou de stigmates scrofuleux évidents et qui présentent en outre des traces de poussées multiples d'ophthalmie phlycténulaire sous forme de taies légères et plus ou moins nombreuses.

Enfin dans deux cas, il a vu l'iritis séreuse se produire dans le cours même d'un accès de phlyctènes oculaires.

Ces faits, fréquence relative de l'iritis séreuse dans un pays où les scrofuleux sont très nombreux, la coïncidence de l'iritis des phlyctènes et de la scrofule, bien mieux l'évolution simultanée de l'affection irienne et de la lésion de la cornée, lui paraissent plaider fortement en faveur de la nature scrofuleuse d'une notable proportion d'iritis séreuses, contrairement à une opinion récemment émise qui les attribue toutes à la syphilis héréditaire.

M. le Dr Edgar BÉRILLON, Rédact. en chef de la *Revue de l'Hypnotisme*, à Paris.

Dissociation expérimentale dans l'état d'hypnotisme et à l'état de veille des phénomènes psycho-moteurs. — Malgré l'indissolubilité apparente des actes mentaux et des phénomènes expressifs, M. Bérillon a cherché si on ne pourrait pas, dans l'hypnotisme, les dissocier expérimentalement. A cet effet, il a institué les expériences suivantes, dont deux exemples suffiront pour montrer l'importance. Utilisant l'aptitude spéciale que présentent certains sujets, dans l'état d'hypnotisme et dans l'état de veille, de se laisser facilement contracturer les muscles du corps et en particulier de la face dans une attitude déterminée, il a fortement contracturé la face de plusieurs sujets, hommes, dans l'expression de l'hilarité la plus nette. En même temps, il évoquait dans le cerveau de ces sujets, d'abord en somnambulisme, puis à l'état de veille, des pensées tristes en complet désaccord avec l'expression de leur physionomie.

Inversement, il était facile de provoquer l'éclosion d'idées très gaies coïncidant avec l'expression lugubre de la physionomie.

Ces expériences ayant pu être prolongées plusieurs heures, sans fatiguer les sujets, M. Bérillon a pu en conclure qu'elles fournissaient une démonstration physiologique de la localisation différente des diverses facultés mentales; il a pu aussi en conclure qu'elles démontraient la possibilité de dissocier expérimentalement ces facultés chez l'homme hypnotisé ou éveillé, puisqu'il pouvait à son gré modifier la faculté d'expression, quelle que fût l'émotion intime du sujet.

Discussion. — M. Bernheim estime que les phénomènes produits par M. Bérillon sont dus à la suggestion. Ces malades, dit-il, savent parfaitement ce que l'on veut obtenir d'eux.

M. Bérillon ne comprend pas l'objection de M. Bernheim. Les faits qu'il expose sont absolument nouveaux. Les muscles du sujet sont contracturés, qu'il le veuille ou non, et son visage exprime des sentiments contraires à ceux qui se passent réellement en dedans de lui, et cela automatiquement, sans que sa volonté intervienne.

Gangrène symétrique des extrémités d'origine palustre. — Jusqu'à ce jour l'étiologie de la gangrène symétrique des extrémités (maladie de Maurice Raynaud) est restée fort obscure. Ayant eu à observer, sous la direction de M. le professeur Verneuil, une malade âgée de 42 ans, M. Bérillon a pu, tant par l'analyse minutieuse des commémoratifs que par la constatation de l'efficacité du traitement de la diathèse impaludique (liqueur de Fowler et quinine) qui fut institué, reconnaître l'origine palustre de la maladie.

Dans ce cas particulier, la netteté des symptômes présentés par la malade n'a pas permis d'hésiter sur le diagnostic.

Discussion. — M. Bouchard. Il n'est pas démontré que les cas observés par M. Bérillon aient trait à des malades entachés d'impaludisme.

M. Bérillon. La malade dont nous avons rapporté l'histoire vivait dans un milieu infesté par le miasme paludéen.

M. Verneuil. L'intoxication paludéenne n'a pas, comme manifestation obligatoire, l'accès de fièvre intermittente. Une de ses formes larvées peut être un état spécial avec manifestation gangréneuse.

L'amélioration notoire survenue à la suite de la médication arsenicale chez la malade de M. Bérillon milite encore d'une façon victorieuse en faveur de l'idée d'une gangrène d'origine impaludique.

M. LANCEREAUX, M. de l'Acad. de méd., Prof. agr. à la Fac. de méd. à Paris.

La pneumonie « maladie infectieuse ». — M. Lancereaux a observé dans son service hospitalier du 25 janvier au 25 mars 1886, 23 cas de pneumonie qui ont offert des particularités intéressantes. Ils coexistaient avec des cas de grippe et dans une même salle, où avaient été reçus des pneumoniques venant du dehors on vit se développer presque simultanément six cas de pneumonie qui se terminèrent tous par la mort ; quelques-uns débutèrent manifestement par un stade grippal.

L'évolution clinique de la maladie, et la présence de pneumocoques dans les différents organes (plèvre, endocarde, etc.) qui furent atteints parfois en même temps que le poumon, l'avortement observé dans quelques cas, sont des faits de nature à faire revenir à l'ancienne conception de la fièvre pneumonique. Aussi, l'auteur envisage-t-il cette affection comme une maladie générale, microbienne, épidémique et contagieuse, effectuant sa localisation ordinaire au niveau du poumon, mais pouvant aussi se déterminer sur un autre organe simultanément ou indépendamment de la lésion pulmonaire [1].

Discussion. — M. Landowski. J'ai observé au même moment beaucoup de ces pneumonies qui avaient nettement le caractère épidémique. M. Lancereaux a-t-il remarqué, comme moi, que la pneumonie était souvent centrale au début, et qu'on portait le diagnostic à cause de l'épidémie régnante ?

M. Lancereaux. En effet, le début était souvent insidieux.

M. Lardier. Les pneumonies que j'ai observées à Rambervillers étaient toutes des plus bénignes et je n'ai pas perdu de malades. Mon traitement consistait surtout en digitale et en alcool.

M. Tison. Souvent aussi j'ai vu la forme migratrice ; c'était comme une traînée qui s'enflamme.

1. Ce travail a été publié *in extenso* dans les *Archives gén. de médecine,* 1886, t. II, p. 257.

M. Bouchard. Les pneumonies dont on vient de nous parler, sont moins des types de pneumonies ordinaires que des exemples de celles qui surviennent dans le cours de la grippe. Il ne faudrait pas appliquer à celles-là ce qui revient à celles-ci. Le fait n'en est pas moins intéressant au point de vue du caractère épidémique que peut prendre la pneumonie ; et la coexistence d'un grand nombre de ces pneumonies, dans le même temps et dans le même lieu, est maintenant un fait bien acquis. J'en ai observé pour ma part des exemples fort curieux parmi les membres d'une même famille : c'est d'ailleurs bien conforme à l'idée qu'on se fait maintenant du caractère infectieux de la pneumonie.

M. Lancereaux. J'ai cru d'autant plus intéressant de rapporter ces cas observés dans mon service, que dans les épidémies antérieures de grippe, en 1837 en particulier, on trouve des caractères identiques.

M. L. H. Petit. Je relève dans la communication de M. Lancereaux un fait entre autres : c'est l'avortement. On sait la fréquence de cet accident à la suite de la fièvre typhoïde, de la variole et en général toutes les fièvres graves ; c'est là un accident commun à tout état infectieux, et par cela même il vient à l'appui de l'idée de l'*infection pneumonique* émise par M. Lancereaux.

M. L. H. PETIT, Bibl. adj. à la Fac. de méd. de Paris.

Analogies du panaris osseux avec l'ostéomyélite infectieuse. — Une dizaine d'observations, recueillies dans le service de M. Verneuil, démontrent les faits suivants : un panaris osseux semble guéri depuis un certain temps, il ne reste plus qu'un écoulement purulent insignifiant, une petite croûte, etc., indice que la lésion n'est pas complètement guérie ; survient une cause pathogénique banale, froid, coup, contusion, entorse, dans une région plus ou moins éloignée, et dans cette région se manifeste une collection purulente, en même temps que se développent des phénomènes généraux graves analogues à ceux de la pyohémie, puis surviennent d'autres collections dans d'autres régions, des arthrites suppurées, de l'albuminurie, etc. Ces phénomènes qui se manifestent en général chez des sujets affaiblis, cachectiques, et qui sont ceux des maladies infectieuses graves, sont déjà très intéressants au point de vue des suites éloignées du panaris ; ils démontrent de plus que cette affection, considérée en général comme bénigne, est précédée ou suivie de l'entrée dans le torrent circulatoire des microbes pathogènes qui, sous l'influence d'une cause quelconque qui provoque leur issue hors des vaisseaux sanguins, donnent naissance à des collections purulentes multiples et à un appareil fébrile grave ; le panaris se comporte donc, en pareil cas, comme l'ostéomyélite infectieuse, ce qui prouverait donc que le panaris est parfois une véritable ostéomyélite, et, à défaut d'autres preuves, que l'ostéomyélite est une maladie infectieuse.

M. Herrgott. Il existe des cas de panaris qui ne sont pas des cas d'infection générale, et ces derniers sont certainement des plus rares. Je pense même qu'on ne peut les admettre qu'avec la plus grande réserve.

M. Petit. L'infection peut rester locale ou se généraliser selon que le sujet atteint est vigoureux ou débilité. Il en est de même pour bien d'autres maladies infectieuses.

M. Verneuil. Le panaris de la troisième phalange rentre dans la classe des affections que l'on réunit actuellement sous le nom d'ostéite infectieuse. Si jamais l'on voit chez un malade débuter une pyohémie sans qu'on puisse en trouver la porte d'entrée classique, on devra rechercher un panaris, qui nous donnera la raison de tous les accidents généraux.

De ce qu'une maladie est infectieuse, il n'est pas nécessaire qu'elle se généralise dans tous les cas; le panaris rentre dans cette catégorie.

M. Bouchard. Le panaris est une maladie infectieuse qui peut rester locale ou qui peut se généraliser, c'est là un fait acquis. La seule question que l'on puisse se poser sans la résoudre est la suivante : le panaris est-il le point de départ de l'infection générale ou seulement l'une des manifestations de cette infection?

M. Henrot. Le panaris est peut-être l'une des manifestations d'une infection générale ayant sa porte d'entrée en un point quelconque de l'économie, au niveau d'une ulcération intestinale par exemple.

M. LARDIER, de Rambervillers (Vosges).

Du phlegmon sous-pectoral, dit spontané, chez les alcooliques ; auto-traumatisme et auto-infection. — Le phlegmon sous-pectoral, dit spontané, chez certains alcooliques, est le résultat de la fatigue et du surmenage des muscles pectoraux. (Auto-traumatisme.)

Ce phlegmon est susceptible d'être résorbé, et à la suite de cette résorption, se développent parfois des abcès métastatiques, qui dénotent l'auto-infection.

Pour prévenir ces métastases, l'indication est d'ouvrir le phlegmon sous-pectoral aussitôt que la fluctuation est perceptible.

Comme traitement général, il faut avoir recours à la strychnine, pour laquelle les alcooliques ont une tolérance tout à fait extraordinaire.

Discussion. — M. Assaky vient ajouter aux observations rapportées par M. Lardier un cas semblable qu'il a eu occasion d'observer dans les hôpitaux de Paris.

M. KOCH, Prof. de laryng., à Luxembourg.

Influence du laryngoscope sur le diagnostic des affections extra-laryngiennes. — M. Koch appelle l'attention sur les services que peut rendre l'examen du larynx dans le diagnostic de diverses affections, tuberculose, syphilis, fièvre typhoïde; dans les paralysies laryngées consécutives à la diphtérie, aux empoisonnements, etc. Le laryngoscope est appelé à figurer dignement à côté de l'ophtalmoscope et de l'otoscope, quand il s'agit du diagnostic des affections extra-laryngiennes.

M. le Dr de VALCOURT, à Cannes.

Traitement de la scrofule par les bains de mer en hiver. — Les bains de mer ne peuvent être pris en hiver à Berck; la plage de Cannes peut remplacer celle de Berck pendant cette période. Les conditions suivantes sont d'ailleurs autant d'avantages en faveur de Cannes : pas de marée, pas de courant, rarement des vagues assez fortes pour entraver les bains, plage à pente douce, sable porphyrique trop lourd pour être soulevé par le vent et sur lequel les enfants marchent si facilement que la plupart d'entre eux, même les éclopés, n'ont pas besoin de baigneur; la température de l'eau n'est jamais assez basse pour empêcher les bains courts ; enfin, la vivacité de la lumière et la chaleur même en hiver des rayons solaires assure la réaction, indispensable après l'immersion. Les résultats obtenus, tant dans la clientèle privée que dans l'hôpital pour les enfants scrofuleux fondé par le généreux M. J. Dollfus, ont dépassé notre attente. Les bains ont pu être continués jusqu'au 22 décembre et repris dès les premiers jours de mars. Les fenêtres de l'hôpital maritime sont ouvertes toute la journée et nous n'avons pas eu à constater un seul cas de bronchite. L'hydrothérapie marine jointe à l'aération sont donc un moyen puissant pour combattre la scrofule.

M. MAUREL, Méd. princ. de la marine, à Cherbourg.

Du stéthoscope et des lois de l'acoustique. — Après avoir constaté les modifications nombreuses et variées que l'on a fait subir au stéthoscope depuis Laënnec, M. Maurel étudie quelle est celle, parmi toutes celles qui ont été proposées, qui doit mériter notre préférence.

M. TISON, à Paris.

Sur la gymnastique médicale suédoise. — M. Tison communique les résultats de la gymnastique suédoise telle qu'elle est pratiquée à Baden-Baden. Des appareils très précis permettent de faire un exercice méthodique et des frictions mécaniques sur le tronc et sur les membres. Il termine en exprimant l'espoir qu'une salle semblable à celle de Friedrichsbad soit installée dans quelques-unes de nos grandes stations thermales, Aix, par exemple.

Discussion. — M. Landowski fait observer que ce système n'est autre que celui de Zander (de Stockholm) et qu'il a existé à Paris un établissement semblable.

M. Hénocque. Je ne crois pas qu'on puisse remplacer le masseur. Il y a dans le massage par main d'homme quelque chose de plus que la simple compression que peut donner une machine.

M. Émile LÉVY, à Nancy.

Présentation d'un nouveau spéculum vaginal permettant le toucher du col pendant l'examen[1]. — Ce spéculum facilite la recherche du col utérin, le rapproche du doigt de l'opérateur et des instruments. Grâce à la fenêtre pratiquée dans la valve inférieure, il permet de toucher le col pendant l'application de l'instrument. Il permet de donner des injections intra-utérines antiseptiques avec un simple irrigateur en usage pour les lavements. Le col se rapproche suffisamment de la vulve pour qu'on puisse y faire pénétrer la canule d'ivoire.

Il rend inutile ainsi l'emploi d'une sonde intra-utérine à double courant.

Cette application nouvelle, que M. Lévy a pratiquée plusieurs fois, l'a engagé à représenter son instrument au Congrès, instrument déjà présenté par le professeur Fournier à l'Académie de médecine dans sa séance du 24 mai 1881.

---

1. *Note sur un nouveau spéculum vaginal,* par le docteur Émile Lévy (*Revue médicale de l'Est,* 1882), avec gravures.

— **Séance du 18 août 1886.** —

M. LIÉGEOIS, Prof. à la Fac. de droit de Nancy.

De l'hypnotisme au point de vue médico-légal. — M. Liégeois a tenu à saisir l'occasion que lui offrait la réunion, à Nancy, du Congrès de l'*Association française,* et il présente à la section trois sujets : une jeune fille et deux jeunes gens, chez lesquels on peut produire un grand nombre de phénomènes de suggestion, de catalepsie, de contracture, de mouvements automatiques, etc.

Il procède ensuite à quelques expériences, au cours desquelles intervient, pour les contrôler, M. le Dr Henrot, maire de Reims.

Il conclut en appelant l'attention de l'auditoire sur les conséquences que doit entraîner, au point de vue de l'application de la loi pénale, la possibilité de faire commettre, *par suggestion,* des crimes ou des délits, par des personnes susceptibles d'arriver au sommeil somnambulique, et qui, ayant agi dans un état de véritable automatisme, devraient être acquittées.

M. BUROT, Prof. à l'Éc. de méd. de Rochefort.

Les variations de la personnalité. — M. Burot rappelle le cas de multiple personnalité observé par M. Bourru et lui sur un sujet hystéro-épileptique. Le point intéressant et nouveau c'est qu'on peut à volonté reporter le sujet à plusieurs époques différentes de son existence où il a présenté des phénomènes particuliers physiques et psychiques. Il y a une relation précise, constante et nécessaire entre l'état physique et l'état mental. Les principaux états de personnalité obtenus ont été confirmés et trouvés exacts après coup par les renseignements puisés à diverses sources.

Ce n'est plus la substitution d'une personnalité à une autre que l'on peut donner par suggestion, comme lorsqu'on dit à un somnambule qu'il est un personnage nouveau ; c'est un état de personnalité qui a existé. Ce cas rentre dans la catégorie des cas de double personnalité, bien qu'il s'en sépare à plusieurs points de vue.

M. A. A. LIÉBEAULT, à Nancy.

Traitement par suggestion hypnotique de l'incontinence d'urine chez les adultes et les enfants au-dessus de 3 ans. — M. Liébeault a traité 77 enfants de plus de 3 ans et adultes et il a obtenu, par la méthode de l'hypnotisation, 42.85 p. 100 de guérisons certaines ; 72.72 p. 100 de guérisons certaines ou sans que la certitude en soit bien établie par une information ultérieure ; et si l'on ajoute à ces séries les cas d'amélioration lente, sur lesquels l'auteur n'a pas eu de nouvelles, on arrive au chiffre de 84.41 p. 100, représentant les succès positifs ou partiels.

Il n'y a eu que 8 enfants non améliorés ou non guéris, soit 10.38 p. 100, dont 7 très affaiblis, anémiés, et 3 dormant d'un sommeil trop profond.

L'auteur a aussi constaté que sur ces 77 incontinents, 58.44 p. 100 étaient des garçons et que 41.56 p. 100 étaient des filles. Il a constaté aussi que leur âge moyen dépassait à peine 7 ans.

En dehors de 9 cas d'incontinence par causes débilitantes, le restant ou la majorité des malades en question, c'est-à-dire 68 sur 77, urinaient involontairement depuis leur naissance.

L'auteur a aussi guéri par suggestion 3 personnes âgées, atteintes d'incontinence, l'une à la suite de fausse couche, datant de 3 mois, l'autre à la suite d'un accouchement remontant à 6 ans, et la dernière, très âgée (78 ans), malade consécutivement à de grands chagrins depuis 5 mois. Deux séances hypnotiques pendant le sommeil profond chez deux d'entre elles et une pendant le somnambulisme chez l'autre, amenèrent chez ces 3 malades une guérison complète.

M. BERNHEIM, Prof. à la Fac. de méd. de Nancy.

De l'amaurose hystérique[1]. — M. Bernheim fait une communication dont voici la conclusion : l'amaurose hystérique n'a aucune localisation anatomique ; elle ne réside ni dans la rétine, ni dans le nerf optique, ni dans le centre cortical visuel, elle est localisée uniquement dans l'imagination du sujet. Il croit pouvoir démontrer facilement que l'hémianesthésie hystérique est un phénomène de même ordre purement psychique.

M. DAGRÈVE, à Tournon (Ardèche).

De certaines formes de chlorose et de son traitement. — Après avoir décrit la forme de chlorose qui est caractérisée, outre les signes ordinaires, par un développement considérable du tissu adipeux, M. Dagrève cite quelques observations dont quelques-unes sur des malades hystériques dont la guérison fut rapide.

Il emploie, outre les moyens ordinaires, les excitations cutanées à l'aide de frictions d'eau de Cologne ou d'un corps analogue et d'eau fraîche et la semaine qui précède les règles par l'électricité d'induction.

Discussion. — M. Bernheim a vu une jeune fille tuberculeuse, atteinte d'une aphonie nerveuse sans lésion laryngée, guérir subitement pendant qu'on préparait l'appareil à induction pour lui électriser le larynx. Sans nier l'effet réel en certains cas de la faradisation, il croit qu'il faut tenir grand compte de l'influence morale qu'elle produit sur les sujets.

M. Dagrève fait observer que chez sa malade il ne s'agissait pas uniquement d'une aphonie nerveuse, mais que l'examen laryngoscopique avait révélé un certain degré d'inflammation des cordes vocales.

M. Henri HUCHARD, Méd. des hôp., à Paris.

Cardiopathies artérielles et leur curabilité par la médication iodurée[2]. — M. Huchard rappelle que parmi ses observations de guérison des angines de poitrine vraies au moyen des iodures, observations rapportées au Congrès de Grenoble, s'en trouvent où des souffles organiques ont en même temps disparu. Il cite quatre observations concluantes dans lesquelles la médication iodurée a considérablement amélioré et même guéri des cardiopathies artérielles à leur début. Il

1. Voir le mémoire *in extenso* in *Rev. méd. de l'Est,* nov. 1886.
2. Travail inséré dans le *Bulletin de thérapeutique,* numéro du 15 octobre 1886.

insiste sur la notion de l'artério-sclérose envisagée comme maladie générale portant son action sur le cœur, le rein ou le cerveau, et sur l'indication qui en résulte de s'adresser pour le traitement de ces maladies artérielles à une médication artérielle, la médication iodurée. C'est ce principe qui l'a guidé pour le traitement de l'angine de poitrine vraie et qui doit nous guider encore dans le traitement des cardiopathies et des néphrites artérielles.

Discussion. — M. Liégeois, de Bainville-aux-Saules, partage entièrement l'opinion de M. Huchard sur la curabilité des cardiopathies artérielles par la médication iodurée, il préfère, comme lui, l'iodure de sodium à l'iodure de potassium, qui a une action débilitante sur le système nerveux central. Il estime que l'iodure de sodium, concurremment avec l'arsenic et la diète lactée, constitue la médication la plus efficace contre l'anasarque chez les malades atteints de néphrite interstitielle avec hypertrophie du cœur, myocardite dégénérative et artério-sclérose généralisée, malades chez lesquels la scille et la digitale sont inefficaces et souvent dangereuses. Il croit que l'iodure agit à titre de *désobstruant* des voies encombrées de sérosité à l'égal des ponctions capillaires que l'on pratique sur les membres œdématiés.

M. Dagrève remarque que dans l'emploi de l'iodure de potassium et des autres médicaments en général, il faut tenir grand compte de la diminution de l'excrétion rénale.

M. Bouchard considère les iodures comme des médicaments précieux pouvant produire chez ces malades des améliorations considérables sinon même des guérisons, à condition toutefois d'en continuer l'usage très longtemps. Il rappelle que M. Potain en a obtenu de bons effets dans les lésions aortiques. Quant à lui, il a vu aussi des affections cardiaques de nature scléreuse notablement amendées par l'emploi prolongé et modéré des iodures ; dans un cas il a pu constater la disparition d'un anévrysme de l'aorte. Les sels de potassium doivent être proscrits d'une manière générale et M. Bouchard partage les idées de Feltz et Ritter sur la *potassiémie :* un malade observé par lui était atteint de dyspnée brightique et avait été traité par l'iodure de potassium, le sel de Seignette, le nitrate de potasse ; il en résulta des convulsions qui disparurent après que l'on eut substitué aux sels de potasse les sels de soude correspondants ; ceux-ci en effet sont 42 fois moins toxiques que les sels de potasse.

M. de PEZZER, à Paris.

Emploi de la naphthaline dans le traitement des maladies des voies urinaires. — La naphthaline, administrée à dose quotidienne de 1gr,50 à des malades atteints d'affections diverses des voies urinaires s'accompagnant d'urines très fétides (pyélo-néphrite, cystite, prostatite chronique avec stagnation de l'urine, rétrécissement ancien avec fistules multiples, etc.), a fait disparaître rapidement cette fétidité, dans un temps variant de 2 à 5 jours ; l'urine, primitivement trouble, purulente, alcaline, est devenue limpide, neutre ou acide, et la quantité de pus a diminué ou même disparu. On n'a constaté aucun phénomène fâcheux du côté des voies digestives.

Cette substance, dont les effets ont été comparés chez quelques malades à ceux de la térébenthine, des lavages avec l'acide borique et avec l'acide phénique, agit d'une manière tout à fait supérieure, puisque ces substances avaient échoué là où la naphthaline a donné de bons résultats ; l'administration par la bouche est aussi préférable aux injections ou aux applications locales ou suppositoires, qui n'ont donné aucun résultat.

La naphthaline n'augmente pas le nombre des mictions, comme on l'a prétendu ; elle a eu au contraire des effets sédatifs sur une vessie irritable et diminué beaucoup le nombre des envies d'uriner, et par suite des cathétérismes. Peut-être agit-elle favorablement sur le rein et la vessie en cas de pyélo-néphrite et de cystite, mais n'aurait-elle que la propriété d'empêcher la fermentation et la fétidité de l'urine, qu'elle serait encore d'un précieux emploi dans le traitement des maladies des voies urinaires.

Discussion. — M. Bouchard. Il est vrai que les urines traitées par la naphthaline fermentent moins rapidement que les autres, mais il faut pour cela des doses beaucoup plus fortes que celles qu'indique M. de Pezzer, c'est-à-dire environ 5 grammes par jour. Cette dose n'est pas dangereuse : pour produire la cataracte chez les animaux il faut, à poids égal, des doses 16 fois plus fortes. D'ailleurs la naphthaline n'est absorbée qu'en proportion minime et elle ne s'élimine pas en nature comme le prétend M. de Pezzer, mais sous forme de naphtyl-sulfite de soude, composé antiseptique qui explique l'absence ou la diminution des fermentations. Malheureusement, si on veut empêcher la décomposition des urines dans la vessie, il faut employer des doses très considérables qui déterminent de l'amaigrissement, une tendance aux eschares et des phénomènes pénibles du côté des organes urinaires (brûlure et ténesme), il vaudrait mieux, si l'on n'a affaire qu'à une simple cystite, substituer à la naphthaline le naphtyl-sulfite de soude, sous forme d'injections directes intra-vésicales.

M. PAMARD, Chir. en chef de l'Hôtel-Dieu, à Avignon.

Ablation d'un épithélioma du col utérin ; guérison remontant à 30 mois. — M. Pamard présente l'observation d'un épithélioma du col utérin qu'il a traité trois ou quatre mois après l'apparition des troubles fonctionnels. L'ablation faite avec l'anse galvanique ne présenta rien de particulier, si ce n'est l'ouverture du cul-de-sac postérieur. Tampons iodoformés, diète rigoureuse et repos absolu; la malade put se lever au bout de 20 jours. Jusqu'à ces derniers jours, c'est-à-dire 30 mois après l'opération, la malade ne présente aucun trouble.

M. Pamard explique ces résultats favorables par le fait que l'opération a été faite de très bonne heure et qu'on a pu opérer dans le tissu sain et loin de la lésion.

— Séance du 19 août 1880. —

M. H. HENROT, Prof. à l'Éc. de méd. de Reims.

De l'anémie pernicieuse progressive. — L'anémie pernicieuse progressive, au point de vue clinique, se sépare facilement des autres variétés d'anémie ; après 3 ou 4 mois d'un état de souffrance mal caractérisé, mais où les troubles gastriques tiennent une place prépondérante, le malade, sans éprouver de pertes de sang, sans avoir de leucocytose, de néphrite, d'empoisonnement saturnin ou impaludique, sans avoir les signes des cachexies tuberculeuse ou cancéreuse, sans présenter d'anchylostome duodénal, voit tout à coup survenir un anéantissement rapide des forces, tout en conservant le plus souvent de l'embonpoint et une activité relative des fonctions de l'estomac.

M. Henrot a observé 3 faits très nets de cette maladie ; les deux premiers malades ont été transfusés sans succès, le 3e a été soumis à un régime tonique ; ces 3 malades ont succombé, l'autopsie du 1er n'a pas été faite, l'autopsie du 2e et du 3e lui a permis de constater une pâleur excessive de tous les organes et dans les deux cas une hypertrophie et un ramollissement de la rate, avec des granulations dans les globules rouges. M. Henrot propose la médication arsenicale.

M. FAUVELLE, à Paris.

Des causes prochaines de la mort de l'individu dans les maladies. — D'après M. Fauvelle, aujourd'hui on ne peut plus regarder la vie comme le résultat de l'action réciproque du poumon, du cœur et du cerveau. Le corps humain doit être considéré comme un composé d'éléments anatomiques remplissant des fonctions diverses dont la résultante est la *vie*. Parmi eux les éléments nerveux ont une prépondérance incontestable d'abord par leurs connexions avec tous les autres, puis par la production, sous l'influence comburante de l'oxygène sur les divers groupes qui constituent le système, d'une des formes de l'énergie, l'*influx nerveux*. C'est par lui qu'ont lieu les sécrétions, peut-être la nutrition, les actes excito-moteurs ou réflexes, les sensations perçues et retenues, les phénomènes intellectuels qui en résultent et enfin les mouvements volontaires. En un mot la vie de l'individu réside dans le système nerveux.

Si le sang ne lui amène pas simultanément l'oxygène destructeur et les substances albuminoïdes réparatrices, la mort s'ensuit forcément ; elle est non moins certaine si la circulation introduit dans les agglomérations de cellules nerveuses des substances dites toxiques qui les altèrent directement ou entravent le mouvement de décomposition et de reconstitution, c'est-à-dire le dégagement de l'influx.

M. Fauvelle montre que toute la pathologie peut être rattachée à ces trois causes morbigènes, agissant sur le système nerveux. Il termine en faisant ressortir combien il importe au praticien de ne jamais perdre de vue l'asphyxie, l'inanition et l'intoxication des éléments nerveux, causes prochaines de la mort de l'individu dans les maladies.

M. DU MESNIL, Méd. de l'Asile nat. de Vincennes.

Sur la rage du loup. — M. Pasteur, dans sa communication du 12 avril 1886 à l'Académie des sciences, avait signalé : 1° la rapidité plus grande de l'apparition des accidents rabiques après la morsure des loups ; 2° la mortalité plus grande chez les individus mordus par les loups, que chez les individus mordus par les chiens.

M. Du Mesnil confirme aujourd'hui ces deux propositions en apportant une statistique basée sur 342 cas d'individus mordus par les loups.

De cette statistique il résulte que les accidents rabiques chez ces individus se déclarent le plus fréquemment du vingtième au trentième jour, alors que chez ceux qui ont été mordus par des chiens enragés, ils apparaissent seulement du quarantième au cinquantième.

Quant à la mortalité, elle est de 60.23 p. 100, c'est-à-dire le double de celle des hommes mordus par les chiens enragés.

Les bénéfices tirés de la cautérisation par divers agents n'ont pas été très grands, puisque la mortalité a encore été de 60.27 p. 100 ; à Bar-le-Duc, sur 19 personnes mordues et cautérisées immédiatement, la mortalité a été de 57 p.

100. — Si on rapproche de ces 19 mordus les 19 Russes traités par M. Pasteur, et qui n'ont donné que 3 morts, on voit que la différence est tout à l'avantage de la méthode des inoculations prophylactiques.

Abordant ensuite la question de prophylaxie, M. Du Mesnil tire des faits exposés par lui ces conclusions que les individus mordus par les loups doivent être l'objet d'un traitement beaucoup plus actif et surtout appliqué à une époque la plus rapprochée possible de l'inoculation.

Depuis le début des inoculations au laboratoire de M. Pasteur, il a été inoculé 1,235 Français ou Algériens ; il en est 3 qui ont succombé.

A Odessa, M. le Dr Gamaleia a traité 122 personnes d'après la méthode pastorienne, et a eu seulement 2 morts pendant la durée du traitement.

On peut dire actuellement que, grâce à cette méthode, les chances de survie ont augmenté des 3/4.

Discussion. — M. Rochard attire l'attention sur ce fait que malgré la différence dans la mortalité, le virus rabique est identique chez le chien et chez le loup. — C'est aussi l'opinion de M. Pasteur, qui a montré que le lapin, inoculé avec l'un des deux virus, mourait le 17e jour dans les deux cas. Ce qui fait la différence de gravité à la suite des deux espèces de morsure, c'est plutôt le nombre des plaies, leur profondeur, en un mot l'acharnement avec lequel les animaux déchirent leurs victimes.

M. Bouchard remercie M. Du Mesnil de sa communication ; c'est avec de pareils documents, dit-il, qu'on pourra se faire une idée exacte de cette statistique clinique tant décriée. — Néanmoins on ne peut méconnaître qu'il existe encore un doute sur le mode d'action du vaccin de la rage. Il n'y a rien d'analogue dans cette inoculation avec les autres virus vaccins, connus jusqu'alors, pour le charbon et la variole par exemple ; dans ceux-ci, il s'agit de microbes connus, cultivés et rendus vaccins ; ils ont la même qualité vitale, mais en moindre quantité ; ils produisent une maladie ébauchée, c'est l'autre en petit, et ils confèrent l'immunité de cette autre. Ici, rien de pareil, pas de virus atténué, pas de microbe connu, pas de maladie ébauchée ; ou l'inoculation ne donne rien, ou bien elle donne la rage dans toute sa vigueur, et néanmoins, quand il n'y a aucun symptôme morbide, l'immunité est conférée. Nous sommes donc en plein dans l'empirisme, mais il serait puéril de nier les avantages de ces inoculations préventives, et quand un homme comme M. Pasteur tire un parti aussi remarquable de l'empirisme, on peut dire qu'il a aussi bien mérité de la science que si sa méthode scientifique était constituée entièrement.

M. GROSS, Prof. à la Fac. de méd. de Nancy.

Ostéome du pied et extirpation du calcanéum[1]. — M. Gross rapporte l'observation d'un volumineux ostéome développé dans la région du talon chez un homme de 48 ans exerçant la profession de tailleur de pierre et auquel il a dû pratiquer l'extirpation du calcanéum. L'étude anatomo-pathologique de la pièce a montré qu'il s'agit non d'un ostéome développé dans le calcanéum même, mais d'une tumeur péricalcanéenne. Le tissu osseux néoplasique entoure le calcanéum de toutes parts, excepté ses faces supérieure et antérieure ; il forme une masse volumineuse dans laquelle cet os est enchâssé. Sur la coupe le tissu néoplasique et l'os calcanéen sont séparés l'un de l'autre par une bandelette fibreuse présen-

1. Mémoire publié dans la *Revue médicale de l'Est*, numéro du 1er septembre 1886.

tant quelques lacunes. Le point de départ de la production pathologique a été le tendon d'Achille et la tumeur est un exemple de ce que les anatomo-pathologistes ont appelé : exostose tendineuse discontinue. Toutefois l'extension du tissu osseux sur les faces latérales du calcanéum semble faire croire que le tissu fibreux péri-calcanéen a été envahi à son tour par la néoplasie. M. Gross accepte donc la dénomination d'*ostéome péricalcanéen.*

La communication de M. Gross porte encore sur l'opération de l'extirpation du calcanéum. Pour extraire cet os, il recommande de suivre le procédé de Farabeuf, qui permet d'atteindre aisément toutes les parties où doit porter le bistouri. Chez son opéré, les suites immédiates de l'intervention ont été simples. Quant au résultat définitif fonctionnel, il a été très satisfaisant et M. Gross conclut que l'extirpation du calcanéen par la méthode ancienne est loin de donner des résultats aussi mauvais qu'il a été dit et que dans les cas où la résection sous-périostée, qui sans contredit reste la méthode de choix, est impraticable, le chirurgien peut aussi recourir à la méthode ancienne avec l'espoir de restituer d'une manière satisfaisante les fonctions du pied.

M. OLLIER, Prof. à la Fac. de méd. de Lyon.

De l'ablation simultanée de l'astragale et du calcanéum. — M. Ollier fait une communication sur une opération d'un degré plus élevé que la précédente, parce qu'il s'agit de l'ablation simultanée du calcanéum et de l'astragale. Cette opération, au premier abord, paraît absurde, dit l'auteur, puisqu'elle supprime tout l'arrière-pied, c'est-à-dire le soutien de la jambe ; cependant M. Ollier, qui l'a pratiquée 7 fois, en a retiré de bons résultats. Dans un cas, entre autres, on avait d'abord pratiqué l'ablation du calcanéum pour carie ; après une cure incomplète, à marche lente, la suppuration persistait et M. Ollier fit l'ablation de l'astragale. L'opération date déjà de près de quatre ans, et non seulement la guérison s'est maintenue ; mais elle a été suivie d'un excellent résultat orthopédique et fonctionnel. Il y a un mois, l'opérée a pu faire 20 kilomètres à pied dans la journée. Un nouveau calcanéum qui supporte le poids du corps, s'est reconstitué et donne au pied une forme se rapprochant beaucoup de l'état normal, comme on peut en juger par les photographies que M. Ollier fait passer sous les yeux de la section.

M. VERCHÈRE, Chef de clin. chir., à Paris.

Mésologie parasitaire chez l'homme. — M. Verchère revient sur la question de l'auto-inoculation et montre qu'on n'a pas tenu assez compte jusqu'ici d'un élément important, l'organe dans lequel le microbe peut se développer. Tous les organes en effet ne sont pas favorables à la culture des microbes, ainsi le tubercule se développe mal ou pas du tout, primitivement, dans les muscles striés, la mamelle, la pituitaire, la conjonctive, le tissu compact de l'os, alors qu'il a une affinité si grande pour le tissu spongieux. Il faudrait donc dresser un double tableau, l'un montrant quels virus ou microbes peuvent se développer dans tel organe, et l'autre les organes dans lesquels ne peuvent se développer ces virus. Quelques recherches ont déjà été faites dans cette voie, entre autres par MM. Luton, Verneuil, etc. ; elles doivent être continuées afin d'apprendre aux expérimentateurs le milieu organique qui convient ou non à la culture de chaque microbe et d'épargner ainsi la perte de temps inséparable de ces tâtonnements.

M. VIENNOIS, à Lyon.

Ostéotomie du nez pour faciliter l'ablation des tumeurs naso-pharyngiennes. — M. Viennois expose la méthode imaginée par M. Ollier, et que Chassaignac a réclamée comme sienne ; mais il y a des différences notables entre les deux opérations, et celle de M. Ollier possède tous les avantages de l'autre sans en avoir les inconvénients. On fait une incision le long du sillon naso-génial, à partir de la racine du nez, on abaisse ainsi le nez détaché jusque sur le menton, on résèque même la cloison si besoin est, on enlève la tumeur, on peut appliquer sur la base d'implantation, si besoin est, des éponges imbibées d'eau de Pagliari et laisser le nez abaissé pendant plusieurs heures, et quand toute crainte d'hémorrhagie a cessé, on enlève les éponges et on remet le nez en place au moyen de sutures, sans que ce déplacement semble nuire à la vitalité de l'organe.

M. A. PONCET, Prof. à la Fac. de méd. de Lyon.

De la rhinoplastie sur appareil prothétique [1]. — M. A. Poncet fait passer sous les yeux des membres présents des photographies de malades dont le nez, en tant que charpente, avait été détruit en partie ou en totalité, et chez lesquels il a pratiqué la rhinoplastie, avec un lambeau frontal, après avoir préalablement appliqué une charpente en platine, implanté solidement dans le squelette voisin : frontal, branches montantes du maxillaire.

Le fait important, dit M. Poncet, est la parfaite tolérance d'un appareil en platine qui, à aucun moment, n'a provoqué des accidents inflammatoires, il n'a causé ni gêne, ni suppuration appréciable.

Il croit pouvoir conclure que : dans les destructions étendues du dôme nasal alors que l'ossature de soutien a disparu, on peut la remplacer par un appareil prothétique immédiatement appliqué et destiné à rester en place. C'est, suivant lui, le seul moyen de réhabiliter la rhinoplastie qui devait se contenter jusqu'alors de substituer une infirmité ridicule à une infirmité dégoûtante.

M. DUZÉA, à Lyon.

Rapports des déformations initiales de la coxalgie avec les spécialisations nerveuses de l'articulation de la hanche. — Malgré tous les travaux qui ont été écrits sur la coxalgie, M. Duzéa pense, avec raison du reste, qu'on n'est encore guère avancé sur l'étiologie des déformations de la hanche dans cette affection. Considérant que les déformations se font tantôt en avant et en dedans, tantôt en arrière et en dehors, il a recherché quel rôle les nerfs et muscles péritrochantériens pouvaient bien jouer ; il a trouvé que ces muscles devaient se diviser en deux groupes, l'un antéro-interne, innervé comme la partie antérieure de la hanche par le plexus lombaire, l'autre postéro-externe, innervé comme la partie postérieure de la hanche par le plexus sacré. Si la partie malade de la hanche répond au plexus lombaire, celui-ci, par action réflexe, contracture les muscles antéro-internes, et produit l'adduction ; si, au contraire, la lésion répond au plexus lombaire, il y a contracture des muscles postérieurs et abduction ; si la hanche est envahie d'em-

1. Travail paru dans le *Progrès médical* du 23 octobre 1886.

blée dans toute son étendue, il y a contracture de tous les muscles ; mais comme le groupe des adducteurs l'emporte sur celui des abducteurs, la déformation définitive est l'adduction.

M. GENTILHOMME, Prof. à l'Éc. de méd. de Reims.

Emploi du fer rouge dans le traitement des inflammations de l'utérus. — Le fer rouge agit comme révulsif, il détermine très rapidement le dégorgement de l'utérus et consécutivement la guérison de l'ulcération du col et la guérison complète et définitive.

M. LALLEMENT, Prof. à la Fac. de méd. de Nancy.

Hernie diaphragmatique chez un homme de 47 ans. — A l'autopsie d'un manœuvre mort d'hémorrhagie interne par rupture du rein droit à la suite d'une chute, l'estomac presque entier et une partie du côlon transverse ont été trouvés dans la cavité pleurale gauche, sans aucune trace d'inflammation de celle-ci.

Les viscères herniés passaient à travers un orifice du centre aponévrotique du diaphragme, de forme elliptique, de sept centimètres de diamètre, au pourtour duquel ils étaient reliés par quelques adhérences lâches et anciennes.

Cette hernie paraît avoir eu pour point de départ un coup de tampon reçu trois ans avant l'accident mortel, lequel coup avait déterminé une contusion et une altération scléreuse consécutive du rein droit. Elle ne s'était manifestée pendant la vie par aucun symptôme appréciable et n'avait pas empêché cet homme de se livrer à une profession fatigante.

M. Lallement compare ce fait à d'autres observations récemment publiées et conclut en admettant que les hernies diaphragmatiques, avec orifice en boutonnière, sont acquises et déterminées par un traumatisme indirect.

La pièce est mise sous les yeux de la section.

Discussion. — M. Henrot a vu un malade semblable, chez lequel l'ingestion des boissons déterminait un bruit de gargouillement dans la cage thoracique. Ce signe pourrait donc servir dans le diagnostic de cette affection.

M. Bernheim a vu chez un blessé de Reichshoffen, atteint d'une balle dans la poitrine, suivie de pleurésie double, une hernie diaphragmatique congénitale de l'estomac, cet organe était situé au milieu d'une pleurésie suppurée. La lésion ne fut trouvée qu'à l'autopsie.

M. Vautrain rapporte le cas d'un homme tombé d'un toit sur le sol et qui fut atteint de hernie diaphragmatique ; le bruit de gargouillement pendant l'ingestion des boissons fut parfaitement constaté et servit à faire pendant la vie le diagnostic de l'affection. Comme presque toujours, la rupture s'était faite dans la moitié gauche du diaphragme, ce qui explique pourquoi c'est l'estomac qui se hernie.

M. STOEBER, de Nancy.

Contribution à l'étude du gliôme de la rétine. — M. Stoeber présente deux moitiés d'yeux énucléés et conservés dans une solution transparente de gélatine et glycérine. Ces yeux sont atteints de gliôme de la rétine arrivé à un âge différent et présentent tous deux des lésions très intéressantes; le gliôme a perforé la coque scléroticale et a pullulé dans tout le tissu cellulaire orbitaire. L'origine de ce néoplasme n'est pas encore complètement connue. Iwanoff trouve qu'il se développe à l'origine aux dépens des cellules du tissu cellulaire de la couche des fibres nerveuses et dans la tunique adventice des vaisseaux, plus tard aux dépens des cellules de la couche granuleuse interne et des noyaux des fibres radiées. D'après Poncet de Cluny, les cellules du gliôme sont de nature connective. Kuhnt et Otto Becker ont observé que les *Gliozellen* sont fréquentes chez l'enfant et disparaissent plus tard : ce serait là le point de départ du gliôme.

Le gliôme est un sarcôme à cellules nombreuses et rondes avec un contenu protoplasmique peu abondant et un noyau peu volumineux, grande quantité de vaisseaux, mais peu de tissu aréolaire ; de plus, le gliôme semble se nourrir aux dépens de la substance même de la cornée.

M. BERGEON, Prof. agr. à la Fac. de méd. de Lyon.

Traitement de la tuberculose pulmonaire par les injections gazeuses rectales. — M. Bergeon en injectant dans le rectum 2 fois par jour un mélange de gaz acide carbonique très pur chargé d'acide sulfhydrique, obtient au bout de 2 ou 3 jours une diminution marquée de la toux, de l'expectoration et des troubles respiratoires qui accompagnent la phtisie pulmonaire. En même temps les phénomènes généraux s'amendent d'une manière sensible, et si on n'arrive pas à la guérison de la maladie, du moins on enraye les accidents et on peut prolonger l'existence dans des conditions supportables.

M. BERNHEIM, à Nancy.

Du son tympanique dans la pneumonie. — M. Bernheim pense que ce bruit peut se produire quand deux conditions sont réunies : l'absence de sécrétion bronchique dans les bronches béantes, permettant ainsi la libre circulation de l'air pendant la percussion, et l'hépatisation du poumon autour de ces bronches.

4e Groupe

SCIENCES ÉCONOMIQUES

13e Section

AGRONOMIE

PRÉSIDENT . . . . M. DEHÉRAIN, Prof. au Muséum et à l'Éc. d'agric. de Grignon.
VICE-PRÉSIDENTS. . . . . . MM. P. GENAY, Agriculteur, à Bellevue (Meurthe-et-Moselle).
MER, Inspect. adj. des forêts, attaché à la stat. de recherches de l'Éc. for. à Nancy.
SAGNIER, Secr. de la réd. du journ. *l'Agriculture*.
SECRÉTAIRE. . . . . M. DIDIER, Agriculteur à La Neuville-aux-Larris (Marne).

— Séance du 13 août 1886. —

M. A. LADUREAU, Dir. du Labor. cent. agric. de Paris.

Études sur un ferment inversif de la saccharose. — M. LADUREAU fait part à la section d'agronomie des observations qu'il a faites sur un ferment spécial qui transforme la saccharose ou sucre de betteraves et de cannes en un mélange de glucose et de lévulose que l'on nomme sucre inverti.

Il a trouvé ce ferment à diverses reprises dans son laboratoire et dans l'industrie ; et il signale les dangers qu'il peut présenter tant au point de vue de l'analyse exacte des sucres bruts qu'à celui de la conservation des sucres et de leur raffinage.

M. AUDOYNAUD, Prof. de chimie à l'Éc. d'agric. de Montpellier.

Recherche de l'huile de graines dans l'huile d'olive. — M. AUDOYNAUD expose un procédé d'analyse destiné à dévoiler les additions d'huiles de graines à l'huile d'olive, falsification assez répandue, paraît-il, pour avoir fortement déprécié cette dernière. La réaction qui sert à distinguer l'huile d'olive de l'huile de graines est empruntée, d'une part à l'action oxydante du bichromate de potasse, d'autre part au dégagement de bioxyde d'azote produit par l'éther au contact de l'acide azotosulfurique. Après la réaction, l'huile d'olive surnage verte, l'huile de graines est d'un jaune passant au rouge[1].

Le mildew combattu par l'eau céleste. — Le liquide proposé par M. Audoynaud s'obtient en dissolvant 1 kilogramme de sulfate de cuivre dans 1 litre d'ammoniaque et 400 litres d'eau. Le liquide convenablement dispersé sur les feuilles laisse après évaporation un précipité cuprique très adhérent. La facilité avec laquelle on pulvérise ce liquide permet de réduire de beaucoup la dose de cuivre à l'hectare.

M. MER, Insp. adj. des forêts, à Nancy.

Des améliorations à apporter dans l'exploitation herbagère des Vosges. — M. Mer expose les résultats qu'il a obtenus après dix ans de recherches dans son exploitation de Longemer (Vosges), à une altitude de 750 mètres, et desquels il résulte qu'il serait possible d'apporter des améliorations notables aux procédés actuels d'exploitation herbagère dans cette région.

M. P. DEHÉRAIN, Prof. au Muséum et à l'Éc. d'agric. de Grignon, à Paris.

Sur la valeur des engrais[2]. — La valeur des engrais s'établit non par leur prix d'achat ni leur prix de revient, mais par leur efficacité. Elle se calcule par la formule suivante : $\frac{(R - R') V}{P} = x$, R étant le poids de la récolte obtenue sur la surface d'un hectare qui à reçu le poids d'engrais P, R' le poids de la récolte obtenue sur la surface d'un hectare qui n'a pas reçu d'engrais. V étant le prix de vente du quintal métrique.

Il est clair que, suivant que x sera égal, supérieur ou inférieur à A, prix d'achat ou de revient de l'engrais, on trouvera que l'acquisition ou la fabrication a été indifférente, avantageuse ou nuisible.

— Séance du 14 août 1886. —

La section d'agronomie se réunit à la 15e section (économie politique), pour la discussion sur la production du blé en France et à l'étranger[3].

— Séance du 16 août 1886. —

M. A. LADUREAU, à Paris.

Sur les différences de composition des jus de betteraves extraits à diverses pressions. — M. Ladureau annonce qu'il a fait, durant la dernière campagne su-

1. Mémoire publié en avril 1836 dans les *Annales de la Société des Sciences industrielles de Lyon.*
2. La question est traitée dans deux mémoires insérés au tome XII des *Annales agronomiques.*
3. Voir le compte rendu de cette discussion aux procès-verbaux de la 15e section.

crière, de nombreux essais pour reconnaître si la densité, telle qu'on la prenait dans les fabriques de sucre pour la faire servir de base à la réception et au paiement des betteraves, était bien exacte, et il a reconnu ainsi qu'il y avait des écarts parfois considérables entre les jus d'un même lot de betteraves, suivant que la pression à laquelle on avait soumis la râpure avait été faible ou forte. Les pressions considérables donnent en général de 0,2 à 0,3 dixièmes de degré en moins que les pressions faibles. Exemple : un jus extrait à la pression de 5 atmosphères pèse 6°2 ou 1062. Si l'on pousse la pression à 250 atmosphères, il s'écoulera une nouvelle quantité de jus de la pulpe de betterave ayant donné ce jus à 6°2. Or le résultat de cette nouvelle pression ne pèse plus que 5°5 et son mélange avec le premier jus sorti donne un liquide ne pesant plus que 6° au lieu de 6°2. Il en résulte que les fabricants de sucre qui ont employé jusqu'ici des presses faibles à la réception de leurs betteraves ont payé à la culture des sommes plus élevées de 1 à 2 fr. par 1,000 kilogr. qu'ils n'auraient dû le faire s'ils avaient employé des pressions énergiques, et qu'il est indispensable qu'ils se munissent de presses puissantes, pour éviter cette perte d'argent.

M. PUTON, Dir. de l'Éc. for. de Nancy.

Le sapin des Vosges, étude d'estimation forestière. — M. Puton présente une étude sur le sapin des Vosges pour faire suite à un ouvrage qu'il a publié récemment : *Estimations concernant la propriété forestière.* Il voudrait que chacun pût estimer un sapin en volume et en valeur à simple vue et sans autre mesure que celle de la circonférence à 1m,50 du sol. La tronce ou bille de 4 mètres qu'on rencontre partout dans les forêts des Vosges, est l'unité qui lui sert pour arriver à ce résultat.

Un procédé plus rapide se fonde sur ce que le parallélipipède construit sur 10 fois le carré du diamètre est le volume qui se rapproche le plus de celui d'un arbre.

Par une légère correction en plus ou en moins, suivant la grosseur et la forme, on arrive à l'estimation en volume. Quant à l'estimation en argent, il faut distinguer la valeur due à un débit donné de la valeur générale d'utilisation. Le prix du mètre cube est en général proportionnel au diamètre de l'arbre. M. Puton en déduit diverses conséquences utiles aux propriétaires pour les engager à ne pas couper leurs gros arbres sous le prétexte qu'ils ne profitent plus. L'accroissement de volume dû à un seul centimètre d'augmentation sur le diamètre est obtenu en multipliant le volume acquis par l'inverse du demi-diamètre de l'arbre.

M. GENAY, Agric. à Bellevue, près Lunéville (Meurthe-et-Moselle).

Sur l'emploi des engrais chimiques dans une ferme de Meurthe-et-Moselle, de 1871 *à* 1886[1]. — La fertilisation d'un sol de grès, sablo-argileux, peu fertile, à sous-sol imperméable, infesté par une végétation adventice, dit M. Genay, est une fonction multiple.

On doit tenir compte : de la perméabilité du sous-sol, de la netteté du sol

1. Le travail a été publié dans le *Journal de l'Agriculture*, n° 915, 23 octobre 1886, p. 664 à 670.

quant aux plantes adventices, de son épaisseur en tant que couche arable, de son aération, de l'accumulation et de l'assimilabilité des engrais. On doit aussi se préoccuper des amendements, des engrais complémentaires convenables, des variétés de semence les plus productives et des soins culturaux les mieux appropriés.

Les engrais chimiques ont donné dans le cas considéré :

Ceux azotés (nitrate de soude) des résultats toujours avantageux sur céréales et betteraves, variables sur pommes de terre ;

L'acide phosphorique, peu efficace en couverture, a été meilleur enfoui ;

La potasse n'a agi que sur défrichement de gazon en mélange avec l'acide phosphorique.

Pour M. Genay, les procédés d'analyse des terres usités dans les laboratoires donnent des résultats trop divergents pour permettre d'en tirer des conclusions sur les causes de la fertilité et de l'infertilité des sols.

L'expérience seule doit guider le cultivateur. Il faut répéter les expériences pendant plusieurs années avant de pouvoir tirer des conclusions.

M. Ch. DURAND, Prof. à l'Éc. sup. de Nancy.

Relations entre l'enseignement agricole et la géologie. — M. Durand fait remarquer que l'enseignement de l'agriculture à l'école primaire devant être élémentaire, doit être spécialisé au sol de la région et des régions voisines pris comme exemple. De là la nécessité pour l'instituteur de connaître et de pouvoir enseigner la géologie de ses environs. Ces considérations l'ont amené à publier une petite géologie élémentaire de la région vosgienne.

— Séance du 18 août 1886. —

M. CHAMBRELENT, Insp. gén. des Ponts et Chaussées, à Paris.

Assainissement et mise en valeur de la Camargue. — Toute la contrée désignée sous le nom de Camargue, située entre les deux bras d'embouchure du Rhône et la Méditerranée, formait, il y a peu d'années encore, de vastes marécages alternativement couverts et découverts par les eaux du fleuve et de la mer, pays inculte, malsain, inhabitable.

Les grands travaux qui y ont été faits dans la deuxième moitié de ce siècle y ont produit des résultats agricoles considérables. La Camargue a été endiguée, puis desséchée, et actuellement 66 prises d'eau sur les deux bras du Rhône facilitent les irrigations. Quand le niveau du fleuve est inférieur à celui des terrains à arroser, les eaux sont élevées par des locomobiles, ou mieux par des machines flottantes qui, outre qu'elles suivent les variations de niveau du courant, peuvent se déplacer.

Des cultures diverses, principalement celle de la vigne, s'y développent activement et s'y développeront de plus en plus dans l'avenir.

M. MER, à Nancy.

De la mise en valeur des tourbières vosgiennes. — M. Mer expose les conditions de production de la tourbe dans les Vosges et indique les procédés qui lui ont le mieux réussi pour convertir les tourbières en prairies.

Construction des étables dans les Vosges[1].

Présentation d'ouvrages imprimés

ENVOYÉS AU CONGRÈS

POUR ÊTRE PRÉSENTÉS A LA 13e SECTION

M. J. B. About. — *La Crise agricole et les moyens de la combattre.* — *Guide-registre de comptabilité agricole.*

M. J. E. Alix. — *De la Charrue-drague.* — *Une loi nécessaire ; l'agriculture et les moulins.*

1. Voir les procès-verbaux des 3e-4e sections, p. 95.

14e Section

GÉOGRAPHIE

Président . . . . M. le général PARMENTIER, général de division du génie, à Paris.
Vice-Président . . . . . . M. Edmond COTTEAU, à Paris.
Secrétaires . . . . MM. BARBIER, Secrét. gén. de la Soc. de géog. de l'Est, à Nancy.
GÉNIN, Prof. au Lycée, à Nancy.

— Séance du 13 août 1886. —

M. HUMBLOT, à Nancy.

Exploration de la Grande-Comore. — M. Génin résume les voyages de M. Humblot, de Nancy, à Madagascar. Il décrit ensuite la Grande-Comore et raconte l'occupation de cette île par MM. de Beausset et Humblot.

Discussion. — Quelques questions sont posées par MM. Barbier et Cotteau sur la salubrité de Madagascar. Des éclaircissements fournis par M. Génin, il résulte que le littoral seul est insalubre.

M. Edmond COTTEAU, à Paris.

Les Nouvelles-Hébrides. — M. E. Cotteau fait une communication sur un voyage qu'il a entrepris aux Nouvelles-Hébrides, à la fin de 1884.

De Nouméa, il s'est rendu d'abord aux îles Loyalty dont la formation diffère essentiellement de celle de la Nouvelle-Calédonie. Ces îles sont basses, madréporiques et manquent d'eau. Cependant elles sont couvertes de cocotiers et nourrissent une population relativement considérable.

Aux Nouvelles-Hébrides, notre voyageur a visité seulement deux îles : Sandwich et Api.

La première est la plus connue du groupe ; c'est aussi la plus belle. Elle possède sur la côte orientale deux ports excellents dans le voisinage desquels un certain nombre d'Européens ont créé des plantations qui semblent prospères. Le sol est noir, facile à remuer et d'une grande fertilité.

Les indigènes appartiennent à la race noire mélanésienne; ils passent pour être d'un naturel perfide et assurément ils sont encore anthropophages. — M. Cotteau a été cependant parfaitement accueilli par tous ces gens et a pu se procurer, par voie d'échange, des armes, objets de curiosité, etc. La monnaie courante de ces îles consiste en bâtonnets de tabac américain.

Après Sandwich, M. Cotteau a visité, à une centaine de milles plus au nord, l'île d'Api, couverte, comme la précédente, de luxuriantes forêts et présentant un aspect enchanteur.

— Séance du 14 août 1886. —

M. Charles GRAD, Corresp. de l'Institut, Député au Reichstag, à Logelbach (Alsace).

Le régime des eaux du Nil. — L'exploitation du sol de l'Égypte et l'existence du peuple égyptien dépendent complètement du régime des eaux du Nil. Sauf sur les bords de la mer, où il tombe annuellement 200 millimètres d'eau, la pluie manque dans le pays, ou elle est si rare que la culture devient impossible sans les irrigations faites au moyen des eaux du fleuve, plus ou moins abondantes suivant les variations de régime. Or, les observations faites montrent que les crues du Nil sont réglées par les pluies tombées dans les régions montagneuses de l'Abyssinie dont les eaux forment le fleuve Bleu, Bahr-el-Azrek, qui se réunit à Khartoum au fleuve Blanc, Bahr-el-Abiad, venu des grands lacs, dans la zone équatoriale de l'Afrique centrale. Tandis que le débit du fleuve Bleu varie beaucoup et règle le mouvement des crues du Nil, le débit du fleuve Blanc est plus régulier et maintient l'alimentation du Nil en Égypte à l'étiage. Par suite de l'importance des mouvements du Nil pour l'agriculture, on observe depuis longtemps les hauteurs du fleuve au nilomètre du Caire. Dans un tableau placé sous les yeux de la section, M. Grad a dressé la courbe des hauteurs du Nil au Caire dans l'intervalle des années 1825 à 1885 pour les crues et l'étiage. D'après ces observations, le niveau du fleuve au nilomètre varie chaque année de 8 mètres environ. Pendant la période des soixante dernières années, le niveau le plus bas atteint par le fleuve est descendu, en 1878, à 3^{m} 10, et sa crue la plus haute, pendant ce siècle, s'est élevée à 13^{m},62 en 1874, au mois d'octobre, l'étiage correspondant au commencement du mois de juin. Cette hauteur varie d'ailleurs sur les différents points du cours du fleuve et va en diminuant depuis la première cataracte à Assouan jusqu'au Caire et dans la Basse-Égypte. Dans la Haute-Égypte, l'arrosage se fait par inondation surtout : dans la Basse-Égypte, les irrigations s'effectuent au moyen d'appareils qui puisent l'eau dans les canaux et l'élèvent au niveau des terres en culture. L'auteur de la communication publie dans la *Nature* de M. Tissandier une étude sur les irrigations du Nil accompagnée d'illustrations qui représentent les différents appareils d'arrosage d'après des photographies faites pendant le cours de son voyage en Égypte l'hiver dernier.

M. COTEL, Prof. à Mytho (Cochinchine).

Description de Mytho. — M. Cotel communique une description de la ville de Mytho (Cochinchine) et des environs et quelques aperçus sur les mœurs des indigènes.

— Séance du 16 août 1886. —

M. BAGARD, Instituteur à Thiébauménil (Meurthe-et-Moselle).

Présentation de cartes et d'un cadran solaire.

1° Présentation de la carte scolaire de l'arrondissement de Lunéville, indiquant le rapport de la moyenne de fréquentation des classes de l'année scolaire 1875-1876;

2° Cadran solaire d'une déclinaison Est[1] de 12°10′ d'après les procédés trigonométriques, suivant une projection du cadran solaire horizontal pour le lieu dont la latitude est 48°37′;

3° Carte de la Gaule romaine sous les empereurs, divisée en 17 provinces, comprenant les anciennes tribus gauloises, avec indication des camps, des temples et monuments romains, des temples et monuments druidiques;

4° Carte de France industrielle et agricole[2], dressée dans les années 1884 et 1885, comprenant 95 produits dont 18 se rapportant à l'agriculture;

5° Carte statistique du département de Meurthe-et-Moselle[3] indiquant la population des communes par des cercles dont le diamètre est proportionnel à la quantité d'habitants.

M. Bagard donne des explications sommaires sur chacune de ces cartes et lit des extraits des notices qui accompagnent particulièrement les numéros 3, 4 et 5. La dernière paraît surtout des plus pratiques et, pour la rendre utile à l'enseignement, quelques membres de la section pensent qu'elle serait heureusement complétée par une carte départementale de statistique industrielle; l'une et l'autre pourraient être publiées aux frais du département.

M. J. V. BARBIER, Sec. gén. de la Soc. de géog. de l'Est, à Nancy.

De l'application des règles posées par la Société de géographie de Paris pour la transcription des noms géographiques. — M. Barbier donne d'abord lecture des résolutions de la Société de géographie de Paris. Puis, se plaçant au point de vue de la création d'un lexique géographique, il expose les difficultés pratiques auxquelles on aura à se buter. Il considère que s'il y a lieu de hâter la solution et d'aller de l'avant dans l'unification de l'orthographe géographique, on ne pourra, d'ici longtemps, que faire une œuvre de transition. Il soutient le système de la Société de géographie de Paris, moyennant les tempéraments et les interprétations qu'il a signalés et défendus déjà au congrès de la Sorbonne, et que le rapporteur même de la commission de ladite Société semble avoir reconnus nécessaires[4]. Il estime que l'inventaire seul, — inventaire colossal de tous les noms géographiques connus, — sorte de constitution *d'état civil* des noms géographiques qu'il est en train de faire, donnera des indications précieuses sur ce que la pratique devra accepter et rejeter des conclusions posées par la Société de géographie et par lui-même[5]. Pour finir, il déclare que vouloir résoudre la question de la prononciation en même temps que celle de l'orthographe, c'est vouloir rendre insoluble un problème qui n'est que difficile.

Discussion. — M. le général Parmentier, particulièrement invité par M. Mager à donner des explications sur les décisions de la commission dont il a fait partie, déclare ne pouvoir le faire qu'avec une extrême réserve.

1. *Société de géographie de l'Est*, 2e trimestre 1880, p. 334.
2. *La France agricole*, 21 mars 1886, p. 139.
3. *Société de géographie de l'Est*, 2e trimestre 1879, p. 239.
4. Depuis lors M. J. V. Barbier a publié, chez MM. Berger-Levrault et Cie, un travail préliminaire d'étude des transcriptions, sous le titre d'*Essai d'un Lexique géographique*, accompagné d'un tableau de phonétique comparée adjoint à l'alphabet de transcription (in-8° de 115 pages. Paris et Nancy, 1886).
5. Voir notamment l'*Appendice* du travail ci-dessus mentionné.

M. Génin voit de grandes difficultés au point de vue de l'enseignement.

M. Mager demande un vote contre les conclusions de la Société de géographie.

M. Barbier combat cette motion en disant que la section n'a pas assez mûri la question et qu'il faudrait d'abord la traiter au point de vue technique comme l'a fait la Société de Paris.

M. Parmentier est d'autant plus de cet avis qu'il ne croit pas ce vote susceptible de la moindre sanction.

— Séance du 18 août 1886. —

M. GÉNIN, Prof. au Lycée de Nancy.

Les Hovas, leurs lois et leurs coutumes[1]. — M. Génin fait une communication sur le gouvernement, les lois et les coutumes des Hovas. Il a traité surtout des castes et de l'esclavage.

M. DE LANNOY DE BISSY, Chef de bat. du génie, à Paris.

De la carte d'Afrique au 1/2,000,000. — Le commandant de Lannoy a l'honneur d'offrir au Congrès, de la part du Ministre de la guerre, les feuilles de la carte d'Afrique au 1/2,000,000 qui ont été publiées depuis la session de 1885, ainsi que la cinquième livraison des notices qui les accompagnent.

Ces feuilles sont au nombre de douze. Huit d'entre elles donnent la planimétrie de l'Égypte jusqu'à Khartoum ; ce sont : Benghâzi, le Caire, Kébâbo, Assouan, Yayo, Khartoum, Cap Elba et Souakim. Trois sont consacrées à la figuration avec montagnes des îles Madère, l'Ascension et Sainte-Hélène; enfin la douzième est l'assemblage des feuilles 47, 51, 52, 56 et 57 relatives à Madagascar et à la Réunion.

Le commandant de Lannoy fait remarquer que, pour Madagascar, il s'est attaché à représenter nettement dans le dessin de l'orographie, le massif central de l'île; que pour la carte de Sainte-Hélène, il a utilisé avec fruit la carte du capitaine d'artillerie anglais Edmond Palmer.

Les huit feuilles d'Égypte s'étendent au nord de Benghâsi à l'ouest, à l'isthme de Suez à l'est, et au sud des oasis du Bodelé à Massouah sur la mer Rouge. Elles comprennent le désert de Libye, le pays des oasis, le bassin du Nil et les déserts situés à l'est.

L'auteur, en énumérant les divers matériaux qu'il a utilisés, fait remarquer qu'il s'est attaché à donner le plus de renseignements possibles, compatibles avec l'échelle de la carte; car, dans sa pensée, le cartographe doit utiliser toutes les données des voyageurs, même quand la précision n'est point parfaitement établie. Il suffit quelquefois d'un nom pour rattacher entre eux les itinéraires de deux explorateurs et jeter ainsi une vive lumière sur la géographie de la région.

---

1. Le volume sur *Madagascar* paraîtra en janvier 1887 chez Degorce-Cadot, éditeur, 9, rue de Verneuil, Paris.

2. Le résumé de cette discussion figure dans le compte rendu de la 15e section.

La 14e section se réunit à la section d'économie politique pour entendre les communications suivantes [1] :

M. Rolland : *La Colonisation au Sahara.*

M. Levasseur : *Considérations sur la superficie et la population des contrées de la terre.*

— Séance du 10 août 1886. —

M. Paul TISSERAND, Prof. d'hist. au collège d'Oran (Algérie).

Notes sur Palestro (département d'Alger) et sur Mascara (département d'Oran)[2]. — M. Tisserand résume en quelques mots la situation topographique de Palestro, la description des gorges de l'Isser comparées à celles de la Chiffa, donne quelques renseignements sur les productions du pays, sur la valeur des terres, consacre un souvenir aux massacres de 1871 par les Arabes des environs. La colonisation fait des progrès, la culture de la vigne donne un rendement considérable, et nous pouvons nous féliciter de posséder au delà de la Méditerranée une colonie riche et féconde qui tend de plus en plus à devenir le prolongement de la France.

Notes sur Mascara (département d'Oran). — M. Tisserand donne lecture d'un document inédit traduit de l'arabe par M. Guin, premier interprète militaire de la division d'Oran ; il continue en faisant la description de Mascara et des différentes routes qui y conduisent. Son but est de faire connaître l'Algérie à la France et d'amener dans son pays d'adoption le plus grand nombre possible de visiteurs.

M. le Dr COLIN, à Asnières (Seine).

Voyage aux pays aurifères du Soudan occidental[3]. — En avril 1883, le Dr Colin, qui avait déjà passé quatre années consécutives dans les régions du Haut-Sénégal et du Haut-Niger, fut envoyé en mission par le Ministre de la marine pour visiter les contrées aurifères du Soudan occidental et passer avec les chefs des traités de commerce et d'amitié.

Le Dr Colin partit de Saint-Louis en bateau à vapeur jusqu'au poste de Podor, à soixante lieues dans le fleuve Sénégal. De là, il se dirigea par terre sur Bakel, autre poste français sur les bords du Sénégal, à plus de 600 kilomètres de la côte. Il eut maille à partir avec les turbulentes populations du Fouta, mais cependant il put arriver à Bakel avec tout son monde et son convoi intact. De Bakel, il se dirigea sur la Falémé, grand affluent du Sénégal qui, partant des montagnes du Fouta-Djallon, vient se jeter dans ce fleuve à une trentaine de kilomètres en amont de Bakel, et qui, par sa direction du sud au nord, par sa position géographique, paraît devoir être la meilleure route vers le Fouta-Djallon et les pays aurifères du Bambouch.

1. Voir le procès-verbal des séances de la 15e section.
2. Les notes sur Palestro ont été publiées *in extenso* dans la *Revue géographique internationale*, nov. 1886.
3. La relation du voyage du Dr Colin, avec gravures, cartes et plans, paraîtra très prochainement.

Parvenu sur la Falémé, il traversa cette rivière à la hauteur de Sénoudébou, parvint au village de Keniéba où nous établîmes jadis un poste pour l'exploitation de l'or, puis continua sa route sur le pays du Tambaoura, situé au pied de la chaîne de montagnes de ce nom. Le Tambaoura contient de grandes et riches mines d'or. Le docteur passa avec le chef du Tambaoura un traité qui concède à la France, et à la France seule, le droit de commerce dans le pays.

De là, il continua son voyage vers le Diébédougou, autre pays aurifère au sud du Tambaoura, encore plus riche que celui-ci, avec lequel il passa un traité semblable à celui passé avec le Tambaoura.

Du Diébédougou, le docteur se rendit à notre poste de Bafoulabé, au confluent du Bâ-Khoy et du Bâ-Fing qui forment le Sénégal. Il voulait voir s'il ne serait pas possible de relier un jour cette riche contrée du Diébédougou à notre grande ligne ferrée du Sénégal au Niger. Le résultat de cette exploration fut négatif; il existe des difficultés de terrain qui rendraient les travaux très coûteux.

Le docteur se retourna alors du côté de la Falémé ; il déboucha sur cette rivière au village de Kéniéko, à environ 400 kilomètres de son embouchure et reconnut qu'elle pouvait être navigable dans toute cette étendue.

Rentré à Bakel au mois de mars 1884, le docteur équipa un chaland et repartit pour faire le levé hydrographique de la Falémé ; mais son chaland, vieux et usé, subit des avaries graves au premier rapide important, et il dut borner son levé à une étendue de 65 kilomètres.

En somme, les résultats de ce voyage sont les suivants :

Traités avec deux riches pays situés aux portes de nos possessions actuelles ;

Levés topographiques à grande échelle de toute la région parcourue, inconnue jusqu'à ce jour ;

Collections de produits naturels et commerciaux et renseignements précieux sur ces contrées nouvelles.

M. LEVASSEUR, Membre de l'Institut, Prof. au Coll. de France.

Étude des Alpes. — M. Levasseur présente un travail sur les Alpes qui a été publié dans la *Grande Encyclopédie*. Ce travail comprend deux parties : 1° une étude générale du système alpestre, de sa constitution, de son climat et de ses voies de communication ; 2° une division par groupes, chaînes et massifs du système alpestre. Cette seconde partie est l'abrégé d'un travail dont la première partie a été publiée dans l'*Annuaire du Club Alpin* de cette année et dont la seconde partie doit être publiée dans l'*Annuaire* de l'an prochain. M. Levasseur a établi cette division de concert avec MM. Prudent et Schrader. Cette division est fondée à la fois sur le modelé du terrain, sur sa constitution géologique et sur la tradition historique. Le système alpestre comprend trois parties : 1° les Alpes occidentales qui s'étendent du col de Cadibone (avec la Bormida) jusqu'au col de Ferret (avec la Dranse et la Doire-Baltée) ; 2° les Alpes centrales qui s'étendent du col Ferret jusqu'à la profonde coupure du Brenner (avec le chemin de fer qui suit l'Inn et l'Adige) ; 3° les Alpes orientales du Brenner jusqu'à la plaine de Hongrie. Nous ne pouvons donner ici le détail par chaînes et par massifs de ce travail qui a pour objet, dans la pensée de l'auteur, de fournir aux géographes et aux alpinistes français une division qui puisse servir à la fois, par la simplicité de ses grands groupes, à un enseignement élémentaire, et par ses massifs à une étude de détail.

M. le général PARMENTIER, général de division du génie, à Paris.

Vocabulaire scandinave-français des termes de géographie.

Présentation d'ouvrages imprimés

ENVOYÉS AU CONGRÈS

POUR ÊTRE COMMUNIQUÉS A LA 14e SECTION

E. RASPAIL. — *Orientateur géographique.*

15e Section.

ÉCONOMIE POLITIQUE

PRÉSIDENTS D'HONNEUR . . .	MM. LEVASSEUR, Membre de l'Institut, Prof. au Coll. de France.
	FRÉDÉRIC PASSY, Membre de l'Institut, Député.
PRÉSIDENT	M. YVES GUYOT, Député.
VICE-PRÉSIDENT	M. DUCROCQ, Prof. à la Fac. de droit de Paris.
SECRÉTAIRE.	M. A. RAFFALOVICH, Publiciste.

M. Edmond GROULT, Fondateur des musées cantonaux, à Lisieux (Calvados)[1].

Comment les musées cantonaux développent la richesse publique et privée dans les cantons pauvres. — M. GROULT se borne à citer quelques exemples empruntés aux collections de la section *agricole des musées cantonaux.*

Il explique qu'après avoir choisi avec soin les objets à exposer, il faut placer à côté de chacun d'eux des *notices explicatives* résumant les notions acquises de la science que l'on veut propager et renvoyant, pour plus amples renseignements, aux volumes spéciaux de la bibliothèque voisine.

M. Groult cite parmi les musées cantonaux de la région de Nancy, ceux de Pont-à-Mousson, Bayon, Lunéville, Gerbéviller et Saint-Dié.

M. A. RAFFALOVICH, Publiciste à Paris.

Logements d'ouvriers aux États-Unis. — Les faits exposés par M. RAFFALOVICH montrent ce que peuvent l'initiative privée, l'intérêt particulier bien entendu, lorsqu'on laisse un libre jeu aux facultés de l'homme, lorsque le sentiment de la responsabilité individuelle est apprécié comme il doit l'être. On a construit à New-York même et à Brooklyn des logements d'un ordre supérieur à la moyenne des casernes habitées par les ouvriers. Deux sociétés anonymes, au capital chacune de 1,250,000 fr., ont bâti des immeubles très confortables, loués meilleur marché et rapportant 6 p. 100 aux actionnaires. On accorde 10 p. 100 de rabais sur les loyers, lorsque ceux-ci sont payés 4 semaines à l'avance, et à la fin de l'année un dividende de 25 à 50 fr. aux locataires qui ont demeuré 12 mois et payé régulièrement le loyer. A côté de cela, l'exemple de Miss Octavia Hill a trouvé des imitateurs aux États-Unis qui, comme elle, louent ou achètent des maisons déla-

1. Voir le 7e *Annuaire des musées cantonaux* (année 1887), chez l'auteur.

brées, les remettent en état, élèvent le niveau physique et moral des locataires, et retirent un revenu rémunérateur de leurs capitaux. M. Raffalovich donne incidemment des détails sur les salaires et le coût de la vie aux États-Unis, en France et en Angleterre.

Philadelphie est dans une situation bien meilleure que New-York : dans la capitale de la Pensylvanie, presque chaque famille habite sa maison. Il y a aujourd'hui 170,000 maisons pour 900,000 habitants, dont 185,000 sont des ouvriers et sur ce nombre 40,000 à 50,000 sont propriétaires de leur habitation. Ce résultat admirable a été obtenu, grâce aux associations de construction dont la première remonte à 1840. Il en existe aujourd'hui 500 à 600. En 1875, elles avaient des capitaux s'élevant ensemble à 125 millions de francs. C'est à l'aide de l'association des petits capitaux que Philadelphie est arrivée à contenir un aussi grand nombre de maisons habitées par une seule famille et appartenant à cette famille. Ces associations reçoivent les versements des actionnaires et leur avancent des capitaux sur hypothèque immobilière. Elles émettent des actions qui se libèrent par versements mensuels.

A la fin de chaque mois, il y a une somme disponible qui est mise aux enchères entre les membres. C'est celui qui offre la prime la plus élevée, en dehors de l'intérêt à 6 p. 100 l'an qui obtient l'avance. La prime varie entre $^1/_3$ et 4 $^1/_2$ p. 100 l'an, d'ordinaire. L'actionnaire auquel l'avance a été adjugée donne hypothèque sur le terrain et la maison ; il transfère ses actions à la société. Il verse à partir de l'emprunt : 1° la somme mensuelle de libération ; 2° $^1/_{12}$ (un douzième) de l'intérêt à 6 p. 100 et $^1/_{12}$ de la prime. Pour une avance de 5,000 fr. à 1 fr. 25 c. de prime par action de 1,000 fr. et à 6 p. 100 l'an, le souscripteur de 5 actions verse par mois 56 fr. 25 c. Comme l'intérêt et la prime vont au fonds commun, qui constituent le bénéfice à la fin de l'année, chaque actionnaire emprunteur en touche sa part, si bien qu'au lieu de rembourser sa dette en 200 mois (16 $^2/_3$ ans) il se libère d'ordinaire en 10 ans. Ces associations sont administrées économiquement et solidement ; elles donnent aux actionnaires non emprunteurs un bénéfice de 7 à 8 p. 100. Philadelphie est la ville où les communications par chemins de fer et tramways sont le plus développées. L'exemple de la Pensylvanie a été suivi dans le Massachussets depuis 1877. Il existait en 1884, 26 associations d'avances et de constructions (elles portent le nom de *Cooperative banks*). Elles avaient un capital accumulé de 10 millions de francs, réparti en 68,133 actions (de mille francs, payables par versement mensuel de 5 fr. chacune) appartenant à 10,294 actionnaires, dont 2,018 étaient emprunteurs à un taux variant entre 7 et 10 $^1/_2$ p. 100. Depuis lors, le nombre de ces banques est allé en augmentant. Elles se distinguent par l'économie et la solidité de la gestion. Ce système de vente aux enchères des capitaux versés mensuellement peut sembler hardi et compliqué. Il exige un certain degré d'éducation pratique et la conscience qu'il faut attendre davantage de l'aide de soi que de l'assistance de l'État. Il indique une voie bonne à suivre pour faire fructifier les épargnes de la classe ouvrière, lui permettre, si elle le veut, de devenir propriétaire d'une petite maison, tout cela sans jeter les épargnes dans le gouffre de la dette flottante.

Discussion. — M. Levasseur fait remarquer que New-York, enveloppée par l'Hudson et l'East-River, doit avoir nécessairement une forte densité, quoiqu'une partie de la population se porte soit au nord de la rivière de Harlem, soit par delà l'eau à Brooklyn ou à Hoboken. En général, la densité est plus grande dans les villes fermées par des fortifications ou par des obstacles naturels que dans les villes ouvertes : Philadelphie en est un exemple. Elle l'était souvent plus autrefois qu'aujourd'hui où l'intelligence du bien-être et de la salubrité a fait ouvrir de plus larges voies et donner plus d'air aux habitations. Ainsi la densité de Paris était plus forte au XVIIe et au XVIIIe siècle que de nos jours ; la densité des arrondissements du centre n'a cessé de diminuer depuis 1861 et le recensement de 1886 a constaté une diminution nouvelle.

M. Ducrocq serait heureux de savoir si, indépendamment des avantages moraux incontestables, attachés à la possession de sa maison par l'ouvrier, l'ingénieux système si bien étudié et décrit par M. A. Raffalovich, ne lui aurait pas révélé des dangers, pour l'ouvrier devenu propriétaire, de pertes de salaires ou de pertes de capital en cas de déplacement d'industrie ou d'atelier et de vente de la maison acquise ?

M. Charles Grad, à la question posée par M. Ducrocq, répond que ce mode de placement, achat d'une maison, est préférable en général à l'achat de valeurs mobilières et au recours à la caisse d'épargne. La caisse d'épargne ne donne à ses déposants qu'un intérêt minime, inférieur au profit retiré de l'achat d'une maison dans les conditions offertes par l'œuvre des cités ouvrières de Mulhouse, et les placements en valeurs mobilières pour les petites économies se montrent trop souvent aléatoires. En Alsace, il n'y a pas de grandes agglomérations comme celles des grandes villes d'Amérique. Mulhouse en 1798 comptait 8,000 habitants, au lieu de 70,000, chiffre actuel de sa population. Cette population s'est accrue sous l'effet du développement de l'industrie manufacturière. Pour procurer à leurs ouvriers des logements meilleurs que ceux se trouvant à leur portée, les chefs d'industrie ont recherché une combinaison permettant aux ouvriers venus des campagnes voisines d'acquérir une maison avec une dépense à peu près égale au prix des loyers en ville et d'encourager l'épargne en rendant possible l'accès de la propriété. On sait comment s'est constituée la société des cités ouvrières de Mulhouse et le succès qu'elle a obtenu. Une fois l'habitude de l'économie prise, elle persiste quand le prix d'achat de la maison est acquitté, et nombre d'ouvriers sont parvenus à faire ensuite de nouveaux placements. Au point de vue social, l'acquisition d'une maison, l'accès de la propriété devient une garantie d'ordre et attache davantage l'ouvrier et sa famille au foyer de travail où il s'est fixé. Une fixité plus grande des populations ouvrières facilite aussi le développement des institutions de secours et de prévoyance, notamment la création de caisse de retraite pour les invalides dont la question est aujourd'hui à l'ordre du jour dans la plupart des pays civilisés. Dans le cas où les propriétaires de la cité ouvrière de Mulhouse ont dû s'éloigner, ils ont jusqu'à présent toujours trouvé à vendre leur maison à un prix supérieur à celui du prix primitif de constrution.

Indubitablement le placement des épargnes des ouvriers occupés dans les manufactures de Mulhouse, à l'acquisition de maisons, a été plus profitable que le versement à la caisse d'épargne.

M. Limousin ne partage pas l'opinion favorable aux petites maisons d'ouvrier. Il craint, avec M. Ducrocq, qu'elles ne nuisent à l'indépendance des familles de travailleurs et ne les empêchent de suivre le travail quand il vient à se déplacer. Sans doute, il est bon de pousser les ouvriers à l'épargne ; sans doute, également, l'emploi du fruit de cette épargne dans l'habitation est excellent en soi. Mais pourquoi placer l'argent dans l'achat d'une seule maison ? Il vaudrait beaucoup mieux que l'ouvrier possédât des actions de la société propriétaire. Il arriverait également ainsi à ne pas payer de loyer, et pourrait plus facilement se déplacer si quelque circonstance l'y obligeait. Le parti socialiste ouvrier affirme que le système des petites maisons a pour objet la reconstitution d'une sorte de glèbe, et sans mettre en doute les intentions philanthropiques des promoteurs de ce système, on doit reconnaître qu'ils ont le désir d'attacher les ouvriers à l'usine.

D'autre part, le système des petites maisons où tout est étroit et peu solide déplaît à M. Limousin. Il préfère le système monumental du Familistère de Guise, où la promiscuité n'est pas plus grande qu'avec les petites maisons, et dont les habitants sont propriétaires par parts.

M. Levasseur, en réponse à MM. Ducroq et Limousin, soutient que faciliter à la classe ouvrière l'accès de la propriété est une œuvre éminemment utile. Sans doute il n'est pas d'institution humaine qui n'ait des inconvénients et il peut arriver parfois que l'acquisition d'une propriété devienne dommageable à tel ouvrier. Mais en règle générale : 1° Il est bon d'être chez soi ; l'amour de la propriété existe chez l'ouvrier comme chez tout homme ; la famille ouvrière qui a sa maison, s'intéresse davantage à un intérieur qu'elle aménage à ses fantaisies au petit coin de jardin qu'elle cultive. Les grandes maisons ouvrières bien ordonnées telles que le Familistère de Guise, sont très utiles pour le bien-être des ouvriers; M. Levasseur considère cependant la petite maison dont l'ouvrier est propriétaire, comme supérieure, surtout au point de vue moral ; 2° l'acquisition de la maison par l'ouvrier est un moyen d'épargner et surtout un stimulant énergique à l'épargne par l'obligation où est l'ouvrier de payer ses annuités ; 3° le placement de l'épargne en achat de maison a chance d'être plus avantageux que le placement à la caisse d'épargne, parce que si le groupe industriel continue à prospérer, la population urbaine augmente, les constructions s'étendent par delà la cité ouvrière et le prix des immeubles s'élève ; 4° la possession d'une maison attache l'ouvrier au sol ; condition de stabilité qui est favorable à l'ouvrier comme à l'industrie et à l'état social en général ; elle n'empêche pas cependant l'ouvrier de se déplacer au besoin et ne l'asservit pas à la localité, puisque si l'industrie reste prospère, il peut louer ou vendre avec bénéfice.

M. Ducroq remercie des réponses qui se sont placées dans l'ordre d'idées où la question par lui posée s'est produite. Il craint qu'en excitant d'une manière trop générale l'ouvrier à devenir propriétaire de sa maison, on ne s'expose à rendre parfois un mauvais service à l'élite d'ouvriers disposée à suivre ce conseil, et qui pourrait parfois acquérir sa maison en perdant quelque chose de sa part de liberté du travail, qu'un capital lui conserverait mieux. Il y a une grande différence entre le cultivateur rural et l'ouvrier de ville ; le premier vit sur sa terre et de sa terre, ce qui expliquerait suffisamment sa passion pour elle ; le second ne peut vivre de sa maison ; suivant les circonstances, elle sera le charme de sa vie ou la cause de sa ruine.

Comme président, M. Yves Guyot ne veut pas intervenir. Il se borne à constater que la discussion n'était peut-être pas celle qu'amenait la communication de M. A. Raffalovich. Celle-ci ne posait pas la question de savoir s'il était bon ou mauvais que les ouvriers puissent devenir propriétaires. Elle indiquait les moyens à l'aide desquels ils peuvent devenir plus facilement propriétaires de leur maison. Le problème est bien assez difficile pour appeler toute l'attention des économistes. Ce sera ensuite aux ouvriers de savoir s'il leur convient de s'en servir ou de ne pas s'en servir.

M. DEMONFERRAND, Insp. aux chem. de fer de l'État, à Orléans.

Les cahiers généalogiques. — M. Demonferrand. Les *cahiers généalogiques* sont des imprimés spéciaux dont les colonnes et les cases sont disposées de façon à contenir les noms de tous les membres d'une famille, à raison de cinquante par page, avec filiation ascendante et descendante, alliances, dates de naissance, de mariage et de décès, professions et résidences principales.

Le classement s'opère sans aucun tâtonnement, et quelles que soient les ramifications à représenter, il n'y a jamais d'hésitation possible sur l'ordre à suivre dans les inscriptions.

— Séance du 14 août 1886. —

SECTIONS D'AGRONOMIE ET D'ÉCONOMIE POLITIQUE RÉUNIES.

M. P. P. DEHÉRAIN, Prof. au Muséum, à Paris.

Culture des diverses variétés de blé[1]. — La difficulté principale qu'on rencontre dans la culture du blé est due à la facilité avec laquelle il verse, quand on lui donne d'abondantes fumures.

M. Dehérain a essayé seul à Grignon, avec M. Porion à Wardrecques (Pas-de-Calais) et à Blaringhem (Nord), diverses variétés : le blé à épi carré, très résistant à la verse, est celui qui a donné les résultats les plus remarquables.

Si l'on applique aux chiffres obtenus la formule du produit net qui s'écrit $P = (R \times V) - E + L$, dans laquelle P est le produit net, R le poids de la récolte d'un hectare, V le prix de vente du quintal, E la dépense d'engrais, L les dépenses de loyer, etc., on reconnaît qu'avec le blé à épi carré le rendement R s'accroît suffisamment pour que P reste considérable, que le terme négatif soit élevé et le prix de vente faible.

M. Frédéric PASSY, Député, à Neuilly (Seine).

Droits sur les blés[2]. — M. Frédéric Passy a appuyé sa démonstration économique sur les faits produits par l'honorable professeur au Muséum. Il a montré, avec son éloquence habituelle, l'injustice et les inconvénients du système protecteur, les dangers qu'il présente en faisant de l'État le plastron des mécontents. On s'engage ainsi dans une voie sans issue, on ouvre la porte à toutes les récriminations, à toutes les réclamations égoïstes. Le législateur peut-il équitablement maintenir artificiellement dans un état de prospérité apparente certaines industries aux dépens des autres parties de la nation? Enfin, les droits protecteurs, outre le renchérissement qu'ils amènent, ne remplissent pas les promesses que s'en font les agriculteurs.

M. SAGNIER, Direct. du *Journal de l'agriculture*, à Paris.

Le blé dans l'Inde. — M. Sagnier présente une carte qu'il a dressée sur la répartition de la culture du blé dans les diverses provinces de l'Inde; cette carte indique, par des teintes graduées, la proportion des terres consacrées à cette cul-

1. Les documents à l'appui même de cette communication sont insérés aux tomes XI, XII et XIII des *Annales agronomiques*.

2. Voir Discours du 4 décembre 1884, à Bordeaux, février et mars 1885, et juin et juillet 1886, à la Chambre des députés. Librairie Guillaumin.

ture dans chaque partie du pays. L'Inde anglaise et les États indigènes comptent aujourd'hui près de 11 millions d'hectares en blé ; l'accroissement constant est dû surtout aux progrès des voies ferrées. En 1876, il y avait 12,000 kilom. de chemin de fer et 3 à 4 millions d'hectares de blé ; — en 1883, 17,500 kilomètres de chemin de fer et près de 7 millions d'hectares de blé ; — en 1885, 20,000 kilom. et 11 millions d'hectares. La culture est répartie d'une façon très inégale, suivant les régions. Le Pendjab, les provinces du Nord-Ouest et d'Oude tiennent le premier rang, avec près de cinq millions d'hectares, proportion presque égale à celle de la France, c'est-à-dire 13 à 14 p. 100 de la surface ; les 7/8 de la production sont consommés dans l'intérieur par les indigènes. Viennent ensuite l'Inde centrale, les provinces anglaises centrales et la présidence de Bombay. C'est dans ces dernières provinces que la progression est actuellement la plus grande. Avec le progrès des voies ferrées, elle pourra atteindre les mêmes proportions que dans le Pendjab et le Nord-Ouest. Alors l'Inde aura 25 millions d'hectares de blé. Combien de temps faudra-t-il pour arriver à ce que l'on peut considérer comme le maximum ? On l'ignore, de même qu'on ignore dans quelles proportions la consommation se développera. Actuellement, le commerce anglais pousse avec énergie au développement de l'exportation indienne, payée en argent, pour profiter du change. Le prix est de 17 fr. les 100 kilogr. pour le blé indien à Londres ; il est peu probable qu'il s'élève au delà de ce taux, mais il est possible qu'il devienne plus bas. A Marseille, le prix est également de 17 fr. en entrepôt.

Discussion. — M. Alglave présente quelques observations. Il insiste sur le caractère remarquable d'une transformation agricole si rapidement produite dans l'Inde, alors que l'influence des hommes de science est si lente en Europe à obtenir des agriculteurs qu'ils transforment leurs cultures suivant les circonstances. Il donne ensuite diverses raisons qui rendent probable le développement des exportations de l'Inde.

M. Charles GRAD, Député de l'Alsace au Reichstag, Corresp. de l'Institut, à Logelbach (Alsace).

Les améliorations agricoles en Alsace-Lorraine et les droits sur les blés. — Le produit des droits d'entrée perçus sur les blés est employé en Alsace-Lorraine à l'exécution de grands travaux d'amélioration agricoles. Sous l'effet de cette mesure, dont M. Grad s'est fait l'interprète et le promoteur à la diète d'Alsace-Lorraine, le mode d'exploitation en vigueur dans le pays devra être modifié de manière à étendre la production des fourrages en réduisant d'un tiers l'étendue des terres emblavées. Produisant plus de fourrage, l'Alsace-Lorraine, où la petite propriété occupe la majeure partie du sol, sera en état d'augmenter de beaucoup le rendement des cultures de céréales et d'amener par suite une diminution du prix du blé sur le marché intérieur. Dès maintenant tout un ensemble de travaux pour un meilleur aménagement des eaux, que les petits propriétaires n'auraient pu entreprendre avec leurs seules ressources, se trouve en voie d'exécution. L'augmentation de rendement avec les cultures améliorées de cette façon favorisera plus l'agriculture que le droit protecteur de 3 fr. 75 c. perçu actuellement sur les blés étrangers pour relever les cours.

M. GRANDEAU, Dir. de la St. agron. de l'Est, Membre du Cons. sup. de l'agric., Doyen de la Fac. des sc. de Nancy.

Les améliorations dans la culture du blé. — M. Grandeau présente à la section d'admirables épis de blé obtenus à l'aide d'une culture scientifique, de semailles en ligne et non pas à la volée, non pas seulement à la Station agronomique de l'Est, mais par des cultivateurs de la région qui avaient appliqué les enseignements de M. Grandeau. M. Grandeau montre par la discussion des résultats obtenus dans de grandes exploitations rurales, la possibilité de tirer un profit rémunérateur de la culture du sol à la condition d'employer des méthodes judicieuses et d'appliquer à l'art de la culture les enseignements de la science.

L'exemple le plus frappant, c'est celui d'un cultivateur des Charentes qui fait rendre de 33 à 42 hectolitres à l'hectare dans un pays où la terre produit d'ordinaire 13 à 14 hectolitres. En 1874, M. Boutelleau, qui possède 43 hectares, a retiré un bénéfice net de 143 fr. à l'hectare, de 237 fr. en 1875 (alors qu'il avait supprimé ses vignes), de 360 fr. en 1884. La terre de M. Boutelleau a été expertisée en 1884 et évaluée à 160,000 fr.; il est arrivé à faire rapporter 14 p. 100 à son capital, et la protection agricole n'est pas un facteur de sa prospérité. M. Grandeau a convaincu tous ceux de ses auditeurs qui avaient l'esprit dégagé de préjugés, de notions préconçues. Il a insisté sur la nécessité absolue de propager l'instruction agricole, d'amener une association entre le capital du propriétaire et le travail du fermier, de transformer une industrie malheureusement routinière et arriérée. On peut encore gagner de l'argent, en faisant du blé, à condition de cultiver d'une manière rationnelle. Les prix peuvent être très bas, ce dont le consommateur profitera, et le producteur, néanmoins, sera appelé à réaliser de beaux bénéfices. Le point capital est d'abaisser le prix de revient en augmentant des rendements[1].

M. A. DURAND-CLAYE, Prof. à l'Éc. des Ponts et chaussées, à Paris.

Le mouvement protectionniste, les travaux publics et le génie rural. — M. Durand-Claye fait remarquer que l'un des grands arguments invoqués par les partisans de la protection est l'abaissement du fret et des frais de transport; en poussant cet argument à l'extrême, le but à atteindre par les travaux publics serait non pas de faciliter les communications et les échanges, mais de revenir à l'ancien état de choses et à l'isolement des nations et même des provinces. D'autre part, les travaux du génie rural, irrigations, défrichements, etc., l'amélioration du matériel agricole peuvent apporter un secours des plus efficaces à la situation présente.

M. LEVASSEUR, Membre de l'Institut, à Paris.

De quelques contradictions économiques résultant du système protectionniste. — M. Levasseur ne s'étonne pas de la diversité des opinions dans une question complexe. L'agriculture souffre : c'est incontestable. Moins peut-être qu'on ne le dit; beaucoup cependant dans certains cas, puisque sur le froment

1. Les arguments et les faits sur lesquels s'est appuyé M. Grandeau dans sa communication au Congrès, se trouvent exposés avec tous les chiffres et détails à l'appui de sa thèse, dans un volume in-16, publié par la librairie Hachette, sous le titre : *Études agronomiques* 1885-1886. 2e édition. Paris, 1887.

seul la différence entre le prix de 1878 et de 1885 représente une réduction d'environ 300 millions de francs de recette pour 50 millions d'hectolitres, c'est-à-dire sur la moitié de la récolte. Les fermiers produisant du blé avec une terre dont le loyer est beaucoup plus cher et les salaires beaucoup plus élevés qu'il y a 50 ans, et vendant leur blé au même prix ou même moins cher qu'autrefois, sans en produire beaucoup plus, il y a une rupture d'équilibre économique qui n'est pas à leur avantage.

M. Levasseur pense qu'on ne rétablira pas l'équilibre par un droit protecteur. Le droit de 3 fr., lorsqu'il agit dans son plein, coûte déjà, en supposant que la moitié de la récolte soit vendue, 150 millions à la consommation et ajoute une charge pesante au poids déjà très lourd des impôts. Et cependant l'agriculture n'est pas satisfaite.

S'il s'agissait d'une crise passagère, on pourrait peut-être discuter la question de savoir s'il est opportun de faire un pareil sacrifice pour la traverser. Mais il s'agit d'une révolution économique qui change définitivement les conditions de l'approvisionnement des subsistances pour l'Europe. Le peuplement par l'émigration européenne des terres inexploitées de la zone tempérée et la locomotion par la vapeur ont fait cette révolution durant le cours du XIXe siècle. Les colons trouvent les moyens de produire le blé à bon marché, les débouchés pour le transporter et un marché presque assuré pour le vendre. Ils continueront à travers les crises inséparables de toute industrie, à faire tout ce qu'ils ont fait. Les États-Unis produisent déjà deux fois autant de froment que la France ; le Canada, l'Australasie, entrent à leur tour en ligne et l'Inde y est portée par l'influence des capitaux anglais. C'est une révolution analogue à celle qui a eu lieu pour les métaux précieux au XVIe siècle.

Il y aura à la baisse des céréales une limite, soit dans le prix de revient, soit dans l'accroissement de population sur les lieux de production. Mais on est loin d'avoir atteint cette limite que recule d'ailleurs le progrès des moyens de communication.

Le grand marché de vente, c'est l'Europe occidentale et centrale, la région du monde la plus dense en population après la Chine et la plus riche en manufactures. Depuis longtemps, cette région ne suffit pas à se nourrir ; la France même, quoique très productive en blé, importe plus qu'elle n'exporte depuis 60 ans. L'affluence des blés étrangers sur ce marché maintiendra les bas prix.

Donc il faut que les agriculteurs, comme le leur démontrent MM. Dehérain et Grandeau, améliorent leurs procédés de culture afin de rétablir l'équilibre de leur bénéfice par un rendement plus considérable. Il est sans doute difficile de décider les agriculteurs à appliquer à la terre des capitaux dans un temps où beaucoup ne font pas d'épargnes. Mais ceux qui ont le moins de capitaux ne sont pas ceux qui perdent le plus, ayant peu de main-d'œuvre et souvent n'ayant pas de loyer à payer. Mais l'accroissement du rendement ne relèvera pas les prix : au contraire, ce sera une nouvelle cause de baisse.

Pour obtenir ce relèvement rêvé, il faudrait produire peu à l'intérieur et mettre une barrière assez haute pour qu'il n'entre pas de blé de l'extérieur. Le droit de 3 fr. dans ce cas est insuffisant : on demande déjà à l'élever davantage, c'est là le danger. Il y aura en Europe des États qui mettront et d'autres qui ne mettront pas de barrières. Les premiers auront un coût de la vie supérieur et la différence tendra probablement à s'accroître avec les années. Si les communications restaient libres, le niveau s'établirait peu à peu suivant l'état général du marché. Si elles sont interceptées, il y aura une séparation économique et il sera d'autant plus dangereux de supprimer la barrière que la différence des niveaux sera devenue plus considérable : c'est alors qu'il y aurait véritablement danger d'inondation subite.

M. Levasseur conclut en disant qu'il faut accepter, malgré certaines souffrances individuelles, l'effet gradué de cette révolution, reconnaître que le bon marché en soi est un bien, comprendre qu'il s'agit non d'un phénomène transitoire, mais d'une révolution définitive et avoir la sagesse de s'accommoder à un ordre de choses nouveau. Il ajoute que plus on tardera, plus il sera difficile d'accommoder l'état économique de la France à cette condition générale de l'équilibre commercial du monde, qu'on ne peut pas espérer sortir d'embarras par un relèvement naturel des prix, lequel n'aura pas lieu, ni par un relèvement factice de la protection, lequel est mauvais pour le présent et dangereux pour l'avenir, mais qu'il faut s'en tirer en faisant produire davantage à la terre.

M. Arthur RAFFALOVICH, à Paris.

De la protection en Allemagne. Le nouveau livre de l'Américain Henry George sur la protection. — M. RAFFALOVICH rappelle que, si en France ce sont les industriels qui ont pris l'initiative du mouvement protectionniste et qui ont entraîné les agriculteurs à leur suite, en Allemagne l'alliance des grands propriétaires *agraires* et des industriels, l'alliance du blé et du fer a été également féconde à ce point de vue. Mais les pays qui font de la protection agricole et industrielle sont dans un état plus critique que ceux qui sont restés ouverts. Tout d'abord, ils paient leur pain plus cher que les contrées ouvertes à l'importation. C'est une considération fort importante, qui influe sur la condition des classes ouvrières et qu'il ne faut pas perdre de vue. Les droits protecteurs sur le blé ont entravé les exportations de Russie, d'Amérique vers la France et l'Allemagne ; ils ont nui aux pays de grande production agricole ainsi qu'aux contrées protégées, où la masse des consommateurs paie son blé plus cher de la somme qui représente le droit. A Londres et à Anvers, à Amsterdam et à Hambourg, dans la partie en dehors de la ligne douanière, le blé vaut 3 fr. de moins qu'à Paris, ou 3 fr. 75 c. de moins qu'à Berlin ou Cologne. L'association pour la défense de la liberté commerciale a publié dans son premier bulletin un tableau comparatif des prix à Paris et à Londres en 1884, 1885, 1886, qui démontre l'influence des droits protecteurs sur les prix. M. Raffalovich cite en outre des chiffres empruntés à l'Allemagne. Il fait voir ensuite les inconvénients de la protection sur les blés, qui amène des modifications dans le commerce au détriment des ports comme Hambourg, Königsberg qui reçoit aujourd'hui pour le réexporter à peine le quart des céréales qu'elle obtenait auparavant de Russie, au détriment des producteurs de blé indigène, qui trouvaient un débouché supérieur en Angleterre et en Belgique, — faute d'une importation équivalente, l'exportation de leurs blés s'est arrêtée — et au détriment de l'industrie minotière qui a besoin de mélanger les blés indigènes avec les blés étrangers. Aussi les minotiers demandent-ils le droit d'importer en franchise l'équivalent de la farine exportée par eux.

M. Raffalovich montre les prétentions démesurées des propriétaires fonciers, dont quelques-uns seuls profitent du cadeau prélevé sur la masse des contribuables. Ils veulent payer leurs dettes à peu de frais, en dépréciant la qualité de la circulation monétaire par l'introduction du double étalon ; ils veulent faire hausser la rente du sol à l'aide de l'abolition de l'impôt foncier et des droits protecteurs.

Leurs revendications incessantes ont affaibli la coalition des intérêts, formée entre eux et les industriels, elles commencent à fatiguer le Gouvernement et l'opinion publique. Les rapports des chambres de commerce d'Allemagne, bien que soumis à la censure ministérielle, sont unanimes à représenter les mauvais effets du régime protecteur qui a stimulé la production outre mesure, détourné les capitaux et le travail de leurs voies légitimes, fait élever au dehors des murailles douanières qui ferment les débouchés à l'industrie indigène. Celle-ci n'est plus à l'abri de la concurrence étrangère sur son propre marché, malgré les droits élevés. M. Raffalovich montre l'impuissance des coalitions de producteurs qui veulent faire payer à leurs compatriotes plus cher qu'ils ne vendent au dehors ; ces coalitions s'effondrent à un moment donné, en attendant les consommateurs allemands (l'État et les compagnies privées) ont payé plus de 100 millions de prime indirecte aux fabricants de rails d'acier et de locomotives. Il est impossible aujourd'hui de savoir à l'avance la répercussion d'un droit protecteur.

A propos du blé de l'Inde, M. Raffalovich signale le fait que la qualité du blé tendre est assez mauvaise ; il est plein de charançons.

Il attire enfin l'attention sur le nouveau livre de l'Américain Henry George, l'auteur de *Progress and Poverty*, l'apôtre de la nationalisation du sol, — qui commence une campagne éloquente contre la protection aux États-Unis. Henry George jouit d'une influence incontestable sur les classes ouvrières.

M. Charles GUYOT, Prof. à l'Éc. forest. de Nancy.

La chasse en Alsace-Lorraine. — La loi du 7 février 1881, qui régit l'Alsace-Lorraine, a pour caractère essentiel d'enlever à chaque propriétaire la disposition du droit de chasse sur son fonds, pour le transférer à la commune, qui loue ainsi en bloc et répartit ensuite le prix entre tous les ayants droit. Ce système, qui est accepté parfaitement dans les provinces annexées, a eu pour résultat une progression très considérable dans la quantité du gibier et dans la valeur du droit de chasse. En France, les théoriciens lui font de graves reproches : c'est une expropriation, une loi anti-égalitaire et socialiste. Elle se justifie cependant en accroissant la richesse publique et en permettant au propriétaire, même le plus humble, de recevoir un équivalent palpable de son droit, qu'il est trop souvent, chez nous, obligé de laisser sans valeur. Grâce à la location faite à des sociétés fermières, un bien plus grand nombre de personnes en Alsace jouissent effectivement de la chasse. Les autres inconvénients n'ont pas plus de réalité, et la loi de 1881 rend un réel service aux populations agricoles, pourvu que l'on réserve au profit du propriétaire la destruction des animaux nuisibles.

Cette loi peut et doit être introduite en France, en l'améliorant par quelques modifications de détail. En 1844, Mathieu de Dombasle, l'illustre agriculteur lorrain, réclamait déjà une mesure semblable : on doit espérer que son initiative sera reprise quelque jour.

— Séance du 18 août 1886. —

M. le Dr E. LANTIER, à Tannay (Nièvre).

Considérations économiques, sociales et politiques sur le décret du 18 *août* 1810 *concernant les remèdes nouveaux et découvertes ; sur la loi du* 5 *juillet* 1844 *concernant les brevets d'invention ; sur le décret du* 3 *mai* 1850 *concer-*

nant les remèdes nouveaux. — Après avoir rappelé qu'en France la protection des droits d'auteur en matière de découvertes touchant à la médecine et à la chirurgie est complètement nulle, le Dr E. Lantier expose et compare l'économie des divers décrets, loi et règlement concernant sa découverte de doctrine conservatrice et de méthode balsamo-pneumatique, qui ont guéri et guérissent sans fièvre et sans amputation, ce que l'on perdait avant elles. Il est ainsi établi que le décret du 18 août 1810 sur les remèdes nouveaux et découvertes constitue la seule garantie sérieuse et honorable qui convient aux travaux de ceux qui ont reculé les limites du possible en médecine et en chirurgie.

M. LIMOUSIN, Dir. de la *Revue du mouvement social et économique*, à Paris.

Le régime général des chemins de fer et les systèmes de tarification des transports. — M. Limousin est d'avis que le système français des chemins de fer, qui repose sur la coopération de l'initiative privée et de l'action de l'État, a l'avantage de préparer pour l'État, dans l'avenir, un magnifique réseau ferré qui ne sera chargé d'aucune redevance envers le capital.

L'établissement des chemins de fer par l'initiative privée, dans des conditions indiquées par l'État et sous son contrôle, est préférable à la construction par l'État, qui n'amortit pas ses dettes et ne s'astreint pas lui-même aux conditions qu'il impose aux compagnies.

L'exploitation par l'État est un mauvais système, parce que celui-ci est un déplorable industriel : l'expérience, sur ce point, est conforme aux prévisions de l'économie politique théorique.

La meilleure tarification des transports est la tarification à prix ferme, qui tend à l'égalisation des prix, c'est-à-dire des distances commerciales. Les tarifs kilométriques, c'est-à-dire à la distance, maintiennent des inégalités. Le système des tarifs kilométriques à base décroissante, bon dans un petit pays comme la Belgique, ne vaut rien en France, où la base initiale doit être trop élevée ou la décroissance peu sensible.

SECTIONS DE GÉOGRAPHIE ET D'ÉCONOMIE POLITIQUE RÉUNIES

M. G. ROLLAND, Ing. au Corps des Mines, à Paris.

La colonisation française au Sahara. — M. Rolland rend compte des travaux de plantation et d'installation qui ont été accomplis depuis cinq ans dans l'Oued Rir', au sud de Biskra, par la Société de Batna, dont il est un des fondateurs et dirige les opérations : forage de huit puits artésiens, mise en valeur, grâce aux irrigations, de 400 hectares de terrains incultes, plantation de 50.000 palmiers-dattiers, construction de trois villages, etc.

L'ensemble de ces travaux représente l'œuvre de création agricole de beaucoup la plus importante qui ait été accomplie jusqu'à ce jour dans le sud algérien par l'initiative privée.

M. Rolland montre que c'est là une œuvre bonne pour l'influence française en Afrique, pour l'extension de la colonisation algérienne, pour l'amélioration du sort des indigènes.

Il termine en traitant la question des chemins de fer de pénétration vers les frontières méridionales de l'Algérie, aux divers points de vue commerciaux, politiques et stratégiques, et au point de vue de l'avenir de la colonisation française, et il conclut à la nécessité de prolonger non seulement la ligne d'Arzew-Mecheria jusqu'à Figuig, mais encore, avant toute autre, la ligne de Philippeville-Biskra jusqu'à Tougourt et Ouargla.

M. LEVASSEUR, Membre de l'Institut, à Paris.

Considérations sur la superficie et la population des contrées de la terre. — La statistique de la superficie et de la population du globe est une notion utile, mais très imparfaite encore. Il est utile de connaître le degré de précision qu'on peut atteindre dans cette matière.

Relativement à la superficie, on peut diviser les contrées de la terre en deux catégories : celles qui ont un cadastre ou une carte topographique et celles qui n'en ont pas. La France, que nous prenons comme exemple, a l'un et l'autre. Sa carte d'état-major est terminée et il ne reste que trois départements dont le cadastre soit inachevé. C'est le cadastre qui sert aux mesures officielles de la superficie. Or, ces mesures varient suivant les administrations et varient de plus de 100,000 hectares ; on peut s'en convaincre en lisant le rapport que M. de Foville a présenté au nom d'une sous-commission chargée de cette étude par le conseil supérieur de statistique. Le cadastre ne donne pas et ne doit pas, conformément aux décisions ministérielles, donner la superficie totale du territoire. Il faut une mesure prise sur une carte dressée par des procédés géodésiques. Le général Strelbitski attribue 534,000 kilomètres à la France, au lieu de 528,000 que donnent plusieurs administrations ; il n'est peut-être pas éloigné de la vérité. Le travail de mesure planimétrique que d'après le vœu du conseil supérieur de statistique, le ministre de la guerre a entrepris, donnera une mesure définitive, surtout si, étant établi par arrondissements, il peut être adopté dans les publications officielles.

L'Italie, après la publication du général Strelbitski, a fait ce que la France a entrepris. Par une planimétrie sommaire, elle a calculé et réduit la superficie officielle du royaume.

Les pays qui n'ont ni cadastre ni état-major ne peuvent être à plus forte raison l'objet d'une évaluation précise. M. Levasseur cite à l'appui plusieurs exemples : notamment celui de la république Argentine et celui de l'Afrique. On trouvera dans l'*Annuaire de l'Institut international de statistique,* qui est sous presse, quelques détails relatifs à la superficie de ces contrées et de celle des autres parties du monde.

La population peut être, comme la superficie, divisée en deux catégories, celle des États qui font des recensements et celle des pays qui n'en font pas. Quelque imparfaits que soient certains recensements, ils fournissent du moins un nombre officiel et suffisamment approximatif quand on ne procède que par millions. Cependant il est quelquefois délicat d'apprécier la population actuelle de pays dont les recensements sont déjà éloignés : notamment celle des États-Unis qui a vraisemblablement dépassé 56 millions, quoique le recensement de 1880 ne porte que 50 millions. L'incertitude est beaucoup plus grande pour les pays qui n'ont pas de recensement. M. Levasseur cite plusieurs exemples, notamment celui de l'Inde, de la Chine, de l'Afrique dont on ignore absolument le nombre total des habitants. M. Levasseur termine sa communication en indiquant sommairement les lois générales du rapport de la densité de la population avec la topographie.

M. Antoine RÉMOND, à Nancy.

Une société de consommation entre étudiants. — Les étudiants de Nancy, membres de la Société générale, se sont, au nombre de 180, groupés en une société de consommation, dont les bénéfices sont basés sur le nombre des consommateurs et sur l'escompte des sommes versées. Tout payement doit se faire au comptant. Si un retard se produit, de moins de 90 jours, le membre perd tout ou partie de l'escompte. Si le retard dépasse ce laps de temps, l'intérêt de la dette absorbe graduellement le chiffre de la réduction. Une part pour cent est en outre versée à la caisse du cercle par les fournisseurs les plus importants. Des cartes d'identité assurent la régularité du service. Enfin une commission permanente est à la disposition des réclamants de tous genres. Le chiffre probable d'affaires, la première année, est de 90,000 fr., ce qui, d'après les réductions offertes, constitue un bénéfice net d'environ 15,000 à 16,000 fr. pour les membres — bénéfices répartis comme nous l'avons indiqué ci-dessus. En aucun cas la société n'est responsable des dettes de ses membres.

M. Charles GRAD, à Logelbach (Alsace).

La distillerie et l'impôt sur l'eau-de-vie en Alsace-Lorraine[1]. — La consommation de l'eau-de-vie en Alsace-Lorraine a augmenté sous l'effet de la diminution de l'impôt. A Mulhouse, notamment, la consommation ne dépassait pas 0.81 litre par tête d'habitant, alors que l'eau-de-vie était soumise aux impôts encore établis en France. Par suite de l'abrogation des lois fiscales françaises, l'impôt s'étant réduit aux droits d'octroi et de fabrication, pour descendre à 14 fr. par hectolitre d'alcool pur, la consommation à partir de l'année 1874 s'est élevée à 4.16 litres par tête d'habitant en moyenne. Une augmentation de 50 fr. des droits d'octroi a eu pour effet de diminuer de 0.60 litre la consommation moyenne annuelle, et à Metz la diminution de consommation a même atteint 2.5 litres par tête d'habitant. Cela étant, on demande d'élever l'impôt en vue d'une réduction de la consommation, en même temps que le produit de la recette sera consacré au développement des travaux publics. La distillerie en Alsace ne produit guère que 15,000 hectolitres d'alcool pour un total d'environ 30,000 bouilleurs de cru. Par contre, la production de l'alcool dans l'empire allemand pendant la période de 1880 à 1885 atteint annuellement 3,5 à 4 millions d'hectolitres, avec une exportation annuelle de 680,000 à 1,000,000 d'hectolitres, la consommation intérieure étant de 7 à 8 litres par tête d'habitant et le produit de l'impôt actuel sur la fabrication ne dépassant pas 1 marc 45 pfennigs, soit moins de 2 fr. par tête, au lieu de 6 à 7 fr. en France actuellement.

M. G. PICOU, à Saint-Denis.

Les bouilleurs de cru. — M. Picou regrette que M. Alglave n'ait pas fait sa communication sur la réforme fiscale et le monopole. Il était prêt à lui apporter des arguments de grand poids, puisés dans une longue pratique de la fabrication et du commerce des alcools et des liqueurs. Il fait un exposé de la question des bouilleurs de cru. Ceux-ci ne doivent rien à l'État tant que l'alcool ne sort pas de

1. Le mémoire a été publié *in extenso* dans le *Journal des Économistes*.

la maison, tandis que le distillateur ordinaire paie à l'État 156 fr. par hectolitre, plus les droits d'octroi qui s'élèvent à Nancy à 50 fr. environ. Il insiste sur les facilités de la fraude, encouragée par les droits élevés qui frappent l'alcool du commerce. Celui-ci est unanime à réclamer la suppression du privilège des bouilleurs de cru. Il y a en Allemagne une production de 2,800,000 hectolitres d'alcool, en France seulement de 1,450,000, ce sont les chiffres constatés officiellement, cependant la population est presque égale, sous le même climat, la bière est remplacée par le vin, mais à côté il y a la distillation tolérée ou clandestine qui comporte au moins un million d'hectolitres, sur lesquels l'État perd 156,000,000 fr. Le bouilleur de cru approvisionne sa clientèle en fraude.

Au point de vue hygiénique, M. Picou fait la comparaison entre les appareils perfectionnés, employés par l'industrie des boissons, et l'alambic grossier du petit bouilleur. M. Picou donne le résultat comparé d'analyses faites sur des alcools du commerce, contenant à peine 1/2 p. 100 d'alcool supérieur, tandis que des échantillons d'eau-de-vie de marc et d'eau-de-vie de cidre ont donné de 5 à 6 p. 100 d'alcools supérieurs comparativement à l'alcool éthylique pur.

M. E. DORMOY, Ing. en chef des mines, à Paris.

Projet de création d'une caisse de retraites obligatoire pour les ouvriers. — M. Dormoy propose d'obliger toute personne qui reçoit un salaire ou un traitement à économiser 1 p. 100 de ce salaire; et tout patron qui paie un salaire ou traitement à ajouter également 1 p. 100. Ces 2 p. 100 seront versés au compte individuel du travailleur dans une Caisse centrale, qui lui paiera une retraite ou pension viagère quand il aura atteint 62 ans. La Caisse ne garantit rien; un livret, qui constatera les versements faits, permettra de calculer la rente viagère que le travailleur aura acquise par ses épargnes successives. Pour un ouvrier moyen, cette pension pourra atteindre 370 fr.

Le grand avantage du projet, c'est de faire de tout ouvrier un ami de l'ordre et de l'harmonie sociale; une fois titulaire de son livret, il ne voudra pas que personne vienne porter atteinte à la prospérité publique. De plus, la Caisse plaçant tous ses fonds en rentes sur l'État, la rente 3 p. 100 atteindrait bientôt le pair; on améliorerait donc considérablement le crédit public, et par suite la situation de l'industrie et du commerce.

Discussion. — M. Grad reconnaît que l'idée des caisses de retraite en faveur des ouvriers excite aujourd'hui la sympathie de tout le monde. Elle se trouve à l'ordre du jour dans les assemblées politiques soucieuses d'améliorer le sort des travailleurs. Dans l'application toutefois, les difficultés d'organisation sont de nature telle que les projets de création de caisse de retraite pour les invalides ne peuvent encore entrer dans le domaine législatif. A moins de vouloir la gestion de ces caisses par l'État, ce qui entraine de grands frais d'administration, la mobilité des ouvriers et leurs déplacements fréquents rend bien difficile la perception des contributions et des cotisations nécessaires pour le service des pensions de retraite. Dans tous les cas un prélèvement de 2 p. 100 sur les salaires ne suffira pas pour servir une pension de retraite convenable, ainsi que le démontre l'expérience des institutions de secours en vigueur en Alsace depuis de longues années. M. Grad a traité la question avec quelques développements dans ses *Études statistiques sur l'industrie de l'Alsace*, où il a exposé la situation des institutions ouvrières dans le pays annexé.

M. Bouvet fait remarquer que les caisses de retraites des compagnies de chemins de fer, des communes et des grands établissements fonctionnent pratiquement en imposant une retenue de 5 p. 100 à leurs employés et en ajoutant des subventions qui dépassent ce chiffre, au bas mot, c'est une retenue de 11 à 12 p. 100 qu'il faudrait retenir à l'ouvrier pour qu'à la fin de sa carrière de travail il puisse toucher une pension représentant environ la moitié de son traitement d'activité.

La retenue de 2 p. 100 dont nous parle M. Dormoy est donc tout à fait insuffisante.

M. Limousin partage l'opinion de M. Dormoy sur le principe de l'assurance obligatoire contre la vieillesse ; mais il trouve que les chiffres que vient de donner M. Dormoy sont le plus formidable argument qu'on puisse fournir contre le système, à l'heure actuelle : donner à l'ouvrier une pension *maximum* de 370 fr. après 42 ans de travail est dérisoire ; mieux vaudrait le laisser mourir de faim.

L'assurance obligatoire n'a rien de plus attentatoire à la liberté que les autres assurances qui constituent, en réalité, des services publics. La société ne peut pas laisser mourir un de ses membres de faim, quoi que celui-ci ait fait. On considérerait ce fait comme monstrueux. Or, la société ne peut d'autre part accorder l'assistance qu'à l'aide de l'impôt, c'est-à-dire d'un versement obligatoire ; pourquoi ne pas faire opérer ce versement par ceux qui en profiteront ?

M. Limousin n'admet pas que la retraite obligatoire puisse n'exister que pour les ouvriers, elle doit être générale. Il veut éviter les complications et demande que la prime soit confondue avec l'impôt ordinaire. Il est d'avis en outre qu'il faudrait une pension uniforme : un minimum d'existence. Mais étant donnée l'importance des sommes nécessaires, la question, aujourd'hui, ne peut être que posée, non résolue.

16e Section

PÉDAGOGIE

Président . . . . M. HÉMENT (Félix), Insp. gén. de l'enseignement primaire, à Paris.
Secrétaire . . . . M. E. BLUM, Prof. agrégé de phil., à Lille.

— Séance du 13 août 1886. —

M. Charles DURAND, Prof. à l'Éc. sup., à Nancy.

De l'enseignement de la géologie agricole pour les instituteurs. — M. Durand s'est proposé spécialement de mettre les instituteurs des Vosges et des départements voisins à même de donner un enseignement agricole raisonné en rapport avec la nature du sol des différentes régions du pays. Il espère que son livre les aidera à se procurer par voie d'échange entre eux les éléments essentiels de leurs musées scolaires agricoles.

Il existe malheureusement trop peu d'ouvrages régionaux du même genre ; de plus ils sont souvent déjà anciens, et laissent quelquefois beaucoup à désirer au point de vue pédagogique.

M. Henri MOTTE.

Spécimens relatifs à un Musée scolaire. — M. Henri Motte, auteur, entre autres œuvres, du *Vercingétorix se rendant à César*, qui a figuré à l'Exposition de cette année, présente à la section des spécimens d'une publication intitulée : *le Musée scolaire*, dont il a émis le projet et préparé la réalisation. Le but que se propose l'auteur est de mettre à la portée de tous, et plus particulièrement des écoles, des reproductions réellement artistiques, des plus belles œuvres de la peinture, en les accompagnant de courtes notices sur ces œuvres et sur leurs auteurs. M. F. Passy a pensé qu'il y avait quelque intérêt à soumettre ces spécimens à la section et à provoquer de sa part quelques observations.

— Séance du 14 août 1886. —

M. BLUM, à Lille.

Rapport sur deux mémoires envoyés au Congrès. — Conformément à l'appel adressé dans le Manuel général de l'instruction primaire aux personnes qui auraient à communiquer des mémoires sur des questions rentrant dans le cadre des travaux de la section de pédagogie, plusieurs fonctionnaires ont adressé au Congrès des mémoires pédagogiques.

Nous nous proposons aujourd'hui d'en présenter deux : l'un, dont l'auteur est M. Vassy, inspecteur primaire dans la Haute-Marne, a pour titre : *De l'Enseignement des sciences physiques et naturelles dans les écoles primaires*. Il contient des idées justes, mais peut-être bien connues et exposées dans un style qui gagnerait à être plus simple.

L'autre a pour titre : *De l'Enseignement de la géographie*. Il est écrit par un maître instruit, expérimenté et aussi passionné pour la science qu'il enseigne. Il contient des remarques fort justes, exposées en bon style, mais qui ne semblent pas très nouvelles.

L'auteur, M. Pavelle, directeur d'une école à Tours, a fait preuve dans la rédaction de cet important mémoire, d'un grand sens pédagogique et par endroits d'une certaine largeur de vues. La section lui adresse des félicitations.

M. PILLET, Prof. à l'Éc. des P. et Chauss. et à l'Éc. des Beaux-Arts, à Paris, Inspecteur de l'enseignement du dessin.

De l'enseignement du dessin dans les écoles normales. — M. Pillet, après avoir donné lecture du programme général de l'enseignement du dessin, en 17 paragraphes, montre l'application qui en est faite à l'école normale de Commercy.

En première année, après une révision du programme des écoles primaires, révision qui dure trois mois environ, on aborde l'étude de la perspective d'observation, d'abord d'après les solides géométriques en fil, ensuite d'après les mêmes solides en zinc. Quelques exercices, purement pratiques, de rendu (frottis de crayon, estompe..., etc.) viennent ensuite. L'année se termine par la copie de fragments d'architecture et d'objets usuels.

Les modèles étudiés dans les deux autres années sont ceux qui serviront à l'épreuve du brevet supérieur.

Ce qui caractérise l'enseignement du dessin à cette école, comme dans beaucoup d'autres écoles d'ailleurs, c'est qu'il a bien le caractère normal, et qu'il apprend aux élèves non seulement à dessiner, mais encore à enseigner.

Discussion. — La communication de M. Pillet donne lieu à une discussion à laquelle prennent part M. le recteur Mourin, M. Pierre, professeur à l'école des beaux-arts (Nancy), et M. le Président, qui insiste sur la nécessité d'introduire dans l'enseignement du dessin un vocabulaire précis et scientifique.

M. STOLTZ, Insp. prim. à Lunéville.

Sur la création et l'organisation du Cercle pédagogique et littéraire de Lunéville. — Ce Cercle, le premier de ce genre en France, a été créé le 1er février 1881.

Il contient une bibliothèque pédagogique comprenant 1,241 volumes.

On y trouve six journaux pédagogiques payés par la ville, plus un journal littéraire payé par les adhérents.

Un musée cantonal est annexé au Cercle. Il contient aujourd'hui un millier de spécimens, se rapportant tous à l'enseignement.

Le Cercle a pour but de faciliter les prêts à la bibliothèque cantonale, de resserrer les liens de la confraternité qui doit exister entre tous les instituteurs et de permettre à ces derniers d'échanger leurs idées dans l'intérêt de l'enseignement.

Ce cercle est très fréquenté par les instituteurs de tout l'arrondissement et en bonne voie de prospérité.

— **Séance du 10 août 1886.** —

M. LIÉGEOIS, Prof. à la Fac. de droit, à Nancy.

De l'enseignement de l'économie politique dans les écoles normales primaires. — M. Liégeois soumet à la section les considérations qui lui semblent de nature à faire adopter l'enseignement de l'économie politique dans les écoles normales primaires et montre le parti que, à l'école primaire, l'instituteur pourra en tirer; il ne s'agirait pas, dans ces écoles, d'un enseignement dogmatique, mais seulement de causeries familières sur les principaux phénomènes économiques, à l'occasion de faits d'une application journalière. Il est bien entendu que cet enseignement serait donné aux filles aussi bien qu'aux garçons. Cet enseignement d'ailleurs pourrait entrer sans difficulté dans le cadre de l'enseignement civique.

Discussion. — M. Leclaire pense que l'économie politique est une science à ses débuts et en voie d'évolution.

Mais, d'une part, plusieurs principes sont dès à présent entièrement fixés : ce sont précisément ceux sur lesquels les instituteurs auront à insister dans leur enseignement sommaire et élémentaire. D'autre part, il est certain en fait qu'à l'heure présente l'économie politique s'enseigne très largement en France parmi le peuple ; seulement elle est enseignée au rebours de la vérité et du sens commun. Ce sont les orateurs de réunions publiques, ce sont aussi les journalistes qui, avec plus de talent mais généralement avec non moins d'incompétence, dissertent à chaque occasion (et les occasions sont fréquentes) sur les plus graves questions économiques. Il est donc urgent d'armer nos enfants contre cet enseignement si répandu et si malfaisant d'une fausse économie politique faite par la parole et par la presse. Le seul moyen d'y arriver est de confier de suite aux instituteurs primaires l'enseignement élémentaire de l'économie politique. Les élèves en retireront du moins quelques principes vrais, et les éléments d'une méthode, au moyen de laquelle, plus tard, ils pourront, avec de la bonne volonté et de la réflexion, apprécier par eux-mêmes ce qu'ils liront et ce qu'ils entendront dire sur les questions économiques.

Sans doute, l'enseignement ainsi donné dans les écoles primaires ne sera, surtout au début, que celui d'une demi-science enseignée par de demi-savants. Mais d'une façon générale, M. Leclaire pense qu'il ne faut jamais s'effrayer de la diffusion d'une demi-science. Dans la discussion du projet de loi de M. Jules Simon sur l'instruction obligatoire, en 1871, M. de Tarteron disait « qu'il aimait bien mieux l'ignorance naïve du paysan, cent fois préférable dans son honnête rusticité, à la demi-instruction ». C'est là un sophisme. La science humaine n'est jamais complète et si on reculait devant la demi-instruction, rien ne pourrait être enseigné, ni par personne, ni nulle part.

. . . .

A la fin de la discussion, un instituteur de Nancy, membre de la section, fait observer que, grâce à l'*Union de la jeunesse lorraine*, l'économie politique est enseignée publiquement à Nancy depuis plusieurs années. Pendant le dernier exercice scolaire, parmi les cours professés aux adultes par les membres de cette société, dans les écoles primaires de Nancy, se trouvaient plusieurs cours d'économie politique très compétemment faits et très assidûment suivis.

M. LECLAIRE, Avocat, à Nancy.

Sur l'éducation militaire de la jeunesse.

M. P. P. DEHÉRAIN, Prof. au Muséum, à Paris.

Méthode pour représenter graphiquement la culture des blés. — M. Dehérain explique la méthode qu'il a employée pour représenter graphiquement la culture des blés et le revenu. Cette communication originale et suggestive produit une impression d'autant plus profonde que la méthode employée par le professeur Dehérain lui a permis non seulement d'étudier les causes de la crise agricole, mais encore d'en tirer des moyens propres à la faire cesser.

— Séance du 18 août 1886. —

M. Charles BERDELLÉ, Délég. de l'enseig. prim., à Rioz (Haute-Saône).

Des inconvénients de l'ordre alphabétique dans les dictionnaires. — M. Berdellé prétend qu'il y aurait lieu dans un dictionnaire de définition, aussi bien que dans un dictionnaire de traduction, de mettre les mots par affinité de sens.

Dans un dictionnaire étymologique de les classer par familles étymologiques.

Dans un dictionnaire biographique de suivre l'ordre nécrologico-chronologique, etc.

Sauf à mettre à la fin de chaque dictionnaire un répertoire alphabétique.

Avec ce système un dictionnaire jouirait des avantages d'un traité suivi sans perdre ceux que doit avoir un instrument de recherche.

M. CABANELLAS, à Nanteuil-le-Haudoin (Oise).

Procédé de représentation des valeurs numériques du coefficient de self-induction d'un système électro-magnétique quelconque. — Définitions usuelles concordantes pour les bobines sans fer : $L = \frac{F_1}{i_1} = \frac{\Delta F}{\Delta i} = \frac{F}{i}$. Lorsque le système électro-magnétique comprend des masses de substance magnétique, les effets de self-induction varient avec les valeurs de l'état du courant. Définition générale proposée par l'auteur : $L = \frac{dFi}{di}$, L étant une constante dans le premier cas et une fonction de i dans le second. Cette définition et la considération que les dimensions du coefficient de self-induction sont les dimensions d'une longueur, ne laissent pas à l'esprit d'impression bien représentative ; le détour suivant assure très clairement ce résultat : remplaçons, par la pensée, le système quelque complexe qu'il puisse être, par une simple bobine ayant la même valeur de coefficient de self-induction que le système réel pour l'état considéré du courant, et nous pourrons dire en toute rigueur que le nombre d'unités exprimant la valeur du coefficient de self-induction est le nombre d'unités exprimant la valeur de la force électro-motrice *constante* développée dans cette bobine auxiliaire lorsque la circulation électrique, à quelque état de grandeur qu'on la considère, y varie régulièrement d'une unité de courant par chaque unité de temps.

M. le Dr Edgar BÉRILLON, à Paris.

De la suggestion envisagée au point de vue pédagogique[1]. — M. Bérillon pense que les faits connus et publiés jusqu'ici imposent aux éducateurs la nécessité d'étudier de plus près qu'ils l'ont fait jusqu'à ce jour l'influence de la suggestion et de l'imitation sur l'éducation des enfants et nous formulons les conclusions suivantes :

Lorsqu'on se trouvera en présence d'enfants simplement paresseux, indociles ou médiocres, on se bornera à faire sur eux des suggestions verbales, à l'état de veille. Il sera utile pour cela de se mettre dans les conditions suivantes : on s'efforcera d'inspirer confiance à l'enfant, on l'isolera, on lui mettra la main sur le front et dans cette attitude, on lui fera les suggestions voulues avec douceur, avec précision, avec patience.

Lorsqu'on aura à se préoccuper de l'avenir d'enfants vicieux, impulsifs, récalcitrants, incapables de la moindre attention et de la moindre application, manifestant un penchant irrésistible vers les mauvais instincts, il faudra provoquer l'hypnotisme chez ces créatures déshéritées. Pendant le sommeil hypnotique les suggestions ont plus de prise. Elles ont un effet durable et profond. Dans bien des cas, en les répétant autant que cela sera nécessaire, il sera possible de développer la faculté d'attention chez ces êtres jusqu'alors incomplets, de modifier leurs mauvais instincts et de ramener au bien des esprits qui s'en seraient écartés infailliblement. L'emploi de ce procédé sera surtout indiqué dans les cas où tous les autres moyens rationnels d'éducation auront échoué. Il devra être appliqué sous la direction d'un médecin compétent et expérimenté.

Discussion. — Cette communication a donné lieu à une discussion à laquelle ont pris part M. le docteur Liébault, M. Blum, M. Liégeois, M. le docteur Ladame (de Genève), M. Félix Hément, M. le docteur Edgar Bérillon, M. le docteur Netter. Après cette discussion la section de pédagogie a adopté à l'unanimité moins une voix, un vœu de M. Liégeois, tendant à ce que des expériences de suggestion hypnotique fussent tentées, dans un but de moralisation et d'éducation sur quelques-uns des sujets les plus notoirement mauvais et incorrigibles des écoles primaires.

— Séance du 10 août 1886. —

M. NETTER, Bibl. universitaire, à Nancy.

Sur la suggestion hypnotique dans ses rapports avec le spiritualisme cartésien. — On sait qu'un des principes de la doctrine de Descartes réside dans certaine distinction radicale de l'homme d'avec les animaux. Comparée à l'intelli-

1. Le travail a été publié *in extenso*, Delahaye et Lecrosnier, Paris, 1886.

gence de l'homme, celle de l'animal n'est qu'apparente. L'intelligence de l'animal est uniquement cérébrale. L'intelligence de l'homme est généralement psychique, seulement cérébrale par moments. Eh bien, je dis que la suggestion hypnotique, telle qu'elle est enseignée à Nancy, se concilie parfaitement avec le système de Descartes :

1° On peut hypnotiser les animaux, mais on ne peut pas leur suggérer des idées. Quand on a jeté un cheval vicieux dans l'état d'hypnotisme, on transforme *en quelques heures* ses habitudes[1], mais on ne lui suggère pas des idées;

2° Chez l'enfant, les défectuosités intellectuelles, attention insuffisante, etc., tiennent évidemment à son état cérébral. Donc, en modifiant son état cérébral par l'hypnotisme, on doit pouvoir le mettre dans les conditions favorables à l'éducation et à l'instruction ultérieures ;

3° Chez une personne hypnotisée l'état de conscience n'étant pas celui de la même personne réveillée, tout ce que l'on écrit sur la conscience des bêtes, des fourmis, par exemple, tombe de soi-même, les auteurs n'ayant eu en vue que notre état ordinaire de conscience ;

4° L'école de Nancy, admettant chez l'homme et des phénomènes cérébraux et des phénomènes psychiques, se trouve être cartésienne ;

5° La philosophie spiritualiste doit accepter avec empressement la proposition d'essayer l'hypnotisme dans l'éducation des enfants.

M. LECLAIRE, à Nancy.

Sur les bibliothèques roulantes de l'Union de la jeunesse lorraine.

Influence des associations d'étudiants dans l'éducation de la jeunesse libérale.

1. Voir l'*Homme et l'Animal devant la méthode expérimentale*, par A. Netter, avec une *Étude sur les pratiques de dressage*, par J. Murany, Paris 1883, pages 210 et suivantes.

17e Section

HYGIÈNE

Présidents d'honneur. . . MM. le Dr GOSSE, à Genève.
le Dr Jules ROCHARD, Inspect. général du service de santé de la marine en retr., à Paris.
Émile TRÉLAT, Dir. de l'Éc. d'archit., à Paris.

Président . . . . M. le Dr GIRARD, Chir. en chef des hôp., à Grenoble.

Vice-Président . . . . . . M. le Dr POINCARÉ, Prof. à la Fac. de méd., à Nancy.

Secrétaires. . . . . MM. le Dr BRULLARD, à Nancy.
le Dr SAGNIER.
SCHWABE, Ing. des arts et man., à Nancy.

M. LAYET, Prof. d'hyg. à la Fac. de méd. de Bordeaux.

Le service municipal de la préservation de la variole à Bordeaux. — Depuis 1881, il existe à Bordeaux un service municipal de vaccination dont M. Layet est le directeur.

Par des observations faites simultanément sur les génisses et les enfants, M. Layet est arrivé aux conclusions suivantes :

L'immunité est acquise chez les génisses à partir du 6e jour qui suit la vaccination :

1° Le virus préservateur de la variole pénètre dans l'organisme après une prolifération extérieure du microorganisme spécifique qui s'effectue aux points d'inoculation et qui est la cause de l'aspect caractéristique que revêt la pustule vaccinale ;

2° Cette pénétration de dehors en dedans conduit à l'imprégnation générale de l'organisme par pullulation intérieure du microorganisme spécifique ;

3° L'immunité contre les vaccinations ultérieures doit être considérée comme le résultat des modifications imprimées à l'organisme par cette imprégnation générale ;

4° Cette immunité met un certain temps à se produire. Ce temps paraît être en rapport avec l'activité proliferatrice qui se fait au niveau des pustules ;

5° L'immunité est affirmée par l'insuccès de la revaccination et de l'auto-inoculation.

Fonctionnement : séances hebdomadaires. — Envoi de génisses vaccinifères très libéral partout où on le demande, partout où il est besoin : vaccinations et revaccinations des écoles, casernes, population (35,000). — Utilisation de deux cas de cow-pox et de deux cas de horse-pox spontané (peut-être le dog-pox pourrait être utilisé). — Nécessité de la revaccination des écoliers tous les 6 à 7 ans. — Existence de deux fausses vaccines, l'une par irritation de la pustule, l'autre due à l'immunité du sujet. — Tels sont les faits principaux et les résultats prouvant le bon fonctionnement de ce service.

Discussion. — M. Pamard demande des renseignements sur l'organisation matérielle de ce service.

M. Layet. — Le directeur du service est le professeur d'hygiène qui, alliant ainsi la pratique à la théorie, est à même de donner un enseignement fertile en résultats et d'appliquer les données de la science.

Le service coûte annuellement à la ville 6,000 fr.

Les génisses achetées 125 fr. sont revendues 104 fr. et reviennent donc à 21 fr. pièce : 80 génisses étant utilisées dans une année donnent une dépense d'environ 2,000 fr.

M. Chauveau rappelle en quelques mots les ravages effroyables causés par la variole, qui, par exemple, à Marseille, a amené plus de décès depuis le printemps que le choléra n'en a fait il y a deux ans.

Il est vraiment monstrueux, dit l'éminent professeur, que nous soyons encore victime de ce terrible fléau, alors que nous avons à notre portée un remède efficace, le vaccin.

Dans plusieurs villes, il existe des instituts vaccinifères (Lyon, Montpellier, Bordeaux) : il est à souhaiter que ces instituts se multiplient et puissent répandre le vaccin sur tout le territoire. En même temps, dans les écoles vétérinaires, les élèves sont dressés à la pratique de toutes les opérations relatives au vaccin.

De plus, il faut vaincre l'inertie morale des populations, leurs préjugés, et c'est aux médecins à qui il appartient de soutenir cette campagne en faveur de la vaccination, car les effets de la vaccination sont des plus certains et tout individu vacciné récemment est absolument indemne de la variole. En résumé, on doit toujours avoir à sa disposition du vaccin.

On doit toujours revacciner en temps d'épidémie et au besoin faire appel aux pouvoirs publics pour rendre la vaccination et la revaccination obligatoires, tels sont les deux vœux de M. le professeur ; car pour qui vit en société, s'impose la loi de ne pas nuire à son voisin.

M. Jules Rochard commence par féliciter M. Layet de la manière dont il a compris l'enseignement de l'hygiène et de la part active qu'il a prise à toutes les améliorations dont elle a été l'objet à Bordeaux. Il a prouvé que le service de la vaccine n'était pas aussi difficile à établir que bien des gens se plaisent à le dire; dans cette ville de 230,000 âmes, le fonctionnement de ce service ne coûte que 7,200 fr. (3 centimes par personne), cela ne ferait guère plus d'un million pour toute la France et la variole lui coûte près de dix millions. J'ai lu au congrès de Grenoble une note sur l'organisation de la vaccine dans le pays tout entier. Elle ne présente pas de difficulté sérieuse. Je suis convaincu pourtant qu'on ne songera à prendre les mesures que j'ai indiquées pour mettre la vaccine à la disposition de tout le monde, sans déplacement et sans frais, que lorsqu'une loi l'aura rendue obligatoire. C'est le contraire qui serait conforme à la logique ; mais les choses se passent toujours ainsi. Faisons donc des vœux pour que cette loi tutélaire soit prochainement votée et ne nous lassons pas de la réclamer.

M. Pamard, à l'appui des demandes formulées ci-contre, cite l'exemple d'un village de 1,600 habitants situé près de Marseille et où une jeune fille venant de cette ville en convalescence de variole fut le point de départ d'une épidémie qui coûta la vie à 18 personnes, parmi lesquelles 13 non vaccinées : épidémie qui prit fin grâce à la revaccination de toute la population.

M. Pamard est de l'avis de MM. Chauveau et Rochard et pense qu'une loi est nécessaire ; mais auparavant il faut organiser le service de la vaccination de façon que tout le monde puisse s'en procurer très facilement et de bonne qualité. Ainsi il fut obligé dans ce village de faire venir du vaccin de Milan.

MM. Delcominète et Poincaré constatent les heureux résultats obtenus par le service de la vaccine dans le département de Meurthe-et-Moselle dirigé par M. le professeur Poincaré ; depuis 3 ans on n'a pas eu un seul cas de variole à signaler à Nancy.

M. Spillmann citant les épidémies de 1870 et 1879, ces messieurs lui répondent que la première a été provoquée par l'invasion et l'occupation allemandes et que la deuxième, importée par un voyageur, a été très limitée.

M. Layet résume son travail en quelques mots : ses expériences et observations cliniques montrent que l'immunité varie en longueur selon les tempéraments et selon les âges ; que pour être certaine elle doit s'appuyer sur une revaccination périodique (7 ans), que cette immunité est plus faible chez l'enfant qui présente aussi une plus grande réceptivité et qu'enfin elle n'est acquise qu'après le 6e jour de la vaccination.

Enfin le vaccin animal est supérieur au vaccin humain.

M. Girard clôt la discussion en remerciant M. Layet de son intéressante communication émet, au nom de MM. Chauveau et Rochard, les deux vœux suivants qui sont admis à l'unanimité.

Inviter les pouvoirs compétents :

1° A faire une loi rendant la vaccination et la revaccination obligatoires ;

2° A créer des instituts vaccinifères dans tous les chefs-lieux de département.

M. ARNOULD, Prof. d'hyg. à la Fac. de méd. de Lille.

Sur l'état sporadique de la fièvre typhoïde[1]. — Les cas de fièvre typhoïde habituellement appelés *sporadiques* méritent une grande attention ;

1° Ils sont *graves* et donnent une forte léthalité relative ;

2° A les étudier d'un peu près, ils présentent très généralement un groupement et souvent des rapports entre eux qui permettent d'y voir de véritables petites épidémies, des épidémies avortées ;

3° Ils entretiennent et ravivent les germes typhogènes ; ils se transforment en épidémies, soit sur place, soit par le transport des germes, à la faveur des circonstances qui décident la réceptivité des groupes humains. En tête de ces circonstances, il faut inscrire le *surmenage ;*

4° Ils caractérisent la permanence, l'ubiquité de la fièvre typhoïde et sa tendance constante à l'épidémicité ;

5° Ils accusent la réelle infection des milieux (sol, air ou eau) et l'on peut juger de l'assainissement d'une ville à la fréquence, à la persistance des cas sporadiques, ou, au contraire, à leur raréfaction et surtout à leur disparition.

---

(1) Publié in *Rev. d'hyg.*, oct. 1886.

— Séance du 14 août 1886. —

M. Ch. HERSCHER, Ingénieur à Paris.

De la désinfection par la chaleur. — Expériences physiologiques et physiques sur les divers systèmes d'étuves. — Conclusions. — M. Herscher signale au Congrès un fait considérable qui s'est produit depuis l'an dernier. Des expériences effectuées par une commission officielle et compétente émanant du Comité consultatif d'hygiène de France ont permis de distinguer d'une manière précise la valeur des divers systèmes d'étuves à désinfection usitées pour l'épuration des objets de literie, des linges et des vêtements. Les apppareils mis en expérience furent : une étuve à gaz; une étuve à air chaud et vapeur agissant *sans* pression; une étuve à vapeur directe *sous* pression et surfaces de chauffe intérieures additionnelles.

Le dernier de ces procédés, seul, donne des résultats complètement satisfaisants.

Discussion. — M. Trélat demande que l'orateur complète sa communication par la description d'une opération de désinfection.

M. Herscher rappelle comment l'appareil est construit et comment il fonctionne.

M. Schwab demande quelle est la pression nécessaire pour obtenir une bonne désinfection, se basant sur ce fait qu'à Nancy il y a 2 ans on construisit une étuve à gaz; il demande aussi si l'orateur ne reconnaît aucune qualité à cette dernière, qui est d'un maniement très facile et peut être laissée entre les mains de personnes inexpérimentées.

M. Herscher répond que la pression convenable est d'une demi-atmosphère.

Quant à la valeur des étuves à gaz, on sait qu'elle est tout à fait inférieure au point de vue de la désinfection, sans compter qu'il faut sept heures et plus pour que la chaleur, dans ce système, pénètre les objets un peu épais; enfin il y a chance de détérioration.

M. Lallement reconnaît l'infériorité de l'étuve de Nancy, qui a été construite sous l'empire de la crainte du choléra, avant que les dernières recherches scientifiques eussent donné des résultats certains. Cette étuve, qui a coûté fort cher (12,000 fr. au moins), n'est donc plus à la hauteur de sa mission.

M. Herscher : L'étuve à vapeur, sous pression, d'un type convenable pour l'hôpital, coûte moins de 5,000 fr. ; plus encore 2,000 fr. environ, s'il faut ajouter une chaudière à vapeur spéciale et tuyauterie.

M. Chauveau : La question est actuellement jugée, l'air chaud ne peut donner une température suffisante, à cause de la répartition inégale de la chaleur. Le système de M. Herscher est celui qui donne les meilleurs résultats, concordant avec les résultats obtenus dans le laboratoire de Lyon et par Grancher à Paris. Il faut que la chaleur pénètre partout dans les objets : or, avec l'air chaud la température n'est jamais partout égale dans les objets et même dans l'espace libre de la chambre ; l'air doit être purgé avec soin.

En résumé, dit M. Chauveau, les résultats obtenus par M. Herscher sont excellents et concordent avec mes idées et mes propres résultats. Je ne ferai qu'une réserve : on arrivera certainement à construire des appareils plus économiques où la pression sera nulle et cela grâce à l'emploi simultané de désinfectants appropriés.

M. Martin est heureux de constater les progrès de la désinfection en France. Depuis 1879, où M. Vallin fit connaître les travaux des Anglais et des Allemands sur cette question, les conditions du succès dans l'application ont été précisées, telles que, nécessité d'emploi de la vapeur agissant sous pression, température modérée, conservation des objets, et c'est en France seulement que la question a été résolue.

M. Girard reconnaît à l'appareil de M. Herscher les qualités principales d'un bon appareil (certitude, rapidité, conservation des objets et économie).

M. Trélat aurait voulu que l'orateur insistât davantage sur les deux opérations distinctes et successives de l'opération :

1° Expurger l'air;

2° Faire pénétrer la vapeur dans la profondeur des objets.

Autrefois, avant cet appareil, il fallait prolonger l'opération pendant un temps très long, car l'air logé dans les interstices des objets reste, se dilate et forme une couche périphérique imperméable.

L'appareil actuel a donc réalisé un progrès immense et M. Trélat rend hommage à l'ingéniosité de son auteur.

M. MAUREL, Méd. princ. de la mar., à Cherbourg.

Habitation et vêtement dans les pays chauds. — Conclusions : I. Relativement à l'habitation :

1° Par ordre de valeur hygiénique, on doit placer les constructions dans l'ordre suivant : les constructions en maçonneries, celles en briques, celles en paillottes et celles en bois les dernières ; 2° la disposition la plus importante, quel que soit le genre de bâtisse que l'on adopte, c'est d'entourer la maison proprement dite *de constructions d'abri*; 3° cet entourage doit être complet et s'appliquer tout aussi bien à la toiture qu'aux murs de côté ; 4° par ordre de préférence, les toitures se placent dans l'ordre suivant : celles en ardoises, celles en tuiles, en bois et en zinc ; 5° autant que possible, il faut donner deux étages aux maisons. Le premier étage est celui dont la température est la plus constante, et le deuxième étage celui qui met le mieux à l'abri du paludisme ; 6° l'élévation sur pilier est avantageuse pour les constructions légères, mais il faut que cette élévation soit suffisante pour permettre de surveiller la propreté de l'espace qui est au-dessous ; 7° contrairement à l'usage qui a prévalu dans les pays chauds, les fenêtres doivent être munies de croisées. Elles sont une garantie contre les maladies paludéennes et intestinales, et seules peuvent maintenir une température relativement basse pendant les chaleurs du jour, en évitant la facile mise en équilibre avec l'air extérieur ; 8° autant que possible, soit comme garantie contre l'incendie, soit comme hygiène, il est utile d'éloigner les dépendances de la maison habitée.

II. Relativement au vêtement :

1° Le casque est la meilleure coiffure ; il est indispensable dans les pays chauds. Il est même bon d'y joindre le parasol ; 2° la flanelle est utile, mais non indispensable ; 3° l'expérience seule peut décider si l'on peut se dispenser de chemise ; 4° les vêtements en flanelle sont les plus hygiéniques dans les pays chauds ; il faut les faire larges et permettant à l'air de circuler ; 5° il est mauvais de vivre en babouches, et surtout de marcher nu-pieds ; 6° je considère la ceinture comme utile dans les pays chauds.

III. Enfin, relativement aux habitudes coloniales :

1° Je ne crois pas la sieste mauvaise en elle-même. De courte durée, elle repose réellement, et dispose mieux au travail de la seconde partie de la journée ; 2° les siestes lourdes suivent les repas trop copieux ; ce sont ces derniers qu'il faut réformer. Trop ou mal dormir c'est avoir trop mangé ; 3° les bains constituent une habitude des plus hygiéniques dans les colonies ; 4° la douche, au contraire, en excitant la peau qui fonctionne déjà trop, me paraît plus nuisible qu'utile. Elle doit rester un moyen thérapeutique.

Discussion. — M. Trélat dit qu'il ne voudrait pas voir s'accréditer une erreur que le bois est moins hygiénique comme matériaux de construction que la pierre ou les feuilles. Le pouvoir de la transmission de la chaleur peut être représenté pour le bois par 5, la pierre 12, la laine 2, le zinc 500 et l'or 1,000 : à moins que l'orateur n'ait voulu fonder l'infériorité du bois sur sa moindre épaisseur. De plus, les observations de M. Maurel ont la même valeur en France que dans les pays chauds ; dans notre pays, il est tout aussi nuisible d'habiter un rez-de-chaussée, être mal protégé contre les changements rapides de température, d'avoir une maison construite en fer ou couverte en zinc.

M. Layet demande aussi quelques explications sur cette question qui l'intéresse fort. A quel moment de la journée et dans quelles conditions faut-il faire la sieste ? Le repas prédispose au sommeil et M. Layet pense qu'il est nuisible de dormir immédiatement après avoir mangé ; il est préférable de laisser un intervalle de deux heures. De plus, la sieste est plus dangereuse après avoir fumé, enfin elle ne convient pas à tous les âges ni à tous les tempéraments : les personnes âgées doivent s'en abstenir.

M. Maurel, répondant à M. Trélat, dit que certainement, si les murs en bois étaient aussi épais que ceux en pierre ou en briques, ils seraient plus isolants et préférables à ces derniers ; mais ce n'est pas ce qui a lieu habituellement, il a voulu discuter non une question de principes, mais une question de faits.

Quant à la sieste, il ne croit pas qu'il soit mauvais de la faire de suite après le repas. Ce qui est mauvais c'est de troubler le travail de la digestion, en dormant alors que cette digestion est commencée ; mais ce qu'il faut surtout éviter, c'est de faire un repas trop copieux.

Enfin, ajoute le Dr Maurel, il est rare qu'une personne âgée aille dans les pays chauds et, d'autre part, si elle habite la colonie depuis longtemps, elle aura contracté des habitudes qu'elle pourra suivre sans trop d'inconvénient.

M. SCHWAB, Ing. des arts et man., à Nancy.

Statistique démographique et hygiène de Nancy. — L'administration municipale a beaucoup fait pour l'hygiène de la ville, mais les résultats ne sont pas, à mon avis, en proportion avec les efforts développés et cela tient à des erreurs de méthode. La mortalité par fièvre typhoïde à Nancy est indiquée par le tableau suivant :

1853-1858.	15.67	décès par 10,000 habitants.
1858-1863.	5.81	— —
1863-1868.	8.08	— —
1868-1873.	13.98	— —
1873-1878.	8.63	— —
1878-1883.	9.62	— —
1879-1884.	11.16	— —

Or, nous avons le tout-à-l'égout à Nancy; son application déjà ancienne s'est surtout développée à partir de 1872-1873 et un règlement municipal est intervenu en 1882. On voit que, malgré cela, à l'encontre de ce qu'on signale dans d'autres villes, la mortalité typhique reste énorme. On pourrait même (en exceptant les maximums) dire presque que la mortalité par cette maladie n'a cessé d'augmenter depuis 1853, en considérant une période de 30 ans et des séries de 5 années.

M. Schwab ne rejette pas ce fait sur le tout-à-l'égout, mais sur son application. Les drainages privés sont en maçonnerie (exceptionnellement en grès) de dimensions démesurées, les siphons de Nancy constituent des fosses placées au-dessous des tuyaux de chute, il n'y a pas de siphon véritable aux sièges des cabinets. L'eau est distribuée en quantité insuffisante dans la plupart des cabinets ; du reste, avec les dimensions des conduites et les formes irrationnelles des siphons, même des quantités énormes d'eau jetées dans les cabinets ne donneraient aucun résultat. A ces causes d'insalubrité on peut joindre la présence aux portes de Nancy d'une rivière qui reçoit les égouts et s'infecte de plus en plus, des eaux d'alimentation en quantité suffisantes mais dont la température et la limpidité sont fort variables et dont la composition micrographique n'est pas bien définie; on remarque dans nos tuyaux des tuberculisations considérables. J'espère que le congrès voudra bien émettre des vœux relatifs à cette question.

Discussion. — M. Arnould : M. Schwab insiste sur la périodicité de la fièvre typhoïde à Nancy, mais c'est là un fait connu et habituel pour les maladies infectieuses qui, après avoir épuisé la réceptivité du groupe, entrent en décroissance et cessent jusqu'à ce qu'un nouveau groupe réceptif se soit reformé.

Néanmoins, M. le professeur se range à l'opinion de l'orateur en disant que le tout-à-l'égout est bon, mais que son application est défectueuse : le siphon de Nancy tel que l'a décrit M. Schwab constitue une véritable fosse fixe. De plus, la liberté laissée aux propriétaires pour tout ce qui concerne l'hygiène est trop grande.

Pour ce qui concerne les eaux de la Moselle, M. Arnould commence par relever l'erreur de beaucoup d'hygiénistes qui croient que ce sont les rivières qui alimentent les nappes souterraines. C'est le contraire qu'il faut dire. En principe, ces nappes sont meilleures, mais il arrive souvent que l'on est amené franchement à prendre l'eau même du fleuve entre deux couches et à ce propos il cite l'exemple de la ville de Berlin qui s'alimentait d'eau à la nappe souterraine près d'un lac. Mais la présence d'une algue que l'on reconnut vivre dans le sol et qui se combinait avec le fer des conduites, donnait un goût d'encre à l'eau et l'on dut prendre cette eau au milieu du fleuve : il vaut donc quelquefois mieux prendre l'eau du fleuve ou d'un lac en la filtrant convenablement.

M. Lallement reconnaît, avec M. Schwab, la forte léthalité de Nancy par fièvre typhoïde; il reconnaît aussi que les siphons sont très défectueux, mais il ne peut laisser incriminer les règlements municipaux, pour le bon motif qu'ils ne datent que de 1882.

Pour lui, la condition la plus fâcheuse est la mauvaise distribution des appartements et la situation déplorable des cabinets d'aisance au milieu des appartements, au fond d'un couloir obscur, quelquefois dans une alcôve.

Quant aux eaux de la Moselle, M. Lallement ne voudrait pas que ses collègues croient, d'après les dires de M. Schwab, que la galerie filtrante est située à $2^{m},50$ au-dessous de l'étiage : cette galerie est située latéralement à 25 mètres du fleuve et à $2^{m},50$ au-dessous du lit de la rivière et pour éviter qu'une nouvelle inondation passant par-dessus ne rende l'eau trouble, on doit faire construire prochainement un talus entre la rivière et la galerie.

L'analyse microbienne des eaux a été commencée par un élève de la Faculté : 8,000 microbes par centimètre cube d'eau de la Moselle, 4,000 dans l'eau de fontaine et 100,000 environ dans l'eau de puits.

M. Chauveau : Les eaux de source prises à leur origine sont pures de tout microbe et les eaux troubles en contiennent toujours.

Une couche filtrante de 25 mètres (gravier) est insuffisante, il faudrait de 60 à 100 mètres, mais alors, si la couche est épaisse, on n'a pas assez d'eau ; il serait préférable d'avoir de l'eau de source à cause de sa fraicheur et de son absence de germes.

Les chiffres statistiques sont mauvais pour la ville de Nancy : or, pour lui, contrairement à l'opinion de M. Arnould, l'épidémicité tient plus au microbe qu'au récepteur, car pour ce qui concerne le vaccin, ce dernier a toujours la même force, quelle que soit la constitution épidémique par rapport à la variole.

Si l'épidémie tient au microbe, il s'ensuit qu'on ne peut agir que sur ce dernier et non sur le milieu récepteur.

M. Girard : L'association est très heureuse de pénétrer dans le fonctionnement local de la ville, pour pouvoir, en remerciement de l'hospitalité, indiquer les améliorations nécessaires.

M. Schwab : Le tout-à-l'égout date de 1870 ; les règlements, de 1882 ; l'absence de règlements était donc pire ; pour les fleuves, on parle toujours du niveau de l'eau et non du niveau du lit.

Pour les eaux, nous n'avons pas de lac à notre disposition, comme Berlin, et les nappes souterraines seront toujours préférables.

Demande que la section le soutienne dans sa lutte pour l'amélioration sanitaire de la ville.

M. Arnould n'est pas partisan de la transmission des maladies infectieuses par les eaux potables. Si les rivières ne sont que des nappes souterraines à jour, autant prendre franchement l'eau de la rivière. Nancy prend la nappe souterraine et a la fièvre typhoïde. Londres est la ville la plus saine (mortalité 20 pour 1,000) et boit l'eau de deux rivières, la Tamise et la Lea.

Quant aux eaux vannes, il ne croit pas qu'il soit permis de souiller les rivières; il réclame la protection pour nos cours d'eau : par rapport à la population, la Meurthe n'est qu'un filet d'eau comme la Seine pour Paris et la rivière donne aux riverains des mauvaises odeurs, des maladies et empêche certains agréments (pêche, promenade).

Il est vrai que certaines villes ne savent que faire de leurs résidus ; en principe, les municipalités devraient donner l'exemple aux industriels et ne pas contaminer les rivières. Il faut donc poser le principe : *respect des rivières ;* pour les eaux-vannes, on cherchera à s'en débarrasser d'une autre façon.

M. Layet : Les questions d'hygiène ont pour spécialité de tomber dans les généralités alors qu'elles sont parties de questions locales.

M. Arnould nie aux eaux potables le pouvoir contagionnant, mais il suffit qu'elles servent de véhicule.

M. Layet admet que certaines nappes souterraines sont pires que les eaux de rivières : donc il faut filtrer, et quel mode de filtration adopter ? Le filtre ne s'encrasse-t-il pas ?

A Nancy, ne pourrait-on pas incriminer la caserne Saint-Jean, délaissée pour son insalubrité ?

M. Lallement : Pour la clarté de la discussion, distinguons deux points :

1° Hygiène spéciale de Nancy : on ne peut accuser les eaux de la Moselle de l'augmentation de la fièvre typhoïde, puisque ces eaux n'ont été amenées qu'en 1878, alors que cette augmentation existait depuis longtemps. Bien mieux, ces eaux ont été précisément amenées dans le but d'assainir la ville et de la débarrasser de cette maladie.

La Moselle ne peut être contaminée : elle n'a sur ses rives que Charmes (3,000 habitants) et Épinal, situé à 25 lieues; elle a une vallée étroite; si le filtre n'a que 25 mètres, c'est que la vallée n'est pas plus large et, d'autre part, nous n'avons pu prendre des eaux de source qui sont de peu de débit et destinées à disparaître par les galerines de mines.

2° Étiologie de la fièvre typhoïde : le tout-à-l'égout est antérieur à l'amenée des eaux de la Moselle qui devaient le compléter ; les égouts n'ont pu être faits simultanément dans toutes leurs parties, ils commencent seulement à être achevés.

M. le professeur revient sur la mauvaise construction des égouts, sur les mauvaises conditions hygiéniques des siphons et sur la disposition infecte des water-closets ; ce qui prouve que ces causes sont les plus actives, c'est que les épidémies sont localisées à certains groupes, à certaines maisons. Pour lui, la fièvre typhoïde est transmissible par les eaux potables, par le sol, par les émanations des cabinets.

M. Trélat constate que la ville a pris l'initiative du tout-à-l'égout, alors que la canalisation était insuffisante pour l'appliquer; il constate aussi par expérience l'installation des plus défectueuses des appartements.

Il est du devoir de la section d'hygiène de déposer un vœu pour l'assainissement, d'autant plus que ces conditions d'assainissement sont actuellement connues (cabinets isolés, aérés, avec siphon obturateur et dilueur, chasses d'eau de 6 à 10 litres, siphon au pied de la cuvette, 2e siphon au pied de la maison, radier à pente forte et à petite section).

Pour la rivière, le choix de la paroi latérale du fleuve est bon, le filtre ne s'encrasse pas et de plus joue le rôle d'épurateur, puisqu'il est baigné par l'atmosphère.

M. Michel cite l'exemple de la ville de Chaumont exempte de toute fièvre typhoïde alors que l'on buvait l'eau de citerne ; mais cette maladie apparut aussitôt que l'on eut amené l'eau d'une source située au-dessous du plateau : elle disparut quand on amena les eaux d'une source très éloignée ; reparut quand on mélangea les eaux de la première source (chargées de matières organiques) avec les dernières et enfin a disparu complètement quand on cessa de s'en servir.

M. Schwab : Je n'ai voulu que signaler ce fait :

L'eau de la Moselle n'est ni fraîche, ni claire, et donne des incrustations.

M. Haller : Le trouble des eaux est dû à la présence de l'argile qui est inoffensive. C'est l'avis de M. Lallement que les eaux de la rivière sont sans aucun danger.

M. Heydenreich : Il y a 15 ans, le système d'égouts, étant défectueux, laissait à Nancy les eaux s'infiltrer dans le sol jusqu'aux puits, dont on se sert encore beaucoup. Il cite à l'appui de la contagion par l'eau, l'exemple de Liverdun où, sur 150 habitants qui s'alimentaient à une source contaminée, 90 eurent la fièvre typhoïde, tandis qu'il n'y eut aucun autre cas dans le reste du pays.

M. Layet croit aussi à cette étiologie de la maladie par les eaux potables et cite à l'appui l'exemple de la prison centrale de Bordeaux, où la division des condamnés eut 40 malades et 10 décès, alors que les deux autres divisions (prévenus et femmes) et tout le reste de la ville étaient indemnes, mais cette division buvait l'eau d'un réservoir situé au-dessous d'une grille où se lavaient les vases et le linge sale ; l'épidémie cessa quand les condamnés s'alimentèrent, comme les deux autres divisions, à la canalisation de la ville.

A Nancy les puits souillés par les infiltrations de matières fécales ont très bien pu infecter les organismes préparés : ce seraient donc les puits et non l'eau de la Moselle venant de 12 kilomètres.

M. Lallement : Il n'y a presque plus de puits depuis 6 ans, à peine quelques-uns subsistent malgré les recommandations. De plus, on rencontre les épidémies dans les maisons sans puits.

M. de Valcourt demande la suppression de tous les puits perdus. Il cite trois cas de personnes malades qui avaient bu de l'eau de cette provenance, mais on se heurte souvent au mauvais vouloir des habitants.

M. Girard lit l'ordre du jour suivant qui est adopté à l'unanimité à la suite d'une discussion fort approfondie qui a duré deux séances et à laquelle ont pris part MM. Layet, Chauveau, Trélat, Arnould, Lallement, Heydenreich, de Valcourt, Michel, Schwab, Haller et Girard ; la section d'hygiène et médecine publiques a, sur la proposition de son président, approuvé l'ordre du jour suivant :

La section d'hygiène et médecine publiques félicite l'administration municipale et le corps médical de Nancy des efforts considérables qu'ils ont faits et qu'ils font encore tous les jours pour améliorer la situation hygiénique de cette ville.

Toutefois, après ces éloges bien mérités, la section croit de son devoir d'attirer l'attention des pouvoirs compétents sur :

1° La mauvaise installation des latrines particulières et des communications avec l'égout et sur la nécessité de placer des siphons hydrauliques en S, tant à chacun des orifices d'évacuation (sièges, éviers) qu'à l'arrivée du branchement dans l'égout ;

2° Sur la chasse insuffisante des égouts particuliers ;

3° Sur la nécessité de supprimer les fosses fixes et les puits encore existants ;

4° Sur les inconvénients qui peuvent résulter de la pollution de la Meurthe par les eaux vannes de Nancy.

— Séance du 16 août 1886. —

M. DESHAYES, Secrét. du Conseil d'hyg. de la Seine-Inférieure, à Rouen.

Du rôle des ptomaïnes dans l'altération des substances alimentaires. — Après avoir résumé toutes les communications qui ont été faites depuis un an dans les différentes revues médicales, et comme corollaire des travaux récents de M. A. Gautier sur les ptomaïnes, M. Deshayes montre que la plupart, pour ne pas dire tous les cas d'empoisonnement observés à la suite de l'ingestion de certains aliments, viandes, fruits, légumes, et notamment des conserves, peuvent être rattachés à la question des ptomaïnes.

M. Henri HENROT, Prof. à l'Éc. de méd. à Reims.

De la liberté individuelle dans ses rapports avec les maladies contagieuses. — L'hygiène publique a fait en France dans ces dernières années de grands progrès ; la réorganisation du comité d'hygiène publique attaché au ministère du commerce, la création dans les grandes villes de bureaux d'hygiène ont contribué dans une large mesure à favoriser ce mouvement; il reste cependant beaucoup à faire, il y a lieu d'augmenter les pouvoirs conférés au maire par l'article 97 de la loi municipale du 5 avril 1884.

M. Henrot fait brièvement l'historique des différentes épidémies de variole qui se sont produites à Reims depuis 10 ans; il fait voir que depuis l'organisation du Bureau d'hygiène les foyers épidémiques ont pu être immédiatement arrêtés par des mesures sagement et rapidement appliquées.

Lors de l'apparition du dernier foyer épidémique, le 14 novembre 1885, il n'en a pas été de même; jusqu'au 12 avril 1886, il y a eu plus de 500 personnes atteintes, plus de 100 ont succombé.

M. Henrot a donc eu à examiner cette importante question de savoir s'il ne conviendrait pas, dans l'intérêt de tous, de limiter dans certains cas la liberté individuelle; la question est très grave; arracher un malade sérieusement atteint aux soins dévoués et affectueux qu'il reçoit des siens pour l'isoler dans une maison spéciale ou dans un hôpital, c'est donner au maire un pouvoir bien grand.

M. Henrot, en examinant en détail tous les cas où, dans un intérêt public, la liberté individuelle est détruite ou limitée, propose les mesures suivantes: il demande d'abord l'obligation pour les parents ou le chef de la famille de la déclaration des maladies contagieuses; l'obligation et la pénalité seraient les mêmes que pour la déclaration des naissances. C'est le chef de la famille ou, en son absence, le propriétaire, ou, en l'absence de l'un et de l'autre, le médecin traitant qui serait forcé de faire la déclaration; on voit tout de suite que le secret professionnel serait tout à fait respecté, puisque l'obligation incomberait au chef de famille; dans la pratique, celui-ci se déchargerait volontiers du soin de faire la déclaration sur le médecin, qui jetterait à la première boite aux lettres l'indication du nom et du domicile de la personne contaminée.

L'isolement soit dans la famille quand cela est possible, soit dans une maison spéciale, soit dans un hôpital, serait obligatoire ainsi que la désinfection.

Comme des mesures de cette gravité ne peuvent être prises par le maire que sur l'avis motivé d'un homme compétent, il y aurait lieu d'avoir dans chaque commune un médecin sanitaire rétribué par la commune.

Enfin M. Henrot pense qu'entre les médecins sanitaires des petites communes et les bureaux d'hygiène des grandes villes il y aurait lieu de créer un service intermédiaire au chef-lieu du département; il décrit en détail l'organisation de ces bureaux d'hygiène départementaux qui, selon lui, rendraient les plus grands services; avec le bureau départemental tous les jours le préfet, renseigné par les médecins sanitaires et les bureaux d'hygiène, pourrait constater sur une carte épinglée tous les cas de maladies épidémiques existant dans son département, il serait armé pour prendre dès le début d'une épidémie les mesures les plus efficaces.

Discussion. — M. Poincaré: L'organisation demandée par M. Henrot existe en partie dans le département: il y a par circonscription un médecin qui avertit le directeur du bureau, lequel prévient le préfet.

Du reste, il y a un projet de loi déposé à la Chambre.

M. Henrot: Mais ce projet est incomplet; à Nancy, ce fonctionnement n'est que local et officieux: il devrait être rendu partout obligatoire; enfin le maire n'est pas suffisamment armé.

M. Lallement accuse le corps médical de négligence; les médecins traitants, malgré toutes les facilités possibles, négligent d'avertir le directeur du service.

M. Henrot : Comme à Reims.

M. Netter insiste sur l'importance de la destruction des croûtes varioliques au point de vue de la prophylaxie de la variole. Déjà, en 1870, dans une note à l'Académie des sciences, il a appelé l'attention sur ce point : on étale sur le parquet un drap autour du lit et plusieurs fois par jour on secoue les draps dans le feu.

Peu de temps après, à Rennes, durant la guerre de 1870-1871, M. Netter a encore pris d'autres mesures qui l'amènent à formuler aujourd'hui le conseil suivant : étant donné un hôpital spécial de varioleux, la moitié de l'établissement sera affectée aux malades en voie d'éruption, l'autre moitié, aux varioleux en voie de desquamation. Le transfert devra se faire dès que les pustules s'affaissent. Ce sont les convalescents déjà debout qui seront chargés de ramasser les croûtes et de les détruire. Le service des croûteux aura son médecin particulier qui pourra ainsi porter toute son attention sur les accidents si insidieux de la convalescence.

A Rennes, l'institution de ce système a donné des résultats excellents. Une grave question de police médicale surgit à ce sujet : peut-on retenir dans les hôpitaux contre leur gré les convalescents encore croûteux et qui demandent leur exeat. Je ne crois pas qu'on ait ce droit ; mais on peut arriver au but indirectement : 1° en rétribuant les convalescents employés à la destruction des croûtes ; 2° en faisant connaître au public que la variole se propage surtout par la dissémination des croûtes, ce qui l'amènerait à ne pas employer les personnes se trouvant dans cet état.

M. Deshayes, s'appuyant sur ce fait que des infirmiers non revaccinés ont été contaminés, voudrait que l'on rendît la revaccination obligatoire pour toute personne entrant dans les hôpitaux.

Pour lui, la conduite de M. Henrot a été trop réservée ; à sa place, dit-il, j'aurais fait conduire d'urgence les malades à l'hôpital : quand il y a un incendie dans une maison, on en fait sortir les habitants par la force.

Il serait bon que les médecins envoient une note officielle des maladies contagieuses et qu'auparavant ils s'entendent sur la contagiosité des maladies.

A Rouen le même cas de pratique s'est présenté pour la scarlatine : je ne savais trop que faire.

M. Henrot : Vous l'avez dit, les envoyer à l'hôpital de force.

M. Gosse : La même question d'une importante gravité se pose en Suisse où une loi dans ce sens a été refusée avec une effrayante majorité par la population. Pour isoler les malades, il faut une loi s'appliquant à tout le monde ; or, les gens riches ne voudront pas déclarer la maladie, ni s'isoler, et le médecin reculera devant la crainte de perdre sa clientèle ; par conséquent, il y a là un point de pratique très délicat et hérissé de difficultés.

Dans la Haute-Savoie, par exemple, les médecins rares, l'ignorance des habitants, la pauvreté des communes, la connivence et la résistance des maires, rendent l'application de la loi très difficile.

En théorie, je suis de l'avis de M. Henrot et puis, croit-il, qu'un seul grand foyer ne soit pas pire que plusieurs petits.

M. Henrot : La famille, et non le médecin, serait tenue à la déclaration, de sorte que le médecin ne pourra en souffrir.

L'isolement peut se faire à l'hôpital, et peut se faire aussi à domicile.

M. Girard : Nous sommes tous d'accord, on n'a pas droit d'infecter son prochain, comme on a le droit de ne pas se laisser infecter et la loi n'est pas suffisante.

M. le Dr GOSSE, à Genève.

De quelques exceptions en médecine légale. — 1. L'orateur expose que la loi posée par Tardieu sur la direction du sillon de pendaison peut se trouver fausse dans quelques cas : ou le sillon de pendaison est horizontal ou perpendiculaire à l'axe du corps au lieu d'être oblique, ce qui arrive quand le nœud de la corde est en avant et que la corde se réfléchit sur le menton. Dans ce cas, le cou se renverse en arrière et le sillon devient perpendiculaire comme celui de la strangulation quand le cou est ramené dans sa position.

2. Les traces d'impressions digitales sont de petits arcs de cercle à concavité regardant la racine du membre et quand il y en a plusieurs permettant de reconstituer la position du bras. Il peut arriver que ces impressions soient convexes si l'ongle est très long ou s'il est ramolli, ou s'il a la forme hippocratique, car s'il est long ou ramolli, la pression le fait plier et la courbure se fait en sens inverse, il faut donc toujours examiner les doigts des prévenus.

Ces exceptions nombreuses n'empêchent pas la loi posée par Tardieu d'être réelle.

M. CARNOT, Ing. en chef des mines, à Paris.

Sur le choix des terrains destinés à recevoir les eaux d'égout des villes. — Application à la ville de Paris[1]. — Les villes ont l'obligation d'épurer les eaux qui sortent de leurs égouts, avant de les laisser retourner aux rivières. L'épuration par le sol est le seul procédé qui ait, jusqu'ici, donné des résultats vraiment satisfaisants et sûrs. Ce mode d'épuration peut d'ailleurs se compléter par l'utilisation agricole des matières fertilisantes que renferment les eaux d'égout.

L'auteur de la communication se demande quelles sont les considérations qui doivent guider dans le choix des terrains destinés à l'épandage des eaux d'égout.

Le sol doit être perméable sur une profondeur suffisante, afin que l'eau souillée reste en contact avec l'air et avec les ferments nitriques pendant un assez long trajet et que l'oxydation des matières organiques, et particulièrement des matières azotées, puisse être complète. Pour des terrains peu perméables, on serait obligé de consacrer à l'irrigation des étendues beaucoup plus grandes. Les différentes sortes de cultures peuvent d'ailleurs accepter des quantités d'eau différentes.

Les terrains à irriguer ne doivent pas être au voisinage immédiat des villes ; mais il faut aussi, pour ne pas exagérer les dépenses de conduite et de refoulement, choisir, autant que possible, des terrains qui ne soient ni trop éloignés, ni trop élevés.

L'auteur fait l'application de ces principes à la ville de Paris. Il a présenté à la commission supérieure d'assainissement, dont il est membre, un rapport et une carte indiquant les régions sur lesquelles pourraient être déversées les eaux sortant des collecteurs ; ces terrains appartiennent à 5 étages géologiques différents, composés de terrains sableux, perméables sur une grande profondeur. Il présente un résumé de ses études et conclut que la ville de Paris est parfaitement dotée au point de vue de l'étendue et de la qualité des terrains en situation de recevoir les eaux.

Il pense que la ville devrait acquérir quelques centaines d'hectares dans 3 ou

1. Voir le mémoire *in extenso* in *Rev. scientifique.*

4 régions différentes autour de la capitale et y donner l'exemple de l'irrigation et de la création des prairies. Le succès assuré de semblables expériences aurait bientôt décidé les propriétaires du voisinage à solliciter une part dans la distribution des eaux d'égout et l'on verrait ainsi s'accroître rapidement l'étendue des champs d'irrigation, ce qui aurait pour conséquence de rendre l'épuration des eaux plus complète et mieux assurée pour l'avenir.

M. le Dr GIRARD, Prof. à l'Éc. de méd., à Grenoble.

Du tout-à-l'égout ; son application à Grenoble. — M. Girard, sans aborder la question de principe, examine dans quelles conditions on a pu inaugurer depuis 2 ans le tout-à-l'égout à Grenoble :

1) Des eaux sont fournies par le Drac et l'Isère qui entourent la ville : comme le Drac est plus élevé de 2 mètres, il s'établit une infiltration souterraine de cette rivière à l'Isère : l'Isère cube 60 mètres cubes par seconde et 2,000 dans les fortes eaux, le Drac cube 40 mètres cubes par seconde et 1,800 dans les fortes eaux ; de plus, on emprunte pour la chasse dans les égouts 5 à 6 ruisseaux pouvant cuber 300 à 600 mètres cubes.

2) Les égouts mesurant 20 kilomètres pour une superficie de 300 hectares constituent 5 grands réseaux et ont les qualités requises : forme ovoïde à extrémité allongée en bas, revêtement de ciment, maçonnerie de 30 à 40 centimètres, pente de 1,25 à 1,50 rachetée par la masse d'eau.

Toutes les rues, sauf 7 ou 8, en sont pourvues.

3) L'application est déjà faite au lycée, à la halle et quelques établissements publics.

Pour engager les propriétaires à employer le tout-à-l'égout, il faut leur prouver que c'est leur intérêt : or, supposons qu'une maison ait 20 habitants, c'est la moyenne, à 200 litres par jour et par habitant, on a 72 mètres cubes par an à vidanger, ce qui, à 3 fr. le mètre cube, donne 210 fr.

L'intérêt du propriétaire qui gagne la place de la fosse et 200 fr. par an est donc certain et nul doute que le tout-à-l'égout ne se généralise.

Quant à la pollution de la rivière, il n'y faut pas songer : personne ne boit l'eau de l'Isère fortement encaissée et si la Seine s'est nettoyée déjà à Mantes à 100 kilomètres, à plus forte raison l'Isère qui a un grand volume d'eau.

Discussion sur les deux dernières communications. — M. Faucher, ingénieur à Lille, reconnaît le grand intérêt de la communication de M. Carnot, mais trouve ses conclusions un peu absolues. M. Carnot désigne comme nécessaires les terrains perméables : que feront alors les villes comme celles du Nord où ces terrains n'existent pas ? Devront-elles ne pas pratiquer l'épandage ? Je crois qu'il serait préférable de dire : « L'épuration par le sol est toujours possible toutes les fois que le terrain, quoique imperméable, l'est assez pour que la végétation puisse s'y produire. — Il suffit de faire couler les eaux vannes sur le terrain d'expériences dans des rigoles suffisamment espacées pour que l'air, pénétrant dans la masse du terrain interposé, combure les matières fermentescibles contenues dans ces eaux vannes, en sorte qu'il y ait une relation entre le degré de plus ou moins grande perméabilité du terrain et l'écartement des rigoles ou l'abondance du courant établi dans ces rigoles. »

M. Carnot reconnaît la justesse de cette nouvelle proposition : à Paris les terrains perméables étant très abondants, on n'a eu que l'embarras du choix.

M. Chauveau : L'épuration a lieu grâce à la nitrification des matières azotées ;

les microbes anaérobies seront détruits ; mais les aérobies, on n'en est pas certain et il est probable qu'ils ne sont pas détruits. Donc par l'épandage on répand les microbes sur le sol et on risque de contaminer les habitants.

Je ne suis pas contre l'épandage, mais la vérité scientifique m'oblige à faire des réserves.

Cependant, on ne peut garder les matières usées à la maison, ce serait barbare, il faut les évacuer par les égouts ; on a objecté contre ces derniers que les microbes pouvaient se disséminer par la voie des égouts, mais ou bien ces microbes se répandent par l'air (rougeole, scarlatine et nous n'avons pas à nous en occuper), ou bien ils restent dans les déjections (diphtérie, fièvre typhoïde, choléra et ne se répandent pas dans l'air ambiant ; la circulation des matières dans les égouts est sans danger pour la ville et la maison ; mais il y a danger pour les riverains de la rivière qui les aura reçues, il y a eu des épidémies par la voie des cours d'eau. Si toutes les villes font comme Grenoble, le Rhône ne risque-t-il pas d'être infecté ? on ne sait sur quel espace les eaux resteront dangereuses.

M. Trélat rend justice à la haute valeur scientifique de M. Chauveau, mais il ne partage pas ses appréhensions au sujet des dangers courus par les riverains et nous admettons que tous les microbes ne soient pas détruits. C'est un danger, certainement, mais presque nul par rapport à ceux qui ont été détruits : de plus, les microbes aérobies sont les microbes de maladies rares.

Le fait est le suivant : 99 p. 100 des substances nuisibles sont détruits, c'est énorme, ce n'est pas l'idéal, mais on n'a jamais la perfection du bien. L'essentiel est que la circulation dans les égouts ne soit d'aucun danger pour la ville.

M. Durand-Claye : D'abord rien ne prouve que les microbes dangereux ne sont pas détruits ; à supposer qu'un certain nombre subsistent, voyons les expériences pratiques : depuis 15 ans, à Gennevilliers, le sol est continuellement inondé, le microbe ne s'échappe pas du sol et les légumes servent sans aucun danger à l'alimentation du préfet, du personnel officiel, des hôpitaux et des habitants des quartiers de Saint-Ouen et Saint-Denis ; et non seulement ils n'en ont pas souffert, mais ils ont même échappé aux grandes épidémies ; pour un petit danger, on ne doit pas perdre un grand bénéfice.

M. Girard : Il est vrai que rien ne démontre que les microbes dangereux sont détruits ; en particulier pour celui de la fièvre typhoïde on ne peut dire ni oui ni non. Mais il est un fait qui se passe journellement à Grenoble : depuis des siècles des fosses fixes sont vidées et leur contenu jeté directement sans préparation sur les terrains de culture situés en amont de la ville et ne possédant pas une couche perméable suffisante ; or jamais on n'a observé un seul cas de fièvre typhoïde chez les paysans.

Pour l'Isère, M. Chauveau n'exprime qu'une crainte, rien n'est encore démontré ; or voyons ce qui se passe pour la Seine qui à Mantes, à 100 kilomètres de l'embouchure de l'égout, est trouvée aussi pure qu'à son entrée à Paris.

M. Chauveau : C'est une question difficile à résoudre à cause des conditions d'application différentes pour chaque principe : on ne peut faire du parfait, mais cherchons à faire du mieux.

A Grenoble, l'épandage ne produit pas la fièvre typhoïde, parce que cette maladie n'existe pas à Grenoble ; à Paris, ceux qui mangent des légumes provenant de Gennevilliers n'ont pas encore eu la fièvre, parce que on vit très bien dans un milieu infectieux sans en être incommodé, voire même on s'y habitue ; on ne saurait pourtant trop prendre de précautions et, pour mon propre compte, je ne voudrais pas manger de ces légumes.

Dans les rivières le nombre des microbes diminue loin des bouches d'égout, ce qui arrive pour la Seine peut ne pas exister pour le Rhône au cours rapide. Le fait est là : il y a plusieurs microbes qui subsistent, le virus charbonneux, celui de la morve jetés dans une grande masse d'eau sont retrouvés l'un à un an, l'autre plusieurs semaines après : que deviennent-ils ?

Le choléra et la fièvre typhoïde ont été sûrement propagés par les cours d'eau et les microbes peuvent persister sur tout le parcours. Pour Nancy en particulier, où la masse d'eau est peu grande par rapport à la population, il y a danger dans le tout-à-l'égout, non pour la ville ou les maisons mais pour les riverains ; pour la ville cela se comprend, car seuls les germes contenus dans les matières circuleront dans les égouts et par conséquent ne s'en échapperont pas. Ceux qui se propagent par l'air sont des microbes qu'on ne retrouvera pas dans les égouts, ainsi le typhus exanthématique se propage par l'air et la fièvre typhoïde par l'eau, donc danger pour les riverains et non pour les habitants.

Il serait préférable de faire l'épandage dans les prairies.

Un système qui est encore préférable au moins théoriquement, est celui qui par le vide attire toutes les matières solides dans une fabrique centrale pour les y transformer en sulfate d'ammoniaque, mais en pratique ce système est l'ennemi des eaux de chasse nécessaires au lavage des cuvettes et éviers ; de plus, il répand une quantité de gaz infects par toute la campagne, gaz incommodes mais non dangereux.

Ce système présente donc le plus de garanties, mais n'est pas toujours applicable.

M. Poincaré demande si on doit négliger ainsi les intérêts de l'agriculture.

M. Chauveau : C'est un point de vue spécial ; il est vrai que c'est une perte sèche.

M. Trélat expose que, M. Girard étant absent, il vient en son nom déclarer qu'il n'a pas dit être partisan du tout-à-l'égout ; mais que, pour Grenoble, il y'a eu des circonstances particulières qui ont permis son application.

Il est heureux de voir que M. Chauveau n'est pas l'ennemi de l'épandage.

M. Durand-Claye : Il est vrai que ce n'est pas un système définitif ni parfait de jeter tout à la rivière, bien que, après 100 kilomètres, la Seine ne paraisse pas plus sale qu'avant Paris.

Quoi qu'en dise M. Chauveau, le système Berlier est anti-hygiénique : en principe, nous savons que toute matière nuisible doit être enlevée rapidement et de la maison et de la rue et cela avec une chasse d'eau d'au moins dix litres et un siphon pour empêcher tout retour.

Or, le système Berlier n'emploie pas le siphon, puisqu'on se sert du vide, le tube de chute aboutit à un premier récipient muni d'une grille pour arrêter les gros morceaux ; pour empêcher leur accumulation, il y a une manivelle actionnant un axe muni de rayons qui broient le tout ; enfin, ce qui reste dans le récipient est enlevé par les ouvriers ; de ce récipient les matières vont dans une seconde boîte d'où, grâce à un obturateur mécanique en forme de poire creuse, elles ne partent que quand elles sont en assez grande quantité ; de plus, cette 2e boîte est munie d'une nouvelle manivelle pour brasser le tout.

En résumé, système compliqué, ennemi de l'eau, gardant les matières sous la maison comme le ferait une véritable fosse fixe, donnant de mauvaises odeurs, incommodes : le tout-à-l'égout est bon si on dispose d'une grande masse d'eau.

Nous sommes donc arrivés au terme suivant : Enlever toute matière usée dans l'appareil le plus simple, au contact de l'air, avec une grande masse d'eau ; les conduire, à travers égouts ou conduites proportionnées au cube d'eau, hors la ville; mais ici nous sommes arrêtés. Que faire de ces matières ? Jusqu'à présent l'épandage est le système qui a donné les meilleurs résultats, il est employé en Angleterre, la ville de Berlin y consacre 3,000 à 4,000 hectares et depuis 15 ans la plaine de Gennevilliers sert à des expériences pratiques mais non scientifiques.

Du reste, M. Pasteur a jugé la question en ces termes: Rien ne prouve que les microbes ne résistent pas; en ma qualité de savant, je fais des réserves, mais je ne puis empêcher les ingénieurs de résoudre pratiquement ce problème.

M. André est partisan de la double canalisation, une pour les matières dangereuses et une pour les eaux pluviales.

Il y a une véritable contradiction à venir dire: les microbes ne s'échappent pas des eaux d'égouts; et il faut mettre des siphons pour empêcher les microbes de rentrer dans la maison. Or à Nancy les médecins ont constaté que la fièvre typhoïde sévissait surtout sur les bonnes qui sont toujours près des pierres d'évier.

Le tout-à-l'égout est mauvais si, comme à Nancy, on a des égouts de grande section, à pente faible, sans courant (1 à 2^{mm} par mètre). Ces égouts s'envasent et constituent une véritable fosse fixe, un véritable bouillon de culture.

Il faut donc séparer les matières des eaux pluviales, non avec le système Berlier qui serait bon si on modifiait tous ces petits appareils, mais avec le système Vari, que l'on doit employer toutes les fois que l'égout ne peut entraîner suffisamment les matières. Puis ces matières, au lieu de les jeter à la rivière, on devrait les épandre sur les prairies.

M. Durand-Claye : Le système Vari est la même chose que le tout-à-l'égout, sauf que l'on se prive du secours des eaux pluviales qui feraient chasse.

M. André : Mais l'eau de pluie ensable les tuyaux et en prévision des orages il faut donner aux tuyaux une trop grande section ; d'où frais plus considérables.

M. Schwab insiste sur ce fait qu'à Nancy le drainage privé est mal appliqué et qu'il n'y a pas de réservoirs de chasse.

M. Trélat ramène la question qui tend à s'égarer et pose comme conclusion que les matières nuisibles doivent être évacuées rapidement hors de la maison avec beaucoup d'eau.

Or le système Berlier est *détestable* à cause de ses *machineries*.

Le système Vari est bon dans certains cas, mais pour la ville il y a ce fait que son assainissement réclame : de meilleurs canaux privés, l'amélioration des égouts médiocres ou défectueux, le choix de terrains perméables.

M. Chauveau : Nous sommes tous d'accord ; cependant le système Berlier n'est pas si détestable, à part les mauvaises odeurs qui ne sont qu'incommodes et non dangereuses. Je le répète, le tout-à-l'égout est ce qu'il y a de mieux pour la maison et pour la ville, le système fermé est préférable, à condition que l'on puisse employer toute l'eau nécessaire, car il supprime toute mauvaise odeur.

La circulation dans les égouts est sans danger pour la ville. Enfin ce ne sont pas seulement les bonnes, mais toute personne non acclimatée qui est sujette à la fièvre typhoïde.

M. Trélat insiste sur l'impossibilité pratique et matérielle du système Berlier qui comprend trop d'appareils compliqués, trop de tuyaux (à Paris 3 millions de tuyaux, 150,000 appareils).

M. Chauveau : Du moment que le système est pratiquement impossible, je n'insiste plus.

M. Lallement : Il a de plus l'inconvénient de coûter cher, 50 fr. par tête d'habitant si on voulait l'établir à Nancy.

Pour la fièvre typhoïde, l'orateur reconnaît comme certaine la contamination par l'eau et par l'air à peu de distance, ce qui est prouvé par la localisation des foyers épidémiques.

M. Poincaré : Le tout-à-l'égout avec les modifications que vous venez d'entendre est préférable. Ce qui est certain à Nancy, c'est que les foyers de l'épidémie typhique, autrefois localisés, se sont disséminés avec la construction des égouts.

Quant à l'épandage, il est certain que nous ne devons pas laisser polluer les rivières.

En conséquence, M. Poincaré propose le vœu suivant, qui est à ajouter aux vœux émis à la suite de la discussion sur l'hygiène de Nancy :

Vœu : Que les eaux des égouts ne soient en principe déversées aux rivières qu'après avoir subi une épuration aussi complète que possible ; le système de filtration par un sol convenable étant à l'heure actuelle le seul reconnu pratique.

Vœu approuvé à l'unanimité.

— Séance du 18 août 1886. —

M. POINCARÉ, Prof. à la Fac. de méd., à Nancy.

De l'influence du mouvement professionnel sur le rythme de la respiration et de la circulation. — M. Poincaré a enregistré graphiquement, avec l'appareil de Marey, le rythme de la respiration et de la circulation (pouls ou cœur).

Ses opérations ont porté sur un grand nombre d'ouvriers appartenant à des industries différentes exécutant des travaux distincts, tous ont été examinés avant, pendant et après le travail.

De ces expériences il ressort que :

1° L'augmentation de fréquence de la respiration n'est pas une conséquence constante de l'activité professionnelle, comme on pourrait le croire au premier abord ;

2° La fréquence a même diminué sous l'influence du travail chez 5 ouvriers ;

3° La plupart du temps les ouvriers arrivent toutefois à adapter leur respiration à leur genre de travail et à harmoniser les besoins de la respiration avec ceux de leur profession ;

4° Le travail industriel modifie la plupart du temps l'amplitude de la respiration ; le plus souvent, il l'augmente, mais quelquefois il l'a diminuée ;

5° Généralement, le travail manuel tend à rendre le tracé irrégulier ; la fatigue tend à augmenter cette irrégularité. Exceptionnellement, il le régularise en corrigeant un certain laisser-aller présenté par quelques ouvriers pendant le repos ;

6° La fréquence de la respiration n'a pas toujours entraîné une plus grande fréquence du pouls ;

7° Dans le cas d'efforts soutenus, le tracé du pouls tend à devenir rectiligne ;

8° Dans le travail exigeant des mouvements rapides, mais sans grands efforts musculaires, le pouls devient plus fréquent et plus accentué.

L'orateur apporte à l'appui de ses observations un nombre considérable de tracés que la section, en raison de leur importance, voudrait voir publier dans leur totalité.

— **Séance du 10 août 1886.** —

M. FAUCHER, Ing. en chef des P. et salp., à Lille.

Sur la nécessité d'une réglementation de l'industrie des explosifs. — M. FAUCHER appelle l'attention de la section sur la situation fâcheuse dans laquelle se trouve actuellement l'industrie des explosifs, par suite du défaut de réglementation bien appropriée.

Conformément à la loi du 13 fructidor an V, toujours en vigueur et confirmée par de nombreux arrêts de la Cour de casation, la fabrication des poudres en France est monopolisée entre les mains de l'État. Il a été fait exception seulement à ce principe du monopole poudres, par la loi du 8 mars 1875, en ce qui concerne la dynamite et les explosifs à base de nitroglycérine.

La conséquence de cette situation, c'est que tout ce qui touche à l'industrie des explosifs n'est réglé que par des instructions administratives faites dans des cas particuliers, d'où une réglementation incomplète, comprenant des formalités excessives d'une part, et insuffisantes de l'autre.

Ni l'industrie des explosifs, ni la sécurité publique ne sont suffisamment sauvegardées dans ces conditions.

A la suite de l'explosion de la rue Béranger à Paris (14 mai 1878), qui avait démontré les dangers de cette situation, une commission présidée par le Ministre du Commerce a élaboré un projet de règlement général sur les explosifs, qui satisfait à toutes les exigences de la question.

Aucune suite n'est encore intervenue pour ce règlement si nécessaire.

Tout récemment encore, la ville du Havre a couru les plus grands dangers, par suite de l'échouement sur la plage d'un navire contenant 23,000 kilogr. de dynamite. Une explosion survenue dans la nuit du 23 juillet a causé de graves dommages, et aurait pu avoir des conséquences terribles, sans le dévouement des artilleurs, qui avaient déchargé déjà une partie de cette terrible cargaison.

Le Conseil municipal du Havre, dans la séance du 4 août 1886, a émis le vœu suivant : *Que le règlement général sur les explosifs, préparé en* 1882 *par la Commission spéciale, soit sanctionné et promulgué dans le plus bref délai possible.*

Il serait dans l'intérêt de la sécurité publique que la 17e section voulût bien s'associer à ce vœu.

A l'unanimité, le vœu du Conseil municipal du Havre est approuvé par la section.

Sous-Section d'Archéologie

Président d'honneur . . .	M. le Dr GOSSE, de Genève.
Président	M. COURNAULT, Conserv. du Musée lorrain, à Nancy.
Vice-Président	M. GUIGNARD, Vice-Présid. de la Soc. d'hist. nat. de Loir-et-Cher, à Chouzy (Loir-et-Cher).
Secrétaires.	MM. Léon GERMAIN, Bibl. de la Soc. d'arch. lorraine, à Nancy. Charles GUYOT, à Paris.

M. GUIGNARD (Ludovic), Vice-Prés. de la Soc. d'hist. nat. de Loir-et-Cher, à Chouzy (Loir-et-Cher).

Gisements gallo-romains de la ville de Blois. — M. Guignard donne connaissance de la découverte de nombreux gisements gallo-romains relevés pendant le cours de l'année 1886 sous les voies urbaines de Blois. Il passe en revue les différents objets trouvés qui permettent d'assigner à cette ville une origine remontant au moins au premier siècle de l'ère chrétienne, origine qui jusqu'à ce jour, bien qu'accusée par certains auteurs, n'avait pu être établie sérieusement, faute de preuves matérielles concluantes.

Les puteoli de la rue Vauvert. — M. Guignard donne quelques détails sur de curieux puits observés à Blois, rue Vauvert, ces puits de 30 centimètres de diamètre au sommet vont en s'évasant vers la partie terminale et présentent en cet endroit un diamètre moyen de $0^m,50$. Ils ressemblent en petit à ceux du Bernard retrouvés par MM. Baudry et Ballereau et contiennent le même mobilier funéraire. Comme particularité bizarre, M. Ludovic Guignard signale la présence de suie le long des parois de ces trous, leur couverture opérée avec des morceaux de tuiles ou d'amphore et un peu au-dessus de la sépulture, du charbon déposé dans la couche supérieure pour bien indiquer la place où avaient été déposés les vases contenant les ossements incinérés du défunt.

M. le Dr BERCHON, Sec. gén. de la Soc. arch. de Bordeaux, à Pauillac (Gironde).

Importance de la recherche des marques des poteries. — L'importance de la recherche des marques des tuiles à rebords et de toutes les poteries, est considérable.

M. Berchon a trouvé, spécialement en Médoc, près de Pauillac, des tuiles portant une inscription très régulière, en lettres très belles, marque évidente de fabrique, avec l'inscription *merula cubus.*

Cette inscription, cette marque a été signalée en Vendée — dans l'ouvrage sur les puits funéraires de l'abbé Baudry. — L'expression *merula* est gauloise. L'auteur a trouvé, d'autre part, un fragment de poterie, *dite samienne,* et portant une inscription grecque, qui indiquerait une fabrication à Arezzo, d'après quelques auteurs.

M. Arthur BENOIT, de Berthelming (Alsace-Lorraine).

Les arts en Lorraine. Recherches sur les monuments en bronze à partir du XIVe siècle. — M. Benoit s'attache principalement à faire connaître les monuments funéraires et les œuvres d'art créées par des fondeurs lorrains ou se trouvant dans le pays. L'apogée de cette luxueuse industrie fut dans les commencements du XVIIe siècle ; Louis XIV rendit au génie artistique de la Lorraine l'hommage d'enlever à Nancy le fameux cheval de bronze et la merveilleuse couleuvrine des Chaligny.

M. Léon GERMAIN, Biblioth. de la Soc. d'archéol. lorraine, à Nancy.

Les fondeurs de cloches lorrains. — M. L. Germain, à l'appui du travail communiqué précédemment par A. Benoit, dresse une liste considérable de fondeurs de cloches lorrains, ayant exercé leur industrie depuis le XIVe siècle jusqu'à la Révolution, avec une telle renommée que des ouvrages de plusieurs d'entre eux sont connus dans le midi de la France, en Hollande et en Italie.

— Séance du 14 août 1880. —

M. Ch. BOSTEAUX, Maire de Cernay-lès-Reims.

Présentation d'un fragment d'appareil crématoire recueilli au cimetière gallo-romain de la Maladrie à Reims. — Ce fragment d'appareil crématoire est en basalte du Puy-de-Dôme ; il dépend d'une cuvette qui a eu 1m,10 de diamètre, les corps étaient mis dans cette espèce de chaudière et brûlés sans qu'ils fussent en contact avec le feu et la flamme ; la preuve se trouve dans la blancheur des ossements et des cendres, ainsi que l'on peut s'en rendre compte par les débris d'ossements contenus dans une urne, pris parmi une grande quantité d'autres.

Discussion. — M. Guignard déclare avoir trouvé des fragments d'appareils identiques dans le Loir-et-Cher en divers endroits, notamment à Suèvres, à Chouzy, à Selommes, à Herbault.

M. le Dr BERCHON, à Pauillac (Gironde).

De la conservation des squelettes dans les cimetières gallo-romains. — On discute souvent sur les conditions de la conservation des os dans les sépultures, mais je crois qu'on ne tient pas assez compte de la qualité du sol, de sa nature et des conditions atmosphériques qu'il subit d'une manière régulière suivant les régions.

M. Berchon a eu l'occasion d'assister à beaucoup de fouilles; et, dans des cimetières récents et de date connue, il est très ordinaire de rencontrer des squelettes admirablement conservés en certains points des enclos, tandis qu'on ne trouve absolument rien en d'autres sections quelquefois peu distantes.

Il est facile de constater que les ossements sont rares quand les couches de terre sont peu profondes et perméables. Certains terrains, au contraire, conservent presque indéfiniment non seulement les os, mais même les enveloppes tégumentaires et les vêtements.

Le caveau souvent cité de l'église Saint-Michel de Bordeaux est un exemple remarquable de ce dernier fait.

L'auteur croit donc qu'il est nécessaire d'apporter une grande prudence dans les conclusions à tirer de l'état des sépultures et d'analyser scientifiquement, avant toute conclusion, toutes les conditions du sol.

Discussion. — M. Guignard dit qu'il n'est pas nécessaire de trouver les ossements complets dans une tombe pour que cette tombe soit considérée comme violée. Les terrains, en effet, conservent en certains endroits d'une façon incroyable les squelettes, témoin ceux déposés dans le musée de Bordeaux; d'autres au contraire, au bout de peu d'années, ne laissent apercevoir que quelques cols de fémurs et de simples débris des mâchoires, ainsi qu'il a pu le constater dans ceux de Chouzy, d'Onzain, d'Herbault, dans le Loir-et-Cher et dans nombre d'autres.

M. L. GUIGNARD, à Chouzy (Loir-et-Cher).

Appareil crématoire en trachyte d'Auvergne. — M. Guignard fait observer que ces appareils n'étaient pas seulement en usage dans la région rémoise. On a trouvé une quantité de morceaux d'appareils semblables dans le Loir-et-Cher, à Chouzy, à Onzain, à Mesland. Leur attribuer l'idée exclusive de crémation est peut-être aller un peu loin; on ne peut douter cependant que quelques-uns portent les traces d'un feu violent.

De la signification des cercles concentriques sur les tuiles gallo-romaines. — On remarque sur les tuiles gallo-romaines rencontrées dans presque toutes les parties de la France des marques de potier, des pieds d'animaux, des signes particuliers, mais jusqu'à ce jour on n'a pas donné l'explication des cercles concentriques, au nombre généralement de trois, placés sur les tuiles funéraires. M. Guignard croit y voir le souvenir de l'antique mythe druidique concernant la migration des âmes dans les trois cercles de l'éternité, *cengant, abred* et *gwynfyd.*

M. Raoul GUÉRIN, à Paris.

Note sur d'anciens postes à signaux de la période gauloise en Lorraine. — M. Guérin étudie des vestiges qui lui paraissent être ceux d'anciens postes gaulois établis pour communiquer à de grandes distances par le moyen de signaux, tels que ceux que l'on peut obtenir par l'emploi de feux isolés ou combinés. Il s'attache à rechercher les lieux que des postes de telle nature pouvaient occuper dans le département de la Meurthe.

M. L. GUIGNARD, à Chouzy (Loir-et-Cher).

Les postes à feu dans les diverses parties de la France. — Les postes à feu se retrouvent sur tous les points du territoire français. Chez les Gaulois, le système des feux combinés offrait un moyen de correspondre entre les peuplades voisines. Bien des tumuli ne doivent leur origine qu'à ce mode de transmission de la pensée. On peut sur leur emplacement trouver des débris de poterie et des instruments préhistoriques, cela n'a rien d'étonnant : le guetteur de jour ou de nuit a pu en effet abandonner sur le site qui lui était assigné les objets détériorés dont il s'était servi ; parfois même les flancs de ces collines factices recèlent des tombeaux qui y ont été élevés, non pour accuser l'érection de la motte dans un but de sépulture, mais bien pour servir à ceux qui, pendant leur vie, n'avaient pas abandonné le poste de confiance qui leur était assigné. M. Guignard a examiné de nombreuses mottes de ce genre en Bretagne, dans le Loir-et-Cher, le Loiret, la Touraine, l'Eure-et-Loir, l'Auvergne et même en Afrique, sur le sommet des plateaux dont l'origine, au point de vue de la télégraphie aérienne, est indiscutable.

Présentation d'un œuf symbolique trouvé dans une tombe à Blois, rue Vauvert. — M. Guignard présente à la section un objet ayant la forme d'un œuf de poule et d'une grosseur à peu près identique. Cet œuf a été trouvé, au mois de mai 1886, dans une tombe par incinération découverte à Blois, rue Vauvert. Il est creux et mesure plusieurs millimètres d'épaisseur. Il reposait dans une niche en terre maçonnée à la main près d'une chytra. Cet œuf est-il un symbole religieux ? M. Guignard passe en revue les différents cultes rendus à l'œuf cosmogonique, à l'œuf de Léda chez les Grecs, à l'œuf de serpent chez les Gaulois, au même produit chez les Indiens. Le symbole de l'œuf ayant formé la secte des ophytes, hérétiques du IIe siècle de la secte des gnostiques, M. Guignard se demande si on ne pourrait attribuer le dépôt dans la tombe à une coutume en usage parmi ces religionnaires. D'autres œufs identiques ont été trouvés en France ; on en a signalé à Clermont-Ferrand, à Épinal ; plusieurs, dit-on, se trouvent au musée de Saint-Germain-en-Laye. Ils se composent d'une terre blanche excessivement fine, semblable à celle de l'Allier qui servit à façonner les statuettes des *deæ mairæ*, de Latone et de Lucine, signalées par M. Tudot dans ce département.

— Séance du 16 août 1886. —

M. Fernand BOURNON, Archiv. paléog., publiciste à Paris.

Intérêt des recherches à faire, dans les archives provinciales, sur l'histoire de la science et notamment de la médecine. — M. Bournon attire l'attention de la sous-section sur l'intérêt qu'il y aurait à ce que chacun de ses membres pût réunir, dans la région qu'il habite, des documents sur l'histoire de la science et en particulier de la médecine, pour laquelle nos archives provinciales conservent d'importantes collections.

On trouverait notamment les plus curieux renseignements sur les hôpitaux, maladreries, léproseries, etc., leur organisation, le traitement matériel et moral des malades, les médicaments en usage, les noms même des maladies, etc.

Il n'est pas douteux que nos confrères de l'Association apprendraient avec intérêt certains de ces détails dont l'ensemble n'a pas encore été réuni en un corps d'ouvrage. La sous-section d'archéologie pourrait tenter de l'entreprendre et témoigner ainsi de son zèle envers l'Association. Pour sa part, M. Bournon s'engage à apporter au congrès prochain une notice sur quelques hôpitaux parisiens du moyen âge.

M. L. GUIGNARD, à Chouzy (Loir-et-Cher).

De l'utilité, dans les travaux historiques, de consulter les chartriers des notaires. — M. Bournon ayant proposé à la section d'émettre un vœu pour que le Gouvernement prenne les mesures nécessaires pour faciliter l'entrée des archives notariales aux élèves de l'École des chartes, aux archivistes des départements, M. Guignard demande que cette autorisation soit également accordée aux délégués des sociétés savantes de Paris et des départements. Bien des pièces ignorées reposent dans les minutes notariales et il serait nécessaire qu'il leur soit donné une publicité sérieuse. M. Guignard donne, à l'appui de ce qu'il avance, communication de détails intéressants sur la Saint-Barthélemy et sur la composition de certaines compagnies de soldats retrouvés par lui dans les archives d'un notaire de Pontoise et concernant la province du Vexin français au XVIe siècle. Le vœu est adopté à l'unanimité par la section ainsi que l'article additionnel de M. Guignard.

M. le baron J. de BAYE, Corresp. du Min. de l'Inst. pub., à Baye (Marne).

Un rapport archéologique entre l'ancien et le nouveau continent. — M. le baron J. de Baye communique un rapport sur les objets en jadéite découverts en Europe dans les gisements de l'époque néolithique et en Amérique dans des sépultures précolombiennes. Il conclut que ces jadéites de l'ancien et du nouveau continent sont d'origine asiatique. La communication de M. de Baye est le résumé des derniers progrès de la question de la jadéite. Il appuie ses conclusions en citant les travaux du professeur Putnam, du docteur Haynes, de M. Strobel et de M. Damour.

M. le Chev. da SILVA, Archit. de Sa Maj. le roi de Portugal, à Lisbonne.

Quelle serait la signification des signes qu'on trouve gravés sur les pierres de la construction des édifices du moyen âge? — M. da Silva est amené, par l'étude et la comparaison des marques de tâcherons, à contredire l'opinion qui voyait dans ces marques les signes secrets et symboliques de membres de sociétés de francs-maçons ; il estime qu'il s'agit de marques personnelles à chaque ouvrier, choisies par lui et posées sur la pierre à l'endroit qui lui était le plus commode, pour indiquer sa part de travail. Quelques-unes de ces marques ont dû passer du père au fils, avec une très légère modification. Les tailleurs de pierre qui connaissaient l'alphabet employaient souvent les initiales de leur nom ; les autres faisaient usage de signes arbitraires, bien caractérisés et faciles à distinguer.

M. DELORT, Prof. au coll., à Auxerre.

Sépultures de l'époque burgondo-mérovingienne des environs d'Auxerre, avec mobilier funéraire. — Le mobilier des sépultures d'Auxerre a des rapports d'identité :

1° Avec celui des sépultures bourguignonnes de Charnay (fin du Ve siècle) par sa belle *fibule circulaire*, sa *chaînette*, sa *bague à monogramme* et son *scramasaxe* ;

2° Avec celui de Sainte-Sabine par la belle ornementation de la 2e *bague de l'époque romaine* ;

3° Avec celui de Brochon, de Gamay et de Molesme, par ses *boucles d'oreilles* et la décoration de ses sarcophages.

M. DELORT note aussi les relations de ses bijoux avec ceux de la Normandie et du British Museum.

En examinant attentivement ces produits de l'art des Francs, on voit que les conquérants de la Gaule, au ve siècle, aimaient, comme tous les peuples primitifs, la richesse et l'éclat qui charment et, à l'aspect de ces armes et de ces précieux vestiges, on reconnaît bien les ancêtres de ces fiers Bourguignons qui, dix siècles plus tard, allèrent arroser de leur sang généreux les monts de la valeureuse Helvétie, et joncher de leurs riches dépouilles les champs funèbres de Granson et de Morat.

M. GOSSE, à Genève.

Sur les deux principaux courants chrétiens, de Rome et de l'Irlande, d'après la différence des sujets représentés sur les boules et fibules de l'époque mérovingienne.

M. Paul TISSERAND, Prof. d'hist. et de géog. au collège d'Oran (Algérie).

Les antiquités de Beaucaire[1]. — En passant à Beaucaire, M. TISSERAND a trouvé deux ouvrages qui lui ont paru fort intéressants au point de vue archéologique. L'un est du chevalier de Forton, de l'ordre royal et militaire de Saint-Louis, imprimé à Avignon en 1836 et tiré à 300 exemplaires qui devaient être vendus au profit des malades de l'hôpital de Beaucaire. Il renferme des documents précieux et inédits sur le rôle de cette ville pendant l'occupation romaine et surtout pendant la guerre des Albigeois.

Le second, plus court, est intitulé : « *Antiquités de la ville de Beaucaire*, par C. Blaud, pharmacien. » En 1819, il a été imprimé pour la première fois. Il est plus facile à comprendre que le premier, parce qu'il ne s'occupe que d'archéologie et fort peu d'histoire. Il renferme en outre des gravures et des inscriptions expliquées par le texte, et il donne des idées exactes au sujet des faits importants qui se sont passés, non seulement dans cette ville, mais aussi dans la région, à l'époque romaine, puis au retour de la 7e croisade, sous saint Louis, qui a laissé là des traces de son passage, toutes choses que M. Tisserand n'a vues nulle part et qu'il a cru devoir faire connaître à la sous-section d'archéologie, afin que les amateurs de ces sortes de curiosités puissent en tirer le meilleur parti au point de vue de leurs savantes et utiles recherches.

M. H. de la VALLIÈRE, à Blois (Loir-et-Cher).

Procédé matériel, pour juger approximativement de l'âge de certains menhirs des environs de Carnac. — Certains menhirs, assez nombreux même, des environs de Carnac, Plouharnel et Locmariaquer, présentent la forme, *en*

1. Les documents ont été communiqués à M. Tisserand par M. F. Blanchet, peintre à Beaucaire.

arc brisé, dite ogivale. Cette forme est intentionnelle, voulue et choisie, notamment, pour le menhir du fond du plus grand dolmen connu, *la table des marchands* ou de *César,* en Locmariaquer, sur lequel un artiste, à l'époque de l'érection du monument, a sculpté un vaste cadre de forme dite ogivale, contenant de nombreux signes, ou ornements inconnus.

Cette forme, en arc brisé, paraît être venue du centre de l'Asie, à Carnac comme en Égypte, mais à quelle éqoque? Il n'est pas douteux qu'elle ne fût connue avant le moment de l'érection des menhirs. Or, certains de ces derniers employés aux alignements des environs de Carnac, Plouharnel, Erdeven, présentent, à leur sommet, des rigoles ou cannelures assez profondes, provenant des météores, glace, neige, pluies, brouillards salins, etc.

Il n'est pas téméraire de penser que ces rigoles sont bien le produit du temps et nullement de la main des hommes, elles sont bien trop irrégulières et saccadées pour cela! Elles se sont creusées, comme il a été dit, par les météores, peut-être par l'action destructive des rayons solaires à travers les cristaux de glace ou de neige.

S'il en est ainsi, nous avons, au moyen de moulages successifs, par exemple faits tous les cinq ans pendant cinquante ans, un procédé matériel et précis de reconnaître, soit en poids, soit en volume :

1° De combien ces rainures se sont creusées en un demi-siècle ; et, par conséquent :

2° Combien il a fallu de siècles pour arriver à creuser les cannelures telles que les menhirs les présentent aujourd'hui, ou mieux les offriront dans cinquante ans.

Cette opération faite naturellement, avec le plus grand soin, par d'habiles mouleurs et contrôlée par de savants physiciens, pourrait avoir lieu tous les cinq ans, sur plusieurs menhirs du même alignement, et l'on prendrait la moyenne des diverses opérations, afin d'avoir l'âge approximatif de ces monuments.

Je citerai, dans les alignements de Sainte-Barbe, en Plouharnel (Morbihan), comme pouvant servir à cette opération, le curieux menhir cylindrique qui se trouve en tête, parmi les plus gros, et n'a que 2 mètres de hauteur, et aussi le troisième menhir du rang le plus au nord de ces alignements.

M. L. GUIGNARD, à Chouzy (Loir-et-Cher).

De la hutte et des silex éclatés des Vernous (*Chouzy, Loir-et-Cher*). — M. Guignard relate la découverte faite par lui d'une aire de hutte incinérée, excessivement ancienne sur le terrain du sieur Bisson, au lieu dit *le Marchais des Vernous,* à Chouzy (Loir-et-Cher). Il y a découvert des silex blonds taillés de main d'homme, des grattoirs, des pointes de flèches et une certaine quantité de morceaux, d'éclats passés au feu avec cacholong des plus accentués. Non loin de cet endroit a été relevé un cadavre ayant près de lui des petits couteaux carolingiens, une fibule, des morceaux de poterie bleutée mérovingienne, à ornements en zigzags, des fragments de poterie samienne. Près de la hutte, se trouvait un puits funéraire analogue à ceux du Bernard, un rempart de terre destiné à protéger les habitants contre les guerriers voisins. On apercevait en outre les traces d'un foyer et d'un banc de pierre mis à dessein auprès. L'an 834, le 13 juillet, eut lieu, non loin des Vernous, une bataille entre Louis le Débonnaire et ses enfants révoltés; on a trouvé un peu au-dessus de nombreux cadavres rangés par files, près de la grotte de la Cardinale; il n'y aurait rien d'extraordinaire à ce que le cadavre remontât à cette époque lointaine, de même que le mobilier trouvé près de lui.

M. Léon GERMAIN, à Nancy.

Les armoiries épiscopales en Lorraine. — Les armoiries des évêques des diocèses lorrains, — particulièrement des évêques de Toul, auxquels l'auteur a eu l'occasion de s'attacher d'une manière spéciale, — offrent des modifications successives et des additions d'ornements accessoires qui peuvent servir à dater les monuments, comme à fixer l'attribution d'armoiries qui ne différeraient point pour les meubles de l'écu.

— Séance du 18 août 1886. —

M. BONNIN, Instit. à Fréteval, par Morée (Loir-et-Cher).

Le poteau de la quintaine de Fréteval (Loir-et-Cher). — M. Bonnin s'attache à citer tous les textes qui se rapportent à l'institution de la quintaine et aux poteaux de quintaine: les uns étaient plantés sur une place publique; d'autres, placés dans un cours d'eau, servaient à des exercices et jeux nautiques; celui de Fréteval, appartenant à cette dernière catégorie, est peut-être le seul qui existe encore dans le Vendômois; l'auteur essaie de le décrire, bien que ce poteau soit aujourd'hui réduit de longueur et entièrement submergé.

M. Ed.-F. HONNORAT, à Digne.

Bracelets préhistoriques en bronze découverts à Digne. — M. Honnorat décrit deux bracelets très massifs, non fermés, ornés sur leurs faces de dessins géométriques, faisant partie du mobilier funéraire d'une tombe préhistorique de l'âge du bronze, découverte aux environs de Digne, où ces trouvailles, malgré la haute antiquité de la ville, sont fort rares.

L'auteur de cette communication l'accompagne de dessins en ajoutant que ces deux bracelets n'étaient pas seuls, mais que les autres ont été dispersés sans qu'il ait pu les examiner.

M. F. JACQUOT.

La question du briquetage de la Seille. — M. Jacquot décrit le briquetage de la Seille d'après plusieurs auteurs, dont il rapporte les opinions variées touchant la date de cet ouvrage célèbre. Il conclut en demandant au Congrès de s'occuper de l'étude du briquetage et en lui soumettant une série de questions.

M. l'abbé HARDEL, Curé de Vineuil (Loir-et-Cher).

Sur une inscription gallo-romaine. — La date de l'inscription gallo-romaine trouvée à la Haute-Borne de Vineuil près le camp romain, est voisine de l'époque de la conquête : d'après la forme des lettres, les abréviations et les noms, cette inscription appartient au règne de Domitien.

M. l'abbé Hardel regrette que le musée lapidaire de Blois n'ait pas conservé ce précieux témoignage d'antiquité locale, dont le souvenir n'aurait pu parvenir jusqu'à nous sans son insertion au *Bulletin des Sociétés savantes* de 1875.

Voici le texte :

AIGA

ATESMERT

L VAA S F

Cette inscription ne saurait être celle d'une borne milliaire pas plus que d'un autel votif, mais l'épitaphe d'une stèle ou cipe funèbre élevée à un personnage dit AIGA, nom gaulois, qui dans notre contrée a beaucoup de rapprochement avec Aigulphus qui vivait au VIIe siècle à Vineuil, et Aiacus, qui descendait la Loire avant le Ve siècle.

Cette épitaphe peut se lire de deux manières : AIGA *satis merita L. vitæ annis animam suam flavit* ou bien *Aiga satis merita Locum viva sibi fecit,* mais le second A de l'abréviation ne saurait être superflu, aussi inclinons-nous vers la première interprétation.

La Seigneurie de Vineuil. — Parmi toutes les seigneuries de village, renfermées dans le comté de Blois, celle de Vineuil est l'une des rares, sinon la seule dont l'origine ancienne puisse être démontrée avec pièces à l'appui. Cette terre devenue la propriété de l'abbaye de Fleury-sur-Loire, en 650, ne fut d'abord qu'une *mairie,* comme cette abbaye en avait dû fonder dans ses plus importantes dépendances. Mais au IXe siècle elle devint un fief ou seigneurie héréditaire de Saint-Benoît-sur-Loire.

Une charte inédite de Boson II, abbé de 1107 à 1131, extraite de l'ancien trésor du monastère de Fleury, par le président Ardier, en nous rappelant la concession de la mairie de Vineuil à un certain Raynault, maire de Vineuil, c'est-à-dire lieutenant de l'abbé dans cette terre, nous fait connaître les droits de ce fonctionnaire et de ses prédécesseurs au même lieu.

Une déclaration de Philippe le Hardi au comte de Blois reconnaît que l'abbé de Saint-Benoît avait dans Vineuil droits de basse justice, meuble et festage. Au XIVe siècle, les droits seigneuriaux de l'abbaye sur Vineuil s'accrurent de la haute et moyenne justice et autres droits selon la coutume d'*Orléans,* parce que le monastère avec tous ses biens placés sous la garde du roi, ne relevait que de la généralité d'Orléans.

La seigneurie de Vineuil ne fut soumise à la coutume de *Blois* qu'au commencement du XVIIe siècle, au moment de l'aliénation par le Chambrier de Saint-Benoît en faveur de Silvain Gauvin, gouverneur général et provincial des Guerres, premier seigneur laïque de Vineuil.

Les archives de Beauregard, résidence du président Ardier, ancien seigneur de Vineuil, nous ont conservé de nombreux actes de droits seigneuriaux, tels que justice, foi et hommage, cens, dîmes et patronnage de Vineuil. Plusieurs baux de cette terre aux fermiers généraux (XVIIe siècle) nous donnent de curieux détails sur ses revenus et ses coutumes, sur les devoirs des vassaux et les actes les plus importants des baillis et lieutenants de la justice et seigneurie de Vineuil jusqu'à la fin du XVIIIe siècle.

M. L. GUIGNARD, à Chouzy (Loir-et-Cher).

Des droits singuliers des prieurs de Chouzy. — Le prieur de Chouzy avait plusieurs droits singuliers, entre autres celui d'avoir une des portes de l'église donnant sur son prieuré; il avait la possibilité d'ouvrir et de fermer cette porte à sa volonté. Il possédait en outre le droit d'avoir deux limiers et de chasser toute l'année sur le territoire de la commune, celui de puiser de l'eau jusqu'à quinze brasses dans le fleuve de la Loire. Pour assurer ces diverses redevances et en empêcher la prescription, on lui apportait pour le droit de chasser aux fêtes de Noël un roistel (roitelet, bourichon) vivant, sur deux bâtons enguirlandés de rubans et de lauriers; pour le droit de puisage, aux fêtes de la Pentecôte, un jeune homme du pays se baignait dans la Loire et présentait au prieur un verre d'eau puisée dans le fleuve; en remerciement de cet acte, l'abbé lui donnait le droit de courir l'éteuf (jouer à la balle) devant les portes du prieuré et de percevoir une buyre de vin (mesure de Chouzy) sur tous les jeunes gens mariés qui n'avaient pas encore eu d'enfants pendant le cours de l'année. L'amende était doublée pour les mariés au cas où les hommes auraient épousé une veuve, les veufs une jeune fille.

— Séance du 19 août 1886.

M. Léon GERMAIN, à Nancy.

Les tabernacles en Lorraine aux XVe *et* XVIe *siècles.* — En Lorraine, au XVe siècle, on cessa généralement d'élever le vase renfermant la réserve eucharistique au-dessus du maître-autel, pour le placer dans une niche richement décorée, fermée par une porte et percée dans le mur du chœur, ordinairement du côté de l'Évangile; au fond de cette niche, un oculus quadrilobé ou flamboyant permettait aux fidèles d'adorer la présence réelle de l'extérieur, en associant en quelque sorte à cet acte les défunts dont les corps reposaient dans le cimetière. M. GERMAIN cite un grand nombre de ces *repositorium* et *oculus* qui existent encore.

Dans les églises munies d'un déambulatoire ou non entourées du cimetière, la réserve eucharistique était parfois, à la même époque, conservée dans un riche édicule pyramidal, à côté du maître-autel.

Au XVIe siècle, il devint d'usage d'adosser le maître-autel à un retable très élevé et de placer le tabernacle, en forme de lanterne ajourée, au sommet de ce retable; on y accédait au moyen d'un escalier posé par derrière. Ces retables sont devenus très rares; l'auteur en fait connaître cinq, fort remarquables et variés de forme: à Arrancy, Baslieux, Génicourt, Saint-Mihiel et Saint-Nicolas-de-Port.

Au XVIIe siècle, on descendit le tabernacle sur le maître-autel ou sur le gradin.

M. F. JACQUOT.

L'étymologie du nom de Nancy. — M. JACQUOT conteste l'opinion ancienne qui fait venir le nom de Nancy d'un radical celtique *Nant,* interprété par *mare* ou *marais;* il fait dériver ce nom « du latin *nasus,* qui signifie *nez* au sens ordinaire, et *promontoire* ou *long coteau* dans l'acception géographique ». L'auteur prétend que Nancy s'appelait dans l'origine *Naxon* ou *Nasson*, et que c'est cette ville qui est désignée sous le nom de *Naisil* dans le « fameux *Roman des Lorrains* ».

Discussion. — M. Germain dit que la plus ancienne forme connue du nom de Nancy est *Nanceiacum* (ixe siècle), qui ne vient certainement pas du latin *Nasus,* mais dont la terminaison, suivant l'expression de M. E. Briard, « suppose nécessairement un mot celtique, le suffixe attributif de possession *ac* » ; Nancy veut probablement dire : domaine de Nancus. La forme romaine, Nancey, puis Nancy, dérive naturellement de Nanceiacum ; la forme bas-latine *Nanceium* paraît avoir été faite pour répondre à *Nancey,* bien loin de lui être antérieure.

M. L. GUIGNARD, à Chouzy.

Disposition du Camp d'Afrique par rapport aux camps dits romains. — M. Guignard fait observer que cette enceinte a pu être occupée par les Romains au moment de leurs guerres dans les Gaules, mais que l'origine de cette curieuse ligne de défense doit être reportée à une époque beaucoup antérieure dans l'histoire. La forme elliptique du camp n'est en effet pas en accord avec le mode de faire des Romains ; d'autre part, les débris de poteries que M. Guignard a trouvés dans une fouille faite près de la route, le long du déblai portent un caractère essentiellement gaulois de la dernière période avant l'occupation. L'enceinte est, selon l'expression exacte de M. Bleicher, préromaine et a dû être élevée pour la sauvegarde des habitants de la vallée qui s'y réfugiaient, en cas de guerre, avec leurs troupeaux. L'intérieur de ce camp serait d'autant plus intéressant à étudier qu'il est littéralement jonché de tumuli à fleur de terre, débris peut-être de huttes semblables à celles signalées en 1885 au Congrès de l'Association française à Grenoble par M. Testut.

M. Léon GERMAIN, à Nancy.

Les croix d'affranchissement à la loi de Beaumont en Lorraine. — La loi de Beaumont fut, en Champagne et dans la Lotharingie, à partir de la fin du xiie siècle, la charte type des affranchissements communaux. En mémoire de ces affranchissements, on élevait d'habitude, sur la grande place de la localité, une croix de pierre, qui était l'emblème de la liberté communale, tout en marquant le siège de la justice et des assemblées populaires. M. Germain indique, d'après des documents écrits, l'existence de trente croix de ce genre ; deux ou trois existent encore dans le Luxembourg ; mais, en Lorraine, on ne connaît que celle de Frouard, aujourd'hui conservée au Musée historique lorrain ; elle date de la fin du xiiie siècle et l'auteur l'a publiée en 1882.

EXCURSIONS

VISITES SCIENTIFIQUES ET INDUSTRIELLES

PROGRAMME GÉNÉRAL.

Pendant la durée du Congrès de Nancy et conformément au programme général, les membres ont eu l'occasion de faire diverses visites industrielles et de prendre part à des excursions générales et spéciales à quelques sections.

Nous reproduisons le programme de ces excursions et de ces visites dans leur ordre chronologique.

VENDREDI 13 août 1886.

Visites industrielles.

Imprimerie Berger-Levrault et Cie.
Tannerie Luc.

SAMEDI 14 août 1886.

Visite à la verrerie de Portieux.

Départ de Nancy à 1 h. 29 m. Arrivée à la verrerie de Portieux à 3 heures.

Itinéraire de la visite : 1° Briqueterie et poterie réfractaires. — Fabrication des creusets.

2° Générateurs à gaz. — Régénérateurs et fours Siemens.

3° Ateliers de peinture, décors et guillochage du verre.

4° Tailleries et machines à vapeur.

5° Halles et chambres d'Arches. — Soufflage, moulage. Lunch offert par l'usine.

Départ de la Verrerie à 5 h. 30. m. Arrivée à Nancy à 7 h. 16 m.

DIMANCHE 15 août 1886.

Excursion de Toul et Tantonville.

Départ de Nancy à 5 h. 58 m. du matin.
Arrivée à Toul à 6 h. 58 m.
Visite de la ville et des monuments.
Départ par bateau à vapeur (porteurs de la Marne).
Visite des usines alimentaires du canal, à Valcourt.

Arrivée à Pont-Saint-Vincent vers midi. Déjeuner vers midi et demi. Visite à l'établissement de la Société des Forges de la Haute-Moselle, à Neuves-Maisons.

Départ par bateau à 1 heure et demie pour Messein.

Visite des usines alimentaires du canal et de la ville de Nancy. Retour à la station du chemin de fer à Messein.

Départ à 4 heures pour Tantonville ; arrivée vers 4 heures et demie.

Visite de la brasserie de MM. Tourtel frères.

Départ de Tantonville par le chemin de fer vers 5 heures trois quarts ; arrivée à Nancy vers 7 heures trois quarts.

Lundi 16 août 1886.

Visites industrielles.

A. — Pont-à-Mousson : Hauts fourneaux et forges de M. Rogé et cartonnerie de M. Adt.

Départ par chemin de fer à 1 h. 30 m.

Départ de Pont-à-Mousson à 4 h. 45 m. ; arrivée à Nancy à 5. h 45 m.

B. — Varangéville : Visite des mines de sel de MM. Daguin et Cie.

Départ par voiture à midi et demi.

Retour vers 6 heures et demie.

C. — Visite spéciale de la 13e section à la ferme de M. P. Genay et à l'École pratique d'agriculture de Tomblaine.

Mardi 17 août 1886.

Excursion de Raon-l'Étape, vallée du Rabodeau, Senones.

Départ de Nancy par chemin de fer à 5 h. 25 m.

Arrivée à Raon-l'Étape à 7 h. 10 m.

Départ par voitures pour la vallée du Rabodeau.

Arrivée au col de Prayé à midi.

Déjeuner. Promenades au lac de Lamaix et ascension des Hautes-Chaumes.

Départ par voitures à 4 heures ; arrivée à Senones à 7 h. 30 m.

Départ de Senones par chemin de fer à 8 h. 10 m.

Arrivée à Nancy à 10 h. 46 m.

Mercredi 18 août 1886.

Visites industrielles et excursion spéciale.

A. — Visite à Dombasle. Soudières de MM. Solvay et Cie.

Départ de Nancy par chemin de fer à 3 h. 5 m. ; arrivée à Dombasle à 3 h. 33 m.

Départ de Dombasle à 4 h. 46 m. ; arrivée à Nancy à 5 h. 13 m.

B. — Visites à Nancy.

Verrerie de M. Daum.

Brasserie de l'Est.

Tonnellerie de MM. Frühinsholz.

C. — Excursion spéciale pour la section des sciences médicales à Contrexéville et Vittel.

Départ de Nancy par chemin de fer à 11 h. 45 m.

Arrivée à Contrexéville à 2 h. 7 m.

Visite de l'établissement de Contrexéville.

Départ de Contrexéville par chemin de fer à 3 h. 55 m.
Arrivée à Vittel 4 h. 3 m.
Visite de l'établissement et du Casino.
Dîner offert par l'administration des eaux de Vittel.
Départ par chemin de fer à 8 h. 35 m.
Arrivée à Nancy à 10 h. 48 m.

D. — Visite de la 9e section à l'École nationale forestière et excursion dans la forêt de Haye.

VENDREDI 20 août 1886 et jours suivants.

Excursions finales. — Montagne des Vosges.

VENDREDI 20 août 1886.

Départ de Nancy à 6 h. 35 m.
Arrivée à Lunéville à 7 h. 35 m.
Visite de la ville et de la faïencerie de MM. Keller et Guérin.
Départ de Lunéville, par train spécial, à 9 h. 8 m.
Arrivée à Saint-Dié à 10 h. 25 m.
Visite de la ville ; déjeuner à midi (Hôtel de Ville).
Départ à 2 h. 45 m., rendez-vous à la gare.
Arrivée à Gérardmer. — Dîner. — Fête de nuit sur le lac. — Coucher à Gérardmer.

SAMEDI 21 août 1886.

Départ en voitures à 5 heures du matin.
Arrivée à la Schlucht à 9 heures ; déjeuner.
Départ vers 10 heures ; arrivée à Cornimont vers 2 heures.
Départ par train spécial à 2 h. 20 m.
Arrivée à Saint-Maurice à 4 h. 12 m.
Départ par voitures.
Arrivée à Bussang vers 5 heures et demie.
Visite des sources.
Dîner et coucher à l'établissement et au village de Bussang.

DIMANCHE 22 août 1886.

Départ par voitures à 5 heures du matin.
Arrivée au Ballon d'Alsace vers 9 heures.
Déjeuner.
Départ pour Saint-Maurice, à 11 heures et demie.
Départ par train spécial à 2 h. 35 m.
Arrivée à Nancy à 6 h. 14 m. du soir.

EXCURSION DE TOUL ET TANTONVILLE.

15 AOUT 1886.

L'excursion de Toul devait tenter bien du monde ; du chemin de fer on passait en bateau, du bateau on reprenait le chemin de fer. Pas la moindre fatigue, une vraie promenade. Aussi le train de 5 h. 58 m. emportait-il deux cents membres du Congrès, tous arrivés à l'heure exacte. La journée s'annonce belle ; l'air du matin est un peu vif, presque froid. Tout à l'heure, sur le bateau, on s'enveloppera dans les pardessus, les manteaux, mais au coup de midi, le soleil piquera fort et l'ascension du bord du canal à la gare de Messein, si courte qu'elle soit, ne se fera pas sans souffler un peu.

Une heure de chemin de fer, et le train s'arrête à Toul où nous attendent le maire, le conseil municipal, le sous-préfet, sans compter une foule anxieuse de voir de près les « savants ». On a juste le temps de voir la ville au pas de course et l'on part sans tarder. A l'entrée de la ville, à la porte des fortifications, se dresse le monument commémoratif élevé à la mémoire des soldats morts pour la défense du pays. Tout le monde se découvre ; on défile en silence devant la pyramide funéraire, rendant dans un touchant et unanime sentiment un hommage patriotique aux héros tombés sous les murs de la forteresse. Courte halte, sans discours et sans phrases, où chacun a pris dans son cœur la plus tendre pensée de souvenir et d'espérance.

La cathédrale porte encore, du haut en bas, les traces ineffacées des luttes sanglantes de 1870 ; c'est à peine si on a le temps de la visiter. Il faut voir le cloître de l'église Saint-Gengoult, beau spécimen gothique du XIVe siècle. Chacun court de son côté, mais à 8 heures sonnant, la troupe se trouve réunie, sans un retardataire, à l'écluse de la porte Moselle. Deux bateaux, du service des Porteurs de la Marne, ont été mis gracieusement à notre disposition par M. Fontaine, le directeur de la Compagnie, et aménagés et pavoisés pour recevoir les voyageurs. M. Holtz, ingénieur en chef des ponts et chaussées, qui a réglé avec M. Roth et les agents du service tous les détails du voyage, fait les honneurs de son petit vapeur au Président et à quelques-uns de ses collègues. A 8 h. 5 m., un coup de sifflet annonce le départ et le yacht prend la tête de la flottille, dont chaque bâtiment suivra à intervalles réglés pour éviter toute perte de temps au passage des quatre écluses que nous avons à franchir jusqu'à Pont-Saint-Vincent. L'un après l'autre, chaque bateau démarre et file à petite vitesse dans le canal. A 3 kilomètres, on stoppe : nous sommes en face des usines de Valcourt, destinées à l'alimentation du canal. De puissantes machines hydrauliques, mises en mouvement par les chutes des barrages de la Moselle canalisée, envoient chaque jour à 40 mètres de hauteur et à 13 kilomètres de distance un volume d'eau de 50,000 à 55,000 mètres cubes. Le trajet est un peu long, quatre heures, mais la promenade est sans fatigue, les sites sont ravissants et pour abréger la durée du voyage, la brasserie de Tantonville, que nous visiterons l'après-midi, a fait charger sur les bateaux plusieurs caisses de son excellente bière. Nous passons successivement devant Villey-le-Sec que domine le fort dans la vallée pittoresque de Maron. Voici Sexey-aux-Forges, Chaligny, puis Pont-Saint-Vincent. Tout le village est sur le pont, guettant notre arrivée. Il est bientôt midi ; le déjeuner sera le bienvenu. Holà du dernier bateau qui tarde ; les premiers arrivés semblent les plus pressés à prendre place à table.

Tout le monde y est et, comme à l'assaut, on se précipite dans la salle de danse coquettement disposée pour le banquet.

Après déjeuner, les intrépides, qui ne cherchent pas une digestion tranquille, vont visiter le bel établissement métallurgique des Forges de la Moselle dont les administrateurs nous font courtoisement les honneurs. Une heure et demie, un coup de sifflet pour les paresseux et les bateaux reprennent dans le même ordre et la même régularité leur marche sur Messein. Autre visite de machines hydrauliques destinées à l'alimentation du canal et aussi de la ville de Nancy. Nos vapeurs ont pu, dans la gare d'eau, faire une évolution rapide et l'on peut revenir en arrière jusqu'au pied du coteau où se trouve la gare. Des remerciements chaleureux à MM. Holtz, Roth, Fontaine et à leurs agents, qui ont été, pendant cette excursion, d'une complaisance inépuisable.

La côte est dure, le soleil est un vrai soleil d'août. Allons, un petit effort, dépêchons; le train est là qui nous attend. En une demi-heure, nous arrivons à Tantonville. La brasserie a tout son personnel en l'air ; la musique salue l'entrée du train en gare du chant de la *Marseillaise* et tout aussitôt la visite commence par bandes fractionnées sous la conduite de MM. Tourtel et des principaux directeurs de la brasserie, visite détaillée depuis les séchoirs, les ventilateurs, jusqu'aux caves et glacières. On trouvera du reste une notice détaillée sur cette importante fabrique quelques pages plus loin, dans les visites industrielles. Désireux de justifier la réputation acquise par la bière de Tantonville, les propriétaires convient les membres du Congrès à les suivre dans le parc où le lunch est servi. Si quelque doute restait dans leur esprit, même après l'accroissement annuel de leur production, sur l'excellence de leur bière, ils ont dû être rassurés et satisfaits en voyant avec quel empressement les bouteilles sont vidées, avec quelle chaleur on applaudit au toast de M. Friedel qui félicite et remercie MM. Tourtel d'avoir montré aux membres de l'Association un établissement où la pratique industrielle a su se laisser si bien guider par les méthodes scientifiques. « A la prospérité de Tantonville ! » c'est le cri qui s'échappe des wagons au moment où le train s'ébranle, au milieu des acclamations des habitants et des fanfares de la musique. C'est un train spécial qui nous ramène: aussi, en une heure et demie, sommes-nous à Nancy, tous enchantés de l'excursion qui s'est passée sans incident, sans accroc.

EXCURSION DE RAON-L'ÉTAPE, SENONES.

17 AOUT 1886.

Sans incident, sans accroc, tel ne devait pas être l'épilogue de la deuxième excursion. Le programme primitif comportait une ascension au Donon en remontant la vallée de la Plaine par Celles, Luvigny et redescendant par le col de Prayé et la vallée du Rabodeau. Ce projet d'une excursion sur le territoire annexé avait soulevé, de la part du bureau, de nombreuses objections; on s'était rendu, en fin de compte, au désir du comité local qui affirmait qu'il n'y aurait pas la moindre difficulté et que la course se faisait journellement. C'était escompter un peu trop le bon vouloir des Allemands. La veille de l'excursion, pendant la soirée offerte au Congrès par la municipalité de Nancy, le secrétaire du conseil était averti par le préfet que les Allemands, en aimables voisins, prenaient leurs mesures pour nous interdire le passage. Il invitait le conseil à modifier l'itinéraire pour ne soulever aucun incident fâcheux. Et, de fait, le lendemain, on apprenait que toute la police, les gendarmes de Molsheim, le Kreisdirector en tête, avaient patiemment attendu les excursionnistes pour leur faire rebrousser chemin. Ils nous attendent encore. Le parti fut vite pris. On irait et reviendrait par le même chemin. Mais, à la ferme de Prayé, on ne nous attend que pour dîner à 4 heures ; rien ne sera prêt et les touristes, quand sonnera l'heure du déjeuner, ne voudront rien entendre. Ventre affamé n'a pas d'oreilles. Le déjeuner est commandé à Luvigny, mais impossible de l'aller chercher ; impossible de le faire arriver à temps à Prayé ; impossible de transporter les kiches qui feraient naufrage en route. Sans plus tarder, les organisateurs de l'excursion, le secrétaire, se mettent en campagne pour assurer les provisions.

Il est minuit. Bonnes gens qui dormez tranquilles, pour vous éveiller tranquillement sur les 5 heures et venir, votre billet en main, réclamer le vivre et le transport, vous ne vous doutez guère des mauvais quarts d'heure par lesquels ont passé ces messieurs. Le Dr Fournier, à qui le Congrès doit tant pour la bonne organisation de ces promenades, s'arrache les cheveux de désespoir. Tout est raté, tout est manqué. Rien ne sera manqué fort heureusement, il s'agit de se débrouiller et on se débrouille ; on se débrouille même si bien qu'à 5 heures, avant l'arrivée des touristes, le fourgon du train recevait, soigneusement emballé, un déjeuner froid complet, qui, contre toutes prévisions, servira de souper.

A la gare, à 5 h. 25 m., nous sommes encore près de deux cents ; cinq ou six font la grimace quand on les informe qu'on n'ira pas au Donon ; on leur rembourse simplement les billets. Heureusement que les réfractaires ne sont pas nombreux. M. Gariel regardait, quelques minutes avant, la caisse avec mélancolie, se voyant condamné à faire l'excursion avec quelques rares fidèles et à payer pour dix comme pour deux cents. Une opération de comptabilité désastreuse pour les finances de l'Association ; le trésorier en eût fait une maladie. Les figures reprennent leur entrain quand on voit que ce petit contre-temps n'a fait baisser l'enthousiasme que de 3 p. 100 et l'on part, riant un peu plus, trop heureux d'avoir esquivé un pareil assaut.

A 7 h 10 m., nous sommes à Raon-l'Étape, brûlant au passage Varangéville, Dombasle où plusieurs sont déjà venus en visite industrielle, Lunéville où nous viendrons vendredi. Vingt-cinq voitures, breaks, landaus, calèches, sont rangées dans la cour de la gare ; on se presse, on se hisse et tout le convoi part au grand trot sur la route d'Étival. Nous prenons au passage M. Tassard, inspecteur des forêts, qui a mis gracieusement son personnel à notre disposition pour dresser une tente au col de Prayé, et fouette cocher. La route est trop pittoresque pour que les heures ne passent pas vite. Voici Étival et les coteaux où s'est livré le combat de la Burgonce. Un tour à gauche, et nous nous engageons dans la vallée du Rabodeau, peuplée d'usines. Nous brûlons Moyenmoutier et sa vaste abbaye, transformée en filature. A Senones, dix minutes d'arrêt ; les estomacs battent déjà le rappel, à en juger par l'empressement avec lequel on se précipite dans les cafés, à droite et à gauche,

En voiture, Messieurs ; nous n'avons pas de temps à perdre ; la côte est dure à monter et il y en a pour trois petites heures. Un hourra pour les habitants de la Petite-Raon, de Moussey qui ont pavoisé leurs demeures. A la scierie des Chavons, 500 mètres d'altitude, nous entrons en pleine forêt ; la route est admirable, au milieu de ces grands sapins, bordée par ce ruisseau clair du Rabodeau qui se précipite de cascade en cascade. A midi et demi, les voitures atteignent le col de Prayé. Au milieu d'une grande prairie, l'administration des forêts a fait dresser une tente ornée de feuillages du plus pittoresque effet. C'est l'heure du déjeuner, mais rien n'est prêt ; on ne nous attendait qu'à 4 heures. En pressant les feux, en activant les cuisiniers, on pourra se mettre à table dans une heure. Va pour une heure, et l'on se disperse à droite et à gauche.

Tout est prêt à l'heure dite ; les Alsaciens accourus de l'autre côté de la montagne font fête à leurs compatriotes ; un grand étendard aux trois couleurs flotte au-dessus de nos têtes. C'est une fête de famille, une fête patriotique. A la fin du déjeuner, le président, M. Friedel, les yeux tournés vers ce pays qui lui est doublement cher, porte un toast à ses compatriotes, aux Alsaciens qui sont venus nous serrer la main. « De ces belles montagnes dont nous n'avons plus que les dernières crêtes, regardons là-bas, Messieurs ; travaillons et n'oublions pas. »

Il reste encore une heure avant le départ, pour visiter les points les plus remarquables de cette gorge pittoresque. Pendant que les uns descendent jusqu'au lac de Lamaix, les autres gravissent les pentes raides qui conduisent aux Hautes-Chaumes. De là, la vue, moins complète, il est vrai, que du haut du Donon, s'étend encore assez loin sur cette chère et belle Alsace, sur ces vallées profondes, sur cette plaine ensoleillée au fond de laquelle se dresse la flèche de la vieille cathédrale. Salut, terre chérie ; salut, frères et amis, dont le cœur bat toujours à l'unisson du nôtre. La patrie vous tend toujours les bras, et le temps, qui efface tant de choses, ne fait qu'affermir dans nos âmes le souvenir et l'espoir.

A 4 heures, on rappelle pour le retour ; un dernier regard est jeté sur l'au-delà de la nouvelle frontière, on serre avec effusion les mains de tous ces déshérités qui ont payé et payent encore si durement les revers de la triste année et l'on part les larmes aux yeux, moins gai, moins joyeux qu'à l'arrivée.

La caravane suit, à une allure plus vive, n'ayant qu'à descendre, la route suivie le matin jusqu'à Senones, où nous laissons les voitures pour prendre un train spécial qui nous ramènera directement à Nancy. A 10 heures et demie, chacun regagnait son hôtel, heureux et triste à la fois, des souvenirs éveillés par cette jolie excursion.

EXCURSION FINALE — MONTAGNES DES VOSGES

20, 21 ET 22 AOUT 1886.

Fort bien organisée par le Dr Fournier, favorisée par un temps splendide, l'excursion finale a laissé chez tous ceux qui y ont pris part la plus charmante impression. Le nombre des voyageurs eût été plus considérable vraisemblablement, mais on avait dû le limiter à cent, en raison des difficultés de logement à Gérardmer, Bussang, envahis par les touristes à cette époque de l'année.

Le vendredi matin, à 6 h. 35 m., les cent congressistes sont casés dans les wagons ; la première journée va se passer en grande partie en chemin de fer. A 8 heures et demie, arrêt d'une heure à Lunéville ; le maire, la municipalité, le sous-préfet, nous attendent et le train s'arrête aux accords de la *Marseillaise* vigoureusement enlevée par la musique de la ville. Le temps est fort mesuré ; aussi, pendant qu'un groupe part visiter la belle usine de faïenceries de MM. Keller et

Guérin, sous la conduite des propriétaires eux-mêmes, l'autre groupe suit le maire et les membres du conseil municipal qui se sont mis à notre disposition et se disperse dans la ville pour voir au vol la cathédrale, les restes du château, le jardin admirable qui l'entoure, etc... A 9 heures, retour à la gare et départ pour Saint-Dié où nous arrivons à 10 h. 25 m. par un soleil éclatant. Même réception cordiale qu'à Lunéville par la municipalité et le sous-préfet, accompagnés de la musique de la ville. Nous traversons la ville pavoisée dans tous les coins, conduits par le maire et le président de la Société philomathique qui nous fait les honneurs du musée, La cathédrale, avec son mélange de tous les styles, la petite église, beau spécimen roman, et le cloître intermédiaire, bien conservé dans une de ses parties, méritaient une visite un peu plus longue. Mais nous sommes un peu comme le Juif-Errant, marchant toujours et brûlant les étapes.

Il faudrait quelques heures pour faire les pittoresques excursions de la montagne Saint-Martin, de la montagne d'Ormont. Comme nous verrons mieux que cela demain et après-demain, nous quittons Saint-Dié aussitôt après le déjeuner servi dans une des grandes salles de l'Hôtel de ville, et à 4 heures nous sommes à Gérardmer. Les étapes ont été calculées, juste pour permettre de passer quelques heures tranquilles dans ce site ravissant de Gérardmer. Les billets de logement, préparés à l'avance (car les hôtels n'ont presque pas de lits à nous fournir), sont distribués en route et chacun est vite, à l'arrivée, en possession de sa chambre.

Le cercle nautique a voulu fêter notre passage, et le soir à 9 heures, nous sommes conviés à assister à une illumination du lac, avec feu d'artifice. La fête réussit à souhait ; le temps est doux, l'air calme et les rives du lac s'embrasent tout d'un coup, donnant au paysage l'aspect le plus fantastique, pendant que la musique exécute les plus brillants morceaux de son répertoire. A 10 heures et demie chacun rentre chez soi ; je connais certains retardataires que la fête forraine retient jusque vers minuit dans les baraques. Ceux-là auront une nuit de courte durée. A 4 heures du matin, le clairon sonne le réveil, le tambour bat le rappel aux quatre coins du village, portant le trouble chez les touristes qui ont à l'ordinaire un réveil plus paisible et moins matinal. Sur la place du Tilleul, les voitures nous attendent et à 5 heures, avec un petit retard provoqué par un accident d'attelage, on part pour la Schlucht. Une courte halte au Saut-des-Cuves, merveilleux décor pour les touristes, pour les peintres, que le Club Alpin a toutes les peines, paraît-il, à défendre contre la hache des forestiers qui trouvent que ces vieux arbres branlants seraient mieux par terre et vendus aux scieurs de long, que couchés, vermoulus et couverts de mousse, sur le frais torrent. A mesure que nous montons, nous découvrons successivement les lacs de Longemer, de Retournemer et de Lispach ; du haut de la Roche-du-Diable, l'œil s'étend sur un panorama grandiose et sauvage. Bientôt on atteint le haut de la montagne, le passage du Collet, où filtre une maigre fontaine, la source de la Meurthe. Un temps de galop et nous voici à la Schlucht, à 1,150 mètres d'altitude, sans la moindre fatigue. Pour se déraidir les jambes, on gravit les Chaumes qui conduisent au Hoheneck ; quelques membres du Congrès sont venus la veille coucher à l'hôtel de la Schlucht pour avoir le temps de faire l'excursion. Les autres se contentent d'admirer le splendide paysage qu'on découvre du haut du rocher, la vallée de Munster, les chaumes du Tault, du Gazon-de-Fête... Le déjeuner est servi sous les hangars du nouvel hôtel en construction, sur le territoire français. On a bien fait de se hâter. A peine sommes-nous à table, qu'un brouillard épais descend des montagnes et masque absolument l'horizon.

Il n'est que 10 heures, mais nous avons encore du chemin pour gagner le gîte de ce soir. La file de voitures se met en route à l'heure, en bon ordre, descendant d'un bon train les grands bois et les pentes en lacet de la route qui nous conduit à la Bresse. A chaque détour, c'est une vue nouvelle, un panorama varié et le chemin ne paraît long à personne. La vallée de la Moselotte est sans contredit une des plus belles des Vosges.

A Cornimont, nous quittons les voitures pour le chemin de fer et à 4 heures du soir nous arrivons à Saint-Maurice D'autres voitures nous mènent à Bussang, au pavillon et à l'hôtel des Sources, dont la visite n'a rien qui vaille la peine d'être signalée. Une partie de la troupe est logée à l'hôtel ; l'autre doit redescendre au village, ce ne seront pas les moins bien partagés. Chaque habitant vient au-devant du voyageur qui lui est annoncé et le prévient d'avoir à se hâter de dîner, une fête nocturne ayant été préparée à notre intention. En effet, on n'en est pas à la deuxième bouchée que la retraite aux flambeaux est annoncée par des coups de pétard et la musique vient se ranger sous les fenêtres de l'hôtel qui a reçu le plus de voyageurs, nous régalant d'une aubade. Il n'y a pas à hésiter. On plante là le dîner et l'on se met au pas derrière la fanfare, qui nous mène au milieu des prairies, aux premières loges, pour admirer un superbe feu d'artifice. Au retour, la musique s'installe dans un kiosque fort joliment décoré ; toute la place est illuminée, chaque fenêtre a son drapeau, ses lampions. C'est une manifestation véritablement charmante. A un moment, la musique attaque une polka ; ma foi, voilà l'occasion de remercier d'une façon française nos aimables hôtes et « les savants » de s'emparer du bras des jeunes filles et de danser sur la place publique, aux applaudissements de tous. La soirée passe trop vite au gré de tous ; on se serre la main, on remercie le maire, le curé qui se sont mis en quatre pour nous recevoir, on se dit au revoir et le lendemain matin, au départ, quand nous quittons tous ensemble, les voyageurs des sources et ceux de Bussang, la charmante petite ville, on se salue encore d'un cordial au revoir.

C'est la dernière journée d'excursion ; ce ne sera pas la moins belle. Le soleil ne nous fait pas défaut ; il est même un peu plus piquant qu'hier, ce qui n'annonce rien de bon, prétendent les météorologistes qui sont des nôtres. Allons, prophètes de malheur, attendez la fin du jour. L'ascension est longue, mais la route est magnifique et quand on a dépassé la ceinture marquée près du sommet par la forêt de sapins, on a devant soi tous les sommets des Vosges, toute la vallée de Bussang, toute la vallée de la Moselle. Pour gagner la cime du Ballon, il ne faut qu'une courte ascension à pied de dix minutes. Le Dr Fournier, guide toujours aimable et expérimenté, se fait le cicerone de la bande et nous donne la description topographique du splendide tableau que nous avons sous les yeux. Les nuages estompent le fond de l'horizon, mais en réalité on ne peut demander un plus beau temps et si la vue ne perce pas jusqu'aux Alpes bernoises, comme aux jours de ciel absolument pur, le panorama est assez vaste, assez grandiose pour satisfaire les plus difficiles. On me croira sans peine quand je dirai qu'on a fait honneur au déjeuner servi à l'hôtel Marzloff. A midi, nous reprenons la route suivie le matin ; la descente se fait sans encombre, grâce aux excellentes précautions prises avec les voituriers. Les nuages qui tout à l'heure n'étaient qu'à l'horizon s'amoncellent avec rapidité, dans le lointain nous entendons gronder le tonnerre. Messieurs les météorologistes avaient raison, mais la charmante fée qui a jusqu'ici favorisé, du plus beau temps, toutes nos promenades, nous protège jusqu'à la fin et ce n'est qu'au moment où nous montons en wagon qu'une pluie torrentielle vient s'abattre sur la vallée. Nous pouvons nous moquer du mauvais temps;

nous sommes à l'abri. Le train file rapidement sur Nancy; la bande des touristes s'égrène à chaque station, Remiremont, Épinal. Partis cent, on arrive cinquante à Nancy où chacun se sépare avec l'espoir de se retrouver une année plus tard et de faire ensemble la comparaison entre les sites des Pyrénées et ceux des Vosges.

EXCURSION SPÉCIALE DE LA SECTION DES SCIENCES MÉDICALES A CONTREXÉVILLE ET A VITTEL.

18 AOUT 1886.

Malgré que les programmes de la 12e section fussent très chargés, on avait décidé d'accepter les invitations qui avaient été adressées par les stations d'eaux de Contrexéville et de Vittel, et le mercredi 18 août, à 11 heures 44, après la séance du matin, une cinquantaine de membres du Congrès partaient par un train spécial qui, après quelques courts arrêts, les déposait à la station de Contrexéville où ils étaient attendus par les médecins de la localité qui avaient bien voulu se charger de nous guider. Sans perdre un instant, car nous avons peu de temps, nous nous dirigeons vers l'établissement hydro-minéral; et nous abordons d'abord le pavillon monumental qui recouvre la source du *Pavillon* à laquelle beaucoup d'entre nous se plaisent à goûter; ce pavillon est relié par des galeries fermées à un vaste promenoir couvert le long duquel se trouvent diverses boutiques. On se serait arrêté volontiers à flâner comme la foule qui nous entoure; mais nous résistons à ce sentiment et, divisés en groupes, nous visitons l'établissement entier, les cabinets de bains, les salles de douches, etc.

Nous ne nous arrêterons pas à décrire cet établissement très bien installé, et encore moins à insister sur la vertu salutaire des eaux dont la réputation n'est plus à faire.

Le médecin inspecteur de la station, M. le Dr Debout d'Estrées nous avait préparé une surprise et, après nous avoir fait grouper, il nous mit en présence d'un objectif braqué sur nous. L'épreuve fut très bien réussie et le directeur de l'établissement, M. Mouhot, eut la gracieuseté d'en envoyer un exemplaire à chacun de ceux qui avaient participé à l'excursion; c'est un souvenir qui nous rappellera cette intéressante visite et l'accueil cordial que nous avons reçu.

Avant de nous séparer, on nous conduit dans un salon de réception où un lunch luxueux nous était offert. On échangea quelques toasts à la hâte, car l'heure avançait et on se dirigea vers la gare où en disant adieu à nos hôtes et à nos guides, nous leur adressâmes encore de vifs remerciements.

Disons pour être aussi complet que possible que quelques personnes désireuses de faire une visite générale avaient poussé jusqu'aux sources de MM. Thiéry et Le Cler que leurs propriétaires leur avaient montrées avec empressement.

Le train part et après quelques minutes nous arrivons à Vittel où nous trouvons le même accueil empressé.

Contrairement à Contrexéville qui ne paraît avoir joui de quelque célébrité qu'au milieu du siècle dernier, Vittel était une station connue du temps des Romains ainsi qu'en témoignent de nombreux fragments que l'on a retrouvés et conservés. L'établissement a été fondé en 1854 par M. L. Bouloumié, mais il a été complètement transformé en 1882 sous la direction de M. Charles Garnier, l'éminent architecte que nous eûmes l'heureuse chance de rencontrer.

Nous visitâmes successivement le parc et la grande terrasse qui le domine, le magnifique casino avec ses nombreuses salles, et l'établissement de bains et douches, les buvettes, les galeries-promenoirs, etc.

Plus tard, nous nous réunîmes dans la salle à manger monumentale où un splendide dîner nous était offert par l'administration des eaux. De nombreux toasts furent portés, souhaits de bienvenue d'une part, remerciements de l'autre.

L'heure s'avançait, il fallait songer au départ ; une magnifique retraite aux flambeaux avait été organisée ; elle fut malheureusement contrariée par la pluie qui commença à tomber, mais eut lieu cependant. Les torches et lanternes étaient d'ailleurs nécessaires, car la nuit était sombre et l'on ne pouvait se distinguer à quelques pas.

Enfin tout le monde est réuni sur le quai de départ ; on échange des paroles d'adieux, le train s'ébranle et nous emporte loin de cette station dont nous conserverons tous un excellent souvenir.

A 11 heures nous étions de retour à Nancy, un peu fatigués, mais ravis de cette journée vraiment intéressante à tous égards.

NOTE SUR L'IMPRIMERIE BERGER-LEVRAULT ET Cie.

La maison Berger-Levrault et Cie a plus de 2 siècles d'existence, et s'est continuée dans la même famille par héritage direct. Elle débuta par une *Librairie* fondée à Strasbourg en 1676, à laquelle fut adjointe une *Imprimerie* en 1681.

Les efforts de la maison portèrent d'abord sur la publication d'importants et nombreux ouvrages *scientifiques, militaires* et *d'éducation*. La grande extension de ses relations dans le monde militaire l'amena, en 1819, à provoquer la formation de l'*Annuaire militaire*.

L'entrée aux affaires des chefs actuels, MM. O. Berger-Levrault et J. Norberg, amena de plus l'agrandissement de l'*Imprimerie* qui devint dès lors l'objectif principal de tous les efforts de la Direction.

C'est alors que fut créé l'important service des *imprimés administratifs* qui constitue aujourd'hui la branche la plus importante des différents services de la maison.

Après plusieurs agrandissements d'ensemble, la nécessité d'une grande construction s'imposa d'une façon absolue, et la prise de possession du nouvel établissement eut lieu le 1er mai 1870, quelques mois à peine avant la funeste guerre qui obligea les chefs à abandonner Strasbourg et à recommencer de l'autre côté de la nouvelle frontière, le long et pénible labeur d'un nouvel établissement à créer de toutes pièces et dans des temps exceptionnellement difficiles. Le succès heureusement couronna ces courageux efforts et le 2 septembre 1872 la machine à vapeur donnait, à Nancy, son premier coup de piston.

A Nancy comme à Strasbourg, l'activité constante de tous a amené un accroissement continu des affaires et une grande extension de tous les services.

La construction actuelle affecte la forme d'un immense parallélogramme de 88 mètres de long sur 50 mètres de large, outre différentes annexes.

La partie principale est partagée, dans le sens de la longueur, en quatre galeries, divisées jusqu'au faîte par des murs de refend. Au sud et sur toute la largeur du bâtiment sont disposés les bureaux, dont le sol est plus élevé que celui des ateliers et qui communiquent avec chacun de ces derniers au moyen d'une porte vitrée qui permet au regard de plonger jusqu'au fond des galeries.

Le jour vient d'en haut, les toits sont disposés en dents de scie, à l'instar des grands établissements du Haut-Rhin et de l'Angleterre; la partie pourvue de vitrages est exposée au nord, de façon à donner aux ateliers une grande clarté tout en évitant les rayons directs du soleil. Les galeries ont chacune 10 mètres de largeur et 4 mètres de hauteur; le tout est calculé de façon à procurer à chaque ouvrier au moins 30 mètres cubes d'air respirable.

Un système de ventilation est établi dans chaque galerie; le chauffage se fait par la vapeur. La machine à vapeur qui est placée dans un bâtiment spécial, donne accès à une galerie souterraine, où se trouve l'arbre de transmission qui met en mouvement les différentes parties de l'établissement.

Le nombre des ateliers est de 9.

1° Imprimerie (galeries de la composition et des presses). — 2° Fonderie des caractères. — 3° Atelier de clichage et de galvanoplastie. — 4° Lithographie. — 5° Atelier de satinage, de glaçage et de séchage. — 6° Atelier de réglure. — 7° Reliure et Dorure. — 8° Atelier des mécaniciens. — 9° Menuiserie.

La *composition* occupe 110 compositeurs ; elle a une longueur de 60 mètres et communique de plain-pied avec la *galerie des presses,* qui lui est parallèle.

Cet atelier des presses, long de 80 mètres, comprend 23 machines et 13 presses à bras. Les machines, placées l'une après l'autre, à la file, sont espacées convenablement de façon à assurer autour d'elles une circulation commode. Tout le long de l'atelier court un petit chemin de fer communiquant avec le magasin à papier, l'atelier de glaçage et de satinage, etc.

La *reliure,* longue de 60 mètres, a comme machines principales : 2 balanciers, 4 machines à rogner, 2 machines à plier, 1 laminoir, 2 machines à coudre, 1 machine à grecquer, le tout mû par la vapeur ; de plus : 7 grandes presses, 2 machines à perforer, des machines à endosser, à numéroter les actions, à folioter les registres, des cisailles, etc.

L'organisation et le groupement des ateliers ont été calculés de façon à éviter toute perte de temps; la matière première, entrée par une grande halle, fait le tour de la maison, méthodiquement et sans fausse manœuvre, pour la quitter par la même halle comme produit fabriqué.

L'ensemble des différentes branches commerciales de la maison comporte :

1° La publication d'ouvrages et de revues périodiques;

2° La librairie de détail, qui est en relation avec tous les pays;

3° L'entreprise des publications et imprimés des diverses administrations ayant dans les magasins un approvisionnement constant de plusieurs milliers de formules ;

4° L'entreprise des publications et des imprimés pour l'armée, également avec un approvisionnement d'un nombre considérable de formules ;

5° Enfin, les ouvrages et *travaux de ville,* faits pour le compte de tiers, branche très importante, recevant des commandes de tous les points de la France, et souvent de l'étranger.

La maison s'est toujours préoccupée de maintenir aussi étroits que possible les liens d'affection qui, dans toute grande industrie, doivent exister entre les chefs et le personnel, et n'a négligé aucun sacrifice pour assurer le bien-être de tous.

L'apprentissage est considéré comme une œuvre philanthropique et tous les soins portés à sa réglementation. Il est d'une durée de 4 années, pendant lesquelles, dès le premier jour, l'enfant touche un salaire. L'enfant est dirigé de telle façon qu'il apprend successivement tous les travaux, et il est à même, le jour où il a terminé son apprentissage, de se présenter partout avec la certitude de gagner sa vie.

Une *Caisse de malades*, créée dans la maison, paie à l'ouvrier malade son *salaire intégral* et lui assure en outre, gratuitement, les soins du médecin et les médicaments.

Enfin, une *Caisse de retraites* et *de pensions* fonctionne depuis le 1er janvier 1878. Son capital est constitué par des cotisations annuelles assez importantes de la maison, tandis que les ouvriers n'y contribuent que pour très peu de chose. Dix années consécutives de présence dans les ateliers donnent droit à une pension en cas d'incapacité de travail ; vingt ans de services au minimum assurent, à l'ouvrier âgé de 55 ans, une retraite qui est calculée sur le nombre des années de travail et selon l'importance des services, mais qui ne peut être inférieure à 1 fr. par jour.

NOTES SUR LA VERRERIE DE PORTIEUX (VOSGES).

Son origine.

La création de la verrerie de Portieux remonte à 1702. Elle fut fondée par François Magnien, contrôleur de l'hôtel de Léopold, duc de Lorraine, en vertu d'une ordonnance du 25 janvier 1702, et prit le nom de son fondateur ; elle fut appelée verrerie de Magnienville. C'est encore sous ce nom qu'on la désigne en maintes circonstances.

Dès son origine, la verrerie de Portieux prit une certaine extension, des privilèges considérables furent accordés à son fondateur et à ceux qui lui succédèrent ; puis elle devint propriété nationale, lorsque le duc François abandonna la Lorraine à la France en 1735. Il y eut liquidation qui dura près de trente ans.

Après avoir passé par des alternatives d'insuccès et de véritable prospérité, cette usine faillit s'éteindre pour toujours en 1751 pendant que Louis Dietrich en était le fermier ; mais survint alors l'abaissement des droits imposés par la France à l'entrée des verres lorrains, il y eut forte reprise dans la fabrication de la verrerie en Lorraine et l'usine de Portieux reprit un nouvel essor.

C'est ainsi qu'elle traversa plus d'un siècle et qu'après être restée depuis 1770 jusqu'en 1871 entre les mains de la famille Mougin, elle devint la propriété d'une société anonyme.

La malheureuse guerre de 1870 avait en effet séparé l'usine de Vallérysthal de sa mère patrie. Cette belle et importante verrerie éprouvait le besoin de se reconstituer en France tout en cherchant à maintenir son importance en Lorraine, et c'est alors (1871) que la fusion se fit et que la société anonyme des verreries réunies de Vallérysthal et Portieux fut fondée.

Sa situation comparative en 1870 et 1886.

Au moment de la déclaration de guerre, en 1870, la verrerie de Portieux occupait deux cent soixante ouvriers verriers, tailleurs, mouleurs et autres ; elle en occupe aujourd'hui plus de huit cents. — C'est dire que la production et le chiffre d'affaires de cette usine ont été quadruplés en quinze ans.

Quatre grands fours Siemens, dont trois à douze creusets et un à six creusets, y sont installés dans une halle qui mesure cent cinquante-deux mètres de longueur sur vingt-un mètres de largeur et remplacent les petits fours Mulotte, les modestes halles d'autrefois. De vastes tailleries à rez-de-chaussée ont pris la place des vieux ateliers. Deux machines à vapeur de quatre-vingts chevaux ont succédé à la machine de quinze chevaux et elles mettent en mouvement plus de trois cents tours de tailleurs. Chaque ouvrier tailleur voit arriver sur son tour l'eau et le gaz. Des salles extrêmement spacieuses sont consacrées à la fabrication des briques réfractaires destinées à la construction des fours Siemens, à celle des creusets devant contenir le verre en fusion. De beaux ateliers de peinture, décor, gravure à la roue, gravure à l'acide fluorhydrique, de coupe flette et rebrûlage, de menuiserie, de maréchalerie, des laboratoires, des chambres de compositions, des ateliers de construction et de réparation pour les moules, une usine à gaz et enfin de très vastes magasins et salles d'emballage viennent compléter l'ensemble et faire de la verrerie de Portieux une des plus belles et des plus importantes usines du genre.

Les procédés les plus nouveaux y sont en usage, l'emploi du gaz et de l'air comprimé y joue un rôle important, le soufflage mécanique (système de MM. Appert frères) est sur le point d'y être installé. Des fours Siemens perfectionnés y fonctionnent et y produisent d'une façon économique des verres dont la blancheur et la limpidité ne le cèdent guère au cristal.

Sa production annuelle est d'environ neuf millions de pièces comprenant plus de quatre mille modèles différents et représentant les articles les plus ordinaires, ceux de consommation courante et enfin les fantaisies les plus variées de formes et de couleurs.

Ses cités ouvrières, ses écoles, ses institutions de prévoyance.

La société propriétaire de la verrerie de Portieux loge la majeure partie de ses ouvriers. Dans ce but, elle a fait construire de vastes cités ouvrières dans lesquelles près de quatorze cents personnes trouvent un logement relativement confortable et aussi salubre que possible.

Chaque ménage est installé dans un logement qui comprend : une cuisine et une salle à manger au rez-de-chaussée, deux chambres à coucher au premier étage, une cave, un grenier. Il a en outre la jouissance d'un jardin qui contient deux ares et se trouve absolument à sa portée. Le montant du loyer pour un logement complet est de quarante-huit francs par an (un franc par pièce et par mois). Un vaste bâtiment d'écoles reçoit plus de trois cents enfants ; quatre grandes salles sont consacrées à leur instruction ; cinq instituteurs et institutrices sont chargés des cours. Des cours d'adultes y sont faits pendant toute l'année scolaire.

Une société musicale qui compte plus de quarante exécutants a à sa disposition une magnifique salle et y donne fréquemment des concerts.

Une caisse de secours et de retraites fonctionne depuis bientôt douze ans. Elle est alimentée par :

1° Une retenue faite aux ouvriers et représentant 1 p. 100 du montant de leurs salaires ;

2° Un versement d'égale importance fait par la société propriétaire de l'usine ;

3° Le produit des amendes ;

4° Un don pris sur les bénéfices de l'usine et fait par les actionnaires de la société après chaque inventaire.

Au moyen de ses ressources relativement modestes, la caisse de secours et de retraites a pu suffire à ses besoins et économiser environ quarante-cinq mille francs pour les dépenses de l'avenir. Il y a donc lieu d'espérer que dans un avenir prochain elle pourra fonctionner sans qu'il soit nécessaire de faire aux ouvriers une retenue quelconque.

N'est-ce pas en appliquant de semblables moyens, en logeant l'ouvrier d'une façon convenable, en lui assurant un salaire largement suffisant, en lui procurant les secours dont il a besoin lorsqu'il est malade et les moyens de vivre quand il est vieux ; n'est-ce pas, dis-je, par la préoccupation constante du patron pour le bien-être de l'ouvrier qu'on arrivera à trancher le problème social ?

Assurément oui, on ne saurait le trancher autrement.

BRASSERIE DE TANTONVILLE.

Le vaste établissement de Tantonville a été fondé en 1839 par MM. Jules et Prosper Tourtel qui en abandonnèrent en 1882 la direction à leurs fils et neveux. A cette époque, les ressources des deux industriels étaient modestes. Le premier inventaire donnait une production de 1,500 hectolitres ; ce chiffre est aujourd'hui plus que centuplé et le capital s'élève à 2,400,000 fr.

L'usine représente un ensemble de bâtiments d'une étendue considérable admirablement aménagés pour la manutention rapide, aisée des matières premières et de la bière fabriquée. Toutes ces matières sont choisies, examinées avec le plus grand soin ; il n'entre dans la fabrication que des produits absolument irréprochables. Pour assurer la parfaite pureté de l'eau, MM. Tourtel se sont rendus acquéreurs de tous les terrains qui forment les pentes des plateaux de Tantonville, de façon à être sûrs d'éviter toute consommation par épandage sur le sol ou toute autre cause. Ils ont ainsi la propriété de tout le petit bassin aquifère de cette zone.

Quelques chiffres donneront une idée de l'importance de cette usine.

Les caves-germoirs occupent 5,800 mètres carrés ; les caves à fermentation, où sont installées 230 cuves d'une contenance totale de 8,000 hectolitres, 1,650 mètres carrés ; les caves-glacières contenant 24,000 mètres cubes de glace, 6,800 mètres carrés ; superficie totale du sous-sol, 20,380 mètres carrés.

Huit machines à vapeur d'une force totale de 320 chevaux fournissent la force motrice, sept tourailles mécaniques à deux plateaux d'une superficie utile de 700 mètres carrés, six chaudières à bière cubant ensemble 500 hectolitres ; dix bacs rafraîchissoirs (750 hectolitres) permettent la préparation de l'énorme quantité de 120,000 hectolitres livrés annuellement et emportés aux quatre coins du monde par 35 wagons-glacières, 42,000 fûts d'expédition sont construits dans les ateliers de tonnellerie mécanique, qui livrent 80 fûts par jour ; une voie ferrée spéciale permet de charger les wagons à bière en pleine usine et de les transporter directement sur la ligne de l'Est, et une autre entoure les étangs pour le service de la glace.

Signalons en passant les œuvres charitables dues à la générosité des propriétaires : la construction de l'hôtel de ville, la fondation d'un groupe scolaire, la dotation de l'école des filles et l'école maternelle, la gratuité des soins médicaux et des médicaments à tous les habitants de la commune, etc., etc....

Quant à la qualité des bières sorties de la brasserie de Tantonville, il est inutile d'en parler ; la consommation fantastique qui en a été faite le jour de la visite du Congrès semble la meilleure démonstration de l'excellence des produits de cette maison.

HAUTS-FOURNEAUX ET FONDERIES DE LA SOCIÉTÉ MÉTALLURGIQUE DE LA HAUTE-MOSELLE.

La Société métallurgique de la Haute-Moselle a été constituée le 5 août 1872. Son capital social, primitivement de deux millions, a été porté en 1879 à deux millions cinq cent mille francs.

Usine de Neuves-Maisons.

Cette usine est bâtie sur un terrain d'environ 21 hectares, situé entre le canal de l'Est et le chemin de fer de Nancy à Chalindrey.

Elle se compose de deux grands hauts-fourneaux et de tous leurs accessoires, tels que : machines soufflantes, machines diverses, monte-charges, appareils à air chaud, ateliers de réparations, quais de déchargement le long du canal, grues hydrauliques pour le déchargement des bateaux, accumulateurs en maçonnerie pour le coke et la mine, maisons d'habitation, bureaux.

Les deux hauts-fourneaux ont à très peu près le même profil intérieur ; leur hauteur est de 19 mètres ; les diamètres intérieurs sont respectivement : au creuset $2^{m},30$; au ventre 6 mètres ; hauteur du ventre $9^{m},50$; au gueulard 4 mètres ; leur capacité est de 340 mètres cubes.

Chaque haut-fourneau est muni :

1° *Appareils.* — De quatre appareils à air chaud du système Siemens-Cowper dont le diamètre extérieur est de $6^{m},40$, et la hauteur de $16^{m},50$ jusqu'à la naissance du dôme ; ce dernier a une flèche de $1^{m},50$.

La marche de ces appareils est réglée comme suit : un seul envoie de l'air chaud au fourneau, pendant que deux autres sont chauffés au gaz ; ils soufflent alternativement chacun pendant deux heures ; le quatrième appareil est toujours en nettoyage.

2° *Monte-charges.* — Un monte-charges hydraulique dessert chaque fourneau ; ces appareils sont à deux plateaux ; leur course est de $21^{m},800$; la vitesse des cages est de $0^{m},300$ par seconde ; la charge maximum qu'ils ont à élever est de 2,500 kilogr ; ils se composent d'une machine à deux cylindres conjugués ; une conduite amenant de l'eau comprimée à 60 kilogr. alternativement sur chacun des deux pistons plongeurs, détermine l'ascension; le rapport entre la course des pistons plongeurs et la course des cages est de 5,04; c'est-à-dire que la poulie sur laquelle s'enroule le câble de suspension des cages, et la poulie actionnée directement par la chaîne de conjugaison des plongeurs, sont entre elles dans le même rapport de 5,04 à 1.

3° *Machines soufflantes.* — Deux machines soufflantes verticales du type de Seraing envoient de l'air aux fourneaux; elles sont à deux cylindres à vapeur.

4° *Chaudières.* — 9 générateurs à vapeur, à un seul bouilleur, chauffés avec les gaz des fourneaux, produisent la vapeur nécessaire à la marche de la soufflerie et des machines accessoires; ces générateurs sortent des ateliers du Creusot, leur surface de chauffe est de 62 mètres carrés; chacun d'eux pèse 14,000 kilogr. environ.

5° *Machines accessoires.* — La compression de l'eau nécessaire au fonctionnement des appareils hydrauliques est obtenue au moyen de deux pompes, l'une de 20 chevaux, l'autre de 45 chevaux.

En outre, une pompe élévatoire de 12 chevaux, donnant par heure 150 mètres cubes, alimente un réservoir de 400 mètres cubes distribuant l'eau aux tuyères.

6° *Grues hydrauliques.* — Deux grues d'une puissance de 1,800 kilogr. chacune, et de 5m,30 de volée, actionnées, comme les monte-charges, par l'eau comprimée, servent au déchargement des bateaux de coke; ce coke est versé dans un accumulateur en maçonnerie contenant 4.500 mètres cubes, et disposé à cet effet le long du port de l'usine.

Minières.

La Société de la Haute-Moselle possède, dans la vallée de la Moselle, quatre concessions de minerai de fer hydroxydé oolithique, dont la réunion a été autorisée par décret en date du 3 février 1885.

Ces quatre concessions sont les suivantes :

1° Concession du Val-de-Fer, ayant 396 hectares d'étendue superficielle.

2° Concession du Val-Pleurion, ayant 429 hectares d'étendue superficielle.

3° Concession de Maron-Nord, ayant 246 hectares d'étendue superficielle.

4° Concession du Pont-de Monvaux, ayant 286 hectares d'étendue superficielle.

La Société de la Haute-Moselle a été déclarée concessionnaire de la concession du Val-de-Fer, qui est contiguë à celle dite du Val-Pleurion, par décret en date du 23 avril 1874.

Elle a créé dans la première, au lieudit « Val-de-Fer », un siège d'exploitation qui contient actuellement environ onze kilomètres de galeries d'exploitation.

Le matériel existant et le nombre de chantiers actuellement ouverts permettraient de tirer mille tonnes de minerai par jour, si le besoin s'en faisait sentir.

La Société possède au Val-de-Fer 2 hectares 72 ares de terrains, sans compter la portion de la forêt domaniale de Haye, occupée temporairement par les entrées de galeries et par différents bâtiments et dépôts de minerais.

Une route de 962 mètres de longueur, construite par la Société, relie l'exploitation du Val-de-Fer à la route nationale n° 74 de Nancy à Neufchâteau.

Production. — Actuellement, l'exploitation du Val-de-Fer comporte environ 175 ouvriers; la quantité de minerai extraite quotidiennement est de 550 tonnes.

Chemin de fer minier.

La Société métallurgique de la Haute-Moselle est concessionnaire d'un chemin de fer à voie étroite (un mètre) et de 5 kilomètres de longueur qui relie la mine du Val-de-Fer au canal de l'Est et à l'usine de Neuves-Maisons. La construction de cette ligne a nécessité des travaux difficiles et coûteux et de nombreux travaux d'art.

Un accumulateur en maçonnerie, pouvant contenir environ 250 mètres cubes de minerai, a été construit au garage terminus ; les wagonnets chargés de minerai sont, à leur sortie des galeries, culbutés sur une grille de cassage qui recouvre entièrement l'accumulateur ; les wagons du chemin de fer arrivent sous ce réservoir, et sont remplis au moyen de trappes à crémaillères ; le chargement des six wagons de dix tonnes composant chaque train, soit 60 tonnes de minerai cassé, exige environ quinze minutes.

Avant l'établissement de ce chemin de fer, le transport des minerais du Val-de-Fer à l'usine s'effectuait par voitures, et par la route dont il a été parlé précédemment ; la longueur du trajet aller et retour était d'environ six kilomètres ; ce transport exigeait de 35 à 40 chevaux pour une consommation journalière d'à peu près 330 tonnes de minerai.

Le chemin de fer permet de descendre des minerais à l'usine, au canal de l'Est, et au chemin de fer de Nancy à Chalindrey, à un prix très bas ; sa construction a nécessité l'acquisition d'environ 12 hectares de terrain.

Chemin de fer de raccordement.

La Société de la Haute-Moselle est en outre concessionnaire du raccordement du canal de l'Est au chemin de fer de Nancy à Chalindrey. Ce raccordement a été construit par la Société de la Haute-Moselle et à ses frais. Plusieurs voies s'embranchent sur ce raccordement et pénètrent dans l'usine, qui se trouve ainsi reliée à la ligne de Nancy à Chalindrey.

Production de l'usine.

La construction du haut-fourneau n° 1 a été commencée en 1873 ; il a été allumé le 7 juillet 1877, et éteint le 9 novembre 1885, après une marche de 8 ans et 4 mois ; sa production totale a été de 220,769 tonnes de fontes, se décomposant comme suit :

Fontes de moulage pour 2e fusion :	199,942 tonnes.
Fontes d'affinage pour fours à puddler	20,827 —
Total égal	220,769 tonnes.

Soit une production moyenne journalière de 76 tonnes environ.

Pour cette production, le fourneau a consommé :

Minerais divers	640,087 tonnes.
Cokes de diverses provenances.	286,260 —
Castine (calcaire de Pierre-la-Treiche)	54,830 —

Le haut-fourneau n° 2, dont la construction a été commencée en 1881, a été mis à feu le 23 novembre 1885 ; il fabrique journellement, soit 90 tonnes de fontes de moulage, soit 110 tonnes de fonte d'affinage, ce qui correspond à une consommation annuelle de 115,000 tonnes de minerais environ, et de 43,000 à 44,000 tonnes de coke selon l'allure.

La composition des fontes de l'usine de Neuves-Maisons est la suivante :

1° *Fontes de moulage :*

Silicium	De 2 à 4	p. 100
Phosphore	De 1,40 à 1,50	—
Soufre	De traces à 0,004	—
Carbone	De 3,60 à 4	—

2° *Fontes d'affinage :*

Silicium	De 0,30 à 0,80	p. 100
Phosphore	De 1,40 à 1,50	—
Soufre	De 0,20 à 0,40	—
Carbone	De 2,50 à 3	—

3° *Fontes truitées grises pour fabrication d'acier au four Martin :*

Silicium	De 0,50 à 1,00	p. 100
Phosphore	De 1,40 à 1,50	—
Soufre	De 0,03 à 0,09	—
Manganèse	De 1,00 à 1,50	—

Briques de laitiers :

Dans l'usine même, la Société a installé une fabrication de briques pour laquelle elle emploie une grande partie de ses laitiers de fontes de moulage ; ces briques sont fabriquées de la manière suivante :

Les laitiers du haut-fourneau sont pulvérisés en les coulant liquides dans un courant d'eau froide ; ainsi désagrégés, on leur a donné le nom de « claine » ; cette claine possède toutes les propriétés des pouzzolanes ; mélangée avec de la chaux dans des proportions convenables, elle donne de véritables ciments. Le mélange employé pour les briques est le suivant :

3 volumes de claine.
1 volume de chaux en poudre de Xeuilley.

Le mélange, convenablement humecté, est mis dans un trayeur, qui passe ensuite à la machine à mouler, où les briques sont comprimées sous une pression de 150 à 200 kilogr. par centimètre carré de section.

Les briques, sortant de la machine, sont mises en haies, où elles doivent rester au moins un mois avant d'être employées, afin d'acquérir la dureté voulue.

Les briques fabriquées à l'usine ont l'une des deux dimensions suivantes :

$0^m,24 \times 0^m,11 \times 0^m,05$
et $0^m,24 \times 0^m,16 \times 0^m,06$

Et pèsent : les petites, de $2^{kg},450$ à $2^{kg},500$
— les grosses, de $3^{kg},950$ à $4^{kg},020$

L'usine peut en livrer annuellement à la consommation 2,500,000.

Ces briques sont aussi régulières de forme que les briques dites retapées. Les angles sont très vifs, et la maçonnerie peut être faite avec des joints de quelques millimètres ; elles se taillent et se polissent comme la meilleure pierre de taille.

Elles résistent sous l'eau comme les mortiers hydrauliques de première qualité, ne se décomposent jamais à l'air, et ne sont pas attaquées par la gelée.

Elles résistent à une température de 1,000 degrés et à l'écrasement de 60 kilogr. par centimètre carré ; les clous qu'on y plante tiennent comme dans du chêne, ce qui les rend très convenables pour les cloisons.

La composition des laitiers qui servent à la fabrication des briques est la suivante :

Silice.	33
Oxyde de fer.	0,70
Alumine.	22
Chaux.	43
Magnésie	1,30
Ensemble.	100 parties.

FABRIQUE D'ARTICLES EN CARTON LAQUÉ DE MM. ADT FRÈRES A PONT-A-MOUSSON.

La fabrique de MM. Adt frères de Pont-à-Mousson occupe environ 500 ouvriers, principalement des femmes et des enfants ; aussi se trouve-t-elle avantageusement placée au voisinage d'une usine métallurgique importante comme la Société anonyme des hauts-fourneaux et fonderies de cette ville qui emploie beaucoup d'hommes.

Elle fut créée après la guerre de 1870 avec un noyau de familles amenées de Forbach (Lorraine) ; car ce fut une triste nécessité pour bien des maisons installées en Alsace-Lorraine à cette époque, de passer la nouvelle frontière pour rester françaises et se conserver libre le débouché de la France.

L'établissement occupe l'emplacement de l'ancienne université de Pont-à-Mousson. Par suite d'agrandissements successifs, il s'est trouvé divisé en deux parties par la rue Poncette.

On fabrique avec le carton des objets très divers : tabatières, étuis à lunettes, articles de fumeurs, articles de bureau, étagères, articles de toilette, boites à houppe, à gants, à jeu, à bijoux, bonbonnières, sébilles, porte-carafe, services de table, couverts à salade, coupes diverses, vases, cachepots, jardinières, guéridons, casiers à musique, seaux, brocs, entonnoirs, cuvettes, porte-flacon, etc.

On peut citer spécialement les panneaux pour garnitures de wagons et pour décoration ; les roues de wagons, dont il existe un grand nombre de pièces en Allemagne, sont à l'essai au chemin de fer de l'État en France.

Il existe des nacelles en papier qui sont très légères.

A l'exposition d'Anvers figurait une ambulance en carton et fer démontable et pouvant abriter 12 lits.

Première partie.

La première partie de l'usine, qui contient le plus fort du matériel, est limitée par la rue Poncette, la rue du Camp, la rue Gambetta, l'église Saint-Martin et la rue Saint-Martin.

On y trouve les magasins de carton, marchandises brutes et ouvrées, les ateliers de découpage, de formage, de polissage, d'imprimerie et de peinture ; d'autre part, les ateliers de construction et de réparation, de fabrication des boutons, de bobines et tubes de filature et enfin le réfectoire.

Une grande partie du travail se fait avec des machines. Une machine à vapeur Farcot de la force de 40 chevaux à condensation fournit la force motrice. Deux chaudières, l'une de 100 chevaux système de Næyer, l'autre de 50 chevaux système Synclair, fournissent la vapeur nécessaire, tant à la force motrice qu'au chauffage des ateliers et au séchage dans les étuves.

A la serrurerie il existe 12 étaux, 3 tours, 3 machines à raboter, 1 machine à mortaiser, 2 machines à percer, 1 à fraiser, 1 marteau-pilon à excentrique et à ressort qui dessert 2 feux de forge, 1 cisaille.

A la menuiserie 5 établis, 2 scies circulaires, 1 à ruban, 1 tour parallèle.

Au découpage et au formage :

4 machines à découper à lame, 2 à anneaux ;

3 balanciers mécaniques à friction dont l'un à une vis à 4 filets carrés de 200 millimètres de diamètre ;

2 carrousels ;

4 meules de repassage ;

1 meule à tracer et à couper les boîtes ;

3 laminoirs à couper des bandes de carton ;

1 machine à découper les rondelles de bobines ;

2 presses hydrauliques avec accumulateurs ;

2 presses à 4 colonnes ;

25 presses à main ;

5 balanciers à bras ;

4 laminoirs unis et à façons ;

1 scie à ruban ;

1 scie circulaire pour les charnières en tôle ;

de plus 1,320 pièces environ d'anneaux à découper et 870 moules en fer, fonte et acier.

Au polissage on trouve :

1 paire de meules à broyer le charbon ;

30 tours tant horizontaux que verticaux.

A l'imprimerie on remarque :

1 presse chromo-lithographique, 1 machine à poncer les pierres, des étuves ;

1 monte-charge desservant le bâtiment des machines qui a 4 étages et transportant les wagons chargés.

Tous les ateliers sont réunis par un petit chemin de fer à voie étroite.

Dans l'atelier des bobines on voit :

5 machines à rouler les tubes, 2 machines à river, 1 balancier, 6 tours à polir, 2 tours à rogner les tubes, 2 scies circulaires, 2 machines à faire les bouchons en bois, 1 encarteuse mécanique pour les boutons de bottines et des étuves pour sécher le vernis.

Pour la fabrication des boutons, on emploie 27 machines à estamper et à former les boutons, 4 machines spéciales à faire les anses, 4 balanciers, 3 machines à enfiler, 2 tours à chariot, 1 machine à percer, 1 forge, 7 étaux.

Les deux parties de l'établissement sont réunies par le téléphone et un petit chemin de fer qui traverse la rue.

Deuxième partie.

La seconde partie est limitée par la rue du Quai, la petite rue Poncette, la rue Poncette et la rue Saint-Martin ; elle contient le vernissage et une habitation particulière avec jardins et dépendances.

Le bâtiment du vernissage contient une chaudière de 70 chevaux, 1 locomobile de 5 chevaux, 2 brosses mécaniques, 2 machines à faire les ornements, les ateliers d'ornements, 4 tambours pour vernir les boutons, une rangée de 42 étuves de 5 mètres de long chacune, 1 salle de répétition pour la musique. Cette société s'est formée librement et possède 40 membres.

L'éclairage se fait au gaz ; la consommation atteint 4,000 mètres cubes par mois en hiver ; le chauffage se fait à la vapeur. La houille arrive par bateau et est mise en dépôt dans un terrain clos situé derrière le séminaire, dit « Port au bois ». La consommation de la houille est de 4,000 kilogr. par jour.

Le carton arrive de l'usine de Blénod et est mis en magasin ; il faut généralement un stock de 160,000 à 200,000 kilogr. de réserve pour une consommation de 60,000 kilogr. par mois.

En quittant l'usine, on peut aller voir au café Saint-Martin le dôme d'une chaudière qui a fait explosion en 1877 par suite d'une mauvaise réparation à la tôle du coup de feu. On n'a pas retiré cette pièce jusqu'ici par suite de son poids et de son volume ; elle se trouve à 60 mètres environ du lieu de l'explosion.

CARTONNERIE-PAPETERIE DE BLÉNOD-LÈS-PONT-A-MOUSSON.

La cartonnerie-papeterie de Blénod-lès-Pont-à-Mousson a été construite par la maison Adt frères spécialement pour la production de la matière première nécessaire à la fabrique de carton laqué de Pont-à-Mousson ; son excédent de fabrication est livré au commerce.

Installée au milieu d'un pays de culture, elle s'approvisionne assez facilement de la grande quantité de paille qu'elle emploie.

Sa force motrice hydraulique lui est fournie par la Moselle canalisée; elle est produite par une chute d'eau de 2^{m},25 avec débit de 5,000 litres par seconde, activant 3 turbines horizontales système Girard de 50, 40 et 10 chevaux, total 100 chevaux.

Un quai de déchargement, établi sur le canal à proximité de l'usine, sert à l'arrivage du combustible. Il existe un projet de raccordement avec le chemin de fer de l'Est qui n'est pas encore mis à exécution.

Tous les ateliers ainsi que le quai de déchargement sont reliés par un chemin de fer à voie étroite.

Le matériel principal se compose de 2 générateurs système Belleville et de Næyer de 30 chevaux, 2 cuiseurs sphériques, 4 paires de meules, 3 piles moyennes et 2 grandes, 3 machines à carton forme ronde, et une machine à papier à table plate.

La production est de 5,000 kilogr. par 24 heures. L'éclairage se fait par l'électricité au moyen de 2 machines Gramme et 40 lampes à incandescence.

La consommation de la houille est de 800 tonnes environ par an.

N. B. — Il existe une caisse de secours pour les deux établissements ; elle est représentée par une commission de 15 membres élus. Tous les membres valides font partie de cette caisse. En cas de maladie, elle donne droit à ses membres à une indemnité égale à la moitié de leur salaire.

Une assurance contre les accidents donne droit à tout ouvrier à une indemnité égale aux 2/3 de son salaire pendant son incapacité de travail.

Pour la caisse d'assurance, la maison paye à l'assurance une prime de 3 1/2 pour 1,000 fr. du salaire et par an ; tandis que pour la caisse de secours le capital est constitué au moyen d'une retenue de 2 p. 100 sur le salaire fait à la fin de chaque mois.

TONNELLERIES MÉCANIQUES DE M. FRÜHINSHOLZ.

La Maison a été fondée à Schiltigheim près Strasbourg en 1849 par M. Frühinsholz père qui, en 1866, commença par se servir de différentes machines, fit monter une machine à vapeur et ajouta successivement toutes les autres machines-outils propres à la fabrication des tonneaux. En 1871, il céda son établissement à ses fils qui ont continué depuis sous la raison sociale de : « Frühinsholz frères » et ont créé, au commencement de 1872, en suite de l'annexion de l'Alsace-Lorraine, une seconde Maison à Bayon (Meurthe-et-Moselle) ; ils l'ont montée également sur le pied mécanique et, pour être mieux au centre des affaires, l'ont transférée à Nancy.

Pour avoir un aperçu de la marche progressive qu'a suivie cet établissement, il suffit de consulter le tableau des quantités produites depuis sa création et de comparer son importance actuelle :

Quantités produites annuellement.

Années.	Foudres.	Cuves.	Nombre de fûts.
De 1850 à 1860 . .	6,000 à 8,000 hect.	3,000 à 3,500 hect.	6,000 à 7,500
De 1861 à 1870 . .	9,000 à 16,000 —	4,000 à 5,500 —	8,000 à 15,000
De 1871 à 1880 . .	18,000 à 26,000 —	7,000 à 9,000 —	20,000 à 30,000
De 1881 à 1884 . .	30,000 à 34,000 —	10,000 à 13,500 —	32,000 à 35,000
En 1885	36,222 —	16,081 —	35,557

La Maison de Nancy possède deux machines à vapeur de la force de 50 chevaux chacune, machines-outils, et occupe en moyenne 100 à 110 ouvriers.

La Maison de Schiltigheim possède, elle aussi, deux machines à vapeur de même force, machines-outils, et occupe en moyenne 110 à 115 ouvriers.

Le développement de cette industrie s'accentuant de plus en plus, MM. Frühinsholz ont dû successivement doubler le nombre de chacune de leurs machines, et elles se composent actuellement :

1° De raboteuses pour faire l'extérieur et l'intérieur des douves ;

2° De machines à joindre propres à faire le joint définitif des douves ;

3° De machines servant à monter les tonneaux ;

4° De réservoirs-étuves destinés à recevoir fûts ou foudres pour y être ramollis au moyen de la vapeur ;

5° De systèmes de serrage pour les fûts destinés à leur donner les formes qu'ils doivent avoir ;

6° De tours servant à terminer uniformément les bouts des fûts, l'intérieur, et à les jabler après ;

7° De tours pour fabriquer mécaniquement et avec précision les fonds pour les fûts ; c'est-à-dire les raboter extérieurement et intérieurement et former le chanfrein ;

8° De scies à ruban sans fin pour tous usages ;

9° De tours pour raboter les fûts extérieurement ;

10° De machines à percer les trous de cheville dans les fonds et douves pour cuves ;

11° De machines à percer les trous de bande ;

12° De machines à découper le fer à cercles sur longueur et à y percer les trous pour les rivets ;

13° De laminoirs destinés à donner le cintre aux cercles ;

14° De machines riveuses aplatissant les rivets qui joignent les deux bouts du cercle ;

15° De presses hydrauliques chassant les cercles sur les fûts.

Le système de serrage et de chauffage des fûts et foudres a été établi suivant les données de MM. Frühinsholz, et breveté en France, en Allemagne et en Belgique, ainsi que les raboteuses.

Par les machines-outils on obtient plus de régularité et par là plus de perfection dans le travail ; de plus, tous les ouvriers travaillent depuis de longues années déjà à la journée et gagnent selon leur mérite.

Pour la production de marchandises de premier choix, il s'agit d'avoir de grandes provisions de bois bien sec de toutes dimensions ; car l'expérience a prouvé que le matériel construit dans les conditions ci-dessus fait le double et même le triple d'usage que celui pour lequel on a employé du bois vert ou seulement à moitié sec.

La cuve à fermentation doit présenter à l'intérieur une surface absolument unie, sans nœuds ni cavités ; c'est pour elle surtout que la qualité du bois est d'importance majeure, car si malheureusement le bois n'a pas été complètement sec, les joints s'ouvrent, et, quoi qu'on fasse pour resserrer les cercles, il restera toujours des fissures qui à la longue se transforment en nids de ferments parasitaires.

Tous les ouvriers sont assurés contre les accidents qui peuvent les atteindre pendant leur travail, et il ne leur est fait aucune retenue sur leur salaire à ce sujet.

Les ouvriers célibataires sont tous logés et nourris dans l'établissement, tant à Nancy qu'à Schiltigheim ; de plus, MM. Frühinsholz ont fait construire des cités ouvrières pour les ouvriers mariés. C'est de cette manière qu'ils sont arrivés à former un noyau de vieux et dévoués ouvriers.

Les deux établissements disposent chacun d'environ 2,000 mètres carrés en ateliers et 40,000 mètres carrés de chantiers.

La Maison a figuré à toutes les expositions universelles, internationales et autres où elle a envoyé de ses produits ; elle a obtenu les plus hautes récompenses.

Elle expédie en France, en Algérie, en Alsace-Lorraine, en Suisse, en Belgique, en Amérique. Elle a des représentants en France, en Algérie, en Alsace-Lorraine et en Suisse.

FAIENCERIE DE LUNÉVILLE DE MM. KELLER ET GUÉRIN.

La date exacte de la fondation de l'usine est inconnue ; son fondateur, Chambrette, a reçu en 1729 divers privilèges du duc de Lorraine ; l'usine a été achetée en 1786 par M. Sébastien Keller, grand-père et arrière-grand-père des propriétaires actuels.

Le nombre des ouvriers employés varie entre mille et onze cents.

La force est fournie par deux machines à vapeur et quatre turbines d'une force totale d'environ deux cent cinquante chevaux.

Le raccordement avec le chemin de fer de l'Est et les différentes voies à grande section comportent une longueur de $1^{km},350^{m}$; le petit chemin de fer de $0^{m},60$ d'entre-voies, une longueur de $3^{km},650^{m}$.

La consommation de houille est d'environ 8,500 tonnes venant de la Moselle et de Belgique ; les compagnies de l'Est et du Nord ont refusé d'appliquer à la gare de Lunéville leur nouveau tarif commun qui aurait permis d'employer les houilles du Nord.

La superficie de l'usine est de 4 hectares d'un seul tenant ; la surface des dépendances utiles à la fabrication dépasse 2 hectares.

L'usine consomme environ 6,000 tonnes de matières premières des provenances les plus diverses ; elle n'emploie les terres du pays que pour la fabrication de la faïence stannifère.

La vapeur est fournie par 6 chaudières.

L'usine comporte :

64 tournants broyeurs et mélangeurs ;

16 malaxeurs ;

19 filtres-presses ;

10 pompes.

Six bouches d'incendie réparties dans les divers quartiers de l'usine sont en communication avec les conduites d'eau de la ville ; le matériel d'incendie comprend 3 grandes pompes, 2 petites et 2 extincteurs.

Les ateliers sont chauffés à la vapeur.

L'usine fournit du lait chaque matin aux ouvriers exposés au contact avec les émaux plombifères ; un ventilateur est installé dans l'atelier de majoliques ; d'autres seront prochainement installés dans les ateliers d'époussetage.

Les apprentis-peintres suivent chaque jour un cours de dessin de deux heures ; une école de français pour les jeunes annexés a fonctionné plusieurs années et a été supprimée récemment, le mouvement d'émigration s'étant ralenti.

Les écoles municipales et les écoles libres de la ville rendent inutile la création d'écoles spéciales pour l'usine.

100 ménages d'ouvriers et d'employés sont logés dans les cités et maisons appartenant à la Société.

La Société de secours mutuels et de retraites fondée le 1er janvier 1880 a un budget de recettes de 34,000 fr. fourni moitié par les ouvriers, moitié par les patrons ; le capital de cette société est actuellement d'environ 80,000 fr.

VERRERIES DE NANCY DE MM. DAUM ET FILS.

La verrerie de Nancy, située dans un des faubourgs de la ville, a été fondée en 1874 et affectée, à son début, à la fabrication des verres de montre : elle changea de propriétaire en 1878 et MM. Daum et fils y introduisirent la fabrication de la gobeleterie fine et tout particulièrement des services pour hôtels, cafés et restaurants.

Ce genre de fabrication offre des difficultés exceptionnelles : chaque objet doit avoir une contenance rigoureusement exacte, le plus souvent très réduite sous un aspect très volumineux et ne réussit que grâce à la grande habileté des ouvriers, rompus à tous les artifices de leur métier.

L'usine occupe un emplacement entièrement clos de murs d'un hectare dix ares environ, dont 45 ares pour les bâtiments ; la disposition en est telle que la marchandise en cours de fabrication passe d'ateliers en ateliers et aboutit au magasin d'expédition, c'est-à-dire à sa dernière station, sans avoir à parcourir deux fois le même trajet.

Le personnel de l'usine comprend :

Un chef de fabrication ayant sous ses ordres les chauffeurs et fondeurs, les verriers proprement dits et les releveurs d'arches, chargés du contrôle de la fabrication, en tout environ 110 ouvriers.

Un commis de taillerie, de qui relèvent le mécanicien, les tailleurs et les graveurs, soit une quarantaine d'ouvriers.

Et le chef de magasin qui est chargé du soin des expéditions et dont les ateliers comprennent une quinzaine de femmes emballeuses et six hommes.

En dehors de ce groupement, figurent les ateliers de menuiserie, de moulerie (confection des moules en bois et fonte) et de poterie (confection des creusets et des pièces des fours).

Le personnel employé s'élève au total à 200 ouvriers ; sur ce nombre, la moitié des verriers et la totalité des tailleurs et graveurs sont payés aux pièces : le surplus est au mois. Le salaire mensuel varie de 15,000 à 16,000 fr., se répartissant depuis 15 fr., paie minima des apprentis à leur début, jusque 275 fr. et quelquefois davantage.

Le travail commence, toute l'année et pour tous les ateliers, à 6 heures du matin et finit à 6 heures du soir.

La production journalière d'une place, ou chantier de verriers, est d'environ 700 pièces, soit, à raison de 9 places, une production de 6,300 à 6,500 pièces par jour : ces chiffres ne sont évidemment qu'approximatifs, car la quantité produite varie nécessairement suivant la difficulté du modèle à exécuter : telle place qui ne réussira à faire dans sa journée que 500 verres de forme compliquée arrivera à dépasser 1,000 si le type est courant et d'exécution facile.

Le four de fusion, qui est, à proprement parler, le cœur de l'usine, du bon fonctionnement duquel dépend l'activité de tous les autres organes, est du système Boëtius, perfectionné par MM. Appert frères, maîtres de verrerie à Clichy : occupant une faible place, facile à diriger, ce four réunit à un degré très satisfaisant les avantages qu'on y doit chercher : développement d'une grande chaleur avec faible dépense de combustible. La consommation de houille par 24 heures est d'environ 3,700 kilogr. et la quantité de verre fondu et travaillé pendant ce même temps de 3,000 kilogr. au moins, soit à peine 1 1/4 kilogr. de houille par kilogr. de verre. Dans les fours du système Siemens, la consommation est sans doute un peu moindre, mais, par contre, quelle difficulté de conduite, quelle dépense de premier établissement et aussi, quelle différence dans la qualité du produit!

Les pots ou creusets dans lesquels le verre est fondu sont faits exclusivement avec des terres réfractaires de Normandie : leur durée moyenne est de 4 mois : le four en contenant 10, la dépense annuelle est d'environ 30 pots.

La houille employée jusqu'à présent provient des mines de Sarrebruck ; mais dans un avenir très prochain, grâce aux importantes concessions faites par les compagnies de chemin de fer du Nord et de l'Est, il deviendra possible de réserver ses achats aux houillères du Nord et du Pas-de-Calais.

Les matières entrant dans la composition du verre sont :

1° Le sable de Champagne, amené par bateaux à Nancy, d'excellente qualité comme blancheur et comme fusibilité ;

2° Le carbonate de soude, des usines Solvay ou Daguin, situées l'une et l'autre à peu de distance de Nancy ;

3° Le carbonate de chaux, tiré des carrières du voisinage et pulvérisé.

Ces trois matières constituent la base du mélange et représentent les éléments indispensables à la formation du verre ; mais, employées seules, elles ne pourraient donner qu'un produit fortement coloré en vert, terne, à peine transparent, en un mot un produit de rebut. Pour l'éclaircir, le blanchir et l'affiner, on ajoute :

4° Du nitrate de soude,

5° De l'arsenic, ou du sulfure d'antimoine,

6° Du bioxyde de manganèse,

7° Quelques traces d'oxyde de cobalt.

Les proportions sont les suivantes :

Sable	3
Soude.	1
Chaux.	0.50
Nitrate de soude	0.15
Arsenic	0.03
Manganèse.	De 0.005 à 0.008
Cobalt.	De 0.0007 à 0.001

Ces deux dernières matières, dont la première colore en violet et la seconde en bleu, sont les vrais décolorants du verre ; toutes deux agissent avec une grande énergie : aussi faut-il de minutieuses précautions, une grande sûreté d'appréciation et un coup d'œil exercé pour atteindre sans hésitation la dose capable de donner au verre la blancheur nette et franche qui constitue un de ses plus grands mérites.

Ces matières bien intimement mélangées sont renfournées dans les creusets le soir, fondues la nuit et travaillées dans la journée.

Au fur et à mesure qu'un objet est fabriqué, il est porté dans l'arche ou four à recuire, en sort au bout de 6 à 8 heures, passe entre les mains des releveurs d'arches qui le soumettent à un examen très sévère, conservant les bons et jetant les mauvais à la casse, puis, s'il est accepté, à la taillerie où il reçoit, par frottement sur des meules en grès des dessins variant à l'infini : de là, il arrive entre les mains des emballeuses qui, après l'avoir soumis à un nettoyage complet et à une dernière vérification, l'enveloppent de papier et l'envoient au magasin d'expédition.

Dans toutes ces pérégrinations, c'est-à-dire depuis l'instant où les verres sont acceptés à l'arche, jusqu'à celui de l'expédition, il se produit, par suite de malfaçon, de casse, etc., un déchet qui varie de 1 3/4 à 2 1/4 p. 100.

La vente des produits de la verrerie de Nancy se fait, en très grande partie, en France, où elle trouve un débouché suffisant pour sa production, restée jusqu'à présent relativement restreinte ; néanmoins, les quelques relations qu'elle possède à l'étranger lui donnent le droit d'y espérer un bon accueil quand le moment sera venu pour cette usine d'aborder énergiquement le commerce d'exportation.

Une caisse de secours fonctionne entre les ouvriers de l'usine depuis le 1er janvier 1882, moyennant une retenue de 1 1/2 p. 100 de leur salaire ; les ouvriers reçoivent, en cas de maladie, les soins du médecin, les médicaments et une indemnité égale à la moitié de leur salaire ; en cas de décès, les frais d'enterrement sont supportés par la caisse, à laquelle toutes ces dépenses laissent encore de quoi allouer, pour subvenir à des besoins que le règlement n'a pas prévus, des secours extraordinaires pour un chiffre assez considérable.

L'administration de la caisse est confiée à un comité présidé par M. Daum et composé de cinq ouvriers élus annuellement par leurs camarades dans une réunion générale tenue le premier dimanche de l'année et où le comité sortant rend compte de sa gestion, où les réclamations peuvent se produire et les propositions de tout genre être formulées, discutées et tranchées.

Pour attester la bonne marche de cette institution, il suffira de dire que, malgré la générosité du comité, les recettes ont toujours largement dépassé les charges, et que le comité se compose, depuis la fondation, des cinq mêmes membres que la confiance de leurs camarades y a régulièrement réélus.

SOCIÉTÉ ANONYME DES HAUTS FOURNEAUX ET FONDERIES DE PONT-A-MOUSSON.

L'usine est traversée par la ligne ferrée de Frouard à Pagny-sur-Moselle et à Metz, à laquelle elle est raccordée.

Elle est bordée par le canal de Frouard à Metz, sur lequel elle possède un port avec trois grues de chargement dont une à vapeur. Grâce à ce canal, qui rencontre le canal de la Marne au Rhin à Frouard, l'usine de Pont-à-Mousson est en communication directe par voie d'eau, avec Charleville, Givet et la Belgique ; — Reims, Douai, Lille, Dunkerque et tout le Nord ; — Paris, Rouen, Le Havre ; — Gray, Châlon, Montluçon, Bourges, Orléans et tout le Centre ; — Lyon, Marseille, Cette ; — Strasbourg, Mulhouse, Bâle (Huningue).

La superficie totale de l'usine est de 20 hectares. La surface couverte de 2 hectares 400.

Elle comprend :

19 chaudières représentant une surface de chauffe totale de 1,535 mètres carrés ;
4 machines soufflantes représentant une force totale de 420 chevaux ;
10 machines à vapeur diverses ;
4 hauts fourneaux dont actuellement 3 en feu, allure de moulage ;
14 halles de moulage représentant une superficie de 10,450 mètres carrés ;

6 cubilots;
1 atelier d'ajustage, forge et modelage;
52 appareils de levage de toutes sortes, dont 2 grues à vapeur de chargement.

L'usine fabrique, par mois :

3,700 tonnes de fonte transformée en tuyaux de conduite d'eau et de gaz de 27 à 1,300 millimètres de diamètre et accessoires de canalisation. . 1,620 tonnes.

Coussinets de chemins de fer	1,710	—
Tuyaux de descente	200	—
Matériel de chemin de fer ajusté.	30	—
Pièces pour usines à gaz	30	—
Divers	110	—
	3,700	tonnes.

L'usine exploite elle-même son minerai dans sa concession de Marbache (à 14 kilomètres de Pont-à-Mousson).

Elle achète son coke dans le département du Nord et en Westphalie.

L'usine écoule en France les $\frac{19}{20}$ de sa production. Elle exporte un peu en Italie, en Suisse, en Espagne et dans nos colonies.

L'exportation est presque exclusivement en tuyaux de conduite et en tuyaux de descente.

En France, le principal débouché de l'usine est Paris.

La ville de Paris a acheté à Pont-à-Mousson, depuis 1879, environ 30,000 tonnes de tuyaux de conduite représentant en chiffres ronds 5 millions de francs.

La véritable spécialité de l'usine de Pont-à-Mousson, c'est le tuyau en fonte pour conduites d'eau et de gaz. L'usine en coule chaque jour 3,000 mètres environ, de diamètres compris entre 27 millimètres pour le plus petit, et 1^m,300 pour le plus grand. Ce dernier n'est qu'une limite provisoire, car l'usine est outillée pour faire 2 mètres de diamètre en 4 mètres de longueur.

L'outillage primitif a été copié en Angleterre, il y a 25 ans. Depuis, il a été transformé et amélioré constamment et chaque jour encore on y apporte quelque perfectionnement, de telle façon que l'on peut dire que l'usine de Pont-à-Mousson possède la fabrication des tuyaux de fonte la plus perfectionnée et en même temps la plus importante.

Si nous descendons dans le détail de la fabrication de ce genre de produits, nous voyons que l'opération consiste :

1° A faire un moule vertical formant un cylindre creux qui a le profil et le diamètre que le tuyau doit avoir extérieurement;

2° A faire un noyau formant un cylindre plein qui a le profil et le diamètre du tuyau à l'intérieur;

3° A descendre ce noyau dans ce moule, bien concentriquement.

Entre le cylindre creux du moule et le cylindre plein du noyau, il reste un espace annulaire de vide que l'on emplit de fonte liquide. Cet espace vide devient le tuyau.

Le moule est fait en serrant dans un châssis, autour d'un modèle métallique, du sable préparé et dosé suivant la grosseur du tuyau. Ce moule est ensuite noirci, c'est-à-dire que sa surface est enduite de noir de charbon de bois délayé dans l'eau avec un peu de glaise.

Ce moule est ensuite étuvé.

Le noyau est monté sur une âme métallique appelée lanterne. Sur cette lanterne, on enroule de la corde de foin ou de paille, puis on la garnit d'une première couche de terre, puis d'une seconde couche, puis on le noircit. Tout cela se fait au tour. Après chaque couche de terre et après le noircissage, le noyau passe à l'étuve.

Une des difficultés de cette fabrication, c'est d'arriver à faire des tuyaux qui aient l'épaisseur bien régulière sur tout leur pourtour.

Pour atteindre ce but, il faut que le noyau et le moule soient rigoureusement concentriques.

Cette concentricité est assurée en haut et en bas de la façon suivante :

1° En bas. Le châssis est fermé à sa partie inférieure par une crapaudine ou cuvette percée d'un trou conique alésé suivant un certain gabarit.

Le modèle servant à la serre du moule et la lanterne servant d'âme au noyau sont tous deux terminés à leur partie inférieure par un cône tourné rigoureusement suivant le gabarit du trou de la cuvette du châssis.

De sorte que le modèle d'abord, puis la lanterne, viennent successivement se fixer sur la cuvette. La concentricité en bas est donc parfaite.

2° En haut. Le modèle se termine par une partie conique qui laisse dans le sable du moule une empreinte. La planche à trousser les noyaux est découpée suivant le même cône, de façon que le noyau se trouve à sa partie supérieure terminé par un cône qui correspond exactement à celui du modèle. Quand on descend le noyau dans le moule, il se concentre donc à sa partie supérieure.

En raison du retrait de la fonte, pour obtenir un tuyau qui ait, froid, 1 mètre de diamètre, il faut le couler à $1^{m},01$. Si le noyau n'était pas compressible, lorsque le retrait se fait, le tuyau se romprait suivant une génératrice. Le foin ou la paille, que l'on enroule autour de la lanterne, assure la compressibilité du noyau.

Une opération fort importante, c'est l'essai des tuyaux.

Tous les tuyaux sont remplis d'eau comprimée à 15 atmosphères; ceux qui ne supportent pas cette pression sont immédiatement cassés.

Pour faire cet essai, chaque tuyau est placé entre deux plateaux garnis de chanvre pour obturer les extrémités. L'un de ces plateaux est fixe; l'autre est monté sur un piston hydraulique percé d'un trou central par lequel arrive l'eau qui emplit le tuyau.

Quand le tuyau est plein d'eau, on donne accès, derrière le piston hydraulique, à l'eau comprimée à 15 atmosphères par un accumulateur. Le piston hydraulique est chassé et fait joint hermétique à l'extrémité du tuyau En même temps, ce piston étant percé d'un trou central, la pression de 15 atmosphères est transmise dans l'intérieur du tuyau et celui-ci supporte 15 atmosphères, aussi longtemps que reste ouvert le robinet de communication avec l'accumulateur.

TABLE DES MATIÈRES

PREMIÈRE PARTIE

CONFÉRENCES.

PROCÈS-VERBAUX DES SÉANCES DE SECTIONS

PREMIER GROUPE. — SCIENCES MATHÉMATIQUES.

1re et 2e Sections. — Mathématiques, Astronomie, Géodésie et Mécanique.

3e et 4e Sections. — Navigation, Génie civil et militaire.

DEUXIÈME GROUPE. — SCIENCES PHYSIQUES ET CHIMIQUES.

5e Section. — Physique.

6e Section. — Chimie.

7e Section. — Météorologie et Physique du globe.

TROISIÈME GROUPE. — SCIENCES NATURELLES.

8e Section. — Géologie et Minéralogie.

9e Section. — Botanique.

10e Section. — Zoologie et Zootechnie.

11e Section. — Anthropologie.

12e Section. — Sciences médicales.

*

QUATRIÈME GROUPE. — SCIENCES ÉCONOMIQUES.

13e Section. — Agronomie.

14e Section. — Géographie.

15e Section. — Économie politique.

Sections d'agronomie et d'économie politique réunies.

Sections de géographie et d'économie politique réunies.

16e Section. — Pédagogie.

17e Section. — Hygiène.

Sous-section d'archéologie.

Excursions, visites scientifiques et industrielles.

Nancy, imprimerie Berger-Levrault et Cie.

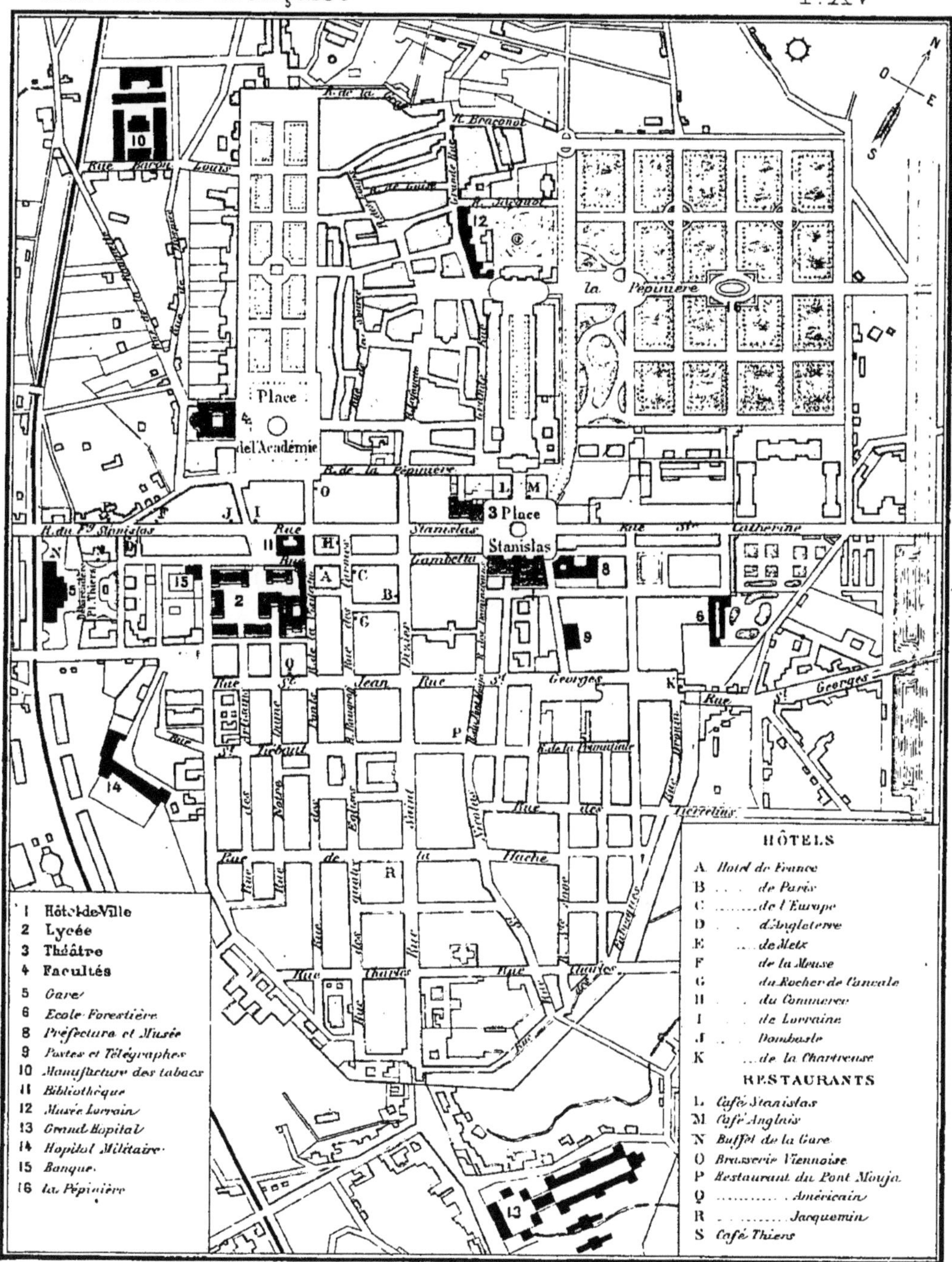

PLAN DE NANCY

www.ingramcontent.com/pod-product-compliance
Ingram Content Group UK Ltd.
Pitfield, Milton Keynes, MK11 3LW, UK
UKHW012147240726
13966UKWH00001B/183

9 782012 637184